Springer-Lehrbuch

Werner Baltes

Lebensmittel-
chemie

Sechste, vollständig überarbeitete Auflage

Mit 170 Abbildungen und 90 Tabellen

 Springer

Professor Dr. Werner Baltes
Dipl. Chemiker, Lebensmittelchemiker
em. o. Professor für Lebensmittelchemie
Institut für Lebensmittelchemie der FU Berlin
Gustav-Meyer-Allee 25
13355 Berlin

Die 1. Auflage erschien 1983 als Band 228 der Reihe *Heidelberger Taschenbücher*

Bibliografische Information der Deutschen Nationalbibliothek

Die Deutsche Nationalbibliothek verzeichnet diese Publikation in der Deutschen National-
bibliografie; detaillierte bibliografische Daten sind im Internet über http://dnb.d-nb.de
abrufbar.

ISBN 978-3-540-38181-5   6. Aufl. Springer Berlin Heidelberg New York
DOI 10.1007/978-3-540-38183-9

ISBN 978-3-540-66525-0   5. Aufl. Springer Berlin Heidelberg New York

Springer ist ein Unternehmen von Springer Science+Business Media

springer.de

Satz: PTP-Berlin Protago-TeX-Production GmbH, Germany
Herstellung: LE-TeX Jelonek, Schmidt & Vöckler GbR, Leipzig
Einbandgestaltung: WMXDesign GmbH, Heidelberg

Gedruckt auf säurefreiem Papier   52/3100/YL - 5 4 3 2 1 0

Vorwort

Lebensmittelchemie ist die Lehre vom Aufbau, den Eigenschaften und Umwandlungen der Lebensmittel und ihrer Inhaltsstoffe. Lebensmittel sind meistens kompliziert zusammengesetzte biologische Systeme pflanzlicher oder tierischer Herkunft, die bei ihrer Isolierung, Zubereitung und Lagerung, aber auch nach Verzehr und Verstoffwechselung vielfältigen Veränderungen unterliegen. Auch wenn man von der rein stofflichen Seite dieser Vorgänge ausgeht, so wird doch deutlich, daß Lebensmittelchemie, auf einem breiten Fundament chemischer Kenntnisse aufbauend, auch ein vertieftes Verständnis für Biochemie erfordert. Schließlich gehören auch Kenntnisse über die Gewinnung, Verarbeitung und Konservierung von Lebensmitteln, die in einer vertieften Spezialisierung den Studienfächern Lebensmitteltechnologie und -mikrobiologie entsprechen würden, sowie über toxische Substanzen in Lebensmitteln (Lebensmitteltoxikologie), über Ernährungslehre und nicht zuletzt über Lebensmittelrecht zu den Grundlagen dieser Wissenschaft, die häufig daher auch als „Lebensmittelwissenschaft" (Food Science) bezeichnet wird. Die Bezeichnung als „Lebensmittelchemie" hat sich u.a. in Deutschland deshalb durchgesetzt, weil diese Wissenschaft in Kombination mit einer speziellen Lebensmittelanalytik und Lebensmittelrecht die Voraussetzungen für Tätigkeiten im Rahmen des vorbeugenden Verbraucherschutzes (Lebensmittelkontrolle) schafft.

Natürlich war es nicht möglich, alle diese Stoffgebiete, die in eigenständigen Studiengängen vermittelt werden, in einem Büchlein wie diesem erschöpfend abzuhandeln. Stattdessen liegt hier der Schwerpunkt der Behandlung in der Chemie der Lebensmittelinhaltsstoffe, auch wenn die anderen, oben genannten Stoffgebiete soweit behandelt werden, wie es für eine Gesamtsicht der Lebensmittel notwendig erschien. Andererseits bietet dieses Buch jene Grundkenntnisse in Lebensmittelchemie, die von Lebensmitteltechnologen, Ernährungswissenschaftlern, Medizinern und Tiermedizinern mit entsprechender fachlicher Ausrichtung für das Gesamtverständnis notwendig sind. Schließlich hat sich bei den ersten fünf Auflagen herausgestellt, daß auch Hauptfachstudenten der Lebensmittelchemie bzw. der Chemie dieses Buch bei Beginn ihrer Studien lesen, um so relativ schnell einen Gesamtüberblick über das Wissen um unsere Lebensmittel zu erhalten.

Nach einer Einführung in die Eigenschaften der wichtigsten Lebensmittelinhaltsstoffe und einer Darstellung der Kenntnisse über Wasser, Mineralstoffe, Vitamine und Enzyme wird die Chemie der eigentlichen Nährstoffe (Fette,

Kohlenhydrate, Proteine) relativ erschöpfend behandelt, soweit die Lebensmittelchemie davon betroffen ist. Eingehend werden ferner die Zusatzstoffe und Rückstände von Behandlungsmitteln in Lebensmitteln sowie natürlich gebildete, gesundheitlich bedenkliche Verbindungen beschrieben. Im letztgenannten Kapitel wurden die Kenntnisse über Lebensmittelallergien wiederum aktualisiert. Die folgenden technologischen Kapitel wurden ebenfalls unter dem Gesichtspunkt chemischer Prioritäten abgefaßt, so daß sich z.B. in den Kapiteln über Gemüse und Obst vertiefende Behandlungen über Pflanzenphenole und Terpene finden. Stets wurde der Stoff ergänzt durch ernährungsphysiologische Tatbestände und eine toxikologische Sicht der Materie. Wichtige Original-Veröffentlichungen sind als Fußnoten angegeben.

Im Rahmen einer gründlichen Überarbeitung wurde der gesamte Stoff aktualisiert, so daß man nun u.a. auch Aussagen zur Krebsentstehung und über Anticarcinogene, zu transgenen Lebensmitteln und Gentechnologie sowie zu Nahrungsergänzungsmitteln (Functional Foods) findet. Schließlich wurde das Kapitel über das Lebensmittelrecht völlig umgeschrieben und behandelt nun das europäische Lebensmittelrecht und seine Einflüsse auf das deutsche Lebensmittelrecht.

Verschiedentlich ist auch die Rede von älteren Anschauungen und von Ereignissen, die inzwischen überholt sind (z.B. der mißbräuchliche Zusatz von Diethylenglykol zu Wein in den siebziger und achtziger Jahren). Sie fanden deshalb wiederum Erwähnung, weil ihre Kenntnis essentiell für das Verständnis mancher Entwicklungen ist. Daher findet man im Kapitel über Zusatzstoffe auch solche Verbindungen, die in der EG derzeit nicht zugelassen sind. Die Formelnamen wurden nun einheitlich der IUPAC-Nomenklatur angepaßt, nachdem Lebensmittelchemie heute international betrieben wird. Insgesamt wurde aber die bereits bewährte, gestraffte Beschreibung des Stoffes im Sinne einer Übersichtlichkeit beibehalten.

Bei der Abfassung dieser 6. Auflage haben mir wiederum Fachkollegen und Mitarbeiter meines Arbeitskreises, aber auch studentische Leser mit Hinweisen sehr geholfen. Frau Wilcopolski hat Formelbilder ergänzt und die Herren Prof. Glomb sowie Priv. Doz. Dr. Mörsel haben weitere Formelbilder mittels EDV erstellt. Ihnen allen sage ich herzlichen Dank für ihre Hilfe. Besonderer Dank gebührt den Herren Dr. Lange und Prof. Dr. Vieths für die Betreuung der Kapitel über Lebensmittelrecht bzw. über Allergien und Herrn Kunert für die kritische Durchsicht des Kapitels über Zusatzstoffe. Schließlich sei dem Springer-Verlag für die Geduld und die nette Zusammenarbeit herzlich gedankt.

Im Januar 2007   Werner Baltes

Inhaltsverzeichnis

1	**Die Zusammensetzung unserer Nahrung**	1
2	**Wasser**	15
2.1	Einleitung	15
2.2	Die Wasserbindung in Lebensmitteln	16
3	**Mineralstoffe**	18
3.1	Mengenelemente	18
3.2	Spurenelemente	21
3.3	Ultraspurenelemente	24
4	**Vitamine**	25
4.1	Einführung	25
4.2	Fettlösliche Vitamine	25
4.3	Wasserlösliche Vitamine	28
4.4	Vitaminierung von Lebensmitteln	37
5	**Enzyme**	38
5.1	Einführung	38
5.2	Hydrolasen	40
5.3	Lyasen	45
5.4	Transferasen	46
5.5	Isomerasen	47
5.6	Oxidoreduktasen	47
6	**Lipoide**	50
6.1	Fette	50
6.2	Fettsäuren mit ungewöhnlichen Strukturen	58
6.3	Fettähnliche Stoffe	61
6.4	Weitere Fettbestandteile	67
6.5	Chemische Umwandlung von Fetten	69
6.5.1	Umesterung	69
6.5.2	Fetthärtung	72
6.6	Wege des Fettverderbs	75

6.6.1   Einführung 75
6.6.2   Autoxidation 75
6.6.3   Hydrolytische Fettspaltungen 79

7   Kohlenhydrate 81
7.1   Einführung 81
7.2   Aufbau von Monosacchariden 82
7.3   Reaktionen von Monosacchariden 90
7.3.1   Verhalten in saurer Lösung 90
7.3.2   Verhalten in alkalischer Lösung 91
7.3.3   Reduktion von Monosacchariden 93
7.3.4   Oxidation von Monosacchariden 93
7.4   Glykoside 95
7.5   Maillard-Reaktion.. 97
7.6   Oligosaccharide 102
7.7   Polysaccharide 104
7.7.1   Aufbau von Stärke... 104
7.7.2   Modifizierte Stärken 106
7.7.3   Resistente Stärke 109
7.7.4   Enzymatische Stärke-Spaltung 109
7.7.5   Glykogen... 110
7.7.6   Cellulose 110
7.7.7   Chitin 111
7.7.8   Murein 111
7.7.9   Polyfructosane 112
7.7.10   Hemicellulosen... 113
7.7.11   Xanthan.. 115
7.7.12   Pflanzengummis 115
7.7.13   Rohfaser, Ballaststoffe 115

8   Eiweiß 118
8.1   Aminosäuren 118
8.2   Essentielle Aminosäuren, Eiweißwertigkeit................... 123
8.3   Aufbau von Peptiden und von Eiweiß........................ 125
8.4   Sphäroproteine 129
8.5   Skleroproteine 129
8.6   Proteide 130
8.7   Einteilung nach der Löslichkeit.............................. 131
8.8   Chemische Eigenschaften von Eiweiß 132
8.9   Abbau von Eiweiß 135
8.10   Prionen 136
8.11   Profiline.. 137
8.12   Biogene Amine 138

9   Lebensmittelkonservierung.................................. 140
9.1   Einführung 140
9.2   Hitzebehandlung von Lebensmitteln 142
9.3   Kühllagerung 144
9.4   Tiefgefrierlagerung 148
9.5   Haltbarmachung durch Trocknen 153
9.6   Konservieren durch Salzen, Zuckern und Säuern 156
9.7   Pökeln, Räuchern 157
9.8   Bestrahlung von Lebensmitteln 157

10   Zusatzstoffe im Lebensmittelverkehr...................... 162
10.1   Einführung, Begriffe 162
10.2   Zugelassene Konservierungsstoffe 165
10.3   Weitere, konservierend wirkende Stoffe 170
10.4   Antioxidantien 173
10.5   Emulgatoren 175
10.6   Verdickungsmittel 178
10.7   Stabilisatoren 181
10.8   Feuchthaltemittel 183
10.9   Geschmacksstoffe 183
10.9.1   Einführung 183
10.9.2   Kochsalz-Ersatzpräparate 185
10.9.3   Saure Verbindungen 186
10.9.4   Zuckeraustauschstoffe und Süßstoffe 186
10.9.5   Fettersatzstoffe 194
10.9.6   Bitterstoffe 195
10.9.7   Geschmacksverstärker 195
10.10   Lebensmittelfarbstoffe 197
10.11   Weitere, technologische Zusatzstoffe 204
10.12   Stoffe zu diätetischen
         und ernährungsphysiologischen Zwecken 204

11   Rückstände in Lebensmitteln 206
11.1   Einführung 206
11.2   Rückstände aus der landwirtschaftlichen Produktion 207
11.2.1   Pestizide 207
11.2.2   Antibiotika 218
11.2.3   Thyreostatika und Beruhigungsmittel 219
11.2.4   Weitere Tierarzneimittel 220
11.2.5   Anabolica 221
11.3   Umweltrelevante Rückstände in Lebensmitteln 224
11.3.1   Einführung 224
11.3.2   Anorganische Kontaminanten 224

11.3.3   Polyhalogenierte aromatische Verbindungen 227
11.3.4   Perchlorethylen (PER) 227
11.4   Radionuklide.. 228
11.4.1   Einführung 228
11.4.2   Wirkung von Radionukliden auf biologisches Material 229
11.4.3   Beschreibung der wichtigsten Radionuklide
          im menschlichen Umfeld...................................... 231
11.4.4   Abschätzung der Strahlenexposition 235
11.4.5   Rechtliche Regelungen 236

**12   Gesundheitsschädliche Stoffe in natürlichen
          Lebensmitteln** 237
12.1   Einführung 237
12.2   Gesundheitsschädliche Pflanzeninhaltsstoffe 237
12.2.1   Blausäure 237
12.2.2   Nitrat 240
12.2.3   Oxalsäure, Glyoxylsäure 241
12.2.4   Goitrogene Verbindungen 241
12.2.5   Favismus und Lathyrismus.................................... 242
12.2.6   Toxische Bohnenproteine 243
12.2.7   Alkaloide in Lebensmittel- und Futterpflanzen 244
12.2.8   Toxische Stoffe in eßbaren Pilzen 245
12.2.9   Cycasin 246
12.2.10   Toxische Karotteninhaltsstoffe 247
12.2.11   Furanocumarine 247
12.2.12   Toxische Honig-Inhaltsstoffe 248
12.2.13   Ätherische Öle 248
12.3   Toxine in Fischen und Muscheln 251
12.4   Gesundheitsschädliche Stoffe in verdorbenen Lebensmitteln .. 252
12.4.1   Bakterientoxine 252
12.4.2   Biogene Amine 255
12.4.3   Mutterkorn 256
12.4.4   Mykotoxine 256
12.5   Bildung gesundheitsschädlicher Stoffe bei der Zubereitung
          von Lebensmitteln 261
12.5.1   Polycyclische aromatische Kohlenwasserstoffe 261
12.5.2   Nitrosamine... 263
12.5.3   Acrylamid... 264
12.5.4   Ethylcarbamat... 265
12.5.5   Mutagene aus Eiweiß 266
12.6   Unverträglichkeitsreaktionen gegen Lebensmittel 269
12.6.1   Allergien 270
12.6.2   Pseudoallergische Reaktionen 281

12.6.3 Intoleranzreaktionen durch Enzymdefekte 283
12.6.4 Toxische Reaktionen 284

13 Aromabildung in Lebensmitteln 285
13.1 Aromastoffe 285
13.2 Prinzipien der Aromabildung in Gemüse und Obst 288
13.3 Hitzebedingte Aromabildung 291
13.4 Fehlaromen in Lebensmitteln 297
13.5 Aromen, Essenzen 300

14 Speisefette 302
14.1 Gewinnung von Pflanzenfetten 302
14.2 Gewinnung tierischer Fette 307
14.3 Butter 309
14.4 Margarine 311
14.5 Spezialmargarinen 313
14.5.1 Backmargarine 313
14.5.2 Ziehmargarine 314
14.5.3 Crememargarine 314
14.6 Spezial-Fette 314
14.6.1 Shortenings 314
14.6.2 Plattenfette 315
14.6.3 Fritierfette 315
14.6.4 Salatöle 316
14.7 Trennöle 316
14.8 Mayonnaise, Salatsaucen 316

15 Eiweißreiche Lebensmittel 317
15.1 Einführung 317
15.2 Fleisch 317
15.2.1 Begriffe 317
15.2.2 Die Schlachtung 320
15.2.3 Rigor mortis und Fleischreifung 321
15.2.4 Bindegewebe 325
15.2.5 Fleischfarbe 325
15.2.6 Schlachtabgänge 326
15.2.7 Blut 326
15.2.8 Zusammensetzung von Fleisch 326
15.3 Fleischerzeugnisse 327
15.3.1 Zubereitung von Fleisch 327
15.3.2 Wurst 330
15.3.3 Fleischextrakt 335
15.3.4 Brühwürze 335
15.4 Gelatine 336

15.5	Fisch	337
15.5.1	Fischfang	338
15.5.2	Seefische	338
15.5.3	Süßwasserfische	340
15.5.4	Fischkrankheiten und Parasiten	341
15.5.5	Krebstiere	341
15.5.6	Krabben	342
15.5.7	Weichtiere	342
15.6	Fischerzeugnisse	343
15.6.1	Salzfische	343
15.6.2	Marinaden	343
15.6.3	Räucherfisch	343
15.7	Kaviar	344
15.8	Trockenfische	344
15.9	Eier	344
15.10	Konservierung von Eiern	346
15.11	Milch	347
15.11.1	Einführung	347
15.11.2	Chemische Zusammensetzung von Kuhmilch	348
15.12	Andere Milcharten	351
15.13	Milcherzeugnisse	351
15.14	Käse	354
15.14.1	Definitionen	354
15.14.2	Herstellung	354
15.14.3	Schmelzkäse	358
15.15	Produkte mit höheren Proteingehalten aus Pflanzen	359
15.15.1	Sojamilch	359
15.15.2	Tofu (Sojaquark)	359
15.15.3	Lupinenquark	359
15.15.4	Tempeh	359
15.15.5	Natto	360
15.15.6	Miso	360
15.16	Andere Wege zur Proteingewinnung	360
15.16.1	Fischproteinkonzentrat (FPC)	360
15.16.2	Fleischähnliche Produkte aus Pflanzeneiweiß (TVP)	360
15.16.3	Einzellerprotein (SCP)	361
16	**Kohlenhydratreiche Lebensmittel**	362
16.1	Zucker	362
16.2	Spezielle Produkte	365
16.3	Zuckeralkohole	366
16.4	Zuckerwaren	367
16.5	Honig	367

16.6	Getreide	368
16.6.1	Unsere wichtigsten Getreide	368
16.6.2	Aufbau und chemische Zusammensetzung	370
16.6.3	Müllerei	371
16.6.4	Mehlbehandlung	373
16.7	Brot	374
16.8	Backhilfsmittel	375
16.9	Backpulver	376
16.10	Teigwaren	377
16.11	Stärke	377
16.12	Verwendung von nativen und modifizierten Stärken	379
17	**Alkoholische Genußmittel**	382
17.1	Alkoholische Gärung	382
17.2	Nebenprodukte der alkoholischen Gärung	384
17.3	Wein	386
17.3.1	Vorbemerkungen	386
17.3.2	Weinbereitung	388
17.3.3	Schädlinge im Weinbau	391
17.3.4	Weinfehler	391
17.3.5	Methoden zum Verfälschungsnachweis von Weinen	392
17.3.6	Dessertweine	393
17.3.7	Wermutwein	394
17.4	Schaumweine	394
17.5	Bier	394
17.6	Branntweine	396
18	**Alkaloidhaltige Genußmittel**	398
18.1	Einführung	398
18.2	Kaffee	399
18.3	Tee	401
18.4	Kakao-Erzeugnisse	403
18.5	Tabak	406
19	**Gemüse und ihre Inhaltsstoffe**	409
19.1	Einführung	409
19.2	Chemische Zusammensetzung	409
19.3	Pflanzenphenole	413
19.4	Kartoffeln	416
19.5	Kohlgemüse	417
19.6	Hülsenfrüchte	417
19.7	Pilze	418
19.8	Lagerung	419
19.9	Gemüsedauerwaren	420

19.9.1   Tiefkühlware 420
19.9.2   Dosengemüse 420
19.9.3   Trockengemüse 421
19.9.4   Gärungsgemüse 421
19.9.5   Essiggemüse 422

20   Obst und Obsterzeugnisse 423
20.1   Definition 423
20.2   Chemische Zusammensetzung 423
20.3   Terpene 427
20.4   Lagerung von Obst 428
20.5   Trockenobst 430
20.6   Kandierte Früchte 430
20.7   Marmeladen, Konfitüren 430
20.8   Fruchtsäfte 431

21   Gewürze 433
21.1   Vorbemerkungen 433
21.2   Fruchtgewürze 433
21.3   Samengewürze 437
21.4   Blütengewürze 437
21.5   Wurzel- und Rhizomgewürze 438
21.6   Rindengewürze 439
21.7   Blatt- und Krautgewürze 439
21.8   Gewürzmischungen 440
21.9   Sojasauce 440
21.10   Essenzen 441
21.11   Gewürze im weiteren Sinne 441
21.11.1   Speisesalz (Kochsalz) 441
21.11.2   Essig 442
21.12   Fruchtsäuren 442

22   Trinkwasser 444
22.1   Herkunft 444
22.2   Zusammensetzung 445
22.3   Wasserhärte 446
22.4   Aufbereitung 449
22.5   Entsäuerung 453
22.6   Entfernung geruchlich und geschmacklich störender Stoffe ... 453
22.7   Nitrat-Entfernung 454
22.8   Entkeimung 454
22.9   Trinkwasser aus Meerwasser 455

23   Erfrischungsgetränke 456

23.1   Mineralwasser 456

23.2   Süße, alkoholfreie Erfrischungsgetränke 457

23.3   Limonaden 457

23.4   Isotonische Getränke 458

24   Das deutsche Lebensmittelrecht 459

24.1   Entwicklung des deutschen Lebensmittelrechts 459

24.2   Prinzipien des deutschen Lebensmittelrechts 460

24.3   Einfluss des EG-Rechts auf die deutsche
        Lebensmittel-Gesetzgebung 462

24.4   Der freie Warenverkehr in der Europäischen Gemeinschaft 463

24.5   Die europäische Basis-Verordnung zum Lebensmittelrecht 463

24.6   Das Lebensmittel- und Futtermittel-Gesetzbuch 464

24.7   LebensmittelkennzeichnungıLebensmittelkennzeichnung 464

24.8   Los-Kennzeichnung 465

24.9   Allergen-Kennzeichnung 465

24.10   Kennzeichnungspflicht für gentechnisch veränderte
        Organismen 465

24.11   Nährwertkennzeichnung 466

24.12   Gesundheitsbezogene Aussagen 466

24.13   Lebensmittelzusatzstoffe und technische Hilfsstoffe 466

24.14   Novel Food Verordnung 467

24.15   Rückstände und Kontaminanten 467

24.16   Hygieneregelungen 467

24.17   Weitere Regelungen 468

24.18   Vertikale Produktverordnungen 468

24.19   Überwachungs-Richtlinie 468

25   Weiterführende Literatur 469

Sachverzeichnis 473

1 Die Zusammensetzung unserer Nahrung

Lebensmittel sind grundsätzlich natürlichen Ursprungs. Trotz vielfältiger Erscheinungsform und unterschiedlicher Zusammensetzung sind es immer spezielle Verbindungen, deren chemischer Aufbau einen Angriff körpereigener Enzymsysteme möglich macht und die dadurch unter Energiefreisetzung physiologisch verbrannt werden können. Der Gehalt dieser als **Nährstoffe** bezeichneten Verbindungen definiert primär den Begriff des Lebensmittels. Somit sind Lebensmittel in erster Linie Stoffe, die in unveränderter oder auch in zubereiteter Form wegen ihres Nährstoffgehaltes, gelegentlich aber auch wegen spezieller Geschmackseindrücke verzehrt werden (soweit nicht in ihnen enthaltene toxische Stoffe eine störungsfreie Verarbeitung im Körper unmöglich machen). Die Nährstoffe gehören den chemischen Gruppen der **Fette, Kohlenhydrate** und **Eiweiße** an. – **Genußmittel** gehören ebenfalls zu den Lebensmitteln. Sie werden indes weniger wegen der in ihnen enthaltenen Nährstoffe als vielmehr wegen ihres speziellen Geschmacks, Aromas oder ihrer anregenden Wirkung genossen, die von bestimmten, in ihnen enthaltenen Verbindungen wie z.B. Coffein oder Ethylalkohol ausgehen.

Lebensmittel dienen also nicht nur der Energieerzeugung im Körper. So zeigt z.B. der Bedarf an einer ständigen Zufuhr spezifisch zusammengesetzter Eiweißstoffe, daß Lebensmittel auch zum Aufbau körpereigener Substanzen herangezogen werden können. Das ist um so notwendiger, als sich der Körper in einem Zustand eines ständigen Ab- und Aufbaues befindet. Zum Beispiel liegt die „biologische Halbwertszeit" der Plasmaproteine in der Größenordnung einiger Tage, d.h. innerhalb dieses Zeitraumes ist die Hälfte von ihnen abgebaut und durch neue ersetzt worden. Diese ständige Regenerierung körpereigener Substanz erfordert die laufende Zufuhr der dazu benötigten Baustoffe. Wenn sich dennoch eine Differenzierung der Nährstoffe nach ihrer Zweckbestimmung für einen „Energiestoffwechsel" und einen „Baustoffwechsel" nicht durchgesetzt hat, so deshalb, weil alle aus ihrem intermediären Stoffwechsel entstehenden Produkte vom Körper sowohl für seinen Energiehaushalt als auch für die Bildung von Reservestoffen (Fett, Glykogen) und von körpereigener Substanz eingesetzt werden können.

In der Abb. 1.1 wird versucht, diesen Sachverhalt vereinfacht darzustellen. Sie besagt, daß Kohlenhydrate, Fette und Eiweiß mit der Nahrung dem menschlichen Verdauungstrakt zugeführt werden, wo sie unter Zuhilfenahme spezifischer Enzymsysteme in resorbierbare Untereinheiten gespalten werden.

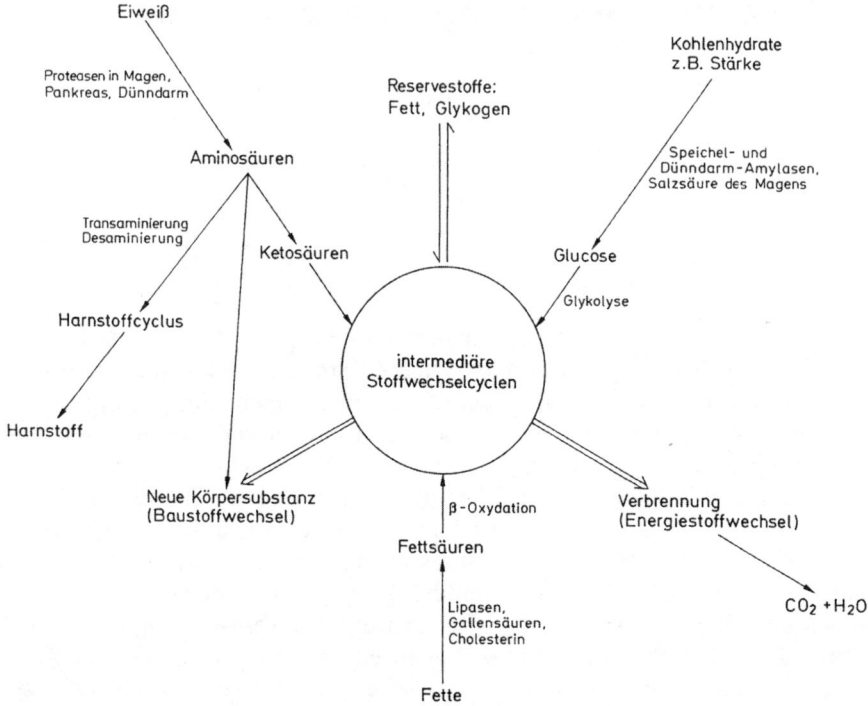

Abb. 1.1. Vereinfachte Darstellung des Stoffwechsels

Diese fett- bzw. wasserlöslichen Spaltprodukte werden dann entweder passiv durch Diffusion oder aber aktiv mittels Carriersystemen letztlich bis in die Zellen des menschlichen Körpers transportiert, wo sie dann einen weiteren Abbau bzw. vielfältige Umwandlungen durch die intermediären Stoffwechselzyklen erfahren.

Die hauptsächlichen Umsetzungen des Energiestoffwechsels sind summarisch:

$$C + O_2 \rightarrow CO_2 + 94\,kcal \quad und$$
$$H_2 + {}^1/_2\,O_2 \rightarrow H_2O + 68\,kcal$$

Dabei sollte es, vollständige Verbrennung vorausgesetzt, gleichgültig sein, aus welcher der drei Nährstoffgruppen die Elemente Kohlenstoff und Wasserstoff stammen. Als erster hat das 1885 Rubner erkannt (**Isodynamie-Gesetz**). Ebenso sollten die in einer Kalorimeterbombe gemessenen Verbrennungswärmen mit den körpereigenen Brennwerten nach enzymatischer Verdauung übereinstimmen. Bei Fetten und Kohlenhydraten ist das tatsächlich der Fall; Differenzen ergeben sich jedoch bei Eiweiß, dessen Stickstoff in Form von Harnstoff ausgeschieden wird, während die Verbrennung in der Kalorimeterbombe bis zu CO_2, H_2O und N_2 abläuft.

Als Einheit für den **Brennwert** wird international seit 1978 das **Kilo-Joule** verwendet. In den meisten älteren Brennwert-Tabellen findet man noch die **Kilocalorie** (kcal) als Meßwerteinheit. Dabei entspricht

$$1\,kJ = 0,24\,kcal \quad \text{oder}$$
$$1\,kcal = 4,184\,kJ \quad \text{(aufgerundet } 4,2\,kJ).$$

Die Brennwerte der wichtigsten Nährstoffe betragen:

vereinfacht:

1 g Glucose	= 3,8 kcal oder 15,6 kJ ⎫
1 g Rohrzucker	= 4,0 kcal oder 16,6 kJ ⎬ 4 kcal oder 17 kJ
1 g Stärke	= 4,2 kcal oder 17,6 kJ ⎭
1 g Eiweiß	= 4,1 kcal oder 17,2 kJ 4 kcal oder 17 kJ
1 g Ethylalkohol	= 7,0 kcal oder 29,4 kJ 7 kcal oder 30 kJ
1 g Fett	= 9,3 kcal oder 39,1 kJ 9 kcal oder 38 kJ

In der Praxis haben sich die vereinfachten Werte bewährt, weil die Nährstoffe ohnehin unterschiedliche Zusammensetzungen aufweisen (z.B. Aminosäure-Zusammensetzung von Eiweißen) bzw. unverdauliche Begleitstoffe enthalten können (z.B. Fettbegleitstoffe) und sich der analytische Aufwand zur Bestimmung der genauen Werte häufig nicht lohnt.

Kohlenhydrate sind in erster Linie die Reservestoffe des Pflanzenreiches, wenn man einmal vom Glykogen als tierischem Reservekohlenhydrat und Cellulose als Bausubstanz der Pflanzen absieht. Sie werden in grünen Pflanzen aus Kohlendioxid und Wasser gebildet, wobei letzteres in Gegenwart von Chloroplasten und Licht zu Sauerstoff und Wasserstoff gespalten wird (**Photolyse**). Während die Pflanze Sauerstoff ausatmet, wird der Wasserstoff an ein reduzierendes Coenzym (NADH + H$^+$) gebunden, das in einer „Dunkelreaktion" CO_2 in Gegenwart von Adenosintriphosphat (ATP) zu Zuckerphosphaten reduziert, die schließlich in Reservekohlenhydrate oder zu Cellulose umgewandelt werden (**Photosynthese, Assimilation**). Reservekohlenhydrate findet man hauptsächlich in Form von Glucose, Fructose oder Saccharose vorwiegend in Früchten, als Stärke liegen sie hauptsächlich in Gramineen, daneben aber auch in vielen anderen Feldfrüchten vor. **Kohlenhydratreiche Lebensmittel** sind dementsprechend Brot, Mehl, Grieß, Puddinge sowie Konfitüren und Honig. Im menschlichen Körper werden diese verdaulichen Kohlenhydrate enzymatisch letztlich zu Glucose gespalten, die dann in den Zellen durch Glykolyse in Pyruvat umgewandelt wird. Dabei wird pro Mol Glucose Energie in Form von 2 Mol Adenosintriphosphat (ATP) freigesetzt. Im Citronensäure-Zyklus kann Pyruvat anschließend zu CO_2 und C_2-Körpern abgebaut werden, die u.a. zur Resynthese von Fett verwendet werden können (z.B. über Acetyl-Coenzym A zu Fettsäuren).

Fette treten sowohl in Pflanzen als auch im Tierreich als Reservestoffe auf. Obwohl sie als Fettsäureglycerolester ziemlich einheitlich aufgebaut sind, können sie entsprechend ihrer Fettsäure-Zusammensetzung doch unterschiedliche Erscheinungsformen aufweisen, die letztlich ein Ausdruck ihrer Schmelzpunkte sind (z.B. Olivenöl im Vergleich zu Hammeltalg). Fette sind in der Lage, Wasserretention, Konsistenz, Farbe und Geschmack von Lebensmitteln wesentlich zu beeinflussen. Daher findet man in fast allen Lebensmitteln mehr oder weniger große Mengen Fett, die natürlich wegen ihres hohen Brennwertes die Nährwerte entscheidend beeinflussen können. **Fettreiche Lebensmittel** sind alle natürlichen Speisefette und -öle. Aber auch Käse und Wurstwaren können erhebliche Mengen an Fett enthalten, das hier wegen seiner Bindung an Eiweiß als solches nicht erkennbar ist und daher auch als „verstecktes Fett" bezeichnet **wird**. – Fettsäuren werden enzymatisch (durch Lipasen) aus den Fetten freigesetzt (s. S. 40) und anschließend im Verlauf der β-Oxidation zu Acetyl-Coenzym A abgebaut. Aufgebaut werden sie im Pflanzen- und Tierreich mit Hilfe eines Multi-Enzymkomplexes aus Acetyl-Coenzym A, Malonyl-Coenzym A und reduziertem Nicotin-Adenindinucleotid-Phosphat (NADPH + H^+). Dabei ist der Syntheseweg der Fettsäuren einer Umkehrung ihres enzymatischen Abbaues (β-Oxidation, s. S. 59) nicht unähnlich.

Eiweiß (Protein) ist die bevorzugte Bausubstanz des Tierkörpers, wird jedoch außerdem in jeder Pflanze gefunden. Es besteht aus Aminosäuren. Seine Synthese findet in eukariontischen Zellen u.a. an den Ribosomen statt, wohin die Aminosäuren nach Bindung an ihre spezifischen Transfer-Ribonukleinsäuren transportiert werden. Spezielle Synthetasen steuern hier – am Amino-Ende beginnend – ihren Aufbau, wobei sich die Reihenfolge der Aminosäuren aus der Anordnung des Nucleoproteinkomplexes am Ribosom und Anpassung an die entsprechende messenger-Ribonukleinsäure (m-RNA) ergibt. Mit der Nahrung zugeführte, aus Proteinen stammende Aminosäuren müssen nicht unbedingt physiologisch verbrannt werden, sondern können auf diesem Wege auch zum Aufbau menschlichen Körpereiweißes Verwendung finden. **Eiweißreiche Lebensmittel** sind Rindfleisch (20%), Fisch (z.B. Kabeljau 17%), Ei (12%), Mais (11%) und Erbsen (28%).

Für eine **gesunde Ernährung** ist die Verteilung des Gesamtbrennwertes auf Eiweiß mit 10–15%, Fett mit 25–30% und Kohlenhydrate mit 55–60% anzustreben.

Aus **Grundumsatz**[1]-Messungen beim Menschen weiß man, daß ein Erwachsener in Ruhestellung pro Stunde und Kilogramm Körpergewicht etwa 1 kcal benötigt. Dieser Wert liegt bei Babies um etwa 50%, bei Jugendlichen in der Norm um 20% höher. Erhebliche Steigerungen erfahren diese Bedarfszahlen bei körperlicher Arbeit und Bewegung.

Tabelle 1.1 zeigt die Konzentration für die Hauptbestandteile einiger Lebensmittel und die zugehörigen Brennwerte.

Die Werte der Tabelle 1.1 sind Mittelwerte. Sie reichen aus zu einer Berechnung der Nährwerte. Zu einer Gesamt-Beurteilung eines Nahrungsmittels muß daneben auch die Zusammensetzung der Nährstoffe sowie einer großen

---

[1]   Unter Grundumsatz versteht man den Energieverbrauch eines liegenden Menschen ohne Arbeitsleistung 12 Stunden nach der Nahrungsaufnahme bei 20°C, der für den Ruhestoffwechsel der Organe, vor allem von Gehirn, Leber und Gedärmen, Drüsen und glatter Muskulatur benötigt wird.

Tabelle 1.1. Zusammensetzung einiger Lebensmittel in verzehrsfähiger Form und ihre Brennwerte. (Aus: Souci, Fachmann, Kraut (1986/87) Die Zusammensetzung der Lebensmittel, Nährwert-Tabellen. Stuttgart)

Lebensmittel	Wasser	Kohlen-hydrate	Protein	Fett	Unver-dauliche Substanz	kJ/ 100 g
	%					
Kuhmilch, md. 3,5 Fett	87,7	4,8	3,3	3,6	0,7	279
Emmentaler Käse, 45% Fett i. Tr.	33,6		27,0	27,9	3,7	1678
Speisequark, 20% Fett i. Tr.	78,0	3,4	12,5	5,1	0,8	485
Hühnerei, Gesamt-Inhalt	65,2	0,6	11,4	9,9	1,0	700
Butter	15,3	0,7	0,7	83,2	0,1	3244
Kalbfleisch, Filet	73,6		19,8	1,4	1,2	436
Rindfleisch, Oberschale	71,6		20,0	4,1	1,1	548
Schweinefleisch, Kamm	55,3		15,7	12,9	0,8	945
Hering	45,7		12,7	10,4	0,9	927
Kabeljau	60,6		13,3	0,3	0,8	342
Weizengrieß	13,1	65,6	10,3	0,8	5,8	1325
Weizenmehl, Type 405	13,9	72,8	10,6	1,0	2,6	1458
Roggenvollkornbrot	42,0	36,3	7,3	1,2	8,7	793
Knäckebrot	7,0	63,2	10,1	1,4	16,9	1304
Weizenbrot (Weißbrot)	38,3	49,7	8,2	1,2	4,5	1035
Erbse, Samen, trocken	10,9	56,1	22,7	1,4	19,1	1431
Walnuß	1,9	5,2	6,2	26,9	2,8	2905
Erdbeerkonfitüre	33,3	58,2	0,4	0	0,3	981
Pflaumenkonfitüre	31,1	60,0	0,3		0,2	1009
Vollbier, hell	90,6	2,9	0,5	0	0,2	

Anzahl hier nicht angegebener Begleitstoffe bekannt sein. Als „unverdauliche Substanz" sind in Tabelle 1.1 meist Mineralstoffe erfaßt, bei den kohlenhydratreichen Lebensmitteln sind hierin aber auch die Gehalte an **Rohfaser** (Cellulose, Hemicellulosen) enthalten. Obwohl Rohfaser nicht verdaut wird, ist sie für eine gesunde Ernährung wichtig, da sie die Darmtätigkeit anregt und die Darmpassagezeit der Nahrung herabsetzt. Als Folge beobachtet man auch eine Senkung des Cholesterinspiegels. Man bezeichnet Cellulose und Hemicellulosen in Lebensmitteln auch als **Ballaststoffe.** Unsere Nahrung sollte täglich etwa 30–35 g solcher Ballaststoffe enthalten; hauptsächlich kommen sie in Getreideprodukten und Gemüse vor. Von der Deutschen Gesellschaft für Ernährung wird der tägliche Verzehr von mindestens 400 g Obst + Gemüse empfohlen.

Wie erwähnt, muß unsere Nahrung neben diesen für einen Energiestoffwechsel wichtigen Verbindungen stets gewisse Bestandteile enthalten, die

1. entweder vom Körper direkt dem Baustoffwechsel zugeführt werden oder die
2. sonst im Stoffwechselgeschehen entscheidende Funktionen ausüben.

Zur erstgenannten Gruppe sind eine Reihe von Aminosäuren zu zählen, die der menschliche Körper wegen ihres strukturellen Aufbaues nicht selbst synthetisieren kann, die jedoch für die Regeneration von Körpereiweiß benötigt werden (**essentielle Aminosäuren**). Zum Beispiel gehören Erbsen ohne Zweifel zu den proteinreichen Lebensmitteln. Ihr ausschließlicher Genuß kann dennoch zu gesundheitlichen Störungen führen, da ihr Methioningehalt zu gering ist. Die Aminosäure-Verteilung in einem Protein entscheidet daher über seine **biologische Wertigkeit**, die eine Bewertung von Proteinen zu der Frage zuläßt, wie vollständig ein Protein auch jene Aminosäuren enthält, die der menschliche Organismus zu seiner Regeneration benötigt, aber nicht selber synthetisieren kann (s. hierzu S. 123). In diesem Zusammenhang müssen auch die **essentiellen Fettsäuren** genannt werden, die offenbar vom Körper weiterverarbeitet werden und die deshalb stets in der Nahrung enthalten sein sollten. Zur Gruppe von Stoffen, die den Stoffwechsel beeinflussen, gehören die **Vitamine**, die als solche oder als prosthetische Gruppen bestimmter Enzyme wirksam sind. Und schließlich zählen wir zu beiden Gruppen die **Mineralstoffe**, die im Skelett oder in den körpereigenen Puffersystemen vorwiegend als anorganische Verbindungen und in verschiedenen Eiweißmatrices (z.B. Enzymen) komplex eingebaut vorkommen. Zu ihnen gehören auch die **Spurenelemente**, deren Konzentrationen jeweils unter 0,005% liegen. Sie alle werden vom Körper ständig mehr oder weniger abgebaut bzw. ausgeschieden, so daß sie in ausgewogenem Verhältnis stets in unserer Nahrung enthalten sein müssen. Und wenn das **Wasser** hier an letzter Stelle genannt wird, so darf dieser Umstand nicht darüber hinwegtäuschen, daß es eine der wichtigsten Verbindungen überhaupt ist, ohne die ein Leben nicht möglich wäre. Dementsprechend ist es auch in fast allen Lebensmitteln enthalten, und nicht selten werden die Eigenschaften eines Lebensmittels erst durch das in ihm enthaltene Wasser geprägt.

Der zunehmende Trend des Verzehrs industriell zubereiteter Fertig- oder Halbfertiggerichte (= „**Convenience-Erzeugnisse**") hat zur Forderung nach sogenannter „**Vollwertkost**" (Vollwerternährung) geführt, in der die genannten Verbindungen möglichst originär und in dem erforderlichen Verhältnis zueinander enthalten sind. Diese Forderung wird auch mit der Bezeichnung „**Naturbelassenheit**" umschrieben, womit der Erhalt aller essentiellen Verbindungen gemeint ist. Allerdings gibt es wohl nur ein Vollwert-Lebensmittel, das selber alle essentiellen Nährstoffe in der erforderlichen Menge enthält, nämlich die Muttermilch für den Säugling. Die gesunde Ernährung des Erwachsenen ist dagegen nur mit einer ausgewogenen Mischkost zu erreichen.

Durch das **Erhitzen** im Rahmen der küchenmäßigen Zubereitung bzw. der industriellen Verarbeitung werden die Inhaltsstoffe der Lebensmittel verändert. Stärke quillt bei Temperaturen ab 60°C und lagert dabei Wasser an. Erst in diesem Zustand ist sie für die Verdauungsenzyme zugänglich. Cellulose wird gleichzeitig kaum beeinflußt, aber auch Hemicellulosen und Pektine ziehen Wasser an, so daß sich ihre physikalischen Eigenschaften (z.B. Festigkeit) verändern. Ab 60 °C verlieren Eiweißstoffe ihre natürliche Gestalt, sie werden denaturiert. Auch sie werden in dieser Form vom Menschen besser verdaut. Gleichzeitig verlieren allergisch wirksame Proteine ihre Wirkung. – Auch Vitamine können durch Erhitzen einem Abbau anheim fallen. Dabei ist kurzes Erhitzen auf höhere Temperatur weniger wirksam als langes Erhitzen auf entsprechend niedrigere Temperaturen.

Die **industrielle Lebensmittelerzeugung** folgt, im Grunde genommen, küchentechnischen Verfahren. Gegenüber einer küchentechnischen Zubereitung stehen ihr indes zahlreiche Möglichkeiten für den Einsatz technologischer Verfahren offen. So braucht heute z.B. eine Konfitüre nicht mehr durch Verkochen des aus den Früchten frei gesetzten Wassers eingedickt zu werden, sondern überschüssiges Wasser kann durch Anlegen von Vakuum abgezogen werden. Gleichzeitig verringert sich die Zubereitungszeit für eine Charge Konfitüre auf ca. 20 Minuten, was zur Folge hat, daß die natürlichen Farbstoffe der Frucht erhalten bleiben und die früher bei Erdbeerkonfitüre häufig beobachtete Braunfärbung vermieden wird. Durch gezielten Einsatz moderner Technologie gelingt es auch, wichtige Verbindungen und Spurenstoffe (z.B. Vitamine) sehr viel besser zu erhalten, als dies in der Küche möglich ist. – Auf der anderen Seite sind industrielle Herstellungsverfahren oft von Zusatzstoffen abhängig (siehe Kapitel 10). Zum Beispiel erfordern Produkte mit langen Distributionswegen, die vielleicht nur an einem Ort hergestellt werden, sehr viel mehr einen Einsatz chemischer Konservierungsmittel als solche Erzeugnisse, die schon nach kurzer Zeit in der Nachbarschaft ihres Herstellungsortes verkauft sind.

Übergewicht und seine Ursachen: In den letzten Jahrzehnten hat die Zahl an übergewichtigen Personen in der Bevölkerung stark zugenommen, was inzwischen auch in der Politik Gedanken zu Gegenreaktionen stimuliert hat, da Fettsucht als ernster Risikofaktor für verschiedene Erkrankungen wie Diabetes mellitus, einige Krebsformen und Herz/Kreislauferkrankungen erkannt wurde. Damit ist Übergewicht zu einem gesellschaftlichen Problem geworden. Dabei alarmiert vor allem der Befund, daß heute in Deutschland jedes 5. Kind und jeder 3. Jugendliche übergewichtig ist bzw. an den Folgeerkrankungen leidet.

Die Ursachen für Übergewicht sind multifaktoriell. So spielen sozio-ökonomische Faktoren ebenso eine Rolle wie mangelnde Bewegung und genetische Faktoren. So gilt als erwiesen, daß sich u.a. der soziale Status in der Prävalenz zum Übergewicht niederschlägt. So zeigen Meßergebnisse, daß die Neigung zu Übergewicht bei Kindern aus niederen sozialen Schichten höher ist als bei Kindern höherer gesellschaftlicher Schichten. So hat man in einer Studie[2] mit 5–7 jährigen Kindern aus niederem sozialem Status 16% und mit 9–11 jährigen 19% Übergewichtige registriert, dagegen bei Kindern aus höheren Bevölkerungsschichten nur 6% bzw. 10%. Bewegungsmangel ist ein wichtiger Grund zur Auslösung von Übergewicht, wenn z.B. Fernsehen und Computerspiele an die Stelle von Bewegungsspielen getreten sind. Aber auch der Austausch der traditionellen Mahlzeitenfolge gegen einen Gelegenheitskonsum können sich

---

[2] Czerwinski-Mast, M., Danielzik, S., Asbeck, I., Langnäse, K., Spethmann, C., Müller, M.: Kieler Adipositas-Präventionsstudie (2003) Bundesgesundheitsblatt **46**, 727

in Übergewicht niederschlagen, wenn mehr Energie aufgenommen wird, als der Körper verkraften kann. Dabei scheint weitgehend egal zu sein, welche Energieträger aufgenommen werden. So ergab eine Studie in Bayern, daß Normalgewichtige mehr Süßigkeiten verzehrten als Übergewichtige. – Wie bereits erwähnt, kann Übergewicht auch eine Folge genetischer Probleme sein. So hat man in Adoptivstudien erkannt, daß das Körpergewicht von adoptierten Kindern eher mit dem der leiblichen Eltern korrelierte als mit dem der Adoptiveltern. In Familienstudien hat man nachgewiesen, daß Eltern übergewichtiger Jugendlicher zu 50% selber zur Fettleibigkeit neigten. Der geringe Niederschlag des Umweltmilieus wird aus einem Versuch deutlich, in dem man den BMI[3] von zusammen und getrennt aufwachsenden Zwillingen miteinander verglich und feststellte, daß die Werte der zusammen aufwachsenden Zwillinge nicht ähnlicher waren als die der getrennt lebenden.

Falsche Ernährung dürfte schon immer die Ursache für viele Erkrankungen gewesen sein: zum einen durch zu einseitige Nahrungsauswahl in Unkenntnis der Erfordernisse einer gesunden Ernährung oder auch durch zu reichliche Nahrungszufuhr. So hat sich der Fleischverbrauch in Deutschland seit 1950 fast verdreifacht! Als gesundeste Ernährung wird oft eine vernünftige Mischkost empfohlen. Das muß um so mehr gelten, als man durch neuere Studien erkannt hat, daß unsere Lebensmittel selbst eine Reihe von Risikofaktoren in sich tragen. So enthalten Lebensmittel tierischer Herkunft fast durchweg Cholesterol, das als Risikofaktor für Herz-Kreislauferkrankungen genannt wird (s. S. 64). Die Problemlösung ist indes viel komplizierter, da einerseits Cholesterol auch vom menschlichen Körper synthetisiert wird und hier in verschiedenen Organen eingebaut wird, andererseits aber in diesem Zusammenhang auch die ubiquitär vorkommenden, gesättigten Fettsäuren mit eingeschlossen sind, die zusammen mit Cholesterol in den „Low Density Lipoproteins" (LDL) transportiert werden und bei Nichtverfügbarkeit von LDL-Rezeptoren Cholesterol an geschädigten Gefäßwänden ablagern können. Ausschließliche Aufnahme einiger ungesättigter Fettsäuren, die diesem Effekt entgegenwirken, können aber wegen ihrer leichten enzymatischen Oxidierbarkeit einen „oxidativen Streß" auslösen und so die Entstehung von Radikalen und Singulett-Sauerstoff im Gewebe begünstigen, die ihrerseits wieder Risikofaktoren für Brustkrebs und Herzinfarkt darstellen. Deshalb muß dann vorbeugend für genügende Gehalte an Tocopherolen gesorgt werden (s. S. 29).

Krebs und Herz/Kreislauferkrankungen sind heute in den westlichen Ländern die hauptsächlichen Todesursachen. Daher werden in zahlreichen epidemiologischen Erhebungen die Wechselwirkungen zwischen der Ernährung und diesen beiden Krankheiten untersucht. Nach Schätzungen in den USA können 35% der dortigen Todesfälle durch Krebs auf Überernährung, zu hohen Fettverzehr, Alkoholmißbrauch oder gewisse Mangelzustände durch einseitige Ernährung zurückgeführt werden. Weitere 30% der Todesfälle durch Krebs werden durch das Rauchen verursacht. Krebs kann durch gewisse Stoffe in

---

[3]   BMI = Body Mass Index = Körpergewicht in kg / Körperlänge^2 in |Meter^2|

Umwelt und Lebensmitteln ausgelöst werden, so durch kanzerogene aromatische Kohlenwasserstoffe, Nitrosamine, durch von Mikroorganismen ausgeschiedene Mykotoxine oder im Körper durch freie Radikale aus Fettsäurehydroperoxiden. Aber auch übermäßiger Fettverzehr soll Krebs auslösen können. Durch Angriff von kanzerogenen Verbindungen auf die Erbsubstanz (Desoxyribonukleinsäuren) können Punktmutationen, Basen-Aussparungen oder -Verlagerungen bewirkt werden, wenn sie nicht durch spezielle Reparatursysteme (z.B. das Tumor-Suppressor-Gen P-53, das bei der Kontrolle der Zellteilung wirksam ist) eliminiert werden[4]. Die Entstehung von Krebs scheint zwar ein mehrstufiger Vorgang zu sein, in den auch spezielle Promotoren eingreifen. Dennoch wird heute angenommen, daß die Einschränkung der Risikofaktoren Rauchen, Entzündungen und unausgewogene Ernährung Krebs erst in höherem Lebensalter zum möglichen Ausbruch kommen läßt.

Dagegen inhibieren Obst und Gemüse offenbar die Krebsentstehung. So beobachtete man bei starken Obstessern nur 50% der Krebshäufigkeit (Lunge, Kehlkopf, Mund, Speiseröhre, Magen, Dickdarm, Mastdarm, Blase, Bauchspeicheldrüse, Gebärmutterhals und Eierstöcke), die man an einer Vergleichsgruppe von Personen, die Obst und Gemüse verschmähen, registrierte. Diese Schutzwirkung wird auf Flavonoide und Zimtsäurederivate sowie Stoffe mit Ligninstrukturen zurückgeführt, obwohl dies noch nicht schlüssig bewiesen worden ist. Solche Verbindungen werden manchmal schon als **Antikarzinogene** bezeichnet. Auch Antioxidantien (z.B. Phenole) fallen darunter. In diesem Zusammenhang wird auch die Eigenschaft von β-Carotin beschrieben, das freie Radikale abfangen kann (ebenso wie Phenole, z.B. Tocopherole). Überraschenderweise führte allerdings die Zufuhr von synthetischem β-Carotin bei einer Gruppe von Rauchern zu einer signifikanten Zunahme der Krebshäufigkeit. Über weitere krebsinhibierende Verbindungen und ihre Herkunft unterrichtet Tabelle 1.2.

Während man in Laienkreisen die größten Gesundheitsrisiken in chemischen Rückständen und Lebensmittel-Zusatzstoffen sieht, verläuft die Wichtung aus der Sicht der Wissenschaft gerade umgekehrt:

1. Überernährung, Fehlernährung
2. Pathogene Mikroorganismen
3. Natürliche Giftstoffe
4. Chemische Rückstände in Lebensmitteln
5. Lebensmittelzusatzstoffe.

Zu den Punkten 2–5 finden sich nähere Angaben in den Kapiteln 9–12.

---

[4]   Ames BN, Gold LS, Willett WC (1995) The causes and prevention of cancer, Proc Natl Acad Sci USA 92 : 5258–5265.
Food, Nutrition and the Prevention of Cancer: a global perspective, World Cancer Research Fund/American Institute for Cancer Research, Washington DC 1997, ISBN: 1 899533 05 2.

Tabelle 1.2. Krebs-Inhibitoren enthaltende Lebensmittel

Lebensmittel	Inhibitoren
Obst	Vitamine, Flavonoide,Polyphenolsäuren, Carotine, Rohfaser, Monoterpene (*d*-Limonen)
Gemüse	Vitamine, Flavonoide, Pflanzenphenole, Chlorophyll, Rohfaser, aliphatische Sulfide, Carotine, aliphatische Isothiocyanate, Dithiolthione, Phytinsäure, Calcium
Cerealien	Rohfaser, Tocopherol, Phytinsäure, Selen
Fette und Öle	Fettsäuren, Vitamin E, Tocotrienole
Milch	Fermentationsprodukte, Calcium, Freie Fettsäuren
Nüsse, Bohnen, Getreide	Polyphenole, Rohfaser, Vitamin E, Phytinsäure, Cumarine, Proteine
Gewürze	Cumarine, Curcumin, Sesaminol
Tee	Pflanzenphenole, Epigallocatechin
Kaffee	Polyphenolsäuren, Diterpenalkoholester, Melanoidine
Wein	Flavonoid
Wasser	Selen

Aus: B Stavric (1994) Antimutagens and Anticarcinogens in Foods, Fd Chem Toxic Vol 32, Nr. 1, S. 79–90.

Noch nie war das Lebensmittelangebot so umfassend wie heute. Durch gesetzliche Maßnahmen müssen heute die Zutaten einer großen Anzahl von Lebensmitteln angegeben werden. Dadurch wird dem Verbraucher die Möglichkeit zur Auswahl derjenigen Lebensmittel gegeben, die er auch wünscht. So werden z.B. **biodynamische Lebensmittel** angeboten, die durch Anwendung traditioneller Verfahren und ohne chemische Hilfsstoffe erzeugt wurden. In Bezug auf etwaige Gehalte an Rückständen unerwünschter Substanzen haben sie sich oft dennoch nicht als besser als die herkömmlichen Erzeugnisse erwiesen, da die Belastung unserer Lebensmittel durch Schadstoffe nicht selten von der Umweltsituation im Erzeugerland abhängt.

Vegetarier meiden mehr oder weniger Lebensmittel tierischer Herkunft. Man unterscheidet hier zwischen **Ovolacto-** und **Lactovegetariern sowie Veganern.** Während die Angehörigen der ersten beiden Gruppen Eier und Milch sowie daraus hergestellte Produkte essen, lehnen letztere jegliche Kost tierischen Ursprungs ab. Bei ihnen sind gewisse Mangelerscheinungen, vor allem in Bezug auf Protein, Eisen, Calcium und Vitamin B_{12} nicht auszuschließen. Dagegen kann eine ovolactovegetarische Kost ernährungsphysiologisch durchaus vollwertig sein. Statistische Erhebungen an Vegetariern haben signifikant geringere Zahlen an Herz-Kreislauferkrankungen und an Dickdarmkrebs im Vergleich zu Nichtvegetariern gleicher sozialer Schichten ergeben. Der Grund hierfür wird in einem besseren Gesundheitsbewußtsein dieser Bevölkerungsgruppe und Meiden von Risikofaktoren (viele Vegetarier sind Nichtraucher und Antialkoholiker!) gesehen. Die geringere Erkrankungsrate an Dickdarmkrebs wird auf den hohen Ballaststoffgehalt in der pflanzlichen Nahrung zurückgeführt.

Diätetische Lebensmittel sollen die Zufuhr bestimmter Nährstoffe oder physiologisch wirksamer Verbindungen verringern oder erhöhen, um besonderen Ernährungserfordernissen, z.B. durch Krankheit, Überempfindlichkeit, Funktionsanomalien, Schwangerschaft bzw. Stillzeit, Rechnung zu tragen. So ist zum Beispiel in für Diabetiker bestimmten Produkten ein Teil des Zuckers durch **Zuckeraustauschstoffe** wie Mannit, Sorbit, Xylit oder Fructose ersetzt (s. S. 186 ff). Solche Verbindungen werden vom Körper resorbiert und verbrannt, belasten dagegen den Blutzuckerspiegel des Kranken mehr oder weniger nicht. In solchen Produkten ist der Gehalt an verdaulichen Kohlenhydraten in „**Broteinheiten**" angegeben (1 Broteinheit = 12 g Monosaccharid oder die dieser Menge entsprechenden Gehalte an verdaulichen Oligo- und Polysacchariden sowie Sorbit und Xylit). Für Übergewichtige werden stattdessen unverdauliche Süßstoffe angeboten (s. S. 191). Fertigmenüs für Übergewichtige unterliegen bestimmten Brennwertbegrenzungen (1 Tagesration darf nicht mehr als 5025 kJ entsprechend 1 200 kcal enthalten) und darüber hinaus Mindestanforderungen bezüglich der Mengen an biologisch hochwertigem Eiweiß, essentiellen Fettsäuren, verwertbaren Kohlenhydraten und Vitaminen. – Zur Bekämpfung von Iodmangelkrankheiten wird iodiertes Speisesalz, zur Ernährung Nierenkranker, für die die Zufuhr von Natrium-Ionen kontraindiziert ist, werden Kochsalzersatzpräparate angeboten (s. S. 185).

In neuerer Zeit entwickelt sich ein Markt für **Nahrungsergänzungsmittel** und **Functional Foods**, die ursprünglich aus Japan stammen. In Japan ist der Anteil alter Menschen an der Bevölkerung besonders groß, nachdem die Japaner die höchste Lebenserwartung auf der Erde haben sollen. Mit der Einführung von Functional Foods versucht man dort, die Ausgaben für das Gesundheitswesen gezielt zu senken.

Bei **Nahrungsergänzungsmitteln** handelt es sich um Konzentrate von Nährstoffen mit physiologischen Wirkungen (z.B. Vitaminen, Mineralstoffen incl. Spurenelementen). Denkbar wären auch essentielle Fettsäuren, essentielle Aminosäuren, Coenzym Q-10, Carnitin, Cholin und Pyruvat Sie werden gehandelt in Form von Tabletten, Kapseln und Ampullen.

Demgegenüber werden **Functional Food** grundsätzlich in Form originärer Lebensmittel angeboten. Man hat sie zur Erzielung vorbestimmter Wirkungen mit gewissen Zusatzstoffen versetzt. Ein Lebensmittel kann dann als funktionell bezeichnet werden, wenn es außer Stoffen, die der Ernährung dienen, weitere Verbindungen enthält, die dem Konsumenten ein gesteigertes Wohlgefühl oder gesundheitliches Befinden vermittelt. Solche Erzeugnisse werden z.B. zusätzlich gewisse Mengen an Vitamin C und E, von Carotinoiden, Flavonoiden, Thiocyanaten und Ballaststoffen zur Krebsprophylaxe enthalten, oder man hat ihnen Antioxidantien bzw. FPC (ein Phytosterolpräparat zur Cholesterolsenkung) oder mehrfach ungesättigte Fettsäuren gegen Herz/Kreislauferkrankungen, oder Calcium, Magnesium, Phosphor sowie Vitamine D und E gegen Osteoporose oder spezielle Milchsäurebakterien, ungesättigte Fettsäuren, Aminosäuren und Nukleotide zur Stabilisierung des Immunsystems zugesetzt. In den USA sollen gewisse Getreideprodukte mit Folsäure versetzt werden. In Deutschland wird Iod-Speisesalz angeboten, um den alimentären Iodmangel zu bekämpfen.

Die möglichen, gesundheitsfördernden Zutaten zu Lebensmitteln werden in Japan derzeit in 12 Klassen eingeteilt:[5]

Ballaststoffe	Isoprenoide und Vitamine
Oligosaccharide	Cholin
Zuckeralkohole	Milchsäurebakterien
Peptide und Proteine	Mineralstoffe
Glykoside	mehrfach ungesättigte Fettsäuren
Alkohole	Andere (Phytochemikalien, Antioxidantien)

Man kann also Functional Foods auch als „Foods for specified Health Use" (FOSHU) bezeichnen. In Japan wurden schon zahlreiche Lebensmittel aus der Gruppe der FOSHU zugelassen, z.B. phosphorarme Milch (für Verbraucher mit chronischen Nierenerkrankungen), mit bestimmten Oligosacchariden vom Typ der Oligo- bzw. Polyfructosane angereicherte Erfrischungsgetränke und Puddings (zur Verbesserung der Darmflora) oder Kaugummi mit Isomalt oder Maltitol (gegen Zahnkaries)[6].

Milchsäurebakterien vom Typ Lactobazillus GG (Goldin und Gorbach) siedeln sich, mit Sauermilch oder Joghurt genossen, im menschlichen Darm an und verstärken das Wohlbefinden. Sie stellen auch ein sogenanntes **Probioticum** dar, also eine Bakterienkultur, die das mikrobiologische Gleichgewicht im menschlichen Darm stabilisiert. Andere Beispiele sind Lactobazillus acidophilus, L. casei, L. delbrückii, Bifidusbakterien (Bifidobacterium adolescentis, B. bifidum) und gewisse Streptokokken (z.B. S. lactis). – Aus Chicoree gewonnene Oligofruktose, ein **Präbioticum**, stimuliert die Bifidus-Flora im menschlichen Dickdarm, da Bifidusbakterien durch das in ihnen enthaltene Enzym β-Fruktosidase Oligofructosane verstoffwechseln können. Gleichzeitig nimmt die Zahl unerwünschter Bakteroide, Fusobakterien und Clostridien im Darm ab. Präbiotische Zutaten stimulieren also die Darmflora, sind aber nicht verdaulich (z.B. Ballaststoffe). Sie werden meist in Kombination mit Milchprodukten angeboten. Bisher gesicherte Wirkungen sind geringere Durchfallhäufigkeit (durch Clostridien oder nach Antibiotikabehandlung), bessere Verträglichkeit von Milchprodukten durch Personen mit Lactose-Intoleranz (s. S. 283) sowie Konzentrationssenkung einiger gesundheitsschädlicher Stoffwechselprodukte und Krebs promovierender Enzyme im Dickdarm. Zweck, Kriterien und Inhaltsstoffe von Funktionellen Lebensmitteln befinden sich

---

[5]   Ichikawa T (1994) Functional Foods in Japan in: Goldberg, I (Herausgeber): Functional Foods, Designer Foods, Pharma Foods, Neutraceuticals. Chapman & Hall, New York, S. 453–467.

[6]   Kojima K (1996) The Eastern Consumer Viewpoint: The Experience in Japan, in: Nutritional Reviews 54: 186–188.

derzeit weltweit noch in der Diskussion, wie auch die Definitionen dieser Lebensmittel-Klasse noch nicht einheitlich sind[7].

Während man in Functional Food und Nahrungsergänzungsmitteln anstrebt, nur Produkte natürlicher Herkunft zuzusetzen, wobei die medizinische Wirkung nicht im Vordergrund steht, stellen **Nutraceuticals (Pharma Food)** solche Lebensmittel dar, die Pharmaka enthalten. Als Zusätze wurden z.b. Melatonin (N-Acetylserotonin) und Dehydroepiandrosteron diskutiert. Beiden schreibt man eine lebensverlängernde Wirkung zu, die allerdings nicht bewiesen ist. Ginseng ist bekannt dafür, die Leistungsfähigkeit älterer Menschen zu steigern, während das körpereigene Carnitin als Mittel zur Unterstützung einer Gewichtsabnahme bei Adipositas angepriesen wurde. Das deutsche Lebensmittelgesetz verbietet solche Präparationen in Lebensmitteln.

Transgene Lebensmittel: Die Entdeckung der DNA-Struktur durch Crick und Watson und davon abgeleitet die Erkennung des genetischen Codes und schließlich der Restriktionsenzyme haben die Voraussetzung für die Gentechnik geschaffen. Wie wir heute wissen, stellt die Basensequenz von Adenin, Guanin, Thymin und Cytosin in den Desoxyribonukleinsäuren den genetischen Code für alle Lebewesen dar, der also auch universell verstanden wird. Diese Eigenschaft wird von der Gentechnik ausgenutzt, indem bestimmte Gene einem Organismus A entnommen und artübergreifend in die Chromosomen eines Organismus B eingepflanzt werden. Während also Züchtungsversuche ähnlich gebaute Organismen voraussetzen, deren Kreuzung mehr oder minder zufällige Ergebnisse unter Beachtung der Mendelschen Gesetze bringen, können mit der Gentechnik vorbestimmte Eigenschaften zwischen völlig unterschiedlichen Lebewesen transferiert werden. So ist es z.b. gelungen, aus den Chromosomen von Kälbern jene Gene zu erkennen und zu isolieren, die für die Genese des bei der Käserei benötigten Labfermentes Rennin verantwortlich sind, das sich in der Schleimhaut des Kälberpansens findet. Ihre Verpflanzung in Bakterien (Escherichia coli, Kluyveromyces lactis oder bestimmte Stämme von Apergillus niger) befähigt diese nun zu der Herstellung des Rennins, womit man nun von der Gewinnung im Schlachthof unabhängig wurde. In den USA werden bereits über 70% der Käse durch so gewonnenes Labenzym hergestellt. So entstandene, genetisch veränderte Organismen (GVO) mit neuen bzw. zusätzlichen Erbinformationen bezeichnet man auch als transgen.

Seit einigen Jahren wird Gentechnik nicht nur im Pharmabereich, sondern vor allem auch in der Landwirtschaft angewendet, so daß auch unsere Lebensmittel davon nicht frei sein können. So befinden sich derzeit zahlreiche transgene Pflanzen in der Erprobung. Kommerziell eingesetzt werden derzeit vor allem herbizidtolerante Sojabohnen, Raps und Mais. Bt-Mais enthält ein Genkonstrukt für ein Bazillus thuringensis-Toxin, mit dem man den Mais-Zünsler bekämpfen kann. Es ist zu erwarten, daß vor allem in der Agronomie versucht wird, Pflanzen mittels Gentechnik auf spezielle Eigenschaften und Speicherstoffe bei höchsten Erträgen zu verändern.

---

[7] ILSI in: EC Concerted Action on Functionel Food Science in Europe, 1997.

Tabelle 1.3. Mögliche Gliederung und Beispiele für neuartige Lebensmittel

Neuartige Lebensmittel – Novel Foods	
Gruppe von Lebensmitteln	Beispiele
Gentechnisch hergestellte Lebensmittel (Gruppe a)	Tomaten, Mais, Äpfel, Käse mit GV-Edelschimmel, Joghurt mit GV-Milchsäurebakterien
(Gruppe b)	Enzyme, Aminosäuren, Vitamine, Hormone, Stärken, Öle, Zucker
neu strukturierte Zutaten (Gruppe c)	Fettersatzstoffe, Süßungsmittel, nicht übliche Kohlenhydrate
Lebensmittel aus nicht traditionellen Rohstoffen (Gruppe d)	Single Cell Proteine, Algen, Plankton, Lupinenmehl
Produkte aus fremden Kulturkreisen (Gruppe e)	Geröstete Heuschrecken, Käferlarven, exotische Meeresfrüchte, Obst und Gemüse
Neue technische Verfahren an traditionellen Lebensmitteln	Hochdruckpasteurisierung, Oberflächensterilisierung durch energiereiche Lichtblitze

(nach Kl-D Jany und R Greiner: „Gentechnik und Lebensmittel", Berichte der Bundesforschungsanstalt für Ernährung, Karlsruhe, 1998, S. 59).

Neuartige Lebensmittel/Novel Foods: Die gleichnamige Verordnung der EG[8] regelt nicht nur das Inverkehrbringen und Etikettieren gentechnisch hergestellter Lebensmittel, sondern auch neuartiger, bisher hier nicht bekannter Lebensmittel und Lebensmittelzutaten. In Tabelle 1.3 sind die in dieser Verordnung erfaßten Gruppen aufgelistet, auf die im einzelnen nicht hier, sondern in den entsprechenden Kapiteln eingegangen werden soll.

---

[8] Verordnung EG Nr. 258/97 des Europäischen Parlaments und des Rates vom 27.1.1997 über neuartige Lebensmittel und neuartige Lebensmittelzutaten, Amtsblatt der Europäischen Gemeinschaft Nr. 4, 1–7.

2 Wasser

2.1
Einleitung

Pflanzliches und tierisches Leben sind ohne Wasser undenkbar. Der Muskel des erwachsenen Menschen enthält etwa 74%, die inneren Organe sogar bis zu 80% Wasser. Bei Verlust von 10% des Körperwassers treten ernste Funktionsstörungen ein, bei 15% Wasserverlust ist mit dem Tod zu rechnen.

Der erwachsene Mensch verliert täglich etwa 2 bis 2,5 Liter Wasser durch Nieren, Darm, Haut und Lungen, wobei überhöhte Schweißabsonderungen noch nicht berücksichtigt sind. Dieses Wasser muß mit der täglichen Nahrung wieder zugeführt werden. Allerdings sind hierzu geringere Mengen an reinem Wasser notwendig, da auch unsere Lebensmittel zu einem beträchtlichen Prozentsatz aus Wasser bestehen. So enthalten

Obst und Gemüse	70–95%,
Fleisch	60–80% und
Brot und Gebäck	30–45% Wasser.

Man kann also schätzen, daß unsere tägliche Nahrung etwa 0,7 l gebundenes Wasser enthält und darüber hinaus 0,3 l Wasser durch Oxidation der Nahrungsbestandteile freigesetzt werden.

Als chemische Verbindung zeigt Wasser eine Reihe von Anomalien. Die erste ist sein Siedepunkt von 100°C, der deutlich überhöht ist. Aus einem Vergleich mit den Siedepunkten der Hydride der in der gleichen Hauptgruppe befindlichen Elemente Schwefel, Selen und Tellur läßt sich schätzen, daß die Verbindung H_2O eigentlich schon bei −80°C sieden müßte. Wie wir heute wissen, ist der hohe Siedepunkt des Wassers auf eine Zusammenlagerung von Wassermolekülen durch Wasserstoffbrücken zu Molekülschwärmen (Clustern) zurückzuführen. Die zweite Anomalie ist die Volumenvergrößerung des Wassers beim Erstarren, wodurch das gebildete Eis auf der Oberfläche des Wassers verbleibt. Würde es absinken, wäre ein Leben in den Meeren undenkbar! Diese Eigenschaft hängt mit dem relativ voluminösen hexagonalen Kristallgitter des Eises zusammen. – Schließlich besitzt Wasser eine relativ große spezifische Wärme, die sich als außerordentlich wichtig für den Wärmehaushalt sowohl der Erde als auch des menschlichen Körpers erwiesen hat. So kann unsere Erde erhebliche Wärme- und Kältemengen aufnehmen, ohne selbst größere Temperaturverluste zu erleiden. Andererseits vermögen bereits geringe Schweißabsonderungen die Körpertemperatur eines Menschen erheblich zu erniedrigen.

2.2
Die Wasserbindung in Lebensmitteln

Die Wasserbindung in Lebensmitteln ist sehr unterschiedlich. Zunächst kann davon ausgegangen werden, daß es adsorptiv an die Lebensmittelinhaltsstoffe gebunden ist. Die nur sehr bedingten Gültigkeiten der bekannten Adsorptionsgleichungen (z.B. nach Langmuir bzw. nach Brunauer, Emmett und Teller, die sog. „BET-Gleichung") lassen allerdings erkennen, daß neben der Adsorption weitere Kräfte wirksam sind. Eine der bedeutendsten ist mit Sicherheit der Kapillardruck, der zu einer festeren Bindung des Wassers in den feinen Kapillaren im Lebensmittel führt. Danach steht eine Flüssigkeit mit der Oberflächenspannung σ in einer Kapillare des Radius r unter einem Unterdruck p_σ,

$$P_\sigma = \frac{2\sigma}{r},$$

der die Flüssigkeit um so weiter nach oben steigen läßt, je kleiner r, der Kapillar-Radius, ist. Die Folge ist ein Sinken des Dampfdrucks p des Kapillarwassers. Entsprechend der Gleichung von Thomson[1]

$$\ln \frac{P}{P_0} = -\frac{2\sigma}{r} \cdot \frac{V}{R \cdot T}$$

ist für Wasser mit folgenden Kapillardrucken zu rechnen:

Radius r	0,1 µ:	1 µ:	10 µ:
Druck p (kg/cm^2)	14,84	1,484	0,148

Da die Kapillardurchmesser in Lebensmitteln (z.B. Fleisch, Kartoffeln) in der Größenordnung von 1 µ liegen, muß man also etwa 1,5 bar aufwenden, um den Kapillardruck zu überwinden!

In Lebensmitteln gebundenes Wasser weist einen niedrigeren Dampfdruck p auf als freies Wasser (Dampfdruck p_0). Je stärker das Wasser adsorbiert ist, desto niedriger wird sein Dampfdruck sein. Um die Stärke der Wasserbindung auszudrücken, hat man p und p_0 zueinander in ein Verhältnis gesetzt und dieses als **Wasseraktivität (a_W)** bezeichnet:

$$\frac{P}{P_0} = a_W.$$

In der Abb. 2.1 sind die Sorptionsisothermen für Kartoffelstückchen bei verschiedenen Temperaturen dargestellt. Aus dem Kurvenverlauf läßt sich ersehen, daß p sich um so mehr p_0 annähert (= Wasseraktivität geht gegen 1), je höher der Wassergehalt und die Temperatur des Lebensmittels sind.

---

[1]　　In dieser Gleichung bedeuten: p = Kapillardruck; p_0 = Dampfdruck des ungebundenen Wassers; V = Molvolumen des Wassers; R = Gaskonstante; T = absol. Temperatur (K); σ = Oberflächenspannung.

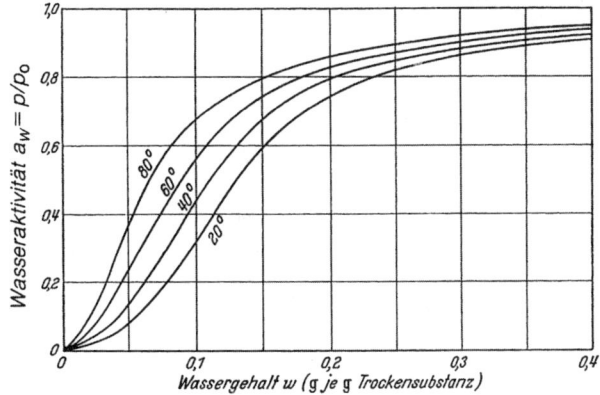

Abb. 2.1. Sorptionsisothermen für Kartoffelstücke bei verschiedenen Temperaturen (Handbuch der Lebensmittelchemie, Bd. I, S 109, Springer 1965)

Wie man bei Gefrierversuchen gefunden hat, ist nicht das gesamte im Lebensmittel enthaltene Wasser gefrierbar. Man kann das u.a. aus der Schmelzenthalpie feststellen, aus der die freigesetzte Kristallisationswärme des Eises abgeleitet werden kann. Die Tatsache, daß ein gewisser Teil des Wassers offenbar nicht gefriert, deutet auf seine mehr oder weniger feste Bindung an Lebensmittel-Inhaltsstoffe, etwa an Eiweiß. Den gleichen Schluß erlaubt die teilweise ungenügende Rehydratation von getrockneten Lebensmitteln. Hier hat offensichtlich ein zu starker Wasserentzug zu Strukturveränderungen im Inneren des Lebensmittels geführt, so daß anschließend nicht mehr die gleiche Menge an Wasser aufgenommen werden kann.

Auch Mikroorganismen benötigen zum Leben gewisse Mindestwassergehalte. Diese Erkenntnis hat man zur Konservierung von Lebensmitteln ausgenutzt (Trockengemüse, Trockenfleisch).

Tabelle 2.1 zeigt, daß die meisten Mikroorganismen recht hohe Wasseraktivitäten benötigen, um leben zu können. Man beachte aber, daß Wassergehalt und Wasseraktivität nicht gleichgesetzt werden dürfen! So gibt es Kleinlebewesen, die z.B. in Schweineschmalz bei Wassergehalten von 0,3% noch existieren können. Wegen der geringen Bindung des Wassers an die Matrix dürften die Wasseraktivitäten hier 0,8–0,9 betragen.

Tabelle 2.1. Wachstumsgrenzen einiger Verderbniserreger

Wasseraktivität	Art der Mikroorganismen
0,91–0,95	Die meisten Bakterien
0,88	Die meisten Hefen
0,80	Die meisten Schimmelpilze
0,75	Halophile Bakterien
0,70	Osmophile Bakterien
0,65	Xerophile Schimmelpilze

3 Mineralstoffe

3.1
Mengenelemente

Neben den hauptsächlich in organischen Verbindungen vorkommenden Elementen C, H, O, N, S kann man im menschlichen Körper etwa 50 weitere Elemente aus dem mineralischen Bereich nachweisen. Dabei machen die schon genannten Elemente zusammen mit Ca, P, K, Cl, Na, Mg und Fe ungefähr 99,5% der Körpersubstanz aus. Man bezeichnet diese 12 Elemente daher häufig auch als **Mengenelemente** im Gegensatz zu den **Spurenelementen**, die die restlichen 0,5% ausmachen. Eine funktionsbezogene Aussage ist in dieser Aufteilung nicht enthalten.

Den Mineralstoffen schreibt man folgende Aufgaben im menschlichen Körper zu:

1. Bildung von Gerüst- und Stützsubstanzen.
   So enthält das Knochengerüst allein 50% anorganisches Material, in der Hauptsache Hydroxylapatit $3Ca_3(PO_4)_2 \cdot Ca(OH)_2$, das durch amorphes Calciumcarbonat abgedeckt wird. Diese Verbindungen sind in organische Materie aus Kollagen und Protein-Mucopolysaccharid-Komplexen eingelagert.
2. Steuerung von Enzymreaktionen.
   Als Beispiel sei Amylase angeführt, die Natrium-Ionen zur Aktivierung benötigt. Weitere Enzymaktivatoren sind u.a. die Ionen von Zn, Cu, Mn, Sn, Co und Mg.
3. Beeinflussung der Nervenaktivität.
   Hier spielen besonders Natrium- und Kalium-Ionen eine Rolle.
4. Erhaltung elektrolytischer und osmotischer Gleichgewichte.
   Hier sind wieder die Ionen von Natrium und Kalium essentiell, die in der Hauptsache als Chloride vorliegen, daneben aber auch in Form der Hydrogencarbonate sowie der verschiedenen Phosphate gefunden werden und vorwiegend am Aufbau der verschiedenen Puffersysteme des Körpers beteiligt sind.

Die Mengenelemente Natrium und Chlor befinden sich als Ionen fast vollständig in den extracellulären Flüssigkeiten des menschlichen Körpers, während Kalium und Magnesium überwiegend intracellulär vorkommen.

Tabelle 3.1. Konzentrationen einiger Mengenelemente in einigen Lebensmitteln (mg in 100 g eßbarem Anteil, Mittelwerte). (Nach SW Souci u. Mitarb.)

Lebensmittel	Na	K	Ca	Mg	Fe	P
Rindfleisch, reines Muskelfleisch	57	370	4	21	1,9	194
Forelle	40	465	18	27	0,7	242
Kuhmilch, 3,5% Fett	48	157	120	12	–	92
Hühnerei, gesamt	144	147	56	12	2,1	216
Weizenmehl, Type 405	2	108	15	–	2,0	
Weizenmehl, Type 1200	2	241	17	–	2,8	198
Kartoffel	3	443	10	25	0,8	50
Bohnen, weiß	2	1310	106	132	6,1	429
Apfel	3	144	7	6	0,5	12
Kaffee, geröstet	4	1730	146	210	16,8	192
Kakaopulver, schwach entölt	17	1920	114	414	12,5	656

Der größte Teil des Eisens ist im Hämoglobin, dem roten Blutfarbstoff, gebunden. Auch die mineralischen Stoffe des Körpers unterliegen einem Austausch, weshalb sie in genügender Menge in der Nahrung enthalten sein müssen.

In Tabelle 3.1 sind die Konzentrationen der wichtigsten Mengenelemente einiger Lebensmittel beispielhaft dargestellt. Hier ist auch das Fe mit erfaßt, das einige Quellen den Spurenelementen zurechnen.

Es ist zu erkennen, daß die Konzentrationen an **Kalium** die der anderen Elemente fast durchweg erheblich übersteigen. Ausnahmen hiervon findet man unter den unverarbeiteten Lebensmitteln nur bei Blut, wo die Mengen an Natrium und Eisen höher liegen, sowie in Ei wegen seines höheren Phosphor-Gehaltes. Besonders hohe Kalium-Konzentrationen enthalten einige pflanzliche Lebensmittel, so Bohnen, Steinpilze, Kaffee und Tee.

Dagegen wird **Natrium** dem Körper vorwiegend als Kochsalz zugeführt. Der tägliche Bedarf des erwachsenen Menschen wird von der Deutschen Gesellschaft für Ernährung auf 5 g NaCl pro Tag beziffert. Zu hohe Kochsalzaufnahme kann dagegen Bluthochdruck bewirken. In diesem Falle ist ebenso wie bei Vorliegen von Ödemen und gewissen Nierenkrankheiten eine natriumarme Kost angezeigt. Wegen der Zusammensetzung von Kochsalz-Ersatzpräparaten s. S. 185. Kochsalz ist nicht nur das wichtigste Würzmittel für unsere Speisen, sondern gleichzeitig Lieferant für Natrium und Chlor. Letzteres dient dem Körper zur Herstellung der Magensäure (HCl). Natrium und Kalium, die im Körper grundsätzlich in ionisiertem Zustand auftreten, müssen wegen ständiger Ausscheidung stets ergänzt werden. Während die Natrium-Ausscheidung auf dem Harnwege hormonell geregelt wird, können starke Schweißabsonderung bzw. Erbrechen zu Natrium-Mangelzuständen führen.

Mangel an Calcium, Magnesium und Phosphor sollte bei Zuführung einer normalen Mischkost nicht auftreten. **Calcium**-Mangelzustände (z.B. Rachitis) sind vielmehr auf Vitamin-D-Mangel zurückzuführen, das die Resorption des Calciums steuert. Besonders reich an Calcium und Phosphat sind Milch und

Milchprodukte (z.B. Käse). Dagegen sind Fleisch, Eier und Gemüse relativ calciumarm. Als täglicher Bedarf werden lt. WHO/FAO 400–500 mg für den erwachsenen Menschen angegeben; allerdings kommen die Menschen in Japan, wo sich die Nahrung zum großen Teil aus Getreide, Gemüse und Ölfrüchten zusammensetzt, auch mit viel geringeren Mengen aus. Auch andernorts hat man bei 200 mg Ca/Tag und Person ausgeglichene Calciumbilanzen gefunden, die möglicherweise durch erhöhte Resorptionsraten bewirkt wurden.

Magnesium spielt bei fast allen Reaktionen des intermediären Stoffwechsels eine wichtige Rolle, indem es als Aktivator bei allen Enzymen des Phosphat-Transfers wirkt. Mangelzustände hat man nach Niereninsuffizienz, schweren Hungerzuständen, bei chronischen Alkoholikern und bei Einnahme hormonhaltiger Empfängnisverhütungsmittel gefunden. Als Folge werden Muskelkrämpfe, nächtliche Wadenkrämpfe und Störungen des vegetativen Nervensystems genannt. Über die Höhe des täglichen Magnesium-Bedarfs ist aber offenbar nichts bekannt, für eine ausgeglichene Bilanz werden zwischen 260 und 295 mg pro Tag genannt. Zuckerrüben-Sirup ist relativ reich an Magnesium.

Phosphor ist für alle Lebensprozesse unentbehrlich. Es wird als anorganisches Phosphat mit der Nahrung aufgenommen und im Körper in energiereiches Phosphat (ATP) umgewandelt, das die Energiequelle z.B. für die Muskelarbeit darstellt. Aber auch viele Stoffwechselvorgänge wie die Glykolyse oder die alkoholische Gärung sind ohne Substratphosphorylierung nicht vorstellbar. Der tägliche Bedarf wird mit 1–2 g Phosphor angegeben. Höhere Phosphat-Zufuhren, wie sie z.B. in speziellen Diäten für Leistungssportler angewandt werden, sind ebenso unschädlich wie die Phosphorsäure in Citrussäften oder die in Brühwürsten, Schmelzkäse und Kondensmilch als Zusatzstoffe eingesetzten Phosphate, (s. S. 181). Allerdings wurden Hyperkinese-Erscheinungen bei Kindern (Zappeligkeit, Konzentrationsmangel) mit Phosphat in der Nahrung (natürlich bzw. zugesetzt) in Zusammenhang gebracht. Beweise dafür stehen aber noch aus.

Eisen ist das Zentralatom des Häms, des roten Blutfarbstoffs. Auch der rote Muskelfarbstoff Myoglobin, die Cytochrome und Katalase enthalten Eisen. Der tägliche Bedarf beträgt 12 mg für den Mann und 18 mg für die Frau. Die Eisenaufnahme verläuft durch die Darmwand über eine Bindung an das dort enthaltene Protein Ferritin, das offenbar gleichzeitig Steuerungsfunktionen besitzt, indem es die Menge resorbierten Eisens beeinflußt. Eisen-Mangel äußert sich meist als hypochrome Anämie, doch sind schwere alimentäre Eisen-Mangelsituationen heute selten. Als relativ reich an Eisen gilt Leber, indes ist die Resorptionsrate aus Fleisch etwa 3–5 mal so hoch. Auch Eidotter ist eisenreich. Dagegen enthält der in der älteren Literatur als eisenreich bezeichnete Spinat nicht viel mehr Eisen als andere pflanzliche Lebensmittel. Bei ernährungsbedingtem, epidemischem Eisenmangel (z.B. nach ausschließlichem Verzehr niedrig ausgemahlener Getreideprodukte) wurde die Zumischung von Eisensulfat bzw. -gluconat zu Mehl vorgeschlagen.

3.2
Spurenelemente

Unter Spurenelementen versteht man solche Elemente, die schon in Spuren für Lebensvorgänge essentiell sind. Nicht essentielle, in Spuren vorkommende Elemente werden dagegen als Kontaminanten bezeichnet. Eine allgemein gültige Terminologie gibt es derzeit noch nicht, da die Bindungsformen dieser Elemente noch nicht restlos geklärt sind und ihre Ultraspurenanalyse mit relativ großen Fehlern behaftet ist. Zusätzlich ist es oft schwierig, Mangelzustände zu erzeugen, die in der Lage sind, die Essentialität eines Elementes zu beweisen, nachdem die Zusammenstellung spezieller, gewisse Elemente total ausschließender Diäten oft unmöglich ist.

Die Problematik der Spurenelemente wird am Beispiel des **Selens** deutlich. So hat man in einigen Landstrichen Chinas das epidemische Auftreten von Myocardschäden auf Selenmangel in der Nahrung, z.B. in Cerealien, zurückführen können („Keshan-Disease"). In den USA wurden große Verluste bei der Geflügelaufzucht durch das Auftreten von Lebernekrosen ebenfalls als die Folge eines Selenmangels diagnostiziert. Gaben von Natriumselenit führten in beiden Fällen zur Besserung. Zu hohe Selengehalte in der Nahrung wirkten dagegen toxisch: Haarausfall, Verlust der Fingernägel, Schäden an Haut, Zähnen und Nerven. – Heute ist erwiesen, daß Selen ein essentieller Bestandteil der Lipidperoxide abbauenden Glutathionperoxidase ist, womit ein Bezug zu Vitamin E Mangelsymptomen (Lebernekrosen) deutlich wird. Außerdem vermag Selen die toxische Wirkung von Quecksilber (nach Einatmen der Dämpfe) herabzusetzen.

Der tägliche Selenbedarf des Menschen wird mit 60–120 µg, die toxische Dosis mit 2 400–3 000 µg/Tag beziffert. Abbildung 3.1 zeigt schematisch die Dosis-Wirkungsbeziehung eines Spurenelements, wobei klar wird, daß der Abstand zwischen Unter- und Überversorgung mit Selen sehr klein ist.

Der **Iod**bedarf des Menschen beträgt 100–150 µg pro Tag. Da verschiedene Speisen (z.B. aus Kohl und Rettich) Substanzen wie das Goitrin (s. S. 241) enthalten können, die den Iodeinbau inhibieren, werden für den Erwachsenen heute 200 µg Iod pro Tag als Norm angesetzt. Iod wird als Iodid aufgenommen und vom Körper zum Aufbau des Schilddrüsenhormons Tyroxin verwendet. Steht nicht genügend Iod zur Verfügung, kommt es zu Entartungen oder einer Vergrößerung der Schilddrüse (u.a. Kropf), womit eine ausreichende Hormonproduktion aufrecht erhalten werden soll. Iodmangel führt vor allem beim Säugling sowie während der Schwangerschaft beim Föten zu schweren Schäden, da Tyroxin die Entwicklung des Gehirns und der Knochen unterstützt. Auch wenn heute der endemische Kretinismus als Folge extremen Iodmangels unbekannt ist, so muß dennoch bei milderen Mangelzuständen mit nachteiligen Folgen für die geistige und körperliche Entwicklung des Heranwachsenden gerechnet werden. In einer deutschen Studie erwiesen sich von 780 männlichen Jugendlichen nur 13% als ausreichend mit Iod versorgt. Daraus kann gefolgert werden, daß in Deutschland auf Iodmangel reagiert werden muß. – Iodreiche Lebensmittel sind vor allem Seefisch und andere Meerestiere.

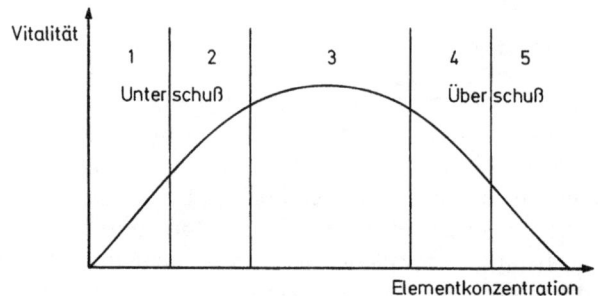

Abb. 3.1. Schematische Darstellung der Dosis-Wirkungsbeziehung einiger essentieller Elemente [nach PF Smith, Ann Rev Plant Physiol 13 (1962)]. Es bedeuten: 1 = kein Wachstum; 2 = Mangelsymptome; 3 = optimale Versorgung; 4 = toxische Dosis; 5 = letale Dosis

Zur Bekämpfung des Iodmangels wird auch der Einsatz von iodiertem Speisesalz (Jodsalz) empfohlen, das 15–25 mg Iod pro kg Kochsalz enthält. Um seinen allgemeinen Einsatz als Lebensmittel zu begünstigen, wurde Jodsalz 1989 aus der Diätverordnung herausgenommen.

Tyroxin

Kupfer ist ein wichtiges Spurenelement, das z.B. in Cytochrom C und in Tyrosinase vorkommt. In Mengen von 10–15 mg aufgenommen können Kupferionen dagegen schon Durchfälle und Erbrechen bewirken. Früher hat man grüne Gemüse gerne in Kupfergefäßen erhitzt, deren in geringer Menge frei gesetzte Kupferionen das „Grünen" von Gemüse bewirkten. Dieses Verfahren ist heute verboten, und zwar weniger wegen einer Giftwirkung des Kupfers als vielmehr deshalb, weil Cu-Ionen schon in geringer Konzentration Vitamin C zerstören können. Kupferverbindungen können schon in Mengen von 1–1,5 ppm den Geschmack von Milch verderben, Butter fischig schmecken lassen und die Autoxidation von Fett in Gang setzen.

Auch **Fluor** ist ein wichtiges Spurenelement, das im Körper vor allem in Zähnen und Knochen gefunden wird. Während Fluor-Mangel die Bildung von Karies auslösen kann, bewirken Überdosierungen Zahn- und Knochenzerfall (Fluorose). Wegen der sehr hohen Fluor-Gehalte hat man von der Verwertung des antarktischen Krills für die menschliche Ernährung Abstand nehmen müssen. In relativ großen Mengen ist Fluor auch im schwarzen Tee enthalten. Da Fluor schon in relativ geringen Dosen toxisch ist, konnten Pläne für eine Trinkwasser-Fluoridierung zum Zwecke der Kariesbekämpfung nicht realisiert werden, obwohl US-amerikanische Versuche eindeutig gezeigt hatten, daß die Fluoridierung des Trinkwassers auf 1 mg Fluorid pro Liter zu einer Karies-Abnahme führten.

Das Spurenelement **Molybdän** wirkt als Co-Faktor verschiedener Flavinenzyme, z.B. der Xanthinoxidase und der Nitratreduktase. Ihr Vorkommen in pflanzlichen Lebensmitteln setzt die ausreichende Versorgung des Bodens mit Molybdän voraus.

Cobalt ist als Zentralatom von Vitamin B_{12} bedeutsam, das mit Lebensmitteln tierischer Herkunft in genügender Menge zugeführt wird. Bei einer starken Überversorgung kann die Haem-Synthese inhibiert werden ($\rightarrow$ Anämie). Cobaltsalze sind als Schaumstabilisatoren in Bier bekannt geworden, ihr Einsatz ist aber verboten.

Mangan ist ein Co-Faktor der oxidativen Phosphorylierung in den Mitochondrien sowie als Bestandteil verschiedener Enzyme (z.B. Peptidasen, Isocitratdehydrogenase) bekannt. Seine Resorptionsrate ist mit nur 3% der zugeführten Menge des Elements recht niedrig. Dennoch sind Mangelsymptome beim Menschen unbekannt. Im Tierversuch wurden Fertilitätsstörungen und Knochenschäden beobachtet.

Auch **Zink** ist ein wichtiges Spurenelement, das als Aktivator für eine Reihe von Enzymen (z.B. Peptidasen, Phosphatasen) wirksam ist. Es zeigt eine große Komplexaffinität zu Imidazolstrukturen (Histidin, Purine) und zu SH-Gruppen. Es ist auch Bestandteil von Insulin und Glucagon. Sein Gehalt im erwachsenen Menschen liegt bei etwa 2–4 Gramm. In Milch ist es in Mengen von 3,5 mg pro Liter enthalten. Seine Toxizität ist gering, beobachtete Vergiftungen wurden eher durch seine Begleitelemente Blei und Arsen ausgelöst. Dagegen kann das Einatmen von Zinkverbindungen zu schweren Vergiftungen (Gießereifieber) führen.

Dreiwertige **Chrom**-Ionen wirken offenbar synergistisch bei Insulin, im Versuch mit Ratten wurde erhöhtes Wachstum beobachtet. Seine Bindungsform ist noch unbekannt. Chromat und Bichromat sind stark toxisch. Eingeatmet kann Bichromat Lungenkrebs auslösen.

Arsen kommt als Arsenobetain in Lipiden von Fischen vor. Arsenik (As_2O_3) ist in größeren Dosen absolut giftig, in kleinen Mengen wirkt es dagegen anregend und wurde daher früher häufig als Dopingmittel angewandt. Über die Nahrung können dem menschlichen Körper bis 0,5 mg Arsen pro Tag zugeführt werden.

Bor ist offenbar für Pflanzen essentiell und kann daher in Gemüse in ppm-Mengen vorhanden sein. Borax, das früher als Konservierungsstoff eingesetzt wurde, kann sich im Fettgewebe und im Zentralnervensystem akkumulieren. Da die Folgen einer solchen Speicherung unüberschaubar wurden, wurde Borsäure als Konservierungsstoff verboten.

Aluminium ist eines der häufigsten Elemente, das aber im menschlichen Körper kaum vorkommt. Sein Gehalt im Blut des Menschen wird mit 5 µg/Liter beziffert. In der letzten Zeit mehren sich Hinweise, denen zufolge übermäßige Aluminium-Zufuhren zu Ablagerungen dieses Elements in Knochen (führt zu Osteomalazie) und Gehirn ($\rightarrow$ Dialyseenzephalopathien) führen. Besonders große Aluminiumkonzentrationen findet man in Moorwässern. Akut betroffen können Nierenkranke sein, wenn sie Aluminium bei der Blutwäsche über die Dialyseflüssigkeit aufnehmen. Dieses offensichtlich nicht essentielle Element wird auch über einige pflanzliche Lebensmittel aufgenommen. So wird berichtet, daß Aluminium in schwarzem Tee und Spargel bis zu 1 g/kg akkumuliert werden kann. Offensichtlich ist aber die Resorptionsrate unbedeutend.

Die Essentialität von **Zinn** wird zumindest behauptet, nachdem seine wachstumsfördernde Wirkung im Rattenversuch nachgewiesen wurde. Bei Säugetieren und Vögeln soll es essentiell für das Wachstum von Federn und Zähnen sein. Beim Menschen wurde es, an Transferrin gebunden, nachgewiesen, dennoch konnten Mangelsymptome nicht bewiesen werden. – Zinnsalze können aber in solchen Lebensmitteln nachgewiesen werden, die in Weißblechdosen aufbewahrt worden waren. Besonders Tomatenmark vermag relativ viel Zinn aus dem Überzug der Weißblechdose in Lösung zu bringen, andere „Zinnfresser" sind Orangen, Ananas, Spinat, Bohnen und Karotten. Auf Grund seiner geringen Giftigkeit sind aber Mengen bis 250 mg Zinn pro kg Lebensmittel absolut harmlos. Im Gegensatz dazu sind zinnorganische Verbindungen hochgiftig!

3.3
Ultraspurenelemente

Die Fortschritte in der Ultraspuren-Analytik haben Hinweise auf weitere Elemente im lebenden Organismus gebracht, so z.B. die Elemente Br, Cd, Li, Ni, Ru, Si und V. Eine Abgrenzung von den Spurenelementen ist indes fließend, zumal die Kenntnisse über ihre Wirksamkeiten noch sehr lückenhaft sind.

In neuerer Zeit hat man nachgewiesen, daß Germanium 132 in Spuren in der Natur weit verbreitet ist, so daß mit einer täglichen Aufnahme von 1,5 mg mit der Nahrung gerechnet wird. Obwohl Mangelerscheinungen nicht bekannt sind, werden in Japan und Österreich Kapseln mit einem Gehalt von 50 mg als Nahrungsergänzungsmittel angeboten. Auf der anderen Seite wurde vor ihrer Einnahme wegen der Möglichkeit des Auftretens von Nierenversagen gewarnt[1].

---

[1]   BgVV, Bundesinstitut für den gesundheitlichen Verbraucherschutz und Veterinärmedizin Nr. 19/2000 vom 8.9.2000

4 Vitamine

4.1
Einführung

Daß zur Erhaltung von Gesundheit und Leistungsfähigkeit außer den Nährstoffen weitere Komponenten wichtig sind, wurde Ende des vorigen Jahrhunderts zuerst an polyneuritiskranken Tieren beobachtet. Ausgangspunkt für die
Benennung solcher Stoffe als Vitamine (vitaamine) war das Vitamin B_1, das
eine Amino-Gruppe trägt. Heute sieht man in ihnen Verbindungen, die schon
in geringer Menge die Ausnutzung der Nährstoffe regulieren. Da die Struktur
der Vitamine lange nicht bekannt war, benannte man sie mit Buchstaben, also
Vitamin A, B, C, D, E..., ein Provisorium, das heute immer mehr einer Benennung durch Trivialnamen weicht. Die Einteilung in **fett-** und **wasserlösliche
Vitamine** hat sich dagegen als zweckmäßig erhalten, weil damit schon viele
Aussagen über Vorkommen, Speicherung und Transport möglich sind. Als absolut essentiell und daher stets mit der Nahrung zuzuführen gelten nach Fest-
stellungen der FAO/WHO die Vitamine A, B_1, B_2, B_6, B_{12}, Nicotinsäure(amid),
Folsäure sowie die Vitamine C und D. In Tabelle 4.1 und Abb. 4.1 werden daneben einige weitere Verbindungen aufgeführt, denen man Vitamin-Charakter
zuschreibt.

4.2
Fettlösliche Vitamine

Vitamin A. Es kommt in Form von Retinol und dem weniger wirksamen
Dehydroretinol vor. Am meisten aber wird sein Provitamin, das gelbrote β-
Carotin, in der Natur angetroffen, das jedermann von den Karotten her kennt.
β-Carotin kann in der Darmschleimhaut zu Retinol gespalten werden. Vitamin
A war eines der ersten Vitamine, das als essentiell erkannt wurde. Bei Fehlen
in der Nahrung treten im Verein mit Schleimhauterkrankungen auch Schädi-
gungen von Talg- und Magendrüsen auf, so daß Wachstumshemmungen und
erhöhte Infektionsgefahr resultieren. In den Sehvorgang greift Vitamin A in
der Aldehyd-Form (Retinal) ein, die einen Co-Faktor des Rhodopsins darstellt.
Vitamin A wird mit der Nahrung in Form von Fettsäureestern aufgenommen.
Die höchste biologische Aktivität besitzt die in Abb. 4.1 dargestellte all-trans-
Form des Retinols (Vitamin A_1), während die 3,4-Didehydroform (Vitamin A_2)

nur 40% Aktivität besitzt. Durch Erhitzen kann es in verschiedene cis-Isomere umgewandelt werden, deren biologische Aktivitäten ebenfalls stark herabgesetzt sein können. – Wie bei anderen Vitaminen hat man auch für Vitamin A als Mengenangabe eine internationale Einheit (international unit IU) definiert. Eine IU entspricht hier 300 µg all-trans-Retinol.

Eine Reihe von Studien belegt auch die Schutzwirkung von Vitamin A oder seines Provitamins vor gewissen epithelialen Krebsformen. Hier wirken beide als Antioxidantien bzw. Radikalfänger bei Vorliegen von oxidativem Streß. Auch andere Carotinoide (s. S. 8) besitzen Wirksamkeit beim Binden von Singulett-Sauerstoff. Wegen seiner Bedeutung setzt man Vitamin A heute der Margarine zu. In übergroßen Dosen wirkt es indes gesundheitsschädlich: Kopfschmerzen, Übelkeit, Haarausfall, Nachtblindheit und Knochenerweichungen der Extremitäten sind die Folgen. Dagegen gilt sein Provitamin, das β-Carotin, als harmlos, da es offensichtlich nur bei Bedarf zu Retinol gespalten wird.

Wie neuere Messungen ergeben haben, sind die Vitamin-A-Gehalte in den Lebern von Schwein, Kalb, Rind und Schaf stark angestiegen. Während man früher den Ernährungstabellen Mittelwerte zwischen 3–11 mg/100 g entnehmen konnte, geben neuere Ausgaben[1] Mittelwerte von 10–39 mg/100 g an. Es ist zu vermuten, daß diese Erhöhungen durch Kumulation der mit dem Kraftfutter zugeführten Vitamine hervorgerufen worden sind.[2]

Nachdem Hinweise auf mögliche teratogene Nebenwirkungen von Retinol und seinen Abkömmlingen bekannt geworden sind, sollten werdende Mütter nicht zuviel Leber essen, die Vitamin A am meisten speichert.

Vitamin A ist gegen Hitze noch relativ stabil, wird dagegen von Sauerstoff, vor allem bei gleichzeitiger Bestrahlung mit UV-Licht, sehr schnell abgebaut.

Die dem β-Carotin zugeschriebene gesundheitsfördernde Wirkung hat dazu geführt, daß man gewissen Lebenmitteln (Fruchtsäfte, Milchprodukte) β-Carotin in isolierter Form zugesetzt hat und diese Produkte dann als Nahrungsergänzungsmittel deklarierte. Allerdings wird dringend empfohlen, die Aufnahme von isoliertem β-Carotin auf 2 mg/Tag zu begrenzen. So zeigen die Ergebnisse einer Studie, in der man größere Mengen isolierten β-Carotins der Nahrung zusetzte, daß zumindest bei starken Rauchern ernste Gesundheitsschäden (Lungenkrebs, Herz/Kreislauferkrankungen) nicht ausgeschlossen werden können.

Vitamine D: Die D-Vitamine sind essentiell für die Resorption von Calcium und Phosphat. Die ursprünglich als Vitamin D_1 bezeichnete Verbindung erwies sich später als eine Molekülverbindung aus Lumisterin und Vitamin D_2. Grundsätzlich entstehen die D-Vitamine durch Bestrahlung von natürlichen Sterinen, wobei die Bindung zwischen den C-Atomen 9 und 10 im Ring B geöffnet wird und ein Wasserstoff-Atom von der Methyl-Gruppe am C-Atom 10 nach Stellung 9 unter Hinterlassung einer Methylen-Gruppe wandert (siehe Abb. 4.2, S. 31).

---

[1]   Souci, Fachmann, Kraut: Nährwert-Tabellen 1989/90.
[2]   Brinkmann E, Melitz I, Bijosono Oei H, Tiebach R, Baltes W (1994) Ztschr Lebensm Unters Forsch 199: 206–209.

Während Vitamin D_2 durch Isomerisierung des im Pflanzenreich vorkommenden Ergosterins entsteht und man es manchmal deswegen als „pflanzliches Vitamin D" bezeichnet, entsteht Vitamin D_3 („tierisches Vitamin D") durch Bestrahlung des im Tierreich weit verbreiteten 7-Dehydrocholesterols. Daher findet man in der Natur auch nur wenig Vitamin D_2, während Vitamin D_3 reichlich in Fischleberölen vorkommt. Da auch im menschlichen Darm 7-Dehydrocholesterol gebildet wird, entsteht die Mangelkrankheit Rachitis vorwiegend nur bei Lichtmangel. Auch die Vitamine D wirken bei Überdosierung stark toxisch, wobei es zur Herauslösung von Calcium aus den Knochen und Ablagerung in Niere und Blutgefäßen kommt. So wurde als Ursache der Rinderkalzinose das Vorkommen von Vitamin D_3 in einer Weidegrasart (Goldhafer, Trisetum flavescens) ermittelt. Hier wurde die Vitaminwirkung durch das ebenfalls enthaltene Glykosid von Dihydroxy-Vitamin D_3 verstärkt. Bei Rinderkalzinose handelt es sich um eine im Alpenvorland auftretende Erkrankung von Rindern und Schafen, die durch starke Verkalkung der inneren Organe hervorgerufen wird.

Vitamine E: Die Vitamine E wurden entdeckt, als eine durch ausschließliche Milchfütterung von Ratten bewirkte Sterilität durch Gabe von Weizenkeimöl behoben werden konnte. Allgemein beobachtet man bei Vitamin-E-Mangel an Tieren Muskeldegenerationen. Mangelsymptome hat man beim Menschen bisher nicht kennengelernt, doch weiß man, daß es stets im menschlichen Serum enthalten ist. Dort wirkt es offensichtlich als Antioxidans für ungesättigte Fettsäuren, Carotine und Mercapto-Gruppen von Enzymen und von Glutathion. Schließlich beeinflußt es den Lipid- und Lipoproteinspiegel sowie den Fettgehalt des Blutplasmas.

Man rechnet mit einem Bedarf von 0,4 mg α-Tocopherol pro Gramm aufgenommener Linolsäure über den Grundbedarf hinaus, der bei etwa 12 mg/Tag liegt. Unter den verschiedenen Tocopherolen, die sich durch unterschiedliche Methylierung am Phenyl-Ring unterscheiden, ist die α-Form die aktivste. Da Tocopherole generell als Antioxidantien wirksam sind, ist man auch aus technologischer Sicht sehr an ihrem Erhalt interessiert. Andererseits ist die all-cis-Form (RRR-) des natürlichen α-Tocopherols in gleicher Weise wirksam wie das durch Synthese gewonnene all-rac.-α-Tocopherol, wenngleich die Bioverfügbarkeit des natürlichen α-Tocopherols größer ist. Beide Formen zeigen aber, in äquivalenten Mengen eingesetzt, gleiche Wirkungen auf Lipid-, Lipoprotein- und Fettgehalte des Blutplasmas bei gleicher Schutzwirkung auf die LDL (s. S. 7) gegenüber einer durch Kupfer katalysierten Autoxidation[3].

Die E-Vitamine sind gegen UV-Bestrahlung und gegen Sauerstoff-Einwirkung empfindlich, dagegen relativ hitzestabil. Die manchmal zu beobachtende Anpreisung frei verkäuflichen Vitamins E ist stark kritisiert worden,

---

[3]   Deveraj S, Adams-Huet B, Fuller CJ, Jialal I (1997) Dose-response comparison of RRR-α-Tocopherol and all-racemic – Tocopherol on LDL-oxidation, Arteriosclerosis, Thrombosis and Vascular Biology 17, 2273–79, siehe auch Gaßmann B (1998) Ernährungs-Umschau 45 : 55.

nachdem seine exzessive Zufuhr im Tierversuch und auch beim Menschen zu Störungen geführt hat.

Andererseits ist α-Tocopherol besonders in Gegenwart von Ascorbin-säure nicht nur ein Inhibitor von Lipidoxidation und Radikalbildung, sondern hemmt auch die Nitrosaminbildung im Körper und im Lebensmittel. Deshalb wird Vitamin E und hier besonders α-Tocopherol auch als „Anticarcinogen" bezeichnet. Auch im klinischen Experiment konnte die anticarcinogene Wirkung von Vitamin E demonstriert werden[4].

Vitamine K: Unter den K-Vitaminen (Koagulations-Vitamine) sind K_1 (Phyl-lochinon, internat. Bezeichnung: Phytomenadion) mit 20 Kohlenstoff-Atomen in der Seitenkette und das ursprünglich als Farnochinon bezeichnete Vitamin K_2 (internat. Name: Menachinon-7) mit 35 Kohlenstoff-Atomen in der Seiten-kette die wichtigsten. Sie spielen eine bedeutende Rolle bei der Prothrombin-Bildung. Ihr Bedarf scheint nicht genau festzustehen, ist aber offenbar bei nor-maler Ernährung gedeckt. Mangelzustände hat man bei Kühen beobachtet, die mit Süßklee das strukturell ähnliche Dicumarol gefressen hatten. Dicumarol ist ein typisches Beispiel für ein **Antivitamin**, das aufgrund struktureller Ähn-lichkeiten das Vitamin aus seinem physiologischen Bereich verdrängt, ohne indes eine entsprechende Wirksamkeit zu entfalten. Die Vitamine K sind licht-empfindlich und werden durch Säuren und Laugen zersetzt.

Dicumarol

4.3
Wasserlösliche Vitamine

Vitamin B_1 (Thiamin) gehört zu den wasserlöslichen Vitaminen. Seine Mangelzustände sind schon seit Jahrtausenden in China bekannt, doch erst Ende vergangenen Jahrhunderts stellte man fest, daß eine Heilung durch Genuß von Reis-Silberhäutchen eintritt. Vitamin-B_1-Mangelzustände sind in unseren Breiten eigentlich nur bei Alkoholikern bekannt, da sich ein erhöhter Alkohol-Konsum negativ auf die Vitamin-B_1-Resorption auswirkt. Da Thia-minpyrophosphat als Coenzym der Carboxylase und Pyruvatdecarboxylase eine zentrale Stellung bei der Kohlenhydrat-Verdauung einnimmt, muß für ständige Zufuhr Sorge getragen werden. So bewirkt übermäßiger Zuckergenuß Thiaminmangel.

---

[4]   Weißburger JH, Redy DVM (1980) Nutrition and Cancer of the Colon, Breast, Prostate and Stomach. Bull NY Acad Med 56 : 673–693.
Cook MG, McNamara P (1980) Effect of dietary Vitamin E on dimethylhydrazin induced colonic tumors in Mice. Cancer Research 40 : 1329–1331.
Shklar G, Schwarz I (1987) Regression by Vitamin E of experimental oral Cancer. J Natl Cancer Inst 78 : 987–992.

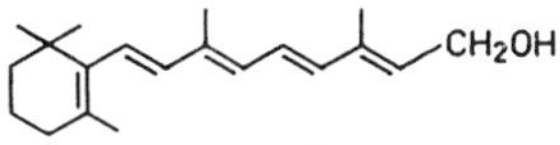

A_1

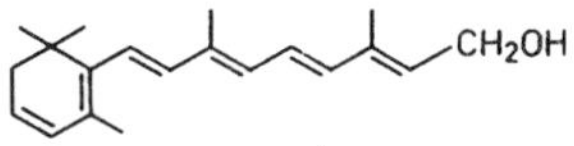

A_2

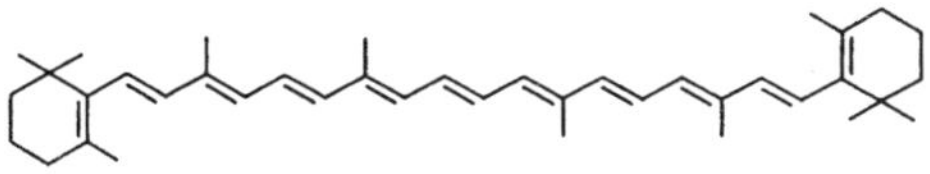

β-Carotin

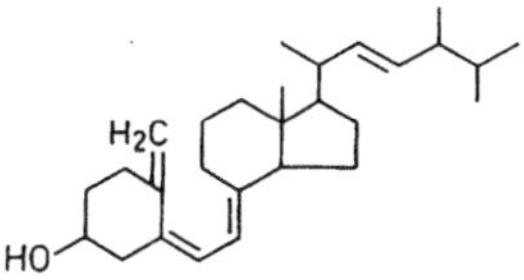

D_2

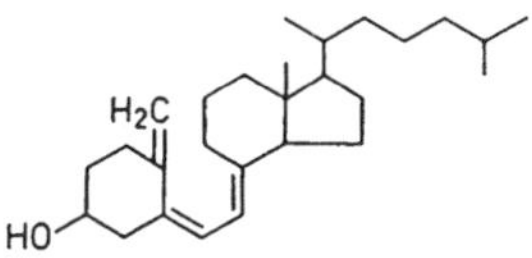

D_3

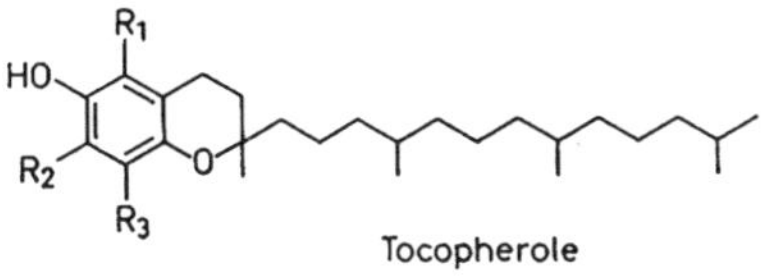

Tocopherole

	R_1	R_2	R_3
α	CH_3	CH_3	CH_3
β	CH_3	H	CH_3
γ	H	CH_3	CH_3
δ	H	H	CH_3
Tocol	H	H	H

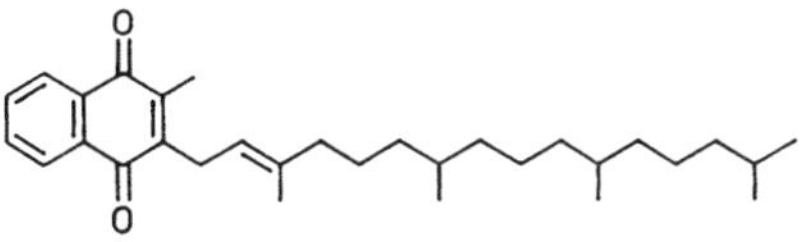

K_1 (20)

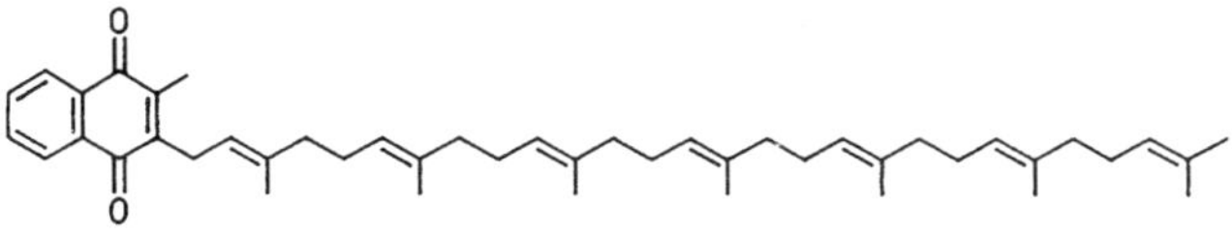

K_2 (35)

Abb. 4.1. a Formeln der wichtigsten Vitamine. **a** Fettlösliche Vitamine

Man rechnet mit einem täglichen Bedarf von 0,4 mg pro 1 000 kcal Nahrungsaufnahme, der sich bei überwiegender Zufuhr von Nichtfettkalorien erhöht. Vitamin B_1 wird bei haushaltsmäßiger Zubereitung der Nahrung zu etwa 30% zerstört; vor allem gegen Schwefeln ist es sehr anfällig, da es durch schwefelige Säure gespalten wird.

Vitamin B_2: Das Riboflavin ist in seiner oxidierten Alloxazin-Form gelb. Es kommt in vielen Lebensmitteln vor. Seine zentrale Bedeutung erklärt sich aus

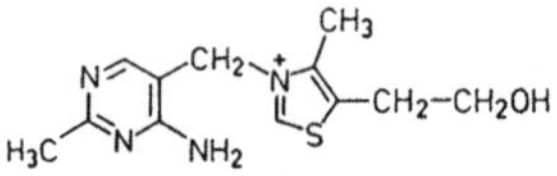

B₁

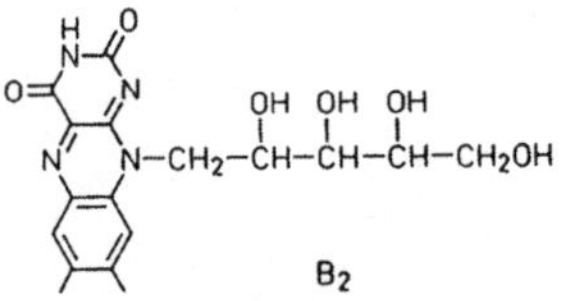

B₂

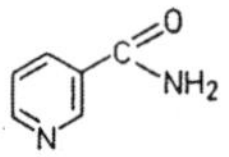

Nicotinsäureamid

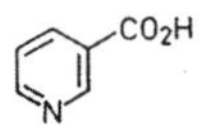

Nicotinsäure

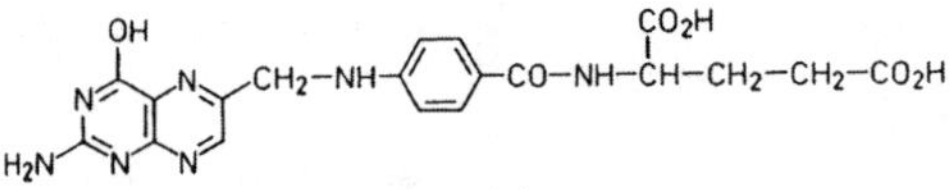

Folsäure

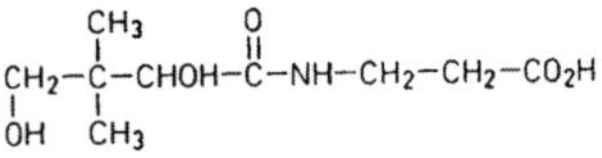

Pantothensäure

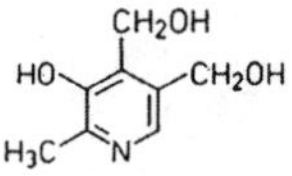

B₆

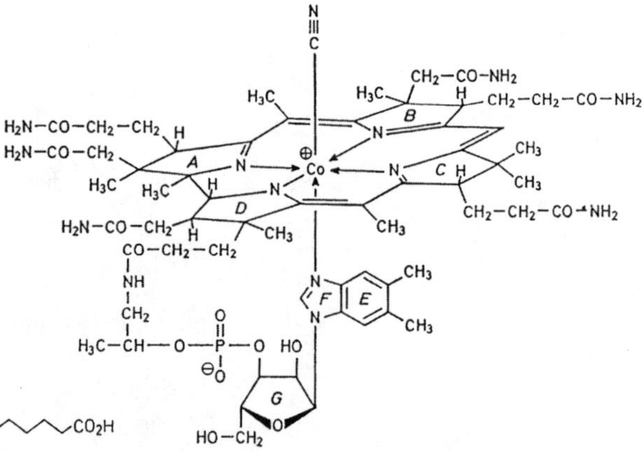

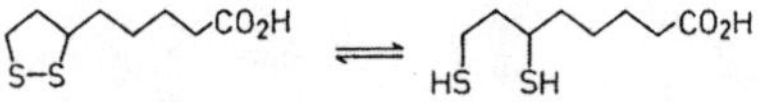

B₁₂

Liponsäure

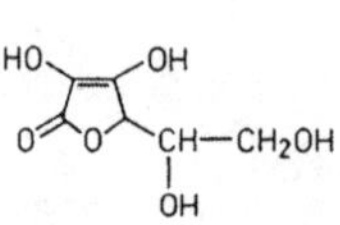

C

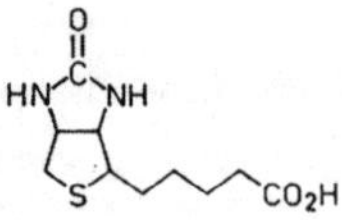

Biotin

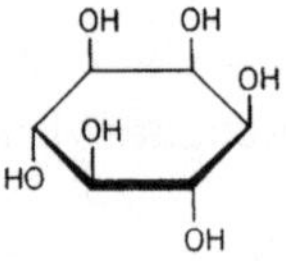

meso-Inosit

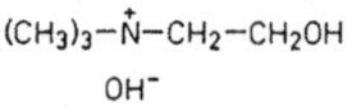

Cholin

Abb. 4.1. b (Forts.) Wasserlösliche Vitamine

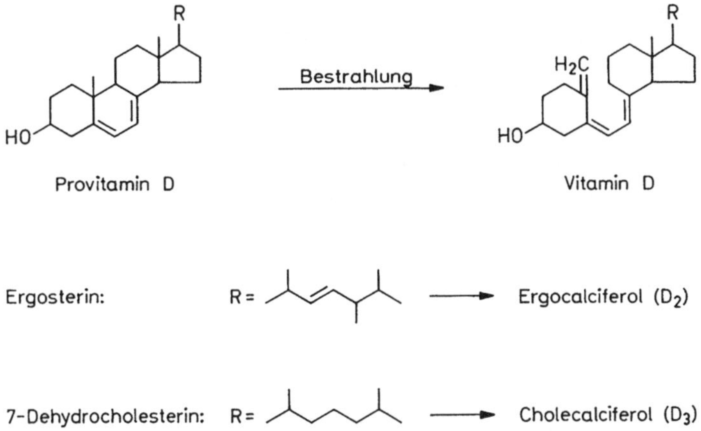

Abb. 4.2. Bildung von D-Vitaminen

seiner Eigenschaft als Coenzym des gelben Atmungsfermentes nach Phosphorylierung des Ribit-Restes. Zu beachten ist, daß der Ribit-Rest nicht glykosidisch gebunden vorliegt, weshalb die Bezeichnung „Nucleotid" („FMN"
= Flavinmononucleotid) falsch ist! Man spricht dann besser von Riboflavin-
5'-phosphat. In dieser Form wird es resorbiert und in der Leber durch Kondensation mit Adenosinmonophosphat (AMP) in das FAD (Flavinadenindi-
nucleotid) umgewandelt. Da es in der Natur weit verbreitet ist, sind Avitaminosen selten. Dennoch hat man bei Vitamin-B_2-Mangel gerade an Säuglingen Wachstumsstillstand und Gewichtsabnahmen beobachtet. Von der WHO
wird eine tägliche Zufuhr von 0,6 mg Riboflavin/1 000 kcal empfohlen. Überdosierungen scheinen nicht schädlich zu sein. Vitamin B_2 ist recht hitze- und
oxidationsbeständig, solange saures Milieu vorherrscht. In neutraler oder alkalischer Lösung treten beim Erhitzen Verluste ein.

Vitamin B_6: Es kommt in der Natur in verschiedenen Formen vor, die
alle Vitamin-Wirkung zeigen. In Pflanzen findet man vorwiegend Pyridoxol,
während tierische Lebensmittel sowie Hefe bevorzugt die Phosphorsäureester
des Pyridoxals und Pyridoxamins enthalten.

Pyridoxalphosphat ist physiologisch essentiell als Coenzym der Aminosäuredecarboxylasen und der Transaminasen. Deshalb ist verstärkte Zufuhr
bei proteinreicher Nahrung angebracht, ebenso wie bei der Einnahme von An-
tikonzeptiva, die einen erhöhten Protein-Stoffwechsel bewirken. Starke Überdosierungen dieses Vitamins können dagegen offenbar das periphere Ner-
vensystem schädigen. Andererseits konnten offenbar gewisse Störungen nach
Einnahme von Kontrazeptiva (Kopfschmerzen, Schlafstörungen u.a.) durch
zusätzliche Gaben von Vitamin B_6 wirksam bekämpft werden.

Vitamin B_6 ist außerordentlich lichtempfindlich und wird durch ultravio-
lettes Licht völlig zerstört. Beim Kochen und Braten treten Verluste von 30–60%
ein.

Vitamine B$_{12}$: Sie werden wegen des komplex gebundenen Kobalt-Atoms als Cobalamine bezeichnet. Ihnen liegt das Corrin-Gerüst zugrunde. Dieses ist nucleotidartig über D-Ribofuranose-3-phosphat mit einem Benzimidazol-Rest verbunden. In der Formel befindet sich oberhalb der Papierebene ein Cyanid-Rest, der im Gewebe häufig durch eine 5'-Desoxyadenosyl-Gruppierung ersetzt zu sein scheint. Vitaminaktivität liegt auch vor, wenn der Cyanid-Rest durch andere Anionen wie $-OH^-$, $-SCN^-$, $-OCN^-$ ersetzt ist (s. S. 30).

	Pyridoxol	Pyridoxal-phosphat	Pyridoxamin-phosphat

Vitamin B$_{12}$ wirkt als „Reifungsfaktor" der roten Blutkörperchen; bei Mangelzuständen bleiben die Erythrozyten auf einer embryonalen Stufe stehen und erscheinen als sog. Megaloblasten. Auch bei der Transmethylierung ($\rightarrow$ Methionin) ist Vitamin B$_{12}$ aktiv. Da Vitamin B$_{12}$ in Pflanzen kaum vorkommt, können bei Vegetariern Mangelzustände auftreten. Allerdings reicht der normale Vitamin-B$_{12}$-Gehalt im menschlichen Körper für mehrere Jahre. Um seine volle Aktivität zu erreichen, verbindet es sich mit einem Mucoproteid der Magen- und Darmschleimhaut, dem „gastric-" oder „intrisic-factor". In der Tierernährung ist es essentiell für das Wachstum und fördert zusammen mit Aureomycin die Ausnutzung pflanzlichen Proteins, wodurch Einsparungen an tierischem Eiweiß ermöglicht werden („animal protein factor"). Negative Wirkungen von Überdosierungen sind beim Menschen nicht bekannt.

Folsäure (Pteroylmonoglutaminsäure, früher als Vitamin B$_9$ bezeichnet), besteht aus einem Pteridinring und einem Molekül p-Aminobenzoesäure, das an seinem Carboxylende einen Glutaminsärerest gebunden enthält. Hiervon unterscheidet man **Folat**, das an seinem Grundmolekül bis zu 6 Glutaminsäurereste gebunden enthalten kann. Während Folsäure zu etwa 90% resorbiert wird, muß Folat zunächst mittels einer intestinalen Konjugase zur Monoglutamylverbindung (Folsäure) abgebaut werden. Folsäure wirkt u.a. synergistisch zum Vitamin B$_{12}$. Die eigentlich wirksame Form stellt dabei die Tetrahydrofolsäure dar, die ein wichtiger Co-Faktor für den C$_1$-Stoffwechsel ist. Unter anderem überträgt Folsäure aus Serin und Histidin C$_1$-Einheiten für die Purin-Synthese und wird vom menschlichen Körper für Zellbildung und Zellteilung benötigt. Folsäuremangel äußert sich bei Säuglingen in Fehlentwicklungen des Rückenmarks (Spina bifida, „offener Rücken"). Folsäure kommt in Obst, Gemüse, Getreide und Hühnerleber vor. Die normalerweise in der Nahrung enthaltenen Mengen reichen indes vor allem während der Schwangerschaft nicht aus. Da das Rückenmark des Föten schon einige Tage nach der Konzeption gebildet wird, wenn eine Schwangerschaft noch nicht erkannt wurde, wird eine Zufuhr von 400 µg Folsäure zusätzlich zur Folsäuremenge aus der Nahrung als Nahrungsergänzung für Frauen im gebärfähigen Alter, die nicht verhüten, empfohlen, womit dann das Risiko einer Spina bifida-Erkrankung beim Säugling herabgesetzt wird.

Tabelle 4.1. a Fettlösliche Vitamine

Buch-stabe	Name	Funktion	Mangel-erscheinungen	Besonders enthalten in	Tägliche Mindest-zufuhr[a]
A_1	Retinol Axerophthol	Unterstützung des Seh-prozesses, Schutz und Aufbau von Schleimhäuten	Nachtblindheit, Schleimhaut-schädigungen	Lebertran Eidotter Butter	750 µg
A_2	Dehydro-retinol				
D_2	Ergocalciferol	Regulation des Calcium- und Phosphatstoff-wechsels	Rachitis	Fischleber-ölen	2,5 µg
D_3	Cholecalciferol				
E	$\alpha, \beta, \gamma \ldots$ Tocopherol	Antioxydans für ungesättigte Fett-säuren und Vitamin A	Eventuell Fertilitäts-störungen und Muskeldystrophie	Getreide-keimölen	10–30 mg
K_1	Phyllochinon	Unterstützung der Prothrombin-Bildung	Blutungen	Kabeljauleber Kohl Spinat	Durch Darm-bakterien gedeckt
K_2	Menachinon-7				

a Soweit vorhanden, wurden die Empfehlungen der FAO/WHO berücksichtigt.

Tabelle 4.1.b (Forts.) Wasserlösliche Vitamine

Buchstabe	Name	Biol.-physiol. Funktion	Mangel-erscheinungen	Bevorzugte Quelle	Tagesbedarf
B_1	Thiamin	Regulation des Kohlen-hydratstoffwechsels u. von Nervenfunktionen, Vor-stufe der Carboxylase	Beriberi, Polyneu-ritis, kardiovas-kuläre Störungen	Hefe Weizenkeimlinge Schweinefleisch	0,9–1,2 mg
B_2	Riboflavin	Wachstumsförderung, Coenzym des gelben Atmungsfermentes FAD	Schleimhautschäden	Hefe Leber Milch	1–3 mg
B_6	Pyridoxal	Regulation des Amino-säurestoffwechsels	Hautveränderungen, Krämpfe	Hefe Getreidekeimlinge	2–4 mg
B_{12}	Cyanocobalamin	Reifung der roten Blut-körperchen	Anämie Blutarmut	Austern Muscheln Grüne Blattgemüse	2 µg
	Folsäure	Reifung der roten Blut-körperchen		Leber	1–2 mg
	Pantothensäure	Vorstufe des Coenzyms A	Beim Menschen nichts bekannt	Niere Hefe	3–5 mg
	Nicotinsäure Nicotinamid	Physiol. Wasserstoff-überträger	Pellagra	Hefe Leber Reiskleie	15–20 mg
	meso(myo)-Inosit Cholin	Wuchsstoff Regulation des Fettstoff-wechsels	Nicht bekannt Nicht bekannt	Obst Ei Rinderleber	1 g 1,5–4 g
C	Ascorbinsäure	Redoxsubstanz des Zell-stoffwechsels	Scorbut	Zitrusfrüchte	30 mg
H	Biotin	Coenzym bei Car-boxylierungen	Dermatitis Haarausfall		

Folsäure wird in der Hitze durch Mineralsäuren und vor allem durch Licht zerstört.

Liponsäure (Thioctansäure) findet man im Pflanzenreich in Form ihrer D(+)-Form. In der Säugetierleber ist sie säureamidartig über eine ε-Aminogruppe von Lysin fest an das Organprotein gebunden. Ihren Namen verdankt sie einer gewissen Löslichkeit in Lipoid-Lösungsmitteln. Andererseits wird sie zur Gruppe der B-Vitamine gerechnet, da sie als Coenzym Decarboxylierungsreaktionen z.B. des Pyruvats unterstützt. Avitaminosen sind bisher nicht bekannt geworden. Dem Körper zugeführte Liponsäure wird aber offensichtlich stark gebunden, vor allem in der Leber, wo sie eine Schutzwirkung für dieses Organ ausübt. Beide Formen der Liponsäure scheinen antioxidativ wirksam zu sein.

Pantothensäure (gelegentlich als Vitamin B_5 bezeichnet): Sie ist eine Vorstufe zur Synthese des Coenzyms A. Pantothensäure kommt gleichermaßen im Pflanzen- und Tierreich vor, was zu ihrer Namensgebung beitrug (pantothen = von allen Seiten). Bei Tieren wirkt sie als Wuchsstoff. So enthält das zur Aufzucht von Bienenköniginnen verwendete **Gelee Royal** über 30 mg% Pantothensäure. Außerdem wirkt sie bei Tieren als Anti-Pellagra-Faktor (z.B. Küken-Antidermatitis-Faktor), während beim Menschen Mangelsymptome bisher nicht bekannt sind. In der Hitze wird Pantothensäure leicht durch Säuren und Laugen zerstört.

Nicotinsäure und Nicotinamid. Diese Verbindungen wurden früher unspezifisch als Vitamin B_3 bezeichnet. Häufig findet man auch die Bezeichnung Vitamin „PP" oder „PP-factor" (Pellagra-preventing). Das Vitamin wird mit der Nahrung reichlich zugeführt und kann vom Körper auch aus Tryptophan hergestellt werden. Auch aus Trigonellin, einem Kaffeeinhaltsstoff, bildet sich beim Rösten Nicotinsäure. Hingegen liegt sie im Mais in nichtresorbierbarer Form vor, weshalb einseitige Mais-Ernährung Mangelsymptome in Form der Pellagra (rauhe Haut) oder als Bewußtseinsstörungen hervorruft. Physiologisch ist Nicotinsäureamid wichtig als aktive Vorstufe des Wasserstoff-Überträgers NAD (Nicotin-Adenin-Dinucleotid). Bei üblicher Aufbereitung von Lebensmitteln kann man mit Nicotinamid-Verlusten von etwa 20% rechnen.

meso(myo)-Inosit: Er ist vor allen Dingen als Wuchsstoff für Mikroorganismen bekannt geworden und kommt reichlich im Gewebe des Menschen vor. Man hat ihn den Vitaminen der B-Gruppe zugeordnet. Unter den acht möglichen Isomeren des Inosits zeigt nur die meso (myo) Form Vitamin-Wirkungen. Diese Form zeichnet sich durch spezielle lipotrope Eigenschaften aus, d.h. sie wirkt einer durch Vergiftungen bewirkten Leberverfettung entgegen. Inosit wird im Pflanzenreich in Form des Hexaphosphorsäureesters **(Phytinsäure)** angetroffen. Mangelsymptome beim Menschen sind nicht bekannt.

Biotin wurde zeitweise als Vitamin H (hautaktiv) bezeichnet. Heute rechnet man es der B-Gruppe (B_7) zu. Biotin wird von der menschlichen Darmflora produziert und ist daher im engeren Sinne kein Vitamin. In seiner rechtsdrehenden Form ist es indes die prosthetische Gruppe von Carboxylasen.

Amidartig über die Carboxylgruppe des Valeriansäurerestes an eine ε-Aminogruppe des Lysins von Carboxylasen gebunden, kann es CO_2 an einem der beiden Stickstoffatome seines Imidazolrestes fixieren und so als „aktives Kohlendioxid" CO_2 z.B. auf Acetyl-Coenzym A (bei der Fettsäurebiosynthese: Bildung von Malonyl-Coenzym A) übertragen.

Bei Biotinmangel können Dermatitis, Haarausfall und Appetitlosigkeit auftreten. Es kommt in freier Form in vielen Gemüsen, meist aber an Kohlenhydratkomplexe unbekannter Struktur gebunden vor, z.B. in Hefe und Eidotter. Das in Hühner-Eiklar vorkommende Avidin ist ein natürlicher Antagonist, der vier Moleküle Biotin komplex bindet und so inaktiviert. Auch Cholin inaktiviert Biotin.

Cholin (früher als Vitamin B_4 bezeichnet): Die Substanz ist ebenfalls ein lipotroper Faktor und wirkt somit einer Leberverfettung entgegen. Cholin, in pflanzlichen und tierischen Lebensmitteln reichlich enthalten, ist u.a. Bestandteil des Lecithins. Bei haushaltsmäßiger Zubereitung wird es zu etwa einem Drittel abgebaut. Im Körper ist es wirksam bei der Transmethylierung sowie in Form von Acetylcholin an den Synapsen der Nervenenden.

Vitamin C (Ascorbinsäure): Zusammen mit der Dehydroascorbinsäure ist das Vitamin C ein wichtiges Redoxsystem des Körpers, das bei Hydroxylierungen, z.B. bei Bildung von Hydroxyprolin, oder bei Wasserstoff-Übertragungen (wie der Umwandlung von Folsäure in Tetrahydrofolsäure) eingeschaltet ist.

Ascorbinsäure   Dehydroascorbinsäure

Die stark reduzierenden Eigenschaften verdankt Ascorbinsäure ihrer Endiol-Struktur, die auch Reduktonen eigen ist. Da der Mensch Ascorbinsäure (im Gegensatz zu den meisten Tieren und Pflanzen) nicht selber synthetisieren kann, muß Ascorbinsäure dem Körper ständig mit der Nahrung zugeführt werden. In Pflanzen wird sie offenbar aus D-Mannose bzw. D-Galactose gebildet[5]. Sie kommt hauptsächlich in Zitrusfrüchten, schwarzen Johannisbeeren, Hagebutten und Kohl vor, wird daneben aber auch in anderen Obst- und Gemüsearten gefunden. Wo die Kartoffel in der Ernährung eine wesentliche Rolle spielt, vermag sie allein bereits den Ascorbinsäure-Bedarf zu decken. Aus dieser Sicht sind Vitamin-C-Avitaminosen (**Scorbut**) heute außerordentlich selten. Beim Erhitzen können ziemlich empfindliche Vitaminverluste eintreten. Vor allem in Gegenwart von Kupfer-Ionen wird Ascorbinsäure augenblicklich durch Sauerstoff zerstört, weshalb das „**Grünen**" von Gemüse mit Kupfersalzen in Deutschland gesetzlich verboten ist (s. S. 22).

---

[5]   Wheeler GL, Jones MA, Smirnoff N (1998) The biosynthetic pathway of vitamin C in higher plants, NATURE 393 : 365–369.

4.4
Vitaminierung von Lebensmitteln

Obwohl bei ausgewogener Ernährungsweise Avitaminosen ausgeschlossen sein sollten, treten sie doch immer wieder auf. Der Grund liegt in einer wohlstandsbedingten Veränderung der Eßgewohnheiten. Zum Beispiel bewirkt der Genuß von Weißbrot (aus niedrig ausgemahlenen Mehlen unter Verlust der Randschichten der Getreidekörner hergestellt) eine Minderzufuhr von Vitamin B_1. Der Genuß vitaminarmer Nahrungsfette bedingt Mangel an Vitamin A, und die ausschließliche Ernährung mit Teigwaren ohne Obst und Gemüse kann zu Vitamin-C-Mangel führen. Eine als Schlankheitskost gedachte, selbst zusammengestellte, einseitige Ernährung birgt große Gefahren, zu denen auch die Minderzufuhr an Vitaminen gehört. Daher werden heute oft vitaminierte Lebensmittelzubereitungen angeboten, wobei man zu unterscheiden hat zwischen

1. einer **Revitaminierung,**
   Beispiel: Vitaminierung niedrig ausgemahlenen Mehls auf den Vitamin-Gehalt des Ganzkorns oder eines hoch ausgemahlenen Mehls;
2. einer **Vitamin-Anreicherung,**
   Beispiel: Zugabe hoher Dosen Vitamin C zu Limonaden oder Apfelsaft.

Gerade bei der Anreicherung von Vitaminen ist aber insofern eine Gefahr gegeben, als sich bei einseitiger Ernährung **Hypervitaminosen** einstellen können. Man sollte daher Anreicherungen auf Vitamine beschränken, für die Überdosis-Erscheinungen nicht zu befürchten sind. In einigen Staaten (Chile, Dänemark sowie einigen Staaten der USA) liegen bereits gesetzliche Regelungen oder Empfehlungen zur Vitaminierung von Lebensmitteln vor. Sie sehen mengenmäßig begrenzte Zugaben der Vitamine B_1, B_2, Nicotinamid, D sowie von Eisen und Calcium zu Mehl, oder von Vitamin B_1, Nicotinamid und Eisen zu Reis vor. Über den Zusatz von Vitamin D_3 zu Milch oder Milchtrockenpräparaten ist ebenfalls schon berichtet worden, ebenso über Vitamin-A-Gaben zu Milch, wobei man den dadurch entstehenden „Heugeschmack" durch Vitamin-C-Zusatz eliminiert. In der Bundesrepublik Deutschland, wo gesetzliche Regelungen noch nicht getroffen wurden, findet man hauptsächlich den Zusatz der Vitamine A und E zu Margarine sowie von Ascorbinsäure zu Obsterzeugnissen und Getränken. Besonders gut studiert ist die Vitaminierung bei Futtermitteln, die manchmal zusätzlich die Vitamine A, B_1, B_2, B_{12}, D_2 oder D_3 und E enthalten. Vitaminierte Lebensmittel sind Beispiele für „Functional Foods" (s. S. 11).
  Die bisher geltende Lehrmeinung, wasserlösliche Vitamine lösten keine Hypervitaminosen aus, hat insofern eine Einschränkung erfahren, als exzessive Zufuhr der Vitamine B_1, B_6, von Nicotinsäure, Folsäure, Pantothensäure bzw. Vitamin C zumindest bei einigen Krankheitsbildern zu unerwünschten Symptomen geführt hat.

5 Enzyme

5.1
Einführung

Enzyme sind Biokatalysatoren, die den Ablauf bestimmter chemischer Reaktionen steuern. Sie kommen in allen Organismen vor und katalysieren dort u.a. die Stoffwechselvorgänge. Daher sind auch in unseren Lebensmitteln Enzyme enthalten, deren Wirkungen und Eigenschaften der Lebensmittelchemiker kennen muß. Einerseits kann ihre Wirksamkeit zur Erzeugung von Lebensmitteln ausgenutzt werden (z.B. Essig, Alkohol, Sauerteig), andererseits aber können sie auch Lebensmittel abbauen (z.B. Weichwerden gelagerter Kartoffeln, Seifigwerden von Fetten, teigige Struktur bei Birnen), weshalb ihre Aktivität im Sinne einer Werterhaltung der Lebensmittel gezielt gesteuert werden muß.

Der Name „Enzym" kommt von en zyma (= in Hefe) und wurde 1897 von Buchner geprägt, als er beobachtete, daß auch filtrierter Hefepreßsaft und nicht nur Hefe selbst die alkoholische Gärung bewirkt. Enzyme sind grundsätzlich Proteine, die häufig sog. „Coenzyme" als „prosthetische" (hinzugefügte) Gruppen enthalten, die für ihre Wirksamkeit verantwortlich sind. Beispiele hierfür sind die Vitamine B_1, B_2, B_6 und Nicotinsäure. Daneben enthalten Enzyme häufig anorganische Ionen als Aktivatoren (z.B. $Ca^{2+}, Mg^{2+}, Co^{2+}, Cu^{2+},$ Zn^{2+}, Cl^-). Die Eiweißmatrix sichert den Enzymen ihre mehr oder weniger stark ausgeprägte Spezifität, die sich u.a. besonders auf den Molekülbau des Substrates erstreckt und dabei auch auf seinen räumlichen Bau Bezug nimmt. Während z.B. optische Isomere gleiche chemische Reaktivität besitzen, sprechen Enzyme meistens nur auf eine der beiden diastereomeren Formen an. Diese Selektivität kann man mit dem Einpassen eines Schlüssels in ein Schloß vergleichen (Schlüssel-Schloß-Theorie). Bezüglich der Spezifitäten unterscheidet man zwischen

1. **Bindungsspezifität.** Sie erstreckt sich auf eine besondere Bindungsart in verschiedenartigen Substraten (z.B. können gewisse Esterasen generell Esterbindungen spalten).
2. **Gruppenspezifität.** Sie erstreckt sich auf eine spezielle Bindung und auf den Aufbau eines Molekülteils. So gibt es Maltasen, die neben einer α-glykosidischen Verknüpfung ein Glucose-Molekül voraussetzen, dagegen an den Aufbau der zweiten Molekülhälfte keine Forderungen stellen.

3. **Substratspezifität.** Sie erstreckt sich nicht nur auf die Bindung, sondern auf das gesamte Molekül. Zum Beispiel spaltet Gerstenmalz-Maltase nur Maltose, setzt also auf beiden Seiten der glykosidischen Bindung ein Glucose-Molekül voraus.
4. **Artspezifität.** Hier ist die Spezifität so weit gesteigert, daß nur Substrate bestimmter Herkunft, z.B. aus speziellen Tierarten, adaptiert werden.

Diese und weitere Eigenschaften gehen eindeutig auf den Bau der Eiweißmatrix zurück. So sind Enzyme nur in einem fixierten pH-Bereich wirksam, weil u.a. eine bestimmte Ionisierung ihrer Proteinmatrix Voraussetzung für die Aktivität ist. Deshalb gibt man üblicherweise bei der Beschreibung von Enzymen ihre pH-Optima an (s. S. 44). Bei diesem pH pflegen Enzyme am stabilsten zu sein. Bei abnehmenden Wassergehalten und Temperaturen geht ihre Aktivität zurück; eine Reaktivierung ist bei zunehmender Feuchtigkeit und Ansteigen der Temperaturen bis zu einem Temperaturoptimum in der Regel möglich. Bei etwa 50–60 °C tritt irreversibel Inaktivierung ein (es gibt auch Enzyme, die Temperaturen bis über 90 °C ertragen).

Enzymatische Reaktionen verlaufen in der Regel über drei Schritte:

1. Bildung eines Enzym-Substratkomplexes,
2. Umsetzung,
3. Freisetzen des veränderten Substrats.

Die Aktivität eines Enzyms kann man durch die Anzahl der in einer Minute an einem Enzym-Molekül umgesetzten Substrat-Moleküle ausdrücken („Wechselzahlen": 10^4–10^6 Moleküle pro Minute). Die **Kinetik** einfacher, enzymkatalysierter Reaktionen kann durch die **Michaelis-Menten-Gleichung** ausgedrückt werden:

$$V = \frac{V_{max} \cdot [S]}{K_M + [S]}$$

Sie stellt eine Beziehung zwischen der Reaktionsgeschwindigkeit V und der Substratkonzentration [S] her. Graphisch erscheint sie als eine Hyperbel, die sich asymptotisch dem Wert V_{max} annähert, der im Sinne einer Sättigungskinetik dann erreicht wird, wenn die gesamte Enzym-Menge als Enzym-Substratkomplex vorliegt. V_{max} ist also die maximale Geschwindigkeit im Sättigungszustand, während K_M, die Michaeliskonstante, diejenige Substratkonzentration bedeutet, bei der die Hälfte der Maximalgeschwindigkeit erreicht wird.

Man kennt 1 500 bis 2 000 Enzyme. Formell kann man sie nach ihrer Wirkung in die in Tabelle 5.1 angegebenen Gruppen einteilen.

Unter ihnen sind folgende Enzyme im Rahmen der Lebensmittelchemie am wichtigsten:

Tabelle 5.1.

	Einteilung der Enzyme	Beispiele
1. Hydrolasen	a) Esterasen	Lipase, Phosphatase
	b) Glykosidasen	Amylase, Emulsin
	c) Peptidasen	Pepsin, Trypsin
2. Lyasen	a) C-C-Lyasen	Pyruvat-Decarboxylase
	b) C-O-Lyasen	Fumarase
	c) C-N-Lyasen	
3. Transpherasen	a) Transphosphatasen = kinasen	Hexokinase
	b) Transacetylasen	Cholinacetylase
	c) Transaminasen	Alanin-Oxalacetat-Transaminase
	d) Transmethylasen	
4. Isomerasen	Racemasen cis-trans-Isomerasen	
5. Oxidoreduktasen	a) CH-OH-Bindungen	Alkoholdehydrogenase
	b) CH=O-Bindungen	Xanthinoxidase
	c) CH-NH-Bindungen	Aminosäureoxidase
6. Ligasen	a) C-O-Bindungen knüpfend	
	b) C-C-Bindungen knüpfend	Carboxylasen
	c) C-N-Bindungen knüpfend	Peptidsynthetasen

5.2
Hydrolasen

a) Esterasen sind Enzyme unterschiedlich starker Spezifität. Während Lipasen relativ niedrige Spezifitäten aufweisen, besitzen Pektinesterasen und Phosphatasen bereits Gruppenspezifität. Hoch spezifisch sind schließlich Cholinesterasen.

Lipasen findet man sowohl im Pflanzenreich als auch im tierischen Organismus. Gelangen sie unter geeigneten Bedingungen auf das Substrat, so setzen sie Fettsäuren frei. Pankreaslipasen benötigen Gallensäuren und Kalkseifen als Aktivatoren, sie arbeiten am effektivsten in Emulsion. Im industriellen Bereich verwendet man Rizinus-Lipase zur Fett-Spaltung.

Phosphatasen spalten Mono- und Pyrophosphorsäureester; man findet sie sowohl in Pflanzen als auch im Tierkörper, wo sie bei der Glykolyse, im **Nucleinsäure-Stoffwechsel** sowie im **Phospholipid-Stoffwechsel** eine wichtige Rolle spielen. Nach ihrem pH-Optimum unterscheidet man zwischen alkalischen, neutralen und sauren Phosphatasen. Alkalische Phosphatasen findet man ausschließlich in tierischen Lebensmitteln (Käse, Milch, Eier). Da sie relativ temperaturempfindlich sind, verwendet man Aktivitätsbestimmungen mit Nitrophenolphosphat zum Nachweis einer Erhitzung (z.B. Pasteurisierung).

Pektinesterasen spalten aus Pektinen den esterartig gebundenen Methylalkohol ab und stellen so den ersten Schritt zu einer Weichfäule (z.B. von Obst) dar.

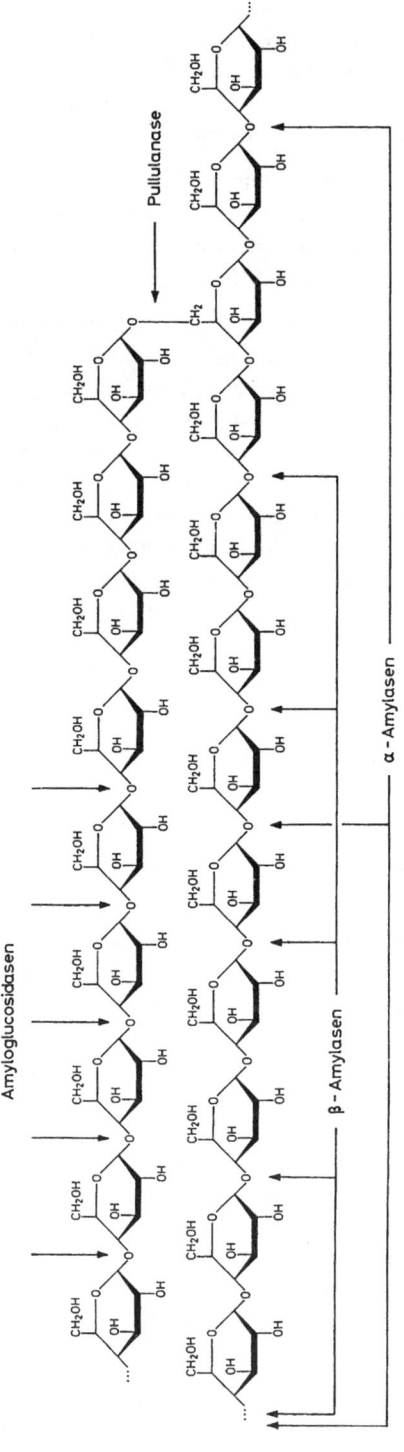

Abb. 5.1. Spaltungsspezifitäten von Amylasen und Glucoamylasen

Cholinesterasen sind hochspezifisch. Sie spalten an den Synapsen der Nervenenden **Acetylcholin** in Cholin und Essigsäure, wodurch Nervensignale ausgelöst werden. Die Wirksamkeit einer Reihe von Insektiziden (**z.B. Thiophosphorsäureester**) beruht auf ihrer Hemmwirkung auf Cholinesterase, wodurch schwere Nervenschäden eintreten.

Chlorophyllase führt eine Spaltung des Chlorophylls durch, wobei anstelle von Wasser Ethanol als spaltendes Agens verwendet wird (Alkoholyse anstelle von Hydrolyse). Dabei wird der stark hydrophobe Phytolrest abgespalten, wodurch das verbleibende Chlorophyllid hydrophil wird.

b) Glykosidasen spalten Acetal-Bindungen von Kohlenhydraten und sind demnach in der Lage, Poly- und Oligosaccharide in kleinere Bruchstücke bzw. Glykoside in Zucker und das zugehörige Aglykon zu zerlegen. Am bekanntesten unter ihnen sind die Amylasen. α-**Amylase** kommt im Speichel, Pankreas und Hühnereidotter vor; pflanzliche α-**Amylase** wird vor allem in Getreide, Schimmelpilzen und Bakterien, z.B. Bazillus subtilis gefunden. Sie stellt eine **Endoglykosidase** dar, die Stärke schnell unter vorwiegender Bildung von Penta-, Hexa- und Heptasacchariden verflüssigt. β-Amylasen wirken dagegen als **Exoglykosidasen**, die vom nichtreduzierenden Ende her β-Maltose-Einheiten abspalten. Allerdings wird ihre Aktivität an Verzweigungen (z.B. bei Amylopektin) bzw. an Phosphat-Resten gestoppt; es bleiben dann die sog. „Grenzdextrine" übrig. β-Amylasen findet man nur in pflanzlichen Lebensmitteln.

Glucoamylasen (Amyloglucosidasen) vermögen Stärke direkt zu Glucose zu spalten, indem sie Glucosereste vom nicht reduzierenden Ende der Amylose abspalten. **Pullulanase** spaltet spezifisch die α-1,6-Bindung von Amylopektin. Die so entstehenden Amylosebruchstücke können dann mit Exoenzymen weiter abgebaut werden.

Diese Enzyme finden in der Technik weitverbreitete Anwendung. Meist werden sie kombiniert angewandt, wobei die Reaktionsbedingungen auf speziell gewünschte Bruchstücke eingestellt werden können. Da die Enzyme nur verkleisterte Stärke angreifen können, wird die Verkleisterung zunächst bei etwa 70°C mit Wasserdampf durchgeführt und die Stärke durch bakterielle α-Amylasen verflüssigt. Die sich daran anschließende **Verzuckerung** führt man mit Glucoamylasen oder in Kombination mit β-Amylasen und evtl. Pullulanase bis zum gewünschten DE-Grad (DE = dextroseequivalent) durch. Auf diese Weise werden z.B. **Stärkezucker** oder **Stärkesirup** sowie Glucose gewonnen. Analog verläuft die Stärkeverzuckerung bei der Bierbrauerei bzw. der Branntweinherstellung. Während bei ersterer das Gerstenmalz Enzymlieferant und Substrat in einem ist, wird hochgekeimtes Malz bei der Brennerei nur als Enzymlieferant angewandt, während billigere Stärken das Substrat darstellen. In jedem Fall geht es darum, Stärke in gärfähiges Substrat zu verwandeln. Auch in der Bäckerei werden Amylasen verwendet. Sie sind normalerweise in genügender Konzentration im Mehl vorhanden und haben die Aufgabe, Maltose als Substrat für Hefe oder Sauerteig zu liefern. Maltosearme Mehle, denen meist α-Amylase fehlt, können durch Zugabe von Malzextrakten oder auch durch Pilz-Amylasen aufgebessert werden. Auch sog. „Auswuchsmehle", die aus angekeimtem Korn gewonnen wurden, können derartige Mindergehalte ausgleichen.

Lysozym (s. S. 127), ein in Eiklar vorkommendes Enzym, spaltet die aus Mureinsäure (s. S. 111) bestehende Zellwand Grampositiver Bakterien. In Käse kann es durch Clostridien bewirkte Spätblähungen verhindern.

Pektinasen (Polygalacturonasen) spalten Pektin-Substanz der Zellwandlamellen von Früchten. Allein oder zusammen mit Pektinmethylesterasen und **Cellulasen** werden sie in der Fruchtsaftindustrie eingesetzt, um als Maische-Enzyme bei Kirschen, Johannisbeeren u. a. eine Zelllockerung und damit eine Erhöhung der Saftausbeuten zu bewirken. In Trübsaftgetränken (Orangensaft, Tomatensaft) hindern sie durch partiellen Abbau der Stützelemente diese am Absetzen, so daß dem Getränk ein einheitliches Aussehen erhalten bleibt. Die hierfür verwendeten Enzymkombinationen enthalten besonders hohe Anteile an Polygalacturonasen. Solche Enzyme werden auch zur Herstellung von Gemüsebreiprodukten verwendet, wobei die Mazerierung nun schon bei Temperaturen von 20–45 °C erfolgt.

Invertase ist ebenfalls eine Glucosidase, die Saccharose (Rohrzucker) in Glucose und Fructose spaltet (**Invertierung**). Sie ist in der Natur weit verbreitet. Für industrielle Anwendungen gewinnt man sie aus Hefe (**Saccharomyces cerevisiae**). Man verwendet sie z.B. bei der Herstellung von Invertzuckercreme (Kunsthonig) und umgeht somit die saure Hydrolyse, bei der einige bitterschmeckende **Reversionszucker** entstehen würden. Allerdings wird hierbei kein Hydroxymethylfurfural gebildet, der früher als gesetzlich vorgeschriebene Leitsubstanz zur Erkennung von Kunsthonig zugesetzt werden mußte. Invertase wird auch in Bonbons mit flüssigen Füllungen verwendet. Aus technischen Gründen füllt man zunächst mit saccharosehaltiger Masse, die sich nach Invertierung wegen des schlechten Kristallisationsverhaltens von Fructose verflüssigt.

Lactase spaltet Lactose (Milchzucker) in Glucose und Galactose, wodurch in manchen Milchprodukten (wie Eiskrems und gefrorener, konzentrierter Milch) ein Auskristallisieren der schwerlöslichen Lactose verhindert wird, was sich als sog. „Sandgeschmack" äußern würde. Lactase wird ebenfalls aus Hefestämmen (**Torula-Hefen**) gewonnen. **Naringinase** wird seit einiger Zeit zur Entbitterung von Orangen- und Grapefruitsäften verwendet, wobei deren bitteres Prinzip, das beim Preßvorgang in den Saft gelangende Flavanonglykosid **Naringin**, gespalten wird (s. S. 414).

$$\underbrace{\text{Naringin}}_{\text{bitter}} \rightarrow \underbrace{\text{Naringenin} + \text{Rhamnose} + \text{Glucose}}_{\text{nicht bitter}}$$

Emulsin ist eine in Steinobst vorkommende β-Glykosidase, die relativ unspezifisch β-Glykoside spaltet. Allerdings setzt sie an den C-Atomen 1 bis 4 des Zuckerrestes D-gluco-Konfiguration voraus.

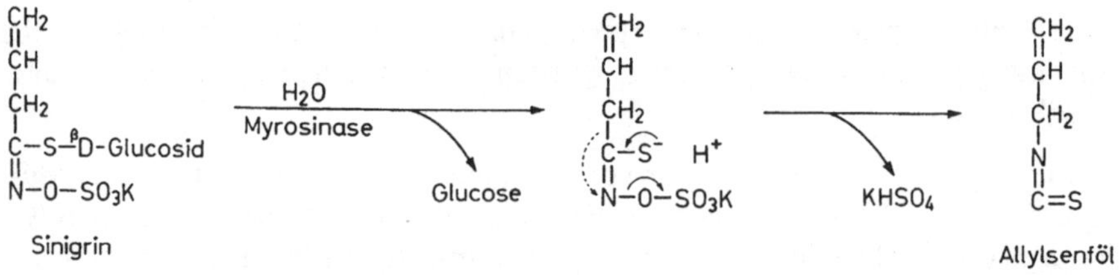

$$
\begin{array}{c}
\text{CH}_2 \\
\parallel \\
\text{CH} \\
\mid \\
\text{CH}_2 \\
\mid \\
\text{C}-\text{S}-^\beta\text{D-Glucosid} \\
\parallel \\
\text{N}-\text{O}-\text{SO}_3\text{K}
\end{array}
\quad
\xrightarrow[\text{Myrosinase}]{\text{H}_2\text{O}}
\quad
\begin{array}{c}
\text{CH}_2 \\
\parallel \\
\text{CH} \\
\mid \\
\text{CH}_2 \\
\mid \\
\text{C}-\text{S}^- \quad \text{H}^+ \\
\parallel \\
\text{N}-\text{O}-\text{SO}_3\text{K}
\end{array}
\quad \longrightarrow \quad
\begin{array}{c}
\text{CH}_2 \\
\parallel \\
\text{CH} \\
\mid \\
\text{CH}_2 \\
\mid \\
\text{N} \\
\parallel \\
\text{C}=\text{S}
\end{array}
$$

Glucose   KHSO$_4$

Sinigrin   Allylsenföl

Abb. 5.2. Wirkungsweise von Myrosinase

Myrosinase ist eine Thioglucosidase, die also über Schwefel gebundene Reste abspaltet. Sie reagiert mit Glucosinolaten, also Verbindungen, die nach der Spaltung Senföle freisetzen. Dies ist erläutert am Beispiel des in schwarzem Senf vorkommenden Sinigrins, bei dessen Spaltung gleichzeitig der Sulfatrest entfernt wird. Unter Einschluß einer Lossen'schen Umlagerung entsteht dann Allylsenföl, das geschmackliche Prinzip von Senf. Aus weißem Senf wird analog p-Hydroxybenzylsenföl freigesetzt.

c) Peptidasen (Proteasen): Nach ihrem Wirkungsmechanismus unterscheidet man zwischen **Exopeptidasen** und **Endopeptidasen**. Während Enzyme der ersten Kategorie endständig angreifen (man differenziert zwischen **Amino-** und **Carboxypeptidasen**, die das Molekül vom N- bzw. C-terminalen Ende her zerlegen), spalten Endopeptidasen Eiweiß-Moleküle spezifisch an bestimmten Bindungen in der Mitte. Endopeptidasen sind im Rahmen lebensmittelchemischer Betrachtungen besonders wichtig.

Beispiele wichtiger Endopeptidasen und ihre Spezifitäten sind in Tabelle 5.2 zusammengestellt.

Tabelle 5.2. Spaltungsspezifitäten von Endopeptidasen

		Wirkungsoptimum bei	
		pH	Temp.
Pepsin	Tyr-CO-, Leu-CO-, Phe-CO–Glu-CO, Asp-CO-	1,5-2,5	37°C
Trypsin	Lys-CO-, Arg-CO-	7,5-8,5	37°C
Chymotrypsin	Phe-CO-, Tyr-CO-	7,5-8,5	37°C
Papain	Glu-CO-, Leu-CO-, Glu-NH$_2$-CO-	4,0-7,0	40–70°C
Rennin	Glu-CO-, Leu-CO-, Phe-CO-	5,8	30–40°C

Wie aus der Tabelle erkennbar ist, spaltet Trypsin jeweils am Carboxyl-Ende der Aminosäuren Lysin und Arginin, während Chymotrypsin Proteinketten am Carboxyl-Ende der aromatischen Aminosäuren Phenylalanin und Tyrosin spaltet. Diese beiden im Pankreas vorkommenden Enzyme besitzen von den genannten Peptidasen die größte Spezifität, die man deshalb auch bei Sequenzanalysen von Proteinen ausnutzt. Pepsin und Papain können dagegen auch an einigen anderen Stellen spalten und sind daher für analytische Zwecke weniger zuverlässig. Alle genannten Peptidasen setzen L-Konfigurationen der Aminosäuren voraus.

Zahlreiche Lebensmittel (z.B. Bohnen) enthalten Trypsin- und Chymotrypsin-Inhibitoren, die offenbar in der Lage sind, die Enzyme einzuschließen und sie so zu inaktivieren. Durch Erhitzen werden diese Inhibitoren allerdings selber inaktiviert, da sie Eiweiße sind; auch die in Tabelle 5.2 aufgeführten Enzyme besitzen Proteinstruktur.

Wirtschaftliche Bedeutung besitzt das Labenzym **Rennin (Chymosin)**, das aus der Schleimhaut des Labmagens säugender Kälber gewonnen wird. Mit Milch vermischt greift es speziell die χ-Casein-Fraktion an, wodurch bei gleichzeitiger Anwesenheit von Calcium-Ionen Koagulation eintritt. Dieses Verfahren wird zur **Lab-Käserei** angewandt. Es hat in den letzten Jahren die **Sauermilchkäserei**, bei der Casein durch Milchsäure-Bildung gefällt wird, wirtschaftlich bei weitem übertroffen. Auch **Pepsin** wird, meist im Gemisch mit Rennin, zur Casein-Fällung benutzt. Die Käserei mit Enzympräparaten aus dem Labmagen älterer Tiere soll schon zu Produkten mit Bittergeschmack geführt haben, da offenbar veränderte Spaltungsspezifitäten dieser Enzyme die Entstehung von Bitterpeptiden begünstigte. Sauberes Rennin kann aber auch schon gentechnologisch aus Mikroorganismen (Vibromyces lactis, E. coli u.a.) gewonnen werden, auf die das entsprechende Gen aus dem Kalb übertragen worden war.

Papain ist ein pflanzliches Enzym, das schon von den Indianern zum Zartmachen von Fleisch verwendet wurde. Man beachte das Temperatur-Optimum (s. Tabelle 5.2)! Papain wird aus den tropischen Papayafrüchten gewonnen. Heute wird es zusammen mit **Ficin** (aus Feigen) und **Bromelin** (aus Ananas) als „Tenderizer", d.h. zum Zartmachen von Fleisch, eingesetzt. In der Bundesrepublik Deutschland ist die Anwendung solcher Produkte verboten, auch für eine Spaltung biereigener Proteine („**chill proofing**"), die nach der Reaktion mit Gerbstoffen Fällungen hervorrufen können (**Biertrub**).

Unter **Kathepsinen** versteht man eine Gruppe zelleigener Exo- und Endopeptidasen des Fleisches, die während des sog, „Abhängens" (**Fleischreifung**) nach dem Schlachten das Zellgewebe, vor allem das **Sarkolemm**, partiell auflösen und dabei Aminosäuren freisetzen, die für die Aromabildung während des Kochens und Bratens verantwortlich sind.

5.3
Lyasen

Lyasen spalten C-C-. C-O- bzw. C-N-Bindungen, meistens unter Hinterlassung einer Doppelbindung. Ein Beispiel ist die Spaltung von **2-Phosphoglycerinsäure** unter Abspaltung eines Mols Wasser zu **Phosphoenolbrenztraubensäure**, ein besonders bei der **alkoholischen Gärung** wichtiger Vorgang (Abb. 5.3).

Im Zellstoffwechsel gibt es eine Reihe solcher Enzyme, die somit auch in Lebensmittel gelangen können. Zur Klasse der Lyasen gehören auch die **De-**

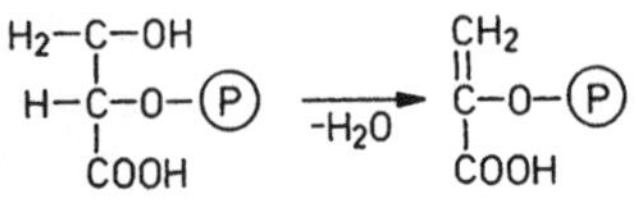

$$
\begin{array}{ccc}
\text{H}_2\text{-C-OH} & & \text{CH}_2 \\
| & & | \\
\text{H-C-O-}(\text{P}) & \xrightarrow[-\text{H}_2\text{O}]{} & \text{C-O-}(\text{P}) \\
| & & | \\
\text{COOH} & & \text{COOH}
\end{array}
$$

Abb. 5.3. Bildung von Phosphoenolbrenztraubensäure bei der alkoholischen Gärung

carboxylasen, die z.B. in reifendem Käse vorkommen, wo sie Aminosäuren in **biogene Amine** spalten. Da auch Mikroorganismen über solche Decarboxylasen verfügen, werden bei jedem bakteriellen Verderb von Protein biogene Amine freigesetzt. Coenzym ist hier **Pyridoxal-5-phosphat.** Biogene Amine, vor allem Histamin, hat man in der letzten Zeit in Thunfischkonserven nachgewiesen. Die in Orangensäften vorkommende γ-**Aminobuttersäure** entsteht aus Glutaminsäure ebenfalls unter Einwirkung einer Decarboxylase.

Eine wichtige Reaktion in diesem Rahmen ist auch die Entstehung von **Acetaldehyd** aus **Brenztraubensäure** (s. S. 383). Die Reaktion wird von einem Enzym gesteuert, für das **Thiaminpyrophosphat** Coenzym ist. Dieser Vorgang ist wichtig, da das gleiche Enzym eine Verknüpfung des Acetaldehyds zu **Acetoin** katalysiert, das weiter in **Diacetyl** und **Butylenglykol** verwandelt wird (Abb. 5.4). Beide sind bekannte Aromastoffe, die in vielen Lebensmitteln angetroffen werden.

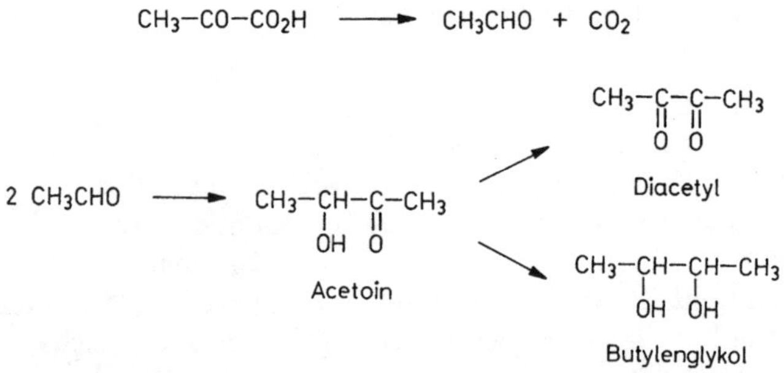

$$
\text{CH}_3\text{-CO-CO}_2\text{H} \longrightarrow \text{CH}_3\text{CHO} + \text{CO}_2
$$

$$
2\ \text{CH}_3\text{CHO} \longrightarrow \underset{\substack{| \quad || \\ \text{OH}\ \ \text{O}}}{\text{CH}_3\text{-CH-C-CH}_3}
$$

CH$_3$-C-C-CH$_3$ (O O) Diacetyl

Acetoin

CH$_3$-CH-CH-CH$_3$ (OH OH) Butylenglykol

Abb. 5.4. Entstehung von Acetaldehyd durch Decarboxylierung von Brenztraubensäure und seine Verknüpfung zu Acetoin

5.4
Transferasen

Transferasen steuern die Übertragung wichtiger, für Lebensvorgänge bedeutender Gruppen wie Methyl-, Amino- oder Phosphat-Gruppen (**Trans-Methylasen, Trans-Aminasen** und **Transphosphatasen (Kinasen)**). Im Rahmen lebensmittelchemischer Reaktionen sind besonders die **Kinasen** wichtig, die bei der alkoholischen Gärung Phosphat-Gruppen auf Glucose übertragen.

5.5
Isomerasen

Isomerasen katalysieren Umlagerungen biologisch wichtiger Substrate in isomere Verbindungen. Herausragendes Beispiel ist **Glucosephosphatisomerase**,
die die Umwandlung von Glucose in **Fructose** katalysiert. Diese Reaktion wird
technisch zur Herstellung von **Isomerose-Zucker** (s. S. 365) verwendet, wobei
man sich heute trägergebundener Enzyme bedient.

5.6
Oxidoreduktasen

Oxidoreduktasen steuern die Oxidation und Reduktion biologisch relevanter Substrate. Als Wasserstoff-Akzeptoren dienen **Nicotin-Adenin-Dinucleotid**
(**NAD** bzw. **NADP**), **Flavin-Adenin-Dinucleotid** (**FAD**) oder Sauerstoff. Der Wirkungsmechanismus von NAD und FAD ist in Abb. 5.5 dargestellt. Da beide auch
als Wasserstoff-Donatoren auftreten, können sie auch reversibel wirken. Das
sei an der **Alkohol-Dehydrogenase** (ADH verdeutlicht. Bei der alkoholischen
Gärung steuert sie die Reduktion von Acetaldehyd zu Ethylalkohol. Man kann
die Reaktion indes auch umkehren, indem man den gebildeten Acetaldehyd in
Form seines Semicarbazons abfängt. Davon macht man bei der enzymatischen
Blutalkohol-Bestimmung Gebrauch. Da die reduzierte Form (NADH + H$^+$) bei
340 nm stark absorbiert, kann die Reaktion spektralphotometrisch empfindlich gemessen werden. Von dieser Endpunktsbestimmung macht man übrigens
bei vielen enzymatischen Bestimmungen Gebrauch.

$$CH_3CHO + NADH + H^+ \rightarrow CH_3CH_2OH + NAD^+$$
$$C_2H_5OH + NAD^+ \quad\quad \rightarrow CH_3CHO \downarrow + NADH + H^+$$

Nitrat-Reduktasen bedienen sich des FAD als prosthetischer Gruppe. Sie kommen in Bakterien (z.B. auch in der Dünndarmflora des Menschen) vor und
reduzieren in der Nahrung (z.B. in Spinat) vorhandenes Nitrat zu Nitrit. Enzyme des gleichen Typs reduzieren Nitrat im Nitrat-Pökelsalz zu Nitrit, das die
Umrötung von Fleisch bewirkt.

Auch das **Schardinger-Enzym**, das unter anderem in Milch vorkommt, bedient sich des FAD als wirksamer Gruppe. Es reagiert vorwiegend als **Aldehyd-**
und **Xanthin-Dehydrase**, indem es Aldehyde in Carbonsäuren und Purin-Stoffe
in Harnsäure umwandelt. Da das Schardinger-Enzym durch Hitze zerstört
wird, dient sein Nachweis (übertragung von Wasserstoff aus einem zugegebe-
nen Aldehyd auf Methylenblau, das entfärbt wird) zur Prüfung auf Hitzesterilisierung von Milch.

Zur Gruppe pflanzlicher Oxidoreduktasen zählen Polyphenoloxidasen, Lipoxidasen und Peroxidasen.

Polyphenoloxidasen sind für die **enzymatische Bräunung** pflanzlichen Materials verantwortlich. Sie treten beispielsweise dann in Aktion, wenn sie durch

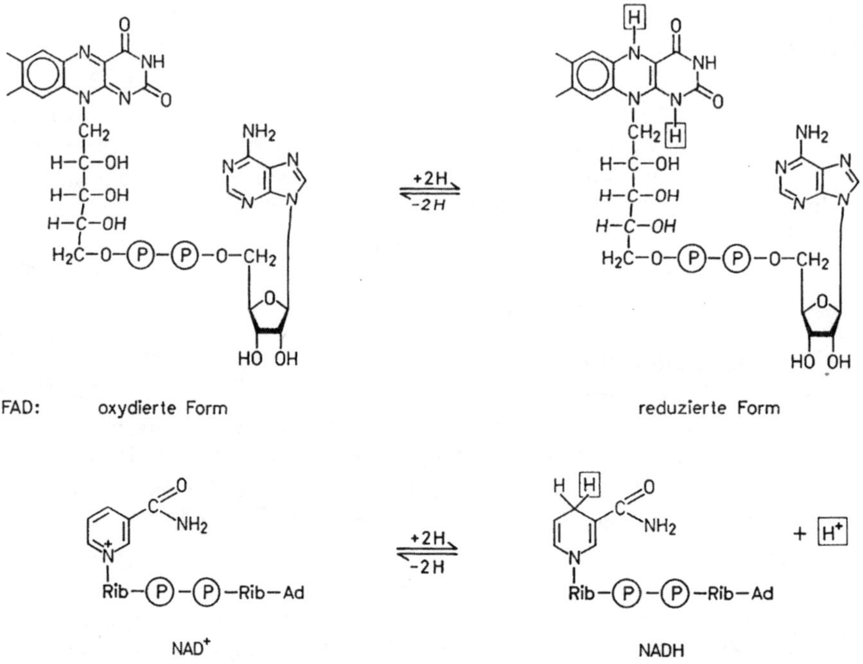

FAD: oxydierte Form   reduzierte Form

NAD$^+$ NADH

Abb. 5.5. Wirkungsweise prosthetischer Gruppen von Oxidoreduktasen

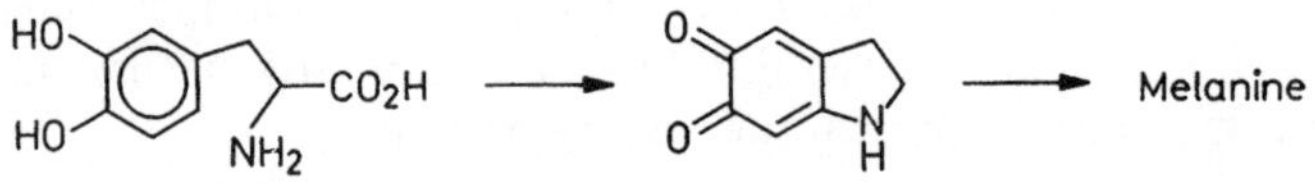

Abb. 5.6. Vorstufe der Melanin-Bildung (in Gemüse und Obst) durch Angriff von Polyphenoloxidasen

Beschädigung einer Frucht aus ihrer Membranbindung gelöst werden und mit Pflanzenphenolen in Berührung kommen. Diese dehydrieren sie zu instabilen Chinonen und lösen damit die **Melanin-Bildung** aus (Beispiel: DOPA-Oxidation, (s. Abb. 5.6). Polyphenoloxidasen enthalten Kupfer als Aktivator.

Lipoxidasen (Lipoxygenasen) übertragen molekularen Sauerstoff auf essentielle Fettsäuren in pflanzlichen Produkten, wobei Fettsäurehydroperoxide entstehen, die in ähnlicher Weise wie bei der Autoxidation von Fetten zu Carbonyl-Verbindungen gespalten werden. Sie stellen daher wichtige Enzyme für die Aromaentwicklung vieler Gemüse dar (z.B. Gurken, Pilze), fördern andererseits allerdings auch die Ranzigkeit von Fetten (s. S. 78, 282, 412).

Peroxidasen kommen vereinzelt auch im Tierreich, in der Hauptsache jedoch in pflanzlichen Produkten vor. Meist übertragen sie Wasserstoffperoxid, womit Wasserstoff-Donatoren oxidiert werden:

$$H_2A + H_2O_2 \longrightarrow 2H_2O + A$$

Peroxidasen werden durch Hitze inaktiviert. Man benutzt daher ihren Nachweis zur Prüfung, ob z.B. für die Tiefkühlung vorgesehenes Gemüse ordnungsgemäß blanchiert wurde. Allerdings hat sich mehrfach gezeigt, daß inaktivierte Peroxidase nach einiger Zeit wieder Aktivität zeigte.

Katalase kommt nur in tierischem Gewebe vor. Sie überträgt und zersetzt ausschließlich Wasserstoffperoxid. In der Lebensmittelanalytik wird der Test auf Vorkommen von Katalase in Milch zum Nachweis von Eutererkrankungen, in der Kriminologie zum Blutnachweis (z.B. auf Kleidung) verwendet.

6 Lipoide

6.1
Fette

Fette sind die Ester mehr oder weniger langkettiger Fettsäuren mit dem drei-
wertigen Alkohol Glycerol (Triglyceride). Bisher hat man etwa 200 verschiedene Fettsäuren in der Natur gefunden, von denen jedoch nur relativ wenige
in Nahrungsfetten in wesentlichen Konzentrationen auftreten.

In Tabelle 6.1 sind die wichtigsten in Speisefetten vorkommenden **Fettsäuren** zusammengestellt. Es fällt auf, daß sie alle eine **gerade Kohlenstoffanzahl**
besitzen. Das rührt daher, daß Fettsäuren in der Natur über Acetyl-Coenzym A
aufgebaut werden, also schematisch aus einer Aneinanderreihung von Acetyl-
Resten entstehen. Als ein weiteres Kriterium natürlicher Fettsäuren wird vermerkt, daß sie **unverzweigt** sind. Diese beiden Prinzipien werden nur in ganz
wenigen, unbedeutenden Fällen durchbrochen. Zum Beispiel hat man in den
letzten Jahren in Milchfett sowohl Spuren von ungeradzahligen als auch me-
thylverzweigten und cyclischen Fettsäuren gefunden, deren Bildung offenbar
auf die Mikroflora im Pansen zurückzuführen ist. – Fettsäuren mit Doppelbindungen stellen fast ausschließlich **cis-Isolenfettsäuren** dar, d.h. wir finden hier
isolierte Doppelbindungen in der cis-Form. Konjuensäuren (Fettsäuren mit
konjugierten Doppelbindungen) sowie trans-Fettsäuren wurden in natürlichen Fetten nur selten beobachtet (s. S. 59 und 60).

Fette sind meistens recht komplizierte Mischungen von Triglyceriden. Das
liegt daran, daß in einem Triglycerid verschiedene Säuren gebunden sein
können, also „zwei- oder dreisäurige" Verbindungen darstellen, während andererseits einsäurige Triglyceride, in denen Glycerol mit nur einer Fettsäure-
Art verestert ist, in der Minderzahl sind. Die Eigenschaften eines Triglyce-
rides hängen darüber hinaus nicht nur von der Kettenlänge der gebundenen
Fettsäuren ab, sondern auch von ihrem Gehalt an Doppelbindungen sowie von
der Stellung der Fettsäuren im Glycerid-Molekül.

Aus der stereospezifischen Analyse von Triglyceriden wurde klar, daß die
Glycerolreste in pflanzlichen Fetten in ihren Stellungen 1 und 3 vornehmlich
mit gesättigten Fettsäuren verestert sind, Öl- und Linolensäure über alle Positionen verteilt sein können, während Linolsäure vorwiegend in Position 2
gebunden ist. Da das mittelständige C-Atom in Glyceriden asymmetrisch sein
kann, wird ihre Struktur manchmal mit dem Prefix sn („stereochemical num-

Tabelle 6.1. In der Natur vorkommende Fettsäuren

Trivialname	Systemat. Name	Formel	Vorkommen
1. Gesättigte Fettsäuren			
Buttersäure	Butansäure	$C_3H_7 - COOH$	Milchfett
Capronsäure	Hexansäure	$C_5H_{11}COOH$	Milchfett, Palmkernfett, Cocosfett
Caprylsäure	Octansäure	$C_7H_{15}COOH$	Cocosfett, Palmkernfett, Milchfett
Caprinsäure	Decansäure	$C_9H_{19}COOH$	Cocosfett, Palmkernfett, Milchfett
Laurinsäure	Dodecansäure	$C_{11}H_{23}COOH$	Cocosfett, Palmkernfett, Milchfett
Myristinsäure	Tetradecansäure	$C_{13}H_{27}COOH$	Cocosfett, Palmkernfett, fast alle pflanzlichen und tierischen Fette
Palmitinsäure	Hexadecansäure	$C_{15}H_{31}COOH$	Alle Fette
Stearinsäure	Octadecansäure	$C_{17}H_{35}COOH$	Vorwiegend tierische Fette
Arachinsäure	Eicosansäure	$C_{19}H_{39}COOH$	Erdnußfett
Behensäure	Docosansäure	$C_{21}H_{43}COOH$	Erdnußfett, Rapsöl
2. Fettsäuren mit einer Doppelbindung			
Palmitoleinsäure	9-Hexadecensäure	$C_{15}H_{29}COOH$	Seetieröle, wenig in pflanzlichen und tierischen Fetten
Ölsäure	9-Octadecensäure	$C_{17}H_{33}COOH$	Alle Fette
Elaidinsäure	9-Octadecensäure (trans)	$C_{17}H_{33}COOH$	Spuren in tierischen Fetten
Erucasäure	13-Docosensäure	$C_{21}H_{41}COOH$	Cruciferenfette
3. Fettsäuren mit mehreren Doppelbindungen			
Linolsäure	9,12-Octadecadiensäure	$C_{17}H_{31}COOH$	Saflor-, Soja-, Sonnenblumen- und Baumwollsaatöl
Linolensäure	9,12,15-Octadecatriensäure	$C_{17}H_{29}COOH$	Leinöl
Arachidonsäure	5,8,11,14-Eicosatetraensäure	$C_{19}H_{31}COOH$	Spuren in tierischen Fetten
Clupanodonsäure	4,8,12,15,21-Docosapentaensäure	$C_{21}H_{33}COOH$	Fischöle
Nisinsäure	3,8,12,15,18,21-Tetracosahexaensäure	$C_{23}H_{35}COOH$	Fischöle

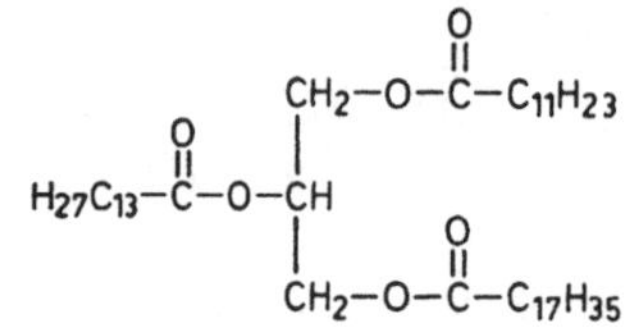

$$
\begin{array}{c}
\quad\quad\quad\quad\quad\overset{\overset{\displaystyle O}{\|}}{CH_2-O-C-C_{11}H_{23}} \\
\overset{\overset{\displaystyle O}{\|}}{H_{27}C_{13}-C-O-CH} \\
\quad\quad\quad\quad\quad\overset{\overset{\displaystyle O}{\|}}{CH_2-O-C-C_{17}H_{35}}
\end{array}
$$

1–Lauro–2–myristo–3–stearin, Fp. 49,5 °C

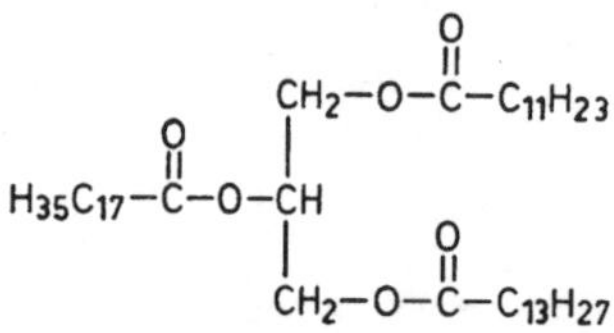

$$
\begin{array}{c}
\quad\quad\quad\quad\quad\overset{\overset{\displaystyle O}{\|}}{CH_2-O-C-C_{11}H_{23}} \\
\overset{\overset{\displaystyle O}{\|}}{H_{35}C_{17}-C-O-CH} \\
\quad\quad\quad\quad\quad\overset{\overset{\displaystyle O}{\|}}{CH_2-O-C-C_{13}H_{27}}
\end{array}
$$

1–Lauro–3–myristo–2–stearin, Fp. 37–38°C

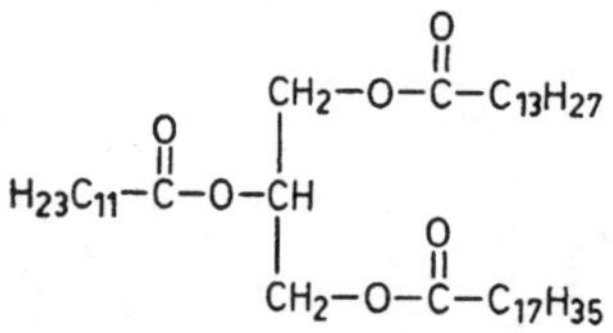

$$
\begin{array}{c}
\quad\quad\quad\quad\quad\overset{\overset{\displaystyle O}{\|}}{CH_2-O-C-C_{13}H_{27}} \\
\overset{\overset{\displaystyle O}{\|}}{H_{23}C_{11}-C-O-CH} \\
\quad\quad\quad\quad\quad\overset{\overset{\displaystyle O}{\|}}{CH_2-O-C-C_{17}H_{35}}
\end{array}
$$

2–Lauro–1–myristo–3–stearin, Fp. 55°C

Abb. 6.1. Isomere Formen von Lauro-myristo-stearin und ihre Schmelzpunkte

bering") versehen. Danach tragen die C-Atome mit primären OH-Gruppen die Nummern 1 bzw. 3, während das mittelständige C-Atom die Position 2 darstellt.

Betrachten wir nun die Eigenschaften des Lauromyristostearins, eines dreisäurigen Triglycerids, das Laurinsäure, Myristinsäure und Stearinsäure gebunden enthält, so ergeben die drei möglichen stellungsisomeren Formen die folgenden Schmelzpunkte für die stabilen β-Modifikationen[1].

Registriert man dagegen den Einfluß ungesättigter Fettsäuren auf die Eigenschaften eines Glycerids, so erkennt man umso größere Schmelzpunktsdepressionen, je mehr ungesättigte Fettsäuren im Molekül enthalten sind.

Tristearin	72,5°C
1,3-Distearo-olein	44,3°C
1-Stearo-diolein	23,5°C
Triolein	5,5°C

Tabelle 6.2. Schmelzpunkte der β-Modifikation einiger Triglyceride

---

[1]   Von verschiedenen Fettmodifikationen erhält man die sog. β-Form meist beim Auskristallisieren aus einer Lösung. Schreckt man eine Fettschmelze ab, so entsteht zunächst die glasartige γ-Modifikation, die sich bei langsamem Erwärmen über die instabilen α- und β'-Modifikationen in die stabile β-Form umwandelt.

In der Tabelle 6.2 besitzen alle Fettsäuren 18 Kohlenstoffatome. Man registriert zunehmende Schmelzpunktserniedrigungen, je mehr Ölsäure-Reste im Molekül gebunden sind. Daher kann man davon ausgehen, daß bei Zimmertemperatur flüssige Fette (Speiseöle) größere Mengen ungesättigter Fettsäuren enthalten.

In den Tabellen 6.3 und 6.4 sind die in einigen wichtigen pflanzlichen und tierischen Fetten vorkommenden Säuren aufgeführt. Diese Fettsäuremuster sind gewissen Schwankungen unterworfen, die bei tierischen Depotfetten von der Ernährung, bei pflanzlichen Fetten von Klima und Anbaubedingungen abhängen. So können die Linolsäure-Gehalte in Sonnenblumenöl je nach Provenienz Schwankungen aufweisen. Bei Leinöl wurden um so höhere Linolensäure-Gehalte gefunden, je weiter nördlich der Anbau erfolgte. – Gewisse Ähnlichkeiten zeigen die aus Pflanzen der gleichen Familie gewonnenen Fette. So weisen die Palmsamenfette aus Kokos- und Ölpalme (Cocosfett und Palmkernfett) gewisse Ähnlichkeiten auf, wie auch Rüb- und Senföle (Familie: Cruciferae) gewisse Übereinstimmungen zeigen. Auch durch züchterische Maßnahmen kann das Fettsäurespektrum beeinflußt werden. Hervorstechendes Beispiel ist die Umstellung des Raps-Anbaues in den Hauptanbauländern Kanada, Deutschland, Schweden und Polen auf Sorten, deren Öl weniger als 3% Erucasäure enthalten. Anlaß war die Beobachtung, daß Rüböl mit hohem Gehalt an Erucasäure bei Ratten zu Herzverfettung und Nekrosen führt. Obwohl diese Erscheinung bei Mensch und Schwein nicht beobachtet wurde, hat man dennoch Sorten mit hohen Erucasäure-Gehalten ausgemerzt. Neuzüchtungen („Null-Raps") enthalten statt Erucasäure erhöhte Gehalte an Ölsäure (bis 50%) und Linolsäure (bis 20%). Andere Züchtungen („Doppel-Null-Raps") haben zusätzlich niedrigere Gehalte an „Thioglucosinolaten" (s. S. 241), die bei der Aufbereitung dieser Fette Schwierigkeiten bereiten können. In anderen

Tabelle 6.3. Fettsäuremuster einiger wichtiger Pflanzenfette

	Cocosfett	Olivenöl	Sojaöl	Rapsöl
		%		
Capronsäure	–0,8			
Caprylsäure	7,8–9,5			
Caprinsäure	4,5–9,7			
Laurinsäure	44–51			
Myristinsäure	13–18,5	–1,3	–0,4	
Palmitinsäure	7,5–10,5	7–16	2,3–10,6	3,2–5,0
Stearinsäure	1–3	1,4–3,3	2,4–6	1,0–2,5
Ölsäure	5–8,2	64,5–84,5	23,5–30,8	52,6–63,2
Linolsäure	1–2,6	4–15	49–51	20,7–28,1
Linolensäure			2–10,5	10,1–15,5
Arachinsäure			–0,5	
Erucasäure				0–1,7
Schmelzpunkt ca.	20 °C bis 28 °C	–5 °C bis –9 °C	–7 °C bis –8 °C	0 °C

Tabelle 6.4. Fettsäuremuster wichtiger tierischer Fette

	Butterfett	Schweinefett	Rindertalg
	%		
Buttersäure	3,5–4,0		
Capronsäure	1,5–2,0		
Caprylsäure	1,0–1,7		
Caprinsäure	1,9–2,6		
Laurinsäure	2,5–4,5		
Myristinsäure	8–14,6	0,5–2,7	2–6
Palmitinsäure	26–30	19,1–30,5	25–37
Stearinsäure	9–10,5	4,8–22,9	15–30
Ölsäure	19–33	19,2–59,3	28–45
Linolsäure	2,1–3,7	2,8–15,4	2–3
Schmelzpunkt ca.	28°C – 38°C	26°C – 39°C	45°C – 50°C

Rapszüchtungen wurden zusätzlich die Anteile an Linolensäure zugunsten von Linolsäure gesenkt bzw. die Schalenanteile erniedrigt[2].

Unter den Fettsäuren mit mehreren Doppelbindungen sind vor allem Linol-, Linolen- und Arachidonsäure wichtig, da ihr Fehlen in der Nahrung zu Gesundheitsstörungen Anlaß geben kann. So stellte man an Ratten bei einer Diät unter Eliminierung solcher Fettsäuren Haarausfall, Schorf und Furunkulose fest. Diese Erscheinungen sowie die Brüchigkeit von Fingernägeln wurden auch beim Menschen beobachtet, weshalb man diesen Verbindungen anfangs eine Vitaminwirkung zuschrieb. Noch heute findet man manchmal auf kosmetischen Präparaten einen Hinweis auf „Vitamin-F"-Gehalte, womit Linol-, Linolen- bzw. Arachidonsäure gemeint sind. – Heute bezeichnet man diese Verbindungen als **essentielle Fettsäuren**, da sie vom Organismus gebraucht, jedoch nicht in genügender Menge synthetisiert werden und daher dem Körper über die Nahrung zuzuführen sind. Die empfohlene Menge liegt für Erwachsene bei 10 g/Tag.

Besondere Aufmerksamkeit widmet man diesen Verbindungen, seitdem man in Tierversuchen eine Reduzierung des Serumcholesterin-Spiegels nach Ernährung mit Linolsäure-Diäten fand. Bekanntlich können zu hohe Serumcholesterin-Gehalte eine Arteriosklerose hervorrufen, die zum Herzinfarkt führen kann. Die essentielle Wirkung der drei Fettsäuren scheint dabei auf der Stellung ihrer isolierten Doppelbindungen an den C-Atomen 3,6,9, gezählt vom CH_3-Ende, zu beruhen.

Linolsäure (cis,cis-9,12-Octadecadiensäure) ist aus technischen Gründen wohl die wichtigste von ihnen, da sie von den 3 genannten essentiellen Fettsäuren (auf Grund von „nur" 2 Doppelbindungen !) autoxidativ relativ am wenigsten angegriffen wird und auch bei der Fettverarbeitung relativ stabi ist. Im Körper

---

[2] Röbbelen: Impact of Production and Breeding on Food Quality in: Agriculture, Food Chemistry and the Consumer. Proceedings on EURO FOOD CHEM V; INRA Paris 1989.

Safloröl	70–75	
Sonnenblumenöl	60–70	
Sojaöl	55–65	
Baumwollsaatöl	42–48	
Maiskeimöl	40–55	
Erdnußöl	15–20	
Palmöl	8–12	

Tabelle 6.5. Fette mit hohen Linolsäure-Gehalten (Gehalte: % Linolsäure, bezogen auf Gesamtfettsäuren)

stellt sie eine Vorstufe für Arachidonsäure und den Aufbau von Membranen dar. Sie wird den ω-6 Fettsäuren zugerechnet. In **Tabelle 6.5** sind die wichtigsten Fette mit hohen Linosäure-Gehalten aufgelistet.

α-**Linolensäure** (s. Abb. 6.2) kommt in fast allen Pflanzenölen vor, besonders in Lein- (36–46%) und Hanföl (28%). In Spuren findet man sie in Gemüsen (z.B. Gurke, Tomate, Kartoffel), wo sie zur Aromabildung beiträgt (s. S. 288). Ihre Essentialität ist nicht unbestritten. Dagegen wird die in tierischem Muskel gefundene γ-**Linolensäure** als essentiell eingestuft. Sie wird ebenso wie die in Fleisch, Hirn und tierischen Fetten vorkommende **Arachidonsäure** durch körpereigene Enzyme aus Linolsäure gebildet. Linolsäure ist auch das Zwischenprodukt für die Linolensäurebiosynthese in Pflanzen, hier entsteht indes das α-Isomere.

Arachidonsäure kommt in geringen Konzentrationen in tierischem Gewebe vor, z.B. in Schweinehirn (335 mg/100 g), Innereien, Aal (550 mg/100 g) und Hühnerei (130 mg/100 g). Ihr werden gewisse Zusammenhänge zu Entzündungs-Mediatoren im menschlichen Gewebe nachgesagt.

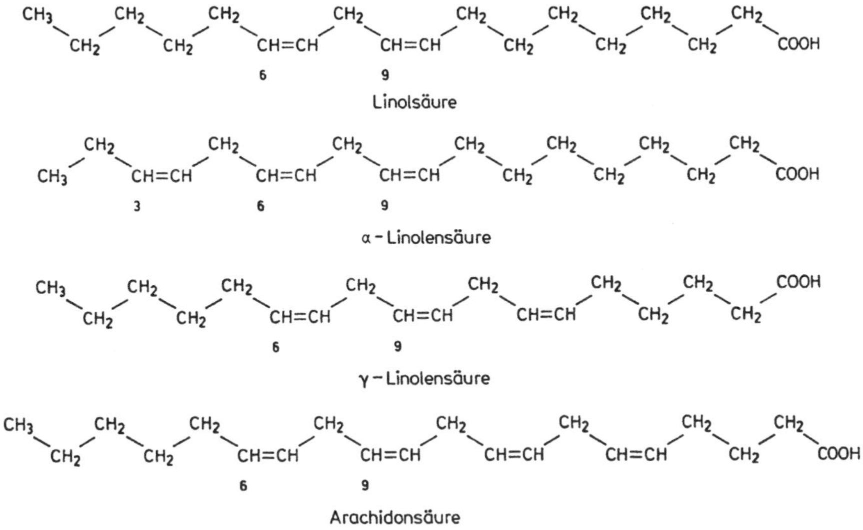

Abb. 6.2. Wichtige essentielle Fettsäuren

Heute sieht man in den essentiellen Fettsäuren in erster Linie das Ausgangs-material für die Bildung von **Prostaglandinen**, Stoffen mit Hormonwirkung, die in einer Reihe von Organen sowie im Gewebe von Säugetieren nachgewie-sen wurden. Bei dieser Umwandlung werden die essentiellen Fettsäuren auf 20 Kohlenstoffatome verlängert (z.B. Linolensäure → γ-Homolinolensäure) und unter gleichzeitiger enzymatischer Oxidation (Cyclooxygenase) zu Prostaglandinen cyclisiert. Prostaglandine wirken gefäßerweiternd und sti-mulieren die glatte Muskulatur. Andere, auf diesem Wege entstehende Verbin-dungen sind die Thromboxane. Dagegen werden Leukotriene[3] durch enzyma-tische Oxydation mittels der in den Vorstufen der Leukocyten vorkommenden 5-Lipoxygenase[4] gebildet. Prostaglandine, Thromboxane, Leukotrine und Li-poxine[5] werden wegen ihrer Herkunft aus C_{20}-Fettsäuren als Eicosanoide be-zeichnet. Wegen der zahlreichen, aus Arachidonsäure im Körper entstehenden Verbindungen spricht man auch von der „Arachidonsäure-Kaskade".

Linolsäure hat ohne Zweifel für den Menschen eine günstige, Choleste-rol senkende Wirkung. Dennoch sollte man die durch die beiden Doppel-bindungen bewirkte, leichte Oxidierbarkeit beachten, die eine Arterioskle-rose-Entstehung und auch Krebsbildung begünstigen kann. Linolsäure wird im Körper über γ-Linolensäure und Dihomo-γ-Linolensäure (C_{20} 3ω-6) in Arachidonsäure umgewandelt, die u.a. zu Entzündungsmediatoren führt. Es zeigt sich also, daß zu hohe Konzentrationen an Linolsäure in der Nahrung eher schädlich sein können. Dagegen ist erwiesen, daß ω-3-Fettsäuren der Arteriosklerose und Krebsentstehung entgegen wirken, sodaß auf ein ausge-wogenes Verhältnis zwischen ω-6- und ω-3-Fettsäuren (empfohlen wird ein Verhältnis von 5:1) geachtet werden sollte.

γ-Homolinolensäure   Prostaglandin E_1

Zunehmende Beachtung erfahren ω-3-Eicosapentaensäure (C_{20}- Fettsäure mit 5 isolierten Doppelbindungen, wobei die erste, vom CH_3-Ende her gesehen, sich zwischen den C-Atomen 3 und 4 befindet) und andere Fettsäuren vom „ω-3-Typ" (Abb. 6.3), die im Öl von Kaltwasserfischen (Hering, Makrele, Lachs) vorkommen. Sie besitzen offenbar günstige Wirkungen gegen Arteriosklerose und Herzinfarkt, wobei die benötigten Mengen (z.B. über Lebertran) niedrig sind. Auf diese Fettsäuren wurde man dadurch aufmerksam, daß Eskimos, die bekanntlich viel Fisch essen, kaum zu koronaren Erkrankungen neigen, obwohl sie sich hochkalorisch und fettreich ernähren. Auch in Japan, wo viel Fisch

---

[3]   Allergien und Anaphylaxie auslösende Verbindungen, siehe Nachrichten aus Chemie, Technik und Laboratorium (1983) 31:117–120.

[4]   Journal Biological Chemistry (1989) 264:19469–19472.

[5]   Advances in Prostaglandine, Thromboxane and Leukotrien Research (1985) 15:163–166.

gegessen wird, ist die Arterioskleroseneigung niedriger als in anderen Industrieländern mit hohem Verbrauch an ω-6-Fettsäuren. Auch ω-3-Fettsäuren können Prostaglandine bilden. Vor allem aber gibt es Hinweise darauf, daß ω-3-Fettsäuren z.B. aus einer Makrelendiät wegen ihrer blutdrucksenkenden Wirkung besonders wirkungsvoll bei einer Vorbeugung gegen die koronare Herzkrankheit sind. Diesem Effekt liegen offenbar mehrere Mechanismen zugrunde, von denen eine Herabsetzung des gefäßverengenden Tromboxans A_2 um etwa 50% und Vermehrung der gefäßerweiternden Prostaglandine I_2- und I_3 als die wichtigsten beschrieben werden[6,7].

Die Erkenntnis der Bedeutung essentieller Fettsäuren für die menschliche Ernährung hat der Margarineindustrie starke Impulse verliehen, die heute in der Lage ist, aus Pflanzenölen und wäßriger Phase ein festes Streichfett herzustellen. Dabei ist man vorwiegend an linolsäurereichen Ölen interessiert, deren relative Wirksamkeit im Verhältnis zur oxidativen Beständigkeit besonders hoch ist. Gleichzeitig enthalten Pflanzenöle kein Cholesterol. Unter den tierischen Fetten kann lediglich Schweineschmalz Linolsäure-Gehalte bis 10% erreichen.

Entsprechend ihrer Struktur sind Fette in Wasser umso unlöslicher, je größere Kettenlängen ihre Fettsäuren aufweisen. Um so besser lösen sie sich in Ether, Benzin, Chloroform und anderen unpolaren Lösungsmitteln.

Unter der Einwirkung von wäßriger Natronlauge kann man Fette leicht hydrolysieren („verseifen") und in ihre Grundbausteine zerlegen. Die Fettsäuren liegen dann allerdings als Salze vor (Seifen). Dieser Prozeß ist die Grundlage der Seifenherstellung (Abb. 6.4).

Auch enzymatische Spaltungen sind möglich. Alle Fettfrüchte enthalten fettspaltende Enzyme (Lipasen), die sofort in Aktion treten, wenn sie mit dem passenden Substrat in Berührung kommen. Sie setzen dann Fettsäuren frei, die je nach Molekulargewicht mehr oder weniger stark riechend bemerkbar werden. Die Menge der in einem Fett enthaltenen **freien Fettsäuren** dient deshalb als Kriterium für seine Qualität.

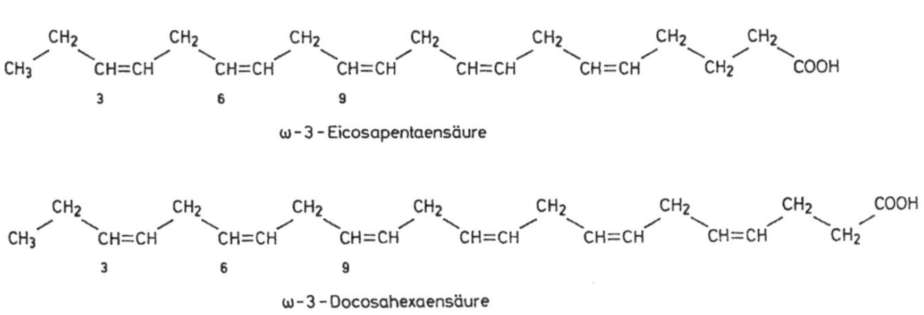

Abb. 6.3. Beispiele für ω-3-Fettsäuren aus Fischölen

---

[6]   Ernährungsumschau (1990) 37 : 138.
[7]   Singer P (1993) Ernährungsumschau 40 : 328–330.

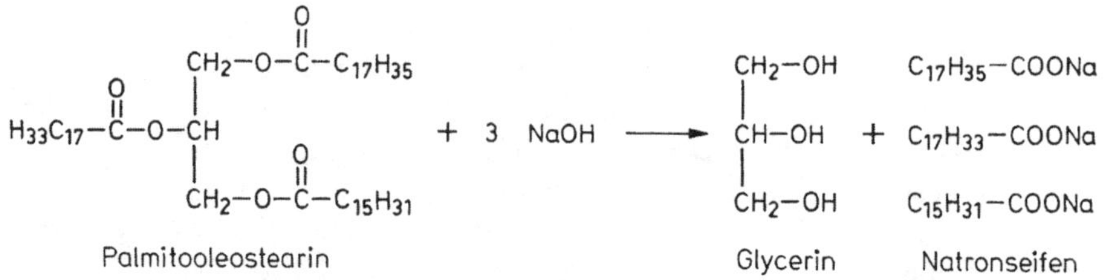

$$\underset{\text{Palmitooleostearin}}{\begin{array}{c} \mathrm{CH_2-O-\overset{\displaystyle O}{\overset{\|}{C}}-C_{17}H_{35}} \\ \mathrm{H_{33}C_{17}-\overset{\displaystyle O}{\overset{\|}{C}}-O-CH} \\ \mathrm{CH_2-O-\overset{\displaystyle O}{\overset{\|}{C}}-C_{15}H_{31}} \end{array}} \; + \; 3\ \mathrm{NaOH} \longrightarrow \underset{\text{Glycerin}}{\begin{array}{c} \mathrm{CH_2-OH} \\ \mathrm{CH-OH} \\ \mathrm{CH_2-OH} \end{array}} \; + \; \underset{\text{Natronseifen}}{\begin{array}{c} \mathrm{C_{17}H_{35}-COONa} \\ \mathrm{C_{17}H_{33}-COONa} \\ \mathrm{C_{15}H_{31}-COONa} \end{array}}$$

Abb. 6.4. „Natron"-alkalische Verseifung eines Fettes

Im Verdauungstrakt des Menschen wird Fett durch Gallensäuren emulgiert, wodurch vorhandene Lipasen (z.B. Pankreaslipase) aktiviert werden, so daß eine Spaltung in Glycerol und Fettsäuren eintritt. Dabei kann man zwischen mittelkettigen Triglyceriden (MCT), die Fettsäuren mit 8–12 Kohlenstoffatomen enthalten und langkettigen Triglyceriden (mit Fettsäuren länger als C_{14}) unterscheiden. Während erstere wegen ihrer besseren Wasserlöslichkeit bereits durch die lingualen Lipasen und die des Magens hydrolysiert und von hier an bereits direkt der Leber zugeführt werden[8], bedürfen die langkettigen Fettsäuren zu ihrer Hydrolyse zunächst einer Emulgierung durch Gallensäuren. Schließlich werden beide in der sekretorischen Phase in Blut und Lymphe transportiert und mittels β-Oxidation verdaut. Es wird aber schon hier deutlich, daß Patienten mit Fettresorptionsstörungen auf MCT ausweichen können.

Bei β-Oxidation wird die Fettsäure zunächst durch Reaktion mit der Mercapto-Gruppe von Coenzym A in den energiereichen Thioester umgewandelt und dieser durch substratspezifische Acyldehydrogenasen am α- und β-Kohlenstoffatom der Säure dehydriert. Nach Anlagerung von Wasser unter Bildung eines β-Hydroxyfettsäurethioesters wird dieser durch eine β-Hydroxyacyldehydrogenase in den entsprechenden β-Ketofettsäurethioester überführt, der strukturell recht instabil ist und leicht zwischen den Kohlenstoffatomen 2 und 3 gespalten werden kann. Dies geschieht hier unter Abspaltung eines Restes Acetyl-Coenzym A und Anlagerung weiterer Coenzyms A zu einem um zwei Kohlenstoffatome kürzeren Fettsäurethioester („**Thioklastische Spaltung**"), der dann in gleicher Weise abgebaut wird. Insofern ist der Fettsäureabbau schematisch eine Umkehrung der Fettsäurebiosynthese!

6.2
Fettsäuren mit ungewöhnlichen Strukturen

Die auf Seite 50 angegebenen Regeln für den Aufbau der wichtigsten Fettsäuren in der Natur schließen allerdings Ausnahmen nicht aus. Ungewöhnliche

---

[8]   Schweitzer A, Schmidt-Wilcke HA (1993) Ernährungs-Umschau: Verdauung und Resorption lang- und mittelkettiger Triglyceride 40 : 405–410.

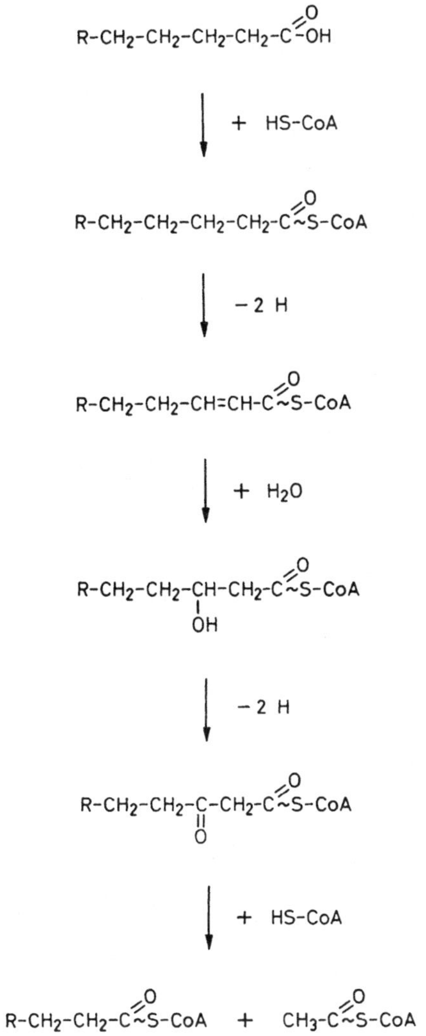

$$R-CH_2-CH_2-CH_2-CH_2-C \overset{O}{\underset{}{\lessgtr}}OH$$

$$\downarrow \quad + \ HS\text{-}CoA$$

$$R-CH_2-CH_2-CH_2-CH_2-C \overset{O}{\underset{}{\lessgtr}} S\text{-}CoA$$

$$\downarrow \quad -2\ H$$

$$R-CH_2-CH_2-CH{=}CH-C \overset{O}{\underset{}{\lessgtr}} S\text{-}CoA$$

$$\downarrow \quad + \ H_2O$$

$$R-CH_2-CH_2-\underset{OH}{CH}-CH_2-C \overset{O}{\underset{}{\lessgtr}} S\text{-}CoA$$

$$\downarrow \quad -2\ H$$

$$R-CH_2-CH_2-\underset{O}{\overset{}{C}}-CH_2-C \overset{O}{\underset{}{\lessgtr}} S\text{-}CoA$$

$$\downarrow \quad + \ HS\text{-}CoA$$

$$R-CH_2-CH_2-C \overset{O}{\underset{}{\lessgtr}} S\text{-}CoA \quad + \quad CH_3-C \overset{O}{\underset{}{\lessgtr}} S\text{-}CoA$$

Abb. 6.5. Mechanismus der β-Oxidation von Fettsäuren

Fettsäurestrukturen gehen indes fast immer auf Veränderungen von Naturstoffen zurück. So enthält vor allem Milch von Wiederkäuern eine Reihe interessanter Ausnahmen, die wohl durch die Bakterienflora des Pansenmagens hervorgerufen wurden. Man darf die Anzahl der in Milch vorkommenden, „seltenen" Fettsäuren auf etwa 50 schätzen, wobei ihre Gesamtmenge bei etwa 1–2% liegt. Zwei dieser Verbindungen sind Phytan- und Pristansäure, in denen man Phytolreste aus Chlorophyll erkennt. Phytansäure kann im menschlichen Organismus nach Kettenverkürzung zu Pristansäure dem üblichen Fettsäureabbau unterworfen werden. In der 13- und 14-Methylpentadecansäure erkennt man am Nichtcarboxylende Struktureinheiten des Isoleucins und Leucins (s. S. 120), deren Spaltstücke offenbar in die Fettsäurebiosynthese

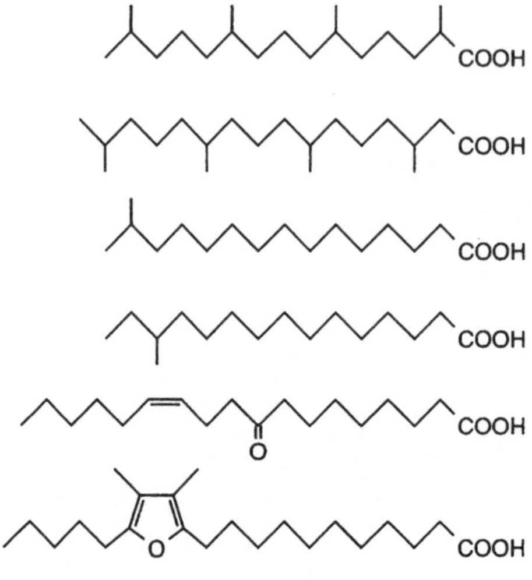

Pristansäure

Phytansäure

14-Methylpentadecansäure

13-Methylpentadecansäure

9-Oxo-12-octadecensäure

(2'-Pentyl-3',4'-dimethylfuryl)-11-undecansäure

Abb. 6.6. Ungewöhnliche Fettsäure-Strukturen

einbezogen worden sind. Die in Abb. 6.6 dargestellte 9-Oxo-12-octadecensäure ist ein Beispiel für zahlreiche, in Milchfett vorkommende Oxofettsäuren, die offenbar durch Fettoxidation (s. S. 75) entstehen. Die in Abb. 6.6 nicht dargestellte Heptadecansäure (C_{17}) wird in Hammelfett gefunden. Furanfettsäuren sind offensichtlich ebenfalls durch Fettoxidation entstanden. Sie kommen hauptsächlich in Fischleberölen in Mengen von 1–6% vor, wurden in Spuren aber auch in Milch, Soja-, Rüb- und Weizenkeimöl nachgewiesen.

Trans- und **Konjuen-Fettsäuren.** Bei der Fetthärtung werden vor allem dann leicht trans-Fettsäuren gebildet, wenn mit „ermüdeten" Katalysatoren, vor allem Nickelkontakten gearbeitet wurde (s. S. 72). Konjuen-Fettsäuren entstehen dagegen beim Bleichungsschritt während der Fettraffination, die man dann durch Verschiebung des UV-Spektrums ins Längerwellige, die durch die konjugierte Doppelbindung ausgelöst wird, erkennen kann. Beide Formen können aber auch in natürlichen Fetten vorkommen (Milchfett, Rinder- und Hammelfett), so z.B. trans-Fettsäuren bis zu 8%. Nach bisherigen Erkenntnissen entstehen sie bei der enzymatischen Reduktion durch **Butyrivibrio fibrisolvens** im Pansenmagen von Wiederkäuern, wobei zunächst aus Linolsäure (18:2, c9c12) das Isomere (C18:2, c9t11) gebildet wird (s. Abb. 6.7), das dann reduktiv zu trans-Vaccensäure und Elaidinsäure (trans-Ölsäure) umgewandelt wird. Diese isomere Form der trans-Linolsäure tritt übrigens häufig auf, z.B. auch dann, wenn Linolsäure einem Radikalangriff, z.B. bei der Fettoxidation, ausgesetzt ist. (s. S. 78). Aus der C18:2c9t11-Verbindung leiten sich übrigens auch andere Konjuenfettsäuren ab, die dann anschließend einer Reduktion zu trans-Fettsäuren anheim fallen können (meist Vaccen- und Elaidinsäure). Trans-Fettsäuren werden mittels Infrarot-Spektroskopie erkannt und quantitativ bestimmt.

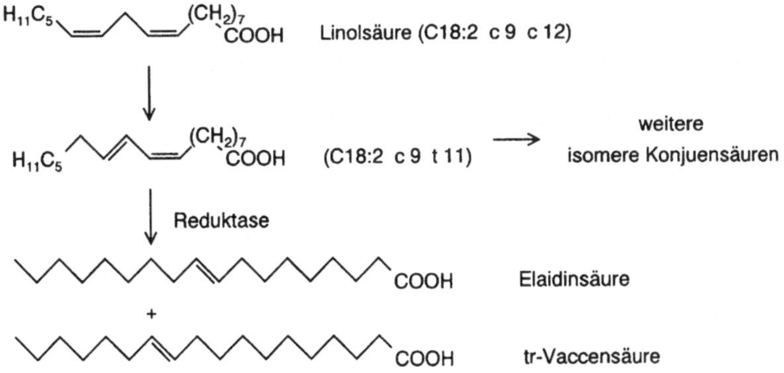

Abb. 6.7. Entstehung von Konjuen- und trans-Fettsäuren

Nachdem trans-Fettsäuren als Artefakte der Fetthärtung (s. S. 73) erkannt worden waren, hat man von Seiten der Industrie versucht, ihre Gehalte möglichst niedrig zu halten, ohne etwas über ihre physiologischen Wirkungen zu wissen. In neuerer Zeit hat die Analytik solcher trans-Fettsäuren Fortschritte gemacht, und es scheint, als ob höhere Gehalte von trans-Fettsäuren im menschlichen Blutserum die , Cholesterol- und Lipoprotein a-Anteile ansteigen lassen, die alle als Risikofaktoren für Herz-Kreislauferkrankungen bekannt sind.

Konjuenfettsäuren (z.B. die Linolsäure-Isomere 9,11-Octadecadiensäure (c9t11 bzw. t9c11) besitzen offenbar eine tumorinhibierende Wirkung, wirken gegen Krebs und Arteriosklerose(endotheliale Dysfunktion). Nach heutiger Kenntnis ist die Zytotoxizität solcher Linolsäure-Isomerer höher als die von β-Carotin[9]. Solche Verbindungen kommen nur in Wiederkäuerfett und vor allem Milchfett vor (hier Gehalte von 2–17 mg/g Fett).

6.3
Fettähnliche Stoffe

Fast in jeder Zelle befinden sich neben Fett eine Reihe fettähnlicher Stoffe, die mit ersteren eigentlich nur die Löslichkeitseigenschaften gemeinsam haben, strukturell dagegen sehr heterogen gebaut und auch nur schwer abzugrenzen sind. Nachfolgend sollen nur die wichtigsten betrachtet werden.

Phosphatide: Die für Lebensvorgänge wichtige Phosphorsäure bildet fettähnliche Verbindungen, die dementsprechend mit Fett vergesellschaftet auftreten. Dabei ist sie fast ausschließlich mit einer primären Hydroxy-Gruppe des Glycerols verestert, steht also endständig. Daneben kann sie Esterbindungen mit

---

[9]   Shultz TD, Chew BP, Seaman WR (1992) Differential stimulatory and inhibitory responses of human MCF-7 breast cancer cells to linoleic acid and conjugated linoleic acid in culture. Anticancer Res 12 : 2143.

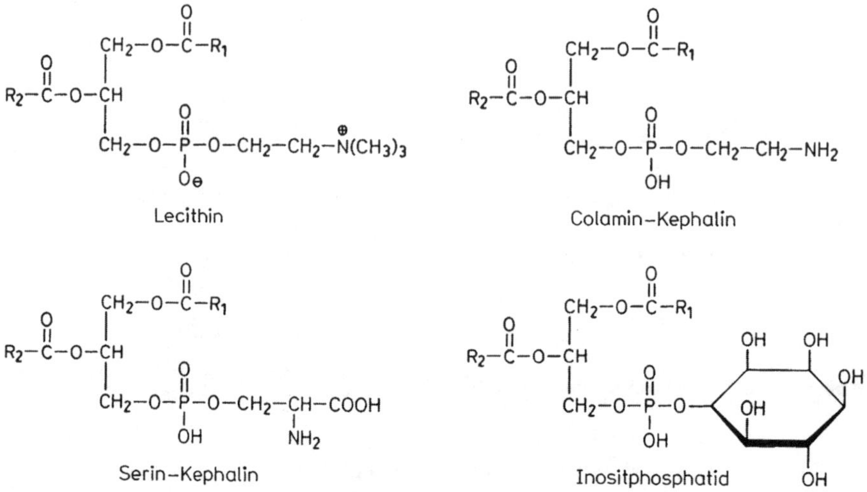

Abb. 6.8. Die wichtigsten Phosphatide der Fette

weiteren Reaktionspartnern eingehen, die dann ebenfalls in das Molekül, das in den Stellungen 1 und 2 Fettsäuren, und zwar meist ungesättigte, enthält, einbezogen werden. Die wichtigsten für eine Ester-Bindung geeigneten Reaktionspartner sowie die daraus entstehenden Produkte sind (s. Abb. 6.8):

Name des Phosphatids:

Cholin	Lecithin
Colamin	Colamin-Kephalin
Serin	Serin-Kephalin
meso-Inosit	Inosit-Phosphatid

Die genannten Phosphatide kommen in pflanzlichen Produkten meist vergesellschaftet vor. So besteht Sojalecithin nur zu einem Drittel aus dem eigentlichen Lecithin. Es enthält daneben etwa 25% Kephaline und 15% Inositphosphatide, während der übrige Teil auf eine größere Anzahl weiterer Verbindungen entfällt, deren Strukturen z.T. noch nicht bekannt sind. Eigelbphosphatide bestehen zu etwa 75% aus Lecithin.

Chemisch reine Lecithine bilden in wäßriger Suspension eine monomolekulare Schicht auf der Flüssigkeitsoberfläche, deren Phosphat- und Cholin-Reste dem Wasser zugekehrt sind, während sich die Fettsäure-Reste zu der dem Wasser abgekehrten Seite orientieren. Diese Eigenschaft hängt mit ihrer Zwitterionen-Struktur zusammen, die hydrophil eine Solvatisierung mit Wasser anstrebt, während die Fettsäure-Reste eher hydrophob reagieren und eine Lösung in fettähnlichen Systemen vorziehen. Abgeschwächt gilt das auch für die anderen Phosphatide, die deshalb sämtlich gesuchte **Emulgatoren** sind, indem sie eine Vereinigung von Fett- und Wasser-Phase erleichtern. In der Lebensmittelindustrie werden natürliche Emulgatoren u.a. zur Bereitung von Margarine sowie zur Verhinderung von Fettreifbildungen in Schokoladen und

Tabelle 6.6. Cholesterol-Konzentrationen in Lebensmitteln

Hirn	−17%	Hummer	135 mg%
Eigelb	1,5%	Nordseegarnelen	138 mg%
Butter	244 mg%	Miesmuscheln	126 mg%
Fettes Rindfleisch	−90 mg%	Hering	91 mg%
Fettes Schweinefleisch	75–125 mg%	Konsummilch (3,5% Fett)	12 mg%
Lebertran	570 mg%	Weizenkeimöl	Spuren
Schellfisch	64 mg%	Eiklar	0

mg% = mg in 100 Gramm eßbarem Anteil.

Überzugsmassen angewendet. In natürlichen Lebensmitteln findet man Phosphatide vor allem in Eigelb, Hirnsubstanz, Hefe und in Pflanzenölen, hier vor allem in Soja-, Sonnenblumen- und Baumwollsaatöl. Auch Butter enthält etwa 1% Phosphatide.

Sterole: Unter Sterolen versteht man Verbindungen mit einem Steran-Gerüst, das in 3-Stellung eine Hydroxyl-Gruppe trägt. Sie sind in der Natur weit verbreitet und finden sich vor allem in Fettsubstanz. Bezüglich ihres Vorkommens im Tier- oder Pflanzenreich unterscheidet man zwischen **Zoosterolen** und **Phytosterolen**. Die Formeln der wichtigsten Vertreter beider Gruppen sind in Abb. 6.9 dargestellt.

Sterole spielen eine wichtige Rolle bei der Unterscheidung zwischen tierischen und pflanzlichen Fetten. Man gewinnt sie aus dem „Unverseifbaren" (jenem Anteil von Fetten, der durch alkalische Verseifung nicht angegriffen wird) und bestimmt sie anschließend durch spezielle Reaktionen. Während in tierischen Lebensmitteln ausschließlich Cholesterol bzw. seine Derivate vorkommen, findet man in pflanzlichen Produkten vorwiegend Phytosterole.

Cholesterol wird vom erwachsenen Menschen in Mengen von 6–8 g pro Tag synthetisiert. Es kommt in Nerven- und Gehirnsubstanz, in Zellmembranen sowie in der Galle vor. Durch fettreiche Nahrung wird dem Körper zusätzlich mehr als 1 g Cholesterol zugeführt. Über die Cholesterol-Gehalte in Lebensmitteln unterrichtet Tab. 6.6.

In unserer täglichen Nahrung stammt also ein Großteil des zugeführten Cholesterols aus fettem Schweinefleisch, Wurst, Innereien und fettem Käse. Die Wirkung auf die Auslösung von Herz-Kreislauferkrankungen ist allerdings vor allem im Zusammenspiel mit Fettsäuren zu sehen, die in diesen Lebensmitteln ebenfalls enthalten sind. Gemeinsam mit dem Cholesterol tauchen sie wieder im Blutplasma in Form von Lipoproteinen auf.

Lipoproteine stellen Konjugate aus Proteinen und Lipiden dar. In Blutserum und Lymphe transportieren sie die wasserunlöslichen Lipide, für die durch Konjugation mit Protein eine kolloidale Lösung ermöglicht wird. Man kann sie in der Ultrazentrifuge in mehrere Fraktionen differenzieren: So unterscheidet man (mit zunehmender Dichte) zwischen Chylomikronen, Very Low Density Lipoproteins (VLDL), den LDL und HDL (High Density Lipopro-

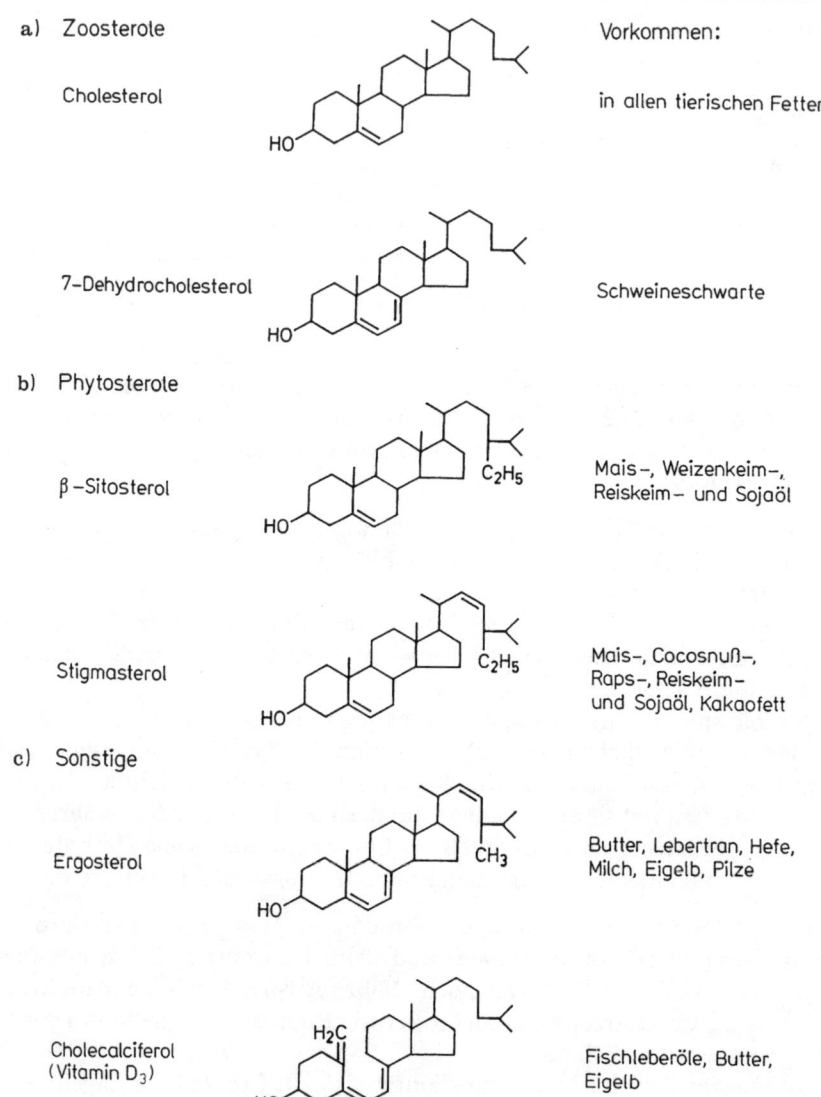

a) Zoosterole   Vorkommen:

Cholesterol   in allen tierischen Fetten

7-Dehydrocholesterol   Schweineschwarte

b) Phytosterole

β-Sitosterol   Mais-, Weizenkeim-,
                                                        Reiskeim- und Sojaöl

Stigmasterol   Mais-, Cocosnuß-,
                                                        Raps-, Reiskeim-
                                                        und Sojaöl, Kakaofett

c) Sonstige

Ergosterol   Butter, Lebertran, Hefe,
                                                        Milch, Eigelb, Pilze

Cholecalciferol   Fischleberöle, Butter,
(Vitamin D$_3$)   Eigelb

Abb. 6.9. In Nahrungsfetten vorkommende Sterole

teins). In dieser Reihenfolge nimmt auch ihr Anteil an Gesamtlipiden (Fette, Fettsäuren und Fettbegleitstoffe) ab (VLDL: 90%, LDL: 75%, HDL: 50%). Eine LDL-Partikel besteht nach heutigen Erkenntnissen aus 1 Molekül eines Apolipoproteins der Molmasse 500 000. Dieses vermag 1 500 Moleküle Cholesterolfettsäureester, 800 Moleküle Phospholipide und 600 Moleküle unverestertes Cholesterol zu binden. Lipoproteine sind also zusammengesetzt aus Eiweiß, Cholesterolfettsäureestern, Cholesterol und Phospholipiden. Während die LDL

50% Cholesterol binden, findet man in den HDL davon nur noch 20%. Dafür ist bei den letztgenannten der Phospholipidgehalt auf 25% (LDL = 15%) angestiegen. – Das Verhältnis aus LDL zu HDL ist in der Medizin diagnostisch zur Beurteilung einer Koronarsklerose wichtig („atherogener Index"). Als besonders bedenklich gelten hohe Anteile an LDL ohne Ausgleich an HDL. Dabei heben Laurin-, Myristin- und Palmitinsäure offensichtlich den LDL-Spiegel am stärksten an, allerdings auch begrenzt den HDL-Spiegel. Während Stearinsäure ziemlich indifferent zu sein scheint, zeigen **trans-Fettsäuren** offenbar die ungünstigste Wirkung. Ölsäure senkt den LDL-Spiegel und hebt den Gehalt an HDL an. Am stärksten senkt Linolsäure die LDL-Konzentration, wirkt aber auch schwächer HDL-steigernd.

Grundsätzlich wird die LDL-Konzentration in der Zelle durch sog. Lipoproteinrezeptoren reguliert. Hierauf haben erstmals Brown und Goldstein (Nobelpreis 1985) hingewiesen[10]. Bei altersbedingter Reduktion dieser Lipoprotein-Rezeptoren oder auch bei zu hohen Blutfettwerten kommt es außerhalb der Zellen zu einem LDL-Stau, als dessen Folge Cholesterol an den Gefäßwänden abgelagert wird. Dies ist dann der Beginn einer degenerativen Gefäßerkrankung durch Lipideinlagerung (Atherosklerose). Dagegen besitzen die HDL die Eigenschaft, überschüssiges Cholesterol zur Leber zu transportieren, wo es zu Gallensäuren verarbeitet wird. Da die HDL ein spezielles Enzym zur Veresterung des Cholesterols besitzen (Lecithin-Cholesterol-Acyl-Transferase), ist ihr Wirkungsgrad, überschüssiges Cholesterol zu beseitigen, besonders hoch.

Atherosklerose und die als Folge auftretenden Herz-Kreislauferkrankungen stellen heute in Deutschland die häufigste Todesursache dar. Weitere Risikofaktoren sind in diesem Zusammenhang das Rauchen, Bluthochdruck, Übergewicht, Bewegungsmangel und, möglicherweise genetisch bedingt, eine zu hohe Konzentration an Lipoprotein(a)[11]. Ein Zusammenhang zwischen Herzinfarktrisiko und Cholesterolgehalt im Blut wird aus verschiedenen epidemiologischen Studien (z.B. Framingham-Studie) deutlich[12].

Pflanzenfette enthalten Cholesterol nur in Spuren und statt dessen Phytosterole (etwa 300 mg/100 g Fett), die nur wenig resorbiert werden. Daher ist man zunehmend dazu übergegangen, Pflanzenfette für die Ernährung zu verwenden.

Phytosterole unterscheiden sich von Cholesterol durch eine zusätzliche Methyl- bzw. Ethylgruppe. Man findet sie grundsätzlich in pflanzlichen Zellmembranen. (Analog kommt das Cholesterol u.a. in tierischen Membranen vor!). Unter den Phytosterolen sind β-**Sitosterol** und **Stigmasterol** am bedeu-

---

[10] Brown MS, Kovanen PT, Goldstein JL (1981) Regulation of plasma cholesterol by lipoprotein receptors. Science 212 : 628–635.

[11] Kostner GM, März W, Groß W (1996) Lipoprotein (a), ein Risikofaktor für den Herzinfarkt, Lipid Report 3 (Okt. 1996), Deutsche Gesellschaft zur Bekämpfung von Fettstoffwechselstörungen und ihren Folgeerkrankungen.

[12] Kannel WB, Castelli W, Gordon T et al. (1971) Serum cholesterol, lipoproteins and risk of coronary heart disease: The Framingham-Study. Ann Internatl Med 70 : 1–12.

tendsten (Abb. 6.9) Insgesamt hat man bisher über 40 verschiedene Phytosterole und -sterine nachgewiesen.

Ihre Resorptionsraten sind gering. Das meiste verbleibt in den Faeces, mit denen sie zusammen ausgeschieden werden.Hier behindern sie die Cholesterolaufnahme in das LDL-Cholesterol (nicht aber in das HDL-Cholesterol!) und senken dadurch den Blutcholesterolspiegel insgesamt.Allerdings wird dadurch auch der Carotinoidspiegel im Blut gesenkt.

Die restlichen, resorbierten Phytosterole werden an Chylomikronen gebunden und zur Leber bzw. zu den peripheren Gefäßen transportiert.

Heute werden Margarinen mit erhöhten Phytosterolkonzentrationen angeboten, die u.a. gegen alle Symptome der Atherosklerose eingesetzt werden können. Zum Beispiel soll der tägliche Genuß von 20 Gramm einer derartigen Margarine den Cholesterolspiegel um 10–15% absenken. Gleichzeitig wird eine carotinoidreiche Kost (Obst und Gemüse) empfohlen. Die Wirkung der Phytosterole ist dosis-abhängig, 1–3 g täglich sollen nicht überschritten werden!

Ergosterol wird zur Klasse der Mycosterole gezählt, da es vor allem in niederen Pflanzen gefunden wird. Durch Bestrahlen mit ultraviolettem Licht wandelt es sich in Ergocalciferol (Vitamin D_2) um. Analog kann Cholecalciferol (Vitamin D_3) durch Bestrahlung von 7-Dehydrocholesterol, das im menschlichen Organismus vorkommt, erhalten werden. Die Vitamine D gehören zu den fettlöslichen Vitaminen.

Kohlenwasserstoffe und **Terpenoide:** In Fetten können Kohlenwasserstoffe verschiedener Kettenlängen vorkommen. Da die Konzentrationen jedoch sehr niedrig sind (in Pflanzenölen 2–90 mg in 100 g Öl), soll nicht näher darauf eingegangen werden, obwohl solche Verbindungen für den unangenehmen Geruch von ölsäure- und linolsäurereichen Fetten verantwortlich sind. Unter den Terpenen ist das Squalen am interessantesten. Es kommt in mehreren Fetten vor, besonders im Olivenöl (130–700 mg%), zu dessen Reinheitsbestimmung es früher herangezogen wurde („**Squalen-Zahl**").

Squalen

Das aus 6 Isopren-Molekülen aufgebaute acyclische Triterpen entsteht auf dem gleichen Biosyntheseweg wie Cholesterol und stellt eine Vorstufe dazu dar (s. auch S. 408). Es ist übrigens in hohen Konzentrationen im Haifischleberöl enthalten.

Fettalkohole und **Glycerylether:** Sie sind von untergeordnetem Interesse, da ihre Konzentrationen gering sind. Meistens entstammen sie Pflanzenwachsen, die bei der Verarbeitung in das Fett verschleppt werden. In einigen Fischölen hat man jedoch Fettalkohole und ihre Glycerinether gefunden, z.B.

$$C_{16}H_{33}OH \qquad C_{16}H_{33}-O-CH_2-CH-CH_2$$
$$\qquad\qquad\qquad\qquad\qquad | \quad\; |$$
$$\qquad\qquad\qquad\qquad\qquad OH \;\; OH$$

Cetylalkohol   Glycerinether des Cetylalkohols

Lipochrome: Naturbelassenes Palmöl ist tief orangerot, was auf seinem Gehalt an Carotinen beruht. Die etwas grünliche Farbe von Oliven-, Raps- und Soja-öl entsteht durch Spuren **Chlorophyll**, und die gelbe Farbe von Maiskeimöl wird durch seinen Gehalt an **Zeaxanthin**, dem Farbstoff des gelben Maiskorns, erklärt.

Unter den zahlreichen Farbstoffen, die im Fett gefunden wurden, sind besonders diejenigen aus der Gruppe der Carotinoide zu nennen. Einige von ihnen zeigt Abb. 6.10.

Unter den Carotinoiden ist das β-**Carotin** (s. S. 24) wohl am bedeutendsten. Es stellt das Provitamin A dar, aus dem z.B. in der Darmschleimhaut Vitamin A gebildet wird. **Xanthophyll** (**Lutein**) findet sich u.a. in Weizenkeimöl. Der gelbe Maisfarbstoff **Zeaxanthin** ist das Dihydroxy-Derivat des β-Carotins, also von ähnlicher Struktur. **Bixin** ist der gelbe Farbstoff der tropischen Annatto-Frucht, es findet u. a. als Margarinefarbstoff Verwendung.

6.4
Weitere Fettbestandteile

Außer in den genannten Verbindungen können in naturbelassenen Fetten **fettlösliche Vitamine** vorkommen. Hierzu gehören vor allem die Vitamine A, D, E und K. Wegen ihrer antioxidativen Wirkung sind besonders die verschiedenen Formen des Vitamins E (Tocopherole) wichtig. Tocopherole findet man besonders in linolsäurereichen Ölen, z.B. in Getreidekeimölen. Weitere natürliche **Antioxidantien** sind Gossypol (Baumwollsaatöl), Sesamol (Sesamöl), Guajacol (Guajakharz), Nordihydroguajaretsäure (Kreosotbusch) und Quercetin (Douglas-Tanne), deren Formeln in Abb. 6.11 dargestellt sind. Allgemein kann

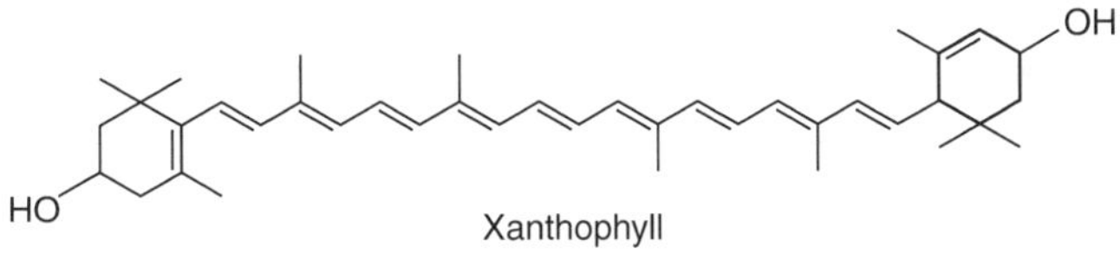

Xanthophyll

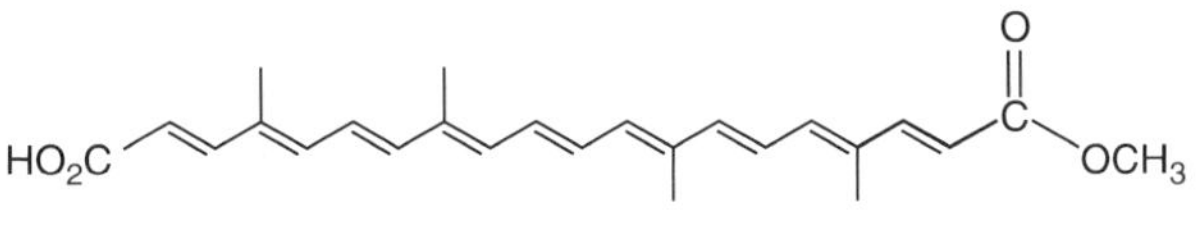

Bixin

Abb. 6.10. Carotinoide

man vermuten, daß alle Phenole eine gewisse antioxidative Wirkung besitzen.Dieses versucht der in Abb. 10.1 (Seite 174) dargestellte Wirkungsmechanismus zu zeigen. Letztlich gilt das wahrscheinlich mehr oder weniger für alle Pflanzenphenole (siehe Seite 415ff). So enthalten auch einige Gewürze phenolische Inhaltsstoffe, die ihnen antioxidative Eigenschaften verleihen.

Hierzu gehören in erster Linie **Rosmarin** und **Salbei** mit dem Diterpenlacton Carnosol, einer geruch- und geschmacklosen phenolischen Substanz. Sie wird begleitet von Carnosolsäure, Rosmanol und Rosmarinsäure. Aber auch Nelken, Zimt, Majoran, Ingwer und Macis besitzen deutlich meßbare antioxidative Eigenschaften, und zwar in Öl in stärkerem Maße als in Wasser.

Gossypol ist toxisch und wird bei der Reinigung aus dem Öl entfernt, soweit es nicht bereits vom Samenprotein gebunden wurde. Sesamol reagiert mit Furfural und Salzsäure zu einem roten Farbstoff (Baudouin-Reaktion). Diese Reaktion wurde früher als Indikatorreaktion auf Margarine verwendet, die deshalb in romanischen Ländern durch gesetzliche Regelung unter Mitverwendung von Sesamöl hergestellt werden mußte. Öl aus gerösteter Sesamsaat enthält eine Reihe von weiteren, interessanten, antioxidativ wirksamen Verbindungen, deren Struktur an Lignane erinnern. Sesamol entsteht offensichtlich aus Sesamolin. Geröstete Sesamöle sind antioxidativ besonders beständig, möglicherweise wegen starker Synergismen zum α-Tocopherol. Nach bisheriger Kenntnis scheint diese Eigenschaft den beim Rösten entstandenen Melanoidinen innezuwohnen. In diesem Zusammenhang wurde auch von Tierversuchen mit Öl aus geröstetem Sesam berichtet, in denen sich eine positive Beeinflussung der Seneszenz herausstellte[13].

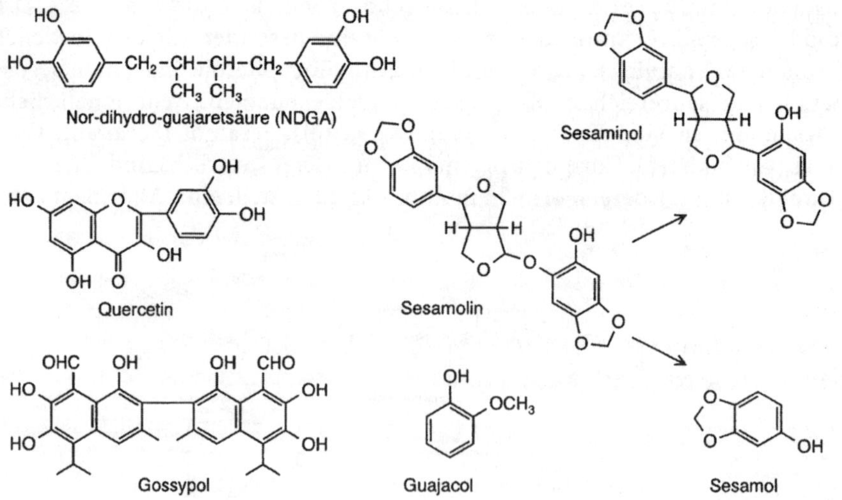

Abb. 6.11. Antioxidantien

---

[13]   Namiki M (1995) Food Rev Int 11 : 281–329.

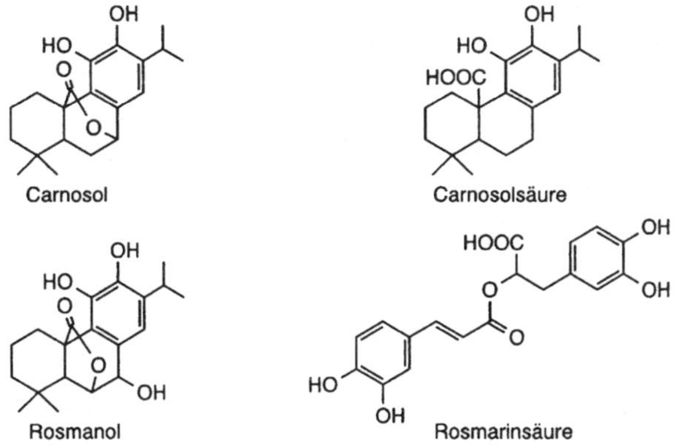

Abb. 6.12. In Gewürzen vorkommende, antioxidativ wirksame Verbindungen Carnosol Carnosolsäure

Fettbegleitstoffe sind auch sog. **Glucosinolate**, strukturell Thioglucoside. Sie kommen vor allem in Cruciferen vor (Raps, Senf u.a.); ihre teilweise toxischen Spaltprodukte gelangen bei der Pressung oder Extraktion in das Öl. Sie können u.a. bei der Fetthärtung erheblich stören.

6.5
Chemische Umwandlung von Fetten

6.5.1
Umesterung

Wie bereits dargelegt, vermag die Stellung einer Fettsäure im Glycerol-Molekül dessen Schmelzpunkt zu beeinflussen. Als erster führte E. Fischer Umesterungen, die im Sinne einer Acyl-Wanderung zu sehen sind, durch Erhitzen von Glyceriden auf 300°C durch. Da hierbei Zersetzungsreaktionen nicht ausgeschlossen werden können, verwendet man heute bei Umesterungen Katalysatoren, die eine Senkung der Reaktionstemperaturen auf etwa 100°C zulassen. Es werden insbes. Natriummethylat und Natrium-Metall, daneben auch das Ethylat bzw. Gemische mit den entsprechenden Kalium-Verbindungen in Mengen von etwa 0,3 ‰ eingesetzt. Die Umsetzungen sind durch folgende Gleichung zu symbolisieren:

$$R_1 - COOR' + R_2COOR'' \rightleftharpoons R_1COOR'' + R_2COOR'$$

Sie besagt, daß die Umesterung eine Gleichgewichtsreaktion ist, wobei die Lage des Gleichgewichtes von den Konzentrationen der in homogener Phase vorliegenden Reaktionspartner bestimmt wird. Grundsätzlich sind bei der Umesterung von Fetten die in Abb. 6.13 und 6.14 angezeigten Möglichkeiten gegeben.

Es ist einleuchtend, daß in praxi angesichts der heterogenen Zusammensetzung natürlicher Fette meist intermolekulare Umesterungsreaktionen ablau-

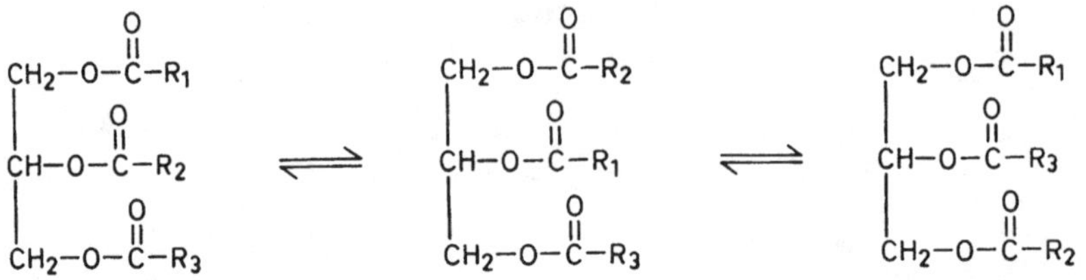

Abb. 6.13. Intramolekulare Umesterung, d.h. Acyl-Austausch innerhalb des gleichen Glycerid-Moleküls

fen. Man kann darüber hinaus die Reaktionsmöglichkeiten erheblich erweitern, indem man Mischungen natürlicher Fette in die Umesterungsreaktion einsetzt. Wesentliche Verschiebungen der Gleichgewichtslage lassen sich auch dann erreichen, wenn höher schmelzende Triglyceride auskristallisieren und damit aus der homogenen Phase entfernt werden, was man zur Anreicherung niedrig schmelzender Triglyceride ausnutzt. Dieses als **gerichtete Umesterung** zu bezeichnende Verfahren kann man entsprechend Abb. 6.15 darstellen.

Die Fettsäure R_1COOH habe hier den höchsten Schmelzpunkt, so daß auch ihre Glyceride bei relativ hohen Temperaturen schmelzen. Wenn es nun gelingt, die Glyceride abzuscheiden, die mehr als einen Rest dieser Fettsäure gebunden enthalten, so kommen wir zu einer Anreicherung von Glyceriden mit den Fettsäuren R_2 und R_3.

Die gerichtete Umesterung wird industriell sowohl an Einzelfetten als auch mit Fettgemischen durchgeführt. So kann man während der Umesterung aus verschiedenen Pflanzenfetten (Saflor-, Soja- bzw. Sonnenblumenöl) Fraktionen erhöhter Plastizität abscheiden, die als Backfette oder in Margarine gut ver-

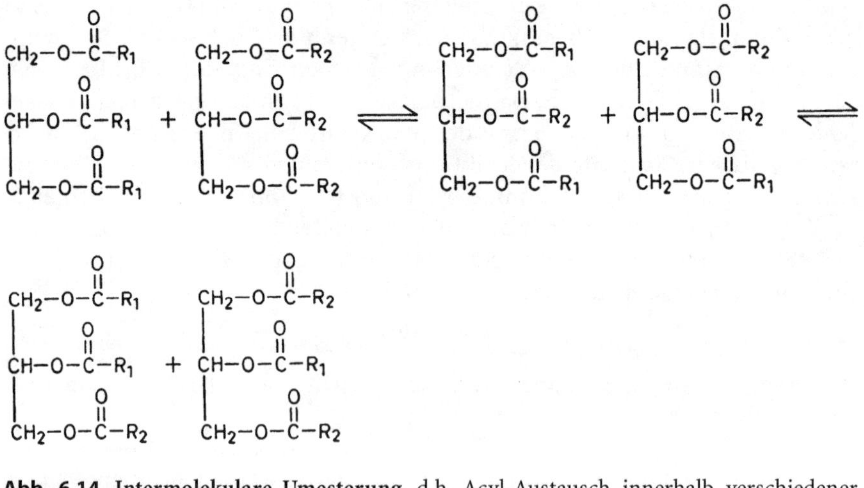

Abb. 6.14. Intermolekulare Umesterung, d.h. Acyl-Austausch innerhalb verschiedener Glycerid-Moleküle

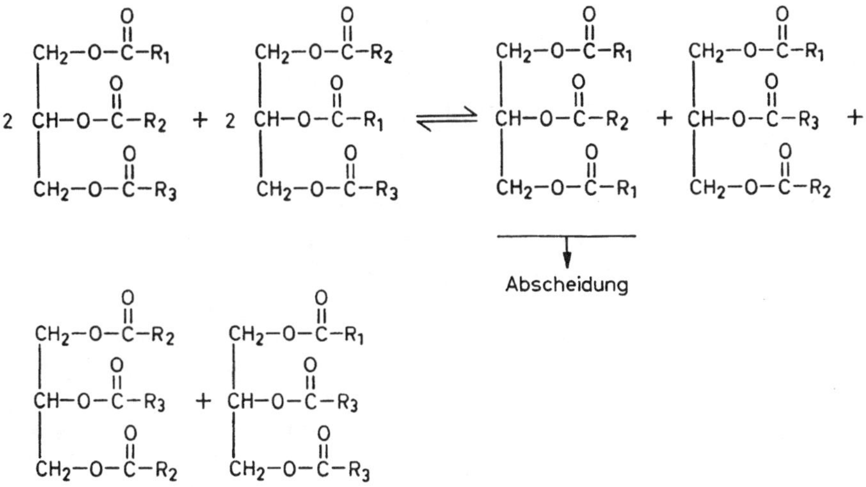

$$
2 \begin{array}{c} CH_2-O-\overset{\overset{\displaystyle O}{\|}}{C}-R_1 \\ | \\ CH-O-\overset{\overset{\displaystyle O}{\|}}{C}-R_2 \\ | \\ CH_2-O-\overset{\overset{\displaystyle O}{\|}}{C}-R_3 \end{array}
+ 2 \begin{array}{c} CH_2-O-\overset{\overset{\displaystyle O}{\|}}{C}-R_2 \\ | \\ CH-O-\overset{\overset{\displaystyle O}{\|}}{C}-R_1 \\ | \\ CH_2-O-\overset{\overset{\displaystyle O}{\|}}{C}-R_3 \end{array}
\rightleftharpoons
\begin{array}{c} CH_2-O-\overset{\overset{\displaystyle O}{\|}}{C}-R_1 \\ | \\ CH-O-\overset{\overset{\displaystyle O}{\|}}{C}-R_2 \\ | \\ CH_2-O-\overset{\overset{\displaystyle O}{\|}}{C}-R_1 \end{array}
+ \begin{array}{c} CH_2-O-\overset{\overset{\displaystyle O}{\|}}{C}-R_1 \\ | \\ CH-O-\overset{\overset{\displaystyle O}{\|}}{C}-R_3 \\ | \\ CH_2-O-\overset{\overset{\displaystyle O}{\|}}{C}-R_2 \end{array} +
$$

Abscheidung

$$
\begin{array}{c} CH_2-O-\overset{\overset{\displaystyle O}{\|}}{C}-R_2 \\ | \\ CH-O-\overset{\overset{\displaystyle O}{\|}}{C}-R_3 \\ | \\ CH_2-O-\overset{\overset{\displaystyle O}{\|}}{C}-R_2 \end{array}
+ \begin{array}{c} CH_2-O-\overset{\overset{\displaystyle O}{\|}}{C}-R_1 \\ | \\ CH-O-\overset{\overset{\displaystyle O}{\|}}{C}-R_3 \\ | \\ CH_2-O-\overset{\overset{\displaystyle O}{\|}}{C}-R_3 \end{array}
$$

Abb. 6.15. „Gerichtete" Umesterung

wendbar sind. Nach Abscheidung hochschmelzender Fraktionen erhält man aus hydrierten Fetten Fritieröle mit überraschend guter oxidativer Beständigkeit.

Auch die **ungerichtete Umesterung** wird sowohl an Einzelfetten als auch an Fettgemischen vorgenommen. – Eines der im Ausland vorwiegend behandelten Fette ist Schweineschmalz, das vor allem beim Backen wegen seiner abnormen Triglycerid-Struktur, in der die Palmitinsäure vorwiegend die 2-Stellung einnimmt, ungünstige Eigenschaften entfaltet (geringe Mürbewirkung, relativ geringes Backvolumen). Durch einfaches Umestern wird der Gebrauchswert von Schmalz bedeutend erhöht.[14] Ebenfalls durch Umesterung kann man den Schmelzpunkt vieler Samenfette heraufsetzen. Sie enthalten häufig in 1- und 3-Stellung gesättigte und in der 2-Stellung ungesättigte Fettsäuren. Hieraus entstehen dann durch Umesterung Fette mit erhöhtem Gehalt an gesättigten Triglyceriden.

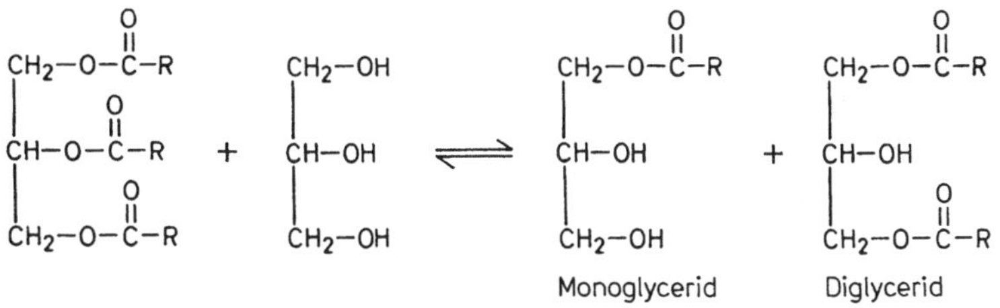

$$
\begin{array}{c} CH_2-O-\overset{\overset{\displaystyle O}{\|}}{C}-R \\ | \\ CH-O-\overset{\overset{\displaystyle O}{\|}}{C}-R \\ | \\ CH_2-O-\overset{\overset{\displaystyle O}{\|}}{C}-R \end{array}
+ \begin{array}{c} CH_2-OH \\ | \\ CH-OH \\ | \\ CH_2-OH \end{array}
\rightleftharpoons
\begin{array}{c} CH_2-O-\overset{\overset{\displaystyle O}{\|}}{C}-R \\ | \\ CH-OH \\ | \\ CH_2-OH \end{array}
+ \begin{array}{c} CH_2-O-\overset{\overset{\displaystyle O}{\|}}{C}-R \\ | \\ CH-OH \\ | \\ CH_2-O-\overset{\overset{\displaystyle O}{\|}}{C}-R \end{array}
$$

Monoglycerid   Diglycerid

Abb. 6.16. Bildung von Mono/Diglyceriden durch Umesterung

---

[14] In der Bundesrepublik Deutschland ist die Umesterung tierischer Fette verboten.

Dagegen führt eine Umesterung bei hochschmelzenden Fetten zu Schmelz-punktsserniedrigungen. So wird hydriertes Palmkernfett, das wachsähnliche Konsistenz zeigt, durch Umesterung in ein weicheres Fett verwandelt, das in seinen Eigenschaften Ähnlichkeit mit Kakaobutter zeigt und zur Herstellung von „Kaffeeweiß"-Produkten, Glasurmassen und Aufschlagcremes verwendet wird.

Besonders breit ist die Palette an Beispielen für die Behandlung von Fettge-mischen. Hauptabnehmer ist die Margarine-Industrie, die damit Fette erhält, die bei hohen Gehalten an essentiellen Fettsäuren (20–60% Linolsäure) eine gleichbleibende Streichfähigkeit über einen weiten Bereich (5–25°C) gewähr-leisten. Wesentliche Voraussetzung hierfür ist die Mitverwendung von Fet-ten, die mittellange Fettsäure-Ketten enthalten. Ein 20–25% Linolsäure ent-haltendes Margarinefett, das keine gehärteten Fette beinhalten soll, ist etwa so zusammengesetzt: 30–40% Pflanzenöl + 60–70% umgeestertes Fett aus $\frac{2}{3}$ Palmöl + $\frac{1}{3}$ Palmkern- oder Cocosfett.

Es ist einleuchtend, daß ein Überschuß an Glycerol in einem Umesterungs-ansatz zur Bildung unvollständig veresterter Glyceride führen wird ($\rightarrow$ Mono- und Diglyceride).

Mono- und Diglyceride kommen in geringen Mengen auch in natürlichen Fetten vor. Wegen ihrer emulgierenden Eigenschaften werden sie auf dem oben dargestellten Weg synthetisiert und in der Lebensmittelindustrie eingesetzt (weiteres s. S. 177).

Die Umesterung hat in der Verarbeitung von Speisefetten große Bedeu-tung erlangt, da sie eine Veränderung der physikalischen Eigenschaften von Fetten gestattet, ohne ihre Bausteine (Fettsäuren und Glycerol) zu verändern. Da die restlose Entfernung der zugesetzten Katalysatoren ohne große Mühe zu bewerkstelligen ist, werden sich umgeesterte Fette bezüglich ihrer physiologi-schen Eigenschaften nicht von den ursprünglichen Fetten unterscheiden. Das Ziel der Umesterung ist allein eine Veränderung oder Modifizierung textureller Eigenschaften.

6.5.2
Fetthärtung

Wie erwähnt, sind in Speiseölen vorwiegend ungesättigte, in Hartfetten dage-gen in der Überzahl gesättigte Fettsäuren gebunden. Daher ist es verständlich, daß die Umwandlung von ungesättigten in gesättigte Fettsäuren die Schmelz-punkte von Fetten heraufsetzen muß.

Es war W. Normann, der 1902 als erster das einige Jahre vorher von dem Franzosen Sabatier erkannte Prinzip der katalytischen Hydrierung von Olefi-nen auf Fette anwandte. Als Katalysator benutzte er feinverteiltes Nickel. Damit war ein Verfahren geschaffen worden, das die Verwendung vieler Fette für die menschliche Ernährung ermöglichte (z.B. Seetieröle).

Das Verfahren der Fetthärtung und ihrer Begleitumstände gehört zu den am meisten bearbeiteten Gebieten lebensmittelchemischer Forschung. Ihr Ziel

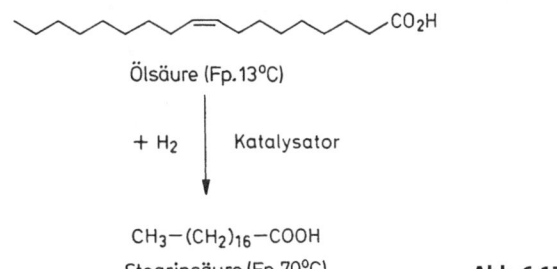

Ölsäure (Fp. 13°C)

+ H₂ | Katalysator

CH₃−(CH₂)₁₆−COOH
Stearinsäure (Fp. 70°C)   **Abb. 6.17.** Hydrierung von Ölsäure

ist die Selektivitätserhöhung von Hydrierkatalysatoren, um möglichst nur einen Teil der Doppelbindungen umzuwandeln und andererseits ihren Erhalt an speziellen Positionen des Moleküls zu gewährleisten. Man ist heute in der Lage, Hydrierprozesse an Fetten rechnerisch zu erfassen und die Bedingungen hierfür von Computern ausrechnen zu lassen.

Grundsätzlich gilt, daß Trien-Systeme schneller hydriert werden als Dien-Strukturen und diese wieder schneller reagieren als Fettsäuren mit nur einer Doppelbindung. z.B.:

$$\text{Linolensäure} \overset{k_3}{\to} \overset{>}{} \text{Linolsäure} \overset{k_2}{\to} \overset{>}{} \text{Ölsäure} \overset{k_1}{\to} \text{Stearinsäure}$$

Verhalten sich die Geschwindigkeitskonstanten $k_3 : k_2$ normalerweise wie $2 : 1$, so bringen neuere Katalysatoren Verhältnisse um $8 : 1$ oder besser.

Das Schema simplifiziert die Bedingungen allerdings sehr. In Wirklichkeit werden nämlich die Verhältnisse durch Isomerisierungen erschwert, die offensichtlich an der Katalysator-Oberfläche ablaufen. Nebeneinander beobachtet man dann Stellungsisomerisierungen der Doppelbindungen sowie eine teilweise Umwandlung der natürlich vorkommenden cis-Doppelbindungen in die trans-Formen. Die Stellungsisomerisierung mehrfach ungesättigter Fettsäuren kann unter anderem auch zur Bildung von Konjuensäuren führen, und man neigt heute zu der Auffassung, daß die Hydrierung solcher Verbindungen zunächst an den konjugierten Doppelbindungen angreift. Man hat nämlich in schwach gehärteten Produkten Anteile von Konjuensäuren gefunden, die mittels Ultraviolettspektroskopie leicht nachgewiesen werden können.

Die Bildung von stellungsisomeren **Iso-Ölsäuren** hat früher übrigens den Einsatz der Fetthärtung für linolsäurereiche Produkte (z.B. Sojaöl) unmöglich gemacht, da ihre Umwandlung in unerwünschte Geschmacksstoffe teilweise zur Genußuntauglichkeit führte. Zum Beispiel beobachtete man die Bildung von Isolinolsäure, die sehr leicht von Luftsauerstoff oxidiert und dabei unter anderem zu 6-trans-Nonenal gespalten wird. Dieser Aldehyd ist eine der Ursachen für den „Härtungsgeschmack" (Abb. 6.18).

Die durch sterische Isomerisierung bewirkte Umwandlung von cis- in trans-Fettsäuren ist übrigens wegen der damit verbundenen Änderungen der physikalischen Eigenschaften für die Fettindustrie interessant. Bekanntlich besitzen trans-Verbindungen höhere Schmelzpunkte als die cis-Isomeren.

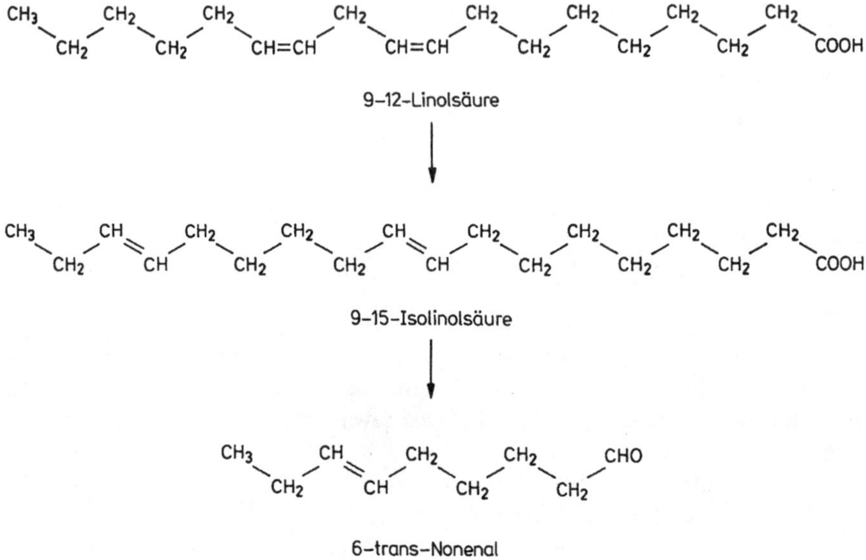

CH₃ — CH₂ — CH₂ — CH₂ — CH=CH — CH=CH — CH₂ — CH₂ — CH₂ — COOH (structural formula)

9–12–Linolsäure

CH₃ — CH=CH — CH₂ — CH₂ — CH=CH — CH₂ — CH₂ — CH₂ — COOH (structural formula)

9–15–Isolinolsäure

CH₃ — CH=CH — CH₂ — CH₂ — CHO (structural formula)

6–trans–Nonenal

Abb. 6.18. Entstehung von 6-trans-Nonenal als Ursache des Härtungsgeschmacks

Tabelle 6.7. Eigenschaften stereoisomerer C_{18}-Monoen- und Polyen-Fettsäuren

Säure	Stellung der Doppelbindung	Konfiguration	F_p.
Ölsäure	9	cis	13°C
Elaidinsäure	9	trans	44°C
Linolsäure	9,12	all-cis	−5°C
Linolelaidinsäure	9,12	all-trans	28°C

Durch Behandlung von Fetten an Nickelkatalysatoren können u.U. erhebliche trans-Fettsäure-Gehalte entstehen, die bei Sojaöl über 40%, bei Leinöl sogar über 60% ausmachen können. Mittels neuer Katalysatoren ist es gelungen, den Anteil an stellungs- und stereoisomeren Produkten erheblich zu senken. So kann man heute mit kupferhaltigen Kontakten oder mit Silber behafteten Nickel-Kontakten z.B. in Soja- und Rapsöl Linolensäure selektiv ohne größere Verluste an Linolsäure hydrieren. Der Anteil an trans-Fettsäuren soll dabei unter 10% liegen. Da gleichzeitig im Fett anwesende Carbonyl-Verbindungen reduziert werden, spricht man hier gelegentlich von einer „Hydroraffination".

Gehärtete Fette werden vorwiegend als Speisefette, und zwar als Back-, Brat- und Fritierfette sowie zur Margarine-Herstellung verwendet. Sie besitzen normalerweise Schmelzpunkte zwischen 30–45°C (z.B. gehärtetes Palmkernfett 42°C). Eigenschaften wie Plastizität, Konsistenz usw. sind das Ergebnis ihrer Zusammensetzung aus festen und flüssigen Bestandteilen.

Auch Fettbegleitstoffe werden bei der Härtung mehr oder weniger stark umgewandelt. So büßen Vitamin A und β-Carotin an Vitamin-Wirkung ein, während Tocopherole unverändert erhalten bleiben. Auch in den Sterolen wird die Doppelbindung im Ring angegriffen, was bei Cholesterol zur Bildung von Dihydrocholesterol führt.

Obwohl der ausschließliche Genuß durchgehärteter, d.h. gesättigter Fette gesundheitlich nicht zuträglich sein dürfte, konnten in Tierversuchen keine gesundheitlichen Beeinträchtigungen oder Toxizitäten, weder durch die Fette noch durch hydrierte Fettbegleitstoffe, nachgewiesen werden.

Die Fetthärtung ist gesetzlich auf Pflanzenöle und Seetierfette beschränkt. Landtierfette dürfen zum Zwecke der Bereitung von Nahrungsfetten nicht gehärtet werden.

6.6
Wege des Fettverderbs

6.6.1
Einführung

Fette scheinen aufgrund ihrer Zusammensetzung chemisch zwar weitgehend indifferent zu sein. Dennoch können sie schon bei Bedingungen, die ihrem bestimmungsgemäßen Gebrauch entsprechen, Zersetzungen erleiden. Dabei bilden sich häufig Produkte, die wegen ihrer geruchlichen und geschmacklichen Eigenschaften schon in außerordentlich niedrigen Konzentrationen derartige Qualitätsminderungen bewirken können, daß ganze Partien als „ranziges Fett" aus dem Verkehr gezogen werden müssen. Grundsätzlich haben wir zu unterscheiden:

1. Angriff durch Luftsauerstoff,
2. Hydrolyse der Ester-Bindung,
3. Oligomerisierung mit und ohne Einwirkung von Sauerstoff. Die erstgenannten Reaktionen können auch unter der Einwirkung von Enzymen ablaufen.

6.6.2
Autoxidation

Ungesättigte Fettsäuren können durch Luftsauerstoff mehr oder weniger leicht angegriffen werden, wobei in erster Reaktion Hydroperoxide gebildet werden, die schnell weiter reagieren. Dabei wird die Oxidationsgeschwindigkeit um so größer sein, je mehr Doppelbindungen in einem Fettsäure-Molekül enthalten sind. Zum Beispiel verhalten sich die Oxidationsgeschwindigkeiten der Methylester von Öl, Linol- und Linolensäure wie $1 : 12 : 24$. Der Angriff von Sauerstoff kann auch katalytisch gefördert werden. Katalysatoren sind Schwermetall-Ionen, insbes. die von Kupfer, Eisen, Mangan, Kobalt und Nickel. Sehr stark wird die Sauerstoff-Übertragung auch durch Haemin und Cytochrome gefördert. Daneben ist die Sauerstoff-Aufnahme abhängig von einer Reihe physikalischer Faktoren, nämlich von der Temperatur und einer eventuellen Bestrahlung mit

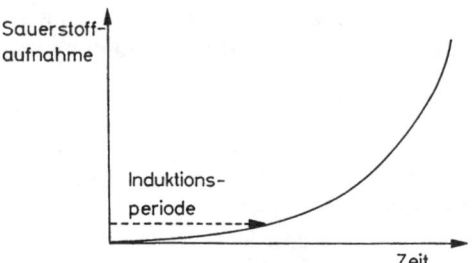

Abb. 6.19. Autoxidation eines Fettes (schematisch)

ultraviolettem Licht. – Die Katalyse von Haemin und Cytochromen beruht möglicherweise auf einem Wertigkeitswechsel des zentralen Eisenatoms. Man hat an Porphyrin-Systemen aber auch Photo-Sensibilisierungen beobachtet, wobei Triplettsauerstoff (2 ungepaarte 2p-Elektronen mit parallelem Spin) in den sehr viel reaktiveren Singulett-Sauerstoff (antiparalleler Spin) umgewandelt wurde. Der Verlauf der Autoxidation ungesättigter Fettsäuren deutet auf das Vorliegen radikalischer Reaktionsmechanismen hin. In der Tat liegt das Sauerstoff-Molekül als paramagnetisches Diradikal vor, das seinerseits mit freien Radikalen reagiert. Um also eine Umsetzung mit Fettsäuren zu ermöglichen, muß zumindest zeitweise ein Wasserstoff-Atom homolytisch unter Hinterlassung eines ungebundenen Elektrons abgespalten werden. Das gelingt am leichtesten an allylständigen Kohlenstoff-Atomen, da dann eine Mesomerie-Stabilisierung möglich ist. Betragen die Energien für die homolytische Abspaltung eines Wasserstoff-Radikals bei gesättigten Fettsäuren 110 kcal/Mol, so sinken sie bei einfach ungesättigten Fettsäuren für Wasserstoff-Atome, die zur Doppelbindung allylständig stehen, bereits auf 77 kcal und können bei Linolensäure bis auf etwa 40 kcal/Mol erniedrigt sein. Man beachte, daß hier die Kohlenstoff-Atome 11 und 14 jeweils zu 2 Doppelbindungen allylständig sind!

In Abb. 6.19 ist die Sauerstoff-Aufnahme durch ungesättigte Fettsäuren schematisch wiedergegeben. Sie besagt, daß die Autoxidation in erster Phase (Induktionsperiode) nur langsam in Gang kommt, schließlich aber sogar exponentiell steigt, ein typisches Verhalten für eine Radikalkettenreaktion! Ihre Einzelschritte können so symbolisiert werden:

1. Initiationsreaktion (Startreaktion):

$$R - H \rightarrow R^{\cdot} + H^{\cdot}$$

2. Propagierung (Kettenfortpflanzung):

$$R^{\cdot} + {}^{\cdot}O - O \rightarrow R - O - O^{\cdot}$$
$$R - O - O^{\cdot}R^{\cdot} \rightarrow R - O - O - H + R^{\cdot}$$

3. Terminierung (Kettenabbruch):

$$R - O - O^{\cdot}R^{\cdot} \rightarrow R - O - O - R$$
$$R^{\cdot} + R^{\cdot} \rightarrow R - R$$

Die gebildeten Fettsäurehydroperoxide sind recht instabil. Gerade stark ver-
dorbene Fette weisen aus eben diesem Grund nur geringe Peroxid-Gehalte auf,
dafür in umso größeren Mengen ihre Spaltprodukte.

Die Zersetzung der Fettsäurehydroperoxide kann auf vielerlei Weise geschehen. Einer der wichtigsten Wege ist:

$$R' - \underset{\underset{OO-H}{|}}{CH} - R \ \rightarrow \ R' - \underset{\underset{O\cdot}{|}}{CH} - R + OH\cdot$$

$$R' - \underset{\underset{O\cdot}{|}}{CH} - R \ \rightarrow \ R' - CHO + R\cdot$$

Als weitere Reaktionsprodukte findet man Alkohole, Ketone und Epoxide.

In Abb. 6.20 ist der Mechanismus der Autoxidation von Ölsäuremethylester
dargestellt. Allylständige Wasserstoff-Atome befinden sich an den Kohlenstoff-
Atomen 8 und 11 (durch Pfeile markiert). Da die nach Wasserstoff-Abspaltung
entstehenden Radikale eine Resonanzstabilisierung erfahren, kann das freie
Elektron in den entsprechenden Grenzstrukturen auch an den Kohlenstoff-
Atomen 9 und 10 lokalisiert sein. Dementsprechend ist mit der Bindung von

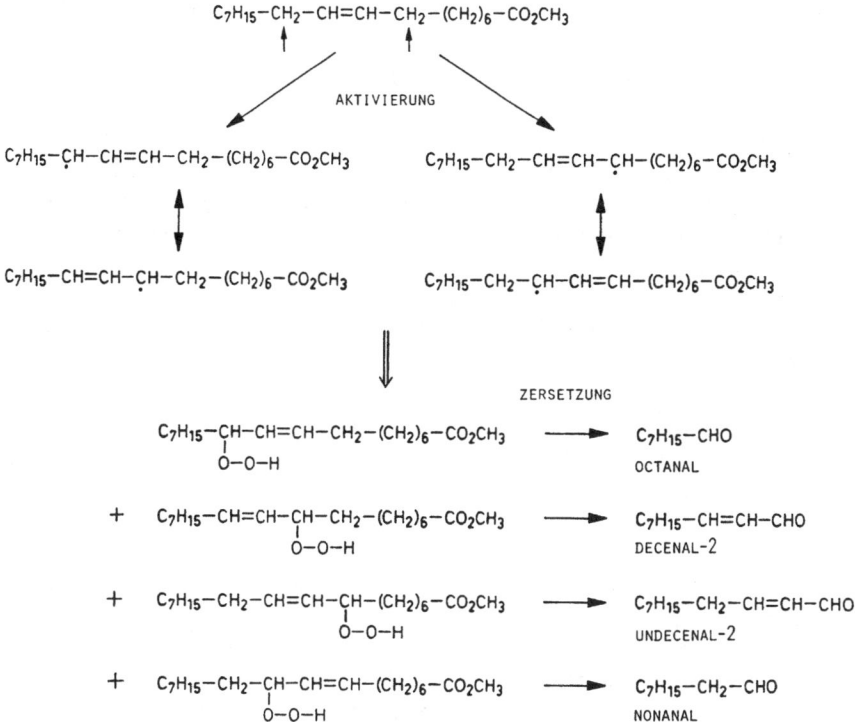

Abb. 6.20. Autoxidation von Ölsäuremethylester

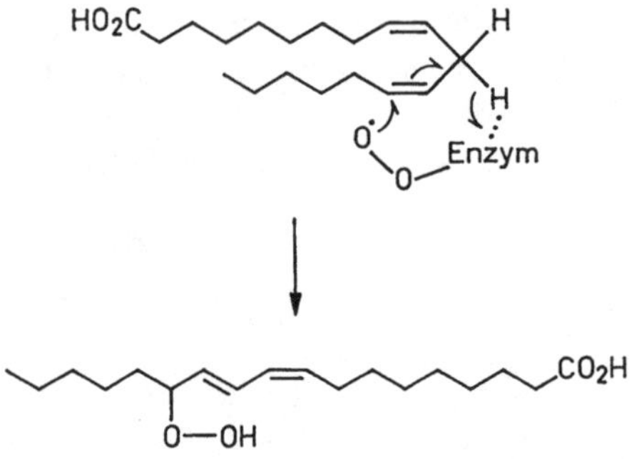

Abb. 6.21. Enzymangriff auf Linolsäure

Hydroperoxid-Gruppierungen an den Kohlenstoff-Atomen 8 bis 11 zu rechnen. Unter den gebildeten Aldehyden ist besonders der Decenal wegen seines fischigen Aromas und Nonanal wegen seiner talgigen Geschmacksnoten hervorstechend. – Linol- und Linolensäure bilden weitaus mehr Reaktionsprodukte, die auch zum Teil außerordentlich stark zum Aroma beitragen. Die Geruchsschwelle des aus Linolsäure gebildeten Non-2-enals liegt z.B. bei 4 Teilen in 10^9 Teilen Milch.

Auch Enzyme können Sauerstoff auf Fette übertragen. Es handelt sich hierbei um die **Lipoxygenasen**, die im Pflanzenreich weitverbreitet vorkommen und Sauerstoff auf die essentiellen Fettsäuren (Linol-, Linolen- und Arachidonsäure) übertragen. Ihre Spezifität erstreckt sich nicht nur auf cis-cis-1-4-Pentadien-Strukturen, sondern sie setzen bei Carbonsäuren auch das Vorliegen von Doppelbindungen in ω–6, ω–9 oder ω–12 (vom CH$_3$-Ende her gezählt) voraus. Diese Voraussetzungen sind bei den drei genannten Fettsäuren gegeben. Der Ablauf des Enzym-Angriffs an die ω–6-Stellung von Linolsäure ist in Abb. 6.21 dargestellt. Geschwindigkeitsbestimmend ist die stereoselektive Wasserstoff-Eliminierung an ω–8, während das Enzym die Bindung von O$_2$ in Stellung ω–6 katalysiert. Nach Freisetzung des Substrats ist so 13-Hydroperoxioctadecadiensäure entstanden, die zwei konjugierte Doppelbindungen enthält. Aus den gebildeten Hydroperoxiden entstehen dann ähnliche Abbauprodukte wie durch Autoxidation, die zu Aroma-Fehlentwicklungen (z.B. Off-Flavour in Erbsen) beitragen können. Autoxidative Abläufe werden aber auch im menschlichen Körper diskutiert, wo sie schließlich Krebs auslösen oder die Arterienwände mit dem Ergebnis einer Arteriosklerose schädigen können.

Autoxidative Zersetzungen von Fetten köcnnen auf vielerlei Weise verhindert werden. Zunächst ist es wichtig, das richtige Fett für die Bereitung eines Lebensmittels auszuwählen. So ist es unsinnig, ein linolsäurereiches Öl als Fritürefett zu verwenden. Behältnisse, die für die Erhitzung von Fetten Verwendung finden sollen, dürfen keinesfalls aus Kupfer sein. In jedem der genannten Fälle würde kurzzeitiges Erhitzen zum völligen Verderb des Fettes führen. Nicht zuletzt wirken Tocopherole antioxidativ, weshalb man bemüht ist, sie in Nahrungsfetten zu erhalten.

Soll Fett längere Zeit gelagert werden, empfehlen sich folgende Maßnahmen:

1. Kühllagerung,
2. Wahl einer UV-Licht absorbierenden Verpackung.
3. Zusatz von Antioxidantien. Hierbei handelt es sich um phenolische Verbindungen, die Fettsäure-Radikale binden können. Über Wirkungsweise und Aufbau dieser Verbindungen s. S. 173. Ein Antioxidantien-Zusatz ist allerdings nur dann sinnvoll, wenn er **vor** Eintritt einer Autoxidation erfolgt. Antioxidantien dürfen pflanzlichen Ölen nicht zugesetzt werden, so daß man hier sehr an einem Erhalt natürlich vorkommender Tocopherole interessiert ist.
4. Zusatz von Ascorbinsäure, die unter Sauerstoff-Bindung in Dehydro-Ascorbinsäure umgewandelt wird.
5. Ein Citronensäure-Zusatz ist geeignet, eventuell im Fett spurenweise enthaltene Schwermetallionen komplex zu binden.
6. In sehr empfindlichen Instantpulvern (Pulverkaffee, Milchpulver) schützt man das Fett vor Autoxidation, indem man in der Packung Sauerstoff durch ein Inertgas (z.B. Stickstoff) verdrängt.
7. In Mayonnaise hat man in Einzelfällen Sauerstoff durch Reaktion mit Glucose beseitigt. Zu diesem Zweck hat man der Mayonnaise außer Glucose die Enzyme Glucoseoxidase (Glucose + Sauerstoff ergibt Gluconsäure) und Katalase (zur Spaltung von Hydroperoxiden) zugefügt.

Durch Autoxidation geschädigte Fette können in größeren Gaben zu Darmreizungen führen. In Fütterungsversuchen mit großen Mengen solcher Fette hat man an den Tieren Leberschwellungen festgestellt, das Wachstum ließ nach und schließlich trat der Tod ein. Dabei wurde die toxische Wirkung durch gleichzeitigen Mangel an Vitamin E noch verstärkt.

6.6.3
Hydrolytische Fettspaltungen

Ein weiterer Weg zu ranzigem Fett verläuft über eine hydrolytische Spaltung der Esterbindung. Hierzu ist in jedem Falle Wasser als Reaktionspartner notwendig. Nun sind Fette durchaus nicht so wasserunlöslich, wie es manchmal scheinen mag. So löst Palmöl bei 80°C etwa 0,3% Wasser. Da die hydrolytische Spaltung hier autokatalytisch verlaufen soll, bedeuten größere Wassermengen in Fett eine ständige Zunahme der Mengen an freier Fettsäure, wobei die Fettsäuren mittlerer Kettenlänge geruchlich und geschmacklich schon in niedrigeren Konzentrationen unangenehm hervortreten. So werden bereits 1 µg Caprylsäure bzw. 10 µg Caprinsäure pro g Fett durch Hervortreten eines seifigen Geschmacks als Verdorbenheit empfunden.

Enzymatische Fettspaltungen treten bei Pflanzenfetten immer dann auf, wenn ihnen noch Fruchtfleischanteile anhaften. Bei tierischen Fetten sind z.B. Darmabputzfette stark gefährdet. – Fette können jedoch auch durch Mikroorganismen angegriffen werden. So gibt es Mikroben, die schon bei Wassergehalten von 0,3% lebensfähig sind. Besonders gefährdet sind wegen ihres Gehaltes an geruchsintensiven „mittelkettigen" Fettsäuren auch hier Fette und Fett-zubereitungen aus Palmkernfett und Cocosfett (u.a. auch Margarine!) sowie Butter.

In diesem Zusammenhang müssen die Methylketone erwähnt werden, die von einigen Mikroorganismen (z.B. **Aspergillus-, Rhizopus-** und **Neurospora-Arten**) vor allem bei Befall von Palmkern-, Cocos- und Milchfett gebildet werden. Diese Methylketone (z.B. Methylheptyl- und Methylundecylketon) sind geruchlich außerordentlich intensiv und prägen manches uns bekannte Aroma, z.B. das des Roquefortkäses („**Parfümranzigkeit**"). Chemisch ist die Methylketon-Bildung als Modifikation einer β-Oxidation anzusehen, bei der anstelle einer Abspaltung der Acetyl-Coenzym-A-Reste Decarboxylierung ein-tritt (Abb. 6.22).

Übrigens liefert eine Reihe dieser Mikroorganismen charakteristische Pig-mente wie die bekannten schwarzen Flecken auf Butter, Margarine und Kühl-fleisch bzw. rote, gelbe oder blaugrüne Verfärbungen an Schimmelkäse.

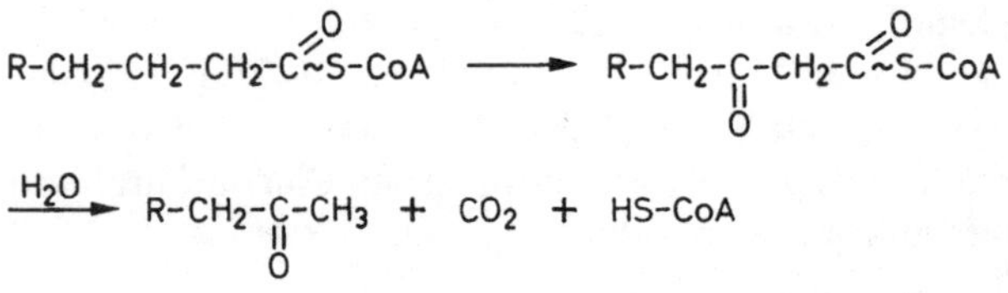

Abb. 6.22. Mechanis-mus der „Parfümran-zigkeit" von Fetten

7 Kohlenhydrate

7.1
Einführung

Unter dem Sammelbegriff „Kohlenhydrate" versteht man eine größere Anzahl von Polyhydroxycarbonyl-Verbindungen sowie einige davon abgeleitete, strukturell ähnliche Körper. Ihr Name wurde aus der Summenformel $C_nH_{2n}O_n$ abgeleitet, in der jeweils auf ein Atom Kohlenstoff ein Molekül Wasser kommt. Obwohl man inzwischen auch Kohlenhydrate kennt, die abweichende Summenformeln besitzen (z.B. Glucosamin, Glucuronsäure), hat man an der Gruppenbezeichnung festgehalten.

Kohlenhydrate werden strukturell unterteilt in

1. Monosaccharide,
2. Di- und Oligosaccharide,
3. Polysaccharide.

Die Kohlenhydrate sind unter den Naturstoffen wohl mengenmäßig die bedeutendsten. Sie stehen meist auch in der Ernährung an erster Stelle. Kohlenhydrate sind außerdem wichtige Reservestoffe im Pflanzen- und Tierreich (Stärke bzw. Glykogen). Daneben stellen sie die wichtigsten Stützsubstanzen der Pflanzen dar (Cellulose, Pentosane, Pektine). Nicht zuletzt findet man sie ubiquitär in einer Reihe wichtiger Naturstoffe eingebaut (Nucleinsäuren, Enzyme, Glykoside). Mit ihrer Synthese ist der Begriff der Kohlendioxid-Assimilation (Photosynthese) eng verbunden, bei der formell aus CO_2 und Wasser unter Ausnutzung des Sonnenlichts Glucose und Sauerstoff gebildet werden:

$$6CO_2 + 6H_2O \xrightarrow[\text{Chloroplasten}]{\text{Licht}} C_6H_{12}O_6 + 6O_2$$

Dabei wird Wasser mit Hilfe von Sonnenlicht und Chlorophyll einer Photolyse unterworfen, wodurch NADPH gebildet wird (Primärreaktion). In einer Sekundärreaktion wird dann CO_2 gebunden. Unsere Kulturpflanzen können dabei nach unterschiedlichen Mechanismen reagieren: So wird CO_2 bei den sog. C_3-Pflanzen (z.B. Zuckerrübe) in einer lichtunabhängigen Reaktion an einen C_5-Zucker (Ribulosediphosphat) addiert ($\rightarrow C_6$), der dann in $2C_3$-Einheiten zerfällt, von denen eine allerdings durch „Lichtrespiration" teilweise wieder verlorengehen kann. C_4-Pflanzen (z.B. Zuckerrohr, Mais) fixieren CO_2 zu C_4-Verbindungen ($\rightarrow$ Malat bzw. Asparaginat). Über die einzelnen Schritte hierzu unterrichte man sich in einem Lehrbuch der Botanik oder der Pflanzenphysiologie.

Da das aufgenommene CO_2 durch Höhenstrahlung zu etwa 1% als $^{13}CO_2$ vorliegt, kann man die Herkunft eines Lebensmittels oder einzelner natürlicher Verbindungen manchmal dadurch bestimmen, daß man sie zu CO_2 verbrennt und dieses in einem Isotopen-Massenspektrometer auf die Anteile an $^{12}CO_2$ (m/z 44) und $^{13}CO_2$ (m/z 45) untersucht. So kann man z.B. zwischen Rüben- und Rohrzucker differenzieren und eventuell auch synthetische Verbindungen, die letztlich aus fossilen oder mineralischen Verbindungen hergestellt wurden, erkennen.

7.2
Aufbau von Monosacchariden

Unterwirft man Glycerol einer milden Oxidation, so können sowohl eine primäre als auch eine sekundäre Hydroxyl-Gruppe dehydriert werden. Im ersten Fall entsteht der Glycerolaldehyd, im zweiten das Dihydroxyaceton.

$$
\begin{array}{ccc}
& & \text{CHO} \qquad\qquad\qquad \text{CHO} \\
& & | \qquad\qquad\qquad\qquad | \\
\text{CH}_2\text{OH} & \xrightarrow{\text{O}_2} & \text{H}-\text{C}^x-\underline{\text{OH}} \quad + \quad \underline{\text{HO}}-\text{C}^x-\text{H} \\
| & & | \qquad\qquad\qquad\qquad | \\
\text{H}-\text{C}-\text{OH} & & \text{CH}_2\text{OH} \qquad\qquad \text{CH}_2\text{OH} \\
| & & \\
\text{CH}_2\text{OH} & & \text{D(+)}-\text{Glycerolaldehyd} \quad \text{L(−)-Glycerolaldehyd}
\end{array}
$$

$$
\xrightarrow{\text{O}_2}
\begin{array}{c}
\text{CH}_2\text{OH} \\
| \\
\text{C}=\text{O} \\
| \\
\text{CH}_2\text{OH}
\end{array}
$$

Dihydroxyaceton

Formell kann man nun den Glycerolaldehyd als den einfachsten Aldehydzucker (Aldotriose, Anzahl n der C-Atome = 3) auffassen. Er besitzt bereits ein **asymmetrisches C-Atom** in der Formel, gekennzeichnet durch C^x, und ist damit optisch aktiv, wobei die D(+)-Form das linear polarisierte Licht genausoweit nach rechts (D abgeleitet von dextro = rechts) dreht wie die L(−)-Form (L abgeleitet von laevo = links) nach links. Beide sind optische Antipoden oder sind einander enantiomer, d.h. sie haben gleiche chemische und physikalische Eigenschaften und unterscheiden sich lediglich durch den Drehsinn des polarisierten Lichtes. Fügt man nun zwischen das oberste, asymmetrische C-Atom und die Aldehyd-Gruppe des Glycerolaldehyds eine CHOH-Gruppe, so erhält man je nach Ausrichtung der neuen Hydroxyl-Gruppe zwei Aldotetrosen, nämlich Threose und Erythrose. (Im Sinne der nach Emil Fischer benannten „Fischer-Projektion" schreibt man die OH-Gruppen an der neu hinzugekommenen Gruppe einmal nach rechts, zum anderen nach links.)

Threose und Erythrose verfügen über zwei asymmetrische Kohlenstoff-Atome, von denen jedes seinen Beitrag zum Gesamtdrehsinn der Verbindung liefert. Der somit resultierende Gesamtdrehsinn wird durch die Vorzeichen (+) = rechts bzw. (−) = links ausgedrückt. Die Buchstaben D und L drücken dagegen die Zuordnung zur jeweiligen Reihe aus, d.h. also, ob ein Zucker vom D-Glycerolaldehyd oder von der entsprechenden L-Form abgeleitet ist (**absolute Konfiguration**).

Man kann die Zuordnung eines beliebigen Monosaccharids immer an der Stellung der von der Carbonyl-Gruppe am weitesten entfernten, an einem asymmetrischen Kohlenstoff-Atom gebundenen Hydroxyl-Gruppe erkennen!

Auch bei der Erythrose sind die D(−)- und die L(+)-Form optische Antipoden, ebenso wie die beiden Threosen ein Enantiomerenpaar darstellen, d.h. jeweils beide unterscheiden sich nur im Drehsinn, nicht aber im Betrag der Drehung.

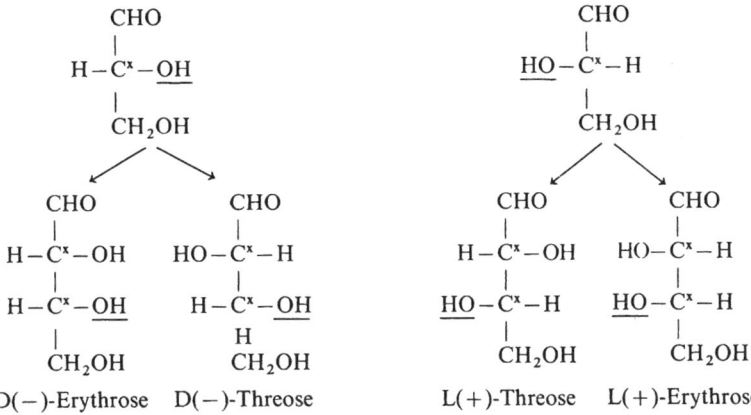

Fügt man weitere CHOH-Gruppen ein, so sind nach den Regeln der Varianzrechnung $2^3 = 8$ stereoisomere Aldopentosen und $2^4 = 16$ stereoisomere Aldohexosen zu erwarten. Nun hat es sich gezeigt, daß alle wichtigen in der Natur vorkommenden Monosaccharide der D-Reihe angehören, weshalb wir uns auf diese Vertreter beschränken wollen. Ihr Aufbau ist in Abb. 7.1 schematisch wiedergegeben. Die optischen Antipoden können daraus leicht durch Umdrehen aller Angaben, d.h. sowohl der Vorzeichen für den tatsächlichen Drehsinn wie auch der Stellung der Hydroxyl-Gruppen, abgeleitet werden.

Der bei weitem wichtigste Zucker ist die **D-Glucose**. Sie ist die am häufigsten vorkommende organisch-chemische Verbindung auf der Welt, die vor allem vielfältig gebunden vorkommt. So ist sie der Baustein von Stärke, Cellulose und Glykogen. Außerdem kommt sie gebunden in Saccharose (Rohr- bzw. Rübenzucker) vor. In freier Form findet man sie in den meisten Früchten. Im menschlichen Körper ist sie die zentrale Komponente des Kohlenhydratstoffwechsels (s. S. 3). L-Glucose hat man dagegen in der Natur nur spurenweise nachweisen können. **D-Galactose** kommt hauptsächlich im Milchzucker (**Lactose**) gebunden vor. **D-Xylose** findet man frei vorkommend in einigen

Früchten sowie polymer als Xylan in Stroh, Kleie und angiospermen Bäumen. **D-Arabinose** und **D-Mannose** kommen in gewissen Glykosiden vor.

L-Arabinose ist ein Baustein von Pflanzengummis, Hemicellulosen und Bakterienpolysacchariden. **D-Ribose** schließlich findet man in den Ribonucleinsäuren und einigen Coenzymen.

Bezeichnen wir Glycerolaldehyd als einfachste Aldose, so können wir das Dihydroxyaceton als einfachste Ketose, nämlich als Ketotriose auffassen. Schieben wir nun eine CHOH-Gruppe zwischen die Carbonyl-Funktion und das untere Kohlenstoff-Atom, so erhalten wir ein Enantiomerenpaar, nämlich D(−)- und L(+)-Erythrulose:

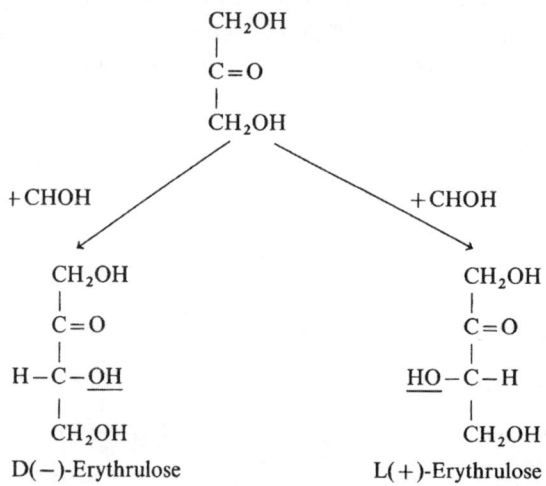

Es sei erläuternd hinzugefügt, daß Aldosen häufig die Endung -ose, Ketosen dagegen -ulose tragen. Der schematische Aufbau der beiden möglichen Pentulosen und der vier Hexulosen aus der D-Reihe ist in Abb. 7.2 dargestellt.

D-Fructose, die wegen ihrer Eigenschaft, die Ebene des polarisierten Lichtes stark nach links zu drehen, früher auch als Laevulose bezeichnet wurde, kommt in vielen Früchten frei und in Polyfructosanen (z.B. Inulin) gebunden vor.

D-Xylulose wird in Sorghumwurzeln (einer afrikanischen Hirseart) gefunden, **D-Erythrulose** wurde als Zwischenglied des Photosynthese-Zyklus nachgewiesen.

Aus Gründen der Übersichtlichkeit wurden die Monosaccharide in den Abb. 7.1 und 7.2 in der „offenen" Form dargestellt. Diese Darstellung ist günstig zum Verständnis ihrer Hydroxylgruppen-Anordnungen, ferner werden die funktionellen Gruppen besser sichtbar, die jede für sich reagieren können. In Wirklichkeit gelingt es dagegen kaum, Zucker in der offenen Form zu isolieren! Statt dessen beobachtet man, daß frisch hergestellte Zuckerlösungen zunächst im linear polarisierten Licht keinen konstanten Drehwert besitzen, sondern eine **Mutarotation** durchlaufen.

Was sich hinter dieser Erscheinung verbirgt, kann recht gut an Glucose verfolgt werden. Kristallisiert man eine Charge aus wäßrig alkoholischer Lösung,

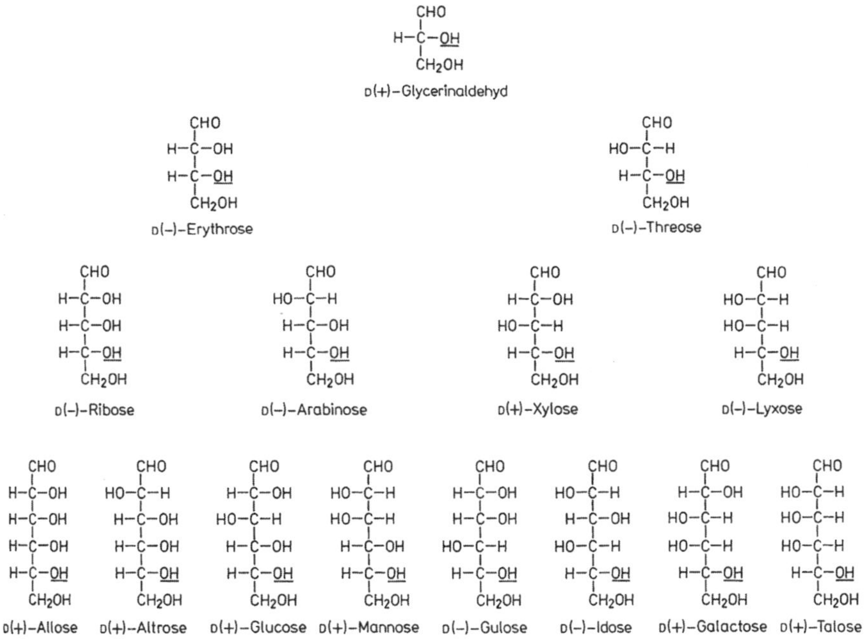

```
                              CHO
                          H—C—OH
                            CH₂OH
                     D(+)-Glycerinaldehyd

            CHO                                      CHO
        H—C—OH                                   HO—C—H
        H—C—OH                                    H—C—OH
          CH₂OH                                     CH₂OH
      D(–)-Erythrose                            D(–)-Threose

      CHO              CHO                CHO               CHO
  H—C—OH           HO—C—H            H—C—OH            HO—C—H
  H—C—OH            H—C—OH          HO—C—H            HO—C—H
  H—C—OH            H—C—OH           H—C—OH            H—C—OH
    CH₂OH             CH₂OH            CH₂OH             CH₂OH
  D(–)-Ribose    D(–)-Arabinose    D(+)-Xylose       D(–)-Lyxose

  CHO    CHO    CHO    CHO    CHO    CHO    CHO    CHO
H—C—OH HO—C—H H—C—OH HO—C—H H—C—OH HO—C—H H—C—OH HO—C—H
H—C—OH H—C—OH HO—C—H HO—C—H H—C—OH H—C—OH HO—C—H HO—C—H
H—C—OH H—C—OH H—C—OH H—C—OH HO—C—H HO—C—H HO—C—H HO—C—H
H—C—OH H—C—OH H—C—OH H—C—OH H—C—OH H—C—OH H—C—OH H—C—OH
 CH₂OH  CH₂OH  CH₂OH  CH₂OH  CH₂OH  CH₂OH  CH₂OH  CH₂OH
D(+)-  D(+)-  D(+)-  D(+)-  D(–)-  D(–)-  D(+)-   D(+)-
Allose Altrose Glucose Mannose Gulose Idose Galactose Talose
```

Abb. 7.1. „Stammbaum" der Aldosen mit D-Konfiguration

eine andere aus Pyridin, so erhält man zwei verschiedene Produkte:

$$\alpha\text{-D-Glucose, Fp. } 146°C, [\alpha]_D^{20} = +113°$$

$$\beta\text{-D-Glucose, Fp. } 150°C, [\alpha]_D^{20} = +\ 19°$$

Beide zeigen in wäßriger Lösung nach einiger Zeit jedoch den gleichen Drehwert, nämlich +52°. Diese Mutarotation verläuft in neutralem oder schwach saurem Milieu langsam und erstreckt sich meist über Stunden. Dagegen tritt sie in alkalischer Lösung augenblicklich ein, wovon man Gebrauch macht, wenn man über den Drehwinkel einer wäßrigen Zuckerlösung ihre Konzentration errechnen möchte.

Die Mutarotation ist ein Hinweis dafür, daß Zucker ein weiteres, asymmetrisches Kohlenstoff-Atom enthalten, dessen Substituenten wechselnde Einstellung besitzen müssen. Diese Anordnung ist dann möglich, wenn die Zucker in **Ringform** vorliegen, was in der Tat durch verschiedene Methoden, z.B. Röntgenstrukturanalyse oder Kernresonanzspektroskopie, nachweisbar ist. In dieser nach ihrem Entdecker Tollens benannten Ringform schreibt man die glykosidische OH-Gruppe in der „α"-Form nach rechts, in der „β"-Form nach links.

Bei der Mutarotation wird der Ring kurzzeitig aufgespalten, schließt sich dann aber wieder, wobei die Einstellung der OH-Gruppe am C-Atom 1 zumindest zum Teil statistisch erfolgt. Daß dies aber nur teilweise zutrifft, ergibt sich aus dem Gleichgewichtsgemisch nach Einstellung des endgültigen Drehwertes.

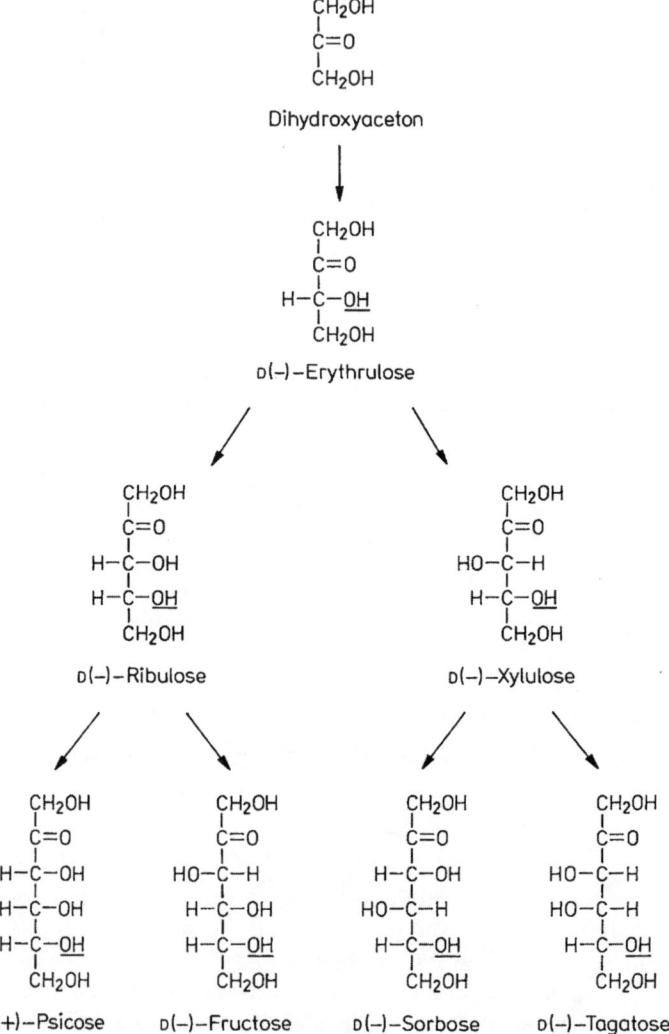

Abb. 7.2. „Stammbaum" der Ketosen mit D-Konfiguration

In ihm sind

    38% α-D-Glucose und

    62% β-D-Glucose,

jeweils in der dargestellten Ringstruktur, enthalten. Mit Sicherheit ist für dieses sich immer wieder einstellende Verhältnis die Stabilität der gebildeten Strukturen maßgeblich. Man bezeichnet übrigens zwei Zucker, die sich nur durch die Anordnung der OH-Gruppe am C-Atom 1, der **„glykosidischen OH-Gruppe"**, unterscheiden, als **Anomere** (z.B. „das α-Anomere der Glucose").

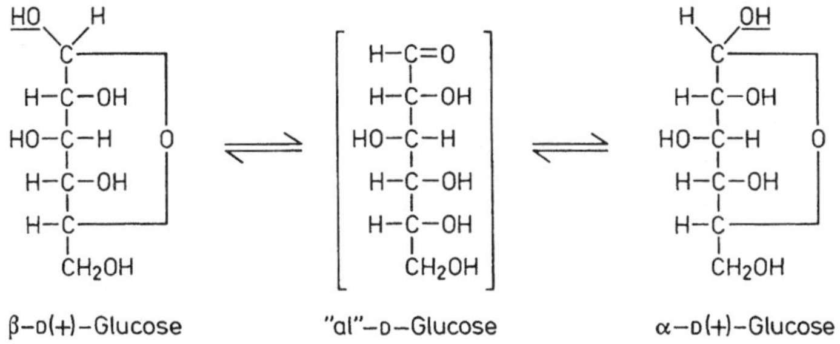

H−C=O, H−C−OH, HO−C−H, H−C−OH, H−C, CH₂OH structures:

β-D(+)-Glucose   "al"-D-Glucose   α-D(+)-Glucose

Abb. 7.3. Anomere Formen von D-Glucopyranose im Mutarotations-Gleichgewicht

Welche Eigenschaften hat der Ring im Zuckermolekül? Sowohl die Carbonyl-Gruppe als auch die Hydroxyl-Gruppen im Kohlenhydrat-Molekül können die für sie charakteristischen Reaktionen eingehen. Dabei ist es selbstverständlich, daß auch beide miteinander unter Entstehung eines Halbacetals reagieren können, wenn die sterischen Verhältnisse dies zulassen. Diese Umsetzung verläuft in völliger Übereinstimmung z.B. mit der Reaktion zwischen Acetaldehyd und Ethylalkohol:

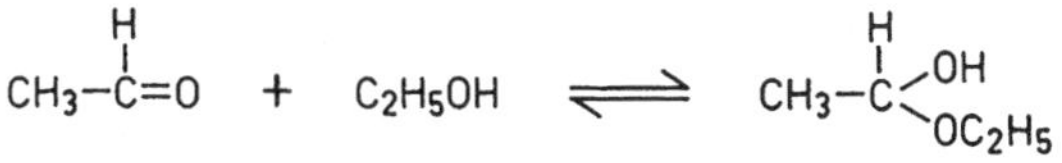

$$CH_3-\overset{H}{C}=O + C_2H_5OH \rightleftharpoons CH_3-\overset{H}{C}\overset{OH}{\underset{OC_2H_5}{}}$$

Acetaldehydethyl-
halbacetal

In unserem Beispiel hatte die Aldehyd-Gruppe der Glucose intramolekular mit der Hydroxyl-Gruppe am C-Atom 5 reagiert. Dabei war zum einen die glykosidische OH-Gruppe entstanden (hier unterstrichen!), die sich sowohl nach rechts (α) als auch nach links (β) orientieren konnte. Zum anderen hatte sich als Sauerstoff-Brücke zum Alkohol-Rest ein sechsgliedriger **Halbacetal-Ring** ausgebildet. Solche Sechsringsysteme bezeichnet man in Anlehnung an das entsprechende heterocyclische Grundgerüst (Pyran) als **Pyranosen**. Auch Fünfringsysteme sind möglich, man nennt sie **Furanosen**. Sie können in gleicher Weise durch Reaktion der Aldehyd-Funktion mit der OH-Gruppe am drittnächsten Kohlenstoff-Atom gebildet werden. Welches von beiden Ringsystemen bevorzugt gebildet wird, ist noch nicht erschöpfend geklärt.

Halbacetal-Ringe sind ziemlich labil und öffnen sich kurzzeitig schon beim Auflösen der kristallinen Verbindung. Andererseits sind sie als stabilisierendes Element aus dem Kohlenhydrat-Molekül nicht wegzudenken. Unter ihnen ist der Halbacetal-Ring der Pyranosen am stabilsten, während 5- und 7-gliedrige Ringe wegen der möglichen Ringspannung etwas instabiler sind. Auch Ketozucker besitzen Ringstrukturen **(Halbketal-Ring)**, wobei sowohl Pyranose- als auch Furanose-Ringe vorkommen. So liegt Fructose in kristalliner Form ausschließlich als β-D-Fructopyranose, gebunden hingegen oft als β-D-Fructofuranose vor (z.B. im Rohrzucker). Löst man Fructose in Wasser auf, so wandelt sie ihren Halbketalring z.T. in die Furanoseform um.

$$
\begin{array}{l}
CH_2OH \\
HO-C \\
HO-C-H \\
H-C-OH \\
H-C-OH \\
CH_2
\end{array} \Big] O
\qquad
\begin{array}{l}
CH_2OH \\
HO-C \\
HO-C-H \\
H-C-OH \\
H-C \\
CH_2OH
\end{array} \Big] O
$$

β–D(–)–Fructo-   β–D(–)–Fructo-   **Abb. 7.4.** Verschiedene Ringformen der
pyranose   furanose   D-Fructose

So wertvoll die Fischer-Projektion auf der einen Seite ist, so vermag sie dennoch nicht die Raumstruktur der Zucker darzustellen. Haworth hat vorgeschlagen, die Zucker als ebene Sechsringe zu zeichnen (s. Abb. 7.5). Allerdings ist ein Pyranose-Ringsystem wegen der in ihm enthaltenen, tetraedrischen Kohlenstoff-Atome keineswegs eben. Die vorgeschlagene Ringstruktur kann daher nur eine perspektivische Darstellung sein, die dann entsteht, wenn man schräg auf das auf dem Papier liegende Molekülmodell blickt, wobei der Ring-Sauerstoff nach hinten, die endständige CH_2 OH-Gruppe nach oben zeigt. In dieser Darstellung sind die Hydroxyl-Gruppen und Wasserstoff-Atome durch senkrechte Bindestriche mit den C-Atomen verbunden, wobei eine in Fischer-Projektion rechts stehende Gruppe nach unten, eine links stehende nach oben angeordnet ist. Schließlich sind die Teile des Moleküls, die über der Papierebene stehen, durch verstärkte Bindestriche gekennzeichnet. Diese **Haworth-Struktur** hat sich sehr bewährt und wird seit vielen Jahren zur Darstellung von Kohlenhydratstrukturen verwendet. In neuerer Zeit setzt sich allerdings zunehmend die von Reeves (1950) vorgeschlagene Sesselform-Schreibweise durch, die vor allem die Wiedergabe der Konformation des Moleküls, d.h. der räumlichen Anordnung der Substituenten, gestattet. Wie wir vom Cyclohexan wissen, kann dieses Sechsringsystem als „**Bootform**" oder „**Sesselform**" vorliegen:

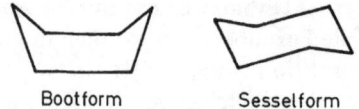

     Bootform   Sesselform

Analog dazu liegen Pyranosen in der energetisch begünstigten Sesselform vor, wobei die räumlich relativ großen OH-Gruppen in der Äquatorebene des Moleküls (äquatorial) oder nach oben und unten (axial) angeordnet sein können. Wie bei den Haworth-Formeln steht auch hier der untere Teil des Moleküls über der Papierebene.

Während nun äquatorial angeordnete OH-Gruppen genügend Ausdehnungsmöglichkeiten nach der Seite besitzen, muß bei axialen OH-Gruppen mit sterischen Effekten gerechnet werden, die die Stabilität des Moleküls herabsetzen. Aus diesem Grunde wird ein Kohlenhydrat-Molekül immer die Struktur bevorzugen, in der möglichst viele, große Substituenten äquatorial stehen.

Diese Auswahlmöglichkeit steht dem Molekül offen, indem es in eine andere Sesselform umklappen kann, wobei sich dann alle axialen Substituenten in äquatorialer Lage befinden und umgekehrt.

Man unterscheidet dementsprechend die C-1- von der 1-C-Form. In der ersten befindet sich das C-Atom 1 unten und das C-Atom 4 oben, in der zweiten Form schreibt man das C-Atom 1 nach oben:

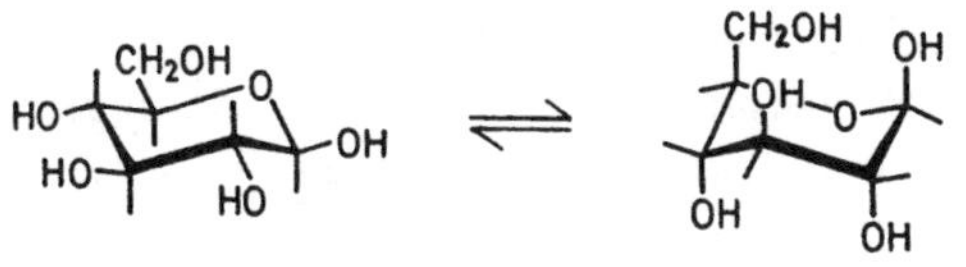

C–1–Form   1–C–Form

β–D–Glucose

Um die bisher behandelten Darstellungsformen ineinander transformieren zu können (s. Abb. 7.5), gelten folgende Reglen:

Fischer-Tollens-Projektion:

Haworth-Struktur:

Sesselform-Schreibweise:

α–D(+)–Glucopyranose   β–D(+)–Glucopyranose

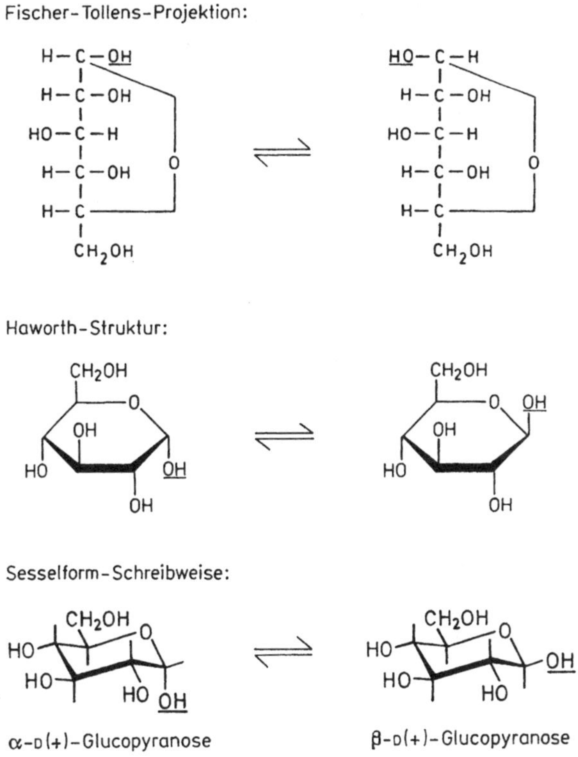

Abb. 7.5. Die im Mutarotations-Gleichgewicht vorliegende α- und β-Form der D-Glucose in ihren verschiedenen Schreibweisen

1. In der Fischer-Projektion oder der Haworth-Schreibweise transständig dargestellte Substituenten sind in der Sesselform beide entweder axial oder beide äquatorial angeordnet. Trifft die axiale Anordnung zu, so steht der eine Substituent unter, der andere über dem Molekül.
2. Von zwei Substituenten in cis-Stellung ist immer einer axial, der andere äquatorial angeordnet.

In Abb. 7.5 kann man in allen Schreibweisen erkennen, daß in α-D-Glucose die Hydroxyl-Gruppen an den Kohlenstoff-Atomen 1 und 2 cis-ständig, im β-Anomeren dagegen trans zueinander stehen. Folglich zeigen die Sesselform-Strukturen (beide in der C-1-Form!), daß im α-Anomeren die glykosidische Hydroxyl-Gruppe axial angeordnet ist. Die sich daraus ergebende geringere Molekülstabilität dürfte ihren Ausdruck im Mutarotationsgleichgewicht finden! Hingegen dürfte, zumindest aus der Sicht der Konformation, β-D-Glucose der stabilste Zucker überhaupt sein, weil hier alle OH-Gruppen äquatorial stehen.

Zum Abschluß dieser Betrachtungen sei auf einige **Desoxyzucker** verwiesen, in denen eine Hydroxyl-Gruppe durch ein Wasserstoff-Atom ersetzt ist. Die lebensmittelchemisch wichtigsten sind:

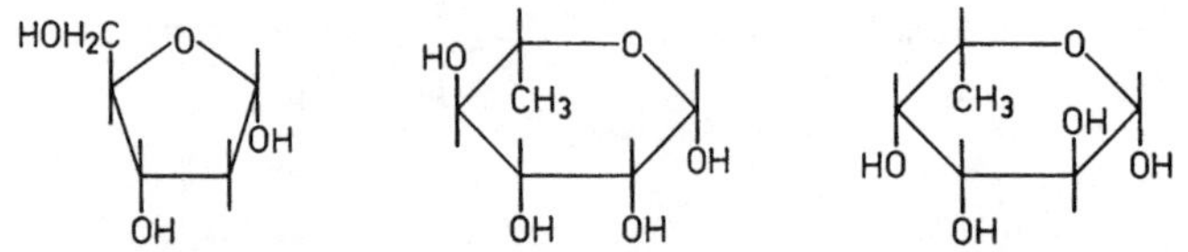

2-Desoxy-D-ribo-	6-Desoxy-L-mannose	6-Desoxy-L-galactose
furanose		
(2-Desoxyribose)	(L-Rhamnose)	(L-Fucose)

Abb. 7.6. Aufbau ausgewählter Desoxyzucker

Während Desoxyribose in den Desoxyribonucleinsäuren (DNS) vorkommt, findet man Rhamnose in mehreren Glykosiden sowie ebenso wie Fucose in natürlichen Pflanzenschleimen. Wegen weiterer, hier nicht relevanter Desoxyzucker sei auf Lehrbücher der Organischen Chemie verwiesen.

7.3
Reaktionen von Monosacchariden

7.3.1
Verhalten in saurer Lösung

Mit wenigen, hier unwesentlichen Ausnahmen (Idose, Seduheptulose) sind Monosaccharide in verdünnten Säuren stabil, solange die Lösung nicht erhitzt wird. Erwärmt man dagegen schwach saure Monosaccharid-Lösungen oder behandelt man diese Kohlenhydrate gar mit konzentrierten Säuren, so werden 3 Moleküle Wasser abgespalten, wobei es zur Bildung von Furan-Körpern kommt. Dabei entsteht aus Pentosen Furfural, aus Hexosen Hydroxymethylfurfural (HMF):

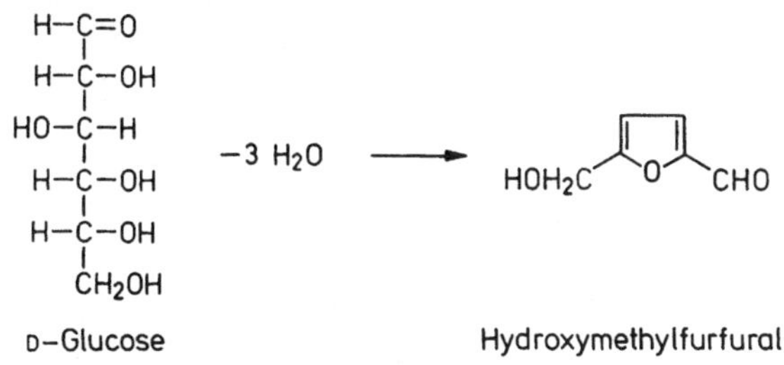
H−C=O
H−C−OH
HO−C−H
H−C−OH
H−C−OH
CH2OH
D−Glucose
−3 H2O
HOH2C
O
CHO
Hydroxymethylfurfural

Für die Lebensmittelchemie ist insbesondere die Bildung von Hydroxymethylfurfural wichtig. Er wird immer dann beobachtet, wenn Lebensmittel erhitzt werden (z.B. bei der Pasteurisierung von Fruchtsäften, der Herstellung von Kunsthonig, Bier usw.). Daher ist der Nachweis von Hydroxymethylfurfural ein wichtiges Indiz, das die Erhitzung eines kohlenhydrathaltigen Lebensmittels anzeigt. Daneben ist diese Reaktion wichtig für den Nachweis von Monosacchariden, weil sich Furan-Derivate, wie die oben dargestellten, mit einer Reihe von Phenolen (Naphthoresorcin, Resorcin, Orcin, α-Naphtol) zu farbigen Verbindungen kondensieren lassen.

7.3.2 Verhalten in alkalischer Lösung

Obwohl Halbacetale gegen Alkalien weitgehend beständig sind, stellt man an alkalischen Monosaccharid-Lösungen eine Reihe von Veränderungen fest.

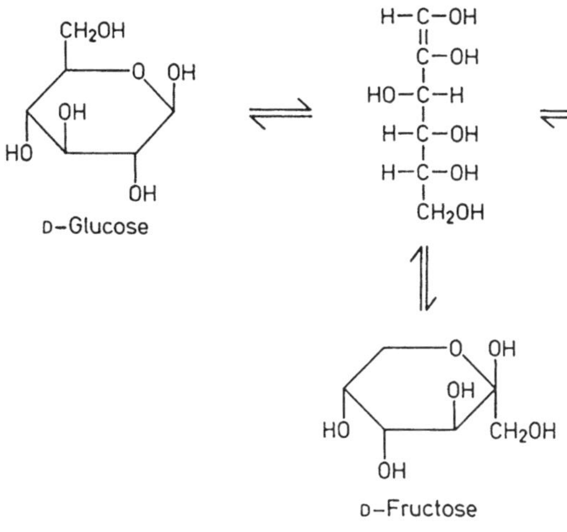
CH2OH
O
OH
OH
HO
OH
D−Glucose
H−C−OH
C−OH
HO−C−H
H−C−OH
H−C−OH
CH2OH
CH2OH
O
OH
OH
OH
HO
D−Mannose
O
OH
OH
HO
CH2OH
OH
D−Fructose

Abb. 7.7. Lobry de Bruyn-Alberda van Ekenstein-Umlagerung

Zunächst zeigen solche Lösungen eine mehr oder weniger starke Reduktionsfähigkeit, wovon man Gebrauch macht, wenn Kohlenhydrate nachgewiesen oder auch quantitativ bestimmt werden sollen (z.B. mit Fehlingscher Lösung). Da hierfür die Carbonyl-Funktion verantwortlich ist und wir auch eine sehr schnelle Mutarotation schon bei Einwirkung geringer Alkalimengen beobachteten, liegt der Schluß nahe, daß die Halbacetal-Ringe in diesem Medium relativ leicht zu öffnen sind. Hierfür spricht auch der Befund, daß man nach längerer Behandlung von Glucose oder Mannose bzw. Fructose in verdünntem Alkali schließlich alle drei Zucker nebeneinander vorfindet („Lobry de Bruyn-Alberda van Ekenstein-Umlagerung"). Die hierbei beobachteten **Epimerisierungen**[1] verlaufen dabei über die allen drei Zuckern gemeinsame Endiol-Form.

Durch Spaltung entsteht Trioseredukton, das vom Tartrondialdehyd abgeleitet ist, jedoch fast vollständig in der tautomeren Endiol-Form vorliegt:

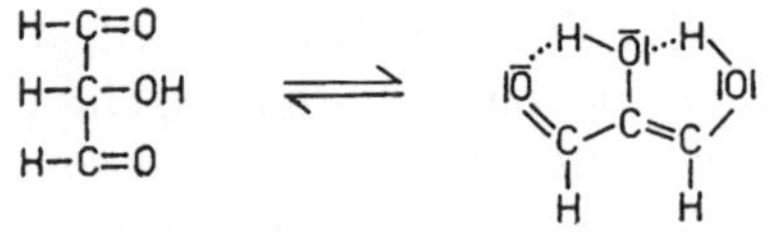

Tartrondialdehyd   Trioseredukton

Endiole wirken besonders stark reduzierend. Sie spielen offenbar auch eine Rolle bei der Osazon-Bildung und der der Maillard-Reaktion vorgeschalteten Amadori-Umlagerung (s. S. 98). Letztere läuft allerdings in neutralem Milieu ab. Weitere Spaltprodukte, die auch bei fast allen anderen Zuckerabbaureaktionen beobachtet werden, sind Diacetyl, Acetoin, Methylglyoxal, Formaldehyd und eventuell Milchsäure. In starkem Alkali entstehen schließlich aus Glucose und Fructose nach Umlagerung am Kohlenstoff-Skelett die Saccharinsäure und ihre Isomeren.

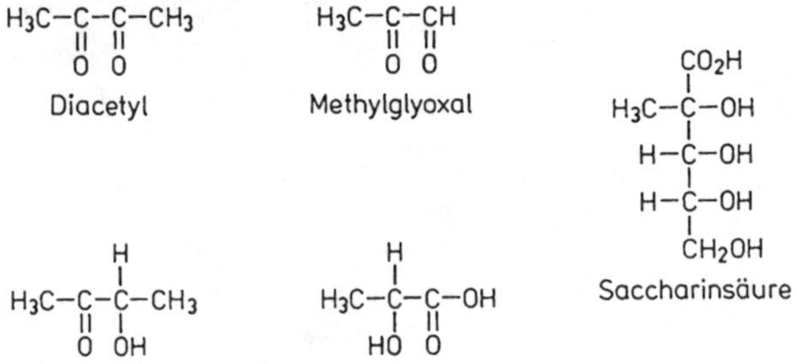

Abb. 7.8. Wichtige Zuckerabbau-Produkte

---

[1]   Epimere Zucker unterscheiden sich nur durch die Stellung der OH-Gruppe am Kohlenstoffatom 2. Beispiel für eine Epimerisierung: Überführung von D-Mannose in D-Glucose

7.3.3
Reduktion von Monosacchariden

Analog zu Aldehyden und Ketonen kann man auch die Monosaccharide durch Reduktion (z.B. durch katalytische Hydrierung) in die entsprechenden Zucker-alkohole verwandeln. Dabei entstehen aus Glucose der Sorbit, aus Mannose Mannit und aus Galactose der Dulcit (Galactit).

$$
\begin{array}{ccc}
\text{H}-\text{C}=\text{O} & & \text{CH}_2\text{OH} \\
\text{H}-\text{C}-\text{OH} & & \text{H}-\text{C}-\text{OH} \\
\text{HO}-\text{C}-\text{H} & \xrightarrow{\text{H}_2} & \text{HO}-\text{C}-\text{H} \\
\text{H}-\text{C}-\text{OH} & & \text{H}-\text{C}-\text{OH} \\
\text{H}-\text{C}-\text{OH} & & \text{H}-\text{C}-\text{OH} \\
\text{CH}_2\text{OH} & & \text{CH}_2\text{OH} \\
\text{D-Glucose} & & \text{D-Sorbit}
\end{array}
$$

Alle drei **Zuckeralkohole** kommen in der Natur vor. Der wichtigste ist **Sorbit**, der nicht nur in Vogelbeeren, sondern auch in Äpfeln, Birnen, Kirschen und Pflaumen, nicht aber in Weintrauben gefunden wird. Daher beweist sein Vor-kommen in Traubenmosten einen Verschnitt mit anderen Obstsäften! – Auf-grund seines süßen Geschmacks – Sorbit ist etwa halb so süß wie Saccharose – wird er als Süßungsmittel für Diabetiker („Sionon", „Karion F") verwendet. Außerdem wird sein Einsatz anstelle von Saccharose im Sinne einer Karies-prophylaxe empfohlen. Allerdings wirkt Sorbit laxierend. Sorbit wird im Kör-per schnell verdaut, so daß er für kalorienverminderte Speisen nicht in Frage kommt. Technologisch nutzt man seine Eigenschaft, Wasser zu binden, indem man ihn einigen Lebensmitteln (z.B. Marzipan) als Feuchthaltemittel zusetzt. – In neuerer Zeit wurden auch entsprechende Versuche mit Xylit durchgeführt. Xylit hat die gleichen Eigenschaften wie Sorbit, ist jedoch doppelt so süß, so daß er in der Süßkraft etwa dem Rohrzucker gleicht. Er kommt in geringen Mengen in Früchten vor. Industriell wird er durch katalytische Hydrierung von D-Xylose, die man durch Aufschluß aus Xylanen (Holz, Stroh) gewinnt, hergestellt.

7.3.4
Oxidation von Monosacchariden

Sowohl die Aldehyd-Gruppe (bei Aldosen) als auch die Hydroxyl-Gruppen sind oxidativ angreifbar. In jedem Fall entstehen letztlich Säuren, die wegen ihrer Bedeutung hier etwas eingehender besprochen werden sollen.

Grundsätzlich können durch Oxidation von Aldosen folgende Säuretypen abgeleitet werden:

1. Vorsichtige Oxidation der Aldehyd-Gruppe ergibt hier eine Säurefunktion. Der Name der entstehenden Verbindung leitet sich von dem der Ausgangs-verbindung ab, an den man die Endung „-on-Säure" anhängt (z.B. Glucose → **Gluconsäure**).

2. Eine Oxidation der primären Alkohol-Gruppe am endständigen Kohlenstoff-Atom gibt nach geeigneter Blockierung der Carbonyl-Gruppe die sog. „Uronsäuren" (z.B. Glucose → **Glucuronsäure**).

3. Versäumt man bei der Oxidation der primären Hydroxyl-Gruppe ein Blokkieren der Carbonyl-Funktion, so entstehen Hydroxydicarbonsäuren, die die Endung „ar-Säure" tragen (z.B. Glucose → **Glucarsäure**).

Die Reaktionswege zeigt schematisch Abb. 7.9.

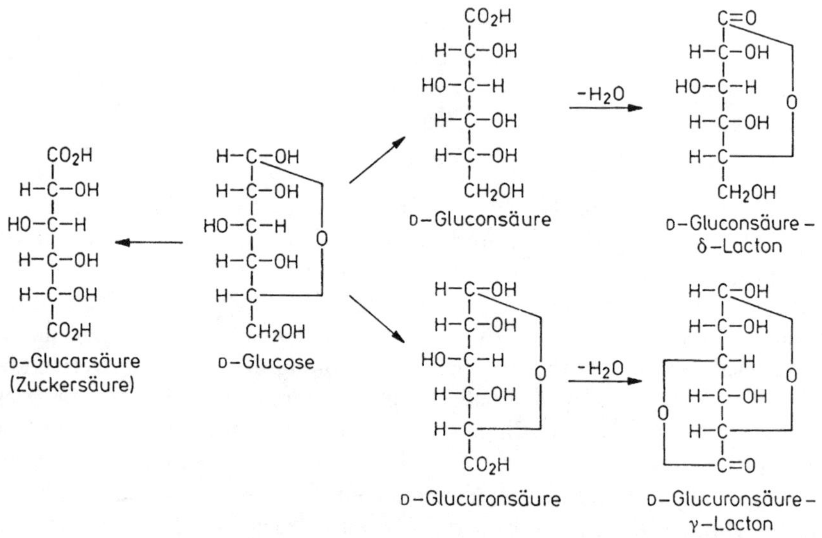

Abb. 7.9. Durch Oxidation von D-Glucose gebildete Verbindungen

Die entstandenen Hydroxysäuren bilden häufig Lactone, die in bezug auf ihre Reaktionsfähigkeit als innere Ester aufzufassen sind. Ein Beispiel liefert die Gluconsäure, die beide sterisch möglichen Lactone bilden kann. **Glucono-δ-lacton** wird als Zusatzstoff bei der Rohwurstherstellung verwendet, weil es die Schnittfestigkeit der Würste erhöht. Technisch wird Gluconsäure durch mikrobielle Oxidation (Aspergillus niger) aus D-Glucose hergestellt.

Unter den **Uronsäuren** ist die D-Glucuronsäure die bedeutendste. Unter anderem wird sie in der Leber gebildet, wo sie vorwiegend phenolische Verbindungen glykosidisch bindet. Die gebildeten Glykoside werden auf dem Harnwege ausgeschieden, so daß Glucuronsäure eine zentrale Stellung bei der Entgiftung des Körpers besitzt. Daneben kommt Glucuronsäure im Bindegewebe (Hyaluronsäure), in der Knorpelsubstanz (Chondroitinschwefelsäure) und im Heparin, einem Blutgerinnungs-Hemmer, vor. Schließlich werden Uronsäuren als Bestandteile verschiedener Pflanzenschleime (Alginat, Traganth u.a.) sowie im Pektin gefunden.

Ketosen durchlaufen bei der Oxidation eine Spaltung zwischen den Kohlenstoff-Atomen 1 und 2, während die Keto-Gruppe zur Carboxyl-Gruppe oxidiert wird.

Unter den Ketozuckersäuren ist die 2-Keto-L-gulonsäure als synthetischer Vorläufer der **L-Ascorbinsäure**, des Vitamins C, am bedeutendsten. Sie wird u.a. durch katalytische Oxidation aus L-Sorbose gewonnen, die ihrerseits durch mikrobielle Dehydrierung von D-Sorbit entsteht. Nach Ansäuern wird 2-Keto-L-gulonsäure in Ascorbinsäure umgewandelt, die demnach das Endiol ihres γ-Lactons ist:

2-Keto-L-gulonsäure   L-Ascorbinsäure
                                  Vitamin C

Wegen ihrer Endiol-Struktur wirkt Ascorbinsäure stark reduzierend.

7.4
Glykoside

Durch Halbacetalring-Bildung entstand aus der Carbonyl-Funktion des Monosaccharides eine sehr reaktive Hydroxyl-Funktion, die sog. „glykosidische OH-Gruppe". Diese ist u.a. befähigt, im Sinne einer Acetal-Bildung mit Alkoholen und Phenolen zu Glykosiden zu reagieren. Auf dem Wege einer Synthese bildet sich dabei immer ein Gemisch der α- und β-Glykoside. Die an den Zucker-Rest gebundene Gruppe bezeichnet man als Aglykon.

D-Glucose

Methyl-α-D-glucopyranosid

Methyl-β-D-glucopyranosid

In der Natur kommt eine Vielzahl von Glykosiden vor. Dabei sind es häufig wasserunlösliche Aglykone, die durch Bindung an den Zucker-Rest in eine wasserlösliche Form übergeführt werden und so in die pflanzlichen Zellvakuolen gelangen, wo wir sie dann finden. Beispiele hierfür sind die pflanzlichen Anthocyane, Flavonole und Flavone, die stets glykosidisch gebunden auftreten. Aber auch cyclische und acyclische Aromastoffe unserer Gemüse und Gewürze sind meistens glykosidisch an einen Zucker-Rest gebunden. Beispiele natürlich vorkommender Glykoside zeigt Abb. 7.10.

Auch mit Mercapto-Gruppen und Aminen kann die glykosidische Hydroxyl-Gruppe reagieren, wobei unter Wasserabspaltung S- bzw. N-Glykoside entstehen. Unter ihnen sind besonders die N-Glykoside wichtig, denen

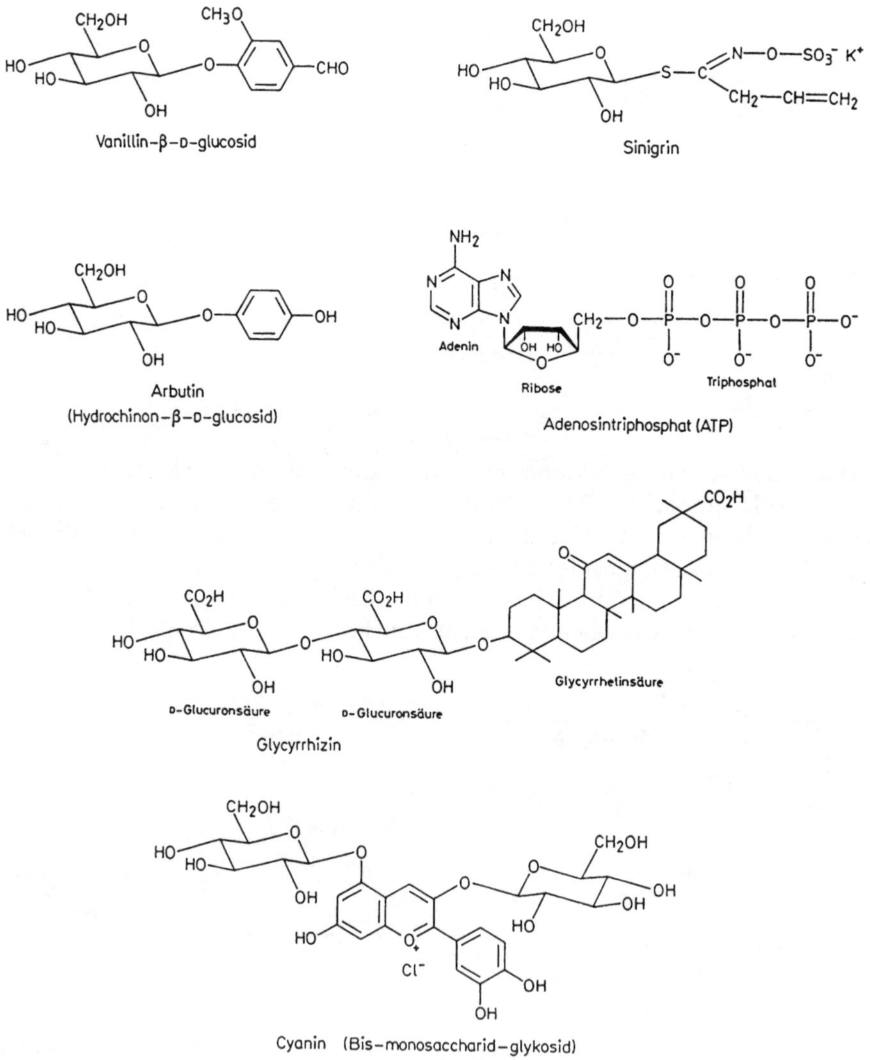

Vanillin–β–D–glucosid

Sinigrin

Arbutin
(Hydrochinon–β–D–glucosid)

Adenin   Ribose   Triphosphat

Adenosintriphosphat (ATP)

D-Glucuronsäure   D-Glucuronsäure   Glycyrrhetinsäure

Glycyrrhizin

Cyanin   (Bis–monosaccharid–glykosid)

Abb. 7.10. Beispiele von Glykosidem

man die Ribonucleinsäuren, Desoxyribonucleinsäuren und auch das Adenosintriphosphat (ATP) zurechnet. N-Glykoside werden bei der Umsetzung
von reduzierenden Zuckern mit Amino-Gruppen enthaltenden Verbindungen
unter Abspaltung eines Mols Wasser erhalten:

Als Kohlenhydrat-Komponente natürlicher Glykoside wird am häufigsten Glucose gefunden, während Mannose, Galactose, Ribose und Glucuronsäure deutlich zurücktreten. Auch Desoxyzucker (Rhamnose, Fucose, Desoxyribose) findet man oft in natürlichen Glykosiden. Glykoside wirken nicht reduzierend, da
die glykosidische OH-Gruppe blockiert ist. Sie sind ähnlich den Vollacetalen
gegen Alkalien weitgehend stabil. Dagegen können Glykoside durch Mineralsäuren in ihre Ausgangsverbindungen gespalten werden.

In der Natur existieren stets Enzymsysteme, die solche Glykoside sehr scho-
nend in Aglykon und Zucker spalten können. Sie sind häufig in bezug auf den
Kohlenhydrat-Rest außerordentlich spezifisch, greifen also nur Glykoside an,
die sich von einem bestimmten Zucker ableiten (z.B. Glucosidasen bei Glucose). Außerordentlich spezifisch reagieren sie auch auf die Stellung des Agly-
kons. Das gilt vor allem für α-Glykosidasen, die außer dem passenden Zucker-
Rest auch die α-glykosidische Verknüpfung voraussetzen. Ein Beispiel ist die
Maltase, die eigentlich nur das Disaccharid Maltose spaltet. Es gibt allerdings
auch Bakterien- und Hefemaltasen, die daneben auch andere α-Glucoside spalten können. – Unter den β-Glucosidasen, die also die in der Natur weitverbrei-
teten β-Glucoside spalten können, ist das **Emulsin** am bekanntesten. Seine
Spezifität ist in bezug auf die β-Verknüpfung scharf ausgeprägt, dagegen wird
die gluco-Konfiguration im Zucker-Rest nur bei den Kohlenstoff-Atomen 1–4
vorausgesetzt.

7.5
Maillard-Reaktion

Im Jahre 1912 berichtete der Algerienfranzose L.C. Maillard über eine Reaktion,
die er bei Erhitzen eines Gemisches von D-Glucose und Glycin beobachtet hatte
und in deren Verlauf unter CO_2-Abspaltung ein brauner Niederschlag erhalten
worden war. Derartige Braunfärbungen erhalten wir häufig, wenn wir Lebensmittel erhitzen (beim Braten von Fleisch, Backen von Brot, Rösten von Kaffee).
Wie wir heute wissen, verdanken wir diese Farbentwicklung der „Maillard-
Reaktion" zwischen reduzierenden Zuckern und Aminosäuren. Gleichzeitig werden charakteristische Aromastoffe freigesetzt, so daß der Maillard-

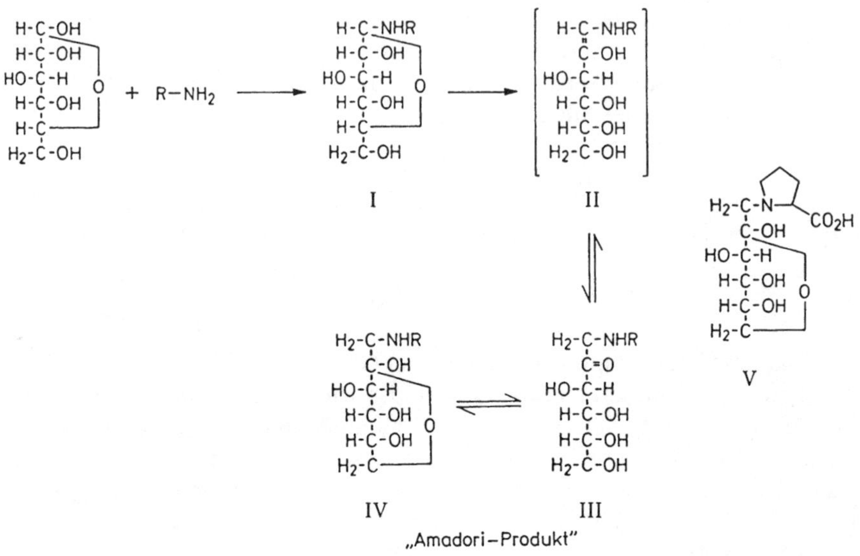

Abb. 7.11. Amadori-Umlagerung

Reaktion eine zentrale Bedeutung für die Aroma- und Farbentwicklung von erhitzten Lebensmitteln zukommt.

Die Reaktion wird eingeleitet durch eine N-Glykosid-Bildung. Während N-Glykoside in saurem Milieu schnell hydrolytisch gespalten werden, erleiden sie hier unter Protonenkatalyse eine Amadori-Umlagerung in ein säurestabiles Isomeres. Dabei wird eine Endiol-Form (II) durchlaufen, die sich durch Verschiebung eines Wasserstoff-Atoms in die 1-Stellung stabilisiert. Dabei ist letztlich aus dem Aldose-Derivat der Abkömmling einer Ketose (III) entstanden, die dann einen Halbketal-Ring bilden kann.

Solche Amadoriprodukte kommen in einigen Lebensmitteln vor, so z.B. das Fructose-Prolin (V) in fermentiertem Tabak, das in der Glutzone der Zigarette zu zahlreichen flüchtigen Verbindungen, u.a. Aromastoffen, abgebaut wird.

Andere Fructose-Aminosäuren hat man nach thermischer Behandlung von gefriergetrockneten Gemüseerzeugnissen nachgewiesen, wo sie Vorstufen für Fehlaromabildungen darstellten. Hier wurden sie als Leitsubstanzen beurteilt, die beginnende Schädigungen der Produkte anzeigten.

Während der Amadori-Umlagerung selbst entstehen schon mehr oder weniger große Mengen eines braunen, höhermolekularen Stoffgemisches. Während nämlich die „Amadori-Verbindung" (Typ III bzw. IV) relativ stabil ist, durchläuft ihre Endiol-Form (II), in die sie in alkalischem Milieu leicht übergeführt werden kann, sehr leicht Eliminierungsreaktionen. Dabei werden bevorzugt allylständige Gruppen abgespalten, was dann zur Eliminierung eines Moleküls Wasser oder des Aminrestes führt. Im ersten Fall entsteht als faßbares Zwischenprodukt das 3-Desoxyhexoson, das durch weitere Abspaltung von 2 Molen Wasser schnell zu Hydroxymethylfurfural abgebaut wird:

$$
\begin{array}{ccccc}
\underset{\begin{array}{c}H-C-NHR\\ \parallel\\ C-OH\\ HO-C-H\\ H-C-OH\\ H-C-OH\\ CH_2OH\end{array}}{} & \xrightarrow{-OH^-} & \underset{\begin{array}{c}H-C=\overset{+}{N}HR\\ \mid\\ C-OH\\ \parallel\\ C-H\\ H-C-OH\\ H-C-OH\\ CH_2OH\end{array}}{} & \xrightarrow[-RNH_2]{+H_2O} & \underset{\begin{array}{c}H-C=O\\ \mid\\ C=O\\ \mid\\ CH_2\\ H-C-OH\\ H-C-OH\\ CH_2OH\end{array}}{} & \xrightarrow{-2\,H_2O}
\end{array}
$$

3-Desoxy-hexoson

(HOH₂C–[Furan]–CHO, HMF)

Bildet sich dagegen zuerst ein 2,3-Endiol, wird die Abspaltung des allylständigen Amin-Restes begünstigt, so daß schließlich das 1-Desoxyhexoson entsteht, dessen Spaltung Diketone, Furanone oder auch Furane ergibt.

$$
\begin{array}{c}
CH_3-CO-CHO\\
CH_3-CO-CO-CH_3\\
HO-CH_2-CO-CO-CH_3
\end{array}
$$

$$
\begin{array}{ccccc}
\underset{\begin{array}{c}H_2C-NHR\\ \mid\\ C=O\\ HO-C-H\\ H-C-OH\\ H-C-OH\\ CH_2OH\end{array}}{} & \longrightarrow & \underset{\begin{array}{c}H_2C-NHR\\ \mid\\ C-OH\\ \parallel\\ C-OH\\ H-C-OH\\ H-C-OH\\ CH_2OH\end{array}}{} & \xrightarrow{-RNH_2} & \underset{\begin{array}{c}CH_2\\ \mid\\ C-OH\\ \parallel\\ C=O\\ H-C-OH\\ H-C-OH\\ CH_2OH\end{array}}{} & \longrightarrow & \underset{\begin{array}{c}CH_3\\ \mid\\ C=O\\ \mid\\ C=O\\ H-C-OH\\ H-C-OH\\ CH_2OH\end{array}}{} & \longrightarrow
\end{array}
$$

1-Desoxy-hexoson

Ist seine 4-Stellung besetzt, wie bei Maltose, ist nur ein Ringschluß zwischen den C-Atomen 2 und 6 möglich, woraus die Bildung von Maltol begünstigt wird.

$$
\underset{\begin{array}{c}CH_3\\ \mid\\ C=O\\ \mid\\ C=O\\ H-C-O-R\\ H-C-OH\\ CH_2OH\end{array}}{} \rightleftharpoons \quad \xrightarrow[-ROH]{+H_2O} \quad \xrightarrow{-2\,H_2O} \quad \text{Maltol}
$$

Die genannten Verbindungen können auch bei der Zucker-Karamelisierung, allerdings unter sehr viel härteren Bedingungen, entstehen, während die Maillard-Reaktion, wenn auch langsam – z.B. schon bei Zimmertemperatur ablaufen kann. Dadurch erkennt man, daß die Einführung eines Amin-Restes in ein Zuckermolekül dessen Stabilität u.U. so weit herabsetzen kann, daß es unter Abspaltung von Wasser abgebaut wird. Die entstandenen Verbindungen sind fast alle außerordentlich reaktiv und können sich spontan mit Amin-Komponenten weiter umsetzen. Dabei entstehen dann braune Substanzgemische höherer Molekülmassen, wie wir sie auf der Oberfläche eines Steaks oder in der Brotkruste beobachten, ihre Strukturen sind bislang nicht bekannt. Sie können aber auch Aminosäuren zersetzen (Strecker-Abbau, s. S. 295), wobei diese decarboxyliert werden und das Kohlendioxid freisetzen, das Maillard bei seinem Versuch beobachtet hat. Als „Nebenprodukte" derartiger Kondensationsreaktionen untereinander entstehen aber dann Hunderte von niedermolekularen Verbindungen, die meist heterocyclische Strukturen besitzen und in ihrer Gesamtheit zu bekannten Röst-, Back- oder Brataromen beitragen (s. S. 291).

Die Maillardreaktion ist für die Lebensmittelchemie deshalb essentiell, weil hier Kohlenhydrate und Proteine, wichtige Inhaltsstoffe der Lebensmittel, miteinander reagieren. Bei Umsetzung von Aminogruppen mit reduzierenden Kohlenhydraten kommt es dann zur Maillardreaktion mit ihren Charakteristika:

1. Abbau von Kohlenhydraten u.a. unter Freisetzung flüchtiger Verbindungen mit mehr oder weniger charakteristischen Aromanoten („**thermischen Aromen**"),
2. Blockierung von Proteinen zu unverdaulichen Verbindungen (s. S. 127) sowie Abbau von freien Aminosäuren durch α-Dicarbonylverbindungen (Strecker-Abbau).
3. Weiterreaktion von Zuckerabbauprodukten miteinander oder mit anderen reaktiven Verbindungen unter Entstehung farbiger Melanoidine. Ihre Strukturen waren bisher unbekannt. Der Grund mag darin liegen, daß sie bei Molmassen von > 10 000 Dalton (z.b. im Zuckercouleur[2]) dennoch keinen polymerhomologen Aufbau besitzen, sondern durch vielfältige Kondensationen reaktiver Verbindungen aller Art entstanden sind. Aus Modellreaktionen kann man schließen, daß die reaktiven Systeme bei der Melanoidinbildung offenbar C-H-acide Verbindungen mit einschließen, die dann mit geeigneten Reaktionspartnern Kondensationsreaktionen eingehen[3] (siehe Abb. 7.12). Häufige Reaktionspartner scheinen Furanaldehyde zu sein. So hat man kürzlich bei der Reaktion von Furfural mit Alanin bzw. Lysin die in Abbildung 7.13 wiedergegebenen, rot gefärbten cis/trans-isomeren Verbindungen 1 und 2 identifizieren können. Wie nachgewiesen werden konnte, werden entsprechende Körper auch bei Reaktion mit anderen Aminosäuren, z.B. Lysin gebildet. Solche Verbindungen entstanden auch bei Reaktion von Furfural mit Casein, wobei die beiden Chromophore über die ε-Aminogruppe des Lysins gebunden waren, die das N-Atom des Pyrrolinonrestes lieferte. – Diese Befunde geben erste Einblicke in die komplexe Chemie der Melanoidinbildung im Rahmen der Maillardreaktion[4]. Melanoidine wirken antioxidativ und bakterizid. So schützt z.B. die braune Brotkruste das Brot weitgehend vor Schimmelbefall. Melanoidine enthalten wahrscheinlich Stickstoff-Radikale.

Wie man seit einigen Jahren weiß, spielt die Maillardreaktion auch in vivo eine gewisse Rolle. So wird den Blutgefäßen von Diabetikern eine geringere Elastizität nachgesagt, vermutlich, weil die höheren Zucker-Konzentrationen Reaktionen mit Proteinen begünstigen. Diese folgen dann den Gesetzmäßigkeiten

---

[2]   Droß A, Baltes W (1989) Über die Fraktionierung von Zuckercouleur-Inhaltsstoffen nach ihrer Molmasse, Z Lebensmittel Unters Forsch 188 : 540–544.

[3]   Ledl F, Schleicher E (1990) Einen hervorragenden Überblick über die Maillardreaktion geben. In: Die Maillardreaktion in Lebensmitteln und im menschlichen Körper – neue Ergebnisse zu Chemie, Biochemie und Medizin. In: Angewandte Chemie 102 : 597–734.

[4]   Hofmann Th (1998) Studies on melanoidin-type colorants generated from the Maillard reaction of protein-bound lysine and furan-2-carboxaldehyde – chemical characterisation of a red coloured domaine, Z Lebensm Unters Forsch A 206 : 251–258.

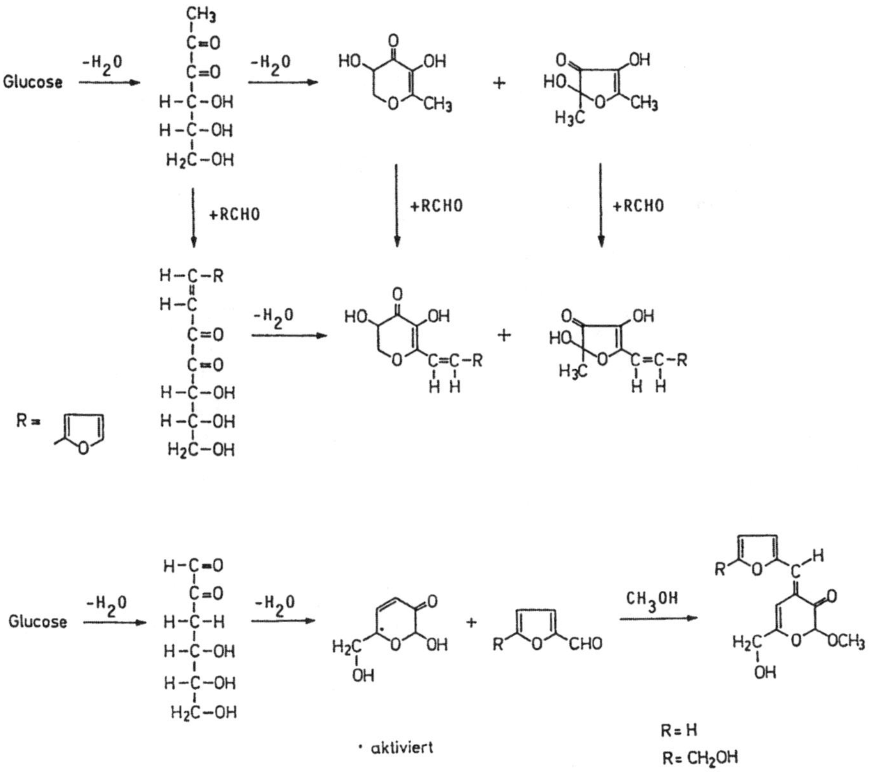

Glucose $\xrightarrow{-H_2O}$ ... $\xrightarrow{-H_2O}$ ... + ...

$+RCHO$ $+RCHO$ $+RCHO$

$R =$ ...

Glucose $\xrightarrow{-H_2O}$ ... $\xrightarrow{-H_2O}$ ... + ... $\xrightarrow{CH_3OH}$ ...

· aktiviert

$R = H$
$R = CH_2OH$

Abb. 7.12. Kondensationsreaktionen C-H-acider Verbindungen bei der Entstehung gelb gefärbter Kondensationsprodukte

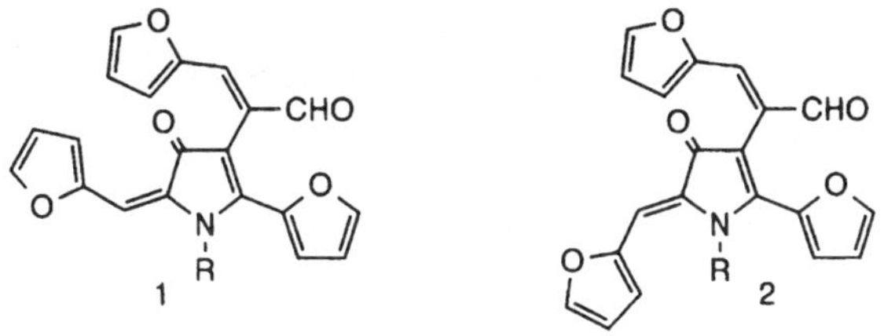

Verbindung	R
1a / 2a	$-\overset{COOH}{\underset{CH_3}{CH}}$
1b / 2b	$-(CH_2)_4-\overset{COOH}{\underset{NH_2}{CH}}$

Abb. 7.13. Rot gefärbte Verbindungen aus der Reaktion von Alanin bzw Lysin mit Furfural

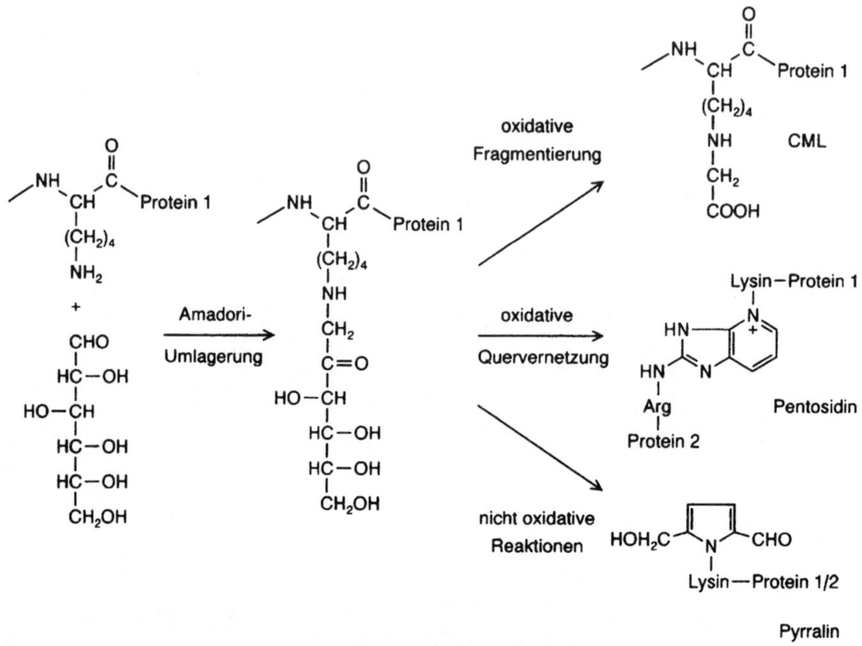

Abb. 7.14. Entstehung von „Advanced Glycosylation Endproducts"

der Maillardreaktion, die hier zu Vernetzungen der Proteine führen können. In Abbildung 7.14 sind einige Typen von Umsetzungen dargestellt. So kann ein aus Glucose und Protein gebildetes Amadoriprodukt soweit abgebaut werden, daß es nun einen Hydroximethylpyrollyl-Rest (Pyrralin) enthält. In ähnlicher Weise hat man die Entstehung von Carboximethyllysin (CML) und Pentosidin bei Umsetzung von reduzierenden Zuckern mit Casein unter in vivo-Bedingungen nachweisen können. Die genannten Verbindungen können dann weiter kondensieren bzw. zu Vernetzungen führen. Sie werden unter dem Begriff „Advanced Glycosylation Endproduct" (AGE) zusammengefaßt.

7.6
Oligosaccharide

Ebenso wie Alkohole und Phenole können auch Kohlenhydrate mit der glykosidischen Hydroxyl-Gruppe eines Zucker-Restes unter Glykosid-Bildung reagieren. In der Tat finden wir die Produkte dieser Reaktion, bei der sich somit mehrere Kohlenhydrat-Reste miteinander verbinden, überall in der Natur. Je nach Anzahl der verknüpften Reste spricht man dabei von Di-, Tri-, Tetra- usw. -Sacchariden, allgemein von Oligosacchariden. Obwohl es theoretisch viele Möglichkeiten der Verknüpfung gibt, findet man nur wenige verwirklicht. Es sind dies

1. Kondensation zweier glykosidischer Hydroxyl-Gruppen. Dabei entstehen nichtreduzierende Disaccharide des sog. Trehalose-Typs. In diese Klasse gehört auch die Saccharose.
2. Angriff der glykosidischen Hydroxyl-Gruppe am C-Atom 4 eines anderen Kohlenhydrat-Moleküls. Es entstehen reduzierende Oligosaccharide, z.B. das Disaccharid Maltose.ıMaltose
3. Verknüpfung zweier Hexose-Moleküle in den Stellungen 1 → 6. Ebenso wie bei der Maltose ist hier die glykosidische OH-Gruppe des zweiten Moleküls noch nicht blockiert, so daß auch diese Verbindungen (z.b. Isomaltose) reduzierend wirken.

Bezüglich ihres Aufbaus und ihrer enzymatischen Spaltbarkeit ist auch wichtig, ob die Verknüpfung über eine α- oder eine β-ständige glykosidische Hydroxyl-Gruppe eingetreten ist. Dies ist in den Formeln der Abb. 7.15 extra vermerkt!

Trehalose ist α-D-Glucopyranosyl-(1→1)-α-D-glucopyranosid. Da hier die glykosidischen Hydroxyl-Gruppen beider Ausgangsmoleküle eine Kondensationsreaktion eingegangen sind, wirkt dieses Disaccharid nicht reduzierend. Trehalose kommt im Roggen-Mutterkorn, in jungen Pilzen und im Seetang vor. Sie hat keine Süßkraft.

Saccharose (α-D-Glucopyranosyl-(1→2)-β-D-fructofuranosid) wird landläufig als **Rohrzucker** bezeichnet und ist das bedeutendste Süßungsmittel in unserer Nahrung. Sie wird aus Zuckerrüben, Zuckerrohr und Ahornsaft (Kanada) gewonnen. Daneben findet sich Saccharose im gesamten Pflanzenreich sowohl in den Früchten wie auch in Blättern und Wurzeln. Dementsprechend kommt sie auch in Fruchtsäften und Honig vor. Ihre Spaltung (**Invertierung**) führt zu einem Gemisch aus gleichen Teilen Glucose und Fructose (Invertzucker). Der Name Invertierung stammt von dem Befund, daß sich der zunächst schwach positive Drehwert der Saccharose im Verlaufe der Spaltung durch den stark negativen Drehwert der Fructose nach links umkehrt:

$$\text{Saccharose} \quad \xrightarrow[\text{H}^+]{\text{H}_2\text{O}} \quad \underbrace{\text{Glucose} + \text{Fructose}}$$
$$[\alpha]_D^{20} = +66{,}5^\circ \qquad [\alpha]_D^{20} = -20{,}5^\circ$$

Derartige Invertierungen können sehr leicht in schwach sauren Saccharose-Lösungen ablaufen, z.B. bei der Konfitüren-Herstellung.

Maltose (α-D-Glucopyranosyl-(1 → 4)-α-D-glucopyranose) gehört zu den reduzierenden Disacchariden, da die glykosidische Hydroxyl-Gruppe des zweiten Glucose-Restes noch frei ist. Sie kommt überall dort vor, wo ein biologischer Stärkeabbau stattfindet, also in keimender Gerste und im Magen/Darm-Trakt. Sie entsteht aber auch bei der technischen Stärkeverzuckerung, ganz gleich, ob enzymatisch oder durch Säureeinwirkung. Die mäßig süße Maltose ist vergärbar, wobei sicherlich ein Teil mittels der in Hefen enthaltenen Maltase zunächst zu Glucose hydrolysiert wird.

Lactose (β-D-Galactopyranosyl-(1 → 4)-α-D-glucopyranose) gehört ebenfalls zu den reduzierenden Disacchariden. Sie kommt in der Milch sämtlicher

reduzierend: nicht reduzierend:

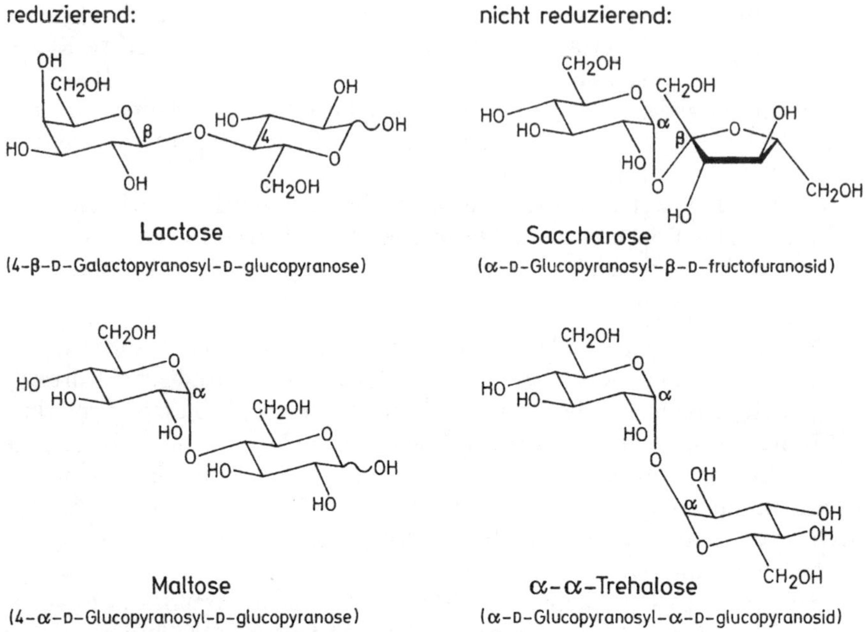

Lactose   Saccharose
(4-β-D-Galactopyranosyl-D-glucopyranose)   (α-D-Glucopyranosyl-β-D-fructofuranosid)

Maltose   α-α-Trehalose
(4-α-D-Glucopyranosyl-D-glucopyranose)   (α-D-Glucopyranosyl-α-D-glucopyranosid)

Abb. 7.15. Beispiele reduzierender und nichtreduzierender Disaccharide

Säugetiere in Mengen bis zu 5% vor und wird deshalb als **Milchzucker** bezeichnet. Lactose wird durch Maltase nicht gespalten, sondern durch das Enzym Lactase. Daher wird sie auch durch normale Hefen nicht vergoren, sondern nur durch solche, die Lactase enthalten (z.B. Kefir-Kulturen). Lactose wird aus Molke gewonnen.

Gentiobiose (β-D-Glucopyranosyl-(1 → 6)-β-D-glucopyranose) ist die Zuckerkomponente einiger Glykoside wie des Amygdalins der Bittermandel oder, in veresterter Form, des Safranfarbstoffes Crocin. Auch Gentiobiose gehört zu den reduzierenden Dissacchariden.

Neben den genannten Verbindungen gibt es eine ganze Reihe weiterer wichtiger Di- und Trisaccharide, z.B. die beim Vergären konzentrierter Rohrzucker-Lösungen auftretende Kestose (Glucosylfructosylfructosid) oder die in Rübenzuckermelasse vorkommende Raffinose (Galactosylglucosylfructosid).

7.7
Polysaccharide

7.7.1
Aufbau von Stärke

Hochmolekulare Kohlenhydrate sind als Reserve- und Stützsubstanzen in der Natur weit verbreitet. Sie sind nach dem gleichen Bauprinzip wie die Oligo-

Tabelle 7.1. Amylose-Gehalt von Stärkesorten (Auszugsweise aus Handbuch der Lebensmittelchemie, Bd. V/1, S. 175, Springer 1967)

Stärkeart	% Amylose	Stärkeart	% Amylose
Hafer	26	„Wachsiger Mais"	0,8
Weizen	25	Maishybride „Amylomaize"	50
Mais	24	Runzlige Gartenerbse,	80
Gerste	22	Var.„Steadfast"	
Kartoffel	22	Tapioka	17

saccharide zusammengesetzt, erreichen jedoch Molekulargewichte bis über 1 Million Dalton. Die wichtigsten Polysaccharide sind nur aus ein- und demselben Grundbaustein zusammengesetzt (Homoglykane), daneben sind aber auch einige Heteroglykane bekannt, die sich aus mehreren Grundbausteinen aufbauen.

Wichtigster Grundbaustein natürlicher Polysaccharide ist die Glucose. Aus ihr bauen sich Stärke, Cellulose und Glykogen auf. Weitere Homoglykane sind Chitin, Pektine und Polyfructosane, die aus N-Acetylglucosamin, Galacturonsäure oder aus Fructose-Einheiten zusammengesetzt sind. Zu den Heteroglykanen gehören die Xylane, Alginsäure, eine Reihe natürlich vorkommender Galactomannane sowie einige Pflanzengummis.

Stärke ist der häufigste Reservestoff der Pflanzen. Ihr bedeutendstes Vorkommen sind die Gramineen, aber auch in Wurzelknollen findet man beträchtliche Mengen. Stärkekörner haben ein charakteristisches Aussehen, so daß man ihre Herkunft durch Mikroskopie ermitteln kann. Stärke baut sich aus α-D-Glucose-Einheiten auf, die in 1–4- bzw. 1–6-Stellung miteinander verknüpft sind. Je nachdem, ob ausschließlich eine 1–4-Verknüpfung vorliegt oder durch eine zusätzliche 1–6-Bindung eine Verzweigung bewirkt wird, unterscheidet man zwischen zwei Bestandteilen der Stärke, nämlich der Amylose und dem Amylopektin.

Beide kommen in praktisch jeder Stärke vor. Allerdings ist es durch Züchtung gelungen, fast reine Amylopektinstärken zu erzeugen, die man wegen ihres wachsartigen Aussehens auch als „wachsige Stärken" bezeichnet.

Amylose ist aus etwa 200 bis 1 000 α-D-Glucose-Einheiten zusammengesetzt, besitzt also Molekulargewichte zwischen 50 000 und 200 000 Dalton. Sie ist in Form einer Helix gewickelt, die je Windung 6–7 Glucose-Einheiten besitzt. In die dabei entstehende „Röhre" können sich Iod-Moleküle einlagern, wobei eine intensiv blaue Farbe beobachtet wird (Iod-Stärke-Reaktion), wenn das Molekül mehr als 50 Glucose-Einheiten enthält. Amylose ist in heißem Wasser löslich, wobei leicht ein Gel[5] gebildet wird. Aus solchen Gelen kann sie allerdings relativ leicht wieder auskristallisieren („Retrogradation") und gibt so z.B. Anlaß für das sog. </Altbackenwerden" von Brot.

---

[5]   Definition s. S. 178.

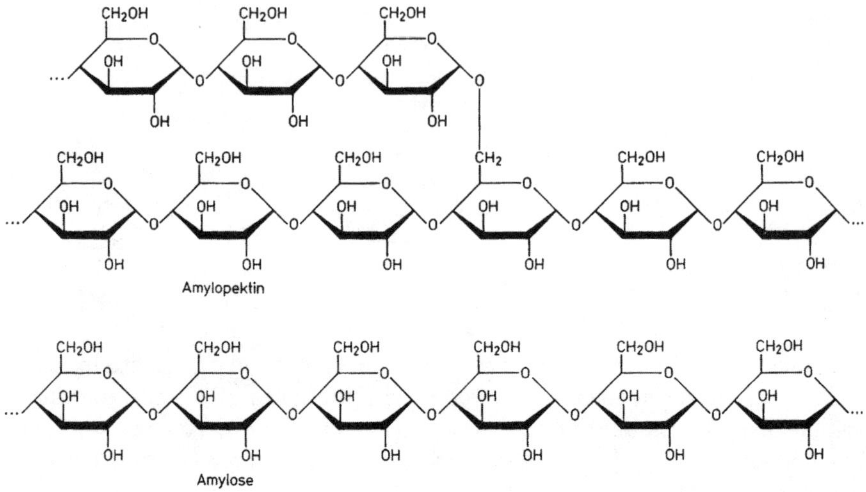

Abb. 7.16. Amylopektin und Amylose, die Bestandteile von Stärke (dargestellt in der Haworth-Projektion)

Amylopektin entsteht ebenso wie Amylose durch 1–4-Verknüpfung von α-D-Glucose, besitzt daneben aber im Mittel an jedem 25. Glucose-Molekül durch 1–6-Verknüpfung eine seitliche Verzweigung. Auch Amylopektin ist, zumindest teilweise, spiralig gewickelt, gibt aber mit Iod wegen der kurzen, verzweigungsfreien Anteile nur eine schwachrote Färbung. Das Molekulargewicht des Amylopektins liegt mit 200 000 bis 1 000 000 Dalton beachtlich höher als das der Amylose. Oberhalb 60°C quillt es in Wasser, löst sich jedoch nicht auf. Amylopektin retrogradiert sehr viel langsamer als Amylose, Beide können technisch aus Stärke fraktioniert gewonnen werden (Schoch- bzw. Hiemstra-Verfahren).

7.7.2
Modifizierte Stärken

Entsprechend den vielfältigen Anwendungsmöglichkeiten von Stärke gibt es eine Reihe chemisch bzw. physikalisch modifizierter Produkte, in denen die eine oder andere Eigenschaft verstärkt ausgebildet oder verändert wurde. **Quellstärke** wird z.B. durch Walzentrocknung vorgequollener Stärke hergestellt. Das Produkt zeichnet sich durch erhöhte Quellfähigkeit in kaltem Wasser aus und wird vorzugsweise bei Instant-Produkten eingesetzt.

Durch Behandlung nativer Stärke unterhalb des Verkleisterungspunktes mit Mineralsäuren wird eine partielle Hydrolyse, vorzugsweise an den 1–6-Verzweigungen erreicht. Daraus ergeben sich herabgesetzte Viskosität und zunehmende Neigung zu Gelbildungen. Nach Abkühlen ihrer Lösungen entstehen harte, undurchsichtige Gele. Solche **„dünnkochenden Stärken"** können auch durch Oxidation mit Natriumhypochlorit erhalten werden. Dabei wird ein kleiner Teil der Hydroxyl-Gruppen am Kohlenstoff-Atom 6 zur Säurefunktion oxidiert, so daß dann im Stärke-Molekül etwa jede 25. bis 30. Glucose-Einheit durch Glucuronsäure ersetzt ist. Daneben findet eine partielle Hydrolyse statt, so daß solche Stärken niedrigere Molekulargewichte besitzen. Die freigesetzten Aldehyd-Gruppen werden dabei meist unmittelbar in Carboxyl-Gruppen verwandelt. Derartige Stärken bilden im Gegensatz zu säuremodifizierten Stärken keine Puddinge mehr und besitzen deutlich niedrigere Retrogradations-Neigung. Eine Oxidation mit Natriumperiodat ist verboten, weil dadurch Stärke zu **Dialdehydstärke** gespalten wird:

Solche modifizierten Stärken, die früher häufig diskutiert wurden, entsprechen heute nicht mehr den an sie gestellten Anforderungen. So können sie wie native Stärken Viscositäts-Erniedrigungen nach Erhitzen erleiden (man denke z.B. an die Hitzesterilisierung in der Konservenindustrie). Auch fehlt ihnen die hydrolytische Stabilität in saurem Milieu (z.B. in Tomatensuppen oder in Füllungen auf Fruchtbasis), woraus ebenso Viscositätsabnahmen resultieren. Schließlich muß vorausgesetzt werden, daß die Verdickung stabil gegen Scherkräfte ist (z.B. bei der Zubereitung von Mayonnaisen und Salatsaucen).

Diese Nachteile besitzen **vernetzte Stärken** nicht. Man stellt sie z.B. durch Behandlung nativer Stärke mit Phosphoroxichlorid bzw. mit Trimetaphosphat her, wobei Produkte mit Phosphor-Gehalten bis 1% (z.B. „Neukom-Stärke") erhalten werden. In diesem Zusammenhang sei darauf hingewiesen, daß auch natürliche Stärken Phosphorsäure gebunden enthalten, z.B. Kartoffelstärke etwa 0,001%.–Stärken dieses Typs zeigen verzögerte Quellung und weitgehende Konstanz der Viscosität auch bei längerem Erhitzen. Darüber hinaus sind die Widerstandsfähigkeit der gequollenen Körner gegen Scherkräfte sowie die Hydrolysestabilität deutlich erhöht.

Vernetzte Stärken sind für gefrierfähige Pasten (z.B. in Tiefkühlerzeugnissen) nicht geeignet, da auch bei ihnen die Neigung zur Retrogradation nicht völlig ausgeschaltet ist. Hierfür werden stattdessen „wachsige Maisstärken" eingesetzt, die fast ausschließlich aus Amylopektin bestehen. Durch die stark verzweigte Molekülstruktur bedingt können diese keine Gele bilden, wenngleich sie dennoch stark verdickend wirken. Aufgrund stark eingeschränkter Möglichkeiten zu Molekülassoziationen besitzen andererseits mit solchen Stärken angedickte Speisen hohe Kältestabilität und retrogradieren nicht. Dieser Effekt kann durch Umsetzung wachsiger Stärken mit geringen Mengen Essigsäureanhydrid (→ **Stärkeacetat**) bzw. Propylenoxid (→ **Hydroxypropylstärke**) angehoben werden, wobei die so eingeführten unpolaren Gruppen die Möglichkeiten zu Assoziationen noch weiter einschränken dürften. Derartige Produkte werden heute besonders für Tiefkühlkost eingesetzt, für die sie gefrier- und taubeständige, durchsichtige Pasten liefern. Die Produkte und ihre Eigenschaften sind in Tabelle 7.2 zusammengefaßt.

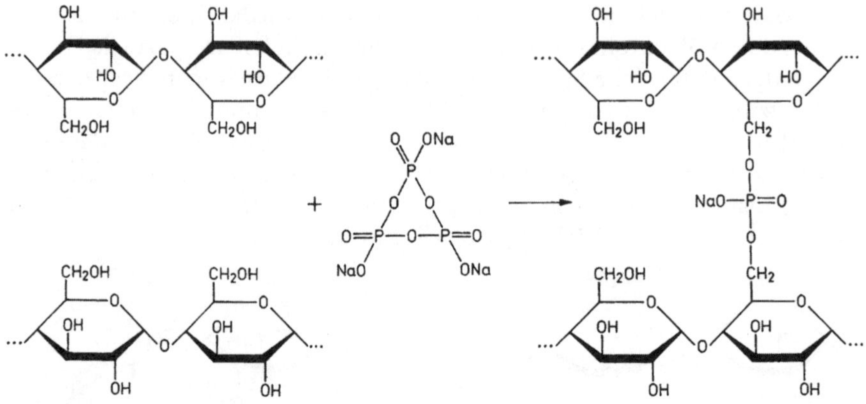

Abb. 7.17. Darstellung der Bildung phosphorylierter Stärke

Tabelle 7.2. Modifizierte Stärken und ihr Einsatz

Produkt	Erwünschter Effekt	Verwendung
Quellstärken	Kaltwasserlöslichkeit	„Instant"-Pudding, -Cremes und -Soßenpulver
Säuremodifiz. Stärken	Herabgesetzte Viskosität	Gummibonbons auf Stärkebasis, Soßen
Oxidierte Stärken	Erniedrigung von Viskosität u. Retrogradationsneigung	Dickungs- und Bindemittel für Lebensmittel
Phosphatmodifiz. Stärken	Viskositätserhalt u. Hydrolysestabilität beim Erhitzen; Erhöhung der mechanischen Stabilität	Dickungs- und Bindemittel für saure Speisen, sterilisierte und stark geschlagene Produkte, eingeschränkt auch für Tiefkühlkost
Stärkeester und -ether aus wachsiger Maisstärke	Kältestabilität	Tiefkühlkost

Röstet man angesäuerte, verkleisterte Stärken, so entstehen die **„Röstdextrine"**. Sie besitzen ebenfalls bessere Kaltwasserlöslichkeit und ergeben Lösungen niedriger Viscosität. Ihre Lösungen verleihen einem Brot die glänzende Kruste. Schließlich können in Mikroorganismen (z.B. **Aerobacillus macerans**) enthaltene Enzyme aus stärkehaltigen Substraten Cyclodextrine erzeugen, in denen 6 bis 8 Glucose-Moleküle durch 1–4-Verknüpfung zu einem Ringsystem angeordnet sind (Schardinger-Dextrine).

7.7.3
Resistente Stärke

Unter resistenter Stärke versteht man im Dünndarm unverdauliche Stärke. Während schnell verdauliche Stärke von Pankreasamylase innerhalb von 20 Minuten gespalten wird, kann dies bei Resistenter Stärke über 2 Stunden dauern. Sie wandert dann in den Dickdarm, wo sie mehr oder weniger vollständig durch die Mikroflora fermentiert wird. Dabei bilden sich neben Methan, Wasserstoff und Kohlendioxid auch Essig-, Propion- und Buttersäure, wodurch es im Dickdarm nicht nur zu einer Absenkung des p_H, sondern, dadurch ausgelöst, auch zu einer Erhöhung des Wassergehaltes im Faeces kommt. Es wird vermutet, daß hiervon auch ein gewisser Schutz gegen Dickdarmkrebs ausgehen kann.

Resistente Stärke kommt in Lebensmitteln nur in geringen Mengen vor, z.B. in kalter Kartoffel (10%), frisch gekochter Spaghetti (5%), Perlgraupen und Linsen nach Kochen und Abkühlen (je 9%).

Man unterscheidet 3 Typen von Resistenter Stärke:

Typ I   Es ist eine physikalisch nicht zugängliche Stärke, die sich noch in intakten Pflanzenzellen (Amyloplasten) nach Zerkleinern z.B. von Leguminosen befindet.

Typ II   ist native, granuläre Stärke, die man in nicht gekochten, stärkehaltigen Lebensmitteln (z.B. grüne Banane) findet und deren hohe Dichte sowie die partielle Kristallinität einen enzymatischen Abbau inhibieren.

Typ III entsteht durch Retrogradation (Rekristallisation) aus verkleisterter Stärke. Man findet sie in gekochten, stärkehaltigen Lebensmitteln nach Abkühlen, also z.B. in Kartoffeln, Erbsen und Bohnen. Ihre Bedeutung in der Nahrung liegt in einer Anreicherung des nicht verdaulichen, aber fermentierbaren Teils der Nahrung, wodurch gleichzeitig ihre energetische Dichte herabgesetzt wird.

7.7.4
Enzymatische Stärke-Spaltung

Stärke kann durch energische Einwirkung von Mineralsäure vollständig zu Glucose abgebaut werden. Schonender ist diese Hydrolyse durch Enzyme, sog. **Amylasen**, zu erreichen. In Anlehnung an ihre spezifische Wirksamkeit unterscheidet man zwischen α-Amylase oder dextrinogener Amylase und β-Amylase (saccharogene Amylase). Läßt man α-Amylase auf ein Stärkegel einwirken, so wird man schon bald eine Verflüssigung wahrnehmen, wobei gleichzeitig die Iod-Stärke-Reaktion abnimmt. Reduzierender Zucker wird dagegen nur in geringem Ausmaß nachzuweisen sein. – Wie wir heute wissen, spalten α-Amylasen, die pflanzlich in Malz, im tierischen Organismus in Speichel und Pankreas vorkommen, Stärkemoleküle in Oligosaccharide mit jeweils 6 bis 7 Glucose-Einheiten. Wahrscheinlich trifft die Annahme zu, daß dabei im ganzen Molekül in der Spiralstruktur benachbarte Bindungen gelöst werden.

Daher sind α-Amylasen auch als Endo-Enzyme aufzufassen. Hierbei werden sowohl Amylose als auch Amylopektin in kleinere Bestandteile aufgelöst, da α-Amylasen die Verzweigungsstellen überspringen. Erst bei längerer Einwirkung entsteht Maltose, wobei die überwiegende α-Stellung der reduzierenden Hydroxyl-Gruppe für die Namensgebung des Enzyms mitbestimmend war.

Im Gegensatz dazu setzen die meist im Pflanzenreich vorkommenden β-Amylasen β-Maltose-Einheiten frei (nur die reduzierende Hydroxyl-Gruppe steht in β-Stellung!), wobei der Angriff vom nicht reduzierenden Ende des Stärkemoleküls her erfolgt. Während auf diese Weise Amylose-Moleküle restlos abgebaut werden, kann dieses Enzym Verzweigungsstellen oder auch Orte mit einem Phosphat-Rest im Molekül nicht überspringen. Daher bleiben nach Einwirkung von β-Amylase auf Amylopektin „Grenzdextrine" übrig, die beträchtliche Molekulargewichte besitzen können. Vor allem aus Bakterien gewonnene β-Amylasen sind überraschend temperaturbeständig und können noch bei über 90°C eingesetzt werden.

Glucoamylasen aus Bakterien- bzw. Pilzkulturen können sowohl die α-1-4-als auch die α-1-6-Bindungen in Amylopektin spalten, wobei die 1-6-Verzweigungen allerdings sehr viel langsamer angegriffen werden. – Dagegen greift Isoamylase (Pullulanase) solche 1-6-Verzweigungen vorzugsweise an.

7.7.5
Glykogen

Glykogen ist das Reservekohlenhydrat im Bereich der Tierwelt und wird vorwiegend in der Leber, daneben aber auch im Muskel abgelagert. Entsprechend seinem hohen Molekulargewicht, das Werte bis 16 Millionen Dalton erreichen kann, ist die Löslichkeit in Wasser außerordentlich gering. Stattdessen bildet es in kaltem Wasser eine opaleszierende, kolloidale Lösung, die mit Iodlösung eine violettrote Färbung ergibt. Sein Aufbau erinnert an Amylopektin, allerdings ist der Verzweigungsgrad noch wesentlich höher (etwa an jedem 10. Glucose-Rest). Glykogen kann grundsätzlich auch durch Amylasen abgebaut werden. Im Körper erfolgt der Abbau allerdings durch spezielle Phosphorylasen, die vom nichtreduzierenden Ende her angreifen und nach Übertragung von anorganischem Phosphat Glucose-1-phosphat-Moleküle abspalten.

7.7.6
Cellulose

Celluloseist die wichtigste Stützsubstanz in der Natur und wird in jedem pflanzlichen Gewebe gefunden. In reiner Form kommt sie in Baumwolle vor, meist findet man sie aber vergesellschaftet mit **Hemicellulosen** (Xylane, Pektin u.a.) oder z.B. im Holz mit Lignin. Ihre Bedeutung für Lebensmittel liegt in ihrer Unlöslichkeit und Unverdaulichkeit. Sie ist der Hauptbestandteil der **Rohfaser** und zählt zusammen mit den Hemicellulosen zu den Ballaststoffen unserer Nahrung, die in besonderem Maße die Darmperistaltik anregen und die Transitzeit unserer Nahrung durch den Magen/Darm-Trakt beeinflussen. Besonders hohe Cellulose-Gehalte finden wir in den Schalenanteilen der Getreide sowie im Gemüse. – Cellulose ist ausschließlich aus 1-4-verknüpften β-Glucose-Einheiten zusammengesetzt. Ihr Molekulargewicht kann 2 Millionen Dalton erreichen, was bedeutet, daß bis zu 14 000 Glucose-Moleküle miteinander verbunden sind. Äußerlich sind Cellulose-Moleküle von kettenförmiger Gestalt, was durch eine vielfache Faltung der Fadenmoleküle erreicht wird. In natürlichen Systemen sind Cellulose-Moleküle meist netzartig ineinander verflochten, wobei Lignin oder andere Begleitsubstanzen für die Festigkeit sorgen.

Cellulose kann durch Hydrolyse in salzsaurer Lösung zu Glucose abgebaut werden. Durch gezielte Hydrolyse ist auch die Spaltung zu **mikrokristalliner Cellulose** möglich, in der 40 bis 50 Glucose-Reste gebunden sind. Dieses Produkt kann als unverdauliches Mehlersatzprodukt in Backerzeugnissen eingesetzt werden, obwohl eine mögliche **Persorption**, d.h. eine Wanderung fester Teilchen durch die Darmwand, unbestritten ist. In der Bundesrepublik Deutschland ist die Anwendung mikrokristalliner Cellulose verboten.

Auch von Cellulose sind eine Reihe von Dickungsmitteln abgeleitet worden, so z.B. die Methylcellulose (Tylose), Hydroxypropyl-Cellulose oder die Na-Carboxymethyl-Cellulose.

Auf die Löslichkeit von Cellulose in ammoniakalischem Kupfersulfat (Schweizers Reagenz) oder in einem Gemisch aus Schwefelkohlenstoff und Natronlauge in Form des Xanthogenates sei hingewiesen. Über die Einzelheiten dieser Reaktion, die zur Herstellung von Kunstseide und von Zellglasfolien dient, unterrichte man sich in einem Lehrbuch der Organischen Chemie. Celluloseacetat wird in Zigarettenfiltern eingesetzt.

7.7.7
Chitin

Ein weiteres Gerüst-Saccharid ist das **Chitin**. Es ist der wesentliche Bestandteil des Insektenpanzers, kommt aber auch in Pilzen als Gerüstsubstanz vor. Chemisch ist es aus N-Acetylglucosamin aufgebaut.

7.7.8
Murein

Es ist das Grundgerüst der Zellwandsubstanz Gram-positiver Bakterien und stellt eine Polysaccharidkette aus N-Acetylglucosamin und N-Acetylmuraminsäure dar. Muraminsäure ist der 3-O-Milchsäureether des Glucosamins. Die freie Carboxylgruppe der Milchsäure kann über eine Peptidbindung Aminosäure- und Peptidreste an die Polysaccharidkette binden. N-Acetylglucosamin und N-Acetylmuraminsäure sind im Murein alternierend angeordnet und über 1-4-glykosidische Bindungen miteinander verbunden. Diese Bindung wird von Lysozym angegriffen (s. S. 43, 326).

7.7.9
Polyfructosane

Im Gegensatz zu Cellulose kommen Polymere der Fructose nur relativ selten vor. Man findet sie in Gramineen, daneben aber vor allem in Chicorée und Topinambur. Bezüglich ihrer Bindung unterscheidet man zwischen dem Inulin (1 → 2-Bindung) und Phlein (2 → 6-Bindung). Die kettenförmig aufgebauten Moleküle besitzen bis zu 60 Fructosereste, am Kopf der Kette findet sich meistens ein Glucoserest. Sie kommen vergesellschaftet mit Oligofructose vor, die 2–10 Fructosemoleküle enthält.

Inulin wird in letzter Zeit zunehmend in Milchprodukten als Präbiotikum (s. S. 12) eingesetzt. Darunter versteht man nicht verdauliche Lebensmittelbestandteile, die das Wachstum einiger Bakterienarten im Darm positiv beeinflussen. Inulin wird von den körpereigenen Enzymsystemen nicht gespalten. So wandert es weitgehend unverdaut durch den Dünndarm. Im Dickdarm kann es dagegen von **Bifidusbakterien** gespalten werden, die über β-Fructosidasen verfügen. Es wird dann schnell zu Acetat, Propionat und etwas Butyrat abgebaut. Daneben wird vermutet, daß die Bifiduskeime bakterizide Substanzen entwickeln, die sich gegen gewisse pathogene Keime richten: **Bacteroides fragilis, Campylobacter, Listeria monocytogenes, Salmonella, Shigella sonnei** und **Vibrio cholerae.** Die dadurch erzielte Ausgewogenheit der Darmflora kann dann zu einem besseren gesundheitlichen Gesamtbild des Konsumenten bei-

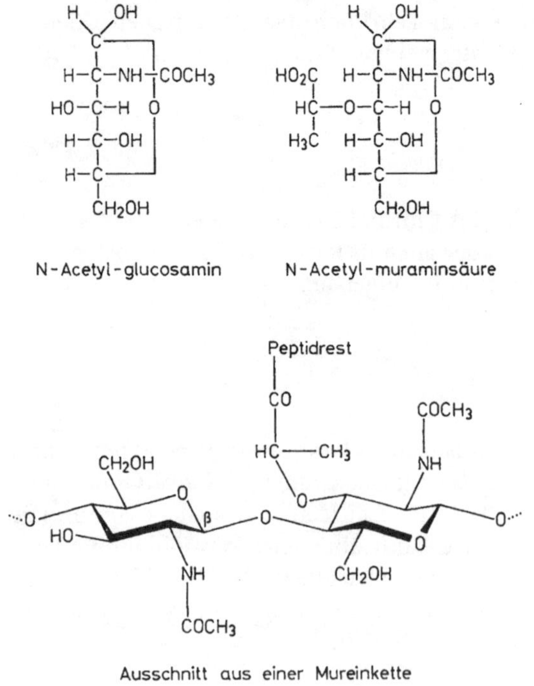

N-Acetyl-glucosamin   N-Acetyl-muraminsäure

Ausschnitt aus einer Mureinkette

Abb. 7.18. Aufbau wichtiger Aminozucker

Tabelle 7.3. Vorkommen und Bindungstyp von Polyfructosanen

Bindungstyp	Polyfructosan	Vorkommen
1 → 2	Inulin	Chicorée (15–20%), Topinambur (16–20%), Knoblauch (9–16), Roßkartoffel
	Asparogesin	Spargel
2 → 6	Phlein	Thimotee-Gras
	Secalin	Roggen
	Pyrosin	Weizen
1 → 2, Verzweigung 6 → 2	Graminin	Roggen
2 → 6, Verzweigung 1 → 2	Fructosan	Weizenmehl

tragen. Inulin wird durch Heißwasserextraktion aus Chicorée gewonnen. Das weiße Pulver kann in Lebensmitteln zur Beeinflussung von Viskosität, Feuchtigkeitsgehalt und Emulgierbarkeit eingesetzt werden. In Mengen über 20% dem Wasser zugemischt entstehen cremeartige Produkte, die Fett vortäuschen sollen.

In Roggen- und Weizenmehl-Fructosanen wurden dagegen Verzweigungen beobachtet, die durch glykosidische Bindung eines Fructose-Restes am C-6 der Hauptkette beim Inulin-Typ (Graminin des Roggens) bzw. vom C-1 der Hauptkette beim Phlein-Typ (Fructosan des Weizenmehls) entstanden sind.

Durch Säurehydrolyse kann aus Polyfructosanen relativ leicht Fructose gewonnen werden.

7.7.10
Hemicellulosen

Hemicellulosen sind polymere Kohlenhydrate, die vorwiegend aus Galactose, Mannose und Uronsäuren aufgebaut sind. Sie sind alkalilöslich. Man trifft sie häufig zusammen mit Cellulose an, mit der sie die Ballaststoffe unserer Nahrung ausmachen. Sie sind in der Natur weit verbreitet; ihr Bauprinzip erinnert an das der Cellulose, zeigt jedoch deutliche Abweichungen. Unter anderem liegen ihre Molekulargewichte deutlich unter dem der Cellulose.

Eines der bekanntesten Beispiele für Hemicellulosen sind die **Pentosane** (Xylane), die neben Cellulose in Holz und Stroh vorkommen (in Harthölzern bis zu 30%). Sie bestehen hauptsächlich aus Xyloseketten mit in 1-2 bzw. 1-3-Stellung gebundener L-Arabinose. Sie sind wasserlöslich. Man findet sie auch in den Randschichten der Getreidekörner, von wo sie bei entsprechender Ausmahlung ins Mehl gelangen. Durch ihre Löslichkeit in verdünnter Natronlauge bzw. in Wasser sind sie von Cellulose einfach zu trennen. Das erneute Interesse an Xylanen liegt in der möglichen Verwendung von Xylit als Süßungsmittel. Xylit kann aus Xylanen durch hydrolytische Spaltung und katalytische Reduktion der entstandenen Xylose hergestellt werden. Xylane sind Xylopyranose-Ketten, die (anders als Cellulose) Verzweigungen aufweisen.

Auch **Lichenin** kann zu den Hemicellulosen gezählt werden. Es ist das Reservekohlenhydrat des „Isländisch Moos" und wurde auch im Haferkorn gefunden. Im Aufbau gleicht es der Cellulose. Es besteht aus 1 → 4 gebundenen β-Glucose-Resten, von denen etwa jeder zehnte über eine 3 → 1-Verzweigung einen Glucose-Rest gebunden enthält. Seinem Aufbau entsprechend ist Lichenin unverdaulich, obgleich es sich als Folge seines niedrigen Molekulargewichtes in Wasser löst.

Zu den Hemicellulosen gehören auch die **Mannane**, die ähnlich der Cellulose gebaut sind, jedoch anstelle von Glucose die Mannose und wenig Galactose enthalten. Zum Teil dienen sie als Gerüstsubstanzen (Steinnuß, Dattelpalme), zum Teil auch als Reservekohlenhydrate (z.B. das im Konjakmehl vorkommende Konjakmannan), die dann allerdings wegen ihrer Verdaulichkeit nicht zu den Hemicellulosen zu rechnen sind. Die im Kaffee enthaltenen Galactomannane sind dagegen eindeutig Hemicellulosen.

Erweitert man den Begriff der Hemicellulosen etwas, so sind auch eine Reihe von Polysacchariden mit ähnlichen Aufgaben aus dem Pflanzenreich zu nennen. Die **Pektine** kommen in Pflanzen ubiquitär vor, wo sie in Stielen und Früchten am Zellwandaufbau beteiligt sind. Stammkörper dieser Substanzgruppe ist α-D-Galacturonsäure, die durch Verknüpfung in 1 → 4-Stellung ein lineares Kettenmolekül ergibt (Molekulargewicht 60 000–150 000 Dalton). Ein Teil der Carboxyl-Gruppen ist mit Methanol verestert; andere, unveresterte Gruppen bilden mit zweiwertigen Kationen (Ca, Mg) schwerlösliche Salze.

Pektine sind zum Teil wasserlöslich. In Zuckerlösungen höherer Konzentrationen bilden sie Gele, wovon bei der Konfitürenbereitung Gebrauch gemacht wird. Ihre Eigenschaften können aber in Abhängigkeit von Veresterungsgrad und Molekulargewicht stark variieren, so daß Pektin-Präparate, die für die Lebensmittelherstellung vorwiegend aus Citrus-, Apfel- und Rüben-Trestern gewonnen werden, chemisch standardisiert werden können. In Obst- und Fruchtsäften bemüht man sich, die durch Pektine hervorgerufenen Trübungen durch partielle, enzymatische Hydrolyse mittels Pektinesterasen stabil zu halten.

Ähnlich dem Pektin gebaut ist die **Alginsäure**. Sie kommt bis zu 40% in Braunalgen vor, woraus sie auch gewonnen und in Form des Natrium- oder Kaliumsalzes in den Handel gebracht wird. Alginsäure ist ebenfalls kettenförmig gebaut und setzt sich aus β-D-Mannuronsäure und zum geringen Teil aus β-D-Guluronsäure zusammen. Ihre Molekulargewichte liegen zwischen 10 000 und 250 000 Dalton. Im Gegensatz zu Pektinen ist die Alginsäure unverestert. In Anwesenheit von Calcium-Ionen bildet sie feste Gele, weshalb sie bevorzugt als Dickungsmittel für milchhaltige Produkte dient (z.B. Speiseeis).

7.7.11
Xanthan

Xanthan ist ein Heteroglykan bakterieller Herkunft. Es wird biotechnologisch durch Einwirkung von *Xanthomonas campestris* auf Zuckerlösungen gewonnen und stellt ein weißes Pulver dar, das als Stabilisator von Mayonnäsen und Dressings verwendet wird. Es ist nicht verdaulich, kann aber durch die Dickdarmflora teilweise gespalten werden.

7.7.12
Pflanzengummis

Es gibt eine Reihe weiterer Polysaccharide, die sich zur Bildung von Hydrokolloiden eignen und dementsprechend als Verdickungsmittel eingesetzt werden können. Da sie wie Pektine und Alginate unverdaulich sind, verwendet man sie neuerdings gerne in den „kalorienverminderten" Lebensmitteln. Bezüglich ihrer Eigenschaften kann gesagt werden, daß unverzweigte Kettenmoleküle bevorzugt zur Bildung von Gelen neigen, während Verbindungen mit Verzweigungen das Wasser weniger ausgeprägt einschließen können. Dennoch können auch sie die Viscosität einer Lösung erheblich erhöhen, wenn die Anordnung apolarer und polarer Reste eine solche Wasserbindung begünstigt.

Diese Verdickungsmittel, die man nach ihrer Herkunft auch als Pflanzengummis bezeichnet, werden chemisch in drei Gruppen eingeteilt, nämlich in saure Pflanzengummis mit Uronsäure-Resten, saure Pflanzengummis mit Schwefelsäure-Resten und neutrale Pflanzengummis. Da ihre Struktur teilweise recht kompliziert ist, soll eine tabellarische Zusammenstellung genügen (Tabelle 7.4).

Der chemische Nachweis solcher Verdickungsmittel erfolgt durch Identifizierung ihrer Bausteine nach hydrolytischer Spaltung.

7.7.13
Rohfaser, Ballaststoffe

Unter Rohfaser wurden ursprünglich jene unlöslichen Reste verstanden, die nach Säureeinwirkung auf Lebensmittel übrig blieben. Mit zunehmender Kenntnis ihrer physiologischen Wirkungen hat sich ihre Definition gewandelt. Heute versteht man unter Rohfaser ein Gemisch verschiedener, pflanzlicher Polysaccharide und Lignin, die durch Verdauungsenzyme des Menschen nicht angegriffen werden. Es sind dies Cellulose, Hemicellulosen, Pektine, Lignin, Pflanzengummis und andere Verdickungsmittel, Algenpolysaccharide und Resistente Stärken, die alle den Dickdarm unverdaut erreichen. Ihre physiologischen Wirkungen hängen von ihren physikalischen Eigenschaften ab: Sind sie im Verdauungssaft unlöslich (z.B. Cellulose), so erhöhen sie das Stuhlgewicht und setzen die Darmpassagezeit herab. Dagegen können lösliche Stoffe (z.B. Pektine) Kationenaustausch und Gelfiltration bewirken, wobei sie auch den

Tabelle 7.4. Aufbau und Herkunft von Pflanzengummis

Name	Herkunft	Aufbau
Saure Pflanzengummis mit Uronsäure-Resten:		
Gummi arabicum	Akazienarten	Verzweigter Aufbau aus L-Arabinose, L-Rhamnose, D-Galactose und D-Glucuronsäure
Traganth (Tragacanth)	Astragalus-Arten	Aus 2 Polysacchariden zusammengesetztes Gemisch, aufgebaut aus 1) Galactose, Arabinose 2) Xylose, Fructose, Galacturonsäure
Gum Ghatti	Anogeissus latifolia	1-6-verknüpfte D-Galactopyranose-Kette mit L-Arabinose, D-Mannose, D-Xylose und D-Glucuronsäure in Seitenketten
Saure Pflanzengummis mit Schwefelsäure-Resten:		
Agar Agar	Algen	Unverzweigtes Molekül aus Agarobiose: 1-verknüpfte 3,6-Anhydro-L-Galactose mit 1-3-gebundener Galactose. Jeder 10. Baustein trägt eine $-SO_3H$-Gruppe
Carrageenan	Algen, Irisch Moos	3 Fraktionen. Bestandteile Galactose, 3,6-Anhydrogalactose, Galactose-4-sulfat, Galactose-2,6-disulfat
Neutrale Pflanzengummis:		
Guarmehl	Cyanopsis tetragonolobus (Leguminosae)	D-Mannopyranosekette mit D-Galactose in der Seitenkette
Carubin (Johannisbrotkernmehl)	Ceratonia siliqua	Ähnlich wie Guarmehl

Fett- und Kohlenhydratmetabolismus beeinflussen. Daher dürfte eine Einteilung wie die folgende die (noch nicht allgemein gültige!) Definition verdeutlichen:

1. Löslich, viskos, fermentierbar zu H_2, CH_4, CO_2:   Pektine, Pflanzengummis
2. Unlöslich, nicht viskos, nicht fermentierbar: Cellulose
3. Gemischt: Hafer- und Weizenkleie
4. Löslich, wenig viskos, fermentierbar: Polyfructosane

Im Dünndarm wird durch Rohfaser die peristaltische Durchmischung, der Enzymkontakt und die Micellbildung des Speisebreis herabgesetzt, gleichzeitig können gallensaure Salze gebunden und dadurch der Fettstoffwechsel beeinflußt werden. Im Dickdarm werden lösliche Rohfaserstoffe bakteriell verarbeitet, wobei sie ihre Viskosität verlieren (z.B. Guar). Wie unlösliche Faserstoffe steigern sie gleichzeitig die Darmpassage-Geschwindigkeit, wobei sie zusätzliches Wasser binden und für einen weichen Faeces sorgen. Eine Relation zwischen Rohfaseraufnahme, Stuhlgewicht und Transitzeit besteht indes nicht.

Wie durch Tierversuche belegt wurde, setzen Verdickungsmittel wie Pektin und Guarmehl die Glucoseabsorption umso mehr herab, je viskoser der Darminhalt ist. In gleicher Weise sinkt der Insulinbedarf. Lösliche Rohfaser (nicht aber unlösliche Faserstoffe!) erniedrigt gleichzeitig den Cholesterinspiegel im Plasma. Rohfaser- wie z.B. Weizen- und Haferkleie bekämpfen Verstopfungen. Darüber hinaus setzen unlösliche Rohfaserstoffe offenbar die Gefahr einer Erkrankung durch Dickdarm- und Mastdarmkrebs herab.

Es hat den Anschein, als ob das Verdauungssystem des Menschen die Anwesenheit unverdaulicher Faserstoffe in der Nahrung geradezu erfordert. Dabei wird pro Tag von 30 g eines Gemisches aus schwer verdaulicher Cellulose (Getreide) und abbaubaren Polysacchariden aus Obst und Gemüse ausgegangen.

8 Eiweiß

8.1
Aminosäuren

Unter den Lebensmittel-Inhaltsstoffen ist Eiweiß mit Sicherheit der wichtigste. Man hat schon früh erkannt, daß ein Leben ohne Eiweiß nicht möglich ist und daß es daher dem menschlichen Körper täglich mit der Nahrung zugeführt werden muß. Da es im Körper ständig regeneriert wird, stellt das zugeführte Nahrungseiweiß nicht nur einen Energieträger dar wie Fette oder Kohlenhydrate, sondern ist zusätzlich Bausubstanz. Man rechnet beim Erwachsenen mit einem täglichen Eiweißbedarf von etwa 1 g je kg Körpergewicht.

Eiweiß ist sehr kompliziert gebaut und kann daher außerordentlich unterschiedliches Verhalten zeigen. Zweifellos hängt das mit den hohen Molekulargewichten zusammen, wobei hinzukommt, daß Eiweiß nicht wie Stärke und Cellulose aus einer Grundsubstanz aufgebaut ist, sondern aus etwa 20 verschiedenen Aminosäuren besteht.

Aminosäuren enthalten im Molekül neben einer Carboxyl-Gruppe eine Amino-Gruppe, wobei letztere wegen des freien Elektronenpaars am Stickstoffatom basisch reagiert. Dadurch kann es im gleichen Molekül zu einer Salzbildung kommen, man spricht dann von einem Zwitterion. Der pH-Wert, bei dem das bezeichnete Gleichgewicht aus Zwitterion und undissoziierter Aminosäure vorliegt, wird als der Isoelektrische Punkt der Aminosäure bezeichnet. Bei Überschuß von Säure oder Lauge bilden sich dagegen die entsprechenden Salze (Abb. 8.1).

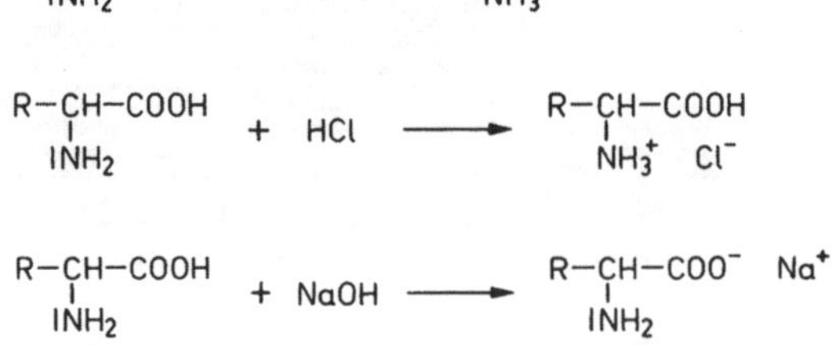

$$R-\underset{\underset{NH_2}{|}}{CH}-COOH \quad \rightleftharpoons \quad R-\underset{\underset{NH_3^+}{|}}{CH}-COO^-$$

$$R-\underset{\underset{NH_2}{|}}{CH}-COOH \quad + \ HCl \quad \longrightarrow \quad R-\underset{\underset{NH_3^+ \ Cl^-}{|}}{CH}-COOH$$

$$R-\underset{\underset{NH_2}{|}}{CH}-COOH \quad + \ NaOH \quad \longrightarrow \quad R-\underset{\underset{NH_2}{|}}{CH}-COO^- \ Na^+$$

Abb. 8.1. Zwitterion- und Salzbildung bei Aminosäuren

Tabelle 8.1. Molekulargewichte von Proteinen

Lactalbumin (Rind)	17 400	Eieralbumin	44 000
Myoglobin	16 000	Serumalbumin (Rind)	68 900
Ribonuclease	12 700	Hämoglobin (Mensch)	64 000
Insulin	6 000	γ-Globulin (Mensch)	156 000
β-Lactoglobulin (Rind)	35 400	Katalase	250 000
Pepsin	35 500	Urease	480 000

Natürlich vorkommende Aminosäuren tragen die Amino-Gruppe fast ausschließlich in der α-Stellung. Dadurch entsteht hier ein asymmetrisches Kohlenstoff-Atom, was ihre optische Aktivität erklärt. Alle hier besprochenen Aminosäuren liegen in der L-Konfiguration vor.

Durch die Entwicklung chiraler Trennphasen, die isomere Verbindungen aus der D- und L-Reihe trennen können, wurde kürzlich der Nachweis von D-Aminosäuren in verschiedenen Lebensmitteln erbracht. Nach dem bisherigen Kenntnisstand kann man davon ausgehen, daß D-Aminosäuren bei Einwirkung mikrobieller Enzymsysteme durch Racemisierung bzw. Waldensche Umkehr aus L-Aminosäuren gebildet werden. So hat man D-Aminosäuren in Käse, Sojasauce, Gemüsesaft und in geringen Mengen (etwa 1,5%, bezogen auf Gesamtaminosäuren) in Milch nachgewiesen, wo ihre Entstehung durch die besondere Stoffwechsellage der Wiederkäuer erklärbar ist.

In Abb. 8.2 sind die für den Menschen wichtigsten Aminosäuren aufgeführt. Neben ihren Trivialnamen sind auch die entsprechenden, nur die drei Anfangsbuchstaben enthaltenden Abkürzungen angegeben, die sich besonders bei der Beschreibung von Aminosäure-Sequenzen bewährt haben. – Eine nähere Betrachtung ihres Aufbaues ergibt, daß eine Reihe Aminosäuren neben der Amino- und Carboxyl-Funktion eine weitere funktionelle Gruppe tragen. So enthält Cystein zusätzlich eine Mercapto-Gruppe. Durch milde Oxidation kann letztere in eine Disulfid-Gruppe überführt werden, wodurch sich zwei Cystein-Moleküle zum Cystin vereinigen:

$$2\ \overset{COO^-}{\underset{CH_2-SH}{\overset{|}{\underset{|}{H_3\overset{+}{N}-CH}}}} \rightleftharpoons \overset{COO^-}{\underset{CH_2-S-S-CH_2}{\overset{|}{\underset{|}{H_3\overset{+}{N}-CH}}}}\ \overset{COO^-}{\underset{}{\overset{|}{H_3\overset{+}{N}-CH}}}$$

Cystein   Cystin

In Eiweißhydrolysaten findet man sowohl Cystein als auch Cystin als Bausteine vor, wobei letzteres vorwiegend bei der Verknüpfung von Proteinketten zur Stabilisierung von Tertiärstrukturen nützlich ist. Im Tripeptid Glutathion (Glutamylcysteinylglycin) stellt es ein biologisch wichtiges Redoxsystem dar, das unter anderem in Atmungsvorgänge eingreift.

Die Hydroxyaminosäuren Serin und Threonin können über ihre Hydroxylgruppen Bindungen mit anderen Reaktionspartnern eingehen. Bevorzugt bin-

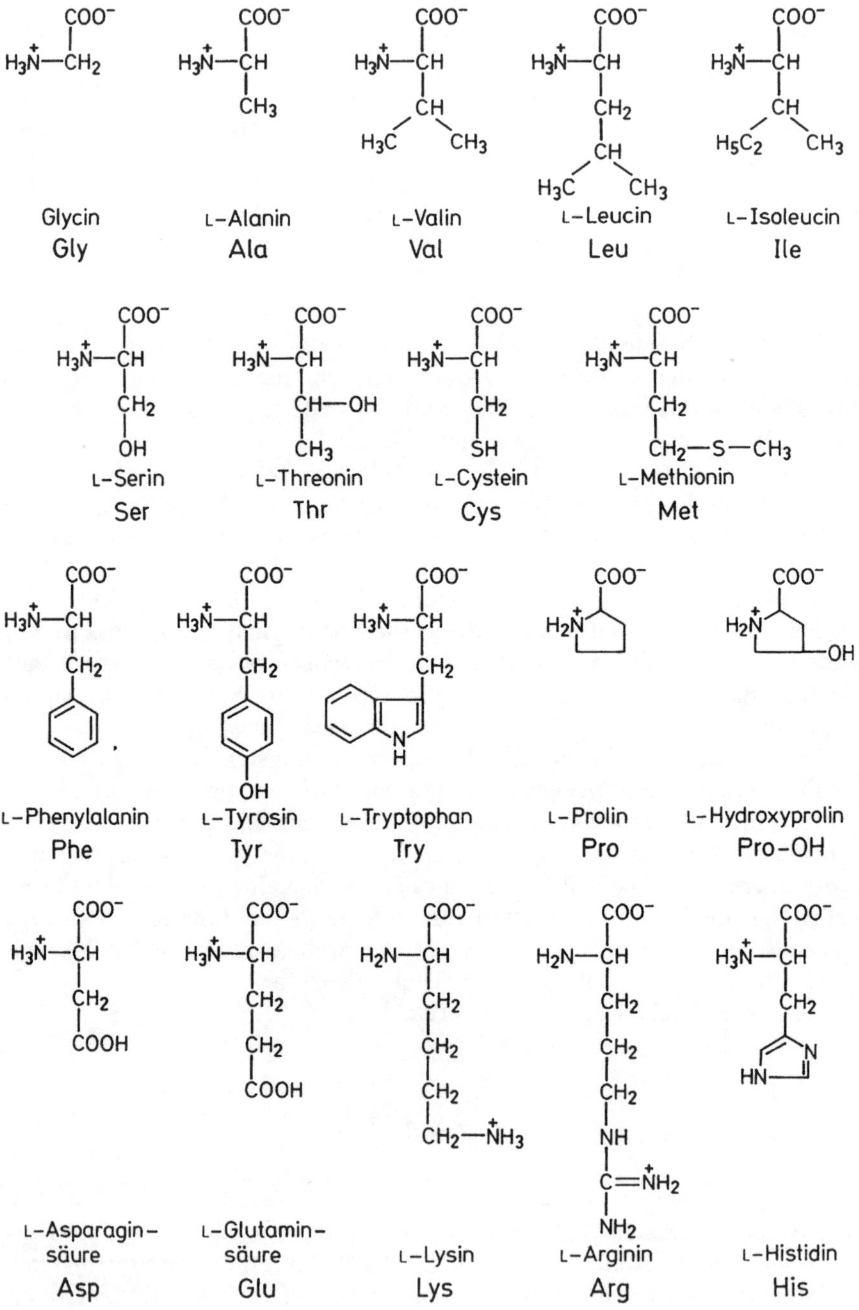

$$\underset{\text{Glycin}}{\overset{\displaystyle COO^-}{\underset{\displaystyle H_3\overset{+}{N}-CH_2}{\big|}}}$$

Glycin
Gly

L-Alanin
Ala

L-Valin
Val

L-Leucin
Leu

L-Isoleucin
Ile

L-Serin
Ser

L-Threonin
Thr

L-Cystein
Cys

L-Methionin
Met

L-Phenylalanin
Phe

L-Tyrosin
Tyr

L-Tryptophan
Try

L-Prolin
Pro

L-Hydroxyprolin
Pro-OH

L-Asparagin-
säure
Asp

L-Glutamin-
säure
Glu

L-Lysin
Lys

L-Arginin
Arg

L-Histidin
His

Abb. 8.2. Strukturen der wichtigsten „physiologischen Aminosäuren"

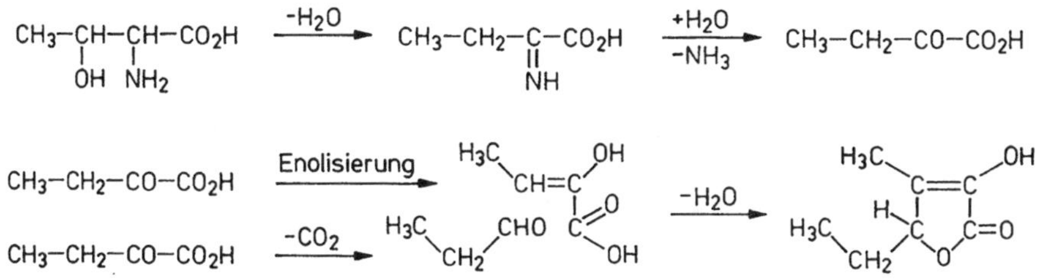

$$CH_3-\underset{\underset{OH}{|}}{CH}-\underset{\underset{NH_2}{|}}{CH}-CO_2H \xrightarrow{-H_2O} CH_3-CH_2-\underset{\underset{NH}{\|}}{C}-CO_2H \xrightarrow[-NH_3]{+H_2O} CH_3-CH_2-CO-CO_2H$$

$$CH_3-CH_2-CO-CO_2H \xrightarrow{\text{Enolisierung}}$$

$$CH_3-CH_2-CO-CO_2H \xrightarrow[-CO_2]{}$$

Abb. 8.3. Entstehung des Suppenwürze-Aromas (Abhexon, 2-Ethyl-3-methyl-4-hydroxy-2,5-dihydro-α-furanon)

det Serin hier Phosphorsäure (s. Phosphoproteide), über die dann auch andere Gruppen gebunden werden können (z.B. Glyceride → Serinkephaline). Threonin ist für das Suppenwürze-Aroma erhitzter Eiweiße verantwortlich; zwei Moleküle kondensieren nach Umwandlung in α-Ketobuttersäure zu einem geschmacklich außerordentlich intensiven Furanon (Abhexon, Geruchsschwellenwert < 0,01 ppb). Solche geruchsintensiven Hydroxyfuranone findet man häufiger in Lebensmitteln, so z.B. in Sojasauce und Proteinhydrolysaten das 3-Hydroxy-4,5-dimethyl-2(5H)-furanon (Sotolon), das aus 5-Hydroxylysin gebildet wird und das 4-Hydroxy-5-methyl-3(2H)-furanon, das aus Pentosen im Verlauf der Maillardreaktion entstand.

Andere Aminosäuren besitzen eine zusätzliche Carboxyl-Funktion (Asparaginsäure, Glutaminsäure) oder zusätzliche basisch reagierende Gruppen (Lysin, Arginin, Histidin). Man bezeichnet sie daher als „saure" bzw. „basische"

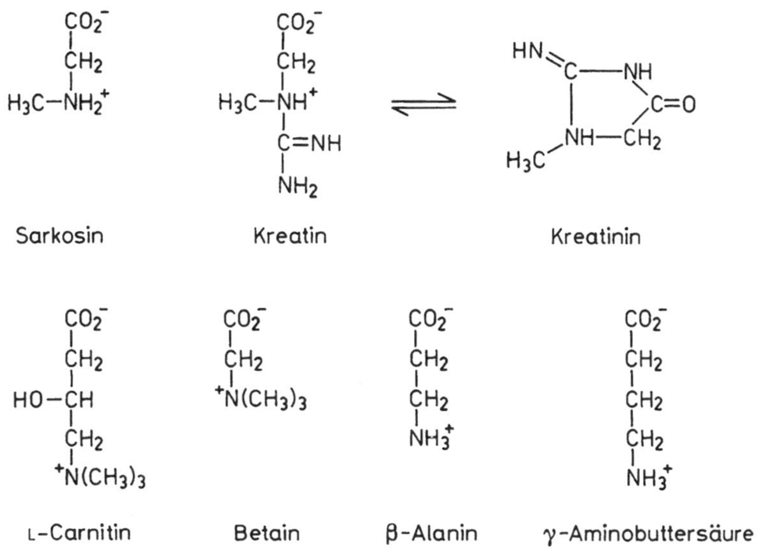

Sarkosin   Kreatin   Kreatinin

L-Carnitin   Betain   β-Alanin   γ-Aminobuttersäure

Abb. 8.4. Formeln einiger „seltener" Aminosäuren

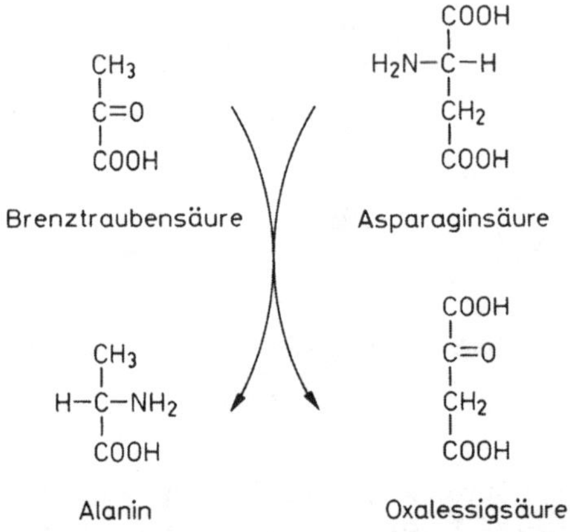

Abb. 8.5. Schematische Darstellung der Transaminierung

Aminosäuren zum Unterschied von den „neutralen" Aminosäuren. Neben Asparaginsäure und Glutaminsäuë findet man in natürlichem Material häufig auch ihre Säureamide. Asparagin und Glutamin tragen anstelle der von der Amino-Gruppe β- bzw. γ-ständigen Carboxyl-Gruppe eine $CONH_2$-Funktion.

Hauptsächlich kommen die in Abb. 8.2 aufgeführten Aminosäuren in Protein gebunden vor. Hydroxyprolin, als Bestandteil des Bindegewebes im Fleisch, fehlt als „seltene" Aminosäure in den meisten derartigen Zusammenstellungen. Sie ist jedoch zur Beurteilung von Fleischwaren ein wichtiges Indiz und daher für den Lebensmittelchemiker wichtig. Daneben findet man Aminosäuren aber auch in freier Form, allerdings nur in geringen Konzentrationen. Hier gibt es außerdem einige ähnlich gebaute Verbindungen, etwa das Kreatin und Sarkosin, die man u.a. im Fleischsaft findet. Kreatin steht im Gleichgewicht mit dem cyclisch gebauten Kreatinin, das sich vornehmlich beim Erhitzen bzw. bei saurem pH bildet. Es kommt nur in Fleisch und Fleischextrakt vor. Früher mußten Brühwürfelerzeugnisse, deren Aufmachung eine Mitverwendung von Fleischextrakt erkennen ließ, mindestens 0,45% Kreatinin enthalten. Weitere, seltener vorkommende Verbindungen aus der Klasse der Aminosäuren sind Betain, das man vornehmlich in Zuckerrüben-Melasse nachweisen kann. Zur Klasse der Betaine wird auch Carnitin gezählt. Seine L-Form kommt im quergestreiften Muskel vor, wo es im Fettsäure-Stoffwechsel als Acetylgruppenüberträger auftritt. Carnitin wurde u.a. zur Bekämpfung der Adipositas angepriesen, diese Wirkung ist aber umstritten. β-Alanin kommt sowohl peptidisch gebunden (z.B. in Carnosin) als auch in freier Form in Fleischsaft vor. γ-Aminobuttersäure, ein Decarboxylierungsprodukt der Glutaminsäure, wird u.a. zur Bewertung von Orangensäften herangezogen. Die Aminosäuren Citrullin und Ornithin spielen zusammen mit Arginin eine Rolle im Harnstoff-Zyklus der Säugetiere (s. S. 136).

Aminosäuren werden im Körper durch Übertragung von Ammoniak auf Ketosäuren synthetisiert („Transaminierung"). Hierbei spielen Glutaminsäure und Asparaginsäure als Aminogruppen-Überträger eine wichtige Rolle, ferner ist Pyridoxalphosphat in die Reaktion eingeschaltet.

Die benötigten Ketosäuren stehen entweder aus Desaminierungsreaktionen von Nahrungseiweiß zur Verfügung, oder sie werden aus den körpereigenen Stoffwechselzyklen nachgeliefert.

8.2
Essentielle Aminosäuren, Eiweißwertigkeit

Eine Reihe Aminosäuren können vom Säugetierkörper nicht synthetisiert werden, weil die dazu benötigten Ketosäuren fehlen! Es sind dies Aminosäuren mit verzweigten aliphatischen Ketten, mit aromatischen Resten bzw. mit einer dritten funktionellen Gruppe im Molekül (eine Ausnahme ist lediglich das Serin, das aus Glycin und „aktivem Formaldehyd" gebildet wird). Die in Frage kommenden Aminosäuren müssen daher ständig mit der Nahrung zugeführt werden, um Störungen im Baustoffwechsel zu vermeiden. Entsprechend ihrer Rolle für die Resynthese von Körpereiweiß bezeichnet man sie als **„essentielle Aminosäuren"**; ihr Gehalt in den Nahrungsproteinen bestimmt deren **biologische Wertigkeit**. Die essentiellen Aminosäuren und die für einen Bilanzausgleich benötigten täglichen Mindestmengen (in mg/kg Körpergewicht) sind in Tabelle 8.2 dargestellt. Der heranwachsende Organismus benötigt noch größere Mengen von ihnen sowie außerdem die manchmal als „halbessentiell" bezeichneten Aminosäuren Arginin und Histidin. Phenylalanin kann durch Tyrosin, Methionin durch Cystein substituiert werden. – Pflanzen und viele Mikroorganismen sind im Gegensatz zum Säugetier in der Lage, alle Aminosäuren zu produzieren.

Tabelle 8.3 zeigt die Konzentration der essentiellen Aminosäuren in einigen Lebensmitteln, wobei Mangelgehalte (die „limitierenden Aminosäuren") fettgedruckt wurden. Man orientiert sich an der Zusammensetzung von Vollei-Protein, das den Bedürfnissen des Körpers an essentiellen Aminosäuren weitgehend entspricht und das man daher als Bezugsprotein für die Berechnung der „biologischen Wertigkeit" von Eiweiß ausgewählt hat. Zum Beispiel wird

Tabelle 8.2. Täglicher Bedarf des Erwachsenen an essentiellen Aminosäuren (geschätzt nach WHO/FAO)

	mg/kg Körpergewicht und Tag		mg/kg Körpergewicht und Tag
Valin	10	Threonin	7
Leucin	14	Methionin + Cystein	13
Isoleucin	10	Phenylalanin + Tyrosin	14
Lysin	12	Tryptophan	3,5

Tabelle 8.3. Biologische Wertigkeit wichtiger proteinreicher Nahrungsmittel und ihre Gehalte an essentiellen Aminosäuren. (Berechnet aus Schormüller: Lehrbuch der Lebensmittelchemie, 2. Aufl.)

Lebensmittel	Wasser %	Protein	Biologische Wertigkeit	Cys	Ile	Leu	Lys	Met	Phe	Tyr	Thr	Try	Val
				mg in 100 g									
a) tierischer Herkunft													
Vollei	74	12,4	93,7	301	778	1091	863	416	709	515	634	184	847
Vollmilch	87,3	3,5	84,5	28	162	328	268	86	185	163	153	48	199
Rindfleisch	61	17,7	74,3	226	852	1435	1573	478	778	637	812	198	886
Innereien, Rind	74	16		251	760	1390	1162	292	645	497	640	220	1019
Hühnerfleisch	66	20	74,3	262	1389	1472	1590	502	800	669	794	205	1018
Fisch	74	18,8	76	222	897	1440	1707	537	735	687	858	267	1146
b) pflanzlicher Herkunft													
Kartoffel	78	2,0	66,7	12	76	121	96	26	80	55	75	33	93
Soja	8	38	72,8	552	1267	3232	2653	525	2055	1303	1603	532	1995
Erbse	11	22,5	63,7	252	961	1530	1692	205	1033	616	914	202	1058
Weizen, Korn	12	12,2	64,7	332	426	872	374	196	589	391	382	142	577
Linse	11,4	24,2	44,6	221	1045	1846	1738	194	1265	789	960	232	1211

der EAA-Index (Essential Amino Acid Index nach Oser) beliebiger Eiweiße
nach folgender Formel errechnet:

$$\text{EAA-Index}_P = \frac{\text{Lys}_P}{\text{Lys}_E} \times \frac{\text{Try}_P}{\text{Try}_E} \times \cdots \frac{\text{His}_P}{\text{His}_E}$$

Hierin sind die Aminosäure-Gehalte der Probe (Index P) jeweils zu denen des
Volleis (Index E) in ein Verhältnis gesetzt.

Der EAA-Index entspricht etwa der biologischen Wertigkeit. Normalerweise liegt sie etwas unter dem EAA-Wert, weil die in Proteinen gebundenen
Aminosäuren normalerweise nicht hundertprozentig verwertet werden. Je weniger Nahrungseiweiß zur Produktion einer bestimmten Menge Körpereiweiß
benötigt wird, desto höher ist seine biologische Wertigkeit. Besonders beeinträchtigt wird sie demnach von der Konzentration der limitierenden Aminosäuren, deren Gehalt am weitesten von ihrer Menge in Vollei-Protein ab-
weicht. Man bezieht dabei jeweils auf die Konzentration der Aminosäure in 1 g
des Proteins.

Natürlich kann man in vermischten Lebensmitteln Minderqualitäten einer Eiweißkomponente durch Zugabe eines geeigneten zweiten Proteins ausgleichen. Davon wird in der Tat Gebrauch gemacht. Zum Beispiel kann man
niedrige Lysin-Gehalte von Weizenmehl durch Zugabe von Milcheiweiß ausgleichen, das sich durch besonders hohen Lysin-Gehalt auszeichnet. Eine gezielte Zugabe der limitierenden Aminosäure in Form synthetischer oder halb-
synthetischer Produkte muß dagegen sehr vorsichtig vorgenommen werden,
um **Aminosäure-Imbalanzen** zu vermeiden. Durch Zugabe einer essentiellen Aminosäure wird nämlich die Proteinverdauung angeregt, was besondere
Mangelsituationen bei der an zweiter Stelle limitierenden Aminosäure hervorrufen könnte. So hat man in Fütterungsversuchen mit Casein durch zusätzliche
Gaben von Methionin oder Methionin und Threonin Leberverfettungen hervorgerufen, die erst nach zusätzlicher Zufuhr von Tryptophan verschwanden.
Wegen der Gefahr, Imbalanzen zu erzeugen, wurden Aminosäuren gesetzlich
als „Zusatzstoffe" eingestuft, wodurch ihre Zugabe Mengenbeschränkungen
unterliegt und kenntlich gemacht werden muß.

8.3
Aufbau von Peptiden und von Eiweiß

Kondensiert man die Carboxyl-Gruppe einer Aminosäure mit der Amino-
Gruppe einer zweiten, so entsteht über eine **Peptidbindung** ein Dipeptid.

$$\underset{\underset{NH_2}{|}}{R-CH-COOH} \quad + \quad \underset{\underset{NH_2}{|}}{R'-CH-COOH} \quad \longrightarrow \quad \underset{\underset{NH_2}{|} \qquad \underset{R'}{|}}{R-CH-CO-NH-CH-COOH}$$

Entsprechend der Anzahl gebundener Aminosäuren spricht man von Di-, Tri-,
Tetra- usw. -Peptiden, bei unbestimmter Anzahl von **Oligo**- bzw. **Poly**peptiden.
Solche Peptide kommen in der Natur vor, z.B. das bereits erwähnte Glutathion
oder das Carnosin, die beide im tierischen Gewebe anzutreffen sind.

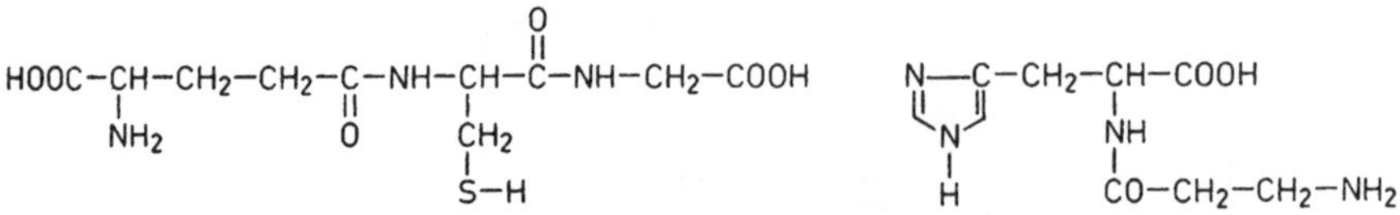

$$HOOC-CH-CH_2-CH_2-\underset{\underset{O}{\|}}{C}-NH-\underset{\underset{CH_2}{|}}{CH}-\underset{\underset{O}{\|}}{C}-NH-CH_2-COOH$$
$$\underset{NH_2}{|} \qquad\qquad \underset{S-H}{|}$$

Glutathion (reduzierte Form)

Carnosin

Abb. 8.6. Aufbau ausgewählter Oligopeptide

Auch im Eiweiß sind Aminosäuren peptidartig miteinander verknüpft, so daß folgendes Bauschema vorliegt:

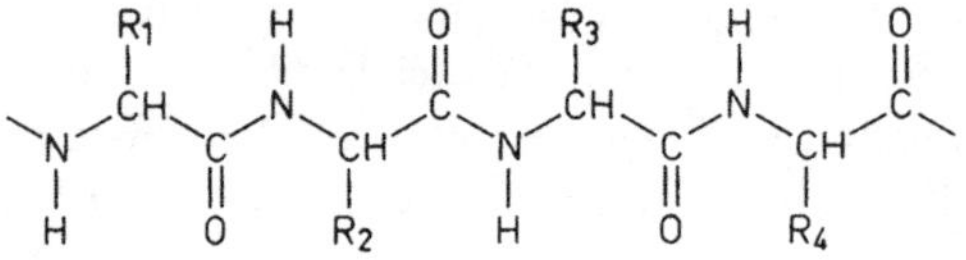

Diese Formel allein vermag die Vielfältigkeit von Eiweißstrukturen nicht zu erklären. Es sind indes die Seitengruppen R, die hier entscheidend sind und deren Reihenfolge in der Kette (Sequenz) die Eigenschaften eines Proteins prägen, indem sie ihm spezielle, energetisch bevorzugte Raumstrukturen aufzwingen, die durch verschiedene Bindungstypen stabilisiert werden. Auch wenn die Auswahl von 20 „physiologischen" Aminosäuren hierfür auf den ersten Blick gering erscheinen mag, so zeigt doch die Varianzrechnung die Vielzahl von Aufbaumöglichkeiten. So gibt es für den Aufbau eines aus 100 Aminosäuren zusammengesetzten Polypeptides 20^{100} verschiedene Bausteinfolgen! Was daraus entsteht, sind vielfältig gewundene, gedrillte oder geknickte Moleküle, die sich zusätzlich zu größeren Einheiten zusammenlagern können, so daß zur Beschreibung einer räumlichen Molekülstruktur (Konformation) mehrere Strukturaussagen beitragen müssen. Es sind:

a) Die Primärstruktur
Sie beschreibt die sog. „Sequenz", d.h. die Folge, in der die Aminosäure-Bausteine hintereinander folgen. Dabei wird die Aminosäure mit freier α-Amino-Gruppe als „N-terminale", die mit freier Carboxyl-Gruppe als „C-terminale" Aminosäure bezeichnet. Bei der Beschreibung von Aminosäure-Sequenzen zählt man vom N-terminalen Ende her die Aminosäuren in der Kurzschreibweise auf. Glutathion ist z.B. γ-Glutamylcysteinylglycin; man schreibt: γ-Glu-Cys-Gly.

b) Die Sekundärstruktur
drückt Raumstrukturen aus, die sich aus den kettenförmig angeordneten Aminosäure-Sequenzen dadurch ausbilden, daß räumlich günstig zueinander stehende funktionelle Gruppen der Aminosäuren durch Wasserstoffbrücken-Bindungen zusätzlich miteinander verbunden werden. So bilden sich u.a. spiralförmige Anordnungen (α-Helix mit 3,6 Aminosäure-Resten pro Windung) oder Faltblattstrukturen aus.

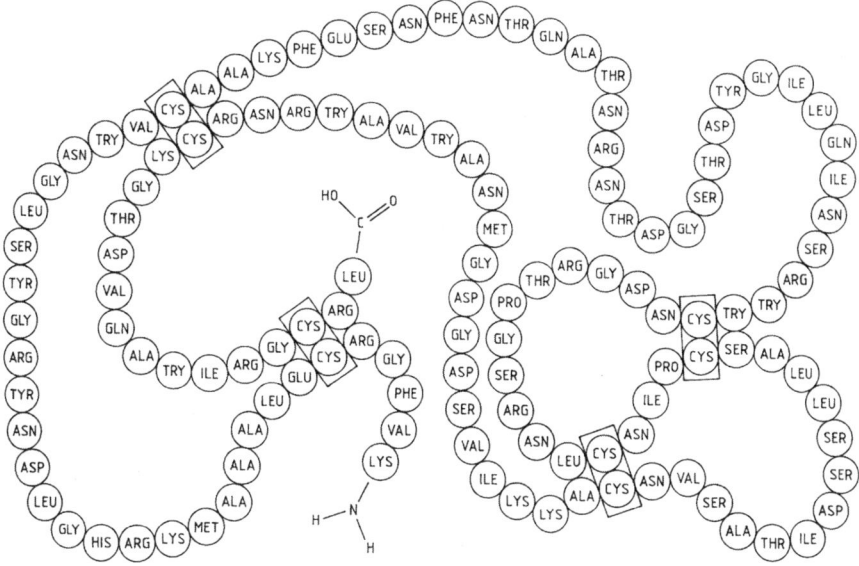

Abb. 8.7. Tertiär-Struktur von Hühnerei-Lysozym

c) Die Tertiärstruktur

folgt aus der Stabilisierung von Molekülknäueln durch Neben- und Hauptvalenzbindungen zwischen Einzelgliedern des Moleküls. So enthält das aus 129 Aminosäuren aufgebaute Hühnerei-Lysozym durchaus auch Spiralstrukturen, die dennoch eine Knäuelbildung nicht verhindern. Das Knäuel ist durch Cystin-Brücken an den Positionen $6 \rightarrow 127, 30 \rightarrow 115, 64 \rightarrow 80$ und $76 \rightarrow 94$ mehr oder minder stark fixiert (s. Abb. 8.7).

d) Quartärstrukturen

liegen dann vor, wenn Eiweiße nicht aus einem einzigen Eiweißmolekül, sondern aus einer Aneinanderlagerung mehrerer Einheiten bestehen. Da nicht zu erwarten ist, daß Eiweißketten mit Molekulargewichten über 100 000 thermodynamisch stabil sind, muß bei Eiweißen mit hohen Molekulargewichten mit mehreren, durch Nebenvalenzen aneinandergebundenen Einzelketten gerechnet werden. Tatsächlich setzen sich aber schon Eiweiße erheblich niedrigerer Molekulargewichte aus mehreren Einzelmolekülen zusammen. So besteht Lactoglobulin (M = 35 400) aus zwei definierten Untereinheiten, und im Hämoglobin (M = 64 000) finden wir vier definierte Polypeptid-Ketten, die durch Nebenvalenzbindungen zusammengehalten werden.

Die wichtigsten Nebenvalenzbindungen, die solche Eiweiß-Konformationen fixieren, sind in Abb. 8.8 schematisch dargestellt. Unter ihnen dürfte das Vorkommen von Wasserstoffbrücken-Bindungen und ionischen Bindungen am meisten einleuchten. Vor allem Wasserstoffbrücken bilden sich zwischen CO- und NH-Gruppen bei Vorliegen der sterischen Voraussetzungen aus und

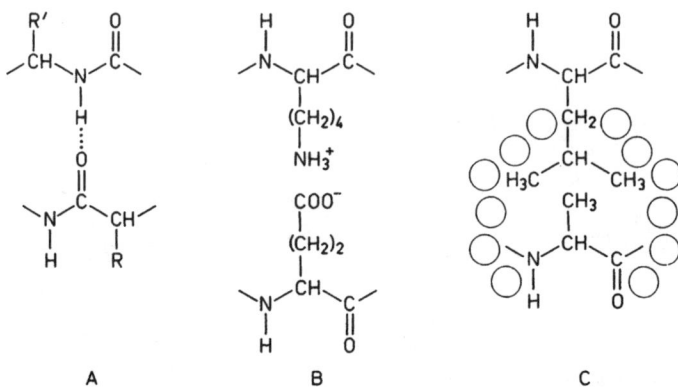

Abb. 8.8. Schematische Darstellung von Nebenvalenzbindungen. A: Wasserstoffbrücken-Bindung. B: Ionische Bindung zwischen einem Glutaminsäure- und Lysin-Rest zweier Peptidketten-Fragmente. C: Fixierung zweier Peptidketten-Fragmente durch apolare Bindung zwischen einem Leucin- und Alanin-Rest. Die Kreise sollen Cluster aus Wassermolekülen symbolisieren

sind nicht zuletzt für die Ausbildung von Sekundärstrukturen verantwortlich. Den größten Beitrag zur Stabilisierung der Eiweiß-Konformationen scheint jedoch die hydrophobe Bindung zu leisten, da in den meisten Eiweißen etwa 30 bis 50% der Aminosäuren apolare Seitenketten besitzen. Dabei erweist sich eine Konformation als um so stabiler, je mehr apolare Seitenketten miteinander in Berührung kommen, um sog. „hydrophobe Micellen" im Proteinmolekül zu bilden. Die Energie dieser Bindung ergibt sich sowohl aus **van der Waals'schen Kräften** als auch durch die Bildung von **Molekülschwärmen (Cluster)** des umgebenden Wassers. Daher ist das Ordnungsprinzip eines Eiweißmoleküls zum großen Teil durch den Aufbau der Seitenketten R im Zusammenhang mit dem umgebenden Lösungsmittel zu verstehen, dessen Polarität für die Bindungsstärke wesentlich ist. Gerade das in Eiweiß reichlich enthaltene Wasser, das ohnehin zu Clusterbildungen neigt, leistet somit einen wichtigen Beitrag zur Stabilität der Konformation.

Aus den vielfältigen Bindungsmöglichkeiten im Eiweißmolekül lassen sich die verschiedenen Erscheinungsformen dieser Körperklasse erklären. Grundsätzlich unterscheidet man folgende Gruppen von Eiweißstoffen:

1. Sphäroproteine (globuläre Eiweiße):   z.B. Serumalbumin und -globulin;
2. Skleroproteine (Gerüsteiweiße):   z.B. Keratin, Kollagen;
3. Proteide (zusammengesetzte Eiweiße):   z.B. Nucleo- und Glykoproteide.

8.4
Sphäroproteine

Sphäroproteine sind Eiweiße mit mehr oder weniger ausgebildeten kugelförmigen Tertiärstrukturen. Ihre Untergruppen beziehen sich dabei auf unterschiedliches Löslichkeitsverhalten, das nicht zuletzt auf das Verhältnis zwischen polaren und unpolaren Strukturelementen im Molekül zurückgehen dürfte. Vor allem zeigt es sich, daß die Löslichkeit immer dann am größten ist, wenn Salzbildungen eintreten können, während sie im Isoelektrischen Punkt, wenn das Molekül gleich viele positive und negative Ladungen besitzt (also im elektrischen Feld nicht wandern würde), ein Minimum durchläuft. Daher stellt man zum Ausfällen eines Eiweißes den pH-Wert der Lösung auf den Isoelektrischen Punkt ein. Bei diesem pH weist Eiweiß dann auch seine größte Stabilität auf.

8.5
Skleroproteine

Im Gegensatz zu den Sphäroproteinen besitzen die **Skleroproteine** Faserstruktur, die sie zum Aufbau von Gerüstsubstanz befähigt. Aufgrund ihrer starken zwischenmolekularen Bindungen sind sie in Wasser unlöslich. Zu ihnen gehören u.a. das Keratin der Haare und der Hornsubstanz, die Eiweiße hoher Molekulargewichte darstellen. Ihr hoher Cystin-Gehalt deutet auf häufig anzutreffende Schwefel-Brücken. Sie widerstehen meistens auch eiweißspaltenden Enzymen und besitzen daher keinen Nährwert. Im Seidenfibroin liegen antiparallele Faltblattstrukturen vor, während sich die Fibrillen des Haares aus drei gegenseitig verdrillten α-Helices aufbauen (Tripelhelix).

Kollagen finden wir in Haut, Knorpel und Bindegewebe. Es enthält zu etwa 12% die Aminosäure Hydroxyprolin, deren Nachweis in Fleischwaren somit

	Isoelektrischer Punkt
Eieralbumin	4,84–4,91
Serumalbumin (Rind)	4,29–4,89
Gelatine (Kälberhaut)	4,80
α-Casein (Kuhmilch)	4,0
β-Casein (Kuhmilch)	4,5
Globin (Mensch)	7,5
Albumin (Gerste)	5,8
Gliadin (Weizen)	6,5
Edestin (Hanf)	5,5–6,0
Insulin (Rind)	5.3–5,35
Trypsin (Rind)	5,0–8,0
Urease (Jackbohne)	5,0
Peroxidase (Meerrettich)	7,2

Tabelle 8.4. Isoelektrischer Punkt von Proteinen. (Aus: Schormüller (1974) Lehrbuch der Lebensmittelchemie, 2. Aufl. Springer)

Schlüsse auf verwendete Bindegewebssubstanz erlaubt. Durch Quellen von Kollagen mit heißem Wasser oder verdünnter Salzsäure wird Gelatine gewonnen. Auch im Kollagen hat man Tripelhelix-Strukturen nachweisen können. **Elastin,** der Bestandteil elastischer Fasern in den Sehnen, stellt eine geknäuelte Polypeptid-Kette dar. Es kann im Gegensatz zu Kollagen nicht zu Gelatine verarbeitet werden.

Muskeleiweiß besteht zu über 30% aus Myosinfilamenten. Ihnen liegt das fibrilläre Protein **Myosin** zugrunde, das eine Molmasse von etwa 500 000 besitzt und das aus 2 identischen, „schweren" Ketten (Molmasse etwa 200 000) und 2 „leichten" Ketten (M = 16 000 und 23 000) zusammengesetzt ist. Etwa die Hälfte jeder schweren Kette kann sich vom Carboxylende her zu einer doppelten α-Helix auffalten ($\rightarrow$ Faseranteil), die restlichen 50% jeder Kette formen sich an der N-terminalen Seite zusammen mit den beiden leichten Ketten zum „globulären Kopf" des Moleküls. Mittels Detergentien läßt sich das Molekül in die erwähnten 4 Ketten zerlegen. Ein Myosinmolekül ist etwa 130 nm lang.

Myosin besitzt in einer der leichten Ketten ATPase-Aktivität, kann also ATP zu ADP abbauen, womit die Energie für eine Muskelkontraktion gewonnen wird. Am Kopf kann sich Myosin mit polymerem Actin zum temporären Actomyosin-Komplex vereinigen. Im quergestreiften Muskel (s. S. 321) lagern sich jeweils 200–250 Myosinmoleküle zu etwa 10 nm starken, „dicken" Filamenten zusammen. Die 2 dünnen Filamente bestehen aus Actin, Troponin und Tropomyosin. Dabei behindert das stäbchenförmige Troponin, das aus 3 Polypeptiden (M = 18, 23 und 37 kD) besteht, mögliche Wechselwirkungen zwischen Actin und Myosin. Troponin verliert allerdings in Gegenwart von Ca^{++}-Ionen diese Eigenschaft, so daß es in dann durch Actomyosin-Bildung zu einer Kontraktion kommt. Dies ist die Grundlage der Muskelarbeit. Die blokkierende Wirkung des Troponins, die durch Abdeckung der Bindungsstelle am Actinmolekül entsteht, wird wahrscheinlich durch Konformationsänderung der stäbchenförmigen Moleküle in Gegenwart von Ca^{++}-Ionen bewirkt.

8.6
Proteide

Eine dritte große Gruppe sind die **zusammengesetzten Eiweiße (Proteide).** Hier handelt es sich um Proteine, die in mehr oder weniger großen Konzentrationen auch nichteiweißartige Gruppen tragen. So enthält das Hämoglobin als „prosthetische Gruppe" das rote Eisen-Porphyrin. Hämoglobin wird somit den Chromoproteiden zugerechnet. Glykoproteide enthalten bis über 40% Kohlenhydrat-Komponenten, an die das Eiweiß O- bzw. N-glykosidisch gebunden ist. Solche Proteide findet man u.a. in den Körperschleimen, und auch das Ovomucoid des Eiklars gehört hierher. Weitere wichtige Vertreter dieser Klasse sind **Lipoproteide, Metallproteide, Phosphoproteide** und nicht zuletzt die **Nucleoproteide.** Es sei darauf hingewiesen, daß auch Enzyme und einige Hormone eine Eiweißmatrix besitzen, die eine entsprechend wirksame „prosthetische Gruppe" gebunden enthalten.

8.7
Einteilung nach der Löslichkeit

Man kann Eiweiße auch nach ihrem Löslichkeitsverhalten differenzieren, wobei Überschneidungen mit der oben behandelten Einteilung möglich sind. So baut sich die Fleischfaser aus Myosin und Actin auf, die demnach zu den wasserunlöslichen Skleroproteinen zu zählen sind. Andererseits lösen sich beide in Salzlösungen mehr oder weniger auf und verhalten sich dann ähnlich wie Serumproteine.

Globuläres „G"-Actin hat in seiner kugelförmigen, monomeren Form eine Molmasse von 43 000 Dalton, es ist normalerweise mit ATP oder ADP assoziiert. In K^+- und Mg^{++}-enthaltenden Salzlösungen polymerisiert G-Actin spontan in das filamentöse F-Actin. Actinfilamente sind polar aufgebaut, sie haben ein negativ geladenes, „spitzes" und ein positiv geladenes „bärtiges" Ende. Das Filamentwachstum findet an letzterem statt, die Energie hierfür wird aus der Hydrolyse von ATP erhalten. Actin kommt aber auch in Nichtmuskelzellen von Eukarionten vor. Dabei können sie Fortbewegungen steuern, indem sie am negativen Ende schrumpfen und am positiven wachsen. Actin kann mit einer Reihe verschiedener Eiweiße interagieren, z.B. mit dem Myosin, womit die Muskelarbeit ausgelöst wird (s. S. 323).

Nach ihren Löslichkeiten (**Osborne-Fraktionierung**) unterscheidet man grundsätzlich zwischen

Albuminen,	Histonen,
Globulinen,	Protaminen und
Glutelinen,	Prolaminen.

Albumine kommen vorwiegend in tierischen Lebensmitteln (Milch, Ei) vor, und zwar immer vergesellschaftet mit Globulinen. Sie besitzen als einzige Eiweißstoffe die Eigenschaft, auch am Isoelektrischen Punkt wasserlöslich zu sein.

Globuline sind in 10%iger Kochsalzlösung und in verdünnten, wäßrigen Alkalilösungen löslich. Sie sind wohl die am häufigsten anzutreffenden Proteine und kommen sowohl im Pflanzen- als auch im Tierreich vor.

Gluteline lösen sich aufgrund ihres hohen Glutaminsäure-Gehaltes nur in wäßrigen Laugen, sie kommen mit den alkohollöslichen **Prolaminen** zusammen im Weizenkleber vor.

Histone zeigen durch ihren hohen Anteil an Lysin und Arginin stark basische Reaktion. Man findet sie in fast allen Zellkernsubstanzen, wo sie an die Desoxyribonucleinsäuren gebunden sind. Löslich sind sie ebenso wie die **Protamine** in verdünnten wäßrigen Säuren. Letztere besitzen nur Molgewichte bis etwa 5 000 und zeigen wegen hoher Arginin-Gehalte ebenfalls stark basische Reaktion.

8.8
Chemische Eigenschaften von Eiweiß

Eiweiße sind entsprechend ihrer komplizierten Struktur recht empfindlich. Verdünnte Säuren oder Basen können bereits zum Ausflocken führen, weil dadurch die Ladungsverteilung an Amino- bzw. Carboxyl-Gruppen verändert wird. Da kovalente Bindungen nicht angegriffen werden, sondern lediglich Eingriffe in die Nebenvalenzbindungen zu erwarten sind, ist die Veränderung der Löslichkeit offenbar nur die Folge einer anderen Konformation. Man spricht bei solchen Vorgängen von einer **Denaturierung**, die z.B. auch zum Verlust biologischer Eigenschaften (Enzym- oder Hormonwirkung) führen kann. Durch Säuren und Basen ausgelöste Denaturierungen sind häufig reversibel, d. h. durch Einstellen des ursprünglichen pH-Wertes kann das Protein seine native Form wieder zurückgewinnen. Irreversible Denaturierungen werden durch gewisse organische Lösungsmittel (z.B. Ethylalkohol), durch Harnstoff- und Guanidin-Lösungen sowie durch grenzflächenaktive Stoffe, wie Dodecylsulfat, ausgelöst. Ihnen allen ist der Angriff auf hydrophobe Bindungen gemeinsam, indem sie die Löslichkeit hydrophober Reste in Wasser erhöhen bzw. die Stabilität der Cluster-Strukturen des Wassers herabsetzen. Dabei tritt ein Übergang von der hoch geordneten Eiweißkonformation in einen mehr oder weniger statistischen, ungeordneten Zustand ein, der nur selten in die native Form zurückgeführt werden kann. Stark denaturierend wirken auch extreme Kälte und vor allem Hitze, wobei nicht nur die Temperatur allein, sondern auch die Erhitzungszeit wesentliche Parameter darstellen. Allgemein tritt Hitze-Denaturierung zwischen 60–80°C ein, wobei die Proteine durchaus unterschiedliche Hitzestabilitäten besitzen, die nicht zuletzt die Folge ihres Aufbaues sind. So werden die Komponenten von Eiklar bei 60°C verschieden schnell denaturiert, und in Milch ist Casein thermostabiler als β-Lactoglobulin. Grundsätzlich scheinen Proteine um so hitzeempfindlicher zu sein, je höher ihr Molekulargewicht ist und je mehr elektrische Ladungen sie tragen. In der Tat können Denaturierungstemperaturen durch Einstellen entsprechend günstiger pH-Werte nach oben verschoben werden, wie auch Salzzugaben gewisse Verschiebungen bewirken können.

Chemische Veränderungen bezüglich der Eiweißzusammensetzung treten bei diesen Temperaturen nur selten ein. Die Denaturierung äußert sich in veränderten physikalischen Eigenschaften, die sich nicht unwesentlich auf die Weiterverarbeitung der Produkte auswirken können (z.B. veränderte Beständigkeit von Eiklarschaum). Auch die Verdaulichkeit von Eiweiß wird durch Denaturierung verändert, indem die statistische Knäuelbildung offenbar enzymresistente Bereiche schaffen kann. Die bessere Verdaulichkeit bestimmter Pflanzeneiweiße (z.B. Bohneneiweiße) hängt zwar auch mit Denaturierungen zusammen, hier jedoch mit der Ausschaltung toxischer Wirkungen von blutgerinnenden bzw. enzyminhibierenden Eiweißbestandteilen.

Erhitzt man auf höhere Temperaturen, etwa 120°C, wie bei der Hitzesterilisierung, so werden auch chemische Veränderungen deutlich, die sich im Verlust von Aminosäuren äußern. Besonders empfindlich sind die schwefelhaltigen

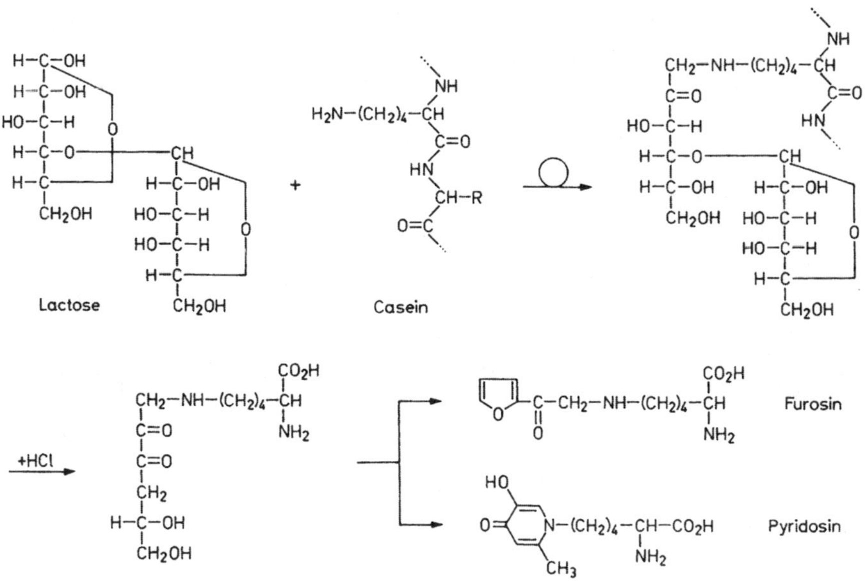

Abb. 8.9. Reaktion von Lactose mit Casein und Abbau des Reaktionsproduktes durch salzsaure Hydrolyse zu Furosin und Pyridosin

Aminosäuren, die dann Schwefelwasserstoff oder seine Methyl-Homologen abspalten, die u.a. auch als Aromakomponenten vieler erhitzter eiweißhaltiger Lebensmittel gefunden wurden. Sehr starken Abbau erleidet auch die Aminosäure Lysin, deren Amino-Gruppe in ε-Stellung aus dem Proteinverband herausragt und von reduzierenden Zuckern unter N-Glykosid-Bildung mit anschließender Amadori-Umlagerung angegriffen wird.

Auf diese Weise wird beim Erhitzen von Milch oder von Milchpulver ein Teil des Lysins aus dem Casein an Milchzucker gebunden. Die entstandene Verbindung ist für die Verdauung nicht mehr verfügbar, obwohl das Lysin selbst nicht abgebaut ist. Der Körper verfügt aber über kein Enzym, das die Bindung zwischen der ε-Aminogruppe des Lysins und einer CH_2-Gruppe des Zuckerrestes in der Amadori-Verbindung oder (s. S. 97) die von Isopeptidbindungen lösen könnte. Da Lysin zu den essentiellen Aminosäuren gehört, wird deshalb vor allem in Milchpulver für die Säuglingsernährung der Gehalt von **verfügbarem Lysin** ständig zu überwachen sein! – Nach Säurehydrolyse von derartig verändertem Casein findet man das nicht mehr verfügbare Lysin in **Furosin** und **Pyridosin** wieder, die sich mit dem Aminosäureanalysator gut nachweisen lassen.

Eine weitere Veränderung durch Hitzeeinwirkung ist die Knüpfung sog. Isopeptid-Bindungen. Während in nativen Proteinen ausschließlich die α-Amino-Gruppen für eine Verknüpfung herangezogen werden, können in der Hitze Umorientierungen eintreten, in die vornehmlich die Reste R von

Asparagin bzw. Glutamin sowie Lysin eingeschaltet sind. Dabei scheinen in
erster Linie Umamidierungen abzulaufen (Lysino-Asparagin):

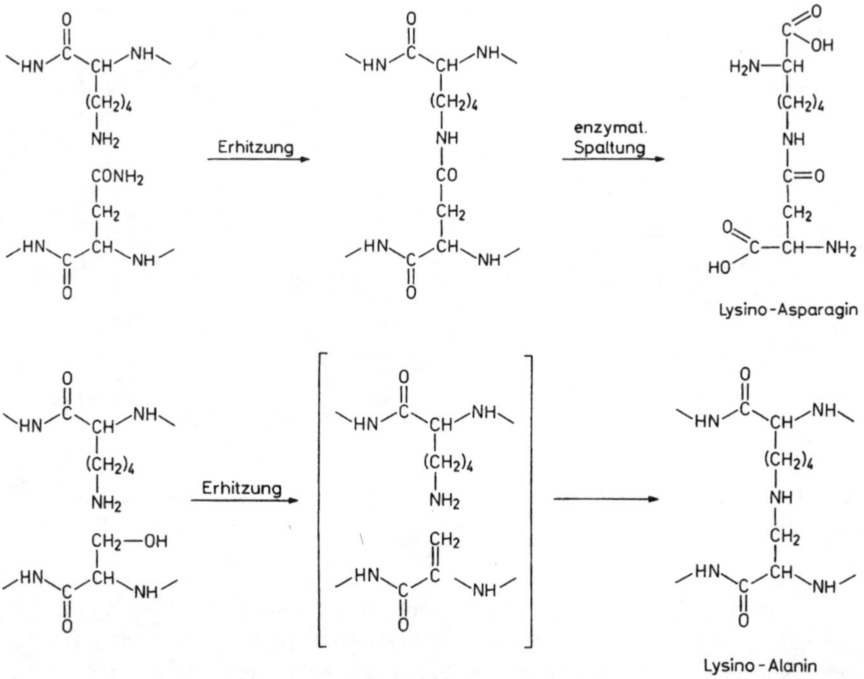

Abb. 8.10. Verknüpfung von proteingebundenem Lysin über seine ε-Aminogruppe mit
gebundenem Asparagin bzw. Serin. Nach Proteinverdauung werden Lysino-Asparagin bzw.
Lysino-Alanin freigesetzt, während die neue, kovalente Bindung zur ε-Aminogruppe des
Lysins enzymatisch nicht gespalten wird

In entsprechender Weise kann sich proteingebundenes Lysin mit gebundenem Serin bzw. Cystein zu Lysino-Alanin (Abb. 8.10) umsetzen, indem aus
den Letztgenannten bei Erhitzen oder alkalischer Behandlung Wasser bzw.
Schwefelwasserstoff unter Hinterlassung eines gebundenen Dehydroalanin-
restes austreten. Der Dehydroalaninrest reagiert dann analog unter Verket-
tung mit der ε-Aminogruppe des Lysins. Nach Eiweißhydrolyse entsteht dann
Lysino-Alanin. – Diese Verbindung hat nach Verfütterung an Ratten zu einer
Vergrößerung von Nierenzellen und -Zellkernen geführt. Für den Menschen
scheint Lysino-Alanin untoxisch zu sein. Dennoch wird die Festlegung von
gesetzlichen Höchstwerten diskutiert (z.B. 300 mg Lysino-Alanin im kg Protein). Lysino-Alanin tritt besonders in hitze- und alkalibehandeltem Sojaprotein, mit Alkali aufgeschlossenem Casein und in Schaumproteinen aus Milch
und pflanzlichen Proteinen in Mengen von etwa 2 000 mg/kg und darüber auf.
Lysino-Alanin gilt heute als Leitsubstanz für Eiweißschädigung.

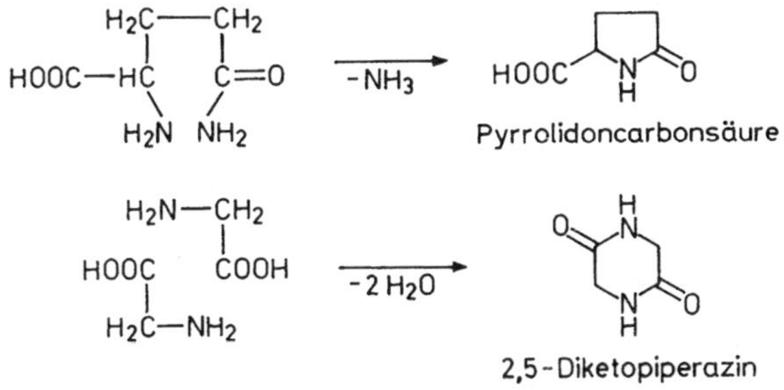

Abb. 8.11. Bildung von Pyrrolidoncarbonsäure aus Glutamin und von Diketopiperazin aus 2 Molekülen Glycin

Weitere Erhitzungsindikatoren sind Pyrrolidoncarbonsäure, die beim Erhitzen von Glutaminsäure entsteht und 2,5-Diketopiperazine, die unter Ringbildung aus 2 Aminosäuremolekülen entstehen. Diketopiperazine kommen in geröstetem Kakao vor.

8.9
Abbau von Eiweiß

Mit Säuren und Laugen werden Eiweiße – auch Faserproteine – in ihre Aminosäure-Bausteine zerlegt. Über eine anschließende Aminosäure-Analyse, die in sog. Aminosäure-Analysatoren bzw. speziell eingestellten Hochdruckflüssigchromatographen (HPLC) automatisch abläuft, erhält man dann die Zusammensetzung von Eiweißproben. Ein solches „Aminogramm" kann z.B. wichtig sein, wenn die biologische Wertigkeit einer Probe ermittelt werden soll. Zur quantitativen Bestimmung von Eiweiß in Lebensmitteln („Rohprotein") hat sich dagegen seit langem die Umrechnung des nach Kjeldahl bestimmten Stickstoff-Gehaltes bewährt. Da hierbei auch andere stickstoffhaltige Verbindungen erfaßt werden, benötigt man für jedes Lebensmittel spezielle Umrechnungsfaktoren. Sie liegen in der Norm zwischen 5,55 (für Gelatine) und 6,38 (Milcheiweiß). Meist legt man den Wert für Fleischprotein = 6,25 zugrunde, was einem Eiweißstickstoff-Gehalt von 16% entspricht.

Auch durch Enzyme sind Proteine in ihre Bausteine spaltbar. Diese weit in der Natur verbreiteten Enzyme weisen zum Unterschied von Amylasen keine Strukturspezifität auf, sondern sind mehr oder weniger bindungsspezifisch, d. h. sie spalten spezielle Bindungen in jedem Eiweiß (Ausnahme: Skleroproteine). Bei den eiweißspaltenden Enzymen, den Proteasen, unterscheidet man zwischen Endo- und Exo-Peptidasen. Während erstere spezielle Bindungen im Inneren des Protein-Moleküls spalten, greifen Exopeptidasen am Ende der Kette an (s. S. 44). Die wichtigsten Proteasen für die **Eiweißverdauung** im Säugetierkörper sind Pepsin, Trypsin und Chymotrypsin. Die freigesetzten Aminosäuren werden dann resorbiert und durch Desaminierungsreak-

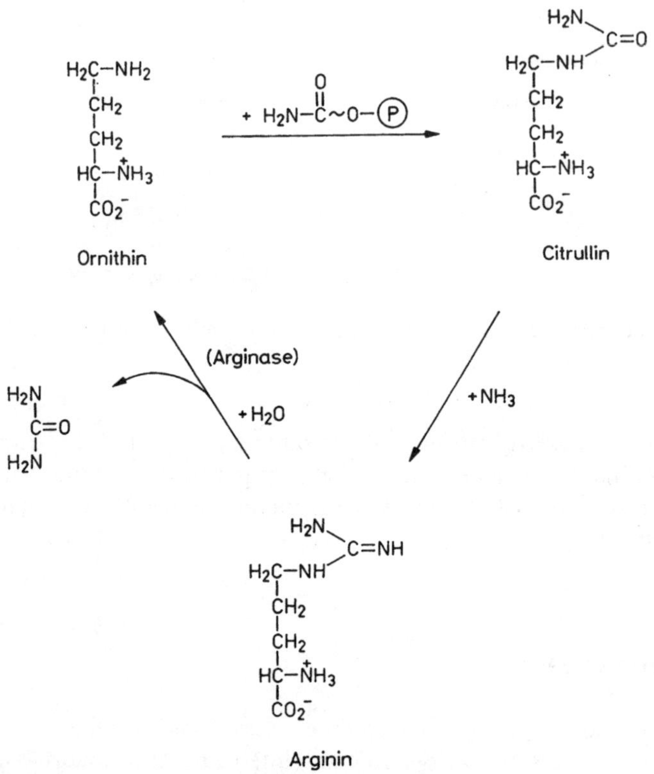

Abb. 8.12. Schematische Darstellung des Harnstoff-Cyclus

tionen in Ketocarbonsäuren umgewandelt. Auch hier spielen Pyridoxalphosphat sowie Oxalessigsäure (s.a. Asparaginsäure) und Ketoglutarsäure (s. Glutaminsäure) eine wichtige Rolle. Von hier wird Ammoniak als Carbamylphosphat auf Ornithin übertragen, wobei Citrullin entsteht.

Nach Übertragung eines weiteren NH_3-Restes auf dem Wege einer Transaminierung entsteht Arginin, dessen Guanidino-Gruppe durch Arginase hydrolytisch gespalten wird, wobei Harnstoff unter Lieferung von Ornithin abgespalten wird, das wiederum in den „Harnstoff-Cyclus" eingreift.

8.10
Prionen

Auf den Begriff der Prionen stieß man in Zusammenhang mit der Suche nach dem Erreger der Bovine Spongiforme Encephalopathie, der Rinderseuche BSE in Groß Britannien (s. S. 318). Er wurde von Prusiner[1] geprägt und stellt eine

---

[1]   Prusiner SB (1982) Novel proteinaceous infectious particles cause Scrapie, Science 216 : 136–144; Molecular biology of prion diseases, Science (1991) 252 : 1515–1522.

Abkürzung für „proteinhaltiges infektiöses Agens" dar. Dabei handelt es sich offensichtlich um ein in jedem Organismus vorkommendes, celluläres Protein P_C mit einer Molmasse von 33 000–35 000 Dalton, das allerdings auch in einer infektiösen Form mit sechsfacher Molmasse vorkommen kann. Trifft nun die infektiöse Form P_{SCR}, wie man sie als Auslöser der Scrapie-Krankheit bei Schaf und Ziege isoliert hat, auf die harmlose celluläre Form, so wird letztere in einer kaskadenförmigen Reaktion in die infektiöse Form P_{SCR} umgewandelt. Diese Form tritt als absolut unlösliche, stäbchenförmige Aggregate auf, während das celluläre Protein P_C in Plasma löslich ist. Die Aggregate P_{SCR} sind darüber hinaus thermisch außerordentlich stabil, sie erfordern zu ihrer Denaturierung ein mindestens 4stündiges Erhitzen auf 134°C. Im Gehirn abgelagert führen sie zu Schäden an den Neuronen mit den bekannten Folgen. – Durch Behandlung mit Detergentien in Gegenwart von Ultraschall hat man[2]) möglicherweise vorhandene Quartärstrukturen lösen können, wobei man ein wasserlösliches Protein erhielt, das nicht mehr infektiös war und das seine Stabilität gegen chemische und enzymatische Eingriffe offenbar verloren hatte.

8.11
Profiline

Profiline[3] sind spezielle Proteine mit Molmassen von 12–15 kD (entsprechend 124–153 Aminosäuren, deren Prototyp man erstmals in Kalbsmilz gefunden hat, die aber darüber hinaus fast überall in eukariontischen Zellen vorkommen. Ihre Bedeutung liegt in ihrer Fähigkeit, an bestimmte Proteine (z.B. Poly-L-Prolin) gebunden zu werden. Vor allem muß ihre Bindung an Actin erwähnt werden, das sie somit maskieren und womit Profiline regulierend in die Actinpolymerisation speziell in Nichtmuskelzellen eingreifen. In diesen Zellen besteht das Protein bis zu 50% aus Actin (monomeres G-Actin und polymeres F-Actin), das hier u.a. die Plasmaströmung steuert. Vor allem aber sind Profiline hier als weit verbreitete Pflanzenallergene interessant.

Nachdem man zuerst in Sellerie ein Profilin gefunden hat, wurden inzwischen in vielen Lebensmitteln (Apfel, Birne, Lychee, Haselnuss, Karotte, Kartoffel, Tomate) Profiline mit 15 kD Molmasse nachgewiesen. Pflanzenproteine scheinen recht ähnliche Sekundär- und Tertiärstrukturen zu besitzen, obwohl die Ähnlichkeiten, die sich vor allem in Kreuzreaktionen äußern, auf relativ wenige Aminosäure-Identitäten zurückzuführen sind. Weitere Profiline kommen in Birken- und Gräserpollen vor. Etwa 10% der Birkenpollen-Allergiker besitzen spezielle Antikörper gegen das hier vorkommende Profilin, das somit als Allergen die Freisetzung von Histamin stimulieren kann.

Die bisher bekannten Profiline zeigen isoelektrische Punkte sowohl im Sauren als auch im Basischen. Sie besitzen bei aller Unterschiedlichkeit der Sequenz dennoch hochkonservierte Bereiche, die bei der Ligandenbindung aktiv

[2] Riesner D (1996) Deutsches Tierärzteblatt 8 : 722–729.

[3] Alberts B, Bray D, Lewis L, Raff M, Roberts K, Waston JD (1994) Die Molekularbiologie der Zelle, 2. Aufl. VCH Weinheim.

sind. Zum Beispiel lagern sich im Komplex von Profilin mit β-Actin jeweils 2 Bereiche aneinander, von denen einer aus 21 Aminosäure-Resten des Profilins durch ionische, polare und hydrophobe Wechselwirkungen sowie durch Wasserstoffbrücken an das Actin gebunden ist. Die sich hieraus ergebende Kontaktfläche von etwa 2 000 A liegt in einer Größenordnung, wie man sie bei Antigen-Antikörperreaktionen und Protease-Inhibitorkontakten findet.

8.12
Biogene Amine

Auch Bakterien greifen Proteine mit Hilfe ihrer Proteasen an. Die freigesetzten Aminosäure-Bausteine können unter Decarboxylierung in entsprechende Amin-Körper zerlegt werden, die wegen ihrer physiologischen Wirksamkeit auch „biogene Amine" heißen. Biogene Amine sind in der Natur weit verbreitet. Die wichtigsten sind in Tabelle 8.5 zusammengestellt, der Chemismus ihrer Entstehung wird am Beispiel des Histamins gezeigt:

Histidin   Histamin

Biogene Amine dienen in der Natur auch zum Aufbau von Naturstoffen, z.B. das Cysteamin im Coenzym A. Auch in Pflanzenteilen, z.B. in Samenkeimlingen, hat man biogene Amine nachgewiesen.

In Lebensmitteln gibt es für ihre Entstehung zwei Ursachen:

1. Zersetzung von Eiweiß, z.B. in Fleisch oder Fisch (s. S. 253) und
2. mikrobielle Reaktionen bei ihrer Herstellung, z.B. bei der Bereitung von Sauerkraut, der alkoholischen Gärung und der Reifung von Käse.

Nach Aufnahme mit der Nahrung werden biogene Amine normalerweise im Darm durch die Monoaminooxidase abgebaut und damit ihrer physio-

Tabelle 8.5. Bildung und Vorkommen wichtiger biogener Amine

Aminosäure	Biogenes Amin	Vorkommen
Histidin	Histamin	Tierisches Gewebe, Spinat
Lysin	Cadaverin	Verdorbenes Fleisch
Ornithin	Putrescin	Verdorbenes Fleisch
Arginin	Agmatin	Käse
Serin	Ethanolamin	Phosphatide
Cystein	Cysteamin	Coenzym A
Asparaginsäure	β-Alanin	Coenzym A
Tyrosin	Tyramin	Cheddarkäse, Heringskonserven
Phenylalanin	Phenylethylamin	Bittermandelöl

logischen Wirkung beraubt. Einige Arzneimittel, die als Monoaminooxidase-Hemmer wirken, haben bei gleichzeitigem Verzehr von biogenen Aminen (z.B. in Schimmelpilzkäsen) zu ernsten gesundheitlichen Komplikationen geführt. Daneben sind in den vergangenen Jahren Erkrankungen nach Genuß von Thunfisch-Konserven mit höheren Histamin-Gehalten bekannt geworden.

Melatonin

Melatonin (N-Acetylserotonin) gehört formal zu den biogenen Aminen. Es ist ein Gewebshormon, das z.B. in der Zirbeldrüse von Wirbeltieren vorkommt und das bei Tieren die sogenannte „biologische Uhr" regelt. Diese Substanz wurde als lebensverlängernd diskutiert, um in sogenannten „Functional Food" eingesetzt zu werden.

Melatonin

9 Lebensmittelkonservierung

9.1 Einführung

Die industrielle Herstellung unserer Lebensmittel bedingt zwangsläufig größere Zeitspannen für die Verteilung an den Endverbraucher. Darüber hinaus werden viele Lebensmittel auf Vorrat gehalten, so daß vorbeugenden Maßnahmen zu ihrer Haltbarmachung große Bedeutung zukommt. Eine gewisse Sicherheit bieten die auf verpackten Lebensmitteln aufgedruckten Mindest-Haltbarkeitsdaten. Darüber hinaus werden die Lebensmittelhersteller vom Gesetzgeber zur Eigenkontrolle und zur lückenlosen Dokumentation ihrer Produktionsabläufe nach dem **HACCP-Konzept (*Hazard Analysis of Critical Control Points*[1])** verpflichtet. Das HACCP-Konzept stellt dabei ein Verfahren für die kritische Bewertung aller Produktschritte bezüglich ihrer mikrobiologischen, chemischen und physikalischen Gefahren für das zu erzeugende Lebensmittel dar. Neben der Identifizierung möglicher Risiken und kritischen Punkte sind Grenzwerte und Korrekturmaßnahmen festzulegen und zu dokumentieren.

Lebensmittel fallen um so leichter einem Verderb anheim, je feiner verteilt sie vorliegen und je mehr Feuchtigkeit sie enthalten. So wird **Hackfleisch** sehr viel schneller von Bakterien angegriffen als ein unzerteiltes Stück Fleisch, so daß an den Hackfleisch-Verkauf besondere Anforderungen gestellt werden. Zum Beispiel darf Hackfleisch nicht im Freien feilgehalten werden und muß grundsätzlich abends weiterverarbeitet werden. Ideale Wachstumsbedingungen finden Mikroorganismen auch in Fleischbrühe und Milch, die dementsprechend schnell verderben. Qualitätseinbußen werden vor allem durch Hefen, Schimmelpilze und Bakterien hervorgerufen.

Hefen entwickeln sich besonders auf sauren und kohlenhydrathaltigen Medien. In der Natur findet man sie vor allem auf Obst, so daß daraus hergestellte Produkte besonders gefährdet sind. Charakteristisch für Hefen ist die Fähigkeit, auch unter Luftabschluß wachsen zu können, wobei sie dann Gärungen hervorrufen. Einzelne Formen wachsen auch auf Lebensmitteln mit höheren Zuckerkonzentrationen (**osmotolerante** Hefen) bzw. auf salzhaltigen Medien

---

[1] Allgemeine Hygiene-Richtlinie 93/43/EWG u. folgende Vorschriften in vertikalen Verordnungen.
EU-Kommissionsentscheidung 94/356 EWG v. 23.6.94.

(**halophile** Hefen, z.B. Kahmhefen). Ihre Wachstumsoptima liegen bei 25°C, aber auch höhere Temperaturen werden von ihnen häufig noch ertragen.

Schimmelpilze sind weniger hitzeresistent als Hefen, außerdem fehlt ihnen die Fähigkeit zur Umstellung des Stoffwechsels unter anaeroben Bedingungen. Auch sie gedeihen bevorzugt auf kohlenhydrathaltigen Nährböden, doch findet man sie auch auf eiweißhaltigen Medien. Charakteristisch ist die Färbung ihrer Konidien und fadenförmigen Hyphen.

Einige Schimmelpilzarten scheiden **Mykotoxine** aus (s. S. 256ff) und sind daher besonders gefährlich.

Unter den **Bakterien** beanspruchen spezielle Aufmerksamkeit die Angehörigen der Gattungen **Bacillus** und **Clostridium** wegen ihrer Fähigkeit zur Ausbildung weitgehend hitzeresistenter Sporen. Bakterien werden normalerweise aus Wasser, Boden und Luft übertragen. Bezüglich ihrer optimalen Wachstumstemperaturen unterscheiden wir

psychrophile Bakterien („kälteliebend")	< 0 – 20°C,
mesophile Bakterien	5–45°C, und
thermophile Bakterien	55°C und darüber.

Werden Bakterien mit der Nahrung aufgenommen, kommt es zu **Infektionen**. Werden bereits gebildete Toxine vereinnahmt, entstehen **Intoxikationen**. Weitaus am gefährlichsten ist das **Botulismus-Toxin** (von **Clostridium botulinum**), von dem bereits 10 µg einen Menschen töten können. Da das Toxin ein Eiweißstoff ist, kann es durch Kochen des Lebensmittels inaktiviert werden. Weitere gefährliche Bakterien sind **Salmonellen, Staphylokokken, Clostridium perfringens, enteropath. Escherichia coli** und das **Virus der infektiösen Hepatitis,** die alle primär auf Lebensmitteln tierischer Herkunft gedeihen. Im Jahre 1990 wurden in der Bundesrepublik Deutschland mehr als 90 000 Fälle von Enteritis infectiosa gemeldet; die Dunkelziffer dürfte noch viel höher liegen. In neuerer Zeit werden blutig-wäßrige Durchfälle ohne Fieber, aber mit möglichem Nierenversagen als Folge einer Aufnahme von enterohämorrhagischen Escherichia coli (EHEC) mit Lebensmitteln (Rindfleisch, Rohmilchprodukte) oder durch Schmierinfektionen Mensch/Mensch beobachtet. Die Erreger sind offenbar von harmlosen E. coli durch Aufnahme spezieller Plasmide abgeleitet worden, die sie nun zur Bildung von Verotoxinen befähigen. Es hat schon Todesfälle gegeben.

Auch die im Lebensmittel selbst enthaltenen Enzyme können Verderbnisreaktionen hervorrufen. So spalten Lipasen Fette, Proteasen Eiweiß, bilden Decarboxylasen biogene Amine. Pektinasen zersetzen die Stützlamellen von Früchten, so daß diese weich werden, und Oxidasen (Lipoxygenasen, Peroxidasen) bewirken durch Sauerstoff-Übertragung stoffliche Veränderungen, die sich primär als Aromaverluste oder als Fremdaromen („Off Flavour") äußern. Schließlich bewirkt die Maillard-Reaktion durch chemische Umsetzung reduzierender Zucker mit Aminosäuren bzw. Proteinen die nichtenzymatische Bräunung, in deren Verlauf ebenfalls Fehlaromen entstehen können.

Gebräuchliche Konservierungsverfahren sind Hitzesterilisation, Kühllagerung, Trocknung sowie Salzen, Zuckern und Säuern. Außerdem werden häufig chemische Konservierungsstoffe eingesetzt, deren Anwendung zu deklarieren ist (s. S. 165ff). Sehr kontrovers diskutiert wird die Bestrahlung von Lebensmitteln mit ionisierenden Strahlen.

9.2
Hitzebehandlung von Lebensmitteln

Hefen, Schimmelpilze und vegetative Stadien von Bakterien sterben schon bei Temperaturen, die 10–15°C über ihrem Aktivitätsoptimum liegen. In diesem Bereich bewirkt eine Erhöhung der Temperatur um 10°C eine zehnmal so starke Abtötung von Mikroorganismen, während chemische Reaktionen (z.B. von Enzymen) gleichzeitig nur doppelt bis dreimal so schnell ablaufen (Reaktionsgeschwindigkeits-Temperatur-Regel, **RGT-Regel**). Jedes System, jeder Mikroorganismus hat indes sein eigenes Aktivierungsoptimum, das von der Gleichgewichtsfeuchte ebenso abhängig ist wie von der Temperatur. Um die Reaktionsgeschwindigkeiten chemischer, also auch enzymatischer Reaktionen zu beschreiben, wendet man den sog. Q_{10}-Wert an[2]. Er gibt für jedes System die Zunahme der Reaktionsgeschwindigkeit bei einer um 10°K höheren Temperatur an. Es genügen meist Temperaturen unter 100°C, um die meisten Mikroorganismen zu töten (Pasteurisieren). Gleichzeitig werden die meisten Enzyme inaktiviert. Bakterientoxine werden bei Temperaturen von 100–120°C mehr oder weniger vollständig abgebaut. So werden z.B. die gefürchteten Botulismus-Toxine bei mindestens 10 minütigem Erhitzen auf 100°C bzw. sofort bei 120°C inaktiviert.

Die Wärmeübertragung geschieht bei flüssigen Lebensmitteln vorzugsweise kontinuierlich in Plattenerhitzern, in denen die Wärme schnell und gut steuerbar auf das Lebensmittel übertragen werden kann. Eine Schnittzeichnung eines derartigen Erhitzers, wie er z.B. zur Pasteurisierung von Milch verwendet wird, zeigt Abb. 9.1. Nachgeschaltete Wärmeaustauscher können das Lebensmittel sofort wieder abkühlen. – Um Sporenbildner abzutöten, muß man bis mindestens 120°C erhitzen (Sterilisieren), was bei eingedosten Konserven in speziellen Druckautoklaven geschieht. Hierzu werden die gefüllten und geschlossenen Konservendosen auf spezielle Kochwagen gestapelt, in den Autoklav eingefahren und bei Überdruck mit Wasserdampf behandelt, bis das Füllgut die vorgewählte Temperatur angenommen hat. Eine Bewegung der Dosen während der Sterilisation wird in Rotationsautoklaven oder in kontinuierlich arbeitenden Geräten gewährleistet, wo die Dosen über Druckschleusen in den Sterilisationsraum gelangen. Die Ultrahocherhitzung von Milch wird durch Dampfinjektion erreicht. – Eine weitere Möglichkeit ist die fraktionierte

---

[2]   Eine eingehende Behandlung dieser Fragen findet sich bei Heiss R u. Eichner K (1984) „Haltbarmachen von Lebensmitteln", Springer-Verlag Berlin Heidelberg New York Tokyo.

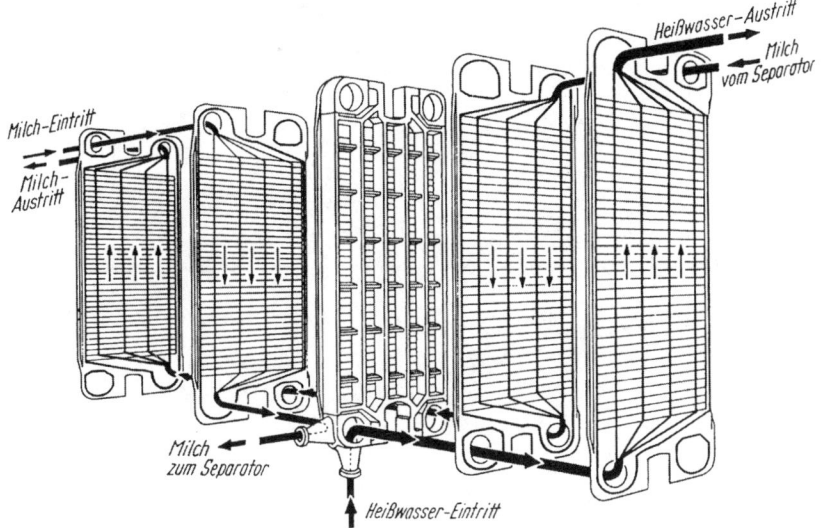

Abb. 9.1. Schema des Flüssigkeitsdurchganges zwischen den Platten eines Plattenerhitzers (Bergedorfer Eisenwerke AG, Astra-Werke)

Sterilisation (Tyndallisieren), bei der die Lebensmittel mehrfach sterilisiert werden, wobei Ruhezeiten zwischen den Erhitzungen jeweils ein Auskeimen der Sporen gewährleisten sollen. Grundlage der Hitzesterilisation ist die Denaturierung von Eiweiß, die in Mikroorganismen ebenso wie im Lebensmittel abläuft. Daraus ist auch erklärbar, weshalb man bei sauren Lebensmitteln eine Sterilisation bei niedrigeren Temperaturen erreichen kann. – Während Proteine in Lebensmitteln durch Erhitzen besser verdaulich werden und somit ihr Nährwert steigt, erleidet der Vitamin-Gehalt teilweise erhebliche Verluste (Vitamine A, B_1, B_2, Nikotinsäure, Pantothensäure und Vitamin C).

Vollkonserven (Gemüse, Fleisch) sind sterilisiert und daher u. U. jahrelang haltbar. Hiervon müssen **Präserven** unterschieden werden, die nur pasteurisiert wurden und deren begrenzte Haltbarkeit kenntlich gemacht werden muß.

Ein besonders anschauliches Beispiel für die Problematik der Hitzesterilisation ist die Milch, die sowohl von ihrer Zusammensetzung als auch vom pH her einen außerordentlich günstigen Nährboden für Mikroorganismen darstellt. Andererseits erleidet sie sehr leicht Veränderungen ihres Geschmacks und auch der in ihr enthaltenen Proteine, so daß viele Verfahren für ihre Haltbarmachung vorgeschlagen worden sind:

1. Kurzzeit-Erhitzung: auf 71–74°C (etwa 30–40 Sekunden);
2. Hocherhitzung: mind. 1 Minute auf 85°C, dann Kühlung auf 5°C;
3. Ultrahocherhitzung: etwa 1 Sekunde auf 135–150°C, dann Kühlung auf 5°C;
4. Sterilisierung: 20–40 Minuten auf 112–120°C;
5. Dauererhitzung: mindestens 30 Minuten auf 62–65°C.

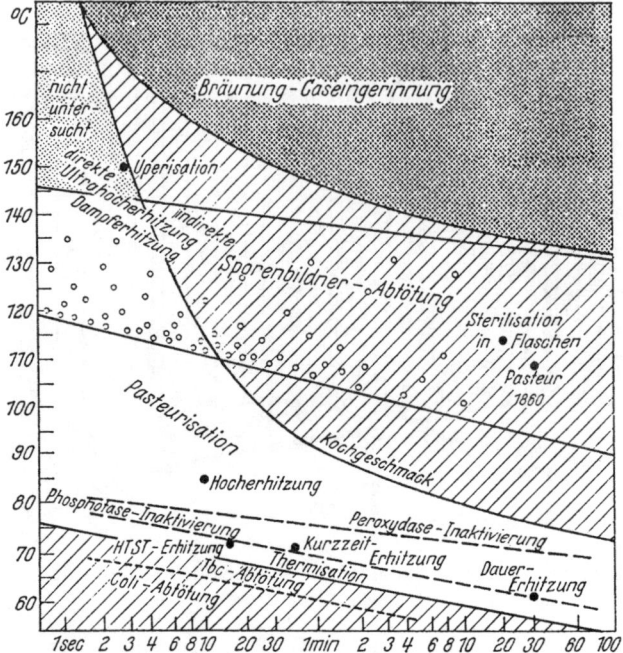

Abb. 9.2. Einfluß der Hitzebehandlung auf Milch

Wie aus Abb. 9.2 hervorgeht, erleidet die Milch mit zunehmender Hitzebeanspruchung einen zunehmend aufkommenden Kochgeschmack und Braunfärbung. Andererseits werden Keime umso gründlicher getötet, je länger das Lebensmittel erhitzt wird. In gleicher Weise werden Enzyme um so gründlicher inaktiviert, je länger und höher erhitzt wird.

Neuerdings wird versucht, auch Lebensmittel durch Hochdruckeinwirkung (100–1 000 MPa entsprechend 1 000–10 000 bar) zu entkeimen. Dabei kann die Erhitzung reduziert werden, so daß der natürliche Geschmack erhalten bleibt und z.B. Vitamine geschont werden. Allerdings können hydrophobe Wechselwirkungen abgeschwächt und Wasserstoffbrücken stabilisiert werden, so daß Tertiär- und Quartärstrukturen z.B. von Enzymproteinen verändert werden. Wechselnde Drücke (Druckoszillationen) wirken gegen Bakteriensporen, die bei niedrigen Drücken auskeimen und bei höheren Drücken zerstört werden.

9.3
Kühllagerung

Unter Kühllagerung versteht man die Aufbewahrung von Lebensmitteln bei Temperaturen von 0 bis 6°C, wobei man die optimalen Bedingungen für jedes Lebensmittel individuell einstellen muß. Bei der Kühllagerung werden Mikroorganismen meist nicht getötet. Chemische und enzymatisch gesteuerte

Reaktionen laufen weiter, jedoch so langsam, daß Lagerzeiten von mehreren Tagen bis zu mehreren Monaten ohne Qualitätseinbußen möglich werden. Neben Obst und Gemüse eignen sich vor allem Fleisch und Fette für die Kühllagerung, auch im Haushalt.

Während man indessen im Haushalt die Lebensmittel undifferenziert in den Kühlschrank legt, sind bei größeren Partien spezielle Überlegungen bezüglich Abkühlung und Lagerung notwendig, wenn nicht Qualitätseinbußen eintreten sollen. So muß man im Kühlraum selbst mit Änderungen von Temperatur und relativer Luftfeuchte rechnen, wenn man die einzubringenden Lebensmittel nicht vorher abkühlt. Hinzu kommen meist unerwünschte Feuchtigkeitsverluste im Lebensmittel bzw. Kondensationen von Wasser auf oder in dem Lebensmittel (letzteres z.B. bei Lebensmitteln, die in Polyethylenfolie vorverpackt wurden). Zum Abkühlen stückiger Güter werden die folgenden Verfahren angewandt:

1. Akühlung durch Luft hoher Strömungsgeschwindigkeit in speziellen Abkühlungstunnels, angewandt bei einigen Obst- und Gemüsearten (Erdbeeren, Blumenkohl) und Fleisch (s. Abb. 9.3).
2. Evakuieren der gesamten Packung bei gleichzeitigem Abführen des verdampfenden Wassers, wobei die Abkühlung z.B. von Spinat oder Petersilie durch die dem Gut entzogene Verdampfungswärme erfolgt.
3. Kühlung durch Eiswasser z.B. bei Melonen, Spargel, Möhren und anderen Vegetabilien. Bei Geflügel wendet man dieses Verfahren als Vorkühlung vor dem eigentlichen Tiefgefrieren an, wobei allerdings eine Keimübertragung von einem Schlachtkörper auf den anderen nicht ausgeschlossen werden kann.
4. Kühlung durch Scherbeneis, hauptsächlich bei Fisch.

Anschließend werden die Lebensmittel in speziellen Kühlräumen bei geeigneten Temperaturen aufbewahrt.

Daß die Kühllagerung für viele Lebensmittel spezielle Probleme beinhaltet, sei an einigen Beispielen demonstriert. So werden zur Fleischgewinnung Großtiere nach der Schlachtung in Hälften oder Viertel geteilt, deren Abkühlung auf Temperaturen unter $5\,^\circ$C etwa 20 Stunden dauert und Gewichtsverluste bis 2% durch Feuchtigkeitsentzug bewirkt. Bei Luftgeschwindigkeiten von 1–2 m/sec und niedrigen Temperaturen werden Abkühlzeit und Gewichtsverlust zwar auf die Hälfte reduziert, daneben kann aber die Qualität des Produktes leiden. Um eine optimale Zartheit des Fleisches zu erreichen, muß nämlich zunächst die Totenstarre (rigor mortis, s. S. 305) in vollem Maße eintreten, was bei $15\text{–}16\,^\circ$C bei Rindern 12–24 Stunden, bei Schweinen 4–12 Stunden und bei Lämmern etwa 10 Stunden dauert. Während dieser Zeit erfolgt aber bei diesen Temperaturen das Mikroorganismenwachstum so schnell, daß anschließend längere Lagerzeiten unmöglich werden. Bei einer unmittelbaren Abkühlung auf eine Kerntemperatur von etwa $7\,^\circ$C durch Behandeln mit Luft beim Gefrierpunkt, die den hygienischen Anforderungen entgegenkommen würde, werden indes die biochemischen Vorgänge des rigor mortis und damit der Fleischreifung unterbunden, so daß zähes Fleisch entsteht. Während man also Fleisch für den

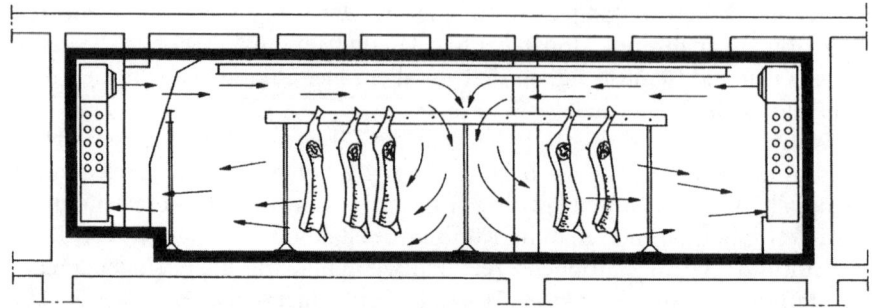

Abb. 9.3. Kühltunnel für Fleisch. Aus: Heiss R, Eichner K (1984) Haltbarmachen von Lebensmitteln, Springer, S. 94

unmittelbaren Verbrauch so behandelt, daß man die Schlachtkörper zunächst einige Stunden bei Raumtemperatur aufhängt, dann in Vorkühlhallen auf 15–20°C abkühlt, zerteilt und im Kühlraum bei 4°C und 75% relativer Luftfeuchtigkeit den rigor mortis langsam ablaufen läßt, müssen Frischfleischexporteure in fleischerzeugenden Ländern andere Methoden wählen. So hat man z.B. in Neuseeland eine Methode zum schnelleren Eintritt des rigor mortis entwickelt, wobei man die Rinder- und Hammelmuskel unmittelbar nach dem Schlachten mit elektrischem Strom behandelt (90 Sekunden, 350 V Wechselspannung, 10 Hz), wodurch ein Teil des ATP und (zu seiner Regeneration) Glykogens abgebaut wird. Anschließend wird zerteilt und auf 0°C abgekühlt.

Eier müssen vor der Kühllagerung in speziellen Vorkühlräumen auf Kühlhaustemperatur (0–1,5°C, 85–90% relativer Feuchte) gebracht werden, um die Bildung von Kondenswasser zu vermeiden. Ebenso ist bei der Auslagerung dafür zu sorgen, daß Schwitzwasserbildung unterbleibt.

Beide beeinträchtigen die Haltbarkeit. Während der Kühllagerung, die in eigens hierfür hergerichteten und gut desinfizierten Räumen erfolgen soll, muß für mehrfachen Luftwechsel pro Tag gesorgt werden. Auf diese Weise sind dann Lagerzeiten bis zu 9 Monaten erreichbar.

Besondere Probleme ergeben sich bei der Kühllagerung von Obst und Gemüse, da diese meist auch noch nach der Ernte atmungsaktiv sind und somit in ihnen Stoffwechselvorgänge ablaufen. Dabei wird unter Kohlendioxidabgabe Wärme frei, die abtransportiert werden muß:

$$C_6H_{12}O_6 + 6O_2 \rightarrow 6CO_2 + 6H_2O + 161 \text{ kJ}.$$

Dabei kann die Atmungsgeschwindigkeit durch Kühlung erheblich gesenkt werden (s. Abb. 9.4), aber offensichtlich nur bei einigen Produkten, dagegen nicht bei Tomaten, Salat und Grapefruit.

Natürlich wird man die Bedingungen ohnehin stets auf das zu lagernde Gut einstellen. So erfordern manche Gemüse wie Salat. Petersilie, Spinat und Stangensellerie höhere Luftfeuchten als 90%. Hilfreich kann hier das Verpacken in Polyethylenfolien sein. In Tabelle 9.1 sind die optimalen Lagerungsbedingun-

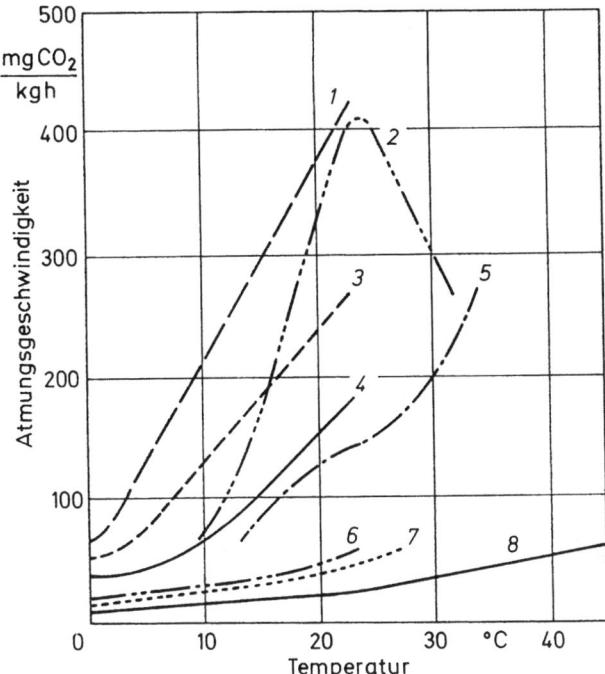

Abb. 9.4. Atmungsgeschwindigkeit einiger Obst- und Gemüsearten, abhängig von der Lagertemperatur. *1* Erbsen, *2* Avocados, *3* Spargel, *4* Bohnen, *5* Bananen, *6* Tomaten, *7* Salat, *8* Grapefruit. Aus: Heiss R, Eichner K (1984) Haltbarmachen von Lebensmitteln, Springer, S. 98

gen für einige Ernteprodukte angegeben. Bei einigen Apfelsorten können sich bei zu starker Kühlung Braunfärbungen an Schale, Fruchtfleisch und Kerngehäuse einstellen („Rinden- bzw. Fleischbräune"), bei Pfirsichen kann das Fruchtfleisch faserig und trocken werden. Kartoffeln werden bei zu starker Kühlung süß, weil sich aus der Stärke mehr Zucker bildet als veratmet werden kann. Durch Erhöhung der Lagertemperatur um wenige Grad kann dieser Zucker wieder abgebaut werden. Daher lagert man Kartoffeln, die für die industrielle Fertigung bestimmter Kartoffelerzeugnisse vorgesehen sind (Kartoffelmus, Knödel), bei Temperaturen um 10°C, um die laufende Veratmung entstehenden Zuckers zu gewährleisten, der während der Verarbeitung durch Maillardreaktion Braunfärbungen bewirken würde.

Eine gewisse Rolle spielt die Gaskaltlagerung (CA-Lagerung), wo die Atmungsgeschwindigkeiten durch Zugabe von CO_2 zur Außenluft erniedrigt werden. Dies wird hauptsächlich zur Haltbarkeitsverlängerung von Kernobst und von Weißkohl, der für die Sauerkrauterzeugung vorgesehen ist, angewendet. Bei Erdbeeren, Himbeeren, Johannisbeeren und Kirschen können CO_2-Gehalte über 30% das gefürchtete Verschimmeln hinauszögern. – Allerdings müssen normalerweise die CO_2-Gehalte genau eingestellt werden, da zu hohe

Tabelle 9.1. Optimale Lagerbedingungen und entsprechende Lagermöglichkeit bei gekühltem Gemüse. (Aus: Schormüller J (1966) Die Erhaltung der Lebensmittel, Ferd. Enke Verlag,
Stuttgart)

Gemüseart	Temperatur (°C)	Relative Feuchtigkeit (%)	Lagerdauer
Blumenkohl	0	85–90	2–3 Wochen
Broccoli	0	90–95	10–21 Tage
Bohnen (Phaseolus vulg.)	2–7	85–90	10–15 Tage
Champignons	0	85–90	5 Tage
Erbsen, grün, in Schoten	−0,5–0	85–90	1–3 Wochen
Gurken	11,5	85–95	1–2 Wochen
Karotten, gestutzt	−1 – +1	90–95	4–6 Monate
Kartoffeln			
neue	3–4	85–90	Einige Wochen
späte, zum Verzehr	4,5–10	85–90	4–8 Monate
Kohl	0	85–90	2–4 Monate
Blattsalat	0	90–95	1–3 Wochen
Oliven, frische	7–10	85–90	4–6 Wochen
Rettich	−1 – 0	90–95	10–12 Monate
Rhabarber	0	90	2–3 Wochen
Rüben, weiße	0	90–95	4–5 Monate
Schwarzwurzeln	0–1	90–95	2–4 Monate
Sellerie, Knollen	0–1	90–95	2–4 Monate
Spargel	0–0,5	85–90	2–4 Wochen
Spinat	−0,5–0	90–95	2–6 Wochen
Tomaten			
grüne	11,5–13	85–90	3–5 Wochen
reife	0	85–90	1–3 Wochen
Wassermelonen	2–4	85–90	2–3 Wochen
Zwiebeln	−3–0	70–75	6 Monate

Konzentrationen zu Schäden führen: Kernhaus- und Fruchtfleischbräune bei
Kernobst, vor allem bei Birnen, stärkere Fäulnis bei Karotten, Fleckenbildung
bei Salat. Zu niedrige Sauerstoffkonzentrationen stimulieren dagegen Schäden
durch alkoholische Gärung. – In Tabelle 9.2 sind die Bedingungen für die Gas-
lagerung einiger landwirtschaftlicher Produkte zusammengestellt.

9.4
Tiefgefrierlagerung

Das Tiefgefrieren unterscheidet sich vom Kühlen vor allem dadurch, daß hier
das Wasser mit eingefroren wird und Lagertemperaturen gewählt werden, bei
denen einige Mikroorganismen-Arten bereits absterben und die Enzymwir-
kungen zumeist blockiert werden. Insofern garantiert dieses Verfahren einen
optimalen Qualitätserhalt der Lebensmittel. Resistent gegen extreme Kälte

Tabelle 9.2. Empfohlene Gaslagerungsbedingungen für einige Produkte. (Aus: Heiss R, Eichner K (1984) Haltbarmachen von Lebensmitteln, Springer)

Obst, Gemüse	Temperatur	CO_2-	O_2-	Erreichbare Lagerdauer
		Konzentration (%)		(Tage)
Äpfel				
Boskop	3–4	2,5	2,5	180
Golden Delicious	1	5	2,5	210
Birnen (Williams)	0	4	2	120
Mango	10–12	5	5	30
Schwarze Johannisbeeren	2–4	40–50	5–6	20–30
Blumenkohl	0	5	3	40–70
Gurken	8–10	5	2	15–20
Weißkohl	0	3–6	2–3	200
Kopfsalat	0	3–4	1–2	20
Spargel	2	5	5	>10

sind Sporen und Viren, die zum Teil selbst in flüssiger Luft überleben. Dagegen werden Rinderfinnen und Trichinen sowie nicht zuletzt die verschiedenen Entwicklungsstadien von **Toxoplasma gondii**, des den Kokzidien zuzurechnenden Erregers der Toxoplasmose, bei Gefrierlagerung von Fleisch abgetötet. Auch die hin und wieder in Seefisch vorkommenden Nematodenlarven (s. S. 341) überleben das Tiefgefrieren nicht. Die zu behandelnden Güter werden meist auf 0 bis −2°C gekühlt und dann bei −40 bis −50°C gefroren, wobei die Gefriergeschwindigkeit im Gut mindestens 1–2 cm pro Stunde betragen soll. Schnelles Gefrieren führt zu kleineren Eiskristallen, die die Textur z.B. von Fleisch weniger stark angreifen als große Kristalle von Eis, die sich bei langsamem Abkühlen bilden.

Folgende Gefrierverfahren werden angewendet:

1. Tauchen der Güter in Kühlsole, die aus wäßriger Kochsalzlösung oder Wasser/Methanolgemischen evtl. unter Zugabe von Propylenglykol oder Glycerin hergestellt sind. Hauptsächliche Anwendung ist das Gefrieren von Fischen auf hoher See, die auch zu Blöcken gefroren werden können, nachdem sie entsprechend verpackt wurden. Auch das Besprühen der Fische wird angewandt, die sich dann mit einer Eisschicht überziehen.
2. Kontaktgefrierverfahren planparalleler Kleinpackungen, die zwischen horizontalen, auf etwa 40°C gekühlten Metallplatten bewegt werden. Auf diese Weise dürften die meisten, in Paketen für die Tiefkühltruhe abgepackten Lebensmittel hergestellt werden. Das Schnittbild einer derartigen Anlage zeigt Abb. 9.5.
3. Gefrieren in rasch bewegter, gekühlter Luft. Hierbei wird Luft von −40° bis −50°C mit etwa 6–10 m/sec vorwiegend an stückigen Gütern (Fleisch, Geflügel) vorbeigeführt.
4. Auch Trockeneis bzw. flüssige Luft werden als Kühlmedien angewendet.

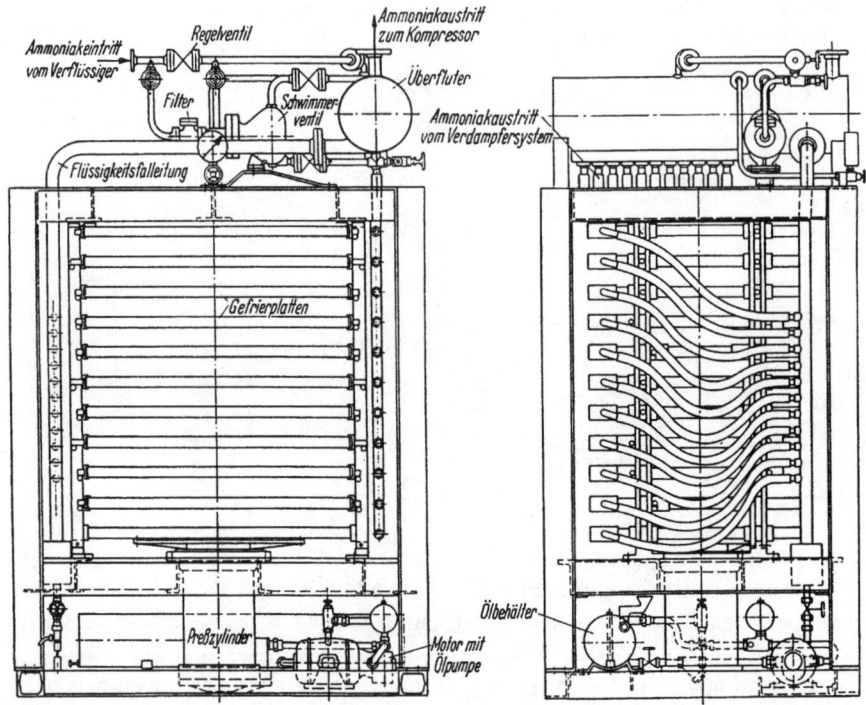

Abb. 9.5. Mehrplatten-Gefrierapparat von Cl. Birdseye und B Hall. Aus: Schormüller J (1974) Lehrbuch der Lebensmittelchemie, 2. Aufl. Springer, S. 265

Die Lagerung geschieht bei Temperaturen unter $-18°C$. Diese Temperatur entspricht nach DIN 8950 einem ***-Kühlschrank, der diese Temperatur mindestens erreichen muß. **-Apparate muß man auf mindestens $-12°C$, *-Kühlschränke auf $-6°C$ und tiefer abkühlen können. Über die erreichbaren Lagerzeiten verschiedener Lebensmittel in Abhängigkeit von der Temperatur unterrichtet Tabelle 9.3

Das Tiefgefrieren hat es ermöglicht, viele Lebensmittel auch in bereits zubereiteter Form zu lagern und ständig verfügbar zu halten. Pflanzliche Lebensmittel werden dabei fast vollständig von vegetativen Keimen befreit (allerdings nicht von Sporen!), da sie vor dem Gefrieren blanchiert werden, was durch kurzes Behandeln mit heißem Wasser oder mit Heißdampf erreicht wird. Dadurch werden die Chlorophyllasen zerstört, die sonst eine Gelbfärbung grüner Gemüse bewirken würden. Da beim Blanchieren das Chlorophyll in den äußeren Schichten angereichert wird, sehen tiefgefrorene Erbsen und Bohnen besonders grün aus. Die mikrobiologische Situation beim derartigen Zubereiten von Erbsen zeigt Abb. 9.6, Seite 152.

Durch Tiefgefrieren ist es aber auch möglich, Fisch selbst nach wochenlangen Fangfahrten frisch anzulanden. Die meist zu Blöcken gefrorenen Fische

Tabelle 9.3. Lagerzeiten einiger Lebensmittel bei verschiedenen Temperaturen (Aus: Schormüller J: Lehrbuch der Lebensmittelchemie, S. 260, 2. Aufl Springer 1974. Vom Vf. angegebene Quelle: Recommendations pour la préparation et la distribution des aliments congelés. 2. Aufl. Paris: Annexe Bulletin de l'Institut International du Froid 1972)

Produkt	Monate bei[a]		
	−18°C	−25°C	−30°C
Pfirsiche, Aprikosen, Kirschen, Himbeeren, Erdbeeren	12	18	24
Citrus- oder andere Fruchtkonzentrate	24	> 24	> 24
Spargel, Bohnen, Broccoli	15	24	> 24
Karotten, Erbsen, Spinat	18	> 24	> 24
Blumenkohl	15	24	> 24
Kartoffeln, frittiert	24	> 24	> 24
Rindfleisch, Steaks, frisch	12	18	24
Hackfleisch, ungesalzen verpackt	10	> 12	> 12
Schweinefleisch, frisch	6	12	15
Bacon, nicht geräuchert	2–4	6	12
Geflügel, ausgenommen, gut verpackt	12	24	24
Vollei, flüssig	12	24	> 24
Fettfische	4	8	12
Magerfische	8	18	24
Hummer und Krabben	6	12	15
Krebse	6	12	12
Austern	4	10	12
Butter (aus pasteurisierter Sahne)	8	12	15
Sahne, Eiscreme	6	12	18
Verschiedene Kekse	12	24	> 24

[a] > bedeutet „länger als".

werden an Land aufgetaut, entgrätet und wieder zu Platten gefroren, die dann mittels Band- oder Kreissägen zu Fischstäbchen oder ähnlichen Produkten geformt, evtl. paniert und dann verpackt werden.

Bei Gefrierfleisch und Gefrierfisch kann durch Austrocknen der sog. Gefrierbrand auftreten. Er äußert sich in meist braun gefärbten, strohigen Partien. Darüber hinaus sind die in Fleisch und Fisch enthaltenen Fette auch bei den angewandten Lagertemperaturen von Ranzigwerden bedroht. Daher muß in jedem Falle sorgfältig darauf geachtet werden, daß Tiefgefrierware gut verpackt ist. Dennoch leidet vor allem bei lang gelagertem Rindfleisch das Aroma. Auch Tiefgefriergeflügel erreicht meist den Geschmackswert frischen Geflügels nicht.

Tiefgefrier-Ei wird wegen der leichten Verkeimung möglichst unmittelbar nach dem Aufschlagen und Filtrieren der Eier (um Schalenreste, Hagelschnüre etc. abzuscheiden) durch Gefrieren der flüssigen und homogenisierten Masse in geeigneten Behältnissen hergestellt. Dabei ist der Zustand der zu verarbeitenden Eier sorgfältig zu prüfen, da schon ein faules Ei eine ganze Charge

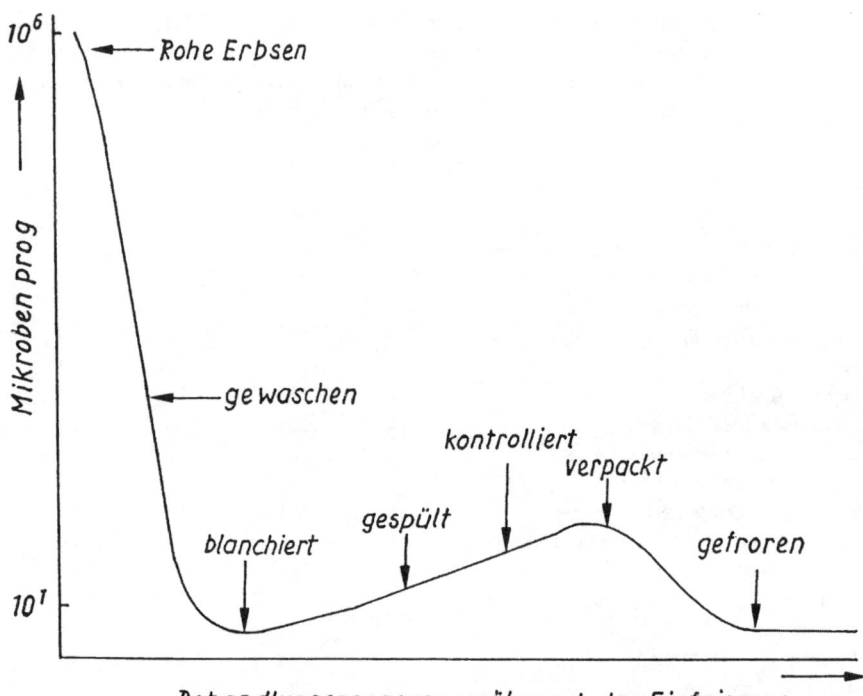

$$Behandlungsprozesse \ während \ des \ Einfrierens.$$

Abb. 9.6. Mikrobenbefall von Erbsen im Verlaufe des Einfrierens (nach NW Desrosier, The Technology of Food Preservation). Aus: Schormüller J (1966) Die Erhaltung der Lebensmittel, Ferd. Enke Verlag, S. 420

mikrobiell verseuchen kann. Zur Sicherheit wird deshalb häufig vor dem Gefrieren pasteurisiert, wobei die dadurch bewirkte Zerstörung der Eier-eigenen α-Amylase ein Maß für die Salmonellen-Abtötung sein kann. Gefrierei wird zur Herstellung von Back- und Teigwaren sowie von Mayonnaise verwendet.

Gefriersahne wird zur Bevorratung für die Butter- und Speiseeis-Produktion verwendet. Auf diese Weise kann man z.B. Sahne aus Sommermilch auch im Winter verbuttern (Sommerbutter ist aus Fütterungsgründen häufig besser streichbar als Winterbutter). Um physikalischen Veränderungen der „Fett-in-Wasser-Emulsion" beim Gefrieren vorzubeugen, wird zunächst auf Fettgehalte um 40–50% konzentriert. Nach dem natürlich auch hier notwendigen Pasteurisieren (meist bei 85°C) wird dann in geeigneten Behältnissen eingefroren.

Das Tiefgefrieren von Butter und Margarine ist problemlos möglich, dagegen wird Käse beim Einfrieren strukturell so stark verändert, daß seine Abkühlung unter −2°C nicht empfohlen werden kann.

Besondere Aufmerksamkeit hat man dem Erhalt der Vitamine in tiefgefrorenen Lebensmitteln, besonders dem der Ascorbinsäure in Vegetabilien gewidmet. Es leuchtet ein, daß derartige Minorbestandteile auch in der Kälte chemisch abgebaut werden können, wobei der Abbau um so langsamer abläuft, je

Tabelle 9.4. Die Erhaltung des Vitamin C in Gefriergemüse während der Lagerung. Aus: Schormüller J (1996) Die Erhaltung der Lebensmittel, Ferd. Enke Verlag, S. 417

| Gemüse | Vitamin C vor der Lagerung mg/100 g | Lagerdauer Monate | Erhaltung von Vitamin C bei | | |
			−12,2°C	−17,8°C	−29°C
			%		
Spargel	40	4	50	100	100
		8	10	90	100
		12	10	90	100
Grüne Bohnen	14	4	45	85	100
		8	30	85	100
		12	5	70	100
Blumenkohl	78	4	70	95	100
		8	30	55	80
		12	20	50	80
Erbsen	17	4	75	100	100
		8	58	95	100
		12	21	89	98
Spinat	31	4	45	85	100
		8	15	50	85
		12	10	45	90

tiefer die Temperatur ist. Dies wird aus den in Tabelle 9.4 angegebenen Daten deutlich. Je tiefer die Lagertemperatur und je kürzer die Lagerzeit ist, desto höher sind die Restgehalte an Ascorbinsäure. Da diese aber besonders leicht thermisch zersetzt wird, ist zu ihrem Erhalt in besonderem Maße auch das Blanchieren zu beachten. Andererseits werden bei diesem Vorgang gerade die Oxidoreduktasen (Peroxidase, Katalase) inaktiviert, die Ascorbinsäure in der Kälte oxidieren. β-Carotin wird deshalb auch besonders in nicht blanchierten Gemüsen bei der Lagerung angegriffen, während sein Abbau nur etwa 20% beträgt, wenn die Enzyme vorher desaktiviert wurden. Die Gruppe der B-Vitamine ist bei diesen Prozessen recht stabil.

Das Auftauen von tiefgefrorenen Produkten sollte bei möglichst niedrigen Temperaturen geschehen, um so die Vermehrung und Toxinabscheidung eventuell vorhandener Keime möglichst zu inhibieren. Zum schnellen Auftauen wendet man am besten die Mikrowellenerhitzung an, die zusätzlich die unmittelbare Zubereitung des Lebensmittels ermöglicht.

9.5
Haltbarmachung durch Trocknen

Einige Lebensmittel, wie Mehl, Grieß und Nudeln, liegen traditionell in trockener Form vor und besitzen dadurch optimale Haltbarkeit. Andere werden heute nachträglich getrocknet (z.B. Milch, Ei), um sie damit lagerfähig zu erhal-

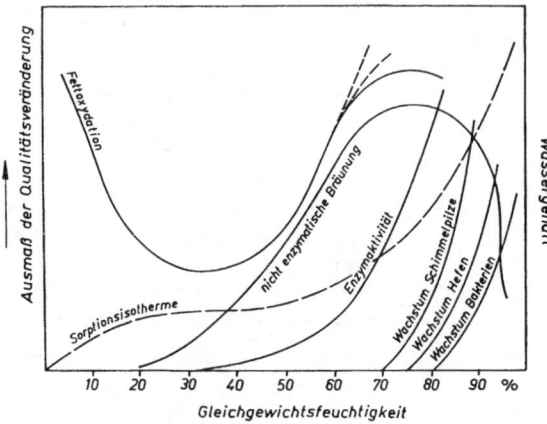

Abb. 9.7. Abhängigkeit des Verlaufs der Verderbnismöglichkeiten in Lebensmitteln von der Gleichgewichtsfeuchtigkeit (bei konstanter Temperatur und Zeit). (Aus: Eichner K. (1980) ZFL 31 : 89

ten. Der Trocknung von Lebensmitteln liegt die Erkenntnis zugrunde, daß Mikroorganismen Gleichgewichtsfeuchtigkeiten (Wasseraktivitäten, s. S. 16) von mindestens 70 bis 80% benötigen, um existieren zu können. Wie Abb. 9.7 erkennen läßt, benötigen Enzyme Wasseraktivitäten von etwa 50%, die Maillard-Reaktion (nichtenzymatische Bräunung) 20 bis 30%. Lediglich die Fettoxidation scheint weitgehend ohne Wasser abzulaufen.

Neben Milch und Eiern werden auch Obst, Gemüse, Kartoffeln und Fleisch getrocknet. Daneben gibt es eine große Palette von getrockneten Halbfertig- und Fertigprodukten, wie Kaffeepulver und Trockensuppen.

Da Lebensmittel auf starke Erwärmung häufig sehr empfindlich reagieren, hat man zahlreiche Verfahren zum schonenden Wasserentzug entwickelt. Die wichtigsten sind:

1. Walzentrocknung: Hier wird die einzudampfende Lösung kontinuierlich zwischen zwei sich gegeneinander drehende Walzen gegeben, die auf etwa 130°–160°C erhitzt sind. Dabei bildet sich auf den Walzen ein dünner Film der Lösung, aus dem das Wasser innerhalb weniger Sekunden (26 Sek.) verdampft, während das verbleibende Trockengut abgeschabt wird. Dabei wird es während der Verdampfung bis auf 90°C erhitzt, bei längerem Verweilen auf der Walze steigen die Temperaturen auf über 100°C an.

2. Sprühtrocknung: Das zu trocknende Lebensmittel (z.B. Milch, Sahne) wird durch einen Zerstäuber in einen Trockenturm gesprüht, wo die feinen Tröpfchen mit Heißluft von 150°–200°C in Berührung kommen. Aus ihnen verdampft das Wasser innerhalb von 10–30 Sekunden, wobei sich das Produkt auf 40°–50°C, gegen Ende des Durchlaufes auch bis 80°C erwärmen kann. Das Trockenprodukt wird entweder unmittelbar aus dem Turm oder aus einem Pulverabscheider (Zyklon) ausgetragen und gekühlt.

3. Gefriertrocknung: Dieses Verfahren nutzt die Eigenschaft des Wassers aus, im Vakuum zu sublimieren. Die einzudampfende, wäßrige Lösung wird deshalb zu Eis gefroren und anschließend bei 0,22 Millibar behandelt, wobei die

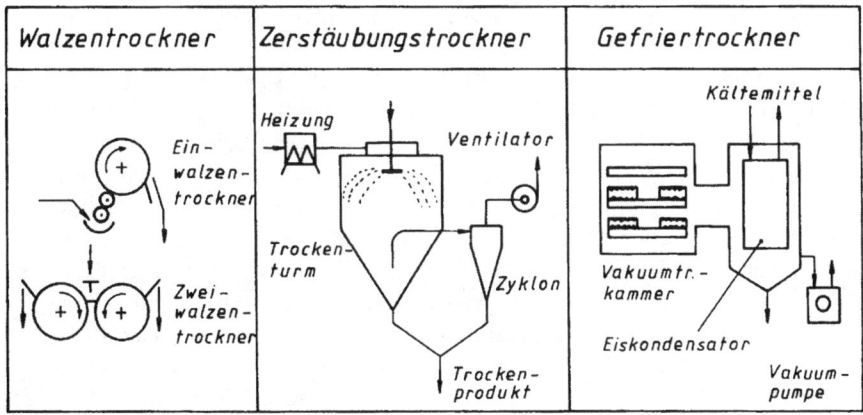

Abb. 9.8. Schematische Darstellung der Walzen-, Zerstäubungs- und Gefriertrocknung

Sublimationswärme durch Heizmittel in den Platten dem Gut zugeführt wird. Die Produkttemperaturen dürften während der Sublimationsphase zwischen $-30°$ und $-10°$C liegen und gegen Ende der Trocknung auf $30°$ bis $50°$C ansteigen. Je nach Bauart des Gefriertrockners dauert die Trocknung einer Charge zwischen 1–12 Stunden.

Weitere Verfahren sind die Wirbelschicht- und Hordentrocknung. Die unter 1–3 genannten Verfahren sind schematisch in Abb. 9.8 dargestellt.

Die bei der Trocknung auftretenden Veränderungen des Gutes stehen meist in unmittelbarem Zusammenhang mit seiner Hitzebelastung. Sie führt in erster Linie zu Proteindenaturierungen und Abbau von Aminosäuren, vor allem von Lysin (s. S. 134, 135). Auch geschmackliche Abweichungen können die Folge sein: karamelartiger Geschmack von Milchpulver (durch Lactoseabbau) und suppenwürzeähnliches Aroma (s. S. 121) von Kaffee-Extrakt z.B. nach Walzentrocknung. Auch Vitamine, besonders die Vitamine B_1, B_{12} und C leiden bei Erhitzung. Daneben werden Löslichkeit, Benetzbarkeit und das Eiweißquellungsvermögen der Produkte umso mehr in Mitleidenschaft gezogen, je höher erhitzt wurde. Unter diesem Gesichtspunkt werden daher die bisherigen Trocknungsverfahren immer mehr von Sprüh- und Gefriertrocknung verdrängt, wobei vor allem die Letztgenannte das Lebensmittel und sein Aroma optimal schützt. Daß allerdings auch hier eine Beeinflussung der Inhaltsstoffe stattfindet, kann am Beispiel von Milchpulver gezeigt werden, dessen Benetzbarkeit umso schlechter ist, je mehr Milchfett bei der Trocknung freigesetzt wurde. So betrug bei einer Sahne von 26–28% Fettgehalt die Menge an freigesetztem Fett bei

Walzentrockenpulver	91–96%,
Zerstäubungstrockenpulver	3–14%,
Gefriertrockenpulver	43–75%.

Während die oberen beiden Werte durch Hitzeeinwirkung hervorgerufen wurden, zeigt der relativ hohe freie Fettanteil des Gefriertrockenpulvers, daß offensichtlich auch beim Gefrieren die eiweißhaltigen Fettmembranen der Milch angegriffen worden waren. – Entscheidend für die Produktqualität gefriergetrockneter Lebensmittel ist auch die Geschwindigkeit des Vorfrierens. Während man beim Tiefgefrieren im allgemeinen Wert auf schnelle Umwandlung des Wassers in Eis legt, um die Textur zu erhalten (s. S. 152), hat sich beim Gefriertrocknen im Interesse von Aromaretention und Wasserwiederaufnahmegeschwindigkeit gerade ein relativ langsames Vorfrieren bewährt. Das dürfte damit zusammenhängen, daß dabei unter Bildung von reinen Eiskristallen höher konzentrierte Lösungen entstehen, die die Aromastoffe besser binden und die beim Trocknungsprozeß kleinere Poren bilden. Da gefriergetrocknete Güter große Oberflächen besitzen und somit sehr empfindlich gegen Luftsauerstoff reagieren können, ist einwandfreie Verpackung und häufig sogar das Begasen mit Inertgasen (vor allem Stickstoff) unbedingte Voraussetzung für die Haltbarmachung. Getrocknete Lebensmittel können teilweise bis zu 3 Jahren gelagert werden.

9.6
Konservieren durch Salzen, Zuckern und Säuern

Kochsalz steigert durch Quellung die Durchlässigkeit von Zellmembranen. So können Fäulniskeime bereits ab 8% Salz im Aufguß in ihrem Wachstum gehemmt werden. Bei dieser früher oft angewandten Methode zur Konservierung von Fleisch und Gemüse wurden allerdings höhere Salzkonzentrationen (bis 20%) angewandt. Es gibt indes Kahmhefen, die auch auf derartigen Laken noch wachsen können.

Auch Zucker kann eine Lebensmittelkonservierung bewirken, da er Wasser außerordentlich stark bindet. Daher sind Lebensmittel mit Zuckergehalten über 40% meist konserviert. Über die benötigte Zuckermenge entscheidet der Wassergehalt des Produktes. So benötigt Pflaumenmus zur Konservierung etwa 40% Saccharose, während die Anforderungen bei Konfitüren 50 bis 55%, bei Sirupen bis 60% Saccharose betragen. Im übrigen werden die konservierenden Eigenschaften von Zucker durch die gleichzeitig anwesenden Fruchtsäuren unterstützt.

Da die meisten Mikroorganismen in saurem Milieu nicht gedeihen, können auch Säuren zum Konservieren von Lebensmitteln herangezogen werden. Hiervon macht man Gebrauch durch Einlegen von Fleisch und Fisch bzw. von verschiedenen Gemüsen in Essig-Lösungen mit pH-Werten um 4. Auch Fruchtsäuren wie Wein-, Citronen- und Milchsäure spielen eine Rolle. Letztere ist das saure Prinzip der Gärungsgemüse (Sauerkraut, saure Gurken).

9.7
Pökeln, Räuchern

Fleisch kann man nicht nur durch Behandeln mit Kochsalz, sondern auch durch Pökeln (Behandeln mit Natrium- oder Kaliumnitrat bzw. mit Natriumnitrit) haltbarer machen (s. S. 169). Vor allem wird dadurch das Wachstum von **Clostridium botulinum** stark behindert. Der konservierende Effekt von Räucher-Rauch dürfte hauptsächlich auf seinem Gehalt an Formaldehyd und Phenolen beruhen (s. S. 169).

9.8
Bestrahlung von Lebensmitteln

In neuerer Zeit wird energiereiche Strahlung zunehmend dazu verwendet, den mikrobiologischen Status von Lebensmitteln zu verbessern, nachdem ihre mikrobiozide Wirkung schon seit 1898 bekannt ist. Abgesehen von UV-Strahlung, die in das Lebensmittel nicht eindringt und daher nur für die Oberflächenbehandlung infrage kommt, sind für eine Lebensmittelbestrahlung geeignet:

Betastrahlen (Elektronenstrahlen);
Röntgenstrahlen;
Gammastrahlen aus geeigneten Radioisotopen (^{60}Co und ^{137}Cs).

Diese Strahlen können organische Moleküle an den Trefferpunkten homolytisch zu Radikalen und heterolytisch zu Ionen spalten, weshalb man sie auch als ionisierende Strahlen bezeichnet. Kermreaktionen und damit eine Radioaktivität lösen sie dagegen nicht aus, solange eine gewisse Energieschwelle nicht überschritten wird. Die von der Weltgesundheitsorganisation einberufene Expertenkommission JECFI[3] hat daher die Empfehlung ausgesprochen, bei der Anwendung von Gamma- und Röntgenstrahlen eine Maximalenergie von 5 MeV[4] nicht zu überschreiten.

Betastrahlen werden u.a. erzeugt, indem man Elektronen in elektrischen Feldern beschleunigt (z.B. Linearbeschleuniger) und somit auf die benötigte Energie bringt. Die Eindringtiefe solcher Strahlung beträgt nur wenige Zentimeter, weshalb sie für eine Behandlung von in Kisten oder Paletten verpackten Lebensmitteln nicht infrage kommt.

Röntgenstrahlung entsteht beim Aufprall von Elektronen auf geeignete Materie, wobei Bremsstrahlung frei wird. Physikalisch gleichen sie den Gammastrahlen. Für eine Anwendung bei Lebensmitteln gibt es noch keine geeigneten Apparate. Gammastrahlung definierter Energie entsteht beim radioaktiven Zerfall geeigneter Radioisotope. So sendet das Kobalt-60-Isotop zwei Strahlungen von 1,17 und 1,33 MeV und Cäsium-137 eine Strahlung von 0,66 MeV

---

[3]   JECFI = Joint Expert Committee on the Wholesomeness of Irradiated Food der WHO/FAO.

[4]   MeV = die von einem Elektron aufgenommene Energie beim Passieen einer Potentialdifferenz von 1 Million Volt.

aus. Damit sind diese beiden Isotope für eine Lebensmittelbestrahlung am geeignetsten. Sie besitzen ebenso wie Röntgenstrahlen keine definierten Reichweiten, statt dessen gilt als Maß die Halbwerts-Schichtdicke, bei der die Hälfte der eingestrahlten Energie absorbiert ist. Da die Strahlungssquellen hermetisch abgeschlossen sind, kann Radioaktivität nicht auf das Lebensmittel übertragen werden.

Die erzielte Wirkung ist nicht nur von der eingestrahlten Energie abhängig, sondern vor allem von der absorbierten Dosis. Sie wird in Joule gemessen, die Einheit ist

$$1 \text{ Gy} = \text{J/kg} \quad [5]$$

Die empfohlene Höchstdosis für Lebensmittel beträgt 10 kGy. Um diesen Wert einordnen zu können, seien die für einige Zwecke benötigten Strahlendosen angegeben:

Tabelle 9.5. Für die Abtötung von Mikroorganismen und Insekten benötigte Strahlendosen[a]

	Dosis (kGy)
Abtötung von Insekten, ihren Larven und Eiern	0,2–1,0
Keimzahlverminderung von Bakterien, Schimmel und Hefen	2
Strahlenpasteurisation (Vernichtung nicht sporenbildender Mikroorganismen	5–10
Strahlensterilisation (wie vor, jedoch inkl. Sporenabtötung)	20–50
Inaktivieren von Viren	300

[a] Nach: Ehlermann DAE, Grünewald Th (1984) Internat Ztschr für Lebensmitteltechnologie und Verfahrenstechnik 35 : 5.

Bei der Inaktivierung von Mikroorganismen besteht ein logarithmischer Zusammenhang zur Strahlendosis. Wenn zum Beispiel bei Salmonella typhimurium in Hackfleisch pro kGy eine Keimzahlreduktion auf 1/10 erreicht wird, so müßte man bei 1 000 Salmonellen pro Gramm Hackfleisch eine Dosis von 3 kGy anwenden, um eine völlige Abtötung in etwa zu erreichen. Für Säugetiere sind Strahlendosen von 5–10 kGy absolut tödlich.

Die Anwendungsmöglichkeiten der Lebensmittelbestrahlung sind vielfältig (s. Tab. 9.6). Bisher wird eine Lebensmittelbestrahlung in etwa 40 Ländern an etwa 170 Produkten durchgeführt, wobei Keimreduktionen (z.B. Fisch, Geflügel) und Haltbarkeitsverlängerungen (z.B. Erdbeeren) in erster Linie angestrebt werden.

In der Bundesrepublik Deutschland ist derzeit nur die Bestrahlung mit UV-Licht von Trinkwasser, der Oberfläche von Käse sowie von Obst- und Gemüseprodukten erlaubt, während alle anderen Bestrahlungen von Lebensmitteln noch grundsätzlich verboten sind. Es besteht aber die Möglichkeit, bestimmte strahlenbehandelte Lebensmittel zu importieren, sofern eine Genehmigung des Bundesministeriums für Gesundheit vorliegt.

---

[5]   Gy = Abkürzung für Gray nach LH Gray (1905–1965), 1 000 Gy = 1 kGy.

Tabelle 9.6. Anwendungsmöglichkeiten der Lebensmittelbestrahlung[a]

Ziel	Dosisbereich (kGy)
Keimungshemmung bei Kartoffeln, Zwiebeln und Knoblauch	0,02–0,15
Reifungshemmung bei Früchten	0,1–1
Insektenbekämpfung in Getreide und Getreideprodukten, Trockenfrüchten	0,3–1
Bekämpfung von Parasiten, pathogenen Organismen und Mikroorganismen (mit Ausnahme von Viren), Bandwurm, Trichinen	0,1–1
Salmonellen u.a.	2–8
Verbesserung der Haltbarkeit durch Reduzierung der Belastung mit Mikroorganismen bei Fleisch, Fisch, Gemüse, Früchten	0,4–10
Verbesserung der Haltbarkeit durch praktisch vollständige Eliminierung von Mikroorganismen	10–50

[a] Nach: Ehlermann DAE, Grünewald Th(1984)Internat Ztschr für Lebensmitteltechnologie und Verfahrenstechnik 35:5.

Natürlich sind chemische Veränderungen der Lebensmittelinhaltsstoffe nach Bestrahlung nicht auszuschließen. So erwärmt sich ein Lebensmittel nach Absorption von 10 kGy um etwa 2,5°C. – Wie schon berichtet bilden sich dabei unter anderem auch OH -Radikale, die sich schnell zu H_2O_2 vereinigen. Dieses reagiert ebenso wie die aus organischen Molekülen entstehenden Radikale in stark wasserhaltigen Lebensmitteln schnell weiter, so daß bei solchen Lebensmitteln der Nachweis einer vorgenommenen Behandlung mit ionisierenden Strahlen schon nach wenigen Stunden bis Tagen nicht mehr möglich ist. Dagegen sind derartige Radikale in trockenen Lebensmitteln (getrocknete Gewürze, Milchpulver) noch längere Zeit existent und können mit verschiedenen Lumineszenzmethoden und Elektronenspinresonanz-Spektrokopie[6] nachgewiesen werden. Weitere Nachweismöglichkeiten ergeben sich aus der Erscheinung, dass freie Radikale auch mit anorganischem Material (Knochen, Schalen von Schalentieren, Mineralien in Gewürzen und pflanzlichen Lebensmitteln) reagieren und Fehlstellen im Kristallgitter besetzen können. Durch Einwirkung bestimmter Anregungsenergien (Temperatur, Licht) können diese Elektronen freigesetzt werden und geben ihre Energie als Licht ab (Thermolumineszenz, photostimulierte Lumineszenz).

Relativ leicht sind Bestrahlungsnachweise an Fetten durchzuführen, die in kleinsten Mengen zu Produkten reagieren, die dann im Gaschromatogramm nachgewiesen werden können. Es entstehen dabei in der Hauptsache Alkene und Alkane, die indes auch bei starkem Erhitzen des Fettes nachgewiesen wer-

---

[6] Mittels ESR-Spektroskopie weist man den Paramagnetismus durch den Spin ungepaarter Elektronen in kleinsten Konzentrationen nach.

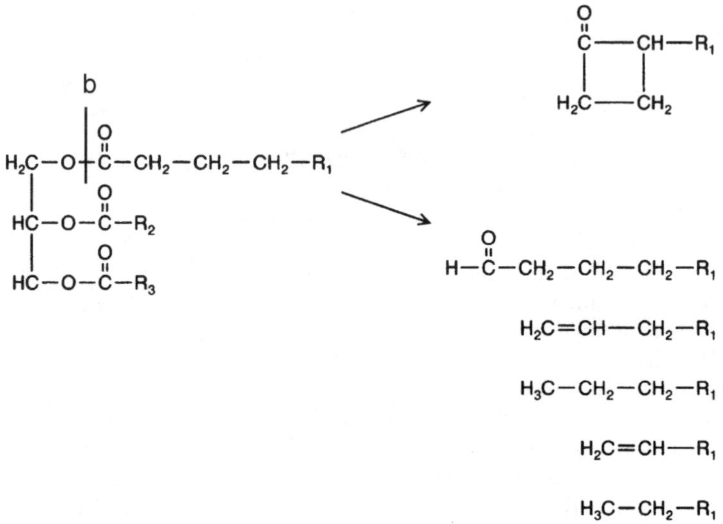

Abb. 9.9. Charakteristische Fragmentierungen an Fetten während einer Strahlenbehandlung

den können. Strahlenspezifisch ist dagegen die Bildung von 2-Alkylcyclobutanonen (Spaltungsstelle bei b in Abb. 9.9). Daneben entstehen Produkte einer strahleninduzierten Autoxidation, die aber identisch mit den durch Lipidautoxidation gebildeten Verbindungen sind. Die Mengen der durch Bestrahlung gebildeten Verbindungen sind äußerst gering.

Für die sinnliche Wahrnehmung von Aromaabweichungen reichen ihre Mengen allerdings häufig aus: So nimmt Milch schon nach Aufnahme geringer

Tabelle 9.7. Zugelassene Bestrahlungen von Lebensmitteln in den Niederlanden

Produkt	Strahlendosis (kGy)	Jahr der Zulassung
Erdbeeren	2,5 max	1969
Champignons	2,5 max	1969
Kartoffeln	0,15 max	1970
Sterilkost für Patienten	25	1972
Zwiebeln	0,05 max	1975
Garnelen	1 max	1976
Hähnchen	3 max	1976
Fischfilets	1 max	1976
Suppengrün	1 max	1977
Froschschenkel, gefroren	5 max	1978
Reis	1 max	1979
Gewürze	7 max	1980
Roggenbrot	5 max	1980

Strahlendosen einen charakteristischen Strahlengeschmack an. Es empfiehlt sich daher, die Lebensmittel während der Bestrahlung zu kühlen. Enzyme werden offenbar nicht geschädigt. Allerdings wurde von einem 50%igen Thiaminabbau in wäßriger Thiaminlösung nach Aufnahme von nur 0,5 kGy berichtet, der allerdings substratabhängig zu sein scheint, denn in Trockenei führte diese Dosis nur zu einem 5%igen Abbau dieses Vitamins.

Im europäischen Parlament wird derzeit über eine europaweit gültige Bestrahlungsrichtlinie beraten, in der allerdings Strahlendosen offenbar nicht mehr festgelegt werden. Wie Versuche in den USA nämlich gezeigt haben, werden Fehlaromen teilweise schon weit unterhalb der in Tabelle 9.7 genannten Strahlendosen derart stark gebildet, daß die Lebensmittel nicht mehr verzehrfähig sind. In praxi werden also diese Dosen gar nicht erreicht. – Offenbar wird die Bestrahlung europaweit auf getrocknete Kräuter und Gewürze beschränkt. In Deutschland bleibt die Lebensmittelbestrahlung weiterhin verboten. Solche Lebensmittel, die importierte, bestrahlte Zutaten enthalten, müssen als „bestrahlt" oder „mit ionisierenden Strahlen behandelt" gekennzeichnet werden.

10 Zusatzstoffe im Lebensmittelverkehr

(Unter Mitarbeit von P. Kuhnert, Königswinter)

10.1
Einführung, Begriffe

Die zunehmende Verlagerung der Lebensmittelherstellung in die industrielle Fertigung hat vermehrt die Zulassung chemischer Verbindungen notwendig gemacht, die Erzeugung und Haltbarmachung der Lebensmittel unterstützen. Bezeichnete man solche Verbindungen früher als „fremde Stoffe", da sie im natürlichen Lebensmittel oder seinen Rohstoffen nicht vorkommen, so wurde mit dem Lebensmittel- und Bedarfsgegenstände-Gesetz vom 15.8.1974 (LMBG) der Begriff der „Zusatzstoffe" eingeführt, aber erst durch das Lebensmittel-und Futtermittelgesetzbuch LFGB vom 1.9.2005 richtig an die internationale Definition(food additives) angepaßt. Es handelt sich also um Verbindungen, die dem Lebensmittel zur Erzielung chemischer, physikalischer oder auch physiologischer Effekte zugemischt werden. Zusatzstoffe werden also benötigt, um Struktur, Geschmack, Farbe, chemische und mikrobiologische Haltbarkeit verarbeiteter Lebensmittel, also ihren Gebrauchs und Nährwert zu regulieren bzw. zu stabilisieren sowie die störungsfreie Produktion der Lebensmittel sicherzustellen. Dies können synthetische Stoffe sein, teils sind es auch natürliche Stoffe, die aus dem einen Lebensmittel isoliert und einem anderen Lebensmittel als Wirkstoff zugesetzt werden.

Die deutschen lebensmittelrechtlichen Zulassungen wurden 1998 an die für den gemeinsamen Markt entwickelten Zusatzstoff-Richtlinien der EG angepaßt. Danach gilt als Zusatzstoff jeder Stoff, der Lebensmitteln zu technologischen Zwecken zugesetzt wird. Ausgenommen sind übliche Lebensmittelinhaltsstoffe wie Stärke, Gelatine, Eiweiß u. ä. In Deutschland gelten vorerst auch noch die zu diätetischen und ernährungsphysiologischen Zwecken zugesetzten Stoffe als Zusatzstoffe. Auch für sie gilt das Regelungsprinzip „Totalverbot mit Erlaubnisvorbehalt."

Zusatzstoffe dürfen nur verwendet werden, wenn und soweit sie ausdrücklich zugelassen worden sind. Die Zulassung darf nur erteilt werden, wenn und soweit erwiesen ist, daß ihre Verwendung keinerlei Gesundheitsrisiko bedeutet, technologisch notwendig ist und den Verbraucher nicht über die Eigenschaften des behandelten Lebensmittels täuscht. Außerdem wird ein weitge-

hendes Kenntlichmachen der verwendeten Zutaten und Zusatzstoffe vorgeschrieben. Hierfür gibt die Europäische Union jedem zugelassenen Stoff eine
„E-Nummer".

Die Zulassungen sind für alle technologischen Zusatzstoffe in allen Lebensmitteln zentral in der Zusatzstoff-Zulassungsverordnung vom 29.1.1998
zu finden; nur für die Lebensmittel Trinkwasser, Wein und Aromen sowie die
Zusatzstoff-Gruppen Extraktionsmittel, Bleichmittel, Technische Hilfsstoffe
und Enzyme gelten eigene Regelungen. Für die Identität und Reinheit der
Lebensmittelqualität nennt die Zusatzstoff-Verkehrsverordnung die entsprechenden Fundstellen im Amtsblatt der EG. Da spezielle Verordnungen weitere
Zusatzstoffe enthalten, wurde eine spezielle Fundstellenliste herausgegeben, in
der alle Lebensmittelzusatzstoffe und ihre „rechtlichen Fundstellen" angegeben sind.[1] Derzeit arbeitet eine EG-Kommission an umfassenden Zulassungs-
verordnungen für Zusatzstoffe, Enzyme, Aromen und Nahrungsergänzungs-
stoffe, die einmal als direkt wirkendes Recht die nationalen Regelungen ablösen sollen.

Die Auswahl von Zusatzstoffen und die Festlegung von tolerierbaren
Höchstmengen erfordert vom Gesetzgeber große Sorgfalt. So kommen chemische Verbindungen für eine Zulassung als Zusatzstoffe im Lebensmittelverkehr nur dann in Betracht, wenn ihre toxikologische Unbedenklichkeit
genügend begründet und bewiesen ist. Toxikologische Untersuchungen werden nach Vorversuchen an Zellkulturen zur Einengung meist an kurzlebigen
Tieren (Maus, Ratte), aber auch an Kaninchen, Hunden usw. durchgeführt. Die
Untersuchungen, die meist an zwei Tierarten (1 Nager, 1 Nichtnager) erfolgen
müssen, erstrecken sich auf:

Akute Toxizität, die ihren Ausdruck im **LD$_{50}$-Wert** findet und als die Menge
eines Stoffes definiert ist, deren Zufuhr bei 50% der Versuchstiere zum Tode
führt. Dieser Wert wird in mg/kg Körpergewicht ausgedrückt. Er ist heute
wegen der Tierschutzbestimmungen umstritten.

Die **subakute Toxizität** macht sich bei den Tieren schon nach vier Wochen
durch gesundheitliche Beeinträchtigungen bemerkbar.

Die **subchronische Toxizität** wird im „90-Tage-Test" ermittelt.

Die **chronische Toxizität** bestimmt man durch Fütterungsversuche über Zeiträume von 6 Monaten bis 2 Jahren.

Prüfungen auf **Cancerogenität** sind an mindestens zwei Tierarten durchzuführen, da man hier unterschiedliche Wirkungen gefunden hat. So erzeugt
β-Naphthylamin bei Mensch und Hund Blasentumore, nicht aber bei der Ratte.

Darüber hinaus werden Untersuchungen bezüglich folgender qualitativer
Faktoren durchgeführt:

---

[1]   Bekanntmachung des Bundesministers für Gesundheit der Liste der zugelassenen Lebensmittelzusatzstoffe (Fundstellenliste) mit Verzeichnis der EWG-Nummern und Zusammenstellung der wahlweise verwendbaren Bezeichnungen vom 10. Juni 1992.

Mutagenität: Ist nachweisbar durch Angriff auf die Desoxyribonucleinsäuren der Zelle. Mutagenitätsmessungen sind, verglichen mit anderen Daten, relativ leicht zugänglich, da sie an Bakterienstämmen (z.B. **Salmonella typhimurium**) vorgenommen werden können (Ames-Test). Die signifikante Mutagenität einer Substanz zeigt zwar die Möglichkeit ihrer Cancerogenität, ist aber nicht beweisend, nachdem eine Reihe mutagener Stoffe nicht cancerogen und einige cancerogene Verbindungen nicht mutagen sind. Für die Nicht-Identität beider Eigenschaften nimmt man derzeit eine Rate von jeweils 20% der Substanzen an. Mutagenitätsuntersuchungen können auch an Säugetier-Chromosomen mittels des „Sister chromatid exchange test" durchgeführt werden.

Kumulation: Anreicherung bestimmter Stoffe im Körper, wenn der Ausscheidungsweg überfordert ist und die Anhäufung zu Giftwirkungen führt.

Teratogenität: Eigenschaft zur Erzeugung von Mißbildungen an der Leibesfrucht.

Synergismus: Wirkungsveränderungen einer Substanz durch eine zweite.

Metabolischer Weg: Das biochemisch/pharmakologische Verhalten der Substanz, das sich aus Prüfungen über Resorption, Stoffwechsel, Speicherung, Ausscheidung und Abbau ergibt.

Die Ergebnisse aller dieser Versuche werden unabhängigen Expertengremien[2] vorgelegt, die sie auf Richtigkeit, Vollständigkeit, Stichhaltigkeit und Signifikanz überprüfen und auswerten. Die Bewertung führt, soweit es die Datenlage zuläßt,

– zu der Menge, die in keinem der Versuche einen meßbaren Effekt zeigt, dem „No Effect Level (NEL)" und durch Dividieren mit einem Sicherheitsfaktor, in der Regel dem Faktor 100
– zu der „Akzeptierbaren Tagesdosis" oder „ADI-Wert = acceptable daily intake".

NEL und ADI werden ausgedrückt in Milligramm Substanz pro Kilogramm Körpergewicht und Tag (Dimension: mg/kg.d). Gut verträglichen, z.B. gut verdaulichen Stoffen geben die Experten einen nicht zahlenmäßig definierten ADI („ADI not specified"), was besagen soll, daß dieser Stoff bei den bislang bekannten Anwendungen kein Gesundheitsrisiko bedeutet. Begrenzt verträgliche Stoffe erhalten zahlenmäßig begrenzte ADI-Werte. Die für den Menschen nach den bisherigen, wissenschaftlichen Erkenntnissen absolut sichere Tagesdosis in Milligramm ergibt sich als ADI, multipliziert mit seinem Körpergewicht. Ein gelegentliches Überschreiten des ADI bedeutet noch nicht das

---

[2]   JECFA = Joint Expert Committee on Food Additives der Weltgesundheitsorganisaion WHO und der Welternährungskommission FAO (UNO-Kommissionen). SCF = Scientific Committee on Food der EG bzw seit 2004 die Europäische Behörde für Lebensmittelsicherheit EFSA in Parma.
Für die USA: FDA = Food and Drug Administration, die Zusatzstoffen außer ADI auch einen GRAS-Status vergibt = generally recognized as safe.

Vorliegen eines Risikos, sondern lediglich, daß an diesem Tag der Sicherheitsfaktor zum NEL nicht 100, sondern vielleicht nur 50 betrug. Die ADI-Werte
werden von Zeit zu Zeit überprüft, wobei stets die neuesten Testmethoden
angewandt werden.

Der Gesetzgeber achtet bei den Zulassungen von Zusatzstoffen darauf, daß
die ADI-Werte möglichst nicht überschritten werden, indem er z.B. kalkuliert:

Bei Verwendung für nur einige Lebensmittel zu verantwortende Zulassung:

$$\frac{\text{ADI} \times \text{Körpergewicht in kg}}{\text{Übliche Verzehrsmenge in g}}$$

Also würde ein Backemulgator mit ADI = 20 zugelassen mit der Höchstmenge $= \dfrac{20 \times 70}{400} = 3,5$ g/kg Backware, wobei man vom täglichen Verzehr
von 400 Gramm Backware ausging.

Diese Werte werden in Rechtsregelungen häufig beträchtlich unterschrit-
ten, nämlich dann, wenn man zur Erzielung des gewünschten Effektes mit
weniger Zusatzstoff auskommt.

10.2
Zugelassene Konservierungsstoffe

Neben der konservierenden Wirkung von Salz, Zucker, Alkohol, bestimmten
Säuren oder Gefrierlagerung von Lebensmitteln bzw. ihrer Sterilisierung durch
Einwirkung von Hitze oder Bestrahlung mit ultraviolettem Licht oder ionisierenden Strahlen sind es eine Reihe von **chemischen Konservierungsstoffen**,
die die Haltbarkeit von Lebensmitteln verlängern. Sie dürfen dort angewendet
werden, wo eine technologische Notwendigkeit nachgewiesen ist. Chemische
Konservierungsstoffe üben im wesentlichen eine keimhemmende, d.h. anti-
septische Wirkung aus. Grundsätzlich unterscheidet man zwischen

antimykotischer Wirkung (gegen Schimmelpilze),
antiputrider Wirkung (gegen Fäulniserreger) und
antizymatischer Wirkung (gegen Gärungserreger).

Einige greifen offenbar die Zellmembranen der Mikroben an, die sie zerstören
oder abdichten, womit lebensnotwendige Austauschvorgänge unterbunden
werden. Andere blockieren reaktionsfähige Gruppen der Enzyme z.B. (S–H-,
C = O- oder NH_2-Gruppen) von Mikroorganismen und wirken so hemmend.
Da ihre Einwirkung kinetisch einer Reaktion 1. Ordnung entspricht, ist die bewirkte Absterberate der Menge an zugegebenem Konservierungsstoff und der
Anzahl an Mikroben direkt proportional. Daraus ergibt sich, daß die Anwendung chemischer Konservierungsmittel nur bei frischen Lebensmitteln, d.h.
bei niedrigen Keimzahlen, sinnvoll ist. Weiter wichtig sind Organismenart,
Temperatur und Säuregrad im Lebensmittel.

In Tabelle 10.1 sind die in der Zusatzstoff-Zulassungsverordnung aufgeführten Verbindungen mit konservierender Wirkung zusammengestellt.

Tabelle 10.1. In der Bundesrepublik Deutschland zugelassene Konservierungsstoffe und ihre ADI-Werte

Stoff	Kenn-Nr.	Formel	ADI-wert
Sorbinsäure u. ihr Na-, K- u. Ca-Salz	1	CH_3-CH=CH-CH=CH-COOH	0–25
Benzoesäure u. ihr Na-, K- u. Ca-Salz	2	C_6H_5-COOH	0–5
p-Hydroxybenzoesäureester bzw. sein Na-Salz (R = Methyl, Ethyl bzw. Propyl)	3	HO-C_6H_4-COOH	0–10
Propionsäure		CH_3CH_2COOH	

Tabelle 10.2. Aktuelle Sicherheitsbreite von konservierend wirkenden Stoffen. Nach: Lück E (1982) Chemie für Labor und Betrieb, S. 155

	Chronische Verträglichkeit im Futter	Anwendungs-Konzentration bei direkt verzehrten Lebensmitteln	Aktuelle Sicherheitsbreite
	%		
Sorbinsäure	5	0,1	50
Benzoesäure	1	0,1	10
PHB-Ester	1	0,05	20
Ameisensäure	0,2	0,3	0,7
Propionsäure	3	0,3	10
Kochsalz	1	2–3	0,3–0,5
Zucker	ca. 60	bis 60	≥ 1

Die notwendigen Konzentrationen, die zur Konservierung von Lebensmitteln angewandt werden müssen, sind in Tabelle 10.2 angegeben und den chronischen Verträglichkeiten im Futter gegenübergestellt. Durch Division errechnen sich Werte für eine „aktuelle Sicherheitsbreite", die um so niedriger sind, je größer sich das Sicherheitsrisiko darstellt. Zum Vergleich wurden die Werte für Salz und Zucker mit angegeben, deren Sicherheitsbreite niedriger ist als die der chemischen Konservierungsstoffe! Natürlich ist auch hier die Menge an verzehrtem Stoff entscheidend. Unser Speiseplan besteht weder ausschließlich aus salzigen Speisen oder aus Konfitüre (60% Zucker) noch ausschließlich aus chemisch konservierten Produkten!

Sorbinsäure (E-200) kommt in der Vogelbeere in Form ihres δ-Lactons (Parasorbinsäure, Sorbinöl, 5-Hydroxy-2-hexensäurelacton) vor. Im Säugetierkörper wird sie durch β-Oxidation abgebaut, woraus sich ihre Ungefährlichkeit ergibt. Sie ist in der Hauptsache antimykotisch wirksam, vermag darüber hinaus aber auch andere Mikroorganismen in ihrem Wachstum zu hemmen, indem sie dort physiologische Dehydrierungsvorgänge inhibiert. Sie wird in Mengen von 0,01 bis 0,3% in Margarine, Käse, Eigelb, Gemüse, Obsterzeugnissen, Backwaren und Wein angewandt. Besondere Bedeutung hat sie in den letzten Jahren als Konservierungsstoff gegen Schimmelpilzbefall in Schnittbrot erlangt. Auch in Fisch- und Fleischerzeugnissen wird sie in Kombination mit anderen Konservierungsmitteln verwendet. Obwohl Sorbinsäure im Sauren ihre höchste Wirkung entfaltet, ist sie doch bei weitem nicht so pH-abhängig wie Benzoesäure.

Benzoesäure (E-210) wird in Beerenfrüchten, z.B. der Preiselbeere, gefunden. Da nur ihre undissoziierte Form die lipoidähnliche Membran von Mikroorganismen durchdringen kann, entfaltet sie ihre Wirksamkeit nur in sauren Speisen (Marinaden usw.). Normal wird sie in Dosierungen von 0,05 bis 0,4% angewandt. Während Aerobier schon durch geringe Konzentrationen Benzoesäure inhibiert werden, sind zur Konservierung gegen Hefen und Schimmelpilze wesentlich größere Mengen notwendig. Die Wirkung der Benzoesäure beruht auf ihrem Hemmeffekt gegenüber Katalase und Peroxidase, wodurch eine Wasserstoffperoxid-Ansammlung in den Zellen hervorgerufen wird. Aus dem menschlichen Organismus wird sie als Hippursäure ausgeschieden. Über eine Kumulation ist nichts bekannt.

Ester der p-Hydroxybenzoesäure ("PHB-Ester", E 214–219) wirken nicht nur antimykotisch, sondern auch gegen zahlreiche Bakterien (Coli, Salmonellen, Staphylokokken etc.). Aufgrund ihrer geringeren Polarität kann die Verbindungsgruppe auch bei höheren pH-Werten angewandt werden, wo sie immer noch Lipoid-Membranen zu durchdringen und zu schädigen vermag. Sie wird in Mengen von 0,05 bis 0,1% eingesetzt. Ihre Wirksamkeit wird u.a. von der Art des Esters (Methyl-, Ethyl-, Propyl-) bestimmt. – PHB-Ester werden zum größten Teil unverändert ausgeschieden, in kleinen Mengen wurden daneben Phenole gefunden.

Propionsäure (E280–E283) bzw. ihr Natrium-, Kalium- oder Calciumsalz wird vorwiegend zur Konservierung von Schnittbrot, speziell zur Verhinderung des durch Bacterium subtilis bzw. B. mesentericus bewirkten Fadenziehens eingesetzt. Sie wird normalerweise in Mengen von etwa 0,3% und in Kombination mit Sorbinsäure verwendet. Schnittbrot kann auch durch Nacherhitzung in der Verpackung haltbar gemacht werden.

Die genannten Verbindungen entfalten besonders hohe Wirksamkeit als Gemische, indem sie synergistisch zusammen wirken.

Schweflige Säure (E-220–E-228) ist wohl eines der bekanntesten Konservierungsmittel überhaupt. Sie kann sowohl in Form des Anhydrids (SO_2) als auch ihrer Natrium-, Kalium- und Calciumsalze eingesetzt werden. Da ihr Bisulfition ebenfalls wirksam ist, kann sie auch in neutralem Milieu konservierend wirken. In der Hauptsache dient sie zur Konservierung von Obst- und Gemüseprodukten, die zum Teil ohne schweflige Säure nicht haltbar gemacht werden können.

Schweflige Säure und ihre Verbindungen hemmen bereits in Konzentrationen von 20 mg/kg das Wachstum von Schimmelpilzen und Kahmhefen. Ihre Anwendung im Weinbau wurde bereits von Homer beschrieben, nach-

Tabelle 10.3. In speziellen Verordnungen aufgeführte Zusatzstoffe

Stoff	Hauptsächliche Anwendung
Schweflige Säure und ihr Na-, K- und Ca-Salz	Frucht- und Gemüseprodukte
Biphenyl	Citrusfrüchte
o-Phenylphenol	Citrusfrüchte
Thiabendazol	Bananen
Räucher-Rauch	Fleisch, Fisch, Käse
Nitrat-, Nitritpökelsalz	Fleisch
Natamycin (Pimaricin)	Oberfläche von Hartkäse

dem man offenbar erkannt hatte, daß sie Wildhefen abtöten kann und somit unkontrollierte Gärungen bei der Weinbereitung verhindert. In besonders hohen Konzentrationen darf schweflige Säure in Trockenfruchten (bis 2 g/kg), in zerkleinertem Meerrettich und in Obstpulpen, die zur Konfitüren-Herstellung vorgesehen sind, als Farbstabilisator verwendet werden, weil sie die enzymatische Bräunung unterdrücken kann.

Die Bedeutung der schwefligen Säure ergibt sich nicht nur aus ihrer Hemmwirkung gegenüber Mikroorganismen, sondern auch aus ihrer Fähigkeit, die enzymatische Bräunung pflanzlicher Polyphenol-Systeme und auch nichtenzymatische Bräunungsreaktionen zwischen Eiweißstoffen und reduzierenden Zuckern (Maillard-Reaktion) zu verhindern. Dagegen darf schweflige Säure nicht zur Konservierung von Fisch und Fleisch verwendet werden, da sie eventuell auftretende Fäulnisgerüche überdecken würde.

Schweflige Säure ist nicht ganz ungiftig. So kann sie in Mengen ab 40 mg/l Wein Kopfschmerzen bewirken. Unverträglichkeiten gegen schweflige Säure sollen sich besonders bei einer Subacidität des Magens einstellen. Ihr Geschmacksschwellenwert liegt bei etwa 50 mg/l. Schweflige Säure zerstört Vitamin B_l und Biotin, während die Vitamine A und C stabilisiert werden.

In Tabelle 10.3 sind weitere Konservierungsstoffe aufgeführt, die an anderen Stellen genannt sind.

o-Phenylphenol (E-231) wird bei Citrusfrüchten zur Verhinderung des beim Transport leicht auftretenden Grün- und Blauschimmels angewandt. Hierzu werden die Früchte meist in Bäder mit Suspensionen oder Lösungen dieser Verbindungen getaucht. Obwohl dabei lediglich die Fruchtoberfläche behandelt wird, dringen geringe Mengen auch in das Fruchtfleisch ein. Daher sind noch tolerierbare Höchstmengen festgesetzt worden, die grundsätzlich von der ganzen, homogenisierten Frucht ausgehen. Die Nacherntebehandlungsmittel Biphenyl (ehemals E230) und Thiabendazol werden neuerdings als Pflanzenbehandlungsmittel geführt.

Thiabendazol wird im Bananen- und Citrusfrucht-Anbau wegen seiner fungistatischen Wirksamkeit angewandt, wobei es durch Wurzeln und Blätter aufgenommen wird. Es darf in Bananen nicht in Mengen über 3 ppm vorkommen. Auch Thiabendazol wird den Pestiziden zugerechnet.

Räucher-Rauch wird durch Verschwelen von Laub- und Nadelhölzern hergestellt. Die pyrolytische Zersetzung des Holzes bewirkt die Freisetzung verschiedener Phenole (aus Lignin) und Aldehyde (aus Cellulose), die mit Fleischeiweiß farbige Kondensationsprodukte bilden. Damit erhalten geräucherte Lebensmittel nicht nur den erwünschten Räuchergeschmack und eine gelbliche Farbe, sondern werden gleichzeitig konserviert. Hierfür dürften in der Hauptsache Formaldehyd, Acetaldehyd, Methanol sowie eine Reihe von Phenolen (Guajacol, Phenol, 2,6-Dimethoxyphenol) und Kresolen verantwortlich sein. Torf darf zur Herstellung von Räucher-Rauch wegen der damit verbundenen überhöhten Bildung cancerogener, polycyclischer Kohlenwasserstoffe nicht verwendet werden (Ausnahme: Malz zur Herstellung von Whisky). Da Räucher-Rauch aus Holz auch Benzpyren und andere polycyclische Kohlenwasserstoffe enthält, ist dafür Sorge zu tragen, daß die Grenzwerte eingehalten werden. Sie betragen für Benzpyren in Fleischerzeugnissen 1 μg/kg und 10 μg/kg für Raucharoma.

Nitrit und **Nitrat (E 249–E 252)** werden im Pökelprozeß in erster Linie zur sog. Umrötung von Fleisch eingesetzt. Dabei wird der Muskelfarbstoff Myoglobin in Stickoxid-Myoglobin (Stickoxid-Myochromogen) umgewandelt, das auch beim Kochen und Braten nicht zerfällt und so dem Fleisch eine ansprechende rote Farbe verleiht, während in unbehandeltem Fleisch aus Myoglobin graues Metmyoglobin entsteht. Auslösendes Agens der **Umrötung** ist in jedem Fall das aus Nitrit gebildete NO, weshalb z.B. Nitrat zunächst reduziert werden muß, was mit einer Nitratreduktasen enthaltenden Mikroflora geschieht. Zu ihrer Unterstützung wird gerne etwas Zucker zugegeben. Nitritpökelsalz enthält üblicherweise 0,4 bis 0,5% Natriumnitrit. Die Dosierungen sind so abzustimmen, daß in 1 000 g Fleisch-Fertigerzeugnis nicht mehr als 100 mg $NaNO_2$, in 1 000 g Rohschinken nicht mehr als 250 mg $NaNO_2$ enthalten sind. Nitrat kann auch zu Hartkäse und eingelegten Heringen zugesetzt werden.

Eine Pökelung bringt für Fleisch nicht nur die erwünschte Farbveränderung, sondern zusätzlich einen Konservierungseffekt, der sich vor allem auch auf **Clostridium botulinum** erstreckt, dessen Toxin (Botulismus-Toxin) das stärkste bekannte Gift darstellt.

Bei der Pökelung kennt man drei Verfahren:

1. **Naßpökelung** (Einlegen der Fleischstücke in eine 20–25%ige Pökellake).
2. **Trockenpökelung** (Überschichten von Fleisch mit Pökelsalz).
3. **Schnellpökelung** (Einspritzen von Pökellake in die Adern oder den Muskel).

Nitrit ist für den Menschen toxisch. So führen beim Erwachsenen schon 0,5 g Kaliumnitrit zu Methämoglobinämie. Hierbei entsteht aus Hämoglobin das Hämiglobin, das dann für den Sauerstoff-Transport ausfällt. Besonders sind Säuglinge in den ersten drei Lebensmonaten stark gefährdet, da bei ihnen die Häminreduktasen noch nicht voll ausgebildet sind.

Bei Zusatz von 15–25 g Nitritpökelsalz zum Kilogramm Wurstbrät sind theoretisch Nitrit-Gehalte von 60 bis 125 ppm in der Wurst zu erwarten. Die tatsächlichen Nitrit-Gehalte in Wurst dürften allerdings noch darunter liegen.

Darüber hinaus darf nicht verkannt werden, daß Nitrit mit sekundären Aminen die stark cancerogenen **Nitrosamine** (s. S. 263) bildet. In der Tat findet man in gepökelten Fleischwaren erhöhte Nitrosamin-Gehalte. Vor allem aber dürfen Fischwaren wegen der in ihnen enthaltenen Methylamine keinesfalls mit Pökelsalzen behandelt werden!

Natamycin (E 235, Pimaricin) ist ein Makrolid-Antibioticum, das sich besonders zur Oberflächenbehandlung von Wurst und Käse eignet, wo es den Schimmelansatz behindert. In dieser Wirksamkeit übertrifft es die Sorbinsäure bei weitem. Daher ist es in einigen Ländern schon zugelassen. In der Bundesrepublik Deutschland darf es seit kurzem für die Konservierung der Oberfläche von Hartkäse angewandt werden.

Nisin (E 234) ist ein enzymaktives Polypeptid, das aus **Streptococcus lactis** bzw. **Bacillus subtilis** gewonnen wird. Entsprechend seiner Herkunft tritt es auch bei der Käserei auf, wo es die Entwicklung einer Reihe käsereitechnisch schädlicher Mikroorganismen wie des Erregers der Buttersäuregärung inhibiert. Aufgrund seiner Eigenschaft, die Hitzeresistenz von Sporen gewisser Bazillusarten herabzusetzen, ist Nisin in der EG als Konservierungsmittel für Käse, Schmelzkäse, Sauerrahm und Puddinge begrenzt zugelassen.

10.3
Weitere, konservierend wirkende Stoffe

Bei den Verbindungen der Tabelle 10.4 handelt es sich um Produkte, die zeitweise als Konservierungsstoffe in Gebrauch waren oder zur Zeit in einigen Nicht-EG-Ländern noch erlaubt sind.

Ameisensäure entfaltet besonders starke Wirksamkeit gegenüber Bakterien, Schimmelpilzen und Hefen. Sie muß möglichst in undissoziierter Form angewandt werden, weshalb sie nur im sauren Bereich einsetzbar ist (z.B. Obstsäfte, Sauergemüse). In pektinreichen Lebensmitteln kann sie nicht angewandt werden, da sie Pektine ausfällt.

Borsäure (E 284) wurde früher vor allem zum Konservieren von Krabben verwendet. Man findet man sie noch in mild gesalzenem russischen Kaviar (Malossol). Sie stört den Phosphat-Metabolismus von Mikroorganismen und blockiert die Decarboxylierung von Aminosäuren. Darüber hinaus bildet sie mit Vitamin B_6 (Pyridoxal) einen Komplex und wirkt so als Antagonist. Da Borsäure im Fettgewebe und Zentralnervensystem des Menschen kumuliert wird und zu pathologischen Krankheitsbildern Anlaß gibt, ist sie nur noch für Kaviar zugelassen, weil seine Verzehrsmengen niedrig genug sind, um die Ausscheidungsrate von ca. 40 mg Borsäure pro Tag nicht zu überfordern.

Bromessigsäure wurde früher in Frankreich zum Konservieren von süßem Wein benutzt. Ihre Wirkung beruht auf der Reaktion mit SH-Gruppen, wodurch Enzymblockierungen ausgelöst werden. Da dieser Effekt auch beim

Tabelle 10.4. In der Bundesrepublik Deutschland nicht zugelassene Konservierungsstoffe

Verbindung	Verwendung	Formel
Borsäure	Krabben	H_3BO_3
Bromessigsäure	Wein	$BrH_2C\text{-}COOH$
Hexamethylentetramin, Formaldehyd	Fischzubereitungen	$(CH_2)_6N_4$, $HCHO$
Pyrokohlensäurediethylester	Säfte, Limonaden	$O - (COOC_2H_5)$
Salicylsäure	Marmelade	$C_6H_4(OH)COOH$
Wasserstoffperoxid	Milch	H_2O_2
Antibiotica, z.B. Tetra-Cycline, Tylosin	Fleisch, Fisch, Geflügel	
Ethylenoxid	Gewürze, Trockenfrüchte	$(CH_2)_2O$

Menschen zu erwarten ist, ist sie nicht mehr zugelassen. Die weniger giftige **Monochloressigsäure** wurde vor einigen Jahren mißbräuchlich in Bier angewandt. Sie wird auch zur Reinigung von Bierleitungen verwendet.

Die Wirksamkeit von **Hexamethylentetramin (E 239)** beruht auf der pH-abhängigen Abspaltung von **Formaldehyd.** Dieser Konservierungsstoff wirkt weitgehend spezifisch gegen Bakterien, während ein konservierender Effekt gegenüber Hefen und Schimmelpilzen ganz besonders hohe Konzentrationen erfordern würde. Bewährt hatte sich Hexamethylentetramin in Mengen von 250 bis 800 mg/kg zur Konservierung von Kaltmarinaden, Krebsfleisch und ähnlichen Erzeugnissen. Der Effekt beruhte auf einem Angriff des abgespaltenen Formaldehyds auf NH_2-, SH- oder OH-Gruppen von Proteinen, die dadurch so weit verändert werden, daß sie z.B. durch Proteasen schwerer gespalten werden. Da eine Bildung von Dimethylnitrosamin durch Formaldehyd in Gegenwart von Nitrit nicht ausgeschlossen werden kann, durften Pökelsalze nicht gleichzeitig zugegen sein. Formaldehyd wird seit einiger Zeit als cancerogen eingestuft. Seine Anwendung ist ebenso wie die von Hexamethylentetramin in der Bundesrepublik Deutschland verboten. Kleine Restmengen in der italienischen Käsesorte Provolone werden allerdings toleriert.

Pyrokohlensäuredimethylester (E 242, Dimethyldicarbonat DMDC) ist ein ideales Mittel zur Bekämpfung von Hefen und Keimen in Fruchtsäften und Limonaden, da er innerhalb weniger Stunden in Methylalkohol und Kohlendioxid zerfällt. Seine Anwendung wird jedoch auf alkoholfreie Getränke begrenzt, weil in Gegenwart von Ethanol eine Umsetzung zu Ethylurethan denkbar ist, das (in allerdings relativ hohen Dosen) krebserregend sein kann.

Salicylsäure wurde früher bei der haushaltsmäßigen Herstellung von Marmelade als Konservierungsstoff verwendet. Die auch in der Natur (Beerenfrüchte, einige Gemüse, s. Seiten 422, 425) vorkommende Verbindung wirkt indes wesentlich schwächer konservierend als Benzoesäure. Da bei ihrer Anwendung die Gefahr einer Kumulation besteht, die letztlich zur Schädigung von Schleimhäuten und des Zentralnervensystems führen kann, ist Salicylsäure international als Konservierungsstoff verboten.

Wasserstoffperoxid wurde früher in Mengen von 0,02 – 0,04% zum Entkeimen von Milch angewandt. Anschließend wurde das überschüssige Peroxid durch Erhitzen zerstört („Buddisieren", nach dem Erfinder Budde benannt) oder zusätzlich durch Katalase abgebaut („PK"-Verfahren). In den Tropen dürfte diese Behandlung manchmal die einzige Möglichkeit darstellen, Milch haltbar zu machen. Beim Tetrapak-Verfahren wird das Packmaterial mit H_2O_2 entkeimt und das nicht verbrauchte Peroxid durch Erhitzen zerstört. – Wasserstoffperoxid ist als Bleichmittel bei der Herstellung von Stärke, Gelatine und von Fischmarinaden zugelassen, dagegen nicht als Konservierungsmittel.

Antibiotika: Während die bisher behandelten Konservierungsmittel vorwiegend an den Bakterienmembranen bzw. an -SH-Gruppen von Enzymen ($\rightarrow$ Primärhemmung NAD-abhängiger Reaktionen) angreifen, inhibieren Antibiotika die Ribosomentätigkeit und damit die Proteinbiosynthese. Nisin und Natamycin sind Beispiele für Antibiotika, die im Lebensmittelbereich eingesetzt werden. Weitere Substanzen aus dieser Gruppe sind die Tetracycline, Terramycin (Oxytetracyclin) und Aureomycin (Chlortetracyclin).

	R_1	R_2
Oxytetracyclin:	H	OH
Chlortetracyclin:	Cl	H

So bewirken 5 ppm Oxytetracyclin auf Eis zum Kühlen von Fisch erhebliche Haltbarkeitsverlängerungen. Ebenso waren Frischfleisch und Hähnchen nach Tauchen in wäßriger Lösung mit 10 ppm Oxy- bzw. Chlortetracyclin (**Acronisations**-Verfahren) sehr viel länger haltbar. Das Makrolidantibioticum Tylosin wird in Ostasien zum Konservieren von Fischzubereitungen verwendet. – Antibiotika werden beim Kochen der Lebensmittel nicht vollständig abgebaut. In der Bundesrepublik Deutschland ist die Behandlung von Lebensmitteln mit solchen Antibiotika nicht erlaubt. Über Antibiotika als Rückstände von Tierarzneimitteln siehe S. 218.

Ethylenoxid und Propylenoxid, wichtige Grundstoffe zur Herstellung u.a. von Tensiden und Emulgatoren, wurden früher zur Schädlingsbekämpfung und zur Konservierung von Trockengewürzen und Trockenfrüchten eingesetzt. Seit einigen Jahren sind diese stark alkylierend wirkenden Mittel nicht mehr in der Anwendung, weil ihre Reaktion mit Chloriden zu stark cancerogenen Chlorhydrinen führt.

10.4
Antioxidantien

Fette, die ungesättigte Fettsäuren enthalten, können sehr leicht durch autoxidative Prozesse des Luftsauerstoffs geschädigt werden (s. S. 68 u. 69). Man versucht dem durch entsprechende Reinigung und geeignete Verpackung der Fette vorzubeugen. Dennoch kommt man in einigen Fällen ohne die Anwendung spezieller Antioxidantien nicht aus. Dabei handelt es sich meistens um Lebensmittel, in denen Fett großflächig dem Angriff von Luftsauerstoff ausgesetzt ist, wie Trockensuppen und -soßen, Kartoffeltrockenprodukte, Knabbererzeugnisse, Marzipanmasse und Walnußkerne. Auch ätherische Öle und andere Essenzen sowie Kaumassen dürfen mit Antioxidantien gegen Autoxidation geschützt werden, die hier schon in geringem Ausmaß zu erheblichen geschmacklichen Beeinträchtigungen führen würde.

In Tabelle 10.5 sind diejenigen Antioxidantien aufgeführt, die einzelnen Lebensmitteln unter Kenntlichmachung zugesetzt werden dürfen. Die natürlich vorkommenden Tocopherole (E 306, s. S. 29) sind allgemein als Zusatzstoffe zugelassen. Das gilt u.a. auch für die L-Ascorbinsäure (E 300), und ihre synthetischen Pendants (E 307 – E 309) sowie für die fettlösliche 6-Palmitoyl-L-ascorbinsäure (E 304), die alle synergistisch wirken und Sauerstoff abfangen können. Auch Citronen- und Weinsäure wirken synergistisch, weil sie Schwermetallionen komplex binden können. Zur besseren Fettlöslichkeit werden sie mit Fettsäuren (Stearylcitrat) oder Monogliceriden verestert (Weinsäuremonoglycerid) eingesetzt.

Die Wirkung phenolischer Antioxidantien wird mit ihrer Fähigkeit erklärt, radikalische Bruchstücke abzufangen und zu binden, wobei sich die Möglichkeit zur Resonanzstabilisierung positiv auswirken dürfte (Abb. 10.1). Ihre Wirkung wird erheblich unterstützt durch Komplexbildner (z.B. Phosphate, Citrate, EDTA), die prooxidativ wirkende Metallionen (Fe, Mn, Cu) komplex binden und so desaktivieren.

Tabelle 10.5. Im Lebensmittelverkehr zugelassene Antioxidantien

Tocopherole	Formel s. S. 28	Butylhydroxy-anisol (BHA)	
Gallate (Octyl-, Dodecyl-)	$R = C_8H_{17}$ $= C_{12}H_{25}$		
Butylhydroxy-toluol (BHT)		6-Palmitoyl-L-ascorbinsäure (Ascorbyl-palmitat)	

$$AH + R^{\cdot} \longrightarrow A^{\cdot} + RH$$

$$A^{\cdot} + R^{\cdot} \longrightarrow AR$$

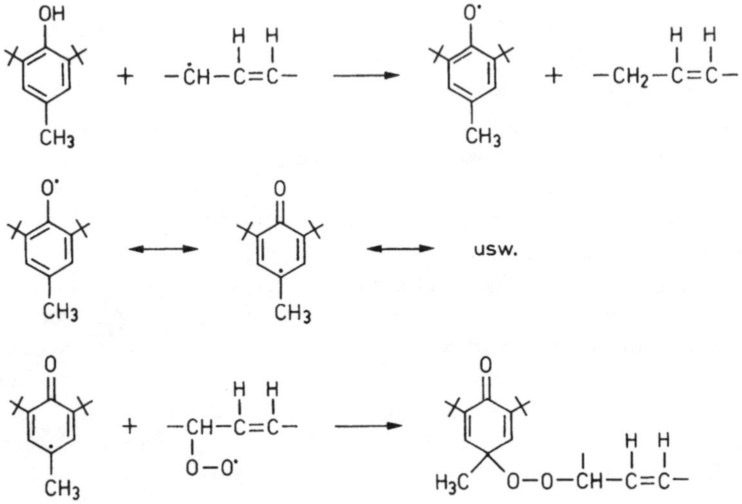

Abb. 10.1. Wirkungsmechanismus von Antioxidantien

Aus Abb. 10.1 ist ersichtlich, daß Antioxidantien im Verlaufe autoxidativer Einflüsse verbraucht werden. Daher wird man günstige Ergebnisse nur dann erwarten können, wenn das Antioxidans ins frische Fett gegeben wird, um seine Wirkung bereits innerhalb der Induktionsperiode entfalten zu können. Abgesehen von den vom Verordnungsgeber tolerierten Höchstmengen besitzen Antioxidantien optimale Wirkung innerhalb bestimmter Konzentrationen. Nach Zusatz zu großer Mengen sollen sie pro-oxidativ wirken können, wobei sie in größere Molekülverbände mit eingebunden werden.

Die Ester der natürlich vorkommenden **Gallussäure** besitzen ausgezeichnete antioxidative Eigenschaften. Neben den in der Bundesrepublik zugelassenen Propyl-, Octyl- und Dodecylestern (E-310-312) werden auch andere Gallate gehandelt. Wegen der geringen ADI-Werte von 0,5 mg ist die Anwendung auf 200 mg pro Kilo Fett für bestimmte Lebensmittel begrenzt.

Butylhydroxytoluol (BHT, E 321) und -anisol (BHA, E 320) sind synthetische Antioxidantien mit recht guter antioxidativer Wirksamkeit. Sie werden häufig im Gemisch mit Gallaten und Tocopherolen eingesetzt, und zwar nicht nur in Lebensmitteln, sondern auch in Verpackungsmaterialien. Toxikologisch scheint BHT nicht ganz unproblematisch zu sein, da man nach Verfütterung an Ratten Störungen im Fettstoffwechsel der Leber gefunden hat. Sie werden offenbar vorübergehend mit dem Fett resorbiert, jedoch recht schnell wieder ausgetauscht und ausgeschieden. Ihr ADI-Wert liegt vorläufig bei 0,5 mg/kg Körpergewicht. Auch BHA wurde in letzter Zeit wegen schädlicher Nebenwirkungen angegriffen. Hier handelte es sich offensichtlich darum, daß im toxikologischen Experiment zu große Konzentrationen angewandt worden waren, die an der Magenschleimhaut der Ratten zu Irritationen geführt hatten.

Es gibt auch einige Kräuter mit antioxidativer Wirkung (s. S. 68 u. 69). Sie werden natürlich als Lebensmittel gewertet. Werden jedoch die antioxidativ wirkenden Anteile aus ihnen isoliert und angereichert, so gelten diese Extrakte als zulassungsbedürftigen Zusatzstoffe.

10.5
Emulgatoren

Unter Emulgatoren versteht man Verbindungen, die in der Lage sind, Grenz-flächenspannungen zwischen zwei nicht mischbaren Flüssigkeiten zu verrin-gern. In bezug auf Lebensmittel kann dieser Begriff auf Wirkungen zwischen Wasser und Fett eingeengt werden. Natürlich vorkommende Emulgatoren sind z.b. die **Lecithine**, die in ihrem Phosphat-Rest eine stark hydrophile und in den Fettsäureketten stark lipophile Gruppen besitzen. Sie werden hauptsächlich aus Sojabohnen und Eigelb gewonnen. Auch **Sterole** können als Emulgatoren wirksam sein, da sie ein beträchtliches Wasserbindungsvermögen bei aller-dings nur mäßiger Grenzflächenaktivität besitzen.

Auch die natürlich vorkommenden **Mono-** und **Diglyceride** (s. S. 72) ha-ben Emulgatoreigenschaften. Man kann sie relativ leicht synthetisieren und ihre Eigenschaften durch zusätzliche Blockierung freier Hydroxyl-Gruppen einstellen. Hierzu verwendet man in der Regel Hydroxysäuren bzw. ihre ace-tylierten Derivate. Ein Beispiel hierfür ist Diacetylweinsäuremono/diglycerid, das in der Backwarenindustrie eingesetzt wird und durch Umesterung natürli-cher Fette mit Weinsäure und Essigsäureanhydrid synthetisiert wird. Weitere synthetische Emulgatoren leiten sich vom Sorbitan ab, in das lipophile Reste durch Veresterung mit Fettsäuren (→ „**Spans®** ") eingebaut werden. Sorbitan entsteht durch Wasserabspaltung aus dem Zuckeralkohol Sorbit (s. S. 93). Eine weitere Modifizierung der erhaltenen Eigenschaften kann außerdem durch etherartige Bindung von Polyoxyethylenglykolen (→„**Tweens®** ") erreicht wer-den. Solche Polysorbate und ebenso Polyglycerinester weisen stark hydrophile Emulgatoreigenschaften auf, so daß sie zugleich als Lösungsvermittler z.B. für Aromen eingesetzt werden können. Die Konstitution einer Reihe derartiger Emulgatoren ist in Abb. 10.2 dargestellt.

Emulgatoren finden in der Lebensmitteltechnologie vielfältige Anwendung So können sie die plastischen Eigenschaften eines Lebensmittels positiv beein-flussen, indem sie z.B. die Streichfähigkeit von Margarine oder die Plastifizie-rung von Kaugummi-Massen erleichtern. Auch können sie die Einarbeitung von Luft in halbfeste Systeme wie z.B. Softeis unterstützen. Vor allem aber verbessern sie die Benetzung fetthaltiger Partikel, wie sie z.B. in Milch- und Eipulvern, Getränkepulvern, Kartoffeltrockenmassen und anderen Instantpro-dukten vorliegen, deren Auflösung in Wasser durch sie beschleunigt wird. Auch in Stärkeerzeugnissen wirken sie sich positiv aus. So setzt man Emulgatoren zu „Feinen Backwaren" in Mengen bis 2% zu, womit man eine gleichmäßige

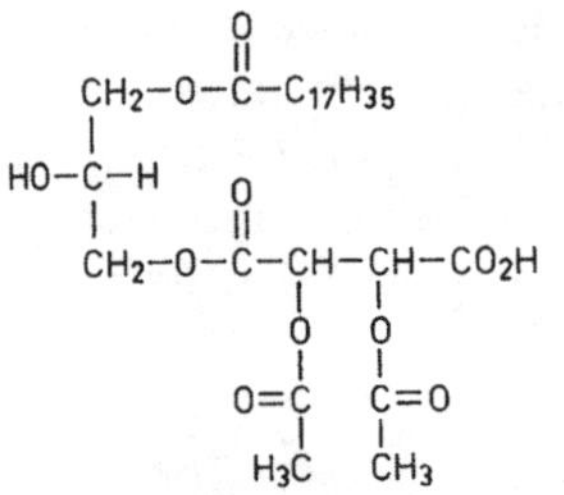

Diacetylweinsäure-monostearinsäure-glycerid

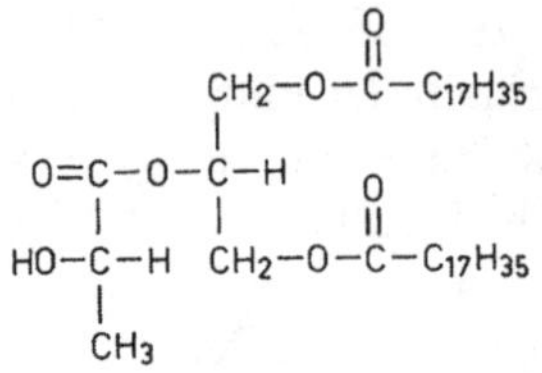

Milchsäure-distearinsäure-glycerid

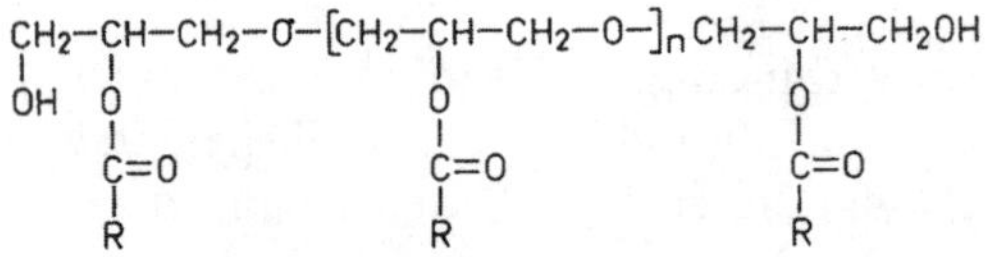

Polyglycerin-fettsäure-ester

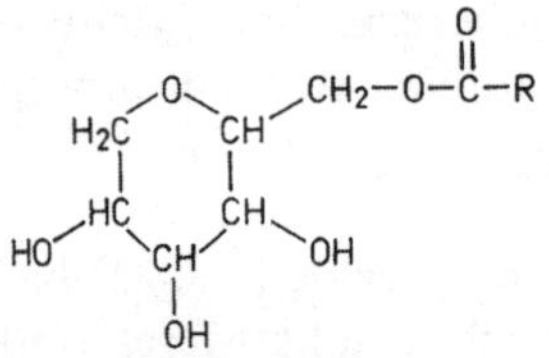

Sorbitan-6-fettsäure-ester „Span"-Typ

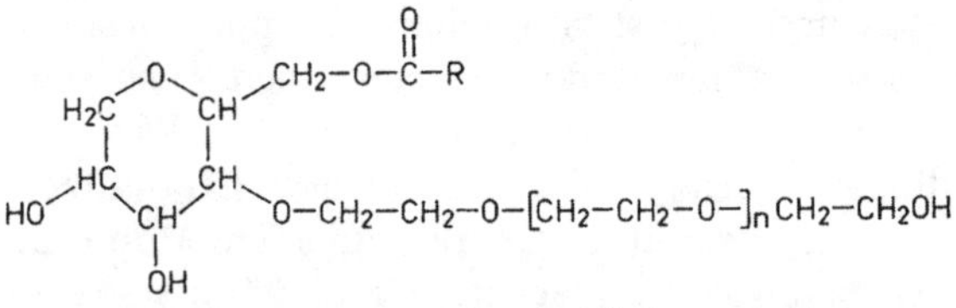

4-Polyoxyethylen-sorbitan-6-fettsäure-ester „Tween"-Typ

Abb. 10.2. Chemischer Aufbau wichtiger Emulgatoren

Porung erreicht. Da sie die Rückkristallisation gequollener Stärke („Retrogradation") verzögern, können sie gleichzeitig dem „Altbackenwerden" von Gebäck entgegenwirken. Auch in Schokolade verzögern sie die Kristallisation von Kakaofett, die sich manchmal als Fettreif äußert. Besonders positive Wirkungen zeigen sie bei Überzugsmassen von Früchten, Nüssen und Käse, wo sie Aromaverlusten und einem Austrocknen entgegenwirken.

Nicht zulassungsbedürftig sind natürlich Eidotter und Sahne. Aber auch teilverseifte und teilhydrolysierte Fette sowie aufgeschlossenes Eiweiß und Casein sind nicht zulassungsbedürftig. In Tabelle 10.6 sind die zugelassenen Emulgatoren aufgelistet.

Entsprechend ihrem chemischen Aufbau, d.h. der Anzahl der in ihrem Molekül vereinigten lipophilen und hydrophilen Gruppen, gehören Emulgatoren, die vor allem in der Kosmetik weit verbreitet Anwendung finden, dem „Öl-in-Wasser (O/W)-Typ" oder dem „Wasser-in-Öl (W/O)-Typ" an. Aus ihren Verseifungs- und Säurezahlen bzw. dem Gehalt an Ethylenoxid oder mehrwertigen Alkoholen läßt sich experimentell und rechnerisch ein System von HLB-Werten (**Hy**drophil-**L**ipophil-**B**alance) aufstellen. Diese Zahlen geben Auskunft über die Löslichkeit eines Emulgators und seine Tendenz, überwiegend W/O oder O/W-Emulsionen aufzubauen. So besitzen W/O-Emulgatoren

Tabelle 10.6. Zugelassene Emulgatoren

Für Lebensmittel allgemein zugelassen		Mit Mengenbeschränkung für bestimmte Lebensmittel zugelassen	
E 304	Fettsäureester der Ascorbinsäure	E 432–36	Polysorbate
E 322	Lecithine	E 442	Ammonphosphatide
E 470	Salze von Speisefettsäuren	E 473	Zuckerester von Fettsäuren
E 471	Mono/Diglyceride von	E 474	Zuckerglyceride
	Speisefettsäuren (MDG)	E 475	Polyglycerinfettsäureester
E 472a	Essigsäureester von MDG	E 476	Polyglycerinpolyricinoleat
E 472b	Milchsäureester von MDG	E 477	Propylenglycolfettsäureester
E 472c	Citronensäureester von MDG	E 479b	Thermoxidiertes Sojaöl, mit
E 472d	Weinsäureester von MDG		MDG verestert (TOSOM)
E 472e	Mono- und Diacetylweinsäure-	E 481	Na-Stearoyllactat (NSL)
	ester von MDG	E 482	Ca-Stearoyllactat (CSL)
E 472f	Gemischte Weinsäure- und	E 483	Stearoyltartrat
	Essigsäureester von MDG	E 491–	Sorbitanester der Fettsäuren
E 1450	Stärkeoctenylsuccinat	495	

HLB-Werte von 2 – 8 und O/W-Emulgatoren über 14. Die HLB-Werte sagen allerdings nichts aus über Grenzflächenaktivitäten und Emulsionsstabilitäten. Ionogene Emulgatoren bilden pH-abhängig unterschiedliche Hydratformen. Daher verändert sich ihr HLB-Wert mit dem pH. In Tabelle 10.7 sind einige HLB-Werte angegeben.

Tabelle 10.7. HLB-Werte einiger Fett-Emulgatoren (aus: Handbuch der Lebensmittelchemie (1969) Bd. 4, S. 270, Springer-Verlag)

Emulgator		HLB-Wert
Lactyliertes Mono/Diglycerid	(Atmul 200)	2,6
Propylenglycol-monostearat		3,4
Glycerin-monostearat		3,8
Sorbitan-monooleat	(Span 80)	4,3
Sorbitan-monopalmitat	(Span 40)	6,7
Polyoxyethylen-sorbitan-monostearat	(Tween 61)	9,6
Polyoxyethylen-sorbitan-tristearat	(Tween 65)	10,5
Saccharose-monopalmitat		11,8
Polyoxyethylen-sorbitan-monooleat	(Tween 80)	15,0
Natriumoleat		18

10.6
Verdickungsmittel

Eine Reihe höhermolekularer, den Kohlenhydraten strukturell nahestehender
Verbindungen hat in wäßriger Lösung die Eigenschaft, bereits in Konzentrationen von 1 bis 3% die restlichen 97 bis 99% Wasser zu binden. Daher sind
solche Verdickungsmittel, die man aus bestimmten Pflanzensäften, Samen und
Algen gewinnt, in der Lebensmitteltechnologie weit verbreitet. Man findet sie
in Saucen, Suppen, Desserts, Cremes, Geleeartikeln, Gummibonbons und ähnlichen Produkten, wo stabile Gele und Emulsionen bzw. Viscositätserhöhungen
erwünscht sind (vgl. Tabelle 10.8).

Ihre Wirkung leitet sich aus ihren Strukturen ab (s. S. 110). So ist bekannt,
daß Gele bevorzugt von großen, fadenförmigen Molekülen gebildet werden,
wenn sie sich unter ganz bestimmten Bedingungen ineinander verknäulen,
wobei das sich bildende Gerüst das umgebende Wasser wie ein Schwamm in
sich einschließt. Erst nach starker mechanischer oder thermischer Beanspruchung tritt die Fließfähigkeit wieder ein. – Die Bedingungen für eine Gelbildung können recht unterschiedlich sein. So unterscheidet man bei **Pektinen** zwischen hoch- und niederveresterten Produkten. Bei den hochverester-
ten Produkten sind mehr als 50% der vorhandenen Carboxyl-Gruppen als
Methylester gebunden. Solche Pektine setzen zur Gelbildung einen bestimmten Zucker- und Säuregrad voraus, wobei letzterer die Eigendissoziation der
noch freien Carboxyl-Gruppen herabsetzen soll. Je länger die Pektinkette ist,
desto fester wird das entstehende Gel. Auch bezüglich der Geliergeschwin-

Tabelle 10.8. Eigenschaften und Einsatz von Verdickungsmitteln

Funktion	Wirkung	Anwendung
Verdickungsmittel	Viscositätserhöhung	Suppen, Cremes, Füllungen, Saucen
Bindemittel	Verhindert Entmischung	Speiseeis
	Verhindert Synärese[a]	Joghurt, Wurst, Käse, Tiefgefrierkost
	Verbessert Textur[b]	Speiseeis, Kekse
Stabilisator	Emulsionsbildung und -erhaltung	Mayonnaisen, Dressings
	Suspensionserhaltung	Trübsaft- und Schokoladengetränke
	Rekristallisationsverhinderer	Eiskrem, Zuckersirup, Tiefkühl-produkte
Gelierhilfsmittel	Gelbildner	Pudding, Aspik, Fruchtgelees

[a] Synärese = „Entquellung" von Gelen unter Austritt des Dispersionsmittels wobei jedoch
die Struktur erhalten bleibt.
[b] Textur = Gefüge.
[c] Gel = verfestigter Zustand einer kolloidalen Lösung (Sol), wobei das Dispersionsmittel
fest an meistens vernetzte Makromoleküle gebunden ist. Der Begriff entstand in Anlehnung
an das Wort Gelatine.

digkeit gibt es Unterschiede. So sind im schnell gelierenden Pektin 70–75%, in der langsam gelierenden Variante 60–65% der Carboxyl-Gruppen methyliert. Schnell gelierendes Pektin verwendet man z.B. in Konfitüren, die nach Abfüllung schnell erstarren sollen, um ein Aufschwimmen der Früchte zu unterbinden. – Niederveresterte Pektine mit einem Veresterungsgrad unter 50% sind dagegen in ihrer Gelierkraft von Zucker- und Säuregrad weitgehend unabhängig. Vielmehr ist es hier die Verknüpfung zweier Ketten durch Calcium-Ionen, die zum Gelieren führt. Dabei sind 25–80 mg Calcium-Ionen für 1 g Trockenpektin ausreichend. In diesem Verhalten ist es den **Alginaten** (Salzen der Polymannuronsäure) ähnlich, die ebenfalls erst nach Bindung an Calcium-Ionen Gele bilden. Beide, sowohl niederverestertes Pektin als auch Alginat, werden u.a. zum Gelieren milchhaltiger Produkte verwendet. Letzteres wird vor allem wegen seiner Emulsionsstabilisierenden Eigenschaften gerne eingesetzt, um z.B. Sauermilchprodukte, wie Joghurt, Kefir und Sauermilch, beim Pasteurisieren stabil zu halten. Daneben findet man es vor allem in Eiskrems, Suppen und Soßen. Auch **Agar Agar** und **Carrageen** sind Geliermittel von hervorragender Wirksamkeit. Letzteres bildet mit dem Casein der Milch komplexe Agglomerate, was man zum Andicken von Frucht/Milch-Getränken oder zum Stabilisieren von Kakaobestandteilen in Trinkschokolade ausnutzt.

Verzweigte Moleküle scheinen dagegen nicht so leicht Gele bilden zu können, da das zur Gerüstbildung erforderliche Zusammentreffen geeigneter Gruppen sterisch behindert ist. Zum Beispiel eignen sich solche Verbindungen wie das kugelförmige **Gummi arabicum** lediglich zur Bereitung fließfähiger Lebensmittelzubereitungen erhöhter Viscosität, die sie allerdings über einen weiten Konzentrationsbereich bilden. Zu dieser Gruppe gehören auch **Guarmehl**, das schon in sehr geringen Konzentrationen die Viscosität wäßriger Lösungen erhöht, und **Johannisbrotkernmehl, (Carubin)**, das sich vor allem als Wasserbindemittel bewährt hat. Es wird in den USA u.a. in Würstchen und Salami angewandt, deren Austrocknung es zuverlässig verzögert.

Seit 1998 sind neben **Methylcellulose** und **Na-Carboxymethylcellulose** (CMC) noch weitere Celluloseether als Dickungsmittel in Lebensmitteln allgemein zugelassen. Sie wirken sowohl als Stabilisatoren wie auch als Schaumbildner, Kristallisationsverzögerer, Emulgatoren und Aufschlagmittel. Sie werden in Konzentrationen von 0,5 bis 2% angewendet. Ihre Eigenschaften sind ebenfalls aus ihren Strukturen ableitbar. So können ihre Emulgatoreigenschaften sowohl aus dem gleichzeitigen Vorkommen von hydrophilen Hydroxyl- als auch hydrophoben Gruppen erklärt werden. Diese Kombination begünstigt die Bildung von „Öl-in-Wasser"-Emulsionen und wirkt dadurch z.B. in Eiskrem und Mayonnaisen stabilisierend. Gleichzeitig setzt Methylcellulose die Oberflächenspannung in Wasser herab. Natriumcarboxymethylcellulose ist demgegenüber eine ionische Verbindung. Sie wirkt besonders als Suspendiermittel in trüben Limonaden und Kakaogetränken, während sie in Speiseeis als Rekristallisationsverhinderer eingesetzt wird.

Tabelle 10.9. In Lebensmitteln zugelassene Verdickungsmittel

Zugelassene Stoffe		Zugelassene Stoffe	
E 400	Alginsäure	E 464	Hydroxypropylmethylcellulose
E 406	Agar	E 465	Ethylmethylcellulose
E 407	Carragen	E 466	Carboxymethylcellulose Na
E 410	Johannisbrotkernmehl	E 468	Vernetzte „ "
E 412	Guarkernmehl	E 1404	Oxidierte Stärke
E 413	Traganth	E 1410	Monostärkephosphat
E 414	Gummi Arabicum	E 1412	Distärkephosphat
E 415	Xanthan	E 1413	Phosphatiertes Distärkephosphat
E 417	Tarakernmehl	E 1414	Acetyliertes Distärkephosphat
E 418	Gellan	E 1420	Acetylierte Stärke
E 440	Pektine	E 1422	Acetyliertes Distärkeadipat
E 460	Cellulose	E 1440	Hydroxypropylstärke
E 461	Methylcellulose	E 1442	Hydroxypropyldistärkephosphat
E 463	Hydroxypropylcellulose	E 1450	Stärkeoctenylsuccinat
		E 1451	Acetylierte,oxidierte Stärke

Nur für einige Lebensmittel und in der Anwendungsmenge beschränkt:

E 405	Propylenglykolalginat	E 416	Karaya-Gummi

Die in Tabelle 10.9 aufgeführten, modifizierten Stärken verbessern die Eigenschaften nativer Stärke. So erhält Stärke durch partielle Veresterung mit Essigsäureanhydrid eine bessere Alterungsstabilität, indem die Acetat-Gruppen offenbar die Assoziation der Moleküle untereinander hemmen. Die Vernetzung durch Phosphorsäure bzw. Adipinsäure soll nicht nur die Quellung verzögern und die z.B. bei Kartoffelstärke beobachtete Viscositätsabnahme nach längerem Kochen verhindern, sondern auch die Widerstandsfähigkeit gequollener Stärkekörner gegen Scherkräfte erhöhen, die Gefrier-Auftaufestigkeit von Emulsionen sichern und im Sauren zur Stabilisierung beitragen. Während man damit also saure Suppen dauerhaft andicken kann, würde z.B. unmodifizierte Kartoffelstärke bei pH = 5 abnehmende Viscosität zeigen.

Die modifizierten (auch vernetzten) Stärken sind voll verdaulich. Dagegen bleiben modifizierte Cellulosen unverdaulich, auch wenn sie löslich gemacht werden. Die Verdickungs- und Geliermittel aus Algen (Alginate, Agar, Carrageene), die aus Pflanzensäften (Gummi arabicum, Traganth) oder Samen gewonnenen (Guar, Johannisbrot) Stoffe sowie Pektine werden von den Verdauungs-Enzymen nicht angegriffen. Sie können aber von der Dickdarmflora gespalten und dann kalorisch nutzbar gemacht werden

10.7
Stabilisatoren

Hier sollen Verbindungen behandelt werden, die ähnlich wie Emulgatoren und Verdickungsmittel die Zustandsform eines Lebensmittels oder einer Zubereitung mechanisch stabilisieren. Während die Emulgatorwirkung auf einen teilweisen Ausgleich von Polaritätsunterschieden der in Emulsionen enthaltenen Lebensmittelinhaltsstoffe beruht und Verdickungsmittel die Viscosität eines Lebensmittels durch Bindung des Wassers beeinflussen, wirken die hier behandelten Stoffe mehr oder weniger direkt auf Eiweiß ein, das sowohl als Sol wie auch im Gelzustand vorliegen kann. Auch Farbstabilisatoren, die Verfärbungen verhindern, ohne selbst bleichend oder färbend zu wirken, zählen zu den Stabilisatoren.

Phosphate: Verbindungen der Phosphorsäure sind in der Natur weit verbreitet; ihre Alkalisalze wirken z.B. im physiologischen Bereich als Puffersysteme. In Lebensmitteln werden die folgenden Verbindungen eingesetzt (bzw. in Form der Kalium- und teilweise auch Calcium-Verbindungen):

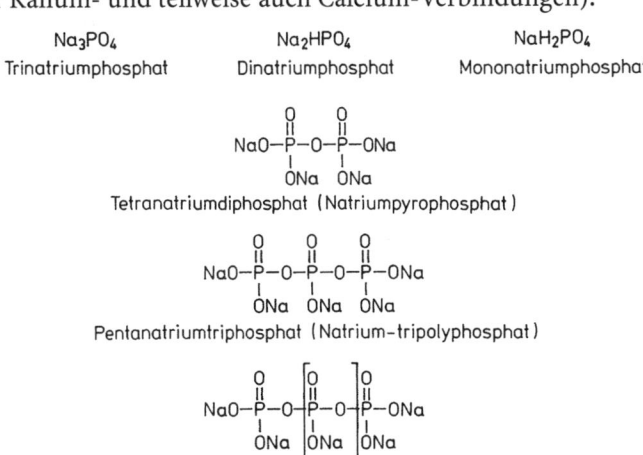

Salze der vorbezeichneten Strukturen haben folgende Effekte:

1. Beeinflussung des pH-Wertes. 1%ige Lösungen solcher Salze besitzen z.B. folgende pH-Werte:

Trinatriummonophosphat	12,3
Tetranatriumdiphosphat	10,7
Pentanatriumtriphosphat	10,1
Graham's sches Salz	3,6

2. Puffervermögen. Es ist besonders hoch bei Monophosphaten und nimmt mit dem Polymerisationsgrad ab.
3. Bindungsvermögen für mehrwertige Ionen (z.B. Ca^{2+}), die ähnlich wie an Ionenaustauscher gebunden werden.

Die dadurch gebotene Möglichkeit einer Eiweißmodifizierung wird vielfältig ausgenutzt. So kann die Bindung von Calcium an Phosphat zu einer Stabilisierung von Kondensmilch führen, die durch das Eindampfen höhere Calciumionen-Konzentrationen als Milch aufweist, was letztlich zu einer stärkeren Vernetzung von Casein und damit zum Ausflocken führt. Durch Zusatz von etwa 0,2 bis 0,5% eines Gemisches aus Mono- und Polyphosphat kann man somit einer Hitzegerinnung bzw. der Gefahr eines Nachdickens vorbeugen. Auch bei der Schmelzkäsebereitung wird Phosphat eingesetzt. Hierbei wird Hartkäse, der ein Gel aus Calcium-Paracaseinat darstellt, durch Behandlung mit Natriumpyrophosphat in ein Sol aus Natrium-Paracaseinat umgewandelt. Gleichzeitig quillt das in Form kleinerer Micellen vorliegende Casein und ist nun befähigt, Milchfett oder auch Wasser zu binden. Da dieser Effekt durch Polyphosphate eine besondere Förderung erfährt, wird das Phosphat in den sogenannten Schmelzsalzen mit Graham'schem Salz sowie mit Salzen der Citronensäure verschnitten, um eine bessere Prozeßsteuerung zu gewährleisten.

Besondere Bedeutung haben Phosphate bei der Brühwurst-Herstellung erlangt. Diese Produkte (z.B. Wiener Würstchen, Jagdwurst etc.) werden am besten aus schlachtwarmem Fleisch hergestellt, das ein besonders hohes Wasserbindungsvermögen besitzt. Nachdem jedoch schlachtwarmes Fleisch nur in den seltensten Fällen für die Wurstbereitung zur Verfügung steht, setzt man Mono- und Pyrophosphat zur Erhöhung des Wasserbindungsvermögens ein. Neben einer erwünschten Erhöhung und Pufferung des pH-Wertes scheint vor allem aber auch die Dissoziation des Actomyoglobins geschlachteten Fleisches in Actin und Myoglobin die Erhöhung des Wasserbindungsvermögens zu bewirken. Gleichzeitig wird Fleisch teilweise in den Solzustand überführt, so daß es nun als gut verarbeitbarer Teig („Brät") vorliegt. Auf diese Weise kann man natürlich den Fremdwassergehalt in Fleisch erheblich heraufsetzen. So bewirken Phosphat-Zusätze in Pökelsalz eine größere Saftigkeit von Schinken (z.B. Kochschinken), die manchmal das Maß des Zulässigen übersteigen. Wegen dieser starken Wasserbindung wird bei mit Phosphaten behandelten Fleischwaren die Kennzeichnung „mit Phosphat" gefordert.

Neben diesen näher erläuterten Beispielen werden Phosphate in Lebensmitteln für vielerlei Zwecke eingesetzt. Hierzu gehören die Erhöhung des Aufschlagvolumens in Schlagsahne und die Erzielung der Süßgerinnung bei Instant- und Kochpuddings. Beiden Verfahren gemeinsam ist die Modifizierung des milcheigenen Caseins durch Binden von Calcium. Ähnliche Effekte erreicht man durch Phosphatzugabe zu Speiseeis, Kakao- und Malzgetränken, während die Steuerung der Gelierung von pektin- und alginathaltigen Speisen über eine Maskierung zugesetzter Calcium-Verbindungen abläuft.

Phosphate sind nicht toxisch, vielmehr stellen sie einen essentiellen Mineralstoff dar.

Glucono-δ-lacton (GDL, E 575) ist ein innerer Ester der Gluconsäure, die hieraus hydrolytisch wieder zurückgebildet werden kann.

$$
\begin{array}{c}
\text{Glucono-}\delta\text{-lacton} \qquad\qquad \text{D-Gluconsäure}
\end{array}
$$

Auf diese Weise kann eine schonende Säuerung erreicht werden, die nicht nur bei Rohwurst die Reifung und eine verzögert einsetzende Umrötung beschleunigt, sondern auch bei Brühwürsten die Schnittfestigkeit steigert. GDL ist ebenso wie Gluconsäure untoxisch (ADI: „not limited").

10.8
Feuchthaltemittel

Eine Reihe von hygroskopischen Verbindungen werden solchen Lebensmitteln zugesetzt, denen durch Wasserentzug eine Veränderung ihrer Konsistenz und damit eine Qualitätsminderung droht. Als Beispiel sei Marzipan angeführt, das häufig durch Zusatz von Sorbit oder Sorbitsirup (E 420) feucht und plastisch gehalten wird. Weitere Feuchthaltemittel sind Glycerol (E 422) und 2,3-Propylenglykol. Feuchthaltemittel werden aber auch dann eingesetzt, wenn pulverförmigen Lebensmitteln eine bessere Benetzbarkeit durch Wasser verliehen werden soll. Als weitere Feuchthaltemittel sind u.a. zugelassen: Lactate (E 325–7), Milchsäure (E 270), Lecithine (E 322), Magnesiumchlorid (E 510), Polysorbate (E 432–6), Zuckerester (E 473), Triethylcitrat (E 1505), Glycerinacetate (E 1518) und Maltit bzw. Maltitsirup (E 965), als Netzmittel auch Polysorbate (E452–6 und Zuckerester (E473).

10.9
Geschmacksstoffe

10.9.1
Einführung

Die Verbindungen dieses Abschnitts sind nicht durchweg Zusatzstoffe im Sinne des Gesetzes, das hier aber Stoffe „natürlicher Herkunft (oder) solche, die den natürlichen chemisch gleich sind und nach allgemeiner Verkehrsauffassung überwiegend wegen ihres Nähr-, Geruchs- oder Geschmackswertes ... verwendet werden", aus der Zusatzstoffregelung ausdrücklich herausnimmt. Dennoch ist unzweifelhaft, daß ein Lebensmittel Geschmacksstoffe enthalten muß, die bei ungenügender Entwicklung während des Zubereitungsprozesses in synthetischer oder aus Naturstoffen isolierter Form zugesetzt werden.

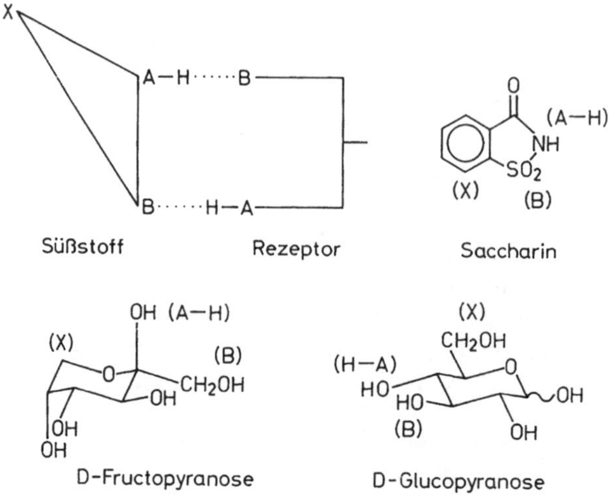

Abb. 10.3. Schematischer Aufbau süß schmeckender Verbindungen und einige Beispiele hierfür

Abgesehen von der Schärfe (z.B. durch Paprika, s.S. 435) können die Geschmackspapillen im Mund des Menschen vier Grund-Geschmacksrichtungen wahrnehmen:

salzig, sauer, süß und bitter.

Man kennt heute die Orte der verschieden wirkenden Geschmackspapillen auf der Zunge. Auch weiß man schon einiges über den Mechanismus der Geschmackswahrnehmung. Besonders gut ist das für die süß schmeckenden Verbindungen bearbeitet worden. Demnach schmeckt eine Verbindung immer dann süß, wenn sie im Abstand von 0,3 nm einen Protonendonator A–H neben einem Protonenacceptor B sowie eine hydrophobe Gruppe X in spezieller räumlicher Anordnung zueinander besitzt. Paßt dagegen eine der polaren Gruppen (Protonendonator bzw. -acceptor) nicht in dieses Modell, so entsteht Bittergeschmack. Demnach besitzen also die Geschmackspapillen speziell gebaute Rezeptoren, in die eine Verbindung hineinpassen muß, um geschmacklich wahrnehmbar zu werden. Abbildung 10.3 zeigt schematisch die Voraussetzungen für das Auftreten des Süßgeschmacks (nach Kier) sowie die Lage der entsprechenden Gruppen in Molekülen süßer Verbindungen. In Tabelle 10.10 wird zusätzlich gezeigt, wie durch Modifizierung des Aufbaues gewisser Aminosäuren ein Süßgeschmack in die Geschmacksnote bitter umschlagen kann. – Man kann davon ausgehen, daß die Geschmacksempfindung um so intensiver sein wird, je besser die getestete Verbindung in die Rezeptoren hineinpaßt. So ist Glucose weniger süß als Fructose und diese wieder süßer als Saccharose. Die Stärke des Geschmacks wird durch den Geschmacks-Schwellenwert ausgedrückt, das ist die niedrigste Konzentration, bei der der Geschmack noch wahrgenommen werden kann.

Tabelle 10.10. Abhängigkeit des Süß- bzw. Bittergeschmacks der Aminosäuren von ihrem Aufbau

COO⁻ $H-C-NH_3^+$ R D-Aminosäure	COO⁻ $^+H_3N-C-H$ R L-Aminosäure	Ge- schmacks- qualität	Geschmacksschwellen- konzentration in Millimol pro Liter Wasser	
			Süß- geschmack	Bitter- geschmack
R = H	R = H	süß	25–35	–
CH₃	CH₃	süß	12–18	–
C₂H₅		süß/bitter	12–16	95–100
	C₂H₅	süß	12–16	
		bitter	–	45–50
	C₃H₇	süß	3–5	–
C₆H₅–CH₂		bitter	–	5–7
	C₆H₅–CH₂	süß	1–3	–

Hingegen sollen für spezielle Aroma-Wahrnehmungen (engl.: flavour) eigene Riechzellen im Nasenraum verantwortlich sein. Auch hier kennt man einige Verbindungstypen für die primären Geruchsnoten

campherartig,   etherisch,
moschusartig,   stechend,
blumig,   faulig.
minzig,

Dennoch ist man noch weit davon entfernt, den Geruchseindruck einer Verbindung aus ihrer chemischen Struktur vorhersagen zu können.

10.9.2
Kochsalz-Ersatzpräparate

Kochsalz (NaCl) ist das salzig schmeckende Prinzip unserer Nahrung und als solches lebensnotwendig. Dennoch ist bei verschiedenen Krankheitssymptomen (Bluthochdruck, Ödeme, Nierenerkrankungen) die Verabreichung einer kochsalzarmen Kost geboten. Dabei kommt es ausschließlich auf eine Eliminierung von Natrium an. In der „Diät-Verordnung" sind daher die Kalium-, Calcium- und Magnesiumsalze der Adipin-, Bernstein-, Glutamin-, Kohlen-, Milch-, Salz-, Wein- und Citronensäure neben Kaliumsulfat und einigen Cholinsalzen als Ingredienzien für Kochsalz-Ersatzpräparate zugelassen worden.

10.9.3
Saure Verbindungen

Dieses sind in erster Linie Essig-, Milch-, Äpfel-, Wein- und Citronensäure, die in Anlage 1 der Zusatzstoff-Verkehrsverordnung noch immer „den Zusatzstoffen gleich gestellt" werden, obwohl das nach der Zusatzstoff-Definition im LFGB garnicht mehr erforderlich ist. Auf sie wird auf Seite 442ff näher eingegangen. Zusatzstoffe sind auch Glucono-δ-lacton (für Backpulver, Puddingpulver und Fischhalbfertigerzeugnisse) und Orthophosphorsäure (für Erfrischungsgetränke). Für Stärke- und Eiweißhydrolysen sowie die Saccharose-Inversion werden neben Enzymen auch Salz- bzw. Schwefelsäure verwendet.

10.9.4
Zuckeraustauschstoffe und Süßstoffe

Solche Verbindungen werden bevorzugt von Diabetikern und Übergewichtigen zum Süßen ihrer Speisen verwendet. Dabei genügt es für die erstgenannte Personengruppe oft, wenn Saccharose durch Fructose oder die Zuckeralkohole Sorbit bzw. Xylit ersetzt wird, die reinen Süßgeschmack besitzen. Alle drei belasten innerhalb bestimmter Konzentrationen den Blutzuckerspiegel nicht, da Fructose bereits an der Darmwand verbrannt und Sorbit nur langsam resorbiert und zu Fructose umgewandelt wird. Xylit wird über den Pentosephosphat-Stoffwechsel abgebaut, so daß der Blutzuckerspiegel des Diabetikers nicht belastet wird. In höheren Dosen erzeugt Sorbit wie im übrigen alle Zuckeralkohole Durchfälle. Über die Herstellung von Sorbit s. S. 93.

Vorwiegend unter dem Aspekt einer Verminderung des Kariesrisikos durch Bonbons und andere Süßwaren werden seit einiger Zeit neben **Isomalt** und Xylit auch höhermolekulare Zuckeralkohole angeboten, die durch Hydrierung von Glucosesirupen mit bis 75% Maltose, also von Produkten des Stärkeabbaues, hergestellt werden (s. Abb. 10.4). Die dabei entstehenden **Maltitsirupe** unterschiedlicher Zusammensetzung (z.B. 18% Sorbit, 50–80% Maltit, 10–20% Maltotriit und 10–30% hydrierte Oligosaccharide) werden unter Namen wie Malbit[R] (Melida), Maltidex[R] (Cerestar), Lycasin[R] (Roquette Freres) oder Finnmalt[R] (Finnsugar) gehandelt. Ein weiteres Produkt ist Isomalt (Palatinit[R], Südzucker AG, Mannheim), das durch Reduktion von Palatinose (= Glucopyranosido-(1 → 6)-D-fructose), die man durch enzymatische Isomerisierung aus Saccharose erhält, gewonnen wird. Es stellt ein Gemisch aus Isomaltit und Glucopyranosido-(1 → 6)-mannit dar. Die genannten Verbindungen sind nicht kariogen und beeinflussen den Blutzuckerspiegel kaum. Diese Zuckeralkohole sind als Süßungsmittel quantum satis für kalorienverminderte Lebensmittel und für einige Lebensmittel mit geringen Verzehrsmengen, ferner auch für einige andere Zwecke, z.B. als Füllstoffe oder Feuchthaltemittel zugelassen. Hiervon sind indes Getränke ausgenommen, da mit ihnen so große Mengen aufgenommen werden können, daß die laxierenden Wirkungen durchschlagen (20–50 Gramm). Über die Eigenschaften von Zuckeralkoholen unterrichtet Tabelle 10.11.

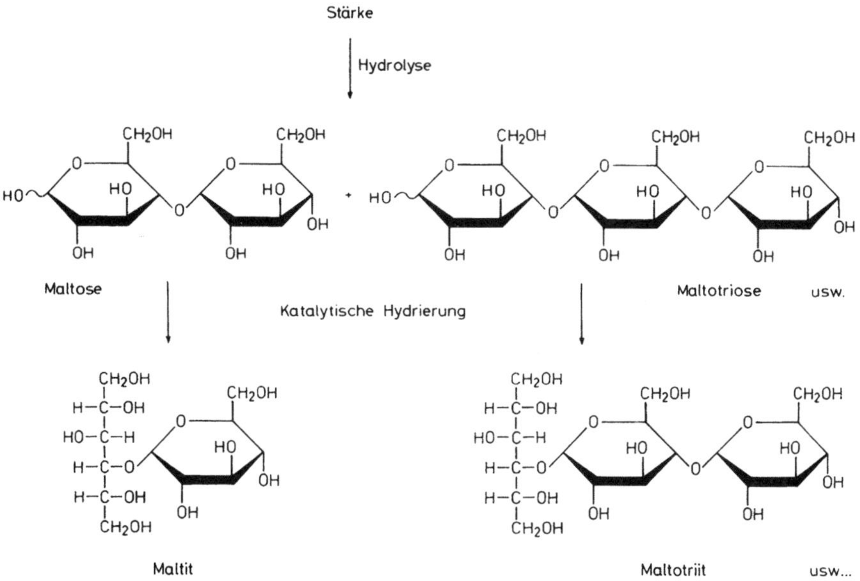

Stärke

Hydrolyse

CH$_2$OH CH$_2$OH CH$_2$OH CH$_2$OH CH$_2$OH

Maltose + Maltotriose usw.

Katalytische Hydrierung

CH$_2$OH

H–C–OH
HO–C–H
H–C–O
H–C–OH
CH$_2$OH

Maltit

CH$_2$OH

H–C–OH
HO–C–H
H–C–O
H–C–OH
CH$_2$OH

Maltotriit usw...

Abb. 10.4. Herstellung von Zuckeralkoholen aus Stärkehydrolysaten

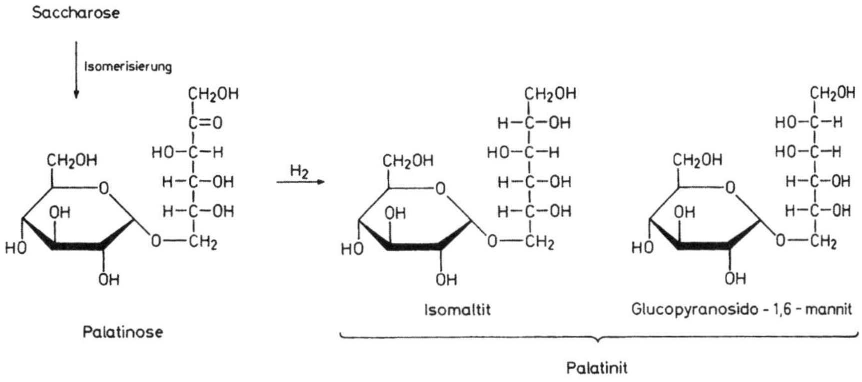

Saccharose

Isomerisierung

CH$_2$OH
C=O
HO–C–H
H–C–OH
H–C–OH
O–CH$_2$

Palatinose

H$_2$

CH$_2$OH
H–C–OH
HO–C–H
H–C–OH
H–C–OH
O–CH$_2$

Isomaltit

CH$_2$OH
HO–C–H
HO–C–H
H–C–OH
H–C–OH
O–CH$_2$

Glucopyranosido - 1,6 - mannit

Palatinit

Abb. 10.5. Herstellung von Isomalt (Palatinit). Der besseren Übersicht halber wurde der Fructoseteil der Palatinoseformel in der offenen Form dargestellt

Lactit wird aus Lactose durch katalytische Hydrierung gewonnen, wobei der Glucoserest im Molekül in einen Sorbitrest umgewandelt wird. Lactulose entsteht aus Lactose dagegen durch Einwirkung von Natriumaluminat im Verlauf einer Lobry de Bruyn-Alberda van Ekenstein-Umlagerung (s. S. 91). Chemisch ist sie 4-0-β-D-Galactopyranosyl-D-fructose, stellt also durch ihren Fructoserest ein reduzierendes Disaccharid dar. Lactulose wird im Körper nicht resorbiert. Man schreibt ihr aber eine günstige Beeinflussung der Bifidus-Flora u.a. des Säuglingsdarms zu, so daß man ihren Einsatz in Säuglingsnahrung diskutiert.

Tabelle 10.11. Ernährungsphysiologische Eigenschaften von Zuckern und Zuckeraustauschstoffen

Name	Resorption	Verwertung im Stoffwechsel	Einfluß auf Blutzuckerspiegel	Relative Süße	Schädliche Eigenschaften
Saccharose	aktiv nach Hydrolyse	> Glucose + Fructose	mäßig groß	1,0	kariogen
Glucose	aktiv	Insulinabhängig in allen Geweben	groß	0,5–0,8	kariogen
Fructose	schneller als Diffusion	Leber, Darmwand	gering	1,1–1,7	
Lactose	aktiv nach Hydrolyse	→ Glucose + Galactose (Galactose → Glucose)	groß	0,2–0,6	laxierend, bei Lactasemangel Intoleranzerscheinungen
Sorbit	Diffusion	Oxidation zu Fructose	klein	0,4–0,5	laxierend, leicht kariogen
Mannit	Diffusion	Partiell in der Leber	klein	0,4–0,5	laxierend, leicht kariogen
Xylit	Diffusion	in Leber und Erythrocyten → Xylulose	klein	1,0	etwas laxierend, leicht kariogen
Maltit	aktiv bzw. Diffusion	→ Glucose + Sorbit	gering	0,9	laxierend
Isomaltit	keine	kein Umsatz	ohne	0,5	stark laxierend
Lactit	keine	kein Umsatz	ohne	0,3	stark laxierend
Lactulose	keine	kein Umsatz	ohne	0,6	stark laxierend
Hydrierter Glucosesirup Malbit[R] Lycasin[R]	aktiv bzw. Diffusion	→ Glucose + Sorbit	unterschiedlich	0,3–0,7	leicht kariogen, etwas laxierend
Palatinit (Isomalt)		→Glucose + Sorbit + Mannit	gering	0,4	unbekannt

Leucrose (5-0-α-D-Glucopyranosyl-D-fructopyranose) ist ein ungewöhnlich aufgebautes, reduzierendes Disaccharid, das man durch enzymatische Isomerisierung aus Saccharose gewinnen kann. Zuerst hat man Leucrose erhalten, als man Dextran aus Saccharose durch Einwirkung von **Leuconostoc mesenteroides** herzustellen versuchte. Später fand man die Verbindung auch in Honig. Leucrose ist weder kariogen noch laxierend. Ihr Brennwert entspricht dem der Glucose, die relative Süße liegt bei 0,5.

Unter der Bezeichnung Lev-O-Cal verbirgt sich ein Gemisch ausgesuchter Zucker mit L-Konfiguration, die deshalb weder verdaulich noch kariogen sind. Ihre Zulassung wurde in den USA beantragt.

Inulin stellt ein lineares Polysaccharid aus etwa 30 Fructoseresten dar, die durch β-1,2-Bindung gebunden in furanoider Form vorliegen. Man gewinnt Inulin aus Zichorienwurzeln, Schwarzwurzeln bzw. Topinambur durch Auslaugen mit Wasser. Inulin und Oligofructoside, die durch partiellen Säureabbau aus Inulin hergestellt werden, spielen neuerdings eine Rolle bei Funktionellen Lebensmitteln (Functional Food, s. S. 11).

Polydextrose (Hersteller: Pfizer) ist ein polymeres Saccharid mit Molmassen bis 20 000 Dalton. Das Molekulargewicht des Hauptteils (80%) liegt bei 5 000. Polydextrose wird durch Kondensation aus 90% Glucose und 10% Sorbit in Gegenwart von Citronensäure hergestellt und liefert ein helles, gut wasserlösliches Pulver, das als Zuckeraustauschstoff und vor allem als "bulking agent"[3] in Süßwaren, Schokoladen, Gebäck usw. eingesetzt wird. Süße und Kariogenität sind gering, der Brennwert dürfte etwa die Hälfte des von Zucker betragen.

Während Fructose und die genannten Zuckeraustauschstoffe Sorbit und Xylit durch den körpereigenen Stoffwechsel abgebaut werden und Energie liefern, werden synthetische **Süßstoffe** nicht resorbiert. Sie sind daher für Übergewichtige besonders zu empfehlen. Während man Zuckeraustauschstoffe vorwiegend dann einsetzt, wenn letztere auch funktionelle Eigenschaften neben dem Süßgeschmack einbringen sollen, können Süßstoffe dann vorteilhaft eingesetzt werden, wenn das Süßungsmittel außer seinem Süßgeschmack keine weiteren Funktionen im Lebensmittel übernehmen muß. Die Strukturen einiger wichtiger Süßstoffe sind in Abb. 10.7 dargestellt, über ihre relative Süßkraft von Zuckern und Zuckeraustauschstoffen unterrichtet Tabelle 10.12.

Der älteste und bekannteste Süßstoff ist das **Saccharin**, das schon vor 100 Jahren entdeckt wurde. Es hat die Struktur von Benzoesäuresulfimid und ist in Form seines Natriumsalzes in Wasser löslich, wobei es eine etwa 500mal so starke Süßkraft wie Saccharose entwickelt. Allerdings haftet ihm ein unangenehmer, metallischer Beigeschmack an, den man durch Kombination mit anderen Süßstoffen teilweise eliminieren kann. Die Süßkraft des Saccharins

---

[3]   „bulking agents" sind Füllstoffe, die man Lebensmitteln zusetzt, um ihnen Körper und Textur zu verleihen, ohne ihren Energieinhalt signifikant zu verändern. Hierzu zählen u.a. auch quellende Kohlenhydrate, die im Verdauungstrakt an Volumen zunehmen und so ein Sättigungsgefühl vermitteln.

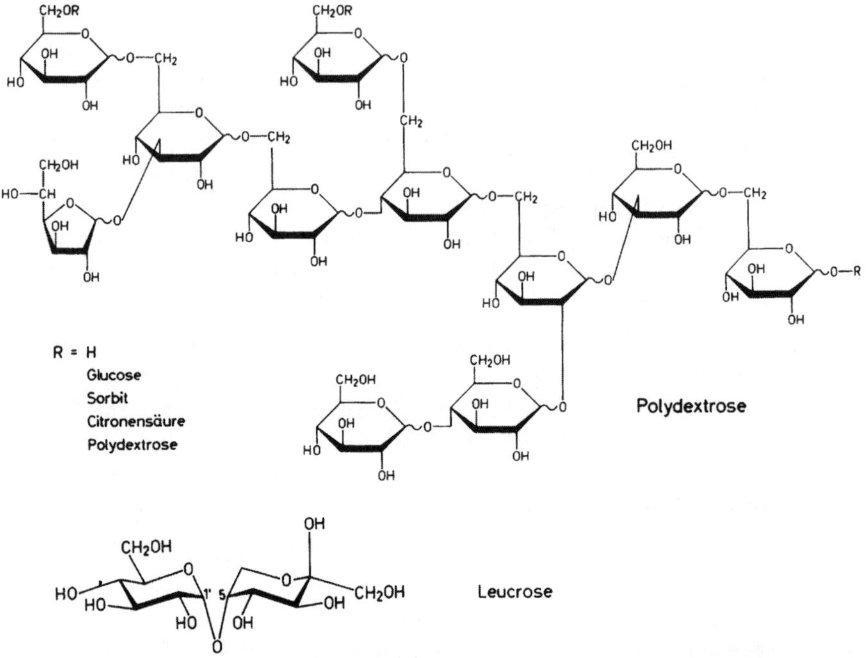

Abb. 10.6. Aufbau von Polydextrose (nach Angaben des Herstellers Pfizer Inc.) und von Leucrose

Tabelle 10.12. Relative Süßkraft von Zuckern, Zucker-Austauschstoffen und Süßstoffen (bezogen auf Saccharose = 1). [Aus: v. Rymon-Lipinski u. Lück (1975) Chemie in unserer Zeit, 5 : 142]

D-Glucose	0,5–0,7	Na-Saccharin	20–700
D-Fructose	1,1	Steviosid	etwa 300
D-Sorbit	0,5	Naringindihydrochalcon	250–350
D-Xylit	1,2–1,3	Monellin	1 500–25 00
Cyclamat	20–50	Thaumatin	etwa 2 000
Glycyrrhicin	50	Neohesperidin	50–2 000
Aspartame	100–200	dihydrochalcon	
Dulcin	70–350	Acesulfam-K	80–250

geht beim Kochen verloren, da dann der Imid-Ring hydrolytisch gespalten wird. In den letzten Jahren wurde Saccharin wiederholt wegen cancerogener Nebenwirkungen angegriffen, die zu Blasenkrebs führen sollen. Untersuchungen entkräfteten diese Vorwürfe, ergaben jedoch Hinweise auf eine mögliche Krebsauslösung durch o-Toluolsulfonamid, das ein Zwischenprodukt der Saccharin-Herstellung ist und früher dem Saccharin bei ungenügender Reinigung anhaften konnte.

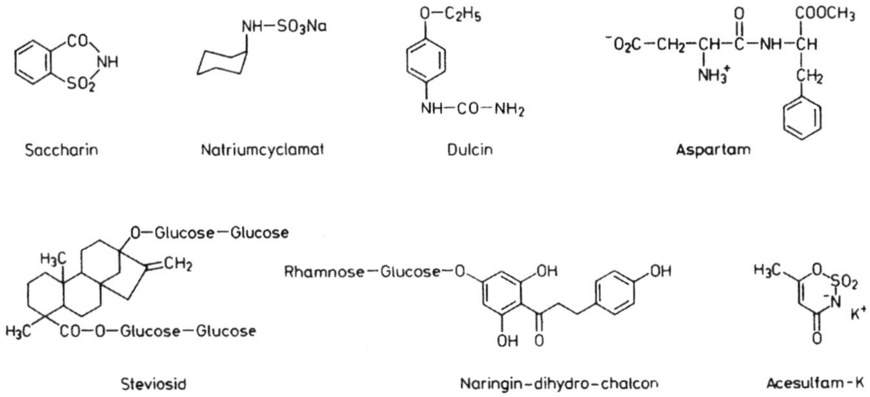

Abb. 10.7. Wichtige Süßstoffe

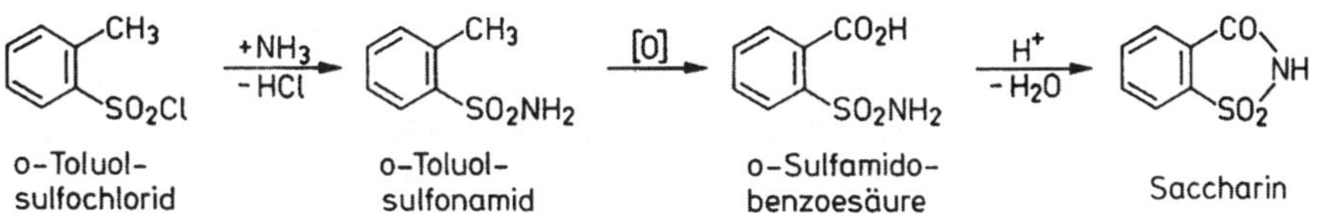

Abb. 10.8. Synthese von Saccharin

Ein weiterer wichtiger Süßstoff ist das **Cyclamat** (Na-Cyclohexylsulfamid). Es entwickelt reineren Süßgeschmack als Saccharin, ist allerdings nicht so süß. 1970 wurde es in den USA von der GRAS-Liste gestrichen und verboten, nachdem starke Überdosierungen an Ratten Blasenkrebs erzeugt hatten. Spätere Experimente vermochten diese Befunde indes nicht zu erhärten.

Mit **Aspartam** (Nutra Sweet) und **Acesulfam K** wurden vor kurzem 2 weitere Süßstoffe vor allem für brennwertverminderte Lebensmittel zugelassen. **Aspartam** (L-Aspartylphenylalaninmethylester) scheint als Dipeptid toxikologisch harmlos zu sein. Bei Kochen oder langer Lagerung in wäßrigen Lösungen sowie bei seiner Metabolisierung im Körper kann es Phenylalanin freimachen, was vor allem für Phenylketonurie-Kranke bedenklich sein muß. Im übrigen verliert es durch hydrolytische Spaltung an Süßkraft, so daß es zum Kochen ungeeignet ist.

Acesulfam K, ein Oxathiazinondioxid, besitzt etwa die gleiche Süßkraft, ist aber kochstabil. Es ist untoxisch und besitzt reinen Süßgeschmack. Ein weiterer Süßstoff ist das **Thaumatin**, das ein Protein mit der Molmasse 21 000 darstellt und aus den Früchten von **Thaumatococcus Danielii Benth** gewonnen wird. Die Beeren dieser in Westafrika beheimateten Pflanze enthalten 5 süße Proteine mit verschiedenen isoelektrischen Punkten. Thaumatin I, dessen Süßkraft 3 000mal größer als die von Saccharose ist, verdankt seine Zulas-

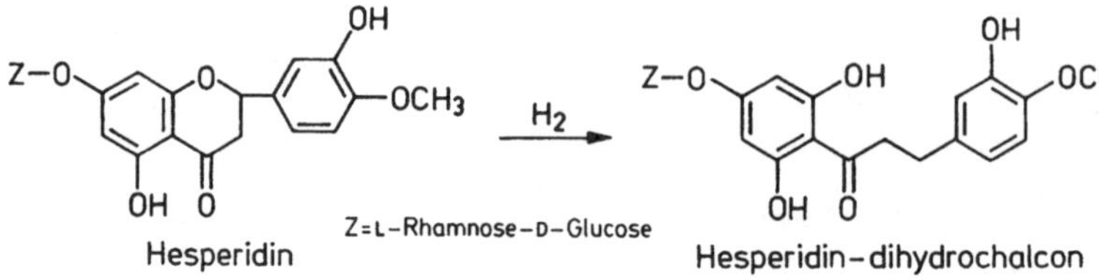

Abb. 10.9. Darstellung des Süßstoffs Hesperidin dihydrochalcon durch-Hydrierung von Hesperidin

sung wahrscheinlich der Erkenntnis, daß seine Anwendungsmenge eben sehr gering ist. Seine Aminosäurensequenz zeigt gewisse Übereinstimmung mit der des Monellins (Molgewicht 11 500), das aus 2 Proteinketten besteht, die nicht kovalent miteinander verbunden sind und nur gemeinsam süß schmecken. Monellin ist als Zusatzstoff nicht zugelassen.

Durch Hydrierung einiger Citrusschalen-Bitterstoffe (Naringin, Hesperidin) entstehen ebenfalls stark süß schmeckende Verbindungen (**Naringin-** und **Neohesperidindihydrochalcon**), indem bei dieser Behandlung jeweils der Pyron-Ring dieser Flavanonglykoside geöffnet wird (Abb. 10.9). Auch hier entwickelt sich kein reiner Süßgeschmack, sondern ist durch mentholartige Geschmacksnoten verfälscht.

Die 6 Süßstoffe Saccharin, Cyclamat, Aspartam, Acesulfam-K, Neohesperidin-Dihydrochalcon und Thaumatin sind in der EG für einige brennwertverminderte Lebensmittel und einige Lebensmittel mit kleinen Verzehrmengen zugelassen. Die Höchstmengen wurden so festgelegt, daß hier für eine volle Süßung stets einige Stoffe zu kombinieren sind, wobei eine gegenseitige Verstärkung der Süßkraft im Sinne eines Synergismus ausgenutzt werden soll (s. S. 193).

In Japan wird **Steviosid** verwendet, das in Paraguay schon seit Jahrhunderten als Süßungsmittel dient. Die Blätter des im Gran Chaco vorkommenden und nun auch schon feldmäßig angebauten Strauches **Stevia Rebaudiana** enthalten etwa 9 verschiedene, süße Verbindungen, die an der Hydroxyl- und der Carboxylgruppe der Hydroxytriterpensäure Steviol unterschiedlich derivatisiert sind. Das in Abb. 10.7 dargestellte Steviosid hat reinen Süßgeschmack. Die derzeit vorliegenden toxikologischen Daten reichen indes für eine mögliche Zulassung als Süßstoff nicht aus.

Glycyrrhizin (s. S. 96) wird aus Süßholz gewonnen. Es ist etwa 50mal süßer als Saccharose. Seine Verwendung ist indes wegen des ihm anhaftenden Lakritzgeschmacks sehr begrenzt.

Dulcin, ein Phenylharnstoffderivat, ist als Süßstoff im Lebensmittelverkehr ebenfalls nicht zugelassen, da sein Einsatz gesundheitlich nicht unbedenklich zu sein scheint. Auch **Sucralose** (Chlorsucrose = 1,6-Dichlor-β-D-fructofuranosyl-4-desoxy-4-chlor-α-D-galactopyranosid), ein unverdaulicher Süßstoff, der gegen saure und enzymatische Spaltung stabil und 650mal so süß

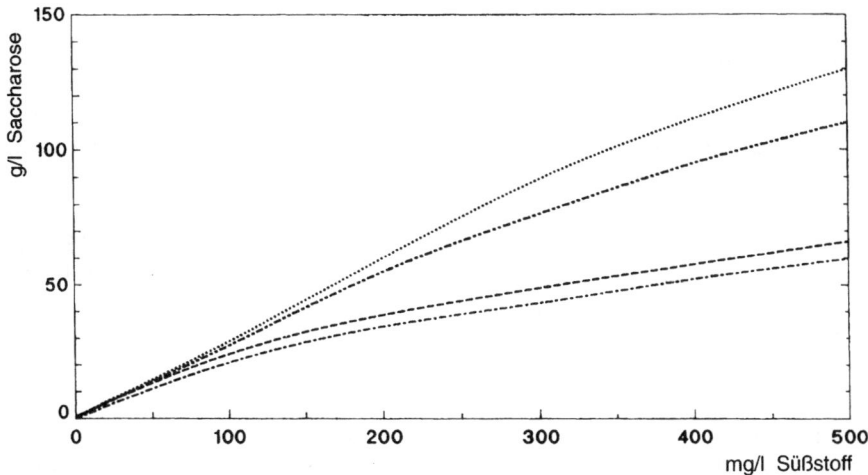

Abb. 10.10. Erzielung gleicher Süße durch Acesulfam und Aspartam, bezogen auf Saccharose. Acesulfam:– · – · –·, Mischung Acesulfam/Aspartam 2 : 1:– · · – · · – · ·, Aspartam: - - -, Mischung Acesulfam/Aspartam 1 : 1:· · · · Aus: v. Rymon Lipinski GW (1990) Multiple Sweeteners, in: Int Food Marketing & Technology, Bd IV, S. 22–25 (mit freundlicher Genehmigung)

wie Zucker ist, wurde nun auch für den Verkehr in Lebensmitteln freigegeben. Für Alitame und Neotam wurde die Zulassung beantragt. Beide sind beim Codex Alimentarius für viele Lebensmittel bereits zugelassen.

Eine interessante Verbindung ist das aus tropischen Früchten gewonnene **Miraculin**. Diese Verbindung mit Glycoproteinstruktur besitzt die Eigenschaft, saure Speisen als intensiv süß erscheinen zu lassen, nachdem man diese Substanz zu sich genommen hat. Hier liegen ganz offensichtlich Wechselwirkungen mit den Geschmacksrezeptoren vor. Über das Monellin wurde bereits auf der vorigen Seite berichtet.

In Tabelle 10.12 sind die relativen, auf Saccharose bezogenen Süßkräfte angegeben. Sie sind häufig konzentrationsabhängig. Ferner verstärken sich 2 Süßstoffe gegenseitig in ihrer Wirkung im Sinne eines synergistischen Effektes, wovon man z.B. Gebrauch macht, um den bitteren Nachgeschmack des Saccharins zu überdecken. Die synergistische Verstärkung von Süßgeschmack kann auch für niedrigere Dosierungen ausgenutzt werden. So kann man Abb. 10.10 entnehmen, daß 320 mg Aspartam bzw. 390 mg Acesulfam in Wasser die gleiche Süße ergeben wie 50 g Zucker. Den gleichen Effekt kann man allerdings auch mit einer Mischung beider Süßstoffe aus je 85 mg erzielen.

10.9.5
Fettersatzstoffe

Der zu hohe Fettanteil in unserer Nahrung (er liegt in den Industrieländern bei etwa 38–40 Energieprozent) hat Überlegungen ausgelöst, einen Teil der Nahrungsfette durch Fettersatzstoffe mit niedrigem oder ohne physiologischen Brennwert zu substituieren.

Zur letztgenannten Gruppe gehören die **Saccharosepolyester** (**SPE**), die unter dem Namen OLESTRA (Hersteller: Procter & Gamble, USA) angeboten werden. Produkte dieser Art entstehen durch Veresterung aller OH-Gruppen von Saccharose mit den Fettsäuren aus Baumwollsaat-, Mais- und Sojaölen. Wird die Veresterung vorwiegend mit ungesättigten Fettsäuren vorgenommen, entstehen flüssige Produkte, während mit langkettigen, gesättigten Fettsäuren feste Erzeugnisse erhalten werden. In Aussehen, Aromaretention, Geschmack, Löslichkeit usw. entsprechen solche Produkte den natürlichen Fetten, und in sensorischen Tests soll die Substitution von Fett durch SPE nicht bemerkt worden sein. Sie sind allerdings enzymatisch nicht spaltbar. Das führt dann zur Ausbildung eines Ölfilms im Darmkanal, wodurch die Resorption fettlöslicher Stoffe (z.B. Vitamine A und E, Cholesterin) beeinträchtigt wird. Außerdem wurden „anal leakages" beobachtet, die sich in einem Durchtritt geringer Mengen des nun sehr gleitfähigen Stuhls durch den geschlossenen Anal-Schließmuskel äußerten. Ökologische Probleme können dadurch entstehen, daß die SPE vermutlich auch in der Natur nicht abgebaut werden. OLESTRA soll nach Vorstellungen der Hersteller bis zu 35% zu Bratfetten und Salatölen und bis zu 75% zu Fritierölen zugesetzt werden. Es ist derzeit nur in den USA und nur für Kekse zugelassen.

Eine Reihe weiterer Produkte sind aus Stärke bzw. Cellulose aufgebaut. Sie sind in Tabelle 10.13 kurz zusammengefaßt.

Soweit sie nur aus Stärke hergestellt wurden, besitzen sie vorwiegend Dextrinstruktur und bilden in wäßriger Lösung thixotrope Gele, die weitgehend temperatur- und pH-beständig sind und sich mit Fetten und Ölen gut mischen lassen. Sie können zur Herstellung von Dressings und Mayonnaisen, Füllungen, Frischkäse, Speiseeis usw. verwendet werden und besitzen physiologische

Tabelle 10.13. Fettersatzstoffe auf Kohlenhydratbasis

Handelsname	Hersteller	Hergestellt aus
MALTRIN	Grain Prod. Corp, USA	hydrolysierter Maisstärke
PASELLI SA2	AVEBE, Niederlande	hydrolysierter Kartoffelstärke
AVICELL	FMC Corp. USA	mikrokristall. Cellulose
N-OIL	NATL. STARCH CORP. USA	hydrolysierter Tapiokastärke
NUTRIFAT C	Res. Assoc. USA	Mischung aus hydrolysierter Mais-, Kartoffel- und Tapiokastärke
OATRIN-10	Con Agra	Haferkleie
OLESTRA	Procter & Gamble, USA	Saccharose, Fettsäuren

Brennwerte von 1–4 kcal/g. Soweit sie aus Stärken hergestellt wurden, sind sie rechtlich als Lebensmittel anzusehen und werden in der Zutatenliste als „Stärke" deklariert. Gemahlene und mikrokristalline Cellulose (AVICEL) ist natürlich völlig unverdaulich.

Eine dritte Gruppe von Fettersatzstoffen basiert auf der Erkenntnis, daß auch Protein im Mund den Eindruck von Fett hervorrufen kann, wenn es in Form kleiner Teilchen mit einheitlichem Durchmesser vorliegt. So wird SIMPLESSE (Herst.: Nutra Sweet, USA) aus Hühnerei-, Magermilch- bzw. Molkenprotein durch Mikropartikulation (gezielte Zerkleinerung auf 4–10 μ, Ultrafiltration und gezieltes Erhitzen auf 80–90°C) hergestellt. Solche Produkte erscheinen wie Cremes und können vorteilhaft in Sahne, Joghurt, Aufstrichen, Salatdressings und Margarine eingesetzt werden, wo sie Fett vortäuschen. Beim Aufkochen verliert SIMPLESSE allerdings die fettähnliche Konsistenz. Der physiologische Brennwert liegt bei 4 kcal/g (anstelle von 9 kcal/g bei Fetten). –

10.9.6
Bitterstoffe

Zahlreiche Lebensmittel besitzen bitteren Geschmack, der teils gewollt ist oder an den sich der Konsument gewöhnt hat (z.B. Grapefruit → Narringin, Wermut → Absinthin). Einige Aminosäuren und Peptide besitzen Bittergeschmack, der z.B. bei Eiweißhydrolysen auftreten kann (z.B. in Käse). Bier wird durch den zugefügten Hopfen (→ Humulon, Lupulon) bitter, und in bitteren Branntweinen (Magenbitter, Campari) erreicht man den bitteren Geschmack durch Kräuterund Gewürzauszüge (z.B. aus Wacholderbeeren, Calmuswurzel, Wermutkraut, Enzianwurzeln). Bitterwässer erhalten ihren bitteren Geschmack durch Magnesiumsulfat (Bittersalz). Als einer der bittersten Stoffe gilt Coffein.

In Tonic Water, einer speziellen Limonade, ist Chinin, das Alkaloid der bitter schmeckenden Chinarinde, enthalten. Chinin darf auch in Form seines salz- bzw. schwefelsauren Salzes in Mengen bis 85 mg/l, bei Erfrischungsgetränken und bei Spirituosen 300 mg/l zugefügt werden.

10.9.7
Geschmacksverstärker

Eine Reihe Verbindungen haben die Eigenschaft, spezielle Geschmacksnoten zu verstärken, weshalb sie Lebensmitteln zugesetzt werden können. So vermag **Maltol** den Eigengeschmack süßer Speisen anzuheben. Maltol entsteht bei der Karamelisierung von Zucker und ist demnach ein Inhaltsstoff von Karamel. Ersetzt man in Maltol die Methyl-Gruppe durch einen Ethyl-Rest, wird die verstärkende Wirkung um das 4- bis 6fache gesteigert. Obwohl **Ethylmaltol** bei Röstprozessen aus Kohlenhydraten nicht entsteht, ist es als Zusatzstoff zugelassen.

Ein weiterer wichtiger Geschmacksverstärker ist **Mononatriumglutamat**, das in Konzentrationen von 0,1 bis 0,3% den Eigengeschmack salziger Speisen wie Fleisch und Gemüse verstärken kann, ohne selbst geschmacklich hervorzutreten. Es wird zum Aromatisieren von Fleischzubereitungen aller Art, Würzen, Suppen sowie verschiedener pflanzlicher Lebensmittel angewandt. Seine größte Wirksamkeit entfaltet es im Bereich von pH 5,5 bis 6,5, der bei den meisten Fleischbrühen und Suppen angetroffen wird. Zu reichlicher Genuß von Natriumglutamat soll kurz nach der Mahlzeit zu Störungen des Wohlbefindens, wie z.B. Kopfschmerzen und Taubheitsgefühl im Nacken, führen, die allerdings nach 1 bis 2 Stunden wieder abklingen („China-Restaurant-Syndrom").

In ungleich stärkerem Maße wird Fleischgeschmack durch einige 5′-Ribonucleotide verstärkt, die allerdings eine Hydroxyl-Gruppe in 6-Stellung besitzen müssen, um diese Wirkung entfalten zu können. Die wichtigsten Vertreter dieser Gruppe sind 5′-Inosinsäure (5′-**Inosinmonophosphat, IMP**) und 5′-Guanylsäure (5′-**Guanylmonophosphat, GMP**). Da sie gleichzeitig die geschmacksverstärkende Wirkung von Glutamat steigern, bezeichnet man sie auch als **Synergisten**. In Japan bezeichnet man die durch derartige Verbindungen hervorgerufene Geschmacksempfindung als „**Umami**" (= „köstlicher Geschmack"). IMP kommt in Fleisch und Fisch vor und entsteht hier aus ATP während der Reifung:

$$ATP \rightarrow ADP \rightarrow AMP \rightarrow IMP.$$

Dabei spaltet ATP zunächst Phosphat-Reste ab, wobei das während des rigor mortis entstandene Actomyosin als ATPase wirksam ist. Der wesentliche Schritt ist dann der Austausch der Amino-Gruppe in 6-Stellung des Adenins in eine Hydroxyl-Gruppe ($\rightarrow$ Hypoxanthin).

GMP kommt vorwiegend in Pilzen vor.

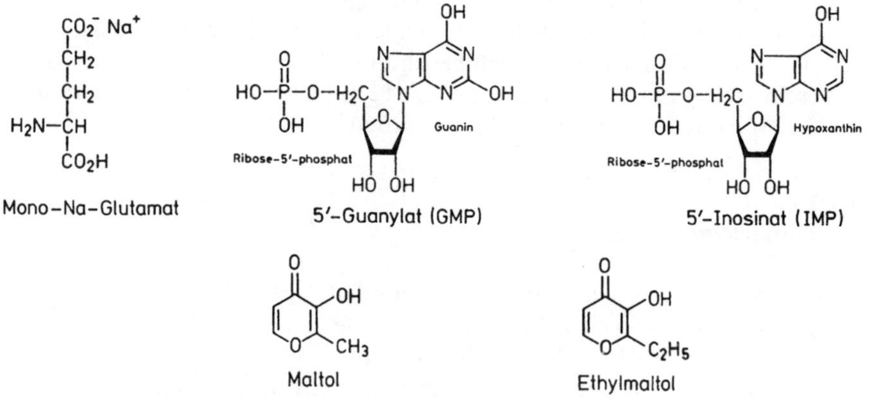

Abb. 10.11. Geschmacksverstärker und Synergisten

In Ostasien werden die Natriumsalze von IMP und GMP schon seit langem als Zusatz zu Suppen- und Soßenprodukten angewandt. Sie verstärken in Konzentrationen von 0,01 bis 0,06% Art und Fülle des Aromas und vermitteln die

Empfindung einer größeren Viscosität bei flüssigen und halbflüssigen Produkten. Die beste Wirkung sollen sie nach Zugabe zu Trockensuppen auf Rindfleisch und Geflügelbasis sowie in Tomatensuppen, Pflanzenhydrolysaten und in getrockneten Pilzen entfalten. Sie sind relativ stabil gegen hydrolytische Einflüsse und vertragen bei pH-Werten normaler Lebensmittel Temperaturen bis 100°C. Ihre Herstellung geschieht durch Behandlung von Hefeextrakt mit Nuclease oder durch Elektrodialyse von Trockenfischextrakten.

Abschließend sei darauf hingewiesen, daß auch Süßstoffgemische synergistische Wirkungen entfalten, also gegenseitig ihren Süßgeschmack verstärken. So setzen sich Süßstofftabletten aus einem Gemisch von Saccharin und Cyclamat (z.B. 4 mg Saccharin plus 40 mg Cyclamat) zusammen.

10.10
Lebensmittelfarbstoffe

Verschiedene Lebensmittel werden gefärbt, um sie damit visuell attraktiver zu machen, auch wenn fast alle Lebensmittel einen charakteristischen Farbton besitzen, der ihre Reife, Frische und Eignung signalisiert. Zu den gefärbten Lebensmitteln gehören in erster Linie Konfitüren, Kaviarersatz, Lachsersatz, Bonbons, Kunstspeiseeis, Pudding, Dragees und Käserinden. Gern verwendet man hierzu Lebensmittel wie Rote Beete-Saft, Kirschsaft, Heidelbeersaft, Curcuma und Safran. Die aus ihnen isolierten Farbstoffe sind indes Zusatzstoffe, deren Verwendung einer Zulassung bedarf.

15 natürliche oder naturnahe Farbstoffe sind „quantum satis" für Lebensmittel allgemein zugelassen, wovon aber eine große Liste von Lebensmitteln und Rohstoffen ausdrücklich ausgenommen sind. – 28 vorwiegend synthetische Farbstoffe sind nur für einige Lebensmittel mit den für dort jeweils erforderlichen Höchstmengen zugelassen.

Alle 43 Farbstoffe wurden zuvor vom Wissenschaftlichen Lebensmittelausschuß der EG-Kommission (s. S. 156) auf die Grenzen ihrer Verträglichkeit überprüft, so daß von ihrer Verwendung für den Gesunden kein meßbares Risiko ausgeht. Das war allerdings nicht immer so. So wurde schon 1938 das zur Margarinefärbung bis dahin eingesetzte Buttergelb (Dimethylaminoazobenzol) verboten, nachdem man erkannt hatte, daß es bei Ratten Lebercarcinome erzeugen kann. In der Folgezeit hat man dann die künstlichen Farbstoffe sehr eingehend auf ihre toxikologischen Eigenschaften hin untersucht. Man ist heute bemüht, die Palette in Lebensmitteln anzuwendender Farbstoffe auf solche natürlicher Herkunft zu beschränken. Lebensmittelrechtlich werden gefärbte Lebensmittel nicht nur auf die Art des verwendeten Farbstoffes untersucht, sondern vor allem auch bezüglich einer möglichen Täuschung des Verbrauchers beurteilt.

Buttergelb

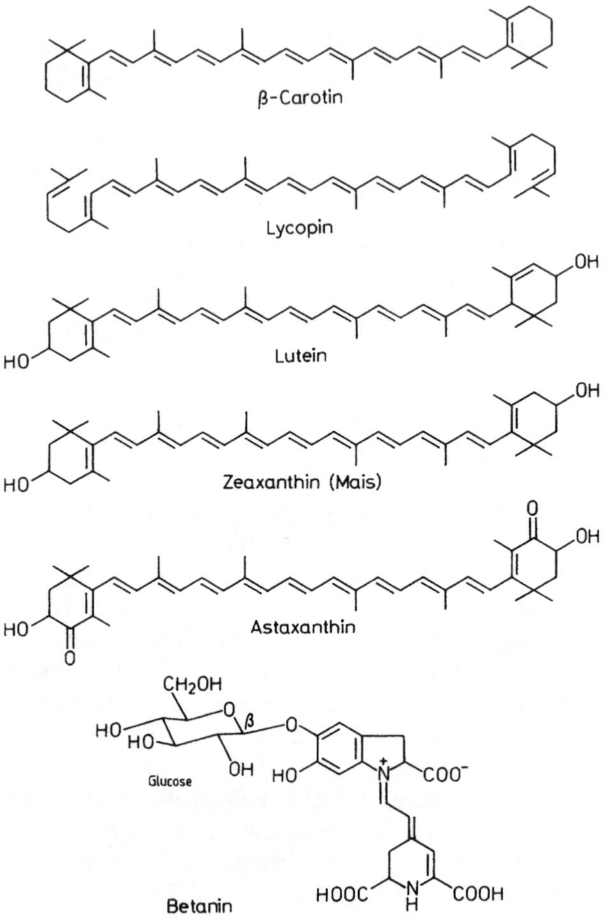

Abb. 10.12. Lebensmittelfarbstoffe natürlicher Herkunft

Zu den wichtigsten, in Pflanzen vorkommenden Lebensmittelfarbstoffen gehören die **Carotinoide.** Einige von ihnen sind in Abbildung 10.12 dargestellt.
Ihre Farben reichen von gelb über orange bis rot. Sie sind fast durchweg
fettlöslich und unlöslich in Wasser, einige besitzen noch geringe Vitamin-
A-Restaktivitäten. Der wichtigste Vertreter dieser Gruppe ist das β-Carotin,
das z.B. in Mohrrüben vorkommt. Lycopin wird daneben in der Tomate, Capsanthin in Paprika gefunden. Lutein (Xanthophyll) ist der gelbe Farbstoff des
Eidotters, es findet sich in den meisten grünen Blättern. Zeaxanthin ist der
gelbe Farbstoff des Mais. Bixin kann heute zur Margarinefärbung verwendet
werden, meistens setzt man allerdings β-Carotin enthaltendes Palmöl oder
den Farbstoff selber ein. Bixin ist das färbende Prinzip von Annatto. Crocetin
kommt im Safran als Crocin vor, in dem beide Carboxylgruppen des Crocetins
mit Gentiobiose verestert sind. Dadurch wird Crocin wasserlöslich.

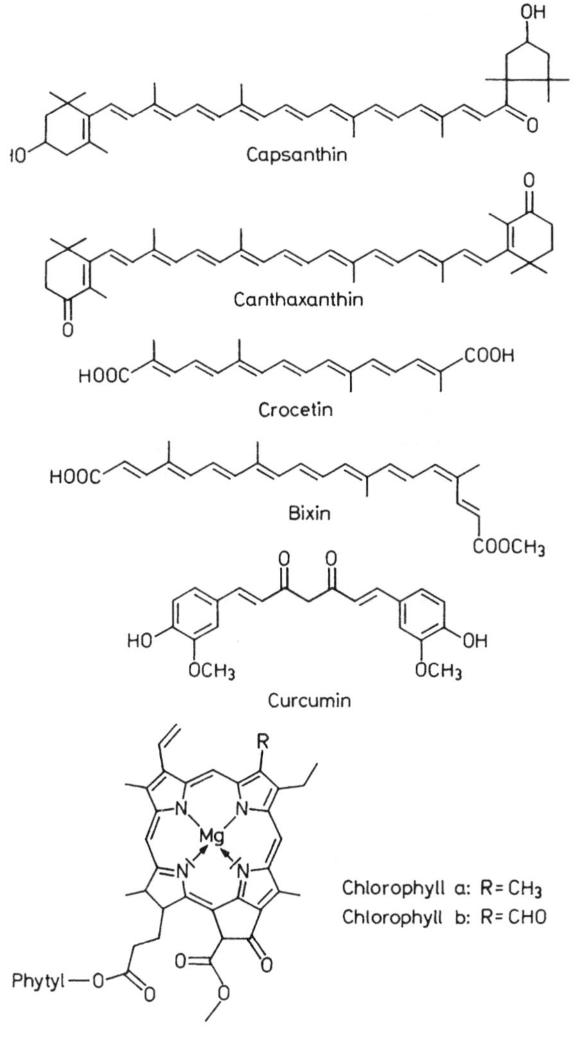

Abb. 10.12. (Fortsetzung)

Die meisten Carotinoide können heute synthetisch erzeugt werden. Auch sie werden immer wieder zur Täuschung des Verbrauchers eingesetzt. So werden Eidotter nach Verfütterung von Mais ebenso gelb, als wenn die Hühner mit Grünfutter gefüttert worden wären. **Canthaxanthin** und **Astaxanthin** wurden verschiedentlich dem Futter von Lachsforellen und Lachsen zugesetzt, wodurch deren Muskel eine kräftigere Rotfärbung erhielten. Die Formel des Astaxanthins leitet sich vom Canthaxanthin ab, indem hier die Jononringe neben der Carbonylfunktion jeweils zusätzlich eine Hydroxylfunktion besitzen. Beim Menschen kann sich Canthaxanthin u.a. im Auge ablagern, weshalb

Tabelle 10.14. Synthetische Lebensmittelfarbstoffe

Farbe	EG-Nr.	Alte Bezeichnung	Verbindungsname
Gelb	E 102	Gelb-2	Tartrazin
	E 104	Gelb-3	Chinolingelb
Orange	E 110	Orange-2	Gelborange-S
Rot	E 120	Rot-7	Karmin, Karminsäure, Cochenille
	E 122	Rot-1	Azorubin
	E 123	Rot-3	Amaranth
	E 124	Rot-4	Cochenillerot A (Ponceau 4 R)
	E 127	Rot-11	Erythrosin
Blau	E 131	Blau-3	Patenblau V
	E 132	Blau-2	Indigotin I (Indigo-Karmin)
Grün	E 141	Grün-2b	Cu-haltige Chlorophyll-Komplexe
	E 142	Grün-3	Brilliantsäuregrün BS
Braun	E 150		Zuckercouleur
Schwarz	E 151	Schwarz-1	Brilliantschwarz BN
	E 153		Carbo medicinalis vegetabilis

seine Verwendung in kosmetischen Bräunungspräparaten verboten und die Verwendung in Lebensmitteln stark reduziert wurde.

Astaxanthin kommt natürlich an das Protein von Krebstieren gebunden vor („Crustacyanin"), aus dem es beim Erhitzen freigesetzt wird und die bekannte rote Färbung bewirkt.

Anthocyane sind die Farbstoffe von verschiedenen Früchten und Gemüsen (Kirschen, Johannisbeeren, Rote Trauben, Rotkohl). Ihr chemischer Aufbau ist auf den Seiten 95 u. 415 beschrieben. Technologisch besitzen sie den Nachteil, daß ihre Farbe pH-abhängig ist.

Das in Rote Beete vorkommende **Betanin** (Beetenrot, E 162) ist zwar pH-unabhängig, aber empfindlich gegen Licht und Hitze. Dennoch wird Beetenrot gerne zum Färben von Lebensmitteln eingesetzt.

Curcumin ist der gelbe Farbstoff aus dem Rhizom der Curcumapflanze. Curcumapulver wird vor allem im Curry verwendet, dem es seine charakteristische Farbe gibt.

Chlorophyll kann zum Grünfärben von Lebensmitteln angewandt werden. Es wird aus den Blättern von Brennesseln, Luzerne und Spinat gewonnen und ist wasserlöslich. Durch Austausch seines zentralen Magnesiumatoms gegen Kupfer entsteht intensiv grün gefärbtes Kupfer-Chlorophyllin, das in Wasser löslich und ziemlich beständig ist.

Wie die in Abb. 10.13 zusammengestellten Formeln der zugelassenen künstlichen Farbstoffe ausweist, gehören die meisten von ihnen der Gruppe der Azofarbstoffe an. Die meisten von ihnen tragen Sulfonsäuregruppen und sind

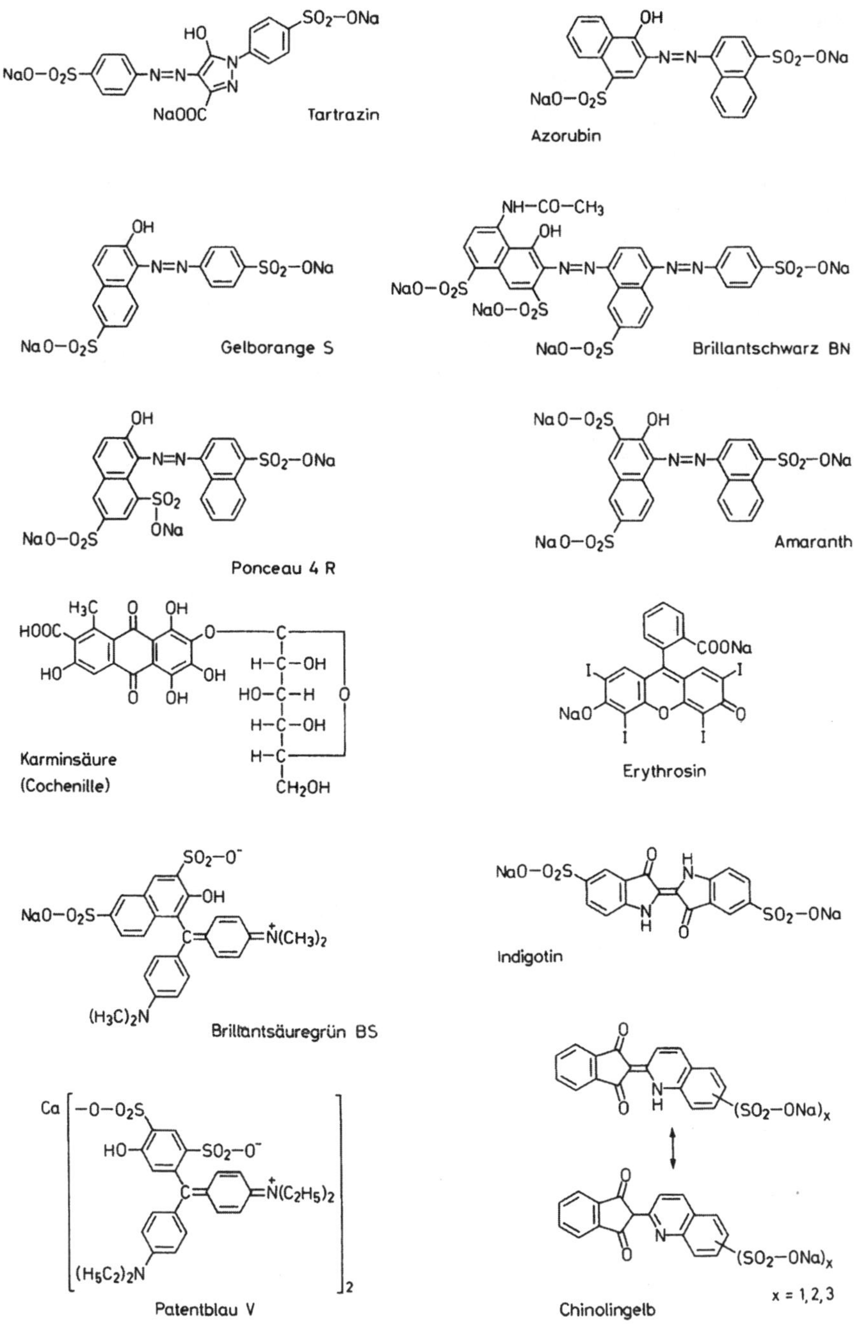

Tartrazin

Azorubin

Gelborange S

Brillantschwarz BN

Ponceau 4 R

Amaranth

Karminsäure
(Cochenille)

Erythrosin

Brillantsäuregrün BS

Indigotin

Patentblau V

Chinolingelb

x = 1,2,3

Abb. 10.13. Synthetische Lebensmittelfarbstoffe

daher ebenso wie ihre Metaboliten gut wasserlöslich. In der Tabelle sind nicht nur die alten Bezeichnungen (z.B. Gelb-2) sowie ihreTrivialnamen (z.B. Tartracin) enthalten, sondern auch die EWG-Nummern angegeben.dennoch reicht dies nicht für eine zweifelsfreie Zuordnung der manchmal gesundheitlich bedenklichen, chemischen Verbindungen aus. Deshalb enthalten die amtlichen Listen außerdem häufig die zugehörigen CI-(Colour Index)Nummern Der Colour-Index stellt ein mehrbändiges, englisches Nachschlagewerk dar, das alle Farbstoffe, ihre Konstitution, Eigenschaften sowie ihre fünfstellige CI-Nummer enthält. Beispielsweise besitzt Tartrazin die CI-Nummer 19240.
– Kontroverse Diskussionen hatten sich am Tartrazin (E 102) und Amaranth (E 123) entzündet. Danach steht Tartrazin, dessen technischer Wert in der guten Wasserlöslichkeit, Säure-, Licht- und Kochbeständigkeit liegt, im Verdacht, Überempfindlichkeitsreaktionen bzw. Allergien auszulösen, die sich als Urticaria (Nesselsucht) bzw. Asthma äußern können. Als Manifestationen in der Bevölkerung werden 0,03 – 0,15% genannt, doch lassen sich im Probationstest nur ca. 10 % der vorgestellten „Fälle" bestätigen. Analoge Reaktionen sind von Aspirin und ähnlich gebauten Abkömmlingen der Acetylsalicylsäure bekannt.
– Amaranth wurde in den USA als carcinogen eingestuft. Die Europäische Gemeinschaft ist dieser Entscheidung nicht gefolgt, nachdem mehrfache Überprüfungen die Versuchsdurchführungen in den USA als nicht reproduzierbar und nicht sachgerecht erscheinen ließen.

Karminsäure (Cochenille) wird aus einer auf Kakteen lebenden Läuseart gewonnen und stellt das Glucosid eines Anthrachinonderivates dar.Als Karmin bezeichnet man seinen Aluminiumlack. Cochenille ist ziemlich teuer.

Drei Verbindungen gehören der Klasse der Triphenylmethanfarbstoffe an: Patentblau V, Brilliantsäuregrün BS und das hier nicht dargestellte Brilliantblau FCF. Sie werden aus dem Körper nach Aufnahme unverändert ausgeschieden und nicht resorbiert. Wenig resorbiert werden Chinolingelb und Erythrosin, doch wurde bei Erythrosin eine spurenweise Abspaltung von Iod beobachtet, weshalb der ADI Wert und die Zulassungen reduziert wurden. Indigotin kommt natürlich als Glycosid in Indigofera-Arten vor und wird seit Jahrtausenden auch zur Färbung von Lebensmitteln benutzt. Toxikologische Tests erwiesen sich bei Indigotin ebenso wie bei seinen Metaboliten als negativ, dagegen haben viele andere Naturfarbstoffe wie Blauholz, Rotholz und rohes Sandelholz die toxikologischen Prüfungen nicht bestanden.

Unter **Zuckercouleur** versteht man hochmolekulare, braune Verbindungen, die zum Färben verschiedener Lebensmittel (z.B. Colagetränke, Weinbrandverschnitt) eingesetzt werden. Zuckercouleur nimmt unter den Lebensmittelfarbstoffen insofern eine Sonderstellung ein, als hier Mengenbeschränkungen und eine Kenntlichmachungspflicht nicht bestehen, da angenommen wurde, daß Couleure fast vollständig aus hochmolekularen Verbindungen bestehen, die im Körper nicht verstoffwechselt werden. Bei Untersuchungen stellte sich dann allerdings heraus, daß der Anteil der färbenden Verbindungen mit Molmassen über 10 000 Dalton nur relativ gering ist und die Hauptmenge ihrer Inhaltsstoffe wesentlich niedrigere Molmassen enthalten[4]. Unter anderem wurden Fructosazine in ihnen identifiziert. – Zuckercouleur wird aus Saccharose oder Glucose durch Erhitzen in Gegenwart bestimmter Bräunungsbeschleuniger hergestellt, die nicht nur Einflüsse auf den chemischen Aufbau der Produkte, sondern damit auch auf ihre Anwendung ausüben. Eine Klassifizierung der Zuckercouleure und ihre Einsatzgebiete zeigt Tabelle 10.15. Während toxikologische Überprüfungen der früheren Produktklassen I, II und IV (Kulöre E 150 a, b und c) keine gesundheitlichen Beeinträchtigungen erkennen ließen, führte die Verfütterung großer Mengen Ammoniakcouleur vor allem bei Ratten mit Pyridoxin-Mangelernährung zu reversiblen Verminderungen der Lymphozytenzahl. Als Antipyridoxinfaktor wurde ursprünglich 4-Methylimidazol (I) angenommen, für das Mengenbeschränkungen in Ammoniakcouleuren, bezogen auf die Farbtiefe, erlassen wurden. Wie heute bekannt ist, hat der Antipyridoxinfaktor allerdings die Formel II, in der der Zuckerrest noch zu erkennen ist und der sich offensichtlich durch Kondensation von Ammoniak mit Glucoson, Formaldehyd und Essigsäure gebildet haben dürfte.

Tabelle 10.15. Klassifizierung von Zuckercouleuren

Klasse	Bezeichnung	Bräunungsbeschleuniger	Einsatzgebiete
I CP	Kaustische Couleur	Na_2CO_3, K_2CO_3, NaOH, KOH, Essig-, Citronen- und Schwefelsäure	Stark alkoholhaltige Erzeugnisse
II CCS	Kaustische sulfitcouleur	SO_2, H_2SO_4, Na_2SO_3, K_2SO_3, NaOH, KOH	Speiseeis (nur in USA)
III AC	Ammoniak-couleur Schwefelsäure	NH_3, $(NH_4)_2CO_3$, Na_2CO_3, K_2CO_3 sowie die entsprechenden Hydroxide, saure Lebensmittel	Bier und andere alkoholische Getränke,
IV SAC	Ammonium-sulfitcouleur Schwefelsäure	NH_3, SO_2, Ammonium-, Natrium- und Kaliumsulfit, -carbonat und -hydroxid, Erfrischungsgetränke	Saure Lebensmittel, alkoholfreie

[4] Droß A, Baltes W (1989) Über die Fraktionierung von Zuckercouleur-Inhaltsstoffen nach ihrer Molmasse, Z Lebensm Unters Forsch 188 : 540.

Die Anwendung von Ammoniakcouleuren ist inzwischen eingestellt worden, d.h. daß Ammoniak als Bräunungsbeschleuniger in der Zusatzstoff-Verkehrsverordnung nicht mehr genannt wird. An ihrer Stelle werden vorzugsweise Kulöre der Klasse IV (E-150 d) eingesetzt.

Zum Färben von Lebensmitteloberflächen verwendet man Pigmente wie TiO_2, Eisenoxide sowie spezielle Farbstoffe.

10.11
Weitere, technologische Zusatzstoffe

Es gibt eine Reihe weiterer Zusatzstoffe, die in Lebensmitteln eingesetzt werden. Zum Beispiel überschichtet man besonders oxidationsempfindliche Zubereitungen (z.B. Pulverkaffees) mit Schutzgasen (Stickstoff, Kohlendioxid), die Sauerstoff fern halten. – Als Treibgase zur Herstellung von Lebensmittelaerosolen (z.B. Schlagsahne) werden Lachgas (N_2O), evtl. auch Kohlendioxid und Stickstoff verwendet. Bei Obst kann man das Austrocknen bzw. damit verbundene Aromaverluste durch spezielle Überzugsmassen (natürliche Wachse, Montansäureester u.a.) verhindern. – Als Klärhilfsmittel in der Getränkewirtschaft verwendet man Bentonite, Aktivkohle, Kieselsol, Gelatine, Tannin und Kaliumhexacyanoferrat (II) („Blauschönung"). Als **Teigkonditioniermittel** verwendet man Cystein bzw. Ascorbinsäure, wobei die Reaktivität des Klebereiweißes und damit das Wasserbindevermögen des Mehles beeinflußt wird. Schließlich benötigt man als Trennmittel zum Herauslösen von Lebensmitteln aus Formen Stearate, Wachse, Talkum bzw. Silikate.

Daraus wird ersichtlich, daß eine Vielzahl von Zusatzstoffen notwendig ist, um Technologie und Qualität unserer Lebensmittel sicherzustellen. Eine sorgfältige Beachtung toxikologischer Prüfungen wird immer notwendig sein, um gleichzeitig die gesundheitliche Unbedenklichkeit ihrer Anwendung abzusichern.

10.12
Stoffe zu diätetischen und ernährungsphysiologischen Zwecken

Die für technologische Zwecke verwendeten Stoffe und ihre Anwendungen („Stoffe für Lebensmittel") sind in der EG abschließend harmonisiert. Nach dem deutschen Recht gelten aber auch Stoffe, die Lebensmitteln zu diätetischen oder ernährungsphysiologischen Zwecken zugefügt werden („Stoffe für Menschen") als Zusatzstoffe. Das Lebensmittel- und Futtermittel-Gesetzbuch (LFGB) stellt weiterhin Mineralstoffe, Aminosäuren, die Vitamine A und D sowie deren Verbindungen den Zusatzstoffen gleich, macht ihre Verwendung also zulassungspflichtig.

Die Diätverordnung läßt für bestimmte Lebensmittel die geeigneten Verbindungen zu für Anreicherungen mit den

- essentiellen Mineralstoffen Na, Mg, P, Cl, K, Ca, Fe,
- Spurenelementen F, Cr, Mn, Cu, Zn, Se, Mo, J,
- Vitaminen A, B_1, B_2, B_6, B_{12}, C, D, E, K, Niacin, Folat, Pantothenat und Biotin
- essentiellen Aminosäuren und einigen weiteren Stoffen,

besonders um in Säuglings- und Kleinkinderkost und in bilanzierten Diäten die volle Versorgung sicherzustellen. In den normalen Lebensmitteln des allgemeinen Verzehrs sind solche Anreicherungen kaum erforderlich, werden aber dennoch vielfältig angeboten, z.B. als „Functional Food" (s. S. 11).

In Mitteleuropa bedarf nur die Versorgung mit Iod und in einigen Gebieten mit Fluor einer Ergänzung.

Eine EG-Harmonisierung des Zusatzstoffrechts schreitet fort. Die EG-Kommission bereitet derzeit allumfassende Regelungen über die Verwendung und Beschaffenheit von Zusatzstoffen, Nahrungsergänzungsstoffen und Enzymen vor. Damit würden dann alle nationalen Regelungen abgelöst werden.

11 Rückstände in Lebensmitteln

11.1
Einführung

Unser Ökosystem birgt stoffliche Risiken in sich. Industrielle Umwandlungsprozesse können nicht nur Luft und Wasser belasten, sondern auch unsere Nahrungsmittel. Schadstoffe gelangen aus dem Erdreich und den Gewässern in die Pflanzen, durch deren Verfütterung sie auch in tierischen Lebensmitteln vorkommen. Es gelangen aber auch Rückstände solcher Verbindungen in die Lebensmittel, die zur Optimierung landwirtschaftlicher Erzeugung mit Tier oder Pflanze in Berührung gekommen sind oder ihnen zugesetzt wurden.

Bei der toxikologischen Beurteilung von Verbindungen, die als Hilfsstoffe bei der landwirtschaftlichen Produktion eingesetzt werden, ergeben sich gewisse Überschneidungen mit den Zusatzstoffen (s. S. 162). Bei beiden Gruppen werden Toxizitätsuntersuchungen an mindestens zwei Tierarten gefordert, wobei neben Kurzzeit-Tests auch solche über die gesamte Lebenszeit eines Tieres bzw. sogar über mehrere Generationen gefordert werden (Langzeit-Tests). Im Rahmen des „Chemikaliengesetzes" werden ähnliche Forderungen für jede neue Chemikalie erhoben, von der mehr als 1 t/Jahr produziert wird.

Der Schutz des Verbrauchers vor gesundheitsschädlichen Stoffen in Lebensmitteln war schon immer ein Hauptanliegen der Lebensmittelgesetzgebung (s. §§ 8–10 und 14–15 des Lebensmittel- und Bedarfsgegenständegesetzes). Bezüglich der rechtlichen Regelung für gewisse Schadstoffe, z.B. von Pesticiden, mineralischen Kontaminanten und chlorierten Kohlenwasserstoffen, ergab sich indes eine Schwierigkeit. Wünschenswert war zweifellos die Abwesenheit solcher Verbindungen in jedem Lebensmittel. Andererseits stellte sich bald heraus, daß eine derartige „Nulltoleranz" gesetzlich nicht durchsetzbar ist, da man heute mit genügend empfindlichen Methoden nahezu jeden Stoff überall nachweisen kann. Das Ergebnis solcher Überlegungen war die gesetzliche Festlegung von noch tolerierbaren Höchstmengen solcher Rückstände in Lebensmitteln (z.B. die „Pflanzenschutzmittel-Höchstmengen-Verordnung"). Diese Mengen liegen durchweg im **ppm**- (ppm = parts per million, entsprechend mg Wirkstoff/kg Lebensmittel) bzw. **ppb**-Bereich (ppb = parts per billion, entsprechend mg/t). In Einzelfällen war man allerdings bisher nicht in der Lage, gesetzliche Höchstmengenfestlegungen zu treffen. Das gilt insbes. für mineralische Kontaminanten, die eventuell physiologisch essentiell sein können.

Grundsätzlich sei festgestellt, daß die Bewertung toxischer Stoffe in Lebensmitteln stets unter Beachtung ihrer Konzentrationen erfolgen muß. So beträgt die LD_{50} so allgemein bekannter Lebensmittel wie Rohrzucker nach oraler Gabe etwa 30 g/kg und von Kochsalz 3 g/kg Körpergewicht[1]. Diese Erkenntnis hat Paracelsus schon vor etwa 450 Jahren in die viel zitierten Worte gekleidet: „Was ist das nit gifft ist? Alle ding sind gifft/und nichts ohn gifft/Allein die dosis macht das ein ding kein gifft ist."

Zur Entgiftung von Fremdsubstanzen besitzt der Körper spezielle Entgiftungsmechanismen. Dabei werden die Komponenten vornehmlich an D-Glucuronsäure, an Sulfat bzw. an Glutathion gebunden, soweit sie über reaktive Gruppen für eine derartige Bindung verfügen. Andernfalls werden sie durch körpereigene Enzyme oxidiert, reduziert bzw. hydrolysiert, so daß dadurch entsprechende Bindungsstellen entstehen.

11.2
Rückstände aus der landwirtschaftlichen Produktion

11.2.1
Pestizide

1948 wurde der Schweizer Chemiker P. Müller mit dem Nobelpreis für Medizin ausgezeichnet, nachdem er etwa zehn Jahre vorher die insektizide Wirkung des DDT erkannt hatte. Dieses Mittel dringt durch den Chitinpanzer in die Nerven von Insekten ein und schädigt Nervenenden und Zentralnervensystem so stark, daß recht bald der Tod durch Lähmung eintritt. Für den Menschen ist DDT in kleineren Mengen ungefährlich, lagert sich aber in seiner Fettsubstanz ab, so daß es schließlich verboten wurde.

Nicht zuletzt durch die Entdeckung P. Müllers wurde nach dem Kriege eine Entwicklung eingeleitet, die zur Synthese zahlreicher Pflanzenschutzmittel, auch als „Pestizide" bezeichnet (lat.: pestis = Seuche und caedere = töten, engl. pest = Schädling), führte. Heute ist ein rationeller Feldanbau ohne Anwendung von Pestiziden nicht mehr vorstellbar, obwohl wir wissen, daß dadurch das bisherige „natürliche" Gleichgewicht zwischen Insekten und ihren Feinden erheblich geschädigt, wenn nicht gar vernichtet worden ist. Andererseits beträgt der Ernteverlust auf der Welt allein durch Insekten, Pflanzenkrankheiten und Unkräuter etwa ein Drittel. Außerdem ist der vollmechanisierte Anbau vieler Feldfrüchte, wie von Getreide, Kartoffeln und Rüben, ohne die Anwendung solcher Mittel nicht mehr denkbar.

---

[1] Nach „Registry of Toxic Effects of Chemical Substances", National Institute for Occupational Safety and Health 1978.

Nach ihrem Anwendungszweck unterteilt man Pestizide in

Insektizide, gegen Insekten,	Fungizide, gegen Schimmel,
Akarizide, gegen Spinnmilben,	Rodentizide, gegen Kleintiere
Nematizide (Wurmschutzmittel),	(Ratten, Mäuse),
Molluskizide, gegen Schnecken.	

Der Begriff der Pestizide wird aber auch auf **Herbizide** angewandt, worunter man Unkrautvertilgungsmittel versteht. Unkräuter besitzen häufig einen sehr viel stärkeren Wuchs als Kulturpflanzen, so daß diese dann durch Nährstoff- bzw. Lichtentzug geschädigt werden. Bei den Herbiziden unterscheidet man zwischen Total-Herbiziden, die jedes Pflanzenwachstum zerstören, und selektiv wirkenden Verbindungen, die z.B. wie die Wuchsstoff-Herbizide den Hormonhaushalt einer bestimmten Pflanzenart so weit verändern können, daß diese sich buchstäblich „zu Tode wächst". Hierzu gehören bestimmte Phenoxycarbonsäuren, die so zweikeimblättrige Pflanzen vernichten, während einkeimblättrige Gewächse nicht geschädgt werden. Natürlich ist die Wirkung stets eine Funktion der angewandten Konzentration. Ähnliche chemische Strukturen besitzen auch Entlaubungsmittel, die während des Vietnam-Krieges Anwendung fanden.

Herbizide können auf unterschiedliche Weise in Pflanzen wirksam sein. So wirken gewisse Triazine und Harnstoff-Derivate in erster Linie auf die Chloroplasten und beeinflussen damit die Photosynthese der Pflanze. Verbindungen bestimmter Carbamat- und Thiocarbamat-Strukturen vermögen durch Veränderungen an den Chromosomen als Mitosehemmer zu wirken. Bezüglich der Aufnahme solcher Verbindungen in der Pflanze unterscheidet man grundsätzlich zwischen Kontakt-Herbiziden und solchen, die über die Wurzeln in die Leitungsbahnen gelangen (systemische Herbizide). Sowohl Insektizide als auch Herbizide werden in wäßriger Suspension oder an geeignete Pulver gebunden ausgebracht.

Die Anwendung einer so breiten Palette von Behandlungsmitteln hat den Gesetzgeber vor ernste Probleme gestellt. Zwar bemüht man sich seit vielen Jahren, nur noch solche Verbindungen einzusetzen, die bis zur Ernte vollständig abgebaut sind und somit im Lebensmittel nicht mehr vorkommen (Nulltoleranz). Es hat sich aber leider gezeigt, daß vor allem in den ersten Jahren ihrer Anwendung auch Mittel eingesetzt wurden, die gar nicht oder nur sehr unvollkommen metabolisiert wurden. Ein Beispiel ist das DDT, das, zu DDE abgebaut, nicht mehr weiter metabolisiert wird oder über das DDD eine Umwandlung in die Carbonsäure DDA erfährt (s. Abb. 11.1). Wie das DDT besitzen auch andere chlorierte Verbindungen die Eigenschaft einer außerordentlich großen Beständigkeit (**Persistenz**), so daß einige von ihnen sich im Laufe der Jahre praktisch über die ganze Welt verteilen konnten. Selbst in Muttermilch hat man sie in beachtlichen Konzentrationen nachweisen können. Inzwischen ist ihre Anwendung gesetzlich stark eingeschränkt bzw. überhaupt verboten worden; mit Hilfe empfindlicher analytischer Methoden kann man nachweisen, daß Restmengen von ihnen auch in den Tierkörper gelangen und

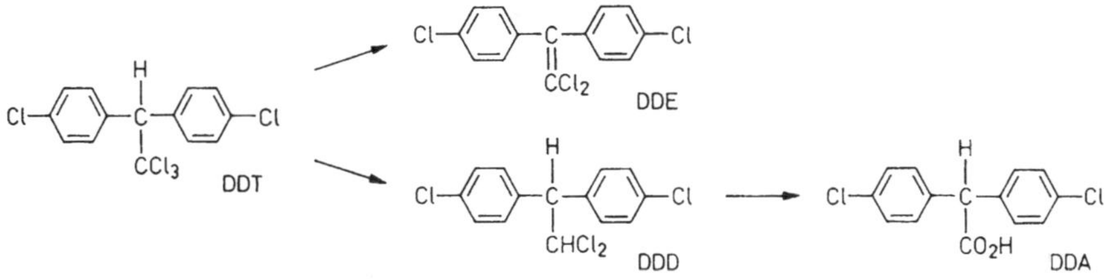

Abb. 11.1. Abbau von DDT

somit auch Lebensmittel tierischer Herkunft (Eier, Milch, Fleisch) solche Stoffe enthalten können.

Der Verbraucherschutz auf diesem so wichtigen Gebiet wurde vom Gesetzgeber durch den Erlaß einer **Höchstmengen-Verordnung** geregelt. Danach dürfen nur solche Lebensmittel gewerbsmäßig in den Handel gebracht werden, deren Restmengen an Pestiziden gesetzlich festgelegte Toleranzgrenzen nicht überschreiten. Diese **Höchstmengen** sind im einzelnen festgelegt. Derzeit enthalten diese Listen etwa 400 Wirkstoffe, auf deren Vorkommen und Mengen im Rahmen der amtlichen Lebensmitteluntersuchung zu prüfen ist.

Da eine erschöpfende Darstellung aller dieser Verbindungen wenig angebracht erscheint, sind in Abb. 11.2 nur einige wichtige Pestizide dargestellt. – **Lindan** (γ-Hexachlorcyclohexan) ist ohne Zweifel eines der wichtigsten Insektizide, das als Atmungs-, Kontakt- und Fraßgift für die meisten Insekten tödlich wirkt. Es entsteht neben einer Reihe von Isomeren bei der Photochlorierung von Benzol. Insektizide Wirkungen entfaltet nur das γ-Isomere. Daher ist auch nur diese Form in der Landwirtschaft zugelassen. Dennoch werden im Rahmen der Lebensmittelüberwachung immer wieder Proben gefunden, die Rückstände des α- bzw. δ-Isomeren beinhalten. Hiervon sind namentlich Fleischerzeugnisse betroffen.

Parathion, Ethion und Malathion sind Beispiele für **Thiophosphor-** bzw. **Dithiophorsäureester**, die im Gemüse-Obstbau gegen saugende und beißende Insekten eingesetzt werden. Weitere wichtige Insektizide aus der Klasse der Phosphorsäureester sind Dimethoat, Mevinphos, Bromophos und Chlorfenvinphos. Diese Verbindungen werden von den Pflanzenblättern aufgenommen und wirken im Insekt an den Synapsen der Nerven als Cholinesterasehemmer, so daß sich dort Acetylcholin ansammelt. Als Folge treten schwere Nervenstörungen auf, so daß der Tod innerhalb kurzer Zeit eintritt. Auch für Menschen sind solche Stoffe giftig. Zu trauriger Berühmtheit gelangte das als E 605 bekannte Parathion, dessen tödliche Dosis bei 0,1 bis 0,2 g liegt. Auch durch die Atemluft sowie die Haut kann E 605 in den menschlichen Körper gelangen, so daß beim Umgang mit allen diesen Stoffen Vorsicht geboten ist. Thiophosphorsäureester werden vor allem deshalb gerne im Obst- und Gemüseanbau verwendet, weil sie innerhalb kurzer Zeit zu nichttoxischen Produkten abgebaut werden (s. Abb. 11.3). Da die Thioester-Bindung schneller gespalten wird, ist z.B. Malathion weniger toxisch als Parathion, das von allen

Insektizide: Anwendung

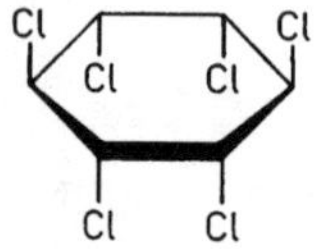

Lindan, Gammexan
(γ-Hexachlorcyclohexan)   Saatgutbehandlungsmittel

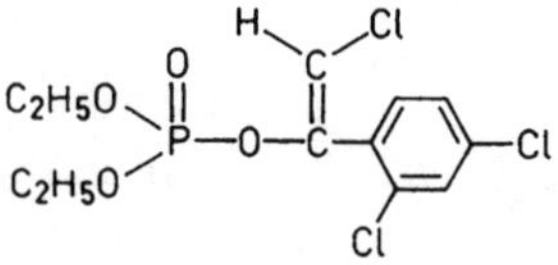

Chlorfenvinphos   Insektizid im Obst- und Gemüseanbau

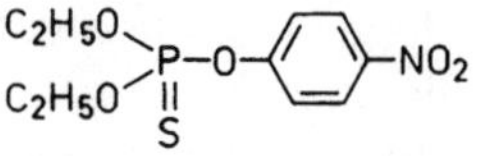

Parathion (-ethyl) (E-605)   Gegen beißende und saugende Insekten
                                      im Obst- und Gemüseanbau

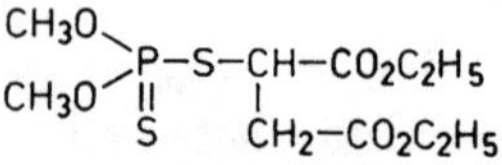

Malathion   Wie Parathion

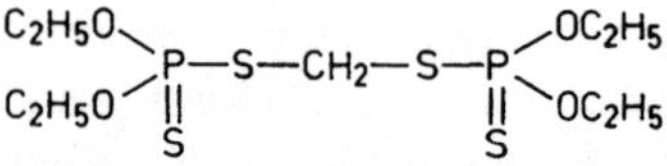

Ethion   Wie Parathion

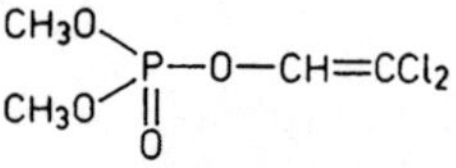

Dichlorvos   Getreideanbau

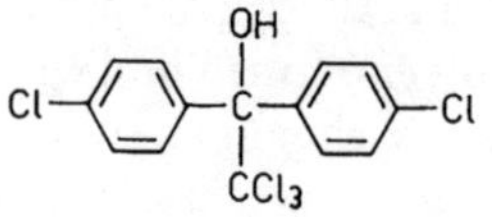

Dicofol   Akarizid im Obstanbau

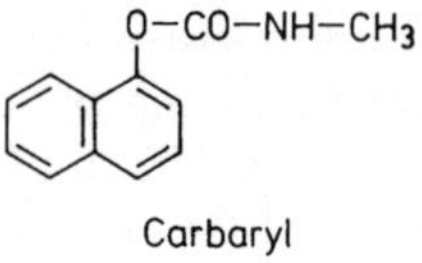

Carbaryl   Gegen Kirschfruchtfliege, Sägewespen
                                      und andere beißende Insekten

Abb. 11.2. Aufbau und Verwendung einiger wichtiger Insektizide. Fungizide und Herbizide

andere Pestizide: Anwendung:

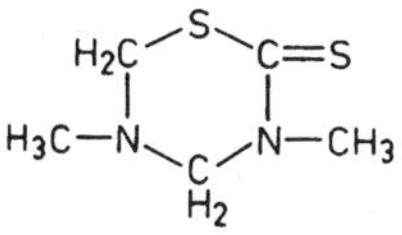

Dazomet

Nematizid im Obst- und Gemüsebau

$(CH_3-CHO)_n$

n=4-6

Metaldehyd

Molluskizid im Gemüse- und Erdbeeranbau

Fungizide:

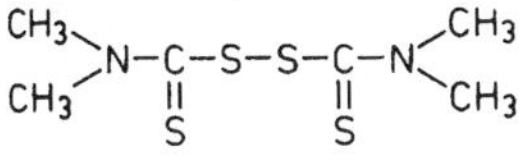

Thiram

Gegen Schorf und **Botrytis cinerea** bei Kernobst, Wein und anderen

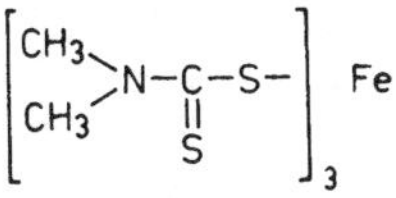

Ferbam

Gegen Schorf im Kernobstbau

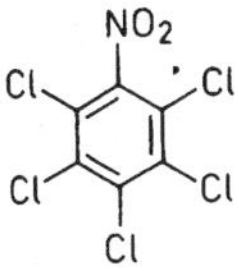

Quintozen

Eingeschränkte Anwendung bei Roggen, Weizen und Kartoffelssatgut

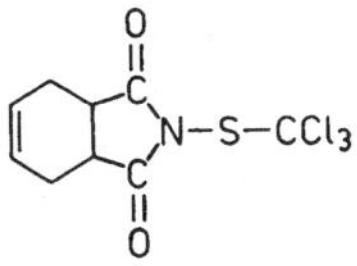

Captan

Gegen Schorf, Bitterfäule usw. bei Obst

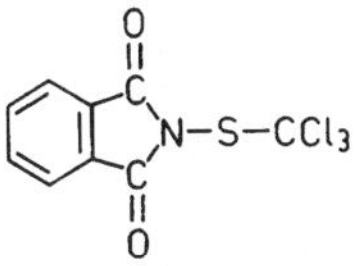

Folpet

Fungizid

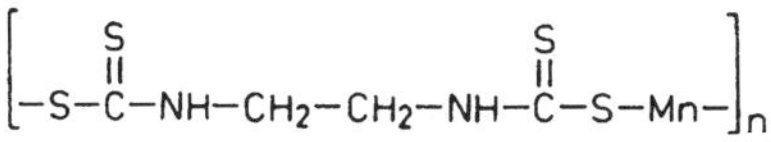

Maneb

Fungizid

Abb. 11.2. (Fortsetzung)

Anwendung:

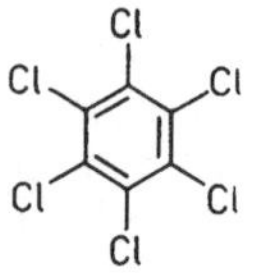

Hexachlorbenzol
(HCB)

In der BRD verboten!
(als Fungizid und Saatgut-Beizmittel)
Nebenprodukt des Quintozens

Herbizide:

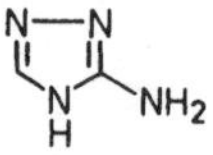

Amitrol

Gegen Quecke und andere Unkräuter
im Ackerbau und Obstanbau

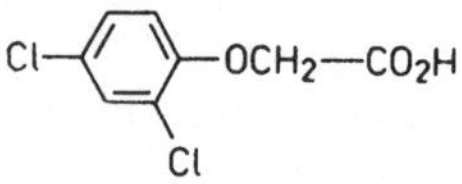

Cl—⟨ ⟩—OCH$_2$—CO$_2$H

2,4-Dichlorphenoxy-
essigsäure

Gegen zweikeimblättrige Unkräuter

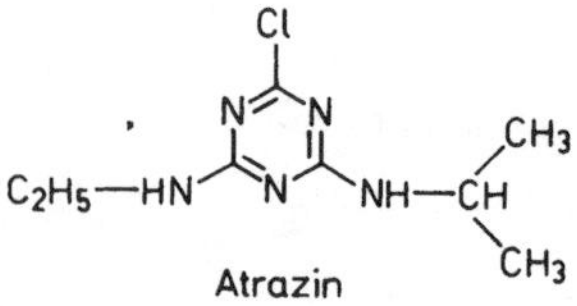

C$_2$H$_5$—HN   NH—CH
                                           CH$_3$
Atrazin   CH$_3$

Gegen Unkräuter bei Mais und Spargel

Abb. 11.2. (Fortsetzung)

Thiophosphorsäureestern weitaus am giftigsten ist. Dennoch sind grundsätzlich Wartezeiten zwischen der Anwendung dieser Verbindungen und dem Verkauf des Produktes einzuhalten. Carbaryl ist ein Insektizid aus der Gruppe
der Carbamate. Es wirkt ebenfalls auf die Cholinesterase; allerdings stellt sich
seine Wirkung bei Warmblütern schwächer und langsamer dar.

Neben anorganischen **Fungiziden** (elementarer Schwefel sowie verschiedene Kupfersalze) werden heute eine Reihe organischer Produkte mit stark
fungizider Wirkung eingesetzt. Unter ihnen befinden sich mehrere Abkömmlinge der N,N-Dimethyldithiocarbamidsäure, so ihr Eisensalz (Ferbam), Zink-
salz (Ziram) und das Dimere (Thiram). Ähnliche Struktur besitzt Maneb, das
indes ein Mangansalz einer substituierten Dithiocarbaminsäure darstellt. Zineb enthält statt dessen Zink, Mancoceb Zink (2,5%) und Mangan (20%).
Diese Fungizide werden u. a. im Weinanbau eingesetzt. Als Wirkung dieser
Produkte nimmt man eine Blockierung von komplex an Enzymen gebundenen Metallen bzw. auch Beeinflussungen der Dehydrogenase an. Diese Verbindungen sind gegenüber Säugetieren kaum giftig. Captan gehört zu den
Phthalimid-Fungiziden. Es wirkt gegen verschiedene Schimmelpilzarten und

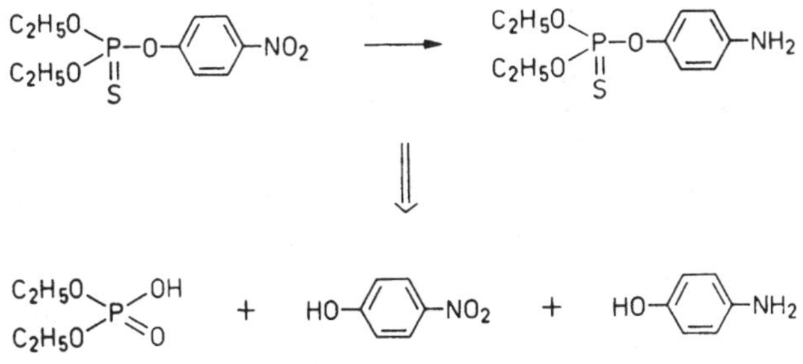

$$\text{(Parathion)} \longrightarrow \text{(Aminoparathion)}$$

$$\Downarrow$$

$$\begin{array}{c}C_2H_5O \\ \diagdown \\ P \\ C_2H_5O \diagup \quad \diagdown O\end{array}\!\!\!{-}OH \quad + \quad HO{-}\!\!\!\bigcirc\!\!\!{-}NO_2 \quad + \quad HO{-}\!\!\!\bigcirc\!\!\!{-}NH_2$$

Abb. 11.3. Abbau von Parathion

Mehltau. Darüber hinaus zeigten mit Captan behandelte Pflanzen besonders hübsch ausgebildete Früchte und verzögerten Laubfall.

Quintozen ist eine der wenigen Chlorverbindungen, die heute international noch im Pflanzenschutz angewandt werden. Es wird vornehmlich bei Bananen, im Unterglasanbau von Salat, Chicorée und Gurken eingesetzt, aber auch als Saatbehandlungsmittel und Fungizid. – Damit vergesellschaftet, kann das in Deutschland verbotene Hexachlorbenzol (HCB) in geringen Mengen als Nebenprodukt gefunden werden. Diese Verbindung wurde früher viel als Saatgutbeizmittel angewandt, bis eine epidemische Erkrankung mit zahlreichen Todesfällen in der Türkei (wegen eintretender dunkler Pigmentierung der Haut als „monkey disease" bezeichnet) die Toxizität für den Menschen ergab. HCB taucht wegen seiner Persistenz auch heute noch in der Fettfraktion mancher tierischer Lebensmittel auf.

Mit Dazomet und Metaldehyd werden zwei Verbindungen beispielhaft genannt, die neben anderen gegen Würmer, Schnecken und Wühlmäuse eingesetzt werden.

Unter dem Namen Pyrethrum verbirgt sich ein natürliches Wirkstoffgemisch, das aus Pyrethrumarten (unserer Margerite ähnliche Korbblütler) gewonnen wird, die u.a. in Kenia, Tansania und den Balkanländern angebaut werden. Aus 1 t Blüten gewinnt man etwa 500 kg eines Extraktes, der die Wirk-

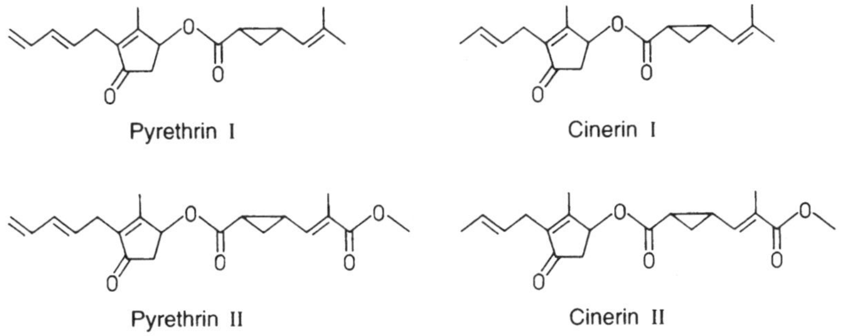

Pyrethrin I   Cinerin I

Pyrethrin II   Cinerin II

Abb. 11.4. In Pyrethrumarten vorkommende Fraßgifte für Insekten

stoffe Pyrethrin I und II, Cinerin I und II in Mengen von etwa 0,53% enthält. Die genannten Verbindungen wirken als Berührungs- und Fraßgifte gegen Insekten und niedere, wechselwarme Tiere, schaden dagegen Säugetieren und Vögeln kaum. Die in Abb. 11.4 dargestellten Verbindungen sind neben Nicotin (s. S. 408) die stärksten pflanzlichen Insektizide und werden seit hunderten von Jahren gegen Haus- und Gewächshausungeziefer (u.a. Kornkäfer und gewisse Würmer) eingesetzt. Auch die Pyrethrum-Verbindungen, von denen es einige synthetische Varianten gibt (z.B. Cypermethrin, Deltamethrin), sind in der Pflanzenschutz-Höchstmengenverordnung erfaßt.

In Abbildung 11.5 sind einige häufig verwendete Pflanzenschutz- und Schädlingsbekämpfungsmittel aus den genannten Verbindungsklassen aufgeführt.[2]

Unter den selektiv wirkenden **Herbiziden** sind die Chlorphenoxyalkansäuren, z.B. 2,4-Dichlorphenoxyessigsäure („2,4-D"), die bekanntesten. Sie wirken als Wachstumshormone und werden zum Schutz einkeimblättriger Pflanzen (**Monocotyledonae**, hier vorwiegend Getreide) gegen **Dikotylen** (z.B. Hederich, Ackerwinde) eingesetzt. Ihre Toxizität gegen Warmblüter ist gering. Im Vietnam-Krieg wurde 2,4-D neben Trichlorphenoxyessigsäure („2,4,5-T") in hohen Dosen als Total-Herbizid zur Entlaubung undurchdringlicher Waldgebiete eingesetzt. Eines ihrer Nebenprodukte, das 2,3,7,8-Tetrachlordibenzo-p-dioxin (TCDD), zeichnet sich durch stark teratogene Wirkung aus. Abgesehen von einigen Bakterientoxinen ist es die giftigste Substanz, die wir kennen (s. Tab. 11.1). TCDD ist jene Substanz, die aus einer chemischen Fabrik im oberitalienischen Seveso bei der Herstellung von Trichlorphenol neben anderen Isomeren freigesetzt wurde und als Inbegriff des Risikos unkontrollierter chemischer Eingriffe in der Öffentlichkeit viele Diskussionen ausgelöst hat (Abb. 11.6). In Spuren findet man TCDD auch in den Abgasen städtischer Müllverbrennungsanlagen und eigentlich überall dort, wo organisches Material in Gegenwart chlorhaltiger Verbindungen verbrannt wird. Es entsteht neben anderen Polychlordibenzo-p-dioxinen (PCDD) und Polychlordibenzofuranen (PCDF). Beide bilden je nach Chlorierungsgrad und Stellung der Chloratome zahlreiche Homologe und Isomere. So gibt es insgesamt 75 PCDDs und 135 PCDFs, wobei der PCDF-Gehalt in Flugaschen von Müllverbrennungsanlagen doppelt so hoch ist wie der der PCDDs.

Eine ähnliche Verbindung ist Pentachlorphenol, das wegen seiner bakteriziden und fungiziden Wirkung früher oft in Holz-, Textil- und Lederschutzmitteln eingesetzt wurde. Durch Übertragung hat man Spuren davon auch in Lebensmitteln gefunden, so 0,4–300 ppb in Pilzen und Schweinefleisch. Akut ist es weniger toxisch als PCDDs und PCDFs, die es in Spuren enthalten kann. Es wird indes als krebserregend beschrieben und ist jetzt in Deutschland außer Gebrauch. Derzeit wird versucht, international einen Verzicht auf diese Chemikalie zu erreichen.

---

[2]   Jahresbericht 1997 des Chemischen und Veterinär-Untersuchungsamtes Stuttgart.

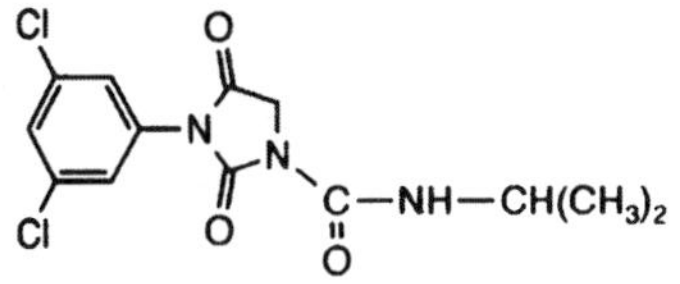

Iprodion
Fungizid gegen Botrytis cinerea und andere
Schädlinge im Wein- und Obstanbau

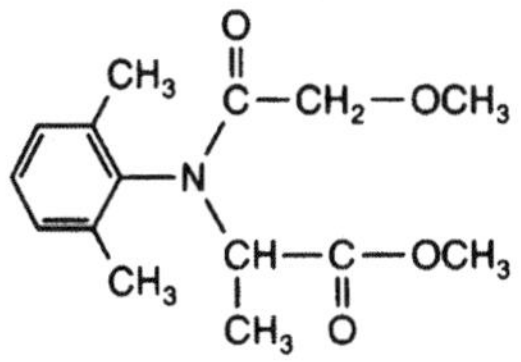

Metalaxyl
Fungizid gegen durch Oomyceten verursachte
Pflanzenkrankheiten

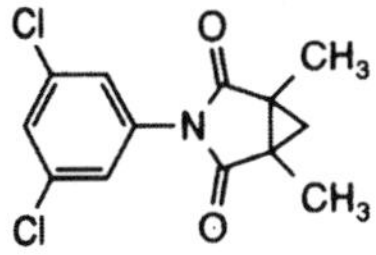

Procymidon
Fungizid gegen Botrytis, Sclerotinia, Monilinia
im Getreide-, Obst- und Gemüseanbau

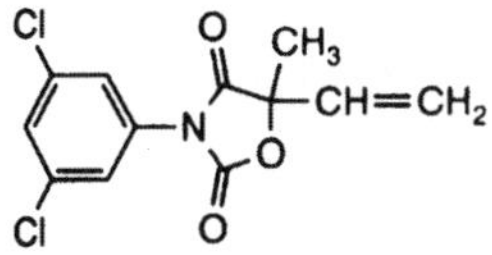

Vinclozolin
Kontakt-Fungizid zur Bekämpfung von Botrytis
cinerea sowie gegen Monilia und Sclerotinia im
Wein-, Erdbeer- und Gemüseanbau

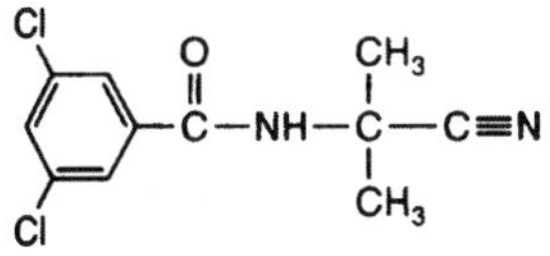

Propyzamid
Herbizid gegen Ungräser und Unkräuter

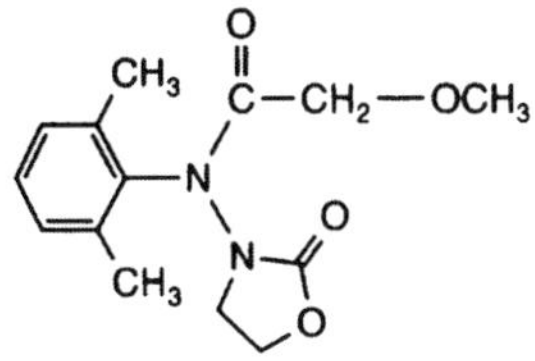

Oxadixyl
Fungizid gegen Oomyceten im Obst- und
Gemüseanbau, bei Tabak, Hopfen und
Sonnenblumen

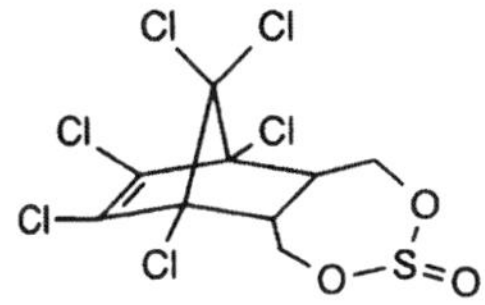

Endosulfan
Kontakt-Insektizid und Akarizid mit
Fraßgiftwirkung

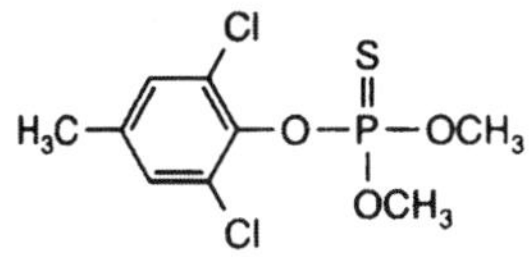

Tolcofosmethyl
Fungizid zur Saatgut- und Bodenbehandlung im
Gemüse-, Kartoffel-, Baumwoll- und
Erdnußanbau

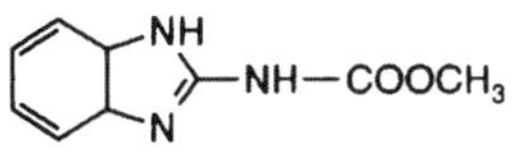

Carbendazim
Fungizid zur Saatgutbehandlung, im Getreide-,
Obst- und Gemüseanbau

Abb. 11.5. Weitere Beispiele für Pflanzenbehandlungs- und Schädlingsbekämpfungsmittel

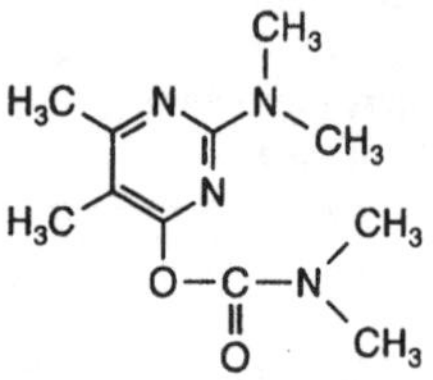

Primicarb
Kontaktinsektizid gegen Blattläuse, auch
gegen Phosphorsäureester-resistente Arten

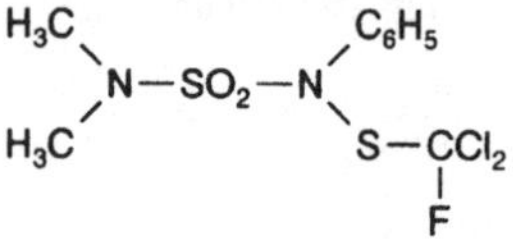

Dichlofluanid
Fungizid gegen falschen Mehltau u.a.
pilzliche Krankheitserreger im Obst- und
Gemüseanbau

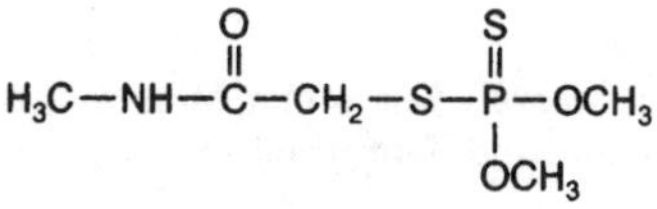

Dimethoat
Kontaktinsektizid und Akarizid

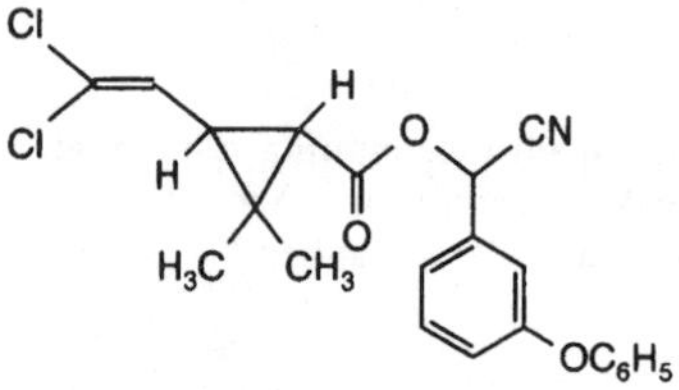

Cypermethrin
Synthet. Pyrethroid mit Fraß- und
Kontaktgiftwirkung gegen zahlreiche
Insekten

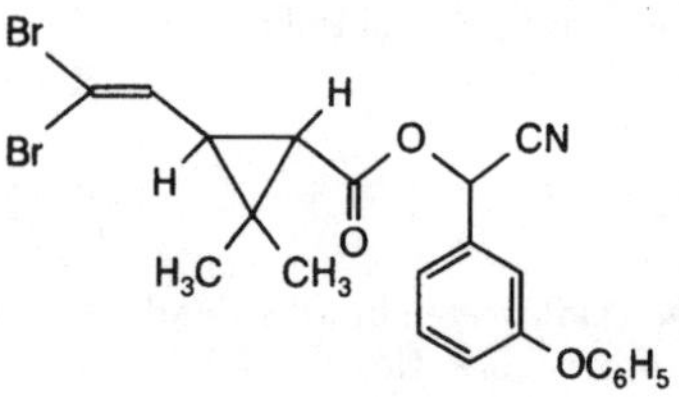

Deltamethrin
Synth. Pyrethroid gegen zahlreiche
Insekten

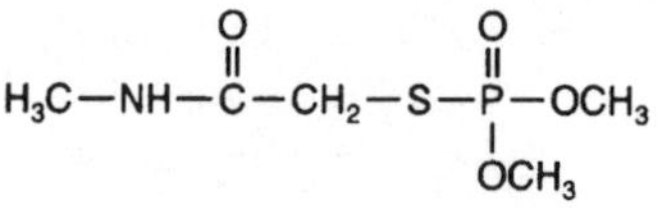

Omethoat
Insektizid und Akarizid

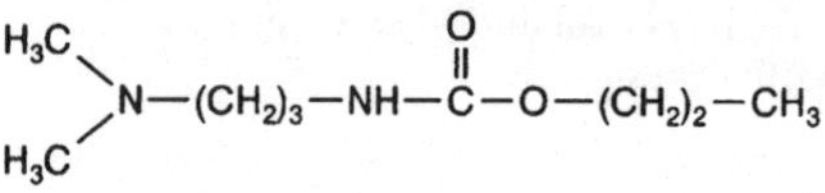

Propamocarb
Fungizid gegen Phycomyceten im Erdbeer-
und Gemüseanbau

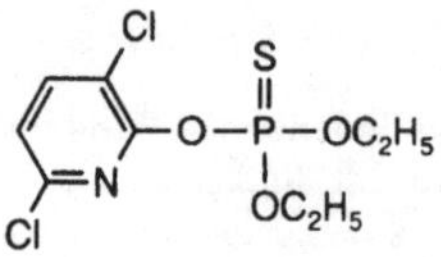

Chlorpyriphos
Insektizid gegen Blatt- und Bodeninsekten

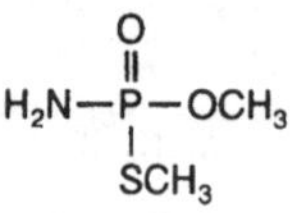

Methamidophos
Insektizid und Akarizid

Abb. 11.5. (Fortsetzung)

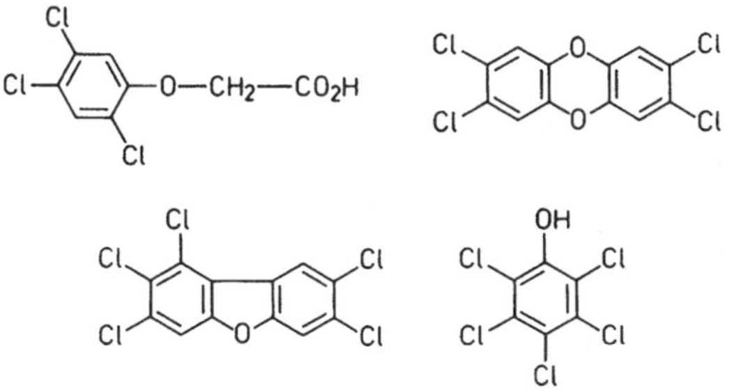

Abb. 11.6. 2,4,5-Trichlorphenoxyessigsäure („2,4,5-T"), 2,3,7,8-Tetrachlordibenzo-p-dioxin (TCDD), 2,3,7,8,9-Pentachlordibenzofuran und Pentachlorphenol (PCP)

Amitrol ist ein Triazol-Derivat, das auf die Chlorophyll-Synthese von Pflanzen einwirkt und so gezielt als Herbizid eingesetzt werden kann. Das Unkrautvernichtungsmittel Atrazin ist in der letzten Zeit häufiger im Trinkwasser gefunden worden. Die Mengen waren allerdings noch so gering, daß das dadurch abschätzbare Risiko für die Gesundheit des Verbrauchers noch unter der durch Aufnahme dieser Substanz mit Feldfrüchten lag. Es ist durchaus verständlich, wenn gesundheitsbewußte Verbraucher solche Lebensmittel bevorzugen, deren Aufmachung auf Naturreinheit und Rückstandsfreiheit hindeuten. Die Kontrolle derartiger Lebensmittel hat indes immer wieder gezeigt, daß auch sie nicht frei von Pflanzenbehandlungsmitteln waren, da entweder doch mit derartigen Präparaten gespritzt worden war (z.B. beim Nachweis von Parathion) oder die Wirkstoffe aus dem Ackerboden aufgenommen wurden. – Die intensive Kontrolle auf solche Verbindungen in Lebensmitteln hat indes einen ständigen Rückgang der Beanstandungsquoten wegen Überschreitens der gesetzlich zugelassenen Konzentrationen bewirkt. Zwar werden Pestizidrückstände ständig und in vielen Lebensmitteln nachgewiesen, ihre Konzentrationen liegen aber überwiegend unter den erlaubten Höchstmengen. So läßt das von Bund und Ländern gemeinsam durchgeführte

Tabelle 11.1. Vergleichende Toxizitäten einiger ausgewählter Substanzen[a]

Substanz	Geringste letale Dosis (μg/kg)
Botulinus-Toxin A	0,00003
Tetanus-Toxin	0,0001
Diphtherie-Toxin	0,3
TCDD	1
Saxitoxin	9
Tetrodotoxin	8–20
Bufotoxin (Krötengift)	390
Curare (Pfeilgift)	500
Strychnin	500
Muscarin	1100
Diisopropylfluorphosphat (Kampfstoff, Cholinesterasehemmer)	3100
Natriumcyanid	10000

[a] Aus: Reggiani G (1978) Arch Toxikol 40: 161–188.

„Lebensmittel-Monitoring" für 1996 erkennen, daß von 4 692 Proben nur 124 (= 2,7%) meist geringe Überschreitungen der Höchstmengen aufwiesen.

Auch in Lebensmitteln tierischer Herkunft findet man Rückstände von Pestiziden und Pflanzenbehandlungsmitteln. Meistens sind sie nicht unmittelbar in diese Lebensmittel gelangt, sondern über Futtermittel hineingetragen worden (**„Carry over"**). Dadurch wird dieses Problem weniger gut steuerbar, zumal Futtermittel häufig importiert werden. Außerdem werden persistente Verbindungen wie z.B. DDT und seine Metaboliten ständig wieder aufgenommen, so daß hier gewisse Höchstmengen geduldet werden müssen. Das gleiche gilt für einige tropische Produkte wie Tee, Gewürze, Kaffee und Ölsaaten. Während DDT nämlich in der Bundesrepublik Deutschland nicht mehr hergestellt wird, findet es in einigen Teilen der Welt wegen seiner vorzüglichen insektiziden Wirkung nach wie vor Anwendung.

11.2.2
Antibiotika

Die Tiermast wird heute unter gleichen ökonomischen Aspekten betrieben wie die industrielle Produktion. Daher finden wir heute in Mastbetrieben sehr viel mehr Tiere vor, als das früher vielleicht der Fall war. Hieraus ergibt sich zweifellos eine erhöhte Infektionsgefahr, der man u.a. durch Zugabe von Antibiotika zum Futter vorzubeugen sucht. So wird etwa die Hälfte der Antibioticaproduktion auf der Welt in der Landwirtschaft eingesetzt. Da sich gleichzeitig gewisse Vorteile durch schnellere Gewichtszunahmen (durch Bakterienhemmung im Darm) ergaben, die die Einsparung von Futter ermöglichten, werden seit etwa 40 Jahren Antibiotika, ursprünglich in der Hauptsache Tetracycline, Penicillin und Bacitrazin, in der Tiermast verwendet. Solche Antibiotika werden normalerweise im Tierkörper innerhalb von 5 Tagen abgebaut. Dennoch gelangten sie häufiger ins Fleisch (vor allem die Tetracycline), besonders dann, wenn bei Erkrankungen höhere Dosen gespritzt und die vorgeschriebenen Wartezeiten nicht eingehalten wurden. Auch nach Penicillinbehandlung von Kühen gegen Mastitis wurde festgestellt, daß eine dreitägige Wartezeit offenbar nicht ausgereicht hatte, da Antibiotikarückstände in die Milch gelangt waren. Über die Problematik der Anwesenheit solcher Rückstände für die Käserei s. S. 337.

Aus einer Verschleppung von Antibiotikarückständen in das Lebensmittel können sich beim Menschen Resistenzprobleme ergeben. So hat man Resistenzen gegen Chlortetracyclin auf seine Anwendung bei der Schweinemast zurückgeführt. Dabei können erworbene Resistenzen offenbar auch durch Genaustausch unter den Keimen selbst weitergegeben werden (s. S. 134).

Von der FAO/WHO wurden die Antibiotika bezüglich ihrer resistenzfördernden Eigenschaften ansteigend so eingeordnet:

1. Bacitracin, Flavomycin, Virginiamycin;
2. Polymyxine, Tylosin u.a. Makrolide;
3. Penicilline und Tetracycline;
4. Ampicillin und Cephalosporin;

5. Aminoglykosid-Antibiotika (Streptomycin, Neomycin);
6. Chloramphenicol.

Es ist in diesem Zusammenhang die Forderung erhoben worden, Antibiotika der letzten 3 Gruppen im Lebensmittelbereich überhaupt nicht einzusetzen.

Antibiotika werden verschiedentlich auch zur Lebensmittelkonservierung eingesetzt. So mischt man z.B. etwa 10 ppm Chlor- bzw. Oxytetracyclin dem für die Kühlung von Frischfisch verwendeten Eis zu, um die Haltbarkeit zu verlängern. In Ostasien wird Tylosin zum Konservieren von Fischzubereitungen verwendet. In Deutschland sind solche Anwendungen grundsätzlich verboten.

In Futtermitteln, z.B. für die Kälber- und Schweinemast, sind nur noch solche Verbindungen zugelassen, die in der Humanmedizin nicht angewandt werden, um so einer Entwicklung von Krankheitserregern vorzubeugen, die gegen solche Antibiotika resistent sind. Außerdem sind in jedem Fall die Wartezeiten zwischen Verabreichung des Medikaments und der Schlachtung einzuhalten. Insbesondere ist es verboten, Fleisch durch Antibiotikagaben zu konservieren. Antibiotika können in Lebensmitteln z.B. durch den Hemmstofftest (Behinderung des Wachstums von ausgesuchten Mikroorganismen durch die Probe) nachgewiesen werden. In Eiern und Eiprodukten hat man verschiedentlich Chloramphenicol nachgewiesen, das den Hühnern zur Vorbeugung gegen Erkrankungen mit dem Futter verabfolgt worden war. Seit der Nachweis von Chloramphenicol auf chemisch-analytischem Wege möglich ist, hat seine Anwendung im Lebensmittelverkehr stark nachgelassen.

Chloramphenicol

11.2.3
Thyreostatika und Beruhigungsmittel

Die Massentierhaltung setzt die Tiere zusätzlichen Streßsituationen aus. Das um so mehr, als die Forderung des Verbrauchers nach magerem Fleisch die Züchtung außerordentlich streßanfälliger Schweinerassen begünstigt hat. Daher war man interessiert an einer Ruhigstellung solcher Tiere, zumal Streßbelastungen zu Qualitätseinbußen beim Fleisch (z.B. zur Bildung von PSE-Fleisch, s. S. 302) führten. Das wird u.a. durch Zugabe von **Thyreostatika** mit dem Futter bewirkt, die die Schilddrüsenfunktion der Tiere herabsetzen. Bekannte Thyreostatika sind Methyl- und Propylthiouracil.

Gleichzeitige schnellere Gewichtszunahmen bei Rindern stellten sich im nachhinein indes als Täuschung heraus, da nur die Innereien schwerer waren, Die Anwendung solcher Thyreostatika ist in Deutschland verboten. Statt dessen werden heute als Antistreß- und Beruhigungsmittel sog. β-**Rezeptorenblocker** und **Tranquilizer** eingesetzt. Typische Verbindungen dieser Art sind Stresnil, Rompun und Promazin, die ebenfalls bis zur Schlachtung wieder ausgeschieden sein müssen. Hier ergeben sich indes Probleme, da diese „Antistressoren" den Tieren auch vor dem Transport zum Schlachthof verabfolgt werden, wo sie durch ihre neuen Umgebungen besonderen Streßsituationen ausgesetzt sind. So betrug die Verlustquote bei Schweinen allein während des Transports über 1%. Es muß also bezweifelt werden, ob hier immer die gesetzlich vorgeschriebenen Wartezeiten eingehalten werden können. Die genannten Verbindungen sind nach Extraktion dünnschicht- bzw. gaschromatographisch bestimmbar. β-Rezeptorenblocker wie z.B. das Carazolol können schon in niedrigen Konzentrationen wirken. Bei Carazolol beträgt die Wartezeit bis zum Schlachten 3 Tage, in einigen EG-Mitgliedsstaaten verzichtet man auf eine Wartezeit.

11.2.4
Weitere Tierarzneimittel

In der Anwendung sind natürlich zahlreiche Präparate, die hier nicht alle erwähnt werden können. Ihre Anwendung durfte früher nur unter der Voraussetzung erfolgen, daß sie im Lebensmittel nicht mehr nachweisbar waren. Hier ging man gesetzlich allerdings immer noch von einer „Nulltoleranz" aus, die angesichts der immer empfindlicher werdenden Analytik nicht einzuhalten war. Inzwischen ist auch für Tierarzneimittel eine Höchstmengenverordnung erlassen worden.

$$H_2N-\langle\ \rangle-SO_2NH_2$$

Beispiel für ein Sulfonamid:

Sulfanilamid = Prontalbin^R

Sulfonamide werden unter anderen zur Therapie von Infektionen angewendet. Sie sind wirksam durch kompetitive Hemmung der Folsäuresynthese (anstelle der sehr ähnlich aufgebauten p-Aminobenzoesäure). Da Sulfonamide z.B. auch in die Milch gelangen können und dann in der Käserei schwere Schäden verursachen, wird dafür vorgesehene Milch speziell untersucht.

Coccidiostatica werden vorwiegend in der Geflügelhaltung gegen Coccidiose eingesetzt. Bekannte Mittel sind hier Amprolium und Decoquinat sowie gewisse Nitrofurane, die auch gegen Harnwegsinfektionen zur Anwendung kommen.

Antiparasitica werden z.B. gegen Leberegel und Würmer in der Hühnerhaltung eingesetzt, indem sie dem Futter zugemischt werden. Auch von ihnen können

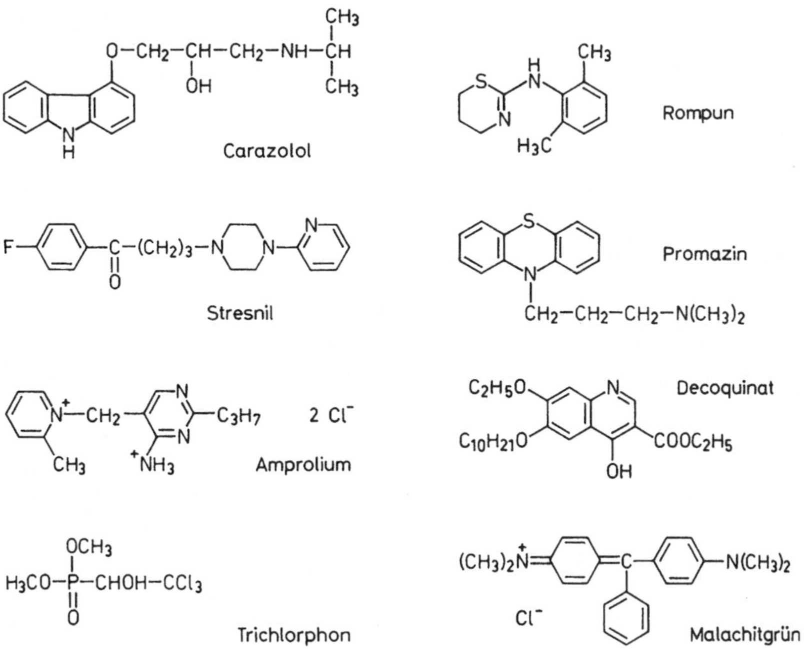

Abb. 11.7. Beispiele für einige Tranquilizer, β-Rezeptorenblocker, Coccidiostatica und Antiparasitica

nicht metabolisierte oder nicht ausgeschiedene Rückstände im Lebensmittel (z.B. in Eiern) auftauchen. Ein Beispiel ist das Trichlorphon.

In Abbildung 11.7 sind die Formeln der im Text genannten Verbindungen gezeigt. Es muß an dieser Stelle aber darauf hingewiesen werden, daß es sich hier nur um einige wenige Beispiele handeln kann. Nach Schätzung der Pharmaindustrie sollen etwa 2 000 verschiedene Präparate mit etwa 250 Wirkstoffen für die Therapie von Tieren zur Verfügung stehen. Eine besondere Art vorbeugender Medikation ist die Behandlung von Forellengewässern mit Malachitgrün, um die Fische vor Ektoparasiten zu schützen. Rückstände davon sind dann im Fischmuskel nachweisbar.

11.2.5
Anabolica

Unter Anabolica versteht man Stoffe, die durch Eingriff in den Hormonhaushalt des Körpers eine höhere Stickstoff-Retention und damit eine erhöhte Proteinbildung bewirken. Als Masthilfsmittel bei Kälbern eingesetzt gewährleisten sie damit bessere Futterausnutzung und um 5 bis 15% höhere Gewichtszunahmen. Die bekannten Anabolica wirken alle als Sexualhormone und sind damit Stoffe mit pharmakologischer Wirkung, die in Lebensmitteln nicht vorhanden sein dürfen.

Man unterscheidet zwischen

1. natürlichen Sexualhormonen: 17-β-Östradiol (Östrogen), Progesteron (Gestagen), Testosteron (Androgen);
2. synthetischen Steroidabkömmlingen: Trenbolon, Methyltestosteron, Ethinylöstradiol;
3. synthetischen Anabolica ohne Steroidstruktur: Diethylstilböstrol (DES), Stilböstrol, Dienöstrol, Hexöstrol, Zeranol;
4. β-Sympathomimetica (Clenbuterol, Salbutamol).

Die größte Wirksamkeit geht von östrogen wirkenden Verbindungen aus; häufig empfiehlt sich aber eine Kombination mit einem gestagen oder androgen wirksamen Stoff. Dabei werden häufig sogenannte „Hormoncocktails" verabfolgt. Um den Übergang ins Fleisch möglichst gering zu halten, werden sie oft in Form von Pellets hinter den Ohren des Kalbs implantiert, von wo aus sie gelöst werden und in den Körper übergehen, während diese Partien beim Schlachten herkömmlicherweise verworfen werden. Entschieden zu verurteilen sind dagegen intramuskuläre Injektionen an anderen Körperstellen oder die Verabreichung stark oral wirksamer Präparate mit dem Futter. Dies trifft z.B. für Diethylstilböstrol, Hexöstrol und Ethinylöstradiol zu, während die orale Wirksamkeit von 17-β-Östradiol nur 10% und von Zeranol nur 1% davon beträgt.

Zeranol ensteht durch katalytische Hydrierung aus dem ähnlich wirkenden Mykotoxin Zearalenon, auf das man aufmerksam geworden war, als Sauen nach Verfütterung von verschimmeltem Mais (Schimmelpilz **Gibberella zeae**) östrogenbedingte Symptome zeigten. Auch Zeranol wirkt als Östrogen. Ethinylöstradiol ist eine Komponente der in der „Pille" verwendeten Kontrazeptiva. Das oral stark wirksame Diethylstilböstrol (DES) wurde über längere Zeit offenbar auch von Futtermittelhändlern dem Tierfutter zugesetzt, nachdem diese die Verbindung über einen „grauen Markt" erhalten hatten. DES wird vom Tier bei weitem nicht so schnell ausgeschieden wie andere Anabolica, da es aus der Leber über den Gallenweg in den Darm gelangt, wo eine erneute Rückresorption stattfindet. DES wurde früher im Humanbereich als Arzneimittel angewandt, wurde dann aber abgesetzt, als man erkannt hatte, daß es offenbar carcinogen wirksam ist. Der offenbar über lange Zeit unbemerkt gebliebene, bedenkenlose Einsatz von DES als Masthilfsmittel hat zu Maßnahmen geführt, die den Handel mit Tierarzneimitteln stark einschränken und unter stärkere Kontrolle stellen.

Vor wenigen Jahren wurde man auf die Verwendung oral wirksamer ß-Sympathomimetica (z.B. Clenbuterol, Salbutamol) aufmerksam. Hierbei handelt es sich um Pharmaka, die als Broncholytica wirken und über β-Rezeptoren Herzkranz- und -muskelgefäße erweitern und so den Kreislauf anregen. Während Clenbuterol auch beim Tier als Heilmittel angewandt wurde, war Salbutamol nur für die Behandlung des Menschen vorgesehen. Über Trinkwasser oder Futter an Schweine verabreicht bewirken sie eine Ver-

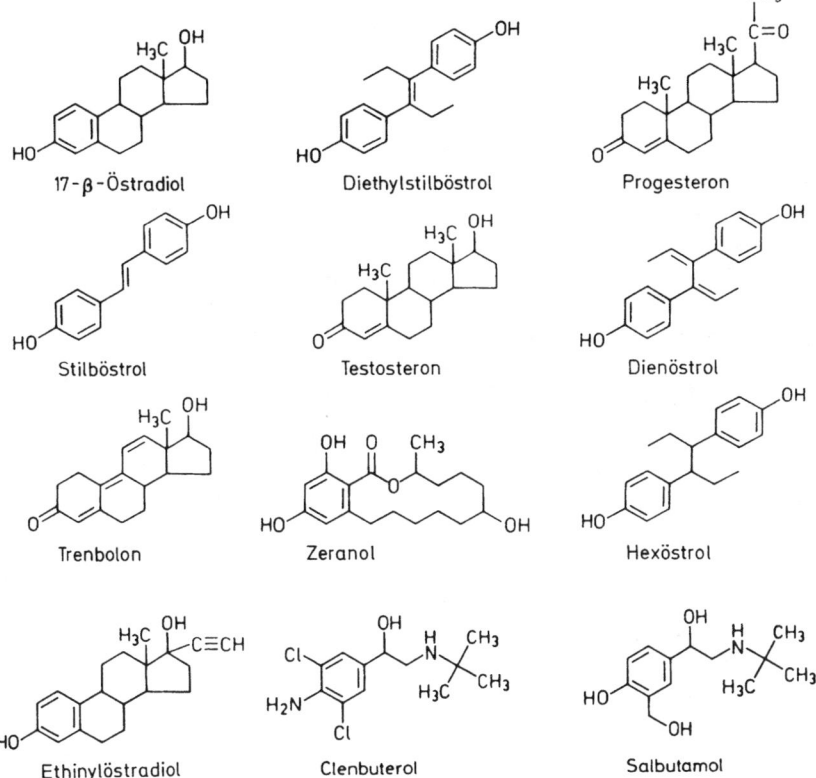

Abb. 11.8. Mögliche Anabolica in der Tiermast

minderung des Fettanteils zugunsten von Muskel, so z.B. eine Verminderung der Rückenspeck-Dicke. Derartige Medikamente wurden offenbar auch an Rinder, Schafe und Geflügel verfüttert.

Anabolica entfalten ihre Wirksamkeit vor allem bei jungen Tieren, bei denen die Bildung von Sexualhormonen noch nicht voll begonnen hat. So hat man optimale Wirkungen bei Kälberbullen im Alter von 10–11 Wochen erhalten. Dabei ist eine östrogene Wirkung keineswegs erwünscht, sondern es wird vielmehr eine vorgezogene Geschlechtsreife angestrebt. Bei bestimmungsgemäßer Anwendung soll die Hormonkonzentration im Muskel der Tiere niedriger sein als z.B. bei geschlechtsreifen Rindern.

Nachweis und Bestimmung von Anabolica im Fleisch erfordern spezielle Methoden, da ihre Menge nur selten 1 ppb überschreitet. Gut durchführbar ist dagegen die Untersuchung von Urin und Kot der Tiere, wo die Anabolica oft in 100- bis 1 000-fach höheren Konzentrationen vorliegen.

11.3
Umweltrelevante Rückstände in Lebensmitteln

11.3.1
Einführung

Durch die Industrialisierung ist der Mensch vor allem in zivilisationsnahen Gebieten einer erhöhten Exposition von Schadstoffen ausgesetzt. Nicht immer treten diese unmittelbar in Luft und Wasser auf, sondern häufig begleiten sie den Menschen auch in seinem häuslichen Umfeld. Das gilt z.B. für giftige Farbstoffe in Tapeten, Weichmacher in Wandfarben, für monomeres Vinylchlorid in Fußbodenbelägen und anderen PVC-Erzeugnissen, für Holzschutzanstriche oder auch ungeeignete Dekors auf Geschirr. Der Gesetzgeber trägt möglichen Gefährdungen dieser Art Rechnung durch die Einbeziehung sog. „Bedarfsgegenstände" und der Kosmetika in den Verbraucherschutz (Lebensmittel- und Bedarfsgegenständegesetz). Dennoch dürfte die Belastung des Menschen mit solchen Stoffen durch die Lebensmittel am größten sein, in die sie über Pflanze und Tier gelangten.

11.3.2
Anorganische Kontaminanten

Als die wichtigsten anorganischen Kontaminanten in Lebensmitteln müssen Blei, Cadmium und Quecksilber angesehen werden, die in verschiedenen Bindungsformen in Lebensmitteln vorkommen können. Es soll hier nicht beurteilt werden, ob unsere Vorfahren nicht vielleicht noch größeren Belastungen, z.B. durch Blei, ausgesetzt waren, indem sie aus Geschirren mit Bleiglasuren bzw. von Zinntellern mit nicht unerheblichen Bleigehalten gegessen haben. So gibt es auch Befunde, denen zufolge die Quecksilber-Gehalte von vor 60 bis 90 Jahren gefangenen Thunfischen, die in naturkundlichen Museen erhalten geblieben sind, höher lagen, als sie heute für den Verkehr in Lebensmitteln zugelassen sind. Vielmehr ist ein vorbeugender Verbraucherschutz auch für die Abstellung von solchen Belastungen verantwortlich, denen bereits unsere Vorfahren in Unkenntnis der Dinge ausgesetzt waren.

Blei kann in die Biosphäre über Bleihütten, Akkumulatoren- und andere Bleiwarenfabriken, durch Farben und Rostschutzmittel, Druckereien und Schriftgießereien gelangen, und zwar über Müll, Abluft und Abwasser. Seine Verbindungen treten dann in der Luft als Staub und im Wasser als Schwebstoffe auf. Schätzungen zufolge werden im Rhein jährlich etwa 3 000 t Blei in Form von Schwebstoffen transportiert. Eine weitere wichtige Emissionsquelle war lange das dem Vergasertreibstoff als Antiklopfmittel beigegebene Bleitetraethyl.

Lebensmittel mit hohen Bleigehalten sind oberirdisch wachsende Gemüse- und Obstarten, vor allem solche mit wachsiger oder rauher Oberfläche. Daraus geht hervor, daß die Staubbelastung hier überwiegt. Daher können die Bleigehalte dieser Lebensmittel bereits durch gründliches Waschen erheblich

Tabelle 11.2. Mittlere wöchentliche Aufnahme von Blei, Quecksilber und Cadmium über Nahrungsmittel und Trinkwasser

Blei-aufnahme	AWI	Quecksilber-aufnahme	AWI	Cadmium-aufnahme	AWI
1,3 mg	3,5 mg	0,11 mg	0,35 mg	0,24 mg	0,32 mg

herabgesetzt werden. Von Lebensmitteln tierischer Herkunft können besonders Lebern und Nieren sowie Knochenpartien relativ stark bleihaltig sein. Auch Trinkwässer aus Bleirohren können höhere Bleikonzentrationen enthalten, vor allem weiche Wässer, die solche Rohre besonders stark angreifen. Massenerkrankungen auf französischen Kriegsschiffen um 1830 stellten sich als Bleivergiftungen heraus. Man hatte diese Kriegsschiffe nämlich mit Wasserleitungen aus Blei ausgerüstet und dem Wasser zur Skorbutbekämpfung Zitronensaft zugemischt. – Auch das traurige Ende der Expedition Franklins 1845 zur Suche nach der Nordwestpassage wurde, wie man heute weiß, durch Blei verursacht, das in den mitgenommenen Konserven auf Grund fehlerhafter Verlötung in großen Konzentrationen vorkam.

Die Resorptionsrate aufgenommener Bleiverbindungen wird beim Menschen auf 5–10% geschätzt. Dabei lagern sie sich in Knochen und inneren Organen ab. Die Gefährdung liegt vor allem in dieser Kumulation, die zu irgendeinem Zeitpunkt die Freisetzung erheblicher Bleimengen begünstigen kann. Blei ist als Inhibitor von Enzymen und der Hämoglobin-Synthese stark toxisch.

Cadmium. Auf die giftige Wirkung von Cadmium in Lebensmitteln wurde man erstmals 1955 aufmerksam, als eine Massenvergiftung (Itai-Itai-Krankheit) in Japan auftrat. Befallen waren Personen, die Reis von Feldern gegessen hatten, die mit Wasser aus einer Cadmiumerz-Abraumhalde bewässert worden waren. Es traten, besonders bei älteren und geschwächten Personen, schmerzhafte Osteomalazien auf, die auf eine verminderte Calcium-Resorption und andere Störungen des Mineralhaushaltes zurückgeführt wurden. Zahlreiche Personen fanden den Tod. Wie wir heute wissen, wird Cadmium vor allem in der Nebennierenrinde akkumuliert, wobei eine Bindung an Proteine diskutiert wird. Da die Halbwertszeit seiner Ausscheidung außerordentlich hoch ist (10–30 Jahre), sind bei erhöhter Cadmium-Exposition chronische Vergiftungen zu befürchten.

Cadmium ist ein Begleitelement des Zinks. Eine Gefährdung kann daher u.a. von Zinkhütten ausgehen. Aber auch die Farbenindustrie verarbeitet cadmiumhaltige Farben (Cadmiumsulfid und -selenid), die auch in rot-orangenen Deckfarben von Geschirren enthalten sind. Gefährdungen entstehen außerdem durch cadmiumhaltigen Klärschlamm, Phosphatdünger und – nicht zu vernachlässigen – durch fossile Brennstoffe.

Eine Cadmium-Aufnahme ist sowohl durch die Atemluft als auch durch Lebensmittel möglich. Hier sind es besonders Speisepilze, Leinsamenschrot, Muscheln und Nieren von älteren Tieren (Rindfleisch, nicht Kalbfleisch). Während oral zugeführtes Cadmium nur zu etwa 5% resorbiert wird, liegt die Resorptionsrate bei Zuführung über die Lunge bei fast 100%. Raucher sind also besonders gefährdet!

Quecksilber. Speisepilze spielen auch eine Rolle als Träger einer Quecksilber-Belastung. Daneben sind Fische, vor allem Thun- und Schwertfische, Haifisch, Aal, Stör, Hecht, Rochen und Rotbarsch als Träger erhöhter Quecksilber-Konzentrationen suspekt. Aufmerksam wurde man auf Gefahren durch Quecksilber in Lebensmitteln 1957–1961, als im japanischen Minamata eine Massenerkrankung auftrat, in deren Verlauf zahlreiche mißgestaltete Kinder geboren wurden. Verursacher war ein Industriewerk, das quecksilberhaltige Abwässer in die Minamata-Bucht abgelassen hatte. Dort wurde es von Mikroorganismen in fettlösliches Methylquecksilber umgewandelt, das als fettlösliche Verbindung in die Nahrungskette gelangen konnte. – Erst in neuerer Zeit wurde bekannt, daß beim Verzehr von Grindwalen, die auf den Faröer Inseln ein billiges Nahrungsmittel darstellen, erhebliche Mengen Quecksilber aufgenommen wurden. Dieses Quecksilber stammt offenbar aus der Umwelt und wird in den Walen als einem späten Glied der Nahrungskette offenbar besonders angereichert. Wie das dänische Gesundheitsamt ermittelte, wurden Kinder von Frauen, die ihrerseits größere Mengen Quecksilber im Körper angereichert hatten (etwa 10 mg/kg Muskel), mit deutlich meßbaren Nervenschäden geboren: Schäden an Feinmotorik, Sprache und Gedächtnis. Da Methylquecksilber die Plazenta passieren kann, sollten vor allem schwangere Frauen nicht zuviel von oben genannten Fischen essen.

Quecksilber kann in Abwässern von Natronlauge- und Papierfabriken gefunden werden, bei letzteren dann, wenn sie $HgCl_2$ als Schleimbekämpfungsmittel verwenden. – Es sollte aber nicht übersehen werden, daß Steinkohle bis zu 1 mg Hg/kg enthalten kann, so daß in der Welt allein über ihre Verbrennung eine jährliche Freisetzung von 3 000 t Quecksilber geschätzt wird. – Während metallisches Quecksilber nur atmungstoxisch ist, sind anorganische und organische Quecksilberverbindungen außerordentlich giftig, wenn sie über die Nahrung aufgenommen werden.

Einer Erhebung der Weltgesundheitsorganisation aus dem Jahre 1972 zufolge liegen die Zufuhren von Blei, Cadmium und Quecksilber mit der Nahrung unterhalb der angesetzten Grenzwerte. Dies gilt für eine ausgewogene und abwechslungsreiche Kost. Die Situation in der Bundesrepublik Deutschland ist in Tabelle 11.2 wiedergegeben, die dem Ernährungsbericht 1984 entnommen wurde und die mittlere wöchentliche Aufnahme dieser Problemelemente den AWI-Werten (Acceptable weekly intake) der WHO/FAO gegenüberstellt.

Kritisch können die aufgenommenen Mengen an Quecksilber und Cadmium jedoch bei übermäßigem Verzehr von Speisepilzen und Nieren werden, so daß das Bundesgesundheitsamt 1970 hiervor ausdrücklich gewarnt hat.

11.3.3
Polyhalogenierte aromatische Verbindungen

Die wichtigsten Verbindungen aus dieser Klasse sind die **polychlorierten Biphenyle (PCB)**, die – thermisch überaus stabil – bevorzugt als Kälte- und Wärmeübertragungsöle, Transformatorenöle, als Weichmacher in Lacken und Kunststoffen sowie als hydraulische Flüssigkeiten eingesetzt werden. Die unter dem Namen Clophen bzw. Arochlor gehandelten Produkte stellen komplizierte Gemische verschiedener Isomere bzw. Verbindungen unterschiedlichen Halogenierungsgrades dar, deren gaschromatographische Bestimmung dementsprechend aufwendig ist. Spurenweise sollen sie manchmal auch PCDDs und PCDFs (s. S. 217) enthalten, die sich z. B. bei einem Transformatorenbrand in großer Menge aus PCBs gebildet haben.*

Über Abwässer gelangten sie aufgrund ihrer geringen Abbaubarkeit und guten Fettlöslichkeit in die Nahrungskette und können heute ubiquitär nachgewiesen werden. Obwohl mehrere Länder die Verwendung polychlorierter Biphenyle verboten bzw. auf geschlossene Systeme beschränkt haben, findet man sie leider immer wieder in Fettpartien tierischer Lebensmittel (Fleisch, Eier, Milch). So weisen über 90% der Fleischproben in ihren Fettanteilen PCB-Spuren auf, deren Menge allerdings fast immer unter der gesetzlich festgesetzten Höchstmenge von 0,01 ppm liegt. Natürlich kann man polychlorierte Biphenyle auch im menschlichen Körperfett und in Muttermilch nachweisen. In diese Klasse von Umweltgiften gehören auch polybromierte Biphenyle, die als Flammschutzmittel verwendet werden. Vor einigen Jahren gelangten größere Mengen davon versehentlich in Viehfutter. Nach dem Schlachten enthielt das Fleisch dieser Tiere noch erhebliche Rückstände dieses Mittels, so daß eine größere Anzahl Menschen im US-Bundesstaat Michigan nach Genuß dieses Fleisches erhebliche Gesundheitsschädigungen davontrug, u. a. Gedächtnisschwund.

11.3.4
Perchlorethylen (PER)

Perchlorethylen wurde erstmals in Eiern von solchen Hühnern nachgewiesen, die unter anderem mit Produkten aus der Tierkörperbeseitigung gefüttert worden waren, nachdem man die Tierkadaver mit diesem Lösungsmittel entfettet hatte. Neuerdings hat man festgestellt, daß fetthaltige Lebensmittel das

---

* Im Frühjahr 1999 wurde in Belgien die Zugabe PCB-haltiger Öle zu Fetten für die Tierfutterbereitung nachgewiesen. Dies zog die Vernichtung großer Mengen kontaminierter Lebensmittel tierischer Herkunft nach sich.

vorzugsweise zur Chemischen Reinigung eingesetzte Perchlorethylen aus der Raumluft auflösen, so daß teilweise erhebliche Kontaminationen festgestellt wurden. Auch hier liegt die Ursache außerhalb des Lebensmittelbereiches. Zum Schutz des Verbrauchers wurde dennoch eine duldbare Höchstmenge von 0,1 ppm festgesetzt. Allerdings ist es keine Frage, daß eine Abstellung dieses Problems nur erreicht werden kann, wenn Lebensmittel in unmittelbarer Nähe zu Chemischen Reinigungsbetrieben nicht feilgehalten werden dürfen. Da allerdings auch die angrenzenden Wohnungen und die in ihnen aufbewahrten Lebensmittel in Mitleidenschaft gezogen wurden, dürfte die sicherste Lösung des Problems nur darin liegen, daß solche Betriebe kein Perchlorethylen mehr freisetzen. Der Ersatz von Perchlorethylen durch bestimmte Fluorchlorkohlenwasserstoffe (Frigene) ist keineswegs akzeptabel, nachdem bekannt ist, daß diese sehr leicht flüchtigen Verbindungen die Ozonschicht unseres Planeten schädigen können.

$$Cl_2C=CCl_2$$

Perchlorethylen

11.4
Radionuklide

11.4.1
Einführung

Unter Radionukliden versteht man Atome mit instabilem Atomkern, die sich unter Aussendung von radioaktiven Strahlen stabilisieren, wobei meist mehrere Zwischenstufen durchlaufen werden. Die weitaus meisten Radionuklide findet man unter den Elementen mit Ordnungszahlen über 83. Beispiele für „leichtere" Elemente mit natürlicher Radioaktivität sind die Isotope Kalium-40 (^{40}K), Kohlenstoff-14 (^{14}C) und Tritium (^{3}H). Kalium-40 ist primordialen Ursprungs und hat wegen seiner großen Halbwertszeit von $1,3 \times 10^9$ Jahren seit Entstehung der Erde in seiner Konzentration nicht wesentlich abgenommen. Kohlenstoff-14 und Tritium werden durch kosmische Strahlung ständig nachgebildet. Für das Umfeld des Menschen sind außer diesen 3 natürlichen Radionukliden die Zerfallsprodukte des Urans und Thoriums bedeutsam, z.B. Radium-226, Blei-210 und Polonium-210 aus der Uran-Radium-Zerfallsreihe. Daneben werden wir heute mit dem Phänomen künstlicher Radionuklide konfrontiert, die durch künstlich herbeigeführte Kernspaltungen (Atomwaffentests, Kernkraftwerke und Wiederaufbereitungsanlagen) gebildet werden. Die wichtigsten Nuklide sind in Tabelle 11.3 aufgeführt.

Unter den weiteren, künstlich erzeugten Radionukliden ist vor allem das Plutonium-239, dessen Halbwertszeit $2,4 \times 10^4$ Jahre beträgt, sowie seine Folgeprodukte zu nennen. Die Strahlungsarten und ihre Wirkungen sind in Tabelle 11.4 beschrieben. Gammastrahler können heute in biologischem Mate-

Tabelle 11.3. Wichtige Radionuklide

Element, Isotop	Physikalische Halbwertszeit		Emittierte Strahlung
Cäsium-134	2	Jahre	Gammastrahlung
Cäsium-137	37	Jahre	Gammastrahlung
Iod-131	8	Tage	Gammastrahlung
Strontium-90	28,5	Jahre	Betastrahlung
Strontium-89	51	Tage	Betastrahlung
Zirkon-95	65	Tage	Gammastrahlung
Tritium	12	Jahre	Betastrahlung
Kohlenstoff-14	5730	Jahre	Betastrahlung

Tabelle 11.4. Arten radioaktiver Strahlung und ihre Eigenschaften

Strahlung	Charakteristik	Energie
α-Strahlen	Positiv geladene Heliumkerne	2–10 MeV
β-Strahlen	Elektronen	0,01–12 MeV
γ-Strahlen	Elektromagnetische Wellen	bis 2,7 MeV

rial relativ leicht und oft ohne Probenvorbereitung gemessen werden. Dagegen ist die Abtrennung von α- und β-Strahlern aus biologischem Material unumgänglich, um Verfälschungen durch Strahlenabsorption durch die Matrix auszuschließen. Die Gammastrahlung im menschlichen Körper kann man wegen der guten Strahlentransparenz in sogenannten Ganzkörpermeßzellen bestimmen.

Unter der physikalischen Halbwertszeit versteht man den Zeitraum, innerhalb dessen die Hälfte des Radionuklids zerfallen ist. Getrennt davon ist die biologische Halbwertszeit zu betrachten, die angibt, wann 50% eines aufgenommenen Radionuklids durch physiologische Austauschreaktionen wieder aus dem menschlichen Körper ausgeschieden worden sind.

Für eine Beurteilung dieser Kontaminanten ist es wichtig, sowohl ihre Wirkung auf biologisches Material als auch ihr Verhalten im biologischen System zu kennen.

11.4.2
Wirkung von Radionukliden auf biologisches Material

Radionuklide senden energiereiche Strahlung aus, die im biologischen Material zu Ionisierungen und homolytischen Spaltungen unter Entstehung von Radikalen führt. Eine Hauptreaktion ist hier die Freisetzung von OH-Radikalen, die durch Kombination das Zellgift H_2O_2 entstehen lassen, das schnell unter Oxidation geeigneter Reaktionspartner abgebaut wird. Dadurch hervorgerufene somatische Schädigungen betreffen das Lebewesen selbst (z.B. Auslösung von Krebs), während genetische Schädigungen durch Veränderungen des Erbmaterials in den Nachfolgegenerationen auftreten. Wesentlich für das Ausmaß solcher Schädigungen ist nicht nur die Energie der Strahlung, sondern vor allem ihre Absorption entlang ihres Weges durch die Zellen. Die **absorbierte Strahlendosis** wurde früher in rad (Röntgen absorbed dosis) ausgedrückt.

$$1 \, \text{rad} = 100 \, \text{erg/g} = 10^2 \, \text{J/kg}$$

Allerdings wirkt nicht jede Strahlung in gleicher Weise auf biologisches Material ein, weshalb man einen **Qualitätsfaktor q** einfügt und nun die **effektive Strahlenwirkung** mit der Maßeinheit **rem** (Röntgen equivalent man) ausdrückt:

$$\text{rem} = \text{rad} \times q$$

Der Faktor q besitzt für β-und γ-Strahlen den Wert 1, dagegen für α-Strahlen 20. Seit dem 1.1.1978 wird die **Äquivalentdosis** in Sievert (Symbol Sv) ausgedrückt:

$$1 \, \text{Sv} = 100 \, \text{rem} \quad ^4$$

Da sich bestimmte Radionuklide in gewissen Organen anreichern (z.B. ^{131}I in der Schilddrüse), wird auch manchmal von einer **Organdosis**, dem Mittelwert der Äquivalentdosis für dieses Organ gesprochen. Um schließlich das radiologische Risiko von Strahlenschäden für den Menschen möglichst exakt darzustellen, hat man die **effektive Äquivalentdosis** definiert. Hier geht z.B. die Beobachtung mit ein, daß das Risiko für ein Lungencarcinom bei gleicher Strahlenmenge viermal so hoch ist wie die für einen Schilddrüsenkrebs. Aufgrund der unterschiedlichen Anfälligkeit der Organe gegen strahleninduzierten Krebs hat man also für sie **Wichtungsfaktoren** bestimmt, mit denen man die Teilkörperdosen multipliziert (Tabelle 11.5).

Die effektiven Äquivalentdosen, die sich für jedes Radionuklid anders darstellen, sind in Tabelle 11.6 für die wichtigsten Radionuklide angegeben.

Organ	Wichtungsfaktor
Keimdrüsen	0,25
Brustdrüse	0,15
Rotes Knochenmark	0,12
Lunge	0,12
Schilddrüse	0,03
Knochen	0,03
Übrige Organe	0,30
—	
Summe	1,00

Tabelle 11.5. Organspezifische wichtungsfaktoren bei radioaktiver Strahlung

Aus: Diehl JF, Ehlermann D, Frindik O, Kalus W, Müller H, Wagner A (1986) Radioaktivität in Lebensmitteln – Tschernobyl und die Folgen. Berichte der Bundesforschungsanstalt für Ernährung, Karlsruhe.

---

⁴   Vergleiche hierzu: 1 Gy = 100 rem = 1 J/kg

Radionuklid	Erwachsene	Kleinkinder bis 1 Jahr
Sr−89	0,00025	0,0025
Sr−90	0,0035	0,011
Ru−103	0,00008	0,00035
I−131	0,0013	0,011
Cs−134	0,002	0,0012
Cs−137	0,0014	0,0009
K−40	0,0005	0,0039
C−14	0,00006	0,0004

Tabelle 11.6. Effektive Äquivalentdosis pro zugeführter Radioaktivität, in mrem/Bq

Aus: Henrichs K, Elsasser U, Schotola C, Kaul A (1985) Dosisfaktoren für Inhalation oder Ingestion von Radionuklidverbindungen. Bundesgesundheitsamt, ISH-Hefte 7881, Berlin.

Um die Kontamination eines Materials mit Radionukliden zu beschreiben, hat man früher die Einheit Curie (Symbol Ci) bzw. Milli-, Mikro-, Nano-, Pico- oder Femto-Curie benutzt (letzteres = 10^{12} Ci), die sich auf die Radioaktivität von 1 Gramm Radium-226 bezog:

$$1\,\text{Ci} = 3{,}7 \times 10^{10} \text{ radioaktive Zerfälle pro Sekunde}$$

Heute benutzt man die besser zu handhabende Einheit 1 Becquerel (Symbol Bq) für 1 Zerfall pro Sekunde. Damit ist

$$1\,\text{Ci} = 3{,}7 \times 10^{10} \text{ Bq}$$

11.4.3
Beschreibung der wichtigsten Radionuklide im menschlichen Umfeld

Kalium-40. Kalium kommt ubiquitär in Pflanzen und im Tierreich vor. Wegen seines ^{40}K-Isotops, eines γ-Strahlers, verursacht es für den Menschen die höchste Strahlenexposition, die pro Gramm Gesamtkalium 30,944 Bq ^{40}K beträgt. Somit bedeutet die mittlere tägliche Aufnahme von 3 g Kalium mit der Nahrung eine Radioaktivität von 93 Bq ^{40}K, die sich gleichmäßig im gesamten Muskel verteilt, da Kalium vor allem intrazellulär gespeichert wird. Ein 70 kg schwerer Mensch enthält etwa 140 g Kalium, entsprechend 4 300 Bq ^{40}K. Über den ^{40}K-Gehalt einiger Lebensmittel unterrichtet Tabelle 11.7.

Kohlenstoff-14. Er entsteht u. a. auch bei Kernfusionen, bei denen Neutronen freigesetzt werden. So wurden in den fünfziger und sechziger Jahren durch Kernwaffentests große Mengen ^{14}C freigesetzt, was seinerzeit zu einer Verdopplung des $^{14}CO_2$-Gehaltes in der Atmosphäre geführt hat. Durch zunehmende Verdünnung mit CO_2 aus der Verbrennung fossiler Brennstoffe hat sich der relative Anteil von $^{14}CO_2$ in den letzten Jahren deutlich vermindert. – Natürlich

Lebensmittel	Gesamt-Kalium g/kg	Kalium-40 Bq
Rindfleisch, mager	3,16	97,7
Kuhmilch, 3,5% Fett	1,55	47,9
Hühnerei, gesamt	1,47	45,5
Kartoffeln	5,20	160,9
Bohnen, weiß	13,1	405,4
Weizenmehl, Type 1200	2,41	74,6
Gemüse, Mittelwert	3,0	92,8

Tabelle 11.7. Kalium-40-Gehalte einiger Lebensmittel

wird auch $^{14}CO_2$ im Rahmen der Photosynthese der Pflanzen verwertet und gelangt so in die menschliche Nahrung. Die dadurch täglich aufgenommene Radioaktivität beträgt im Mittel 57 Bq ^{14}C. Der menschliche Körper enthält 180 Gramm Kohlenstoff/kg, was bei einem Körpergewicht von 70 kg und einer spezifischen Aktivität von 0,23 Bq ^{14}C/g Kohlenstoff in der Biosphäre einer Radioaktivität von 2 900 Bq ^{14}C entspricht.

Tritium wird durch kosmische Strahlung gebildet und gelangt über das Wasser in die Nahrungskette des Menschen. Es entsteht aber auch durch Kernreaktionen und wird von Kernkraftwerken und Wiederaufbereitungsanlagen an Atmosphäre und Abwasser abgegeben, so daß man bis zum Jahre 2000 mit einem Ansteigen des Tritiumgehaltes auf der Erde auf das Neunfache rechnet. Zur Zeit der Kernwaffentests um 1960 waren die Konzentrationen allerdings noch höher, jetzt rechnet man indessen mit der Einstellung eines Gleichgewichtes, da die physikalische Halbwertszeit ziemlich niedrig ist. – Derzeit liegt der Tritiumgehalt von Wasser bei 0,4 Bq ^{3}H/kg, so daß ein Mensch von 70 kg Gewicht (= 51 kg Wasser) eine Tritium-Menge enthält, die einer Aktivität von 20 Bq entspricht.

Cäsium-137 und Cäsium-134: Beide Isotope werden in Kernreaktoren gebildet. Wegen der erheblich niedrigeren physikalischen Halbwertszeit von ^{134}Cs verschiebt sich das Verhältnis schnell zugunsten von ^{137}Cs. Physiologisch verhält sich Cäsium ähnlich wie Kalium, d.h. es verteilt sich im Säugetier im gesamten Muskel, wo es intrazellulär gespeichert wird. Die biologische Halbwertszeit liegt für das Kleinkind bei 20 Tagen, für 80jährige dagegen bei 100 Tagen. In unserer Nahrung wird Radio-Cäsium vor allem mit Milch und Milchprodukten, Fleisch und Getreideerzeugnissen aufgenommen. – Bei dem Reaktorunfall von Tschernobyl[5] gelangten große Mengen dieser Isotope in die Atmosphäre, von wo sie mit Regen niedergeschlagen wurden („Washout"), so daß starke Aktivitätserhöhungen in Freilandgemüse, Milch und Fleisch dort gemessen

---

[5]   Am 26.4.1986 kam es in einem graphitmoderierten Reaktor in Tschernobyl (Ukraine) infolge schwerer Bedienungsfehler zu einer Havarie mit anschließender Kernschmelze und Reaktorbrand (GAU). Im Verlaufe von etwa 2 Wochen wurden sehr große Mengen an Spalt- und Aktivierungsprodukten freigesetzt, die zu einer Kontamination der gesamten nördlichen Hemisphäre und insbesondere weiter Teile Mittel- und Osteuropas sowie Vorderasiens führten.

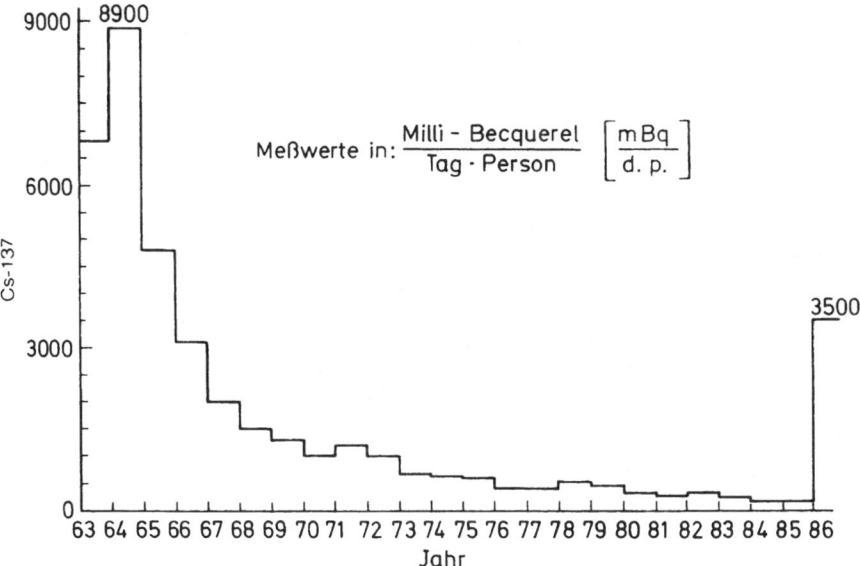

Abb. 11.9. Cäsium-137-Aktivitätszufuhr der Gesamtnahrung von 1963–1986. Aus: Diehl JF, Ehlermann D, Frindik O, Kalus W, Müller H, Wagner A (1986) Radioaktivität in Lebensmitteln – Tschernobyl und die Folgen. Berichte der Bundesforschungsanstalt für Ernährung, Karlsruhe

wurden, wo viel kontaminierter Regen niedergegangen war. Obwohl stark kontaminierte Partien vernichtet wurden, erreichte die ^{137}Cs-Aktivität in der Nahrung 1986 einen Betrag von 3,5 Bq ^{137}Cs pro Tag und Person (s. Abb. 11.9). War das abgeregnete ^{137}Cs anfangs noch von den Blättern abzuwaschen, so drang es dann innerhalb der nächsten 4 Wochen durch Blätter und Wurzeln in die Pflanzen ein. Freilandgemüse enthielt damals teilweise über 150 Bq ^{137}Cs/kg, ebenso hoch war die Kontamination von Rind- und Kalbfleisch, sofern die Tiere auf der Weide gehalten wurden. Bei Stalltieren, die mit Silage gefüttert wurden, war die Aktivität dagegen deutlich niedriger. Sehr hohe Cäsiumgehalte wurden seinerzeit in Beerenfrüchten gemessen, teilweise über 800 Bq ^{137}Cs, das sich in der Hauptsache in den Kernen befand. – Pilze und Flechten akkumulieren Cäsium in besonderem Maße. So wurden im Oktober 1986, also ein halbes Jahr nach der Katastrophe von Tschernobyl, in gewissen Pilzen (z.B. Maronen) über 2 000 Bq ^{137}Cs gemessen. Dementsprechend waren die Werte in Wildschweinen und Rotwild, die sich u.a. von Flechten ernähren, zehnmal so hoch wie in Rindern. In ganz besonderem Maße waren davon die Rentiere Lapplands betroffen, wo der radioaktive Fallout extrem hoch war, da sie sich vorwiegend von Flechten ernähren. Aufgrund der sehr hohen ^{137}Cs-Gehalte war ihr Fleisch genußuntauglich. Auch noch nach über einem Jahr wurde von stark erhöhten Cäsiumwerten in Pilzen berichtet, die das Nuklid nun aus dem Boden aufgenommen hatten. In anderen Nutzpflanzen waren die ^{137}Cs-Konzentrationen allerdings wieder fast bis zum Normalwert abgefallen, da das in den Boden gelangte Cäsium an einige Bodenminerale gebunden wird und daher von den Wurzeln praktisch nicht mehr aufgenommen werden kann.

Iod-131: Dieses Radionuklid trat in größten Mengen unmittelbar nach dem Reaktorunfall auf. Entsprechend der physiologischen Metabolisierung fanden sich extrem hohe Aktivitäten in den Schilddrüsen von Schlachttieren. Aber auch sonst wurden im Muskel sehr hohe Aktivitäten gemessen, teilweise über 4000 Bq ^{131}I/kg. Nach etwa 10 Wochen waren sie dagegen wegen der sehr kurzen physikalischen Halbwertszeit von ^{131}I soweit abgefallen, daß sie fast nicht mehr meßbar waren. Die Graphik in Abb. 11.10 zeigt diesen Verlauf.

Strontium-90 und Strontium-89: Strontium verhält sich chemisch und physiologisch ähnlich wie Calcium, d. h. es wird in die Knochen eingebaut, von wo

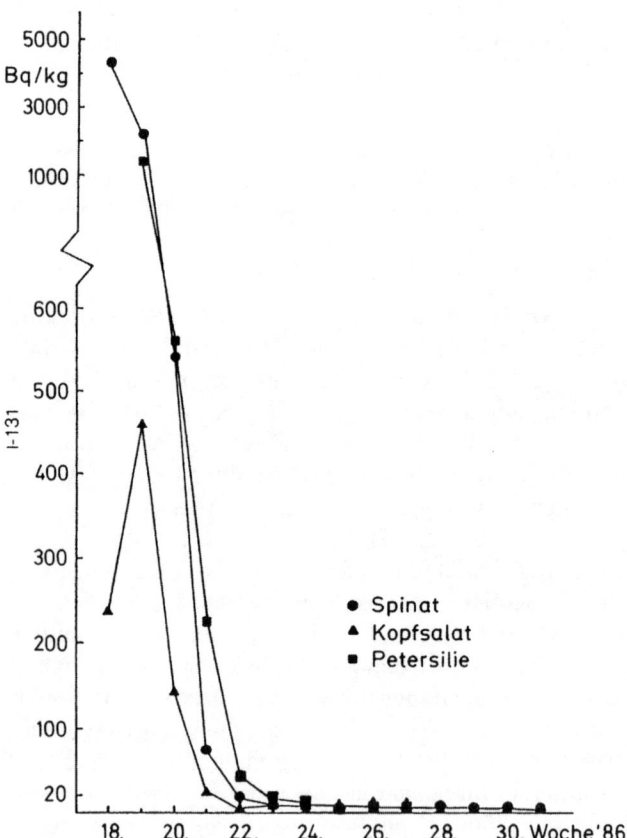

Abb. 11.10. Wochenmittelwerte der I-131-Gehalte von Gemüse und Kräutern. Aus: Diehl JF, Ehlermann D, Frindik O, Kalus W, Müller H, Wagner A (1986) Radioaktivität in Lebensmitteln Tschernobyl und die Folgen. Berichte der Bundesforschungsanstalt für Ernährung, Karlsruhe

ein Austausch kaum eintritt. Zu der hohen biologischen Halbwertszeit kommt die hohe physikalische Halbwertszeit für ^{90}Sr von über 28 Jahren, während Strontium-89 hier praktisch keine Rolle spielt.

Strontium-90 ist also ein außerordentlich gefährliches Nuklid, das unmittelbar nach dem Fallout vorwiegend in Milch und Milchprodukten auftritt. Infolge der Kernwaffenversuche erreichte die ^{90}Sr-Aufnahme 1964 einen Mittelwert von 1,1 Bq pro Person und Tag und reduzierte sich dann in den folgenden Jahren nach Aussetzen der Versuche auf Werte um 0,3 Bq. Besonders gefährdet sind Säuglinge und Kleinkinder, deren Skelett erst im Aufbau ist. So wurden 1964 für die Knochen von Säuglingen (11. Tag − 1 Jahr) mittlere ^{90}Sr-Gehalte von 0,2 Bq/g Calcium im Knochen, für Erwachsene über 20 Jahren dagegen nur 0,03 Bq/g Ca angegeben.

Beim Reaktorunfall in Tschernobyl war die Temperatur im Reaktorkern offenbar nicht hoch genug, um größere Mengen Strontium verdampfen zu lassen. Zumindest ergaben die Messungen in der Bundesrepublik Deutschland keine wesentlichen ^{90}Sr-Anstiege.

Zirkon-95 und sein Tochternuklid **Niob-95** wurden vor allem nach Kernwaffentests registriert. Zuletzt traten sie nach dem chinesischen Test von 1969 auf, wo in Gemüsen Werte bis 4 Bq/kg gemessen wurden.

Radium-226 ist ein natürliches Radionuklid, dessen Effektivität in biologischem Material wegen der emittierten α-Strahlung besonders hoch ist. Mit der Nahrung nehmen wir pro Tag etwa 0,1 Bq ^{226}Ra auf, vor allem mit Getreide und pflanzlichen Lebensmitteln. Besonders hohe Werte besitzen Paranüsse, die im Amazonasbecken angebaut werden und die dort enthaltenen, relativ hohen Bodenkonzentrationen an ^{226}Ra kumulieren. So hat man in ihnen schon über 100 Bq ^{226}Ra gemessen. Radium und seine Zerfallsprodukte finden sich auch in einigen Mineralwässern. Der Radiumgehalt in Gesteinen ist regional unterschiedlich, so daß die Exposition stark differiert. Aufgenommenes Radium kann entsprechend seiner Verwandtschaft mit dem Calcium leicht in den Knochen abgelagert werden

Blei-210 und Polonium-210 entstammen der Uran-Zerfallsreihe. Es sind α-Strahler mit physikalischen Halbwertszeiten von 20 Jahren bzw. 138 Tagen. Die Nuklide werden besonders in Flechten kumuliert, so daß sie auch in Rentierfleisch vorkommen.

11.4.4
Abschätzung der Strahlenexposition

Zur Berechnung der aufgenommenen Strahlendosen wird die Aufnahme der einzelnen Nuklide z.B. pro Jahr mit der in Tabelle 11.6 angegebenen effektiven Äquivalentdosis multipliziert. Wenn der Bundesbürger also im Jahr 1986 im Mittel täglich 3,5 Bq Cäsium-137 aufgenommen hat, so errechnet sich daraus:

$$3,5 \, \text{Bq}^{137}\text{Cs} \times 365 \, \text{Tage} \times 0,0014 = 1,79 \, \text{mrem}.$$

Hinzu kommen die Werte für Cäsium -134

$$1,7\,\mathrm{Bq}^{134}\mathrm{Cs} \times 365\,\mathrm{Tage} \times 0,002 = 1,24\,\mathrm{mrem}.$$

Die aufgenommene Strahlendosis durch Radio-Cäsium betrug also etwa 3,1 mrem. Für Iod-131 wurde bei einer jährlichen Zufuhr mit der Nahrung von 235 Bq eine Ingestions-Dosis von 0,30 mrem errechnet, so daß die Strahlenexposition des Bundesbürgers infolge des Kernkraftwerksunfalls einer Strahlendosis von 3,4 mrem entsprechen würde. Diese Werte sind grob geschätzt und setzen u.a. voraus, daß der Bundesbürger stark kontaminierte Lebensmittel gemieden hat. In jedem Fall ist aber die Strahlenexposition durch natürliche Radionuklide zu addieren, die eine Ingestions-Dosis von etwa 38 mrem ausmacht.

11.4.5
Rechtliche Regelungen

Der Reaktorunfall von Tschernobyl stellte den Gesetzgeber vor die Notwendigkeit, auf die Kontamination unserer Lebensmittel schnell zu reagieren, um die Gesundheit der Bevölkerung nicht zu gefährden. In Zusammenarbeit mit der Strahlenschutzkommission wurde seinerzeit daher Milch mit Gehalten höher als 500 Bq ^{131}I und Frischgemüse mit mehr als 250 Bq ^{131}I für den Verkauf gesperrt. Nach der Verordnung (EURATOM) vom 22.12.1987[6] wurden neue Höchstwerte für Nahrungsmittel und Futtermittel in Bq/kg festgelegt.

---

[6]   Verordnung (EURATOM) Nr. 3954/87 des Rates zur Festlegung von Höchstwerten an Radioaktivität in Nahrungsmitteln und Futtermitteln im Falle eines nuklearen Unfalls oder einer anderen radiologischen Notstandssituation.

12 Gesundheitsschädliche Stoffe in natürlichen Lebensmitteln

12.1
Einführung

Die Auswahl pflanzlicher und tierischer Rohstoffe für die Ernährung erfolgt nicht nur nach ihrem Gehalt an Nährstoffen (Kohlenhydrate, Fette, Proteine) und ihrem Genußwert, sondern natürlich auch unter dem Aspekt ihrer Ungiftigkeit. Während z.B. Steinpilze als wohlschmeckendes Lebensmittel gelten, würde niemand den hochgiftigen grünen Knollenblätterpilz, der die toxischen Amanitine und das Phalloidin enthält, zu den Lebensmitteln zählen. Dennoch enthalten viele Lebensmittel gewisse Giftstoffe, die sie selber gebildet oder aufgenommen haben, so daß spezielle Aufbereitungsverfahren und Dosierungen erforderlich werden, um Gesundheitsschäden zu vermeiden. Aber auch Kontaminationen durch Mikroorganismen können im Lebensmittel zu Toxinbildungen führen.

Unabhängig von diesen sich recht unmittelbar äußernden toxischen Wirkungen hat die moderne Analytik in den letzten Jahren eine Reihe von Stoffen erkennen lassen, die erst nach längerer Einnahme und dann auch nur eventuell zu gesundheitlichen Beeinträchtigungen führen. Es ist nun die vordringliche Aufgabe der Lebensmittelwissenschaft gleich welcher Spezialisierung, solche Gefahren zu objektivieren und nach Wegen zu ihrer Eliminierung zu suchen.

12.2
Gesundheitsschädliche Pflanzeninhaltsstoffe

12.2.1
Blausäure

Es gibt weit über 1 000 cyanogene Pflanzen, die in ihrem Stoffwechsel Blausäure bilden und diese als glykosidisch gebundene Cyanhydrine speichern. Besonders hohe Blausäure-Gehalte findet man in der Spitze der unreifen Bambussprosse (bis 8 g/kg), in bitteren Mandeln (2,5 g/kg), in der Mondbohne (**phaseolus lunatus**, bis 3 g/kg) sowie in der Wurzelrinde der Maniokwurzel (2,5 g/kg). Aber auch Zuckerhirse, das Ausgangsprodukt für den Sorghumzucker, Zuckerrohr, Leinsamen. Fruchtkerne und -steine vorwiegend aus Citrusfrüchten und Steinobst und unsere heimische Gartenbohne (**phaseolus vulgaris**) enthalten

Tabelle 12.1. Nitratgehalte einiger Gemüse[a]

Gemüse	mg NO_3/kg	Gemüse	mg NO_3/kg
Kohlrabi	360–4380	Kopfsalat	230–6610
Radieschen	80–4530	Fenchel	300–4200
Rettich	300–4960	Porree	40–4480
Rote Beete	180–5360	Spinalt	20–6700
Feldsalat	180–4330		

[a] Aus: Souci, Fachmann, Kraut (1986) Die Zusammensetzung der Lebensmittel, Stuttgart.

gewisse Mengen Cyanid. Die wichtigsten Verbindungen sind Amygdalin (Bittermandelöl, Citruskerne),Phaseolunatin (Bohnen) und Dhurrin (Sorghum). Wie Untersuchungen am Dhurrin ergaben, bildet die Pflanze solche Cyanide aus Aminosäuren. Sie dienen der Pflanze u. a. als Stickstoffspeicher, wichtig ist natürlich auch ihre protektive Wirkung.[1] Ihre Zusammensetzung und Spaltung geht aus Abb. 12.2.1 hervor. Demnach wird eine Spaltung durch die in der Frucht getrennt gespeicherten β-Glucosidasen erreicht, wenn ihre Zellwände durch Zerquetschen der Frucht zerstört werden und das Enzym an das Substrat gelangt. Anschließendes Kochen dient der Spaltung der Cyanhydrine, dem Vertreiben der daraus freigesetzten Blausäure und einer Zerstörung der β-Glucosidasen. Dennoch kommt es immer wieder zu Vergiftungen, wenn ungenügend vorbereitete oder gar ungekochte Speisen aus diesen Früchten angeboten werden (z.B. in Ostasien beim Genuß von ungekochten Bambussprossen). In unseren Breiten sind vor allem Bittermandeln oder das aus ihnen hergestellte Bittermandelöl mit Vorsicht zu genießen. Schon 5 bis 10 Bittermandeln oder 10 Tropfen des Öls sollen bei Kindern tödlich wirken können.

Blausäure (HCN, Cyanwasserstoff) ist eines der stärksten Gifte. Bereits 1 mg/kg Körpergewicht können beim Menschen zum Tode führen. Ihre Wirkung erklärt sich mit einer Blockierung der Eisen(III)-cytochromoxidasen und des Hämoglobins. Der endogene Sauerstoff-Transport wird unterbunden, was ein augenblickliches Absterben besonders der Gehirnzellen zur Folge hat.

Der Toleranzbereich ist beim Menschen relativ groß (1–60 mg/kg Körpergewicht, MAK 11 mg/m^3). Gefährlich kann sie besonders auch für solche Personen sein, die das nach Bittermandeln riechende Gas geruchlich nicht wahrnehmen. – Chronische Zufuhr kleiner Blausäuremengen mit der Nahrung (z.B. in tropischen Ländern über nitrilosidhaltiges Maniokmehl) führt zu schweren Erkrankungen: Ataxie, spastische Muskelschwäche. Der Säugetierkörper verfügt über mehrere Entgiftungsmechanismen. So überträgt das Enzym Rhodanase (Sulfurtransferase) Schwefel von Thiosulfat bzw. von Mercaptobrenztraubensäure unter Bildung von Thiocyanat, das auf dem Harnweg ausgeschieden wird. Auch Vitamin B_{12} (Cyanocobalamin) wird als HCN-Acceptor diskutiert.

---

[1]   Sibbesen O, Koch B, Halkier BA, Moller BL (1995) J Biol Chem 270:3506. Selmar D, Lieberei R, Biehl B (1988) Plant Physiol 86:711.

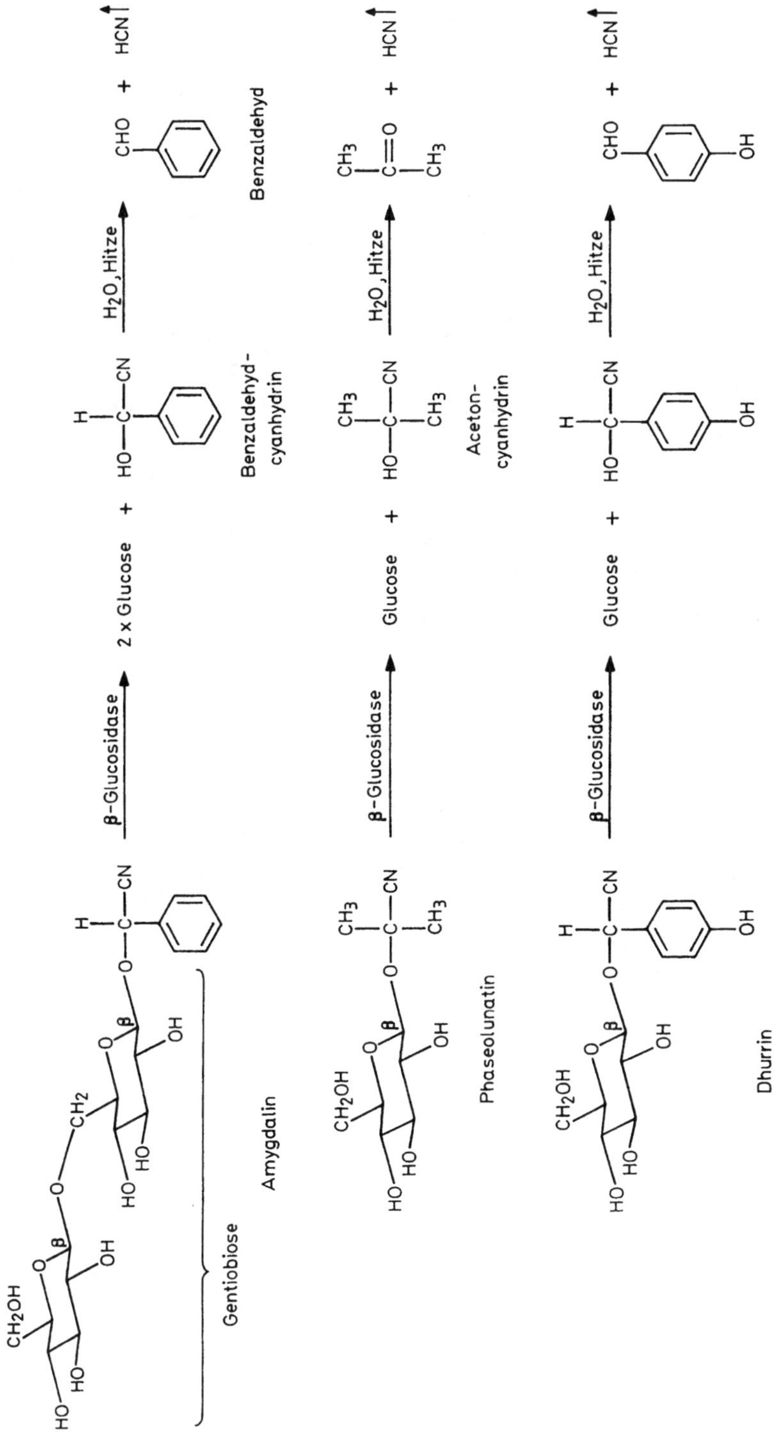

Abb. 12.1. Abspaltung von HCN aus Naturstoffen

12.2.2
Nitrat

Häufig werden erhöhte Nitratgehalte umweltrelevanten Ereignissen zugeschrieben. Hier müssen wir differenzieren: Auf der einen Seite finden wir
überhöhte Nitratgehalte bei Überdüngung mit Kunstdüngern (Ammonsalpe-
ter, Kalksalpeter oder Natronsalpeter). Teilweise ist dadurch schon Nitrat in
das Grundwasser gelangt, so daß man hier Proben mit Nitratgehalten weit
über 100 mg/l gefunden hat. Andererseits gelangt Nitrat auch durch organische
Düngung (Knöllchenbakterien nach Lupinenanbau, Ausbringen von Stallmist
bzw. Gülle) ins Erdreich. Vor allem ist zu bemerken, daß praktisch jede Pflanze
Stickstoff in Form von Nitrat durch die Wurzel aufnimmt. Dieses wird dann
in der Pflanze durch eine lichtinduzierte Reaktion während des Tages in andere stickstoffhaltige Substanzen umgewandelt. So fand man in Spinatblättern
morgens über 1 600 mg Nitrat/kg Frischmasse, während sich diese Menge bis
17.30 Uhr auf 830 mg reduziert hatte. Vor allem muß man aber wissen, daß es
einige Pflanzen gibt, die Nitrat speichern. Hierzu gehören Rote Beete, Spinat,
Mangold, Rettich, Radieschen und Salat. Das ist besonders bei der Bereitung
von Babykost zu beachten, auch wenn etwa 80% des Nitrats in das Kochwasser
wandern. – Das Bundesgesundheitsamt hat 1986 Richtwerte für Nitrat (NO_3)
festgelegt, die für Kopfsalat und Rote Beete jeweils bei 3 000 ppm, für Spinat
bei 2 000 ppm liegen. Oberhalb dieser Konzentrationen muß die Ware aus dem
Verkehr gezogen werden. Nitrat ist für den Erwachsenen kaum toxisch, um so
mehr aber für den Säugling. Die Gründe sind folgende:

1. Das Hämoglobin des fetalen Blutes wird durch Oxidationsmittel doppelt so
   rasch in Methämoglobin verwandelt wie das des Blutes von Erwachsenen.
2. Die Aktivität des für die Reduktion gebildeten Methämoglobins verantwortlichen, NADH abhängigen Enzyms Diaphorase ist im Erythrocyten
   des Säuglings niedriger.

Wenn mehr als 10% des Blutfarbstoffs als Methämoglobin vorliegen, äußert
sich dies durch Cyanose, Tachycardie und Kurzatmigkeit oder Cephalgien mit
möglicher Todesfolge.

Besonders toxisch ist das durch Reduktion von Nitrat entstehende Nitrit,
das in Mengen von etwa 500 mg auch beim Erwachsenen Methämoglobinämie
verursachen kann. Diese Reduktion wird meist bakteriell hervorgerufen, wenn
z.B. nitrathaltige Speisen aufbewahrt werden und die Keimzahl auf über $10^7/g$
Nahrung ansteigt. Diese Reduktion ist aber auch durch Entzündungen im
Darm- oder Harntrakt möglich. Insofern sind „dyspeptische Säuglinge" besonders gefährdet.

Nitrat kann in kleinen Mengen auch im Speichel zu Nitrit reduziert werden. So wurden im Speichel eines Probanden nach Genuß von 470 mg Nitrat
in 250 ml Rote Beete Saft 150 ppm Nitrit gemessen. Dieses Nitrit kann mit sekundären Aminen im Magen/Darmtrakt in Nitrosamine umgewandelt werden.

12.2.3
Oxalsäure, Glyoxylsäure

Oxalsäure. Spinat, Sellerie, rote Rüben und Rhabarber enthalten meist nicht unerhebliche Mengen Oxalat. Sein Genuß kann sich besonders bei solchen Personen schädlich auswirken, die zur Ablagerung von Nierensteinen auf der Basis von Calciumoxalat neigen.

$$\begin{array}{ll} \text{COOH} & \text{CHO} \\ | & | \\ \text{COOH} & \text{COOH} \\ \text{Oxalsäure} & \text{Glyoxylsäure} \end{array}$$

Glyoxylsäure kommt in Stachelbeeren vor, im Körper wird sie zu Oxalsäure metabolisiert.

12.2.4
Goitrogene Verbindungen

Es sind Verbindungen, die die Kropfbildung fördern. Zu ihnen gehören die in einigen einheimischen Kohl- und Rübensorten sowie in Rettich, Radieschen, Zwiebeln und Senf enthaltenen Thioglucosinolate. Sie werden enzymatisch u.a. zu Isothiocyanaten gespalten, die anschließend eine Cyclisierung durchlaufen können, wie es am Beispiel des **Goitrins** gezeigt wird (Abb.12.2).

In Tabelle 12.2 sind einige Thioglucosinolate und ihre wichtigsten Vorkommen zusammengefaßt. Kohlrabi und Wirsing enthalten 27–31 mg Isothiocyanat/100 g Frischgemüse, bei anderen Brassicasorten wurden 1/10–1/3 dieser Menge gefunden. Das in Abb. 12.2 dargestellte Glucosinolat wird auch als „Progoitrin" bezeichnet, da die Freisetzung des Senföls seine Cyclisierung zum „Goitrin" (Vinylthiooxazolidon) nach sich zieht. Diese Verbindung wirkt ähnlich wie Propylthiouracil antithyreoid, indem sie ebenfalls die Thyroxinsynthese hemmt. Diese Hemmung ist auch durch verstärkte Iodgaben nicht zu kompensieren. Goitrin wurde auch in der Milch solcher Kühe gefunden, die mit Rapsmehl gefüttert worden waren, was den Carry-over dieser Verbindung beweist.[2] Auch Isothiocyanate (Senföle) und die dazu isomeren Thiocyanate behindern die Thyroxinproduktion der Schilddrüse. Hier handelt es sich offenbar um eine kompetitive Hemmung der Iodaufnahme, die durch größere

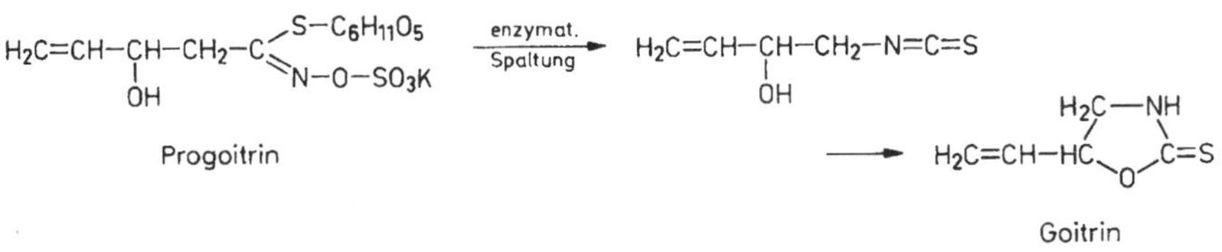

$$H_2C{=}CH{-}\underset{\underset{OH}{|}}{CH}{-}CH_2{-}C\overset{S-C_6H_{11}O_5}{\underset{N-O-SO_3K}{<}} \xrightarrow[\text{Spaltung}]{\text{enzymat.}} H_2C{=}CH{-}\underset{\underset{OH}{|}}{CH}{-}CH_2{-}N{=}C{=}S$$

Progoitrin

$$\longrightarrow H_2C{=}CH{-}HC\overset{H_2C-NH}{\underset{O}{<}}C{=}S$$

Goitrin

Abb. 12.2. Entstehen von Goitrin

---

2   Großklaus R (1986) Deutsche Lebensmittel-Rundschau 82 : 175–182.

Tabelle 12.2. Vorkommen wichtiger Thioglucosinolate

-Thioglucosinolal	Vorkommen
Allyl-	Rettich, Raps, Senf, Kohlrabi, Wirsing
Benzyl-	Gartenkresse, Maniok
p-Hydroxybenzyl-	Weißer Senf
β-Phenylethyl-	Meerrettich, Rübe
3-Butenyl-	Kohlrabi, Wirsing
2-Hydroxy-3-butenyl-	Rübensamen, Wirsing, Kohlrabi
4-Methylthio-3-butenyl-	Rettich
2-Hydroxy-4-pentenyl-	Rübenknollen
3-Indolylmethyl-	Raps, Kohlrabi, Wirsing, Rettich
N-Methoxy-3-indolylmethyl-	Raps, Kohlrabi, Wirsing

Iodgaben kompensiert werden kann. Aus Glucosinolaten werden nicht nur Isothiocyanate (R–NCS) und Thiocyanate (Rhodanide, R–SCN) gebildet, sondern auch Nitrile (R–CN), die teilweise recht toxisch sein können. So wird die akute Toxizität von 2-Hydroxy-3-butennitril als 10mal größer als die des Goitrins beschrieben. Nitrile gelten besonders als hepato- und nephrotoxisch. Senföle (Isothiocyanate) besitzen auch antimykotische Wirkung. – Bisher sind in Brassica-Gewächsen über 70 Thioglucosinolate nachgewiesen worden.

Auch übermäßiger Genuß von Zwiebeln kann Kropfbildung erzeugen, ebenso zu großer Konsum von Soja und Walnüssen. Während die goitrogene Wirkung von Zwiebeln auf die in ihnen reichlich gebildeten Sulfide (z.B. Propylallyldisulfid) zurückgeführt wird, vermutet man in Soja und Walnüssen Verbindungen, die eine Rückresorption von in den Darmkanal ausgeschiedenem Thyroxin verhindern.

12.2.5
Favismus und Lathyrismus

In der Saubohne (**Vicia faba**) kommen Verbindungen vor, die offenbar die Eigenschaft besitzen, reduziertes Glutathion zu oxidieren, was ein Absinken der Konzentration an Glucose-6-phosphatdehydrogenase im Körper zur Folge hat. Hieraus kann eine hämolytische Anämie resultieren, die sich nach Genuß dieser Bohne vor allem bei solchen Personen einstellt, die aufgrund eines Enzymdefektes ohnehin niedrigere Konzentrationen dieses Enzyms besitzen. Dies trifft auf etwa 100 Millionen Menschen in den Mittelmeerländern, Asien und Afrika zu, wo diese Erkrankung auch besonders häufig auftritt.

Glucose-6-phosphatdehydrogenase katalysiert die Bildung von NADPH, das seinerseits oxidiertes Gluthathion in die reduzierte Form überführt. Liegt nun ein Mangel an dem erstgenannten Enzym vor, so müssen sich Substanzen, die Glutathion oxidieren, besonders schädlich auswirken. Bei den in der Saubohne enthaltenen Verbindungen mit dieser Wirkung handelt es sich of-

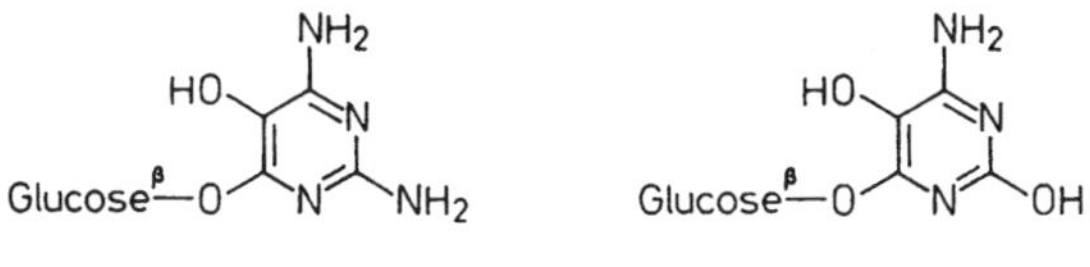

Abb. 12.3. Vicin (I) und Convicin (II), die vermutlichen Auslöser des Favismus

fensichtlich um Vicin und Convicin, die glykosidisch gebundene Pyrimidinderivate darstellen (Abb. 12.3).

Unter Lathyrismus (von griech. Lathyros = Erbse) versteht man Vergiftungserscheinungen, die sich vor allem durch Krämpfe und Lähmungen (Polymyelitis, Polyneuritis) nach Genuß von Kicher- oder Saatplatterbsen äußern. Lathyrismus ist vorwiegend in Süd- und Südosteuropa bekannt, wo diese Erbsen als Viehfutter verwendet werden. Auslöser sind in den Samen vorkommende Lathyrogene, von denen α-Amino-oxalylamino-propionsäure das bedeutendste ist.

12.2.6
Toxische Bohnenproteine

Lectine (Phytohämagglutinine) haben die Eigenschaft, das Blut des Menschen und verschiedener Tiere zu agglutinieren. Bei einigen dieser Verbindungen wurden sogar Blutgruppenspezifitäten beobachtet, andere wirkten außerdem auf die Mitose menschlicher Leucozyten ein. Man findet solche Verbindungen vor allem in Bohnen, auch in der heimischen Gartenbohne (**Phaseolus vulgaris**). Es handelt sich bei ihnen um Eiweiße mit Molekulargewichten von etwa 100 000. Dieser Aufbau macht klar, daß sie beim Erhitzen ihre Wirksamkeit durch Denaturierung verlieren. Der Genuß roher Bohnen hat dagegen schon Todesfälle gefordert, wobei als Krankheitssymptome hämorrhagische Gastroenteriden und tonische Krämpfe beschrieben wurden.

Trypsin- und **Chymotrypsin-Inhibitoren** kommen ebenfalls hauptsächlich in Bohnen vor und haben die Eigenschaft, die genannten Proteasen zu inhibieren. Auch sie werden als Eiweiße beschrieben, die beim Erhitzen ihre Wirksamkeit verlieren. Der **Kunitz-Trypsininhibitor** ist ein Protein und besteht aus 181 Aminosäuren. Der Mechanismus seiner Wirkung wird als Anlagerung von Trypsin an das aus Arginin- und Isoleucin (Aminosäuren Nr. 63/64) bestehende aktive Zentrum angesehen. Der dabei gebildete Substrat-Enzymkomplex dissoziiert nicht mehr, so daß es zu einer Änderung im hormonellen Steuerungsmechanismus kommt, als dessen Folge eine Pankreashypertrophie auftritt. – Ähnlich wirkt der **Bowman-Birkinhibitor**, der aus 71 Aminosäuren aufgebaut ist und 7 Disulfidbrücken enthält. Er ist relativ hitzebeständig und besitzt 2 aktive Zentren, an die in gleicher Weise Trypsin und Chymotrypsin gebunden werden können, und zwar Trypsin an Lys^{16}–Ser^{17} und Chymotrypsin an Leu^{43}–Ser^{44}. Diese Proteaseinhibitoren bewirken beim Verzehr roher Sojaprodukte ein vermindertes Wachstum als Folge der Ausscheidung von Proteinen sowie von Trypsin und Chymotrypsin mit dem Kot.

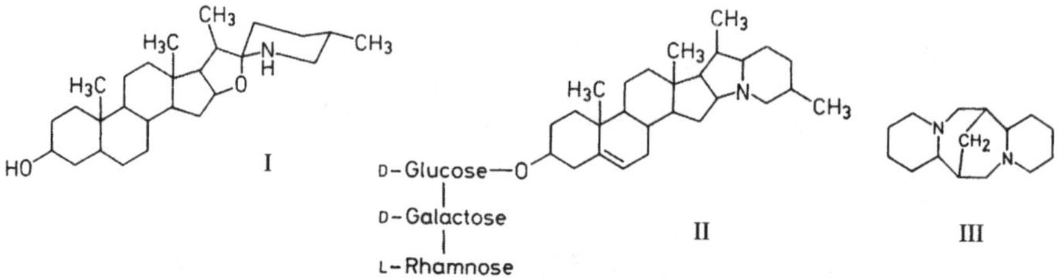

Abb. 12.4. Formeln einiger pflanzlicher Alkaloide. Das Aglykon Tomatidin (I) ist im Tomatin ähnlich wie Solanin (II) glykosidisch an 2 Reste Glucose, 1 Mol Galactose und 1 Mol Xylose gebunden. III = Spartein (Lupinidin)

12.2.7
Alkaloide in Lebensmittel- und Futterpflanzen

Manche unserer Kultur-Pflanzen enthalten glykosidisch gebundene Alkaloide. Eines der bedeutendsten ist das Solanin, ein in Früchten, Sprossen und Knollen der Kartoffelpflanze enthaltenes Steroidalkaloid, das glykosidisch an ein Trisaccharid gebunden ist. Beim Kochen geht Solanin in das Kochwasser über. Solaningehalte in Kartoffeln von 0,002–0,01 % sind unschädlich. In den grünen Scheinfrüchten oder durch Belichtung grün gefärbten Kartoffelknollen liegen die Konzentrationen indes erheblich höher (etwa 0,05 %). Ihre Zufuhr bewirkt dann Magenbeschwerden, Brennen im Hals, Erbrechen, Nierenreizungen, Hämolyse. Die letale Dosis wird mit 400 mg angegeben. Ähnlich aufgebaut ist das Tomatidin, das glykosidisch gebunden in Tomaten vorkommt. Spartein (Lupinidin) und das verwandte, bittere Lupanin findet man im Lupinensamen. Spartein regt in kleinen Dosen die glatte Muskulatur an, in hohen Dosen bewirkt es Lähmungen.

Eine toxikologisch wichtige Gruppe von Alkaloiden sind die Pyrrolizidine, von denen derzeit etwa 200 bekannt sind. Ihnen gemeinsam ist der Pyrrolizidinring, der Hydroxyl- und Hydroxymethylgruppen trägt; häufig sind diese durch Adipin- bzw. Glutarsäurederivate verestert.

In die Nahrung gelangen solche Stoffe

1. über Getreideunkräuter, z.B. durch Gewächse der Familie Crotalaria (Leguminosae),
2. mittels Übertragung durch Bienen in den Honig (z.B. aus **Senecio jacobaea**, einer Komposite),
3. durch Milch von Kühen und Ziegen, die solche Pflanzen gefressen haben,
4. über „Buschtees", Mischungen aus Pflanzenteilen von Senecio-, Crotalaria- und Heliotrop-Gewächsen. Diese Tees werden vor allem in Jamaika, aber auch in USA wegen verschiedener pharmakologischer Wirkungen getrunken und sind deshalb formell keine Lebensmittel.

Auch der heimische Boretsch (**Boraginaceae**) enthält solche Alkaloide, z.B. Lycopsamin. Toxische Wirkungen treten nur bei regelmäßiger Zufuhr dieser

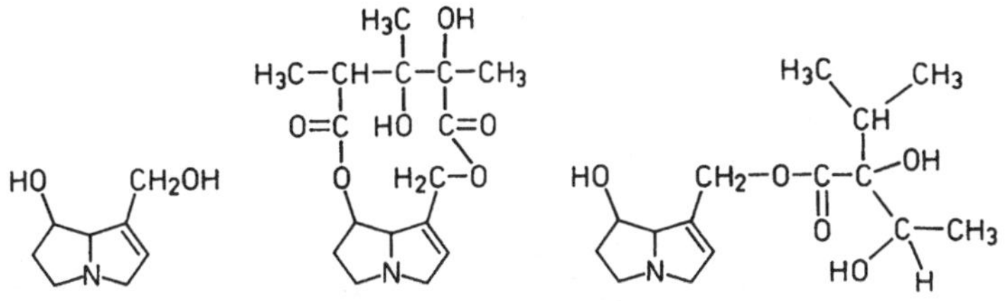

Abb. 12.5. Aufbau einiger Pyrrolizidinalkaloide I = Necin (Heliotridin), II = Monocrotalin, III = Lycopsamin

Stoffe auf, so daß die Ursache häufig nicht erkannt wird. Sie äußern sich in Form von Ascites, Leber-Nekrosen und fibrotischen Venenverschlüssen in der Leber mit nachfolgender Leberzirrhose. In Tierexperimenten wurde außerdem in der Leber die Bildung von Megalocyten beobachtet. Weitere Wirkungen wurden in der Lunge registriert.

So genügten Spuren des Samens von **Crotalaria spectabilis** (ein Getreideunkraut) im Futter von Hühnern, um bei diesen pulmonalen Hochdruck zu erzeugen. Bei Ratten verdreifachte sich der Pulmonaldruck, die Folge war Stauungsherzinsuffizienz infolge Dilatation des rechten Ventrikels. – Eine andere Crotalaria-Art (**Crotalaria aridicola**) erzeugt bei Pferden Speiseröhrentumoren; eine ähnliche Erkrankung bei Bantus in Transkei könnte möglicherweise ebenso mit dieser Pflanze in Zusammenhang stehen, die Ursache ist aber nicht gesichert.

Pflanzen der Familien Senecio (**Compositae**), Crotalaria (**Leguminosae**), Heliotropum und Boraginaceae werden für eine Reihe von Erkrankungen von Weidevieh in Asien, USA, Afrika, Australien und Neuseeland verantwortlich gemacht.

12.2.8
Toxische Stoffe in eßbaren Pilzen

In der Speiselorchel kommt das giftige **Gyromitrin** vor, das sich indes beim Kochen zersetzt. Der Genuß dieser Verbindung führt zu Magen- und Darmbeschwerden, Leber- und Nierenschädigungen und eventuell sogar zum Tod durch Leberatrophie. Darüber hinaus ist Gyromitrin carcinogen. Bei Spaltung des Hydrazons entsteht nämlich neben Acetaldehyd und Ameisensäure das N-Methylhydrazin, dessen methylierende Wirkung auf Guanin ($\rightarrow$ 7-Methylguanin) in der DNS bekannt ist. Es wird angenommen, daß Methylhydrazin enzymatisch zum instabilen Methyldiazoniumion oxidiert wird, das letztendlich für die carcinogene Wirkung des Gyromitrins und seiner Metaboliten verantwortlich ist.

Auch **Agaritin** besitzt die Struktur eines Hydrazinderivates (γ-Glutamyl-p-hydroxymethylphenylhydrazid). Es kommt in frischen Champignons in Mengen bis 400 ppm vor. Beim Erhitzen (Kochen, Braten) wird Agaritin zersetzt. Dabei wird es durch Hydrolyse zu p-Hydroxymethylphenylhydrazin gespalten, das enzymatisch dann in das entsprechende Benzoldiazoniumsalz übergeführt werden kann. Agaritin und seine Metaboliten erwiesen sich im Mäuseversuch ebenfalls als carcinogen.

Der Edelreizker (**Lactarius deliciosus**) kann nach Verspeisen ebenfalls zu Magen- und Darmbeschwerden führen. Auch hier wird das Toxin beim Kochen in das Kochwasser übergeführt.

Tintlinge enthalten ein Toxin, das nur gemeinsam mit Alkohol wirksam wird. Ihr Genuß führt bei gleichzeitiger Alkoholeinnahme zu Sensibilitätsstörungen in den Extremitäten, zu Tachycardie und Erbrechen.

12.2.9
Cycasin

Auf den Philippinen sowie in Indonesien, Japan und Neuguinea werden Nüsse, Mark und Blätter von Cycaspalmen gegessen. Da diese toxische Substanzen enthalten, müssen die daraus hergestellten Nahrungsmittel mindestens 7 Tage lang eingeweicht werden. Ungenügende Entfernung der Toxine führte zu amyotrophischer Lateralsklerose. Im Tierversuch registrierte man Lähmungen der Hinterbeine.

Inhaltsstoffe von Cycaspalmen sind u.a. ß-Methylaminopropionsäure und Cycasin, ein Glukosid des Methylazoxymethanols. Das Aglykon wird unter Formaldehydabspaltung leicht in Diazomethan umgewandelt, das Guanin in 7-Stellung methyliert. Dieses Verhalten, das weitgehend analog dem des Gyromitrins verläuft, macht die cancerogene Wirkung dieser Verbindung deutlich. Nach zweitägiger oraler Zufuhr von 0,4% mit der Nahrung wurden Tumorbildungen in Leber, Niere und Colon der Ratte beobachtet.

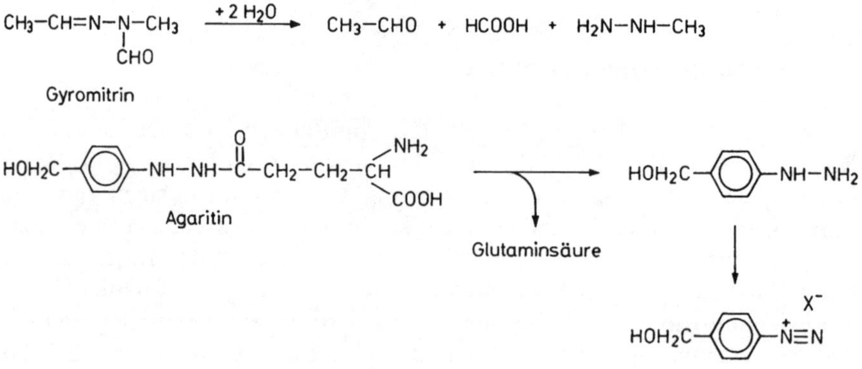

$$CH_3-CH=N-\underset{\underset{CHO}{|}}{N}-CH_3 \xrightarrow{+2 H_2O} CH_3-CHO + HCOOH + H_2N-NH-CH_3$$

Gyromitrin

$$HOH_2C-\underset{}{\bigcirc}-NH-NH-\overset{\overset{O}{\|}}{C}-CH_2-CH_2-\underset{\underset{COOH}{\diagdown}}{\overset{\diagup NH_2}{CH}} \longrightarrow HOH_2C-\bigcirc-NH-NH_2$$

Agaritin

Glutaminsäure

$$HOH_2C-\bigcirc-\overset{+}{N}\equiv N \quad X^-$$

Abb. 12.6. Toxische Hydrazinderivate in eßbaren Pilzen und ihre Spaltprodukte

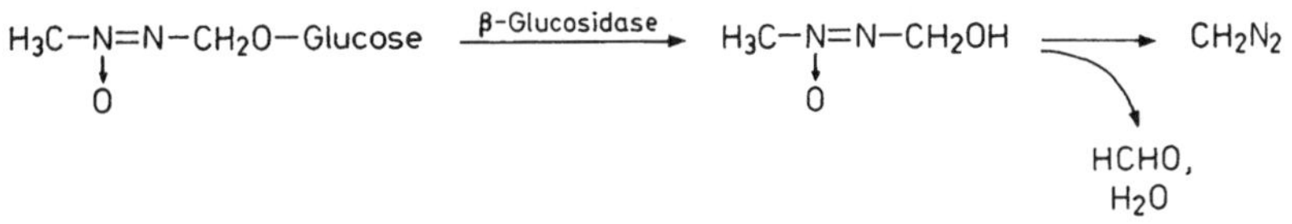

$$H_3C-\overset{\downarrow}{\underset{O}{N}}=N-CH_2O-Glucose \xrightarrow{\text{β-Glucosidase}} H_3C-\overset{\downarrow}{\underset{O}{N}}=N-CH_2OH \longrightarrow CH_2N_2$$

$$\searrow$$
$$HCHO,$$
$$H_2O$$

Abb. 12.7. Cycasin und seine Spaltprodukte

12.2.10
Toxische Karotteninhaltsstoffe

Acetonextrakte von Karotten sind toxisch. Ihre LD_{50} beträgt bei Mäusen etwa 100 mg/kg, Eine eingehende Analyse solcher Extrakte ergab als Inhaltsstoffe neben Myristicin (s. S. 249) Falcarinol und einige seiner Derivate, über deren Toxikologie noch nichts bekannt ist.

Die Konzentrationen liegen für Falcarinol bei 25 mg und für Falcarindiol bei 65 mg/kg Karotten.

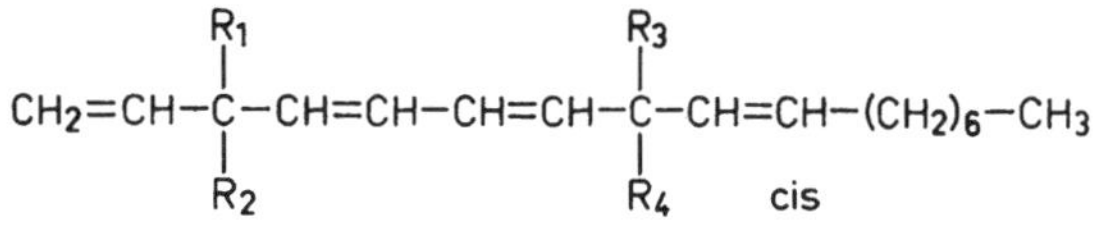

$$CH_2=CH-\overset{R_1}{\underset{R_2}{C}}-CH=CH-CH=CH-\overset{R_3}{\underset{R_4}{C}}-CH=CH-(CH_2)_6-CH_3 \quad cis$$

Abb. 12.8. Aufbau des Falcarinols und einiger seiner Abkömmlinge in der Karotte. Es bedeuten:

	R_1	R_2	R_3	R_4
Falcarinol	OH	H	H	H
Falcarindiol	OH	H	OH	H
Acetyl-Falcarindiol	$COCH_3$	H	OH	H
Falcarinolon	=O		OH	H

12.2.11
Furanocumarine

Sellerie, Petersilie und Pastinake enthalten Furanocumarine, die bei Erntearbeitern und Gemüsehändlern zu lichtinduzierten Dermatiten („Sellerie-Krätze") geführt haben. Die Kenntnisse über diese Substanzklasse, die man auch unter der Bezeichnung „Psoralene" zusammenfaßt, ist noch lückenhaft. Nachgewiesen sind fungitoxische und insektizide Wirkungen; Psoralen, Bergapten und Isopimpinellin werden in Gegenwart von UV-Licht auch als bakterizid beschrieben. Ferner sind sie mutagen. Wegen ihrer photoaktiven Wirkungen werden sie medikamentös gegen Schuppenflechte und als Depigmentierungsmittel eingesetzt.

Psoralene wurden übrigens auch in Bergamotte-Öl nachgewiesen. Am besten untersucht ist ihr Vorkommen in Sellerie. In gesunden Pflanzen findet

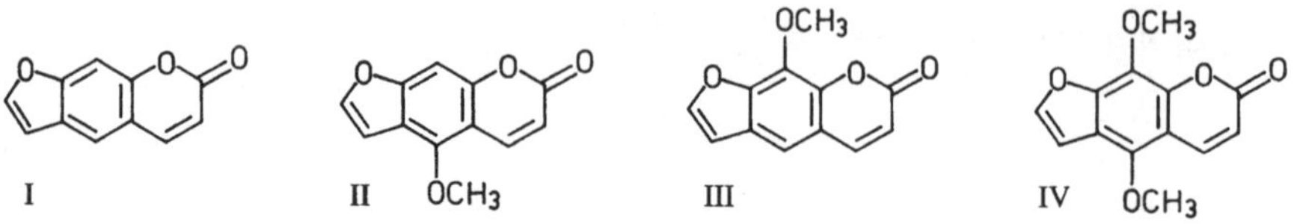

Abb. 12.9. Die wichtigsten Furanocumarine aus Sellerie. Es bedeuten: I = Psoralen, II = Bergapten, III = Xanthotoxin; IV = Isopimpinellin

man sie jeweils in Konzentrationen von 0,01–0,6 ppm (Summe aller Psoralene 0,04–16 ppm). Ihre Konzentrationen werden bei Einwirkung verschiedener Behandlungsmittel ($CuSO_4$, Natriumhypochlorit), bei Lagerung in der Kälte oder unter UV-Licht um ein Mehrfaches erhöht. Kranke Pflanzen entwickeln ebenfalls erhöhte Psoralen-Konzentrationen, sie wirken somit offenbar als Phytoalexine. Hierunter versteht man solche niedermolekularen antimikrobiellen Verbindungen, die nach Mikroorganismenbefall von den Pflanzen selbst synthetisiert und akkumuliert werden.

12.2.12
Toxische Honig-Inhaltsstoffe

Rhododendren und Azaleen besitzen in ihren Blüten Toxine, die die Biene mit einsammelt, und die auf diese Weise in den Honig gelangen. In gleicher Weise können Honige aus Neuseeland das toxische Tutin enthalten, das aus der Tuta-Pflanze stammt (**Coriaria arborea**). Tutin führt nach oraler Zufuhr zu Erbrechen, Krämpfen und Bewußtlosigkeit. Seine LD_{50} liegt bei Mäusen bei 10 µg/kg (i.v.). Das Toxin aus Rhododendren und Azaleen ist das Grayanotoxin (Andromedotoxin), das atropinartig wirkt: Lähmungen, Steigerung der Herzfrequenz. – In Mitteleuropa ist die Gefahr einer Vergiftung nicht gegeben, da es hier keine reinen Honige aus diesen Pflanzen gibt. In der Türkei wurden aber schon Vergiftungen durch „Pontische Honige" (von **Azalea ponticum** und **Rhododendrum ponticum**) registriert. Aus der Geschichte ist bekannt, daß die Soldaten des römischen Konsuls Pompejus 67 v. Chr. nach Genuß von pontischem Honig kampfunfähig waren und besiegt wurden. Schon 401 v. Chr. war die Armee des Griechen Xenophon am Schwarzen Meer nach Aufnahme von pontischem Honig berauscht und unfähig zum Weitermarschieren. Der in diesen Honigen enthaltene Wirkstoff Grayanotoxin wirkt blutdrucksenkend.

12.2.13
Ätherische Öle

Ätherische Öle zeichnen sich durch intensive aromatische Eigenschaften aus, weshalb man sie zu Geschmackskorrekturen in Lebensmitteln anwendet. Auch das geschmackliche und geruchliche Prinzip von Gewürzen geht generell auf solche Verbindungen zurück. Sie setzen sich vor allem aus Kohlenwasserstoffen, Terpenen, Carbonyl-Verbindungen und Estern zusammen. Über ih-

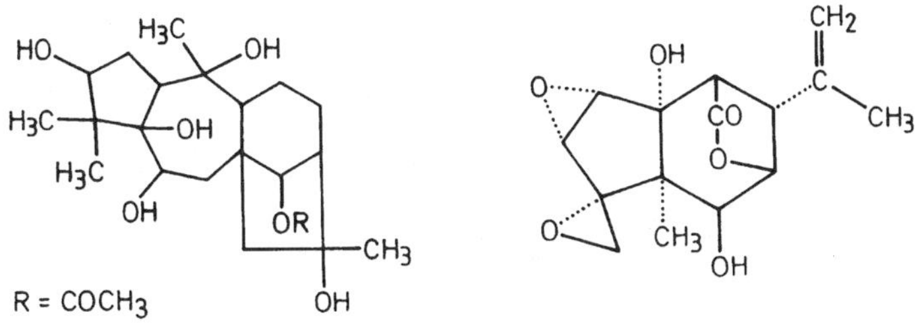

Abb. 12.10. Grayanotoxin (I) und Tutin (II), zwei toxische Honiginhaltsstoffe

ren chemischen Aufbau s. S. 434ff. Einige von ihnen können indes in größeren Mengen toxisch wirken.

Zwei dieser Verbindungen kommen in der Muskatnuß vor: Myristicin und Elemicin, deren Struktur der des halluzinogenen Mescalins sehr ähnlich ist. Wie an Rattenleberhomogenat nachgewiesen wurde, können beide unter physiologischen Bedingungen in die entsprechenden Amphetamine umgewandelt werden. Myristicin wirkt als Monooxidasehemmer, so daß seine Wirkung auch mit einer Noradrenalin- und Serotonin-Anreicherung im Zentralnerven-

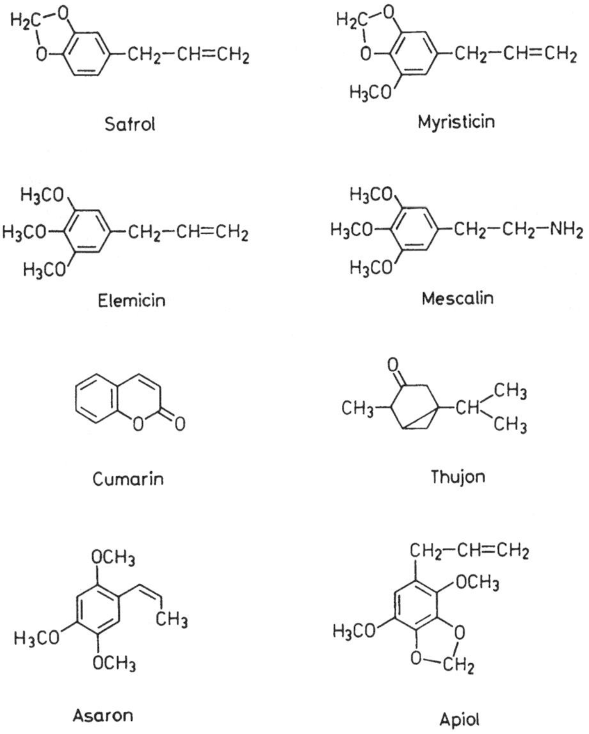

Safrol

Myristicin

Elemicin

Mescalin

Cumarin

Thujon

Asaron

Apiol

Abb. 12.11. Einige wichtige Inhaltsstoffe ätherischer Öle

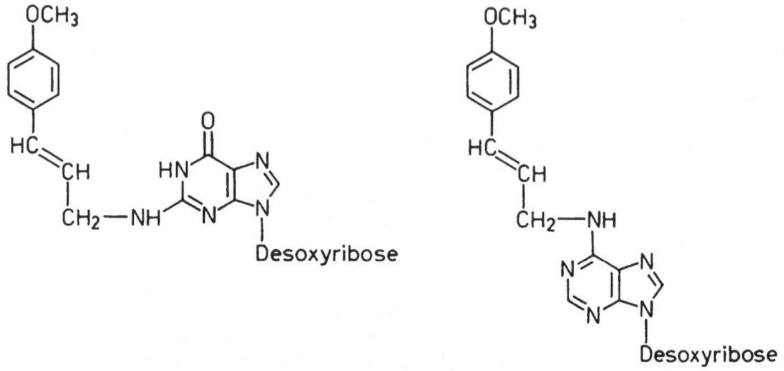

Abb. 12.12. Aus 1′-Hydroxyestragol in Mäuseleber gebildete Addukte an die DNS (im in vivo-Versuch)

system erklärt wird. Die Symptome nach übermäßigem Muskatverzehr sind optische Halluzinationen, Tachykardie, Blutdruckschwankungen. Es wird vom Tod eines 8jährigen Jungen nach Einnahme von 2 Muskatnüssen berichtet. – Eine ähnlich aufgebaute Substanz ist das Apiol (s. S. 439) der Petersilienfrüchte, deren Extrakte giftig sein können. In Blättern ist seine Konzentration gering.

Alle drei Verbindungen sowie vor allem das Estragol aus dem Estragon (s. S. 436) erwiesen sich im Mäusefütterungsversuch als cancerogen. Offenbar können sie über ihre Allylgruppe nach Oxidation in 1′-Stellung (→ z.B. 1′-Hydroxysafrol) kovalent an Adenin- bzw. Guaninreste der DNS gebunden werden (s. Abb. 12.12).

Auch das in Sassafrasöl, Campheröl, Sternanis, Lorbeer, Fenchel und Anis vorkommende Safrol hat eine dem Myristicin ähnliche Struktur und wurde früher gerne zum Aromatisieren von Kaugummi und Zahnpasta verwendet. Seit Erkennung der cancerogenen Wirkung bei Mäusen ist seine Verwendung in Lebensmitteln verboten. – Auch Kalmusöl, das aus tropischen Kalmuspflanzen gewonnen wird und früher als Bitterkomponente Likören zugemischt wurde, ist wegen des in ihm enthaltenen cancerogenen Asarons vom Gebrauch in Lebensmitteln ausgeschlossen worden.

Cumarin, Inhaltsstoff u.a. von Waldmeister, hat sich im Tierversuch (Hunde) als lebertoxisch erwiesen. Physiologisch metabolisiert es zu o-Hydroxyphenyl-milchsäure und o-Hydroxyphenylessigsäure, die offensichtlich die Lebertoxizität bewirken. Cumarin ist als künstlicher Aromastoff in Lebensmitteln verboten.

Thujon ist ein Inhaltsstoff von Salbei und Wermutkraut, dessen Extrakt zum Aromatisieren von Absinth und Wermutwein verwendet wird. Thujon führt bei chronischem Abusus zu schweren Nervenschäden, epileptischen Anfällen und Verblödung. Thujon ist leicht alkohollöslich, dagegen wenig löslich in Wasser, weshalb es in entsprechenden Tees (Wermut- und Salbeitee) kaum enthalten sein dürfte.

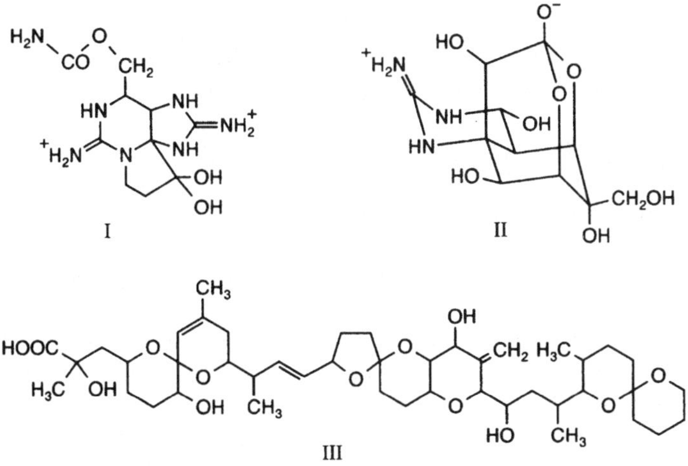

Abb. 12.13. Wichtige marine Gifte: Saxitoxin (I), Tetrodotoxin (II), das Gift des Igelfisches und Okadasäure (III)

12.3
Toxine in Fischen und Muscheln

Blut von Aal und Neunauge enthält starke Toxine, die neben Muskelschwäche vor allem motorische Lähmungen einschließlich des Atmungssystems bewirken und den Tod herbeiführen können. Andere Fische enthalten Toxine im Rogen bzw. Milchner, die zu Brechdurchfällen, evtl. auch zu ernsten Atembeschwerden führen können. Beispiele hierfür sind Barbe, Karpfen und Hecht. – Alle diese Toxine sind bisher strukturell noch nicht aufgeklärt. Erhitzen zerstört ihre Toxizität offenbar nicht.

Häufig stammen Fischgifte aus Algen bzw. Einzellern und werden im Fischkörper kumuliert, wobei besonders Leber, Milchner und andere Eingeweide als Speicherorgane dienen. Zu den dadurch bewirkten Erkrankungen gehört die Ciguatera-Vergiftung, die vor allem in der Karibik nach Genuß von Barracuda, Seebarsch und Papageifisch auftritt, wenn sie innerhalb von Lagunen und Riffs gefangen wurden. Diese Fische ernähren sich u.a. von algenfressenden Fischen, so daß das in der Alge (z.B. der blaugrünen **Plectonema terebrans**) entwickelte Gift innerhalb der Nahrungskette weitergetragen wird. Es wirkt als Cholinesterasehemmer und führt zu Atemlähmung. Die ersten Symptome werden als verändertes Temperaturgefühl und Parästhesien – u.a. stark schmerzhaftes Brennen im Mund – beschrieben. Ein ähnlich wirkendes Gift enthalten gewisse Krabbenarten in der Südsee, z.B. die Kokosnußkrabbe. Chemisch sind auch diese Toxine offenbar noch nicht beschrieben worden.

In Mitteleuropa und den USA hat man in Muscheln und Austern das äußerst stark toxische Saxitoxin nachgewiesen. Es wird von gewissen Dinoflagellaten gebildet, die sich bei Erwärmung des Wassers auf über 14°C stark vermehren und den Muscheln als Nahrung dienen. Seine LD_{50} beträgt bei der Maus

10 µg/kg (i.p.), die tödliche Dosis wird beim Menschen mit 1 mg angegeben. Unter den paralytisch wirkenden Schalentiergiften ist es das stärkste[3]. Muschelvergiftungen dieser Art („Paralytic Shellfish Poisonning") gehen häufig tödlich aus.

Saxitoxin ist ein schweres Nervengift, das wahrscheinlich den Natrium-Einstrom in die Nerven behindert und damit physiologisch die Reizfortpflanzung sowohl im sensiblen wie im motorischen System blockiert. Die Vergiftungssymptome äußern sich wenige Minuten nach oraler Giftaufnahme mit prickelndem Gefühl an den Lippen und Extremitäten, dem Muskel- und Atemlähmung folgen, die den Tod auslösen können.

Etwa gleiche Wirkung, in Verbindung mit einem sehr starken Abfall des Blutdrucks durch Erweiterung peripherer Gefäße, besitzt Tetrodotoxin in Igelfischen, die man in Japan, China und der amerikanischen Pazifik-Küste fängt. Es wird berichtet, daß jährlich über 100 Japaner am Genuß dieses Fisches sterben (die Mortalitätsrate bei Vergiftung liegt bei 50%).

Die letale Dosis dürfte für den Menschen unter 1 mg liegen. Wesentlich für die Toxizität des Tetrodotoxins ist vor allem die Sauerstoffbrücke, daneben auch die OH-Gruppe am C-Atom 4 und die Guanidinogruppe. Die Fische entwickeln das Toxin offenbar besonders stark während der Laichzeit. Die höchsten Toxinkonzentrationen findet man in Ovarien, Eiern, Hoden und Leber, die beim Schlachten unverletzt entnommen werden müssen. In Japan wird Igelfisch (Fugu) in speziell lizensierten Restaurants angeboten.

Eine weitere Gruppe von Schalentiergiften sind als Diarrhoe auslösende Gifte zusammengefaßt. Sie leiten sich strukturell von der Okadasäure (z.B. das Methylhomologe Dinophysistoxin) ab, die allerdings nicht immer Diarrhoe auslösen, sondern oft lediglich heftige Leibschmerzen, weshalb die Gruppenbezeichnung „Diarretic Shellfish Poisons" etwas mißverständlich ist. Diese Verbindungen werden primär in Plankton der Gattung **Dinophysis** sowie in Muscheln angereichert. Erkrankungen dieser Art verlaufen meist weniger schwer.

12.4
Gesundheitsschädliche Stoffe in verdorbenen Lebensmitteln

12.4.1
Bakterientoxine

Bakterielle Infektionen können im Lebensmittel recht unterschiedliche Mechanismen in Gang setzen. Grundsätzlich werden dabei die Lebensmittel-Inhaltsstoffe enzymatisch verdaut, wobei die verschiedensten Produkte entstehen. So bilden Lactobazillen aus dem Milchzucker der Milch Milchsäure, während im Verlaufe von Fäulnisreaktionen auf Fleisch das Eiweiß abgebaut wird und biogene Amine entstehen. Charakteristische Stoffe dieser Art sind

---

[3]   Egmont HP van, Aune T, Lassus P, Speijers GJA, Waldock M (1993) J of Natural Toxins
      2 : 41–83.

Tabelle 12.3. Wichtige, pathogene Mikroorganismen in Lebensmitteln

Keimart	Betroffene Lebensmittel
Salmonellen	Fleisch, Geflügel, Eier
Staphylokokken	Fleisch, Geflügel, Käse
Clostridium perfringens	Fleisch, Geflügel (auch verarbeitet)
Clostridium botulinum	Fleisch, Fisch (verarbeitet), Konserven
Enteropath. **Escherichia coli**	Fleisch, Geflügel
Virus d. infekt. Hepatitis	Muscheln, Fisch, Fleisch, Geflügel

Cadaverin (aus Lysin) und Putrescin (aus Ornithin), die neben Phenol, Kresol, Skatol, Indol, Ammoniak und Schwefelwasserstoff die sog. **Leichengifte (Ptomaine)** bilden. Daneben aber scheiden Mikroorganismen **Bakterientoxine** aus, die häufig Eiweißkonfiguration besitzen bzw. zusätzlich mit Polysacchariden und Lipoiden komplexiert sind. Man unterscheidet zwischen **Exotoxinen**, die von lebenden, Gram-positiven Bakterien erzeugt werden (z.B. Botulinum-Toxin), und **Endotoxinen**, die als Bestandteile der Gram-negativen Bakterienmembran erst nach dem Tod des Bakteriums frei werden (z.B. Salmonellen) und häufig pyrogene Eigenschaft besitzen. Fast durchweg entstehen Bakterien-Infektionen im Lebensmittel durch Nichtbeachtung der unbedingt erforderlichen Hygiene.

Aus der Gattung **Salmonella** sind über 1 000 serologisch und biochemisch unterscheidbare Typen bekannt. Sie gelangen fast ausschließlich in Lebensmittel tierischer Herkunft, und zwar sowohl über Primärinfektionen des geschlachteten Tieres als auch durch eine nachträgliche Berührung mit Schmutz. Unter den Eiern sind besonders Enteneier gefährdet, für deren Vertrieb deshalb eine eigene Verordnung erlassen wurde, nach der ihre Verwendung nur nach Erhitzen, nicht jedoch in rohem Zustand (z.B. zur Herstellung von Mayonnaise) erlaubt ist. Aber auch Hühnereier können durch Salmonellen kontaminiert sein. Wie man feststellen mußte, können Hühner auch an den Eierstöcken Salmonellen enthalten, so daß die von ihnen gelegten Eier schon in frischem Zustand befallen sind. Allerdings sind die Keimzahlen niedrig und der Genuß solcher Eier daher unschädlich. Zu Salmonellosen ist es dann aber doch gekommen, wenn die Eier längere Zeit bei Zimmertemperatur aufbewahrt wurden, so daß die Keimzahl in ihnen nun sehr viel höher war. Deshalb werden die Eier heute abgestempelt, so daß das Legedatum ersichtlich ist.

Nach Genuß befallener Lebensmittel bewirken Salmonellen Übelkeit und Erbrechen, im schlimmsten Falle sogar Typhus. Erkrankte Personen können u. U. noch wochenlang Salmonellen ausscheiden, wodurch sie potentiell eine weitere Übertragung begünstigen. Solche Personen dürfen im Lebensmittelverkehr nicht eingesetzt werden.

Staphylokokken scheiden ein hitzeresistentes Toxin aus, dessen Einnahme mit dem Lebensmittel Übelkeit und Durchfälle bewirkt. Besonders zu erwähnen ist hier **St. aureus**, der besonders in eitrigen Wunden von Tieren vorkommt.

Clostridium perfringens gehört wegen seiner Fähigkeit zur Bildung von Sporen zu den Bazillen. Sie können in geringen Mengen auch im Darm des Menschen vorkommen und werden durch mangelnde Hygiene auf das Lebensmittel übertragen. Sie bewirken mehrstündige Leibschmerzen und Durchfälle.

Clostridium botulinum ist ebenfalls ein anaerob wachsender Bazillus und scheidet wie die vorgenannte Art hitzeresistente Sporen aus. Seine Übertragung geschieht ebenfalls durch Schmutz. Er entwickelt sich vorwiegend unter Luftabschluß in zubereiteten Lebensmitteln (botulus = Würstchen). Dabei scheidet er ein Neurotoxin aus, das mit einer LD_{50} von $0{,}8 \cdot 10^{-9}$ g/kg Körpergewicht (am Meerschweinchen gemessen) das stärkste bekannte Toxin darstellt. Die Vergiftung beginnt mit Übelkeit, Doppeltsehen und Schluckbeschwerden. Schließlich kann der Tod durch Atemlähmung eintreten. Nach Eindringen des Toxins, das Proteinstruktur besitzt, in die Zelle wird es proteolytisch in 2 Untereinheiten gespalten. Der längere Teil, ein Protein von 100 000 Da, wird neurospezifisch gebunden. Der kleinere Teil, der 1 Atom Zink enthält, dringt ins Cytosol der Synapse ein und hemmt dort die Neurosekretion.[4]

Die Mortalität bei Vorliegen dieser Vergiftung (Botulismus) ist außerordentlich hoch. Am häufigsten werden heute Kochschinken, unzureichend geräucherter Fisch und eiweißhaltige Konserven von **Cl. botulinum** befallen, wobei sich der Befall von Konserven durch ein Aufblähen der Dose zu erkennen geben kann. Durch längeres Erhitzen auf mindestens 80°C wird das Toxin abgebaut, da seine Eiweißstruktur denaturiert wird.

Die **enteropathogenen Escherichia coli-Keime** werden ebenfalls durch Schmutz (z.B. Kot) übertragen und scheiden ein hitzeresistentes Toxin aus, das Magen- und Darmstörungen verursacht.

In den vergangenen Jahren wurde wieder häufiger das Auftreten der **infektiösen Hepatitis** beobachtet. Diese gefährliche Krankheit wird durch Viren übertragen, die bevorzugt in solche Lebensmittel gelangen, die wie Muscheln oder Fische mit der städtischen Kloake in Berührung kommen können.

Listeriose: Listerien sind Bakterien, die offenbar ubiquitär vorkommen und meistens harmlos sind. Eine ihrer Arten (**Listeria monocytogenes**) kann indes bei Schwangeren und Personen mit Immunschwäche Listeriose hervorrufen, die von grippeähnlichen Erkrankungen bis zu Symptomen einer Hirnhautentzündung und möglicherweise zum Tode führt. – Soweit bisher bekannt, können vor allem Weich- und Schmierkäse befallen sein, wenn die Hygiene im Herstellerbetrieb nicht ausgereicht hat. Vorsorglich wurde daher der genannte Personenkreis vor dem Verzehr von Käserinde, nicht pasteurisierter Milch und Hackfleisch gewarnt.

---

[4]   Sciavo G, Shone CC, Rosetto O, Alexander FC, Montecucco C (1984) J Biol Chem 268:11516.

Tabelle 12.4. Biogene Amine in Lebensmitteln (in ppm)

Lebensmittel	Putrescin	Histamin	Cadaverin	Tyramin	Phenylethylamin
Emmentaler Käse	<0,05–72,9	<0,1–2000	<0,05–78,9	50,7–696	<0,1–234
Tilsiter	477	37,2	873	2210	39,3
Makrele, geräuchert	<0,05–26,7	<0,1–1788	<0,05–337	<0,1–75,1	<0,1–125,6
Thunfisch, Vollkonserven	<0,05–200	<0,1–308	< 0,05 – 447	<0,1–36,8	< 0,1–44,6
Salami 7,5–329		<0,1–279	<0,05–787	<0,1–663	<0,1–132
Westfälischer Schinken	41,3–598	38,2–271	7,6–9,7	123–618	<0,1–215

12.4.2
Biogene Amine

Biogene Amine sind bakterielle Abbauprodukte von Aminosäuren und entstehen aus ihnen durch Decarboxylierung. Sie kommen in verdorbenem Fleisch und Fisch vor und entfalten starke physiologische Wirkungen, soweit sie nicht durch die Monoaminooxidasen der Darmflora abgebaut werden (s. S. 138).

Histamin ist der Auslöser der sog. „Scombroid"-Vergiftungen, die nach Verzehr von verdorbenem Thunfisch bzw. Makrele (aus der Familie **Scombroidae**) auftreten können. Diese Fische enthalten in ihrem Muskel extrem hohe Gehalte an Histidin, so daß nach deren Verderb Histaminkonzentrationen von 2 000–5 000 ppm gemessen wurden. Meist handelt es sich um einen Verderb frischer Fische, deren Histamingehalte auch nach Dosenkonservierung nicht abgebaut wird. Aber auch intakte Fischkonserven können nach Öffnen durch nachträglichen Keimbefall beachtliche Histaminmengen erhalten.

Histamin und andere biogene Amine kommen aber auch in mikrobiell zubereiteten Lebensmitteln vor. So hat man zum Beispiel in Sauerkraut bis zu 100 ppm Histamin nachgewiesen. In Rotwein betrugen die Konzentrationen bis 22 ppm, in Weißweinen bis 5 ppm. Über die Gehalte biogener Amine in einigen anderen Lebensmitteln wird auf Tabelle 12.4 verwiesen. Zu den hier zusammengefaßten Werten ist zu bemerken, daß die Gehalte an biogenen Aminen in Lebensmitteln stark streuen können und vom jeweiligen Reifungs- und Zersetzungsgrad abhängen. Histamin kommt vor allem auch in Käse der Gattungen Cheddar und Roquefort, Tyramin in Camembert, Stilton, Brie und Gruyere vor. Im übrigen sei auf die beachtlichen Gehalte an biogenen Aminen in Rohwürsten und Schinken hingewiesen.

Histamin bewirkt eine Erhöhung der Kapillarpermeabilität (→ Urtikaria) und Senkung des Blutdrucks. Von der Food and Drug Administration der USA wurde ein Grenzwert von 500 ppm festgelegt, oberhalb dessen der Verzehr eines Lebensmittels als gesundheitlich bedenklich angesehen wird. Auch andere biogene Amine (z.B. Tyramin, Serotonin, Phenylethylamin) sind physiologisch wirksam und bewirken offenbar bevorzugt Migräne.

12.4.3
Mutterkorn

Mutterkorn ist das vorwiegend auf Roggen, aber auch auf anderen Getreidearten durch Pilze der Gattung Claviceps gebildete violette Sklerotium (Dauermycel). Es kann von 3 Millimetern (**Cl. microcephala**) bis 80 Millimeter (**Cl. giganta**) groß werden. Mutterkorn ist wegen seines Gehaltes an Ergot-Alkaloiden (0,01–0,5%) hochgiftig. Bisher wurden über 40 Verbindungen dieser Art aus Claviceps-Spezies isoliert. Ihre wichtigsten bauen sich auf der Lysergsäure auf, die über ihre Carboxylgruppe amidartig an ein Tripeptid gebunden ist. Dieses enthält immer Prolin, eine Amino- und eine α-Hydroxyaminosäure.

Im Ergometrin ist Lysergsäure amidartig an 2-Aminopropanol gebunden, Der Mutterkornbefall von Getreide kann mit systemischen Fungiciden wirksam bekämpft werden. Da die Sklerotien in 25–30 cm Tiefe nicht mehr keimen, hilft auch entsprechendes Umpflügen, wobei unbedingt auch die Feldränder mit behandelt werden müssen, da ein Befall auch von verschiedenen Wirtsgräsern möglich ist.

In der Europäischen Gemeinschaft werden Weizen, Roggen, Gerste und Mais nur dann von den Interventionsstellen als gesund anerkannt, wenn der Mutterkorngehalt 0,05 Gew.% nicht übersteigt.

Mutterkornalkaloide bewirken nach oraler Einnahme den Ergotismus (St. Antoniusfeuer), der unter Krämpfen tödlichen Ausgang haben kann. In früheren Zeiten hat man Mutterkorn wegen seiner wehenerregenden Wirkung verwendet. Mutterkornhaltiges Getreide hat nach Verwendung zur Brotherstellung schon häufig zu Massenerkrankungen mit Todesfällen geführt. Ergotismus wurde auch in neuerer Zeit wieder beobachtet, als man befallenes Getreide unter Umgehung moderner Mühlentechnologie ungereinigt gekauft und zu Hause zu Mehl vermahlen hat.

12.4.4
Mykotoxine

Unter den 100 000 Schimmelpilzarten kennt man etwa 400, die Mykotoxine herstellen[5]. Vor allem sind Spezies der Gattung Aspergillus, Penicillium und Fusarium als Mykotoxinbildner bekannt geworden. Sie scheinen damit das Ziel zu verfolgen, andere Lebewesen von der Nahrungsquelle zu verdrängen. Mykotoxine sind relativ stabil und überstehen die Prozeßschritte der Lebensmittelkonservierung meist unbeschadet.

Die zuerst aufgefundenen und am besten beschriebenen Verbindungen gehören der Gruppe der **Aflatoxine** an, auf die man 1960 in England nach einer Geflügelseuche aufmerksam geworden war. Seinerzeit waren über 100 000 Truthähne und Enten an Leberschäden eingegangen, nachdem sie mit einem offenbar verseuchten Erdnußfutter gemästet worden waren. Es ließ sich in der

---

[5] Franck B (1984) Mykotoxine aus Schimmelpilzen, Angewandte Chemie 96 : 462–474.

D-Lysergsäure

Grundform der wichtigsten Ergot-Alkaloide vom Tripeptidtyp

	R_1	Hydroxyaminosäure	R_2	Aminosäure
Ergotamingruppe				
Ergosin	CH_3	α-Hydroxyalanin	$C_6H_5-CH_2-$	Phenylalanin
Ergotamin	CH_3	α-Hydroxyalanin	$(CH_3)_2CH-CH_2-$	Leucin
Ergotoxingruppe				
Ergocornin	$(CH_3)_2CH-$	α-Hydroxyvalin	$(CH_3)_2CH-$	Valin
α-Ergockryptin	$(CH_3)_2CH-$	α-Hydroxyvalin	$(CH_3)_2CH-CH_2-$	Leucin
β-Ergockryptin	$(CH_3)_2CH-$	α-Hydroxyvalin	$CH_3-CH_2-(CH_3)CH-$	Isoleucin
Ergocristin	$(CH_3)_2CH-$	α-Hydroxyvalin	$C_6H_5-CH_2-$	Phenylalanin

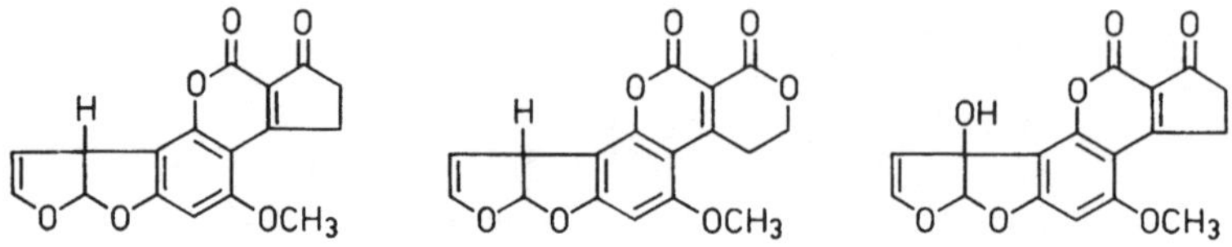

Abb. 12.14. Aflatoxine

Folge nachweisen, daß diese Erdnüsse von dem Schimmelpilz **Aspergillus flavus** befallen waren, der in feucht-warmem Klima auf kohlenhydrathaltigen Nährböden gedeiht. Aus dem abgeschiedenen Toxin konnte man zunächst 6 Aflatoxine isolieren und strukturell zuordnen. Ihnen gemeinsam ist ein Furocumarin-System (s. Abb. 12.14). Die Indices B und G beziehen sich dabei auf ihre blaue bzw. grüne Fluoreszenz im ultravioletten Licht. Später kamen noch die Aflatoxine M hinzu, die man nach Verfütterung aflatoxinhaltigen Futters an Kühe und Schafe in der Milch nachweisen konnte.

Aflatoxine sind stark lebertoxisch (Lebernekrosen) und starke Carcinogene. Dabei wirken sie offensichtlich nicht in ihrer ursprünglichen **Struktur,** sondern greifen erst nach enzymatischer Metabolisierung die Desoxyribonucleinsäuren (DNS) und Ribonucleinsäuren (RNS) an. Das wurde vor allem an Aflatoxin B_1 nachgewiesen. Obwohl diese Erkenntnisse nur in Tierversuchen gewonnen wurden, gilt die toxische Wirkung auch beim Menschen als sicher. Diese These wird durch Statistiken unterstützt. So findet man dort besonders hohe Leberkrebsraten, wo verschimmelte Lebensmittel zu Nahrungszwecken gebraucht werden (z.B. in einigen Gebieten in Thailand sowie bei den Bantus im mittleren und südlichen Afrika). Im Rahmen der Aflatoxin-Verordnung beträgt der noch zulässige Höchstgehalt in Lebensmitteln für die Aflatoxine $B_1 + B_2 + G_1 + G_2 = 10$ ppb, wovon auf B_1 nicht mehr als 5 ppb entfallen dürfen. Um einer Übertragung von Aflatoxinen auf tierische Lebensmittel durch das Futter vorzubeugen („**carry over**"), beinhaltet auch das Futtermittelrecht Höchstmengen-Angaben.

Während Aflatoxine aus Fetten bei der Raffination und von Mais durch das Naßwasch-Verfahren vollständig entfernt werden, treten immer wieder Probleme bei Erdnüssen und Pistazien auf.

Aflatoxine werden auch von anderen Schimmelpilzarten gebildet. In den für die Käseherstellung verwendeten Schimmelpilzarten hat man dagegen bisher weder die Bildung von Mykotoxinen noch im Tierversuch sonst irgendeine Toxizität feststellen können.

Die bisher bekannt gewordenen Mykotoxine wirken im Tierversuch krebserregend, leber- und nierenschädigend, mutagen, teratogen, neurotoxisch und hämorrhagisch. Epidemiologische Untersuchungen machen diese Wirkungen auch für den Menschen wahrscheinlich. Die wichtigsten Mykotoxine seien im Folgenden kurz behandelt (s. Abb. 12.15).

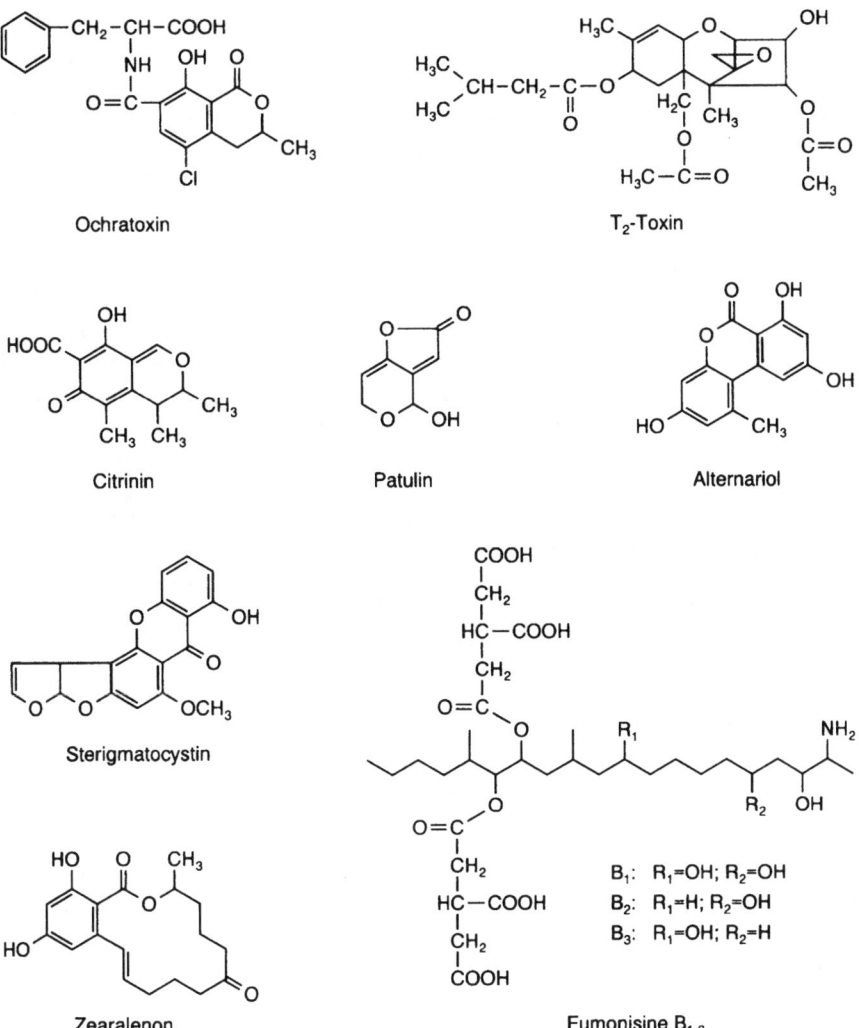

Abb. 12.15. Mykotoxine

Patulin wird von **Penicillium patulum** auf Getreide und Obst gebildet. Man findet es vorwiegend in Apfelsaft, vor allem dann, wenn zu seiner Herstellung verfaulte Äpfel mitverwendet wurden. So können Faulstellen von Äpfeln nach Befall mit **P. expansum** bis zu 1 g Patulin pro kg verfaulten Materials enthalten, das beim Auspressen in den Saft gelangt. Patulin ruft im Tierversuch u.a. Lebernekrosen und Sarkome hervor. Auch Alternariatoxine (Alternariol bzw. sein Methylether) kommen auf verfaulten Äpfeln vor. Sie sind teratogen und cytotoxisch.

Zearalenon findet man auf verschimmeltem Getreide. Nachdem man seine östrogene Wirksamkeit entdeckt hatte, benutzte man es auch als Anabolicum in der Tiermast.

Ochratoxin A und seine Derivate werden von verschiedenen Aspergillus- und Penicilliumarten gebildet, wobei die erstgenannten wärmeres Klima bevorzugen, während Penicilliumarten mehr im gemäßigten Klima beheimatet sind. Zuerst wurde Ochratoxin A auf Apergillus ochraceus nachgewiesen, woher auch seine Bezeichnung stammt. Kontaminationen findet man auf Getreide, Erdnüssen, Kaffee, Kakao, getrockneten Früchten (außer Rosinen), Rotwein und roten Traubensäften. In weißen Traubensäften und Weißwein kommt es weniger häufig vor. Es wurde zuerst als Verursacher für eine endemische Nierenerkrankung in den Balkanstaaten bzw. von Lungenaffekten bei Farmern und Siloarbeitern verantwortlich gemacht. Tierversuche ergaben ferner lebertoxische Wirkungen. Außerdem wirkt es teratogen, cancerogen und immunsuppressiv. Die biologische Halbwertszeit im menschlichen Körper liegt bei 35 Tagen und wird mit der hohen Bindungsaffinität von Ochratoxinen an Human-Serumalbumin erklärt. Das in Abb. 12.15 gezeigte Ochratoxin A enthält einen Phenylalaninrest. Es inhibiert kompetitiv die Proteinsynthese (speziell die Phenylalanin-t-RNA-Synthese). Kürzlich wurden Ochratoxine mit anderen Aminosäuren beschrieben (Hydroxyprolin, Serin).

Sterigmatocystin wird häufig von Schimmelpilzen auf Mais und anderen Getreiden gemeinsam mit Aflatoxinen ausgeschieden. Zwar wird es als weniger toxisch als diese beschrieben, andererseits findet man es häufig auf Lebensmittelproben aus Mozambique, wo die höchste Leberkrebsdichte auf der Welt registriert wurde.

Citrinin ist eine gelbe Substanz, die u.a. von **Penicillium citrinum** auf Reis ausgeschieden wird. Es scheint nephrotoxisch zu sein und steht in dem Verdacht, epidemische Erkrankungen an Leberzirrhose und -carcinomen in Ostasien nach Genuß von derart befallenem „gelbem Reis" verursacht zu haben.

Trichothecene gehören zu den Fusarien-Toxinen, die auf verschimmeltem Mais vorkommen. Man schreibt ihnen eine 1942 epidemisch in der UdSSR aufgetretene Aleukie mit vielen Todesfällen zu. Zu ihnen gehört auch das hämorrhagisch wirkende T_2-Toxin. Eines seiner Derivate ist Vomitoxin (Desoxinivanellol), welches man auf kanadischem Weizen nachgewiesen hat.

Die Fumonisine werden in Fusarium moniliforme, einem auf Mais wachsenden Schimmelpilz, gebildet. Vor allem das Fumonisin B_1 wird als Verursacher für verschiedene Lungen- und Gehirnerkrankungen bei Schweinen und Pferden verantwortlich gemacht. Ferner wirkt es als Tumor-Promotor und bildet Lebercarcinome. Die Formeln der Fumonisine B_{1-3} werden in Abbildung 12.15 dargestellt.

12.5
Bildung gesundheitsschädlicher Stoffe bei der Zubereitung von Lebensmitteln

12.5.1
Polycyclische aromatische Kohlenwasserstoffe

Im Jahre 1915 beobachtete man an Kaninchen und Mäusen die Entwicklung von Hauttumoren, nachdem man ihre Haut mehrfach mit Teer bestrichen hatte. Einige Jahre später isolierte man eine Reihe der für diese Krebsauslösung verantwortlichen Verbindungen. Sie hatten alle die Struktur polycyclischer aromatischer Kohlenwasserstoffe. Wie wir heute wissen, entstehen solche Verbindungen u.a. bei der Verbrennung kohlenstoffhaltigen Materials, wobei man den Ablauf radikalischer Mechanismen annimmt. Man findet diese Verbindungen heute praktisch überall in unserer Umwelt, also auch im Erdreich. Auch in Oberflächengewässern kommen sie häufig vor, obwohl sie selbst wasserunlöslich sind. Begünstigend für ihre Verteilung sollen jedoch Micellbildungen mit Tensiden sein. Eine US-amerikanische Studie aus dem Jahre 1972 (US Academy of Science, Washington, D.C.) schätzt die jährliche Freisetzung von 1,2-Benzpyren auf 1 300 t, wovon 500 t auf Heizung und Kraftwerke, 600 t auf Müllverbrennung, 200 t auf Kokereibetriebe und 20 t auf Kraftfahrzeugabgase entfallen. Aus dem Erdreich können diese Verbindungen von Pflanzen aufgenommen werden. So fand man vor allem in Spinat, Salat und Grünkohl teilweise erhebliche Gehalte. Ungeklärt ist die Frage über ihre mögliche Biosynthese in der Pflanze selbst.

Bis heute hat man in Umwelt und Nahrung etwa 100 polycyclische aromatische Kohlenwasserstoffe nachgewiesen. Etwa ein Viertel von ihnen wirkt krebserregend. Nach oraler Gabe an Mäuse, Ratten und Hamster zeigten 11 Verbindungen Krebsaktivität, von denen 9 in Abb. 12.16 dargestellt sind. Bei der rechtlichen und manchmal auch analytischen Behandlung bezieht man sich auf das 1,2-Benzpyren (aufgrund einer anderen Systematik häufig auch als 3,4-Benzpyren bezeichnet) als Leitsubstanz für diese Gruppe.

Die genannten Verbindungen können auch bei der Hitzebehandlung von Lebensmitteln entstehen. Untersuchungen an Fetten und Kohlenhydraten ergaben hierfür optimale Temperaturen von 500 bis 700°C. Allerdings konnte man auch zeigen, daß beim Grillen von Fleisch über dem Holzkohlengrill etwa zehnfach höhere Werte entstehen als nach Zubereitung über der Gasflamme. Auch bei der Räucherrauch-Entwicklung entstehen polycyclische aromatische Kohlenwasserstoffe, die sich beim Räuchern außen auf dem Räuchergut niederschlagen. Schließlich werden sie auch beim Rösten von Lebensmitteln gebildet, so z.B. in Kaffee.

Soweit man bis heute weiß, werden die polycyclischen aromatischen Kohlenwasserstoffe im Körper enzymatisch hydroxyliert (Abb. 12.17), wobei eine Oxidase zunächst die Bildung von Epoxiden bewirkt. Diese werden durch Hydrolasen aufgespalten, wobei die nunmehr hydroxylierten Verbindungen an

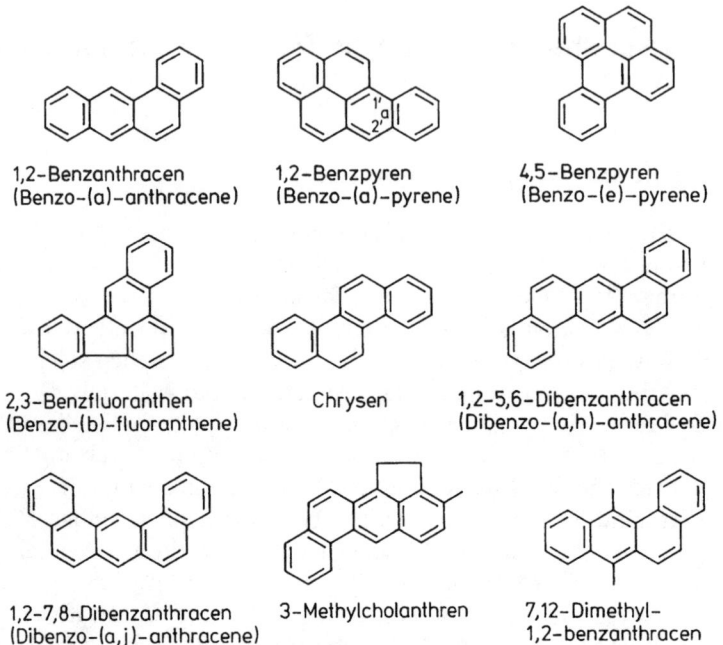

1,2-Benzanthracen (Benzo-(a)-anthracene)	1,2-Benzpyren (Benzo-(a)-pyrene)	4,5-Benzpyren (Benzo-(e)-pyrene)
2,3-Benzfluoranthen (Benzo-(b)-fluoranthene)	Chrysen	1,2-5,6-Dibenzanthracen (Dibenzo-(a,h)-anthracene)
1,2-7,8-Dibenzanthracen (Dibenzo-(a,j)-anthracene)	3-Methylcholanthren	7,12-Dimethyl-1,2-benzanthracen

Abb. 12.16. Chemische Struktur einiger polycyclischer Kohlenwasserstoffe

Sulfat bzw. Glucuronat gebunden und mit den Fäces ausgeschieden werden. Das Epoxid gilt dagegen als tumorerzeugend.

Während man sich über die Entstehung von Lungenkrebs als Folge einer Einwirkung solcher, in Tabakrauch enthaltener Verbindungen offenbar sicher ist, hat man ihre krebserregende Wirkung durch Zufuhr mit der Nahrung bisher nicht sicher beweisen können. Dennoch ist Vorsicht am Platze, so daß man ihre Konzentration in Nahrungsmitteln so niedrig wie möglich halten sollte. In Fleischwaren ist ihre Höchstmenge, bezogen auf 1,2-Benzpyren, auf 1 ppb limitiert worden.

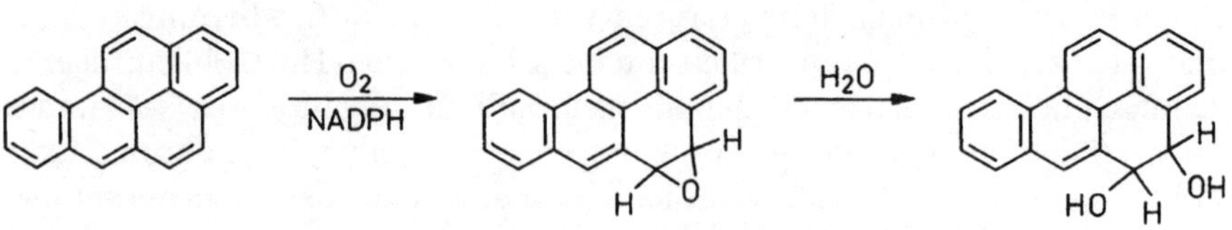

Abb. 12.17. Hydroxylierung polycyclischer, aromatischer Kohlenwasserstoffe

12.5.2
Nitrosamine

Sie bilden sich vornehmlich aus sekundären Aminen und salpetriger Säure bzw. ihrem Anhydrid. Aber auch aus tert. Aminen können Nitrosamine entstehen. Sie sind außerordentlich giftig und können z.T. schon in geringen Dosen Krebs erzeugen. Da unsere Nahrung sowohl sekundäre Amine als auch Nitrit enthalten kann, ergibt sich die Gefahr einer exogenen Nitrosamin-Bildung. Wesentlich größer scheint aber die Gefahr ihrer endogenen Bildung im Gastrointestinaltrakt zu sein, nachdem man im Körper Mechanismen zur Reduktion von Nitrat zu Nitrit gefunden hat. In Tabelle 12.5 ist die durchschnittliche tägliche Aufnahme von Nitrat und Nitrit dargestellt. Erhebungen über die Werte in der Bundesrepublik Deutschland liegen in ähnlichen Größenordnungen.

Diese Werte zeigen eindringlich die Bedeutung von Gemüse und von geräucherten (gepökelten!) Fleischerzeugnissen als Nitrat-Quellen, während als Hauptquelle für das giftige Nitrit der Speichel anzusehen ist und so die endogene Nitrit-Bildung demonstriert, die etwa 10% der Nitrat-Zufuhr beträgt und die exogene Nitritaufnahme bei weitem übersteigt.

In der Hauptsache sind es sechs Nitrosamine, die durch bzw. in unserer Nahrung entstehen können. Ihre Strukturformeln sind in Abb. 12.18 dargestellt. Dimethylnitrosamin hat man in Bier in Mengen von einigen ppb beobachtet. Der Grund für seine Bildung war eine neue Technologie zum Trocknen von Malz, das man zur Erzielung einer größeren Wärmeausbeute unmittelbar den NO-haltigen Abgasen der Ölbrenner aussetzte. Das Problem konnte gelöst werden, indem man die Trocknung auf eine indirekte Wärmeübertragung umstellte bzw. die Temperatur am Ölbrenner reduzierte. Interessanterweise erhielt man verminderte Nitrosamin-Konzentrationen auch durch Behandlung des zu trocknenden Malzes mit SO_2 (durch gleichzeitiges Verbrennen von Schwefel). Auch Ascorbinsäure vermag die Nitrosamin-Bildung zu hemmen, allerdings sind hierzu beachtliche Mengen notwendig.

Diethylnitrosamin hat man in Whiskey nachgewiesen. Nitrosopyrrolidin entsteht beim Braten von gepökeltem Fleisch, das zur Farberhaltung bzw. Konservierung mit Nitrit oder Nitrat versetzt worden war. Es dürfte durch Abbau

Tabelle 12.5. Durchschnittliche Tagesaufnahme des US-Bürgers an Nitrat und Nitrit. [Nach: White, SW (1975) J Agric Food Chem 23 : 886

	Nitrat		Nitrit	
	mg	%	mg	%
Gemüse	86,1	81,2	0,20	1,6
Obst, Fruchtsäfte	1,4	1,3	0,00	0,0
Milch und Milchprodukte	0,2	0,2	0,00	0,0
Brot	2,0	1,9	0,02	0,2
Wasser	0,7	0,7	0,00	0,0
Geräucherte Fleischerzeugnisse	15,6	14,7	3,92	30,7
Speichel	30		8,62	67,5

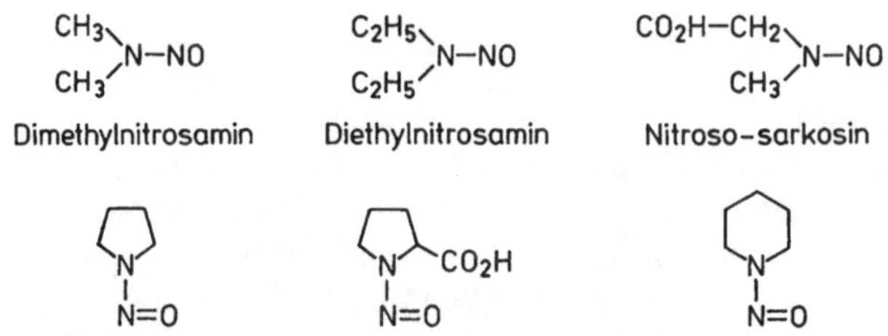

$$CH_3 \diagdown N-NO \quad\quad C_2H_5 \diagdown N-NO \quad\quad CO_2H-CH_2 \diagdown N-NO$$
$$CH_3 \diagup \quad\quad\quad C_2H_5 \diagup \quad\quad\quad CH_3 \diagup$$

Dimethylnitrosamin   Diethylnitrosamin   Nitroso-sarkosin

Nitrosopyrrolidin   Nitrosoprolin   Nitrosopiperidin

Abb. 12.18. Nitrosamine und verwandte Verbindungen

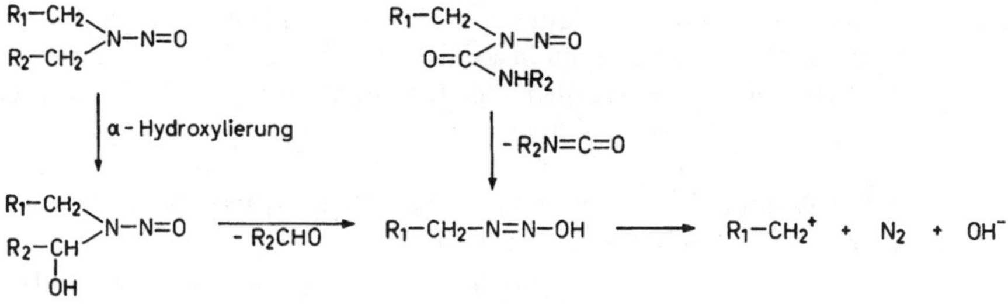

$$R_1-CH_2 \diagdown N-N=O \quad\quad\quad R_1-CH_2 \diagdown N-N=O$$
$$R_2-CH_2 \diagup \quad\quad\quad\quad O=C \diagdown NHR_2$$

| α - Hydroxylierung | - R_2N=C=O

$$R_1-CH_2 \diagdown N-N=O \xrightarrow{- R_2CHO} R_1-CH_2-N=N-OH \longrightarrow R_1-CH_2^+ + N_2 + OH^-$$
$$R_2-CH \diagup$$
$$\quad | \quad$$
$$\quad OH$$

Abb. 12.19. Möglicher Mechanismus für die Umwandlung von Nitrosaminen und Nitrosoamiden in (instabile) Diazoalkane (nach Druckrey et al. (1967) Z Krebsforsch 69:103). Während Nitrosoamide spontan zum Diazohydroxid zerfallen dürften, werden die stabileren Nitrosamine durch mischfunktionelle Oxidasen in der o-Stellung hydroxyliert, bevor der Zerfall in das Diazohydroxid abläuft. Das Diazohydroxid setzt dann das Alkylcarboniumion frei, das u.a. DNS, RNS und Protein angreift

der Aminosäure Prolin entstanden sein. Nitrosopiperidin hat man in Pfefferschinken nachgewiesen.

Als Grund für die krebserregende Wirkung der Nitrosamine vermutet man Alkylierungsreaktionen an der DNS nach Umlagerung zu Diazoalkanen (Abb. 12.19). Die geschätzten Grenzkonzentrationen, die im Futter bei Ratten keinen carcinogenen Effekt mehr ausüben, liegen in der Größenordnung von 1–5 ppm. Da umfangreiche Analysen erkennen lassen, daß die vom Normalverbraucher aufgenommenen Mengen weit unterhalb dieses Wertes liegen, besteht kein Anlaß zur Änderung unserer Ernährungsgewohnheiten. Dennoch ist die Erkennung und Abwendung solcher Risiken vordringliche Aufgabe der Lebensmittel-Erzeuger.

12.5.3
Acrylamid

Im Frühjahr 2002 informierte die Schwedische Behörde für Lebensmittelsicherheit über das Schnellwarnsystem der EU, man habe Acrylamid in Lebensmitteln nachgewiesen. Als anfällig wurden insbesondere stärkehaltige Lebensmittel vor allem aus Kartoffeln und Getreide erkannt, die gemeinsam mit

Proteinreiche Lebensmittel	
Rinderhack (5)	17
Geflügelfleisch, gehackt (2)	28
Kabeljau, gehackt (3)	< 5
Kohlenhydratreiche Lebensmittel	
Kartoffeln, gemahlen (5)	447
Rote Beete, gemahlen	850
Lebensmittel aus dem Restaurant	
Hamburger	18
Pommes frites	424
Kartoffelchips	174
Knäckebrot	208
Bier	5

Tabelle 12.6. Acrylamidgehalte (μg/Kg) in erhitzten Lebensmitteln (die Lebensmittel wurden in einer Bratpfanne bei 220° C oder in einem Mikrowellengerät erhitzt), Tareke et al., J agric. Food Chem **50**, 4998, 2002

$$H_2C = CH - C\Big\langle\begin{array}{l}O\\NH_2\end{array}$$

Acrylamid

reduzierenden Zuckern und Asparagin bei hohen Temperaturen fritiert, gebacken, geröstet oder gebraten worden waren. Auch andere kohlenhydrathaltige Lebensmittel (z.B. Fructose haltige) bilden bei Erhitzen Acrylamid (z.B. Diabetikerkuchen, Braune Kuchen). Andererseits konnte Acrylamid in geringfügig oder wenig erhitzten sowie in gekochten Lebensmitteln nicht nachgewiesen werden.

Acrylamid ist das Monomere von Polyacrylamid, das als Flockungsmittel bei der Wasseraufbereitung eingesetzt wird. Es wird auch in der Papierindustrie und als Dispersionsmittel bei der Herstellung von Anstrichen verwendet.

Acrylamid ist hautreizend und hat sich u.a. im Tierversuch als krebserregend erwiesen. Sein Nachweis in Lebensmitteln hat zu intensiven Untersuchungen geführt. Während bezüglich seines Entstehungsmechanismus noch keine Klarheit herrscht (vermutungen gehen in Richtung der Maillardreaktion, s. S. 97ff), konnten die Acrylamidkonzentrationen in zahlreichen Lebensmitteln bestimmt werden (siehe Tabelle 12.6). Nach Erkennung konnten diese Werte durch Herabsetzen der Zubereitungstemperatur teilweise erheblich gesenkt werden, während die Konzentration nach übermäßigem Erhitzen (z.B. bei Pommes frites) bis zum zehnfachen Wert anstiegen.

Die Acrylamidbildung ist ein typisches Beispiel für die Entstehung gesundheitlich bedenklicher Stoffe bei der Zubereitung von Lebensmitteln, denen die Menschheit aber schon ausgesetzt ist, seit Lebensmittel gebraten, gebacken oder fritiert werden. Untersuchungen, in denen der Einfluß der Temperatur auf die Acrylamidbildung gemessen wurde, haben erkennen lassen, daß seine Konzentrationen über 140°C stark ansteigen.

12.5.4
Ethylcarbamat

In den letzten Jahren wurde wiederholt über das Vorkommen von Ethylcarbamat (Ethylurethan) vor allem in Spirituosen berichtet. Diese als krebserregend

Getränk	Gehalte (mg/l)
Kirschwasser	0,2–5,5
Zwetschgenwasser	0,1–7,0
Mirabellenwasser	0,2–2,3
Rum	n.n.–0,06
Likör	n.n.–0,16
Sherrywein	0,02–0,07
Weißwein	n.n.–0,02
Rotwein	n.n.–0,05

Tabelle 12.7. Ethylcarbamatgehalte in alkoholischen Getränken. [Nach: Mildau, Preuß, Frank, Heering (1987) Deutsche Lebensmittelrundschau 83 : 69ff

n.n. = nicht nachweisbar ($< 0,01$ mg/l).

bekannte Verbindung war schon einige Jahre vorher als Nebenprodukt einer Konservierung von Obstsäften und Wein mit Pyrokohlensäurediethylester (s. S. 171) interessant geworden. Da eine Behandlung von hochprozentigen, alkoholischen Getränken mit diesem Mittel sinnlos wäre, mußten andere Ursachen für die Entstehung von Ethylcarbamat vorliegen. Hier half die Beobachtung weiter, daß die höchsten Gehalte in Steinobst-Branntweinen beobachtet worden waren (s. Tabelle 12.7) und ihre Mengen nach geeigneter Belichtung sogar noch zunahmen. Daher wird angenommen, daß vor allem in Steinobst-Branntweinen nach Vermahlen der Steine durch Amygdalinspaltung (s. S. 239) freigesetzte Blausäure zu Cyansäure oxidiert wird und sich diese mit Ethanol zu Ethylcarbamat umsetzt:

$$HCN + \tfrac{1}{2}O_2 \longrightarrow HO-C{\equiv}N \rightleftharpoons O{=}C{=}NH$$

$$\downarrow + C_2H_5OH$$

$$O{=}\underset{\underset{OC_2H_5}{|}}{C}-NH_2$$

Eine andere Möglichkeit zu seiner Bildung ergibt sich aus der Reaktion von Carbamoylphosphat mit Ethanol während der Gärung:

$$H_2N{-}\overset{O}{\overset{||}{C}}{-}O{-}\underset{\underset{OH}{|}}{\overset{O}{\overset{||}{P}}}{-}OH + C_2H_5OH \longrightarrow H_2N{-}\overset{O}{\overset{||}{C}}{-}OC_2H_5 + H_3PO_4$$

Daneben wurde auch schon vermutet, daß der in einigen Ländern als Gärungsbeschleuniger zugelassene Harnstoff als Ausgangsverbindung in Frage kommt.

12.5.5
Mutagene aus Eiweiß

Seit Bekanntwerden des Ames-Tests wurden zahlreiche Lebensmittel auf mögliche Mutagenität untersucht. Seither ist bekannt, daß Röstkaffee, Fleischextrakt, Brot, gebratenes Fleisch usw. mutagen sind. Diese Ergebnisse sind allerdings solange mit Reserve zu betrachten, als die mutagenen Inhaltsstoffe dieser Lebensmittel nicht beschrieben sind. Darüber hinaus muß man sich darüber im Klaren sein, daß die Menschheit diese Lebensmittel zu sich nimmt, seit Feuer zur Lebensmittelzubereitung herangezogen wird.

Auch Pflanzen entwickeln Mutagene. Hierzu gehört z.B. Quercetin (s. S. 68), ein Flavonoid, das als Farbstoff in Pflanzen weit verbreitet ist (z.B. Apfel, Birne, Johannisbeere). Hier liegt es glykosidisch gebunden vor und ist nicht mutagen. Nach Freisetzung entwickelt es indes mutagene Eigenschaften, die offenbar mit den Hydroxylgruppen an C-3 und C-5 und einer Doppelbindung zwischen C-2 und C-3 zusammenhängen (s. Abb. 6.11). Die Mutagenitätswerte steigen übrigens stark an, wenn man die Verbindungen einer metabolischen Aktivierung durch speziell hergestellte Leberhomogenate („S-9-Mix") unterworfen hat.

Um die hohe Magenkrebsanfälligkeit der Japaner zu erklären, hat das National Cancer Research Institute in Tokio eine Reihe von Versuchen mit gegrilltem Fisch und Fleisch durchgeführt. Aus der verkohlten Oberfläche konnten sie stark mutagene Extrakte gewinnen, so aus 190 g Beefsteak ein Produkt, dessen Mutagenität etwa 850 μg Benzpyren entsprach.

Gezielte Versuche ließen sehr bald erkennen, daß vor allem eiweißhaltige Lebensmittel bei starker Erhitzung zur Bildung genotoxischer Stoffe neigen, während bei Temperaturen bis 100°C nur niedrige Mutagenitätswerte gemessen wurden. Auch die Pyrolysate gewisser Aminosäuren waren mutagen. Aus ihnen konnten verschiedene Verbindungen mit teilweise erheblichen Mutagenitäten isoliert werden, so Trp-P-1 und -2 aus dem Pyrolysat von Tryptophan, Glu-P-1 und -2 aus dem der Glutaminsäure, Lys-P-1 und Orn-P-1 aus denen des Lysins bzw. Ornithins (s. Abb. 12.20). Daneben erhielt man aus Proteinpyrolysaten zwei Amino-α-carboline. Norharman ist ein β-Carbolin, das im

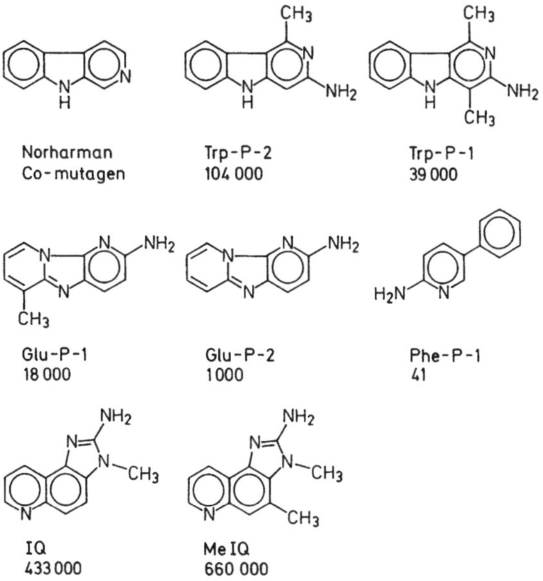

Norharman
Co-mutagen

Trp-P-2
104 000

Trp-P-1
39 000

Glu-P-1
18 000

Glu-P-2
1 000

Phe-P-1
41

IQ
433 000

MeIQ
660 000

Abb. 12.20. Aus der Pyrolyse von Aminosäuren bzw. ihren Verbindungen gebildete Mutagene. Die Zahlen geben die Revertantenrate pro μg Substanz an

Zigarettenrauch nachgewiesen wurde. Es entsteht unter anderem bei Pyrolyse von Fructose-Tryptophan, das durch Umsetzung von Glucose mit Tryptophan und Amadori-Umlagerung des N-Glykosides gebildet wurde (s. S. 98). Die Zahlen unter den Formeln der Abb. 12.20 geben die Revertanten pro µg Substanz im Ames-Test an und sind damit ein Maß für die Mutagenität der Verbindung.

Auch bei der Untersuchung von gegrilltem Fisch, der in Japan häufig und gern gegessen wird, stieß man auf sehr hohe Mutagenitäten, die indes nur zu 5–10% durch die o.a. Verbindungen erklärbar waren, Sie wurden verursacht durch zwei Imidazolylchinoline (IQ und MeIQ), die auch im gegrillten und gebratenen Fleisch sowie in Fleischextrakt nachgewiesen wurden. Diese Verbindungen werden offensichtlich bei der Umsetzung von Kohlenhydraten mit Glycin bzw. Alanin und Kreatinin unter den Bedingungen der Maillard-Reaktion gebildet. Hier wurden zusätzlich ein Imidazolylchinoxalin und sein Methylhomologes nachgewiesen (s. Abb. 12.21). Ihre Konzentrationen wurden in Fleischextrakt anhand der spezifischen Mutagenitäten bestimmt, sie betragen jeweils zwischen 3–34 ppb, doch wurden auch stark abweichende Daten registriert. Diese Verbindungen sind wohl die z.Zt. stärksten bekannten natürlichen Mutagene.

Die genannten Verbindungen sind erst nach Aktivierung mutagen, wobei sich Cytochromoxidase P448 als am wirkungsvollsten erwies. Die Imidazolylchinoline besitzen planaren Molekülbau; die Amino- und Methylgruppen sind coplanar angeordnet. Da NMR-Daten keine Anisotropie erkennen ließen, wird gefolgert, daß eine eventuell zu diskutierende, spezielle Anordnung der Methyl-

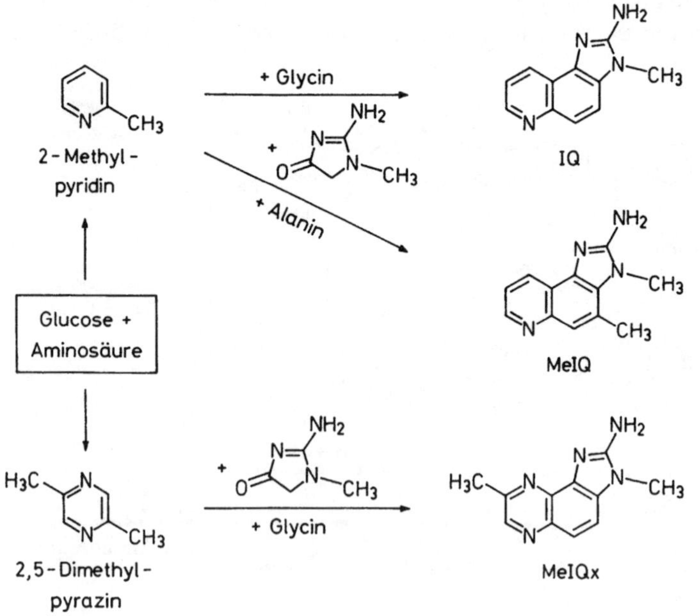

Abb. 12.21. Mechanismus der Entstehung von Imidazolylchinolinen und -chinoxalinen

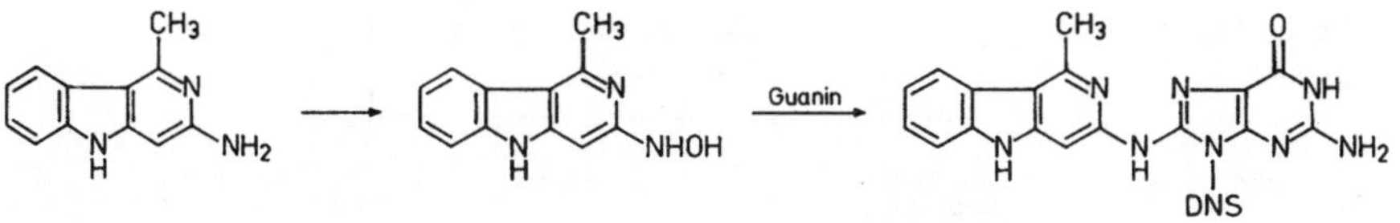

Abb. 12.22. Reaktion von Trp-P-2 mit einem Guaninrest aus einer DNS

gruppe für die Mutagenität nicht wesentlich ist. Vielmehr läßt sich an den in Abb. 12.20 dargestellten Verbindungen und ihren spezifischen Mutagenitäten ablesen, daß die Position des Ringstickstoffatoms wichtig ist. Zusätzliche Methylierung blockiert die Aktivität nicht, im Gegenteil, sie kann bei richtiger Anordnung die Mutagenitäten noch erhöhen.

Aus Trp-P-2 wurden nach Inkubieren mit einer Mikrosomenfraktion 4 Metabolite isoliert, von denen einer als das an der Aminogruppe oxidierte Produkt erkannt wurde. Heute neigt man zu der Ansicht, daß alle diese aus Eiweißpyrolysaten isolierten Mutagene in Form ihrer Hydroxylamine genotoxische Eigenschaften entwickeln, die zu einer kovalenten Bindung zwischen dem Aminostickstoff und der Position 8 von Guanin führen (s. Abb. 12.22). Intermediär können die Hydroxylamine acyliert oder in die Sulfatester übergeführt werden.

Die mit Salmonella typhimurium S-98 gemessenen Mutagenitäten sind nicht in gleicher Reihenfolge auf Messungen mittels des Sister-Chromatid-Exchange-Tests, mit Säugetier-Zellkulturen oder Chromosomen-Aberrationen in menschlichen Lymphocyten übertragbar. So ergaben Tests mit IQ sehr viel weniger Chromatidaustausche als Trp-P-2, das andererseits an Lungenzellen des Chinesischen Hamsters weniger Chromosomenaberrationen erzeugte als Trp-P-1. Bezüglich möglicher Cancerogenität wurde gezeigt, daß Tryptophan- und Glutaminsäurepyrolysate anaplastische Fibrosarkome mit preneoplastischen Läsionen in der Rattenleber erzeugen. Die Imidazolylchinoline hat man lange als nicht cancerogen angesehen. In neuerer Zeit hat man im Mäuseversuch eine schwache Lebercancerogenität nachgewiesen.

12.6
Unverträglichkeitsreaktionen gegen Lebensmittel
(Bearbeiter: Prof. Dr. Stefan Vieths, Langen)

Der Genuss einer Reihe von Lebensmitteln kann bei bestimmten Menschen zu allergisch bedingten Unverträglichkeitsreaktionen führen. Die Reaktionen können sowohl an der Haut, an den Schleimhäuten des Mund- und Rachenraumes, der Atemwege und der Augen als auch am Magen-Darm-Trakt auftreten. Mögliche Symptome sind z.B. Magenschmerzen, Durchfall, Lippen- und Rachenschwellungen, Schnupfen, Bindehautentzündung und Bronchialasthma. Daneben sind auch lebensbedrohliche Schockreaktionen, z.B. der „anaphylaktische Schock" bekannt. Umstritten ist dagegen die Zurückführung vieler

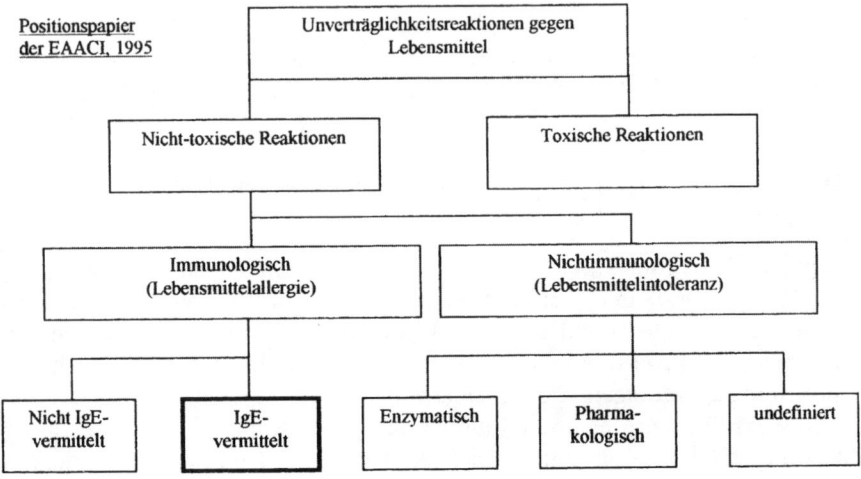

Abb. 12.23. Einteilung der Unverträglichkeitsreaktionen gegen Lebensmittel (Europäische Akademie für Allergie und Klinische Immunologie

unspezifischer Symptome auf Lebensmittel bzw. deren Inhaltsstoffe, die immer wieder diskutiert wird, z.B. Müdigkeit, Kopfschmerzen, Migräne, oder auch auffällige Verhaltensstörungen (z.B. hyperkinetisches Syndrom bei Kindern).

Die systematische Darstellung der Ursachen von Überempfindlichkeiten gegen Lebensmittel ist schwierig, vor allem, weil in der Literatur erhebliche Unterschiede in der Definition der Fachbegriffe vorkommen. Zudem sind für ein Symptombild häufig mehrere Pathomechanismen in Betracht zu ziehen, was die systematische Darstellung erschwert. In Abbildung 12.23 ist die von der Europäischen Akademie für Allergie und klinische Immunologie vertretene Einteilung[6] wiedergegeben. Daneben müssen immer auch psychische bzw. seelische Komponenten als Mitursachen berücksichtigt werden. Alle im Folgenden beschriebenen Unverträglichkeitsreaktionen können durch Alkohol oder Genußmittel verstärkt werden.

12.6.1
Allergien

Der Begriff „Allergie" bezeichnet nach von Pirquet[7] eine „erworbene Änderung der Reaktionsfähigkeit des Organismus in zeitlicher, qualitativer und quantitativer Beziehung", hervorgerufen durch wiederholten Kontakt mit Allergenen. Die allergischen Reaktionen werden nach Gell und Coombs[8] in vier

---

6　　Bruijnzeel-Koomen C, Ortolani C, Aas K, Bindslev-Jensen C, Björksten B, Moneret-Vautrin, D, Wüthrich B (1995) Allergy 50 : 623–635.

7　　Pirquet Cl v. (1906) Allergie, Münchner Medizinische Wochenschrift 30 : 1,457.

8　　Gell PGH, Coombs RRA (1968) Clinical aspects of immunology, 2. Aufl., Blackwell, Oxford.

Tabelle 12.8. Einteilung der überempfindlichkeitsreaktionen gegen Lebensmittel

Erkrankung	Mechanismus	Symptomauslöser
Allergie	Immunreaktion	meist Proteine oder Glykoproteine aus den verschiedensten Lebensmitteln
Pseudoallergische Reaktion (PAR)	verschieden, jedoch keine Immunreaktion	häufig niedermolekulare Lebensmittel-inhalts- oder Zusatzstoffe
Intoleranzreaktionen	Enzymdefekte	z.B. Lactose, Fructose, Phenylalanin
Intoxikationen	pharmakologische bzw. toxikologische Wirkung	z.B. biogene Amine, Alkaloide, Bakterientoxine, Mykotoxine, Kontaminanten

grundsätzliche immunpathologische Mechanismen eingeteilt, die in Tabelle 12.8 zusammengestellt sind. Der Allergie gegen Lebensmittel, in der medizinischen Terminologie meist mit „Nahrungsmittelallergie" (NMA) bezeichnet, liegt eine antikörpervermittelte Typ I-Reaktion (Sofortreaktion) zugrunde. Das bekannteste Beispiel für diese allergische Typ I-Reaktion ist die Pollenallergie, die sich z.B. als „Heuschnupfen" äußert.

Ca. 25%. der Bevölkerung in den westlichen Industrienationen leiden an einer allergischen Erkrankung. Die Häufigkeit der NMA wird im Weißbuch „Allergie in Deutschland" auf ca 2–3% bei Erwachsenen und ca. 4% bei Kleinkindern geschätzt[9]. Andere Quellen gehen von einer Häufigkeit von bis zu 7,5% bei Säuglingen und Kleinkindern aus.[10]. Exakte Zahlen stehen aber nach wie vor nicht zur Verfügung.

Den Ablauf der Entstehung und den Mechanismus der NMA kann man sich vereinfacht folgendermaßen vorstellen: Beim Erstkontakt mit dem eigentlich nicht schädlichen Allergen kommt es zur „Sensibilisierung". B-Zellen (Lymphozyten) mit spezifischen Rezeptoren für das Allergen werden zur Vermehrung angeregt. Aus diesen gehen spezialisierte Plasmazellen hervor, welche Antikörper (Immunglobuline) der Klasse IgE gegen das Allergen synthetisieren und an das Blut abgeben. Antikörper sind Glykoproteine, die mit Antigenen, hier also dem Allergen, hochspezifische nichtkovalente Bindungen eingehen können. Im Blut und in den Geweben befinden sich Zellen des Immunsystems (Basophile und Mastzellen), die Rezeptoren für den konstanten, nicht allergenspezifischen Teil der Antikörpermoleküle besitzen. Die Antikörper können an diese Rezeptoren binden, so daß die Zelloberfläche mit ihnen besetzt sein kann. Die Zellen haben außerdem die Eigenschaft, physiologisch aktive Mediatorsubstanzen, z.B. Histamin, Serotonin und Leukotriene, zu synthetisieren und diese in ihren Granula zu speichern.

Nach erfolgter Sensibilisierung kommt es bei wiederholtem Allergenkontakt nun zur eigentlichen allergischen Reaktion: Zwei membranständige IgE-Antikörper auf einer Mastzelle reagieren mit einem Allergenmolekül, werden

---

[9]   Deutsche Gesellschaft für Allergologie und klinische Immunologie: Weißbuch Allergie in Deutschland, 2. Aufl., Urban und Vogel, München, 2004

[10] Jäger L, Wüthrich B (1998) Nahrungsmittelallergien und -intoleranzen. 2. Aufl. Urban & Fischer, München, 2002

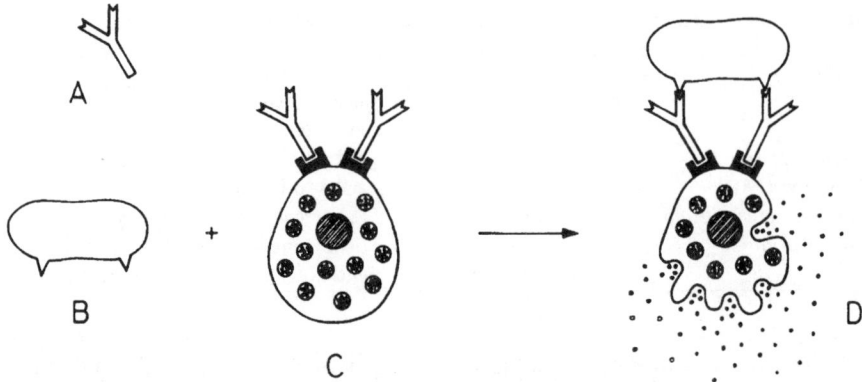

Abb. 12.24. Schematische Darstellung des Ablaufes der allergischen Sofortreaktion. Allergenspezifische IgE-Antikorper (A), die von Plasmazellen synthetisiert werden, binden sich an Rezeptoren auf der Oberfläche von Mastzellen (C) und führen so zu deren Sensibilisierung. Das Allergen (B) reagiert nach dem Schlüssel-Schloß-Prinzip mit den membranständigen Antikörpern und führt zu deren Überbrückung. Dadurch kommt es zur Degranulation der Mastzelle (D), die mit der Freisetzung physiologisch aktiver Mediatorsubstanzen einhergeht

durch dieses überbrückt und es kommt dadurch zur Degranulation der Mastzellen, die mit einer plötzlichen Freisetzung der Mediatoren einhergeht. Der Ablauf der allergischen Sofortreaktion ist schematisch in Abb. 12.24 wiedergegeben.

Die Wirkung der Mediatoren und der Ort der Freisetzung (Reaktionsorgan) prägen das klinische Bild: Die Mediatorsubstanzen führen u.a. zu einer Kontraktion der glatten Muskulatur der angrenzenden Gewebe. Außerdem erhöhen sie die Permeabilität der Blutgefäße, was zu Rötungen und Schwellungen führen kann, und sie können Juckreiz auslösen, sofern sensible Nervenfasern erreicht werden. Einige der Mediatoren locken Zellen des Immunsystems, also z.B. B- oder T-Lymphozyten an. Je nach Reaktionsorgan treten dann die genannten klinischen Symptombilder auf.

Obwohl auch bei allergischen Reaktionen ein Dosis-Wirkungs-Zusammenhang besteht, sind die auslösenden Mengen zum Teil äußerst gering: Bei „aggressiven" allergieauslösenden Lebensmitteln wie z.B. der Erdnuss, können Mengen von deutlich unter 1 mg des allergieauslösenden Lebensmittels bereits Symptome bei sehr empfindlichen Allergikern hervorrufen.

Die Neigung zur Entwicklung einer Allergie vom Soforttyp ist mit einer gewissen genetischen Disposition, also einer Erblichkeit verbunden, die nach Coca und Cooke[11] mit dem Begriff „Atopie" bezeichnet wird. Bei Kleinkindern, die nicht oder für einen zu kurzen Zeitraum gestillt werden, beobachtet man eine verstärkte Neigung zur Ausbildung einer Typ I-Allergie.

---

[11] Vgl. Schadewald H: Zur Geschichte der Allergie. In: Fuchs E, Schulz K-H (Hrsg) Manuale Allergologicum II. 118. Dustri Verlag. München 1990.

Nahezu alle näher charakterisierten Lebensmittelallergene sind natürliche Proteine oder Glykoproteine. Zusatzstoffe sind aufgrund ihres geringen Molekukargewichtes in der Regel hingegen nicht immunogen. Allgemein besteht die Ansicht, dass allergene Lebensmittelproteine relativ klein, gut löslich, stabil gegen Verarbeitungsprozesse und Erhitzung sowie gegen proteolytischen Abbau sind. Für jeden dieser Aspekte können allerdings auch Ausnahmen aufgeführt werden. Ferner wurde bisher kein gemeinsames Strukturmerkmal erkannt, das ein Lebensmittelprotein zum Allergen prädisponiert. Die von einem Antikörper spezifisch erkannten Regionen eines Antigens bezeichnet man als Epitope. Viele „klassische" Lebensmittelallergene (vgl. unten) sollen Sequenzepitope aufweisen, deren Antikörperreaktivität von der intakten Konformation des Proteins unabhängig ist. Allergene gehören sehr heterogenen Stoffklassen an: So wurden

- hydrolytische und nicht hydrolytische Enzyme,
- Enzyminhibitoren,
- Transportproteine,
- regulatorische Proteine,
- Speicherproteine und
- Abwehrproteine bzw. Stressproteine aus Pflanzen

als Allergene identifiziert (vgl. Tabellen 12.9 und 12.10).[12] Manche Autoren sind der Auffassung, daß Lebenmittelallergene überwiegend zu den Hauptproteinkomponenten der Lebensmittel gehören. Unter den dominanten Nahrungsmittelallergenen finden sich tatsächlich einige Hauptproteinkomponenten der Lebensmittel, z.B. Ovalbumin, die Caseine oder auch das Speicherprotein Glycinin, das über 50% des Sojaproteins ausmacht. Andererseits kommt z.B. das Hauptallergen Gad c1 nur in relativ geringen Mengen im Fisch vor. Alpha-Laktalbumin ist mit einem Anteil von 2–5% am Gesamtprotein der Milch für einen beachtlichen Teil der Patienten allergen. Gly m1 macht nur etwa 2–3% des Gesamtproteins von Soja aus. Die allergenen α-Amylase/Trypsininhibitoren aus Getreide repräsentieren mit 1–2% ebenfalls nur einen geringen Teil der löslichen Getreideproteine. Dominante Fleischproteine wie Actin und Myosin sind praktisch nicht allergen. Diese Betrachtungen lassen den klaren Schluß, daß Allergene vor allem unter den Hauptproteinkomponenten der Lebensmittel zu finden sind, nicht zu. Im Vergleich zu Inhalationsallergenen, von denen in der Regel nur ng-Mengen pro Tag aufgenommen werden, können die oral aufgenommenen Mengen bei manchen Lebensmittelallergenen im Bereich mg bis g pro Tag liegen. Die Nomenklatur der Allergene basiert auf den lateinischen Namen der allergieauslösenden Spezies. So ist z.B. Bet v1 das erste identifizierte und vollständig charakterisierte Allergen aus den Pollen von **Betula verrucosa** (Birke). Die aktuelle Benennung von Allergenen wird von der „International Union of Immunological Societies" (IUIS) in einer im Internet zugänglichen Datenbank veröffentlicht (http://www.allergen.org/).

---

[12] Vgl.: Lorenz AR, Vieths S: Nahrungsmittelallergene. In: Saloga J, Klimek L, Buhl R, Mann W, Knop J (Hrsg), Allergologie-Handbuch, Schattauer, Stuttgart, 2006.

Tabelle 12.9. Wichtige Hauptallergene aus Lebensmitteln

Lebensmittel	Allergen	Funktion	Molmasse (kDa)	pI	Glykosylierung	Hitzestabilität	Sequenz
Kabeljau (Gadus cadaris)	Gad c 1	Parvalbumin, Regulation des Ca^{2+}-Flusses	12	4,8	ja	+	vollständig
Garnele (Penaeus aztecus) (u. andere Spezies)	Pen a 1	Tropomyosin, Regulation der Muskelkontraktion	36	5,2	ja	+	vollständig
Erdnuß (Arachis hypogaea)	Ara h 1	7 S Globulin, Speicherprotein	63	4,6	ja	+	vollständig
	Ara h 2	Conglutin	17	5,2	nein	+	vollständig
	Ara h 3	Cupin (11S Speicherprotein)	40	~ 4,5	nein	+	vollständig
	Ara h 8	Bet v 1 Homolog	16,9	5	nein	–	vollständig
Sojabohne (Glycine max)	Beta-Conglycinin (verschiedene Untereinheiten)	7 S Globulin, Speicherprotein	ca. 65	ca.5–4	ja	+	vollständig
	Glycinin[4] (saure Untereinheit)	Cupin (11S Speicherprotein)	ca.35 (exp.) 54 (ber.)	versch. nach Untereinh.	nein	+	vollständig
	Gly m 4	Bet v 1 Homolog	16,6	4,4	nein	+	vollständig
	Gly m Bd 30k	Vakuoläres Protein, Cysteinprotease	30–34	4,5	ja	?	vollständig
Haselnuss (Corylus avellana)	Cor a 1.04	Bet v 1 Homolog	17,5	6,1	nein	–	Vollständig
	Cor a 8	Nichtspezifisches Lipid Transfer Protein	9	10,7	nein	+	Vollständig
	Cor a 9	Cupin (11S Speicherprotein)	60	k.A.	nein	k.A.	vollstädig

Tabelle 12.9. Fortsetzung

Paranuß (*Bertholletia excelsa*)	Ber e 1	2 S Albumin, Speicherprotein	12	5,8	nein.	+	vollständig
Pfirsich (*Prunus persica*)	Pru p 3	Nichtspezifisches Lipid Transfer Protein	9	10–11	nein	+	vollständig
weißer Senf (*Sinapis alba*)	Sin a 1	2 S Albumin, Speicherprotein	14	11,2	k.A.	+	vollständig
orientalischer Senf (*Brassica juncea*)	Bra j 1	2 S Albumin Speicherprotein	14	k.A.	k.A.	+	vollständig
Weizen (*Triticum aestivum*)	15 kDa-Allergen	α-Amylase-/ Trypsininhibitor	15	k.A	Ja	k.A.	vollständig
	Tri a LTP	Nichtspezifisches Lipid Transfer Protein	9	k.A.	Nein	+	vollständig
	Tri a 19	Omega-5 Gliadin (Prolamin Speicherprotein)	65	k.A.	k.A.	+	teilweise
Gerste (*Hordeum vulgare*)	Hor v 1	α-Amylase-/ Trypsininhibitor	15	k.A.	ja	k.A.	vollständig
Roggen (*Secale cereale*)	Sec c 1	α-Amylase-/ Trypsininhibitor	14	k.A.	k.A.	k.A.	vollständig
Reis (*Oryza sativa*)	16 kDa-Allergen	Amylase-/ Trypsininhibitor	16	6–8	k.A.	+	vollständig

k.A.: keine Angabe in der ausgewerteten Literatur
Die Arbeiten zur Weizen-, Roggen- und Gerstenallergie wurden zum Teil an Bäckern mit inhalativer Sensibilisierung durchgeführt. Daten aus online Datenbanken:
IUIS Allergen Nomenclature Subcommittee Official List of Allergens (http://www.allergen.org/) Allergome (http://www.allergome.org/)
InformAll Food Allergen Databas (http://foodallergens.ifr.ac.uk/informall.html)

Tabelle 12.10. Wichtigste Eiklar- und Milch-Allergene[1-2]

Bestandteil	Anteil	MW (kDa)	Isoelektrischer Punkt (pI)	Kohlenhydratanteil	Sensibilisierungsindex
Eiklar					
Ovomukoid (Gal d 1)	11%	28	4,1–4,4	22–25%	70 (40–95)%
Ovoalbumin (Gal d 2)	54%	42,7	4,5–4,9	3%	60 (35–90)%
Ovotransferrin (Conalbumin; Gal d 3)	12%	80	6,0–6,8	2%	30 (20–45)%
Lysozym (Gal d 4)	3,5%	14,3	10,7		10 (4–18)%
Ovomuzin	1,5–3,5%	5,5–8,3 mDa	4,5–5,0	30%	ca. 1–3%
Eigelb					
Serum Albumin (alpha-Livetin, Gal d 5)	Livetine: ca. 30	65–70	k.A.		Angaben uneinheitlich
Apovitellenin I (Very low density lipoprotein)	k.A.	9,5	k.A.		Angaben uneinheitlich
Apovitellenin VI (Apoprotein B,)	k.A. (Hauptprotein im Eigelb)	170	k.A.		Angaben uneinheitlich
Kuhmilch					
Bos d 8					
α-Kasein	45–64%	23,6–25,2			43–70 (–100)%
β-Kasein	19–28%	24			
γ-Kasein	3–7%	11,5–20,5			
κ-Kasein		19			
Bos d 5					
β-Laktoglobulin	7–12%	18,3			43–52–82%
Bos d 4					
α-Laktalbumin	2–5%	14,2			12–41–53%
Bos d 6					
Rinderserumalbumin	0,7–13%	66,4			18–51%
Bos d 7					
Immunglobuline	1,4–2,8%	160			25–36%

[1] Jäger L, Wüthrich B. Nahrungsmittelallergien und -intoleranzen. 2. Aufl. Urban & Fischer, München, 2002
[2] http://www.allergen.org/

Weiterhin wurde mit dem „Allergome-Projekt" eine sehr umfangreiche Datenbank etabliert, die molekulare und immunologische Informationen über Allergene bereitstellt (http://www.allergome.org/).

Den zum Teil widersprüchlichen Aufassungen über Lebensmittelallergene zum Trotz ist es auffällig, dass Vertreter bestimmter Proteinfamilien häufiger als Allergene in Lebensmitteln identifiziert werden als andere, d.h. bestimmte Grundstrukturen von Proteinen sind offensichtlich besonders häufig allergen. So wurden kürzlich die Aminosäure-Sequenzen von 129 pflanzlichen Lebensmittelallergenen analysiert. Diese fielen in nur 20 von 3849 möglichen Proteinfamilien[13]. Dabei gehörten sogar 65% der Allergene zu nur 4 bekannten Proteinfamilien, und zwar:

1. Prolamin-Superfamilie (Speicherproteine, Stressproteine), Beispiel: Ara h 2 (Erdnuss), Pru p 3 (Pfirsich)
2. Bet v 1-Familie (Stressproteine, pollenassoziiert), Beispiel: Mal d 1 (Apfel), Cor a 1.04 (Haselnuss)
3. Cupin-Familie (Speicherproteine), Beispiel: Ara h 1 (Erdnuss), Cor a 11 (Haselnuss)
4. Profiline (regulatorsiche Proteine, pollenassoziiert) Beispiel: Api g 4 (Sellerie), Mal d 4 (Apfel)

Grundsätzlich ist nahezu jedes proteinhaltige Lebensmittel zur Auslösung einer Lebensmittelallergie in der Lage. Neben bestimmten Obst- Gemüse, und Nussarten, die vor allem von Pollenallergikern nicht vertragen werden, sind Erdnüsse, Soja und andere Leguminosen, Weizen, Sesamsaat, Kuhmilch, Hühnerei, Fisch, sowie Schalen- und Krustentiere als Auslöser von Lebensmittelallergien wichtig.[14] Im Säuglings- und Kleinkindalter werden Lebensmittelallergien am häufigsten von Hühnerei und Kuhmilch ausgelöst. Beim Erwachsenen dominiert hingegen die sogenannte „pollenassoziierte Nahrungsmittelallergie" (vgl. unten)

Berücksichtigt man den Weg der Sensibilisierung, so müssen 2 Klassen von Lebensmittelallergenen unterschieden werden: „Klassische Lebensmittelallergene" und „pollenassoziierte Lebensmittelallergene". Erstere sind nach oraler Aufnahme sowohl zur Induktion der IgE Antwort (Sensibilisierung), als auch zur Auslösung von Symptomen in der Lage. Die in den Tabellen 12.9 und 12.10 aufgeführten Allergene gehören zu dieser Gruppe. Insgesamt ist die hohe Stabilität des allergenen Potentials vieler klassischer Nahrungsmittelallergene gegen Verarbeitungs- und Zubereitungsprozesse auffällig.[15] Bei Fischen ist sie so hoch, dass die auslösenden Allergene noch in Sprühtropfen des Kochwassers nachgewiesen werden können. Sie sind auf diesem Wege in der Lage,

13 Jenkins JA, Griffiths-jones S, Shewry PR, Breiteneder H, Mills ENC, J Allergy Clin Immunol 2005, 115: 163–170.
14 Jäger L, Wüthrich B: Nahrungsmittelallergien und -intoleranzen. 2. Aufl. Urban & Fischer, München, 2002
15 Vieths S, Jankiewicz A, Holzhauser T (1998) Charakterisierung von Allergenen und Nachweis potentiell allergener Bestandteile in Lebensmitteln. Analytiker Taschenbuch Band 20, Springer, Heidelberg, S 3–44.

schwere respiratorische Symptome bei Fischallergikern auszulösen. Derartige Fallbeschreibungen gibt es auch von Kartoffelallergikern. Ferner sollen solche Phänomene auch beim Braten von Eiern vorkommen. Casein oder Ovalbumin sind in den meisten verarbeiteten Lebensmitteln noch allergen. Gleiches gilt für bestimmte Sojabohnenallergene. So war z.B. eine Untereinheit des Glycinins in gekochten Sojabohnen und in verschiedenen Sojalecithinen noch in allergener Form nachweisbar[16]. Erdnussprotein, das als „verstecktes Allergen" in verarbeiteten Lebensmitteln die meiste Aufmerksamkeit gefunden hat, weist eine ausserordentlich persistente allergene Aktivität auf.

Die pollenassoziierte Nahrungsmittelallergie gegen frisches Obst, Gemüse und Nüsse ist in den deutschsprachigen Ländern zweifellos die häufigste Lebensmittelallergie bei Jugendlichen und Erwachsenen. Diese Form der Nahrungsmittelallergie basiert auf der kreuzreaktiven Erkennung von Nahrungsmittelallergenen durch primär gegen Pollenallergene gerichtetes IgE. Die wichtigste Gruppe der kreuzreaktiven Lebensmittelproteine ist verwandt mit Bet v1, dem Hauptallergen aus Birkenpollen. Mitglieder dieser Allergenfamilie wurden inzwischen in Apfel, Birne, Kirsche, Haselnuss, Sellerie und Karotte (Tab. 12.11) sowie in Aprikose und Pfirsich sowie der Sojabohne identifiziert. Dies stimmt sehr gut mit einem wesentlichen Teil der klinisch beobachteten Kreuzallergien dieses sogenannten „oralen Allergiesyndroms" (OAS) überein. Die Aminosäuresequenzen der kreuzreaktiven Nahrungsproteine weisen Sequenzidentitäten von ca. 40% bis 60% mit Bet v1 auf und sind ferner mit einer Gruppe von induzierbaren pflanzlichen „Streßproteinen" verwandt, die

Tabelle 12.11. Pollenassoziierte Lebensmittelallergene aus der Bet v1-Familie[1–2]

Lebensmittel	Allergen	Molmasse (kDa)	pI	Sequenz-identität mit Bet v1a	Sequenz-identität mit PcPR1-1
Apfel	Mal d1	17,5	5,5	58	40
Kirsche	Pru a1	17,7	5,8	59	41
Birne	Pyr c1	17,4	5,6	57	38
Sellerie	Api g1	16,2	4,4–4,6	40	61
Karotte	Dau c1	16,0	4,4	38	59
Haselnuss	Cor a 1.04	17,5	6,1	67	43
Sojabohne	Gly m 4	16.6	4.4	48	36
Erdnuss	Ara h 8	16,9	5,0	46	35,1

PcPRl-1: Pathogenesis related protein aus Petersilie.
[1] Vieths, S: Nahrungsmittelallergene. In: Saloga J, Klimek L, Buhl R, Mann W, Knop J (Hrsg), Allergologie, Schattauer, Stuttgart 2006
[2] http://foodallergens.ifr.ac.uk

---

[16]   Müller U, Weber W, Hoffmann A, Franke S, Lange R, Vieths S (1998) Commercial soybean lecithins: A source of hidden allergens? Z Lebensmittel Unters Forsch 207 : 341–351.

möglicherweise in Abwehrreaktionen der Pflanzen involviert sind. (Beispiel PcPR1-1 in Tab. 12.11).

Da bei den Betroffenen fast immer eine zuerst vorhandene Inhalationsallergie der Auslöser der Nahrungsmittelallergie ist, gehören die pollenassoziierten Allergene mit großer Wahrscheinlichkeit zu den „unvollständigen" Allergenen mit geringem oder nicht vorhandenem sensibilisierenden Potential. Pollenassoziierte Lebensmittelallergene können also mit IgE, das gegen Pollenallergene gerichtet ist, reagieren und so allergische Symptome nach dem Lebensmittelverzehr hervorrufen, aber nicht die Synthese von spezifischen IgE-Antikörpern induzieren.[17] Ferner sind pollenassoziierte Lebensmittelallergene im Gegensatz zu klassischen Lebensmittelallergenen oftmals thermolabil. Hinweise auf die primär sensibilisierende Wirkung der Pollenallergene ergeben sich unter anderem daraus, dass

- in mehr als 90% der Fälle die Pollenallergie der Obst- und Gemüseallergie vorausgeht;
- die Nahrungsmittelallergie gegen Bet v1-assoziierte Allergene bei Patienten ohne Pollensensibilisierung praktisch nicht vorkommt;
- die Pollenextrakte im wechselseitigen IgE-Hemmtest eine wesentlich höhere Aktivität entfalten als die Extrakte aus den assoziierten Nahrungsmitteln;
- T-Zellen von Patienten mit oralem Allergiesyndrom von Bet v1 wesentlich stärker stimuliert werden als von den assoziierten Nahrungsmittelallergenen[18].

Tabelle 12.12 faßt weitere kreuzreaktive Strukturen in Pollen und pflanzlichen Lebensmitteln zusammen, die nur für eine Minderheit der Pollenallergiker sensibilisierend sind. Profiline stellen darunter die wichtigsten Minorallergene dar.

Da sie u.a. regulatorische Funktionen beim Aufbau des Zytoskeletts ausüben, kommen sie in fast allen eukaryontischen Zellen vor. Aufgrund ihres hohen Verwandtschaftsgrades sind pflanzliche Profiline äußerst kreuzreaktiv und können Allergien gegen fast jede Pollenart und nahezu alle pflanzlichen Lebensmittel auslösen. So wurden u.a. Unverträglichkeitsreaktionen gegen Apfel, Pfirsich, Haselnuss, Sellerie Tomate und Lychee-Frucht bei Patienten mit Profilinsensibilisierung festgestellt. Glücklicherweise findet sich eine Profilinsensibilisierung nur bei etwa 10–20% der Pollenallergiker. Pollenunabhängige Nahrungsmittelallergien durch Profilinsensibilisierung wurden bisher nicht beschrieben.

---

[17] Vieths S (1997) Allergens in fruits and vegetables. In: Handbook of plant and fungal toxicants, JPF D'Mello (Hrsg), Chap 11, CRC press, Boca Raton, S 157–174.

[18] Jäger L, Wüthrich B: Nahrungsmittelallergien und -intoleranzen. 2. Aufl. Urban & Fischer, München, 2002.

Tabelle 12.12. Weitere pollenassoziierte Nahrungsmittelallergene[a]

Allergen	Funktion	Vorkommen
Profiline	Regulation der Aktinpolymerisation, Teilnahme an der Signaltransduktion	ubiquitär in eukaryotischen Zellen
IgE-reaktive 35 kDa-Proteine	hohe Verwandtschaft mit Isoflavonreduktasen	z.B. Birkenpollen, Apfel, Birne, Orange, Mango, Lychee, Banane, Mohrrübe
IgE-reaktive 60 kDa-Proteine	?	Pollen von Bäumen, Gräsern und Kräutern, Apfel, Sellerie
α1,3-Fukose- und ß1,2-Xylosehaltige N-Glykane in zahlreichen pflanzlichen Glykoproteinen	?	ubiquitär in Pflanzen

[a] Vieths,.S: Nahrungsmittelallergene. In: Saloga J, Klimek L, Buhl R, Mann W, Knop J (Hrsg), Allergologie, Schattauer, Stuttgart (im Druck).

In jüngerer Zeit wurden vor allem bei der Obstallergie, aber auch bei Haselnussallergie, geographische Unterschiede im Sensibilisierungsmuster festgestellt[19].

So sind im Mittelmeerraum und speziell in Gegenden, in denen keine Birken vorkommen, diese Lebensmittelallergien oft nicht pollenassoziiert und gehen mit deutlich schwereren Symptomen einher als in Nord- und Zentraleuropa. Die Allergiker aus dem Mittelmeerraum sind in der Mehrzahl nicht gegen Bet v t-verwandte Proteine, sondern gegen sogenannte nichtspezifische Lipid Transfer Proteine sensibilisiert, die zur Prolamin-Familie gehören und sehr stabil sind. Man geht davon aus, dass diese Proteine klassische Lebensmittelallergene darstellen und den Organismus direkt sensibilisieren können. Warum dann aber entsprechende Sensibilisierungen kaum in den nördlicheren Regionen Europas gefunden werden, ist zurzeit noch unklar.

Die allergieauslösende Wirkung durch Proteine nach deren oraler Aufnahme widerspricht auf den ersten Blick der Vorstellung, daß Eiweiße im Verdauungstrakt in Aminosäuren gespalten und dann vom Körper aufgenommen werden. Hierbei ist allerdings zu berücksichtigen, daß zum einen die pollenassoziierten Allergene bereits an den Schleimhäuten des Mund- und Rachenraumes zu Symptomen führen. Zum anderen können klassische Lebensmittelallergene vermutlich aufgrund ihrer relativ großen Stabilität im Verdauungstrakt in gewissem Ausmaß als intakte Proteine oder größere Proteinbruchstücke die Darmwand passieren. Beim Allergiker können zudem die Permeabilität der Darmwand verändert oder gewisse Schutzfunktionen, z.B.

---

[19]   vgl.: Lorenz AR, Vieths S: Nahrungsmittelallergene. In: Saloga J, Klimek L, Buhl R, Mann W, Knop J (Hrsg), Allergologie-Handbuch, Schattauer, Stuttgart, 2006.

die Bildung von sekretorischem IgA, gestört sein, so daß es zu einer vermehrten Aufnahme von Proteinmolekülen aus dem Darm kommt.

Im Vergleich zur Allergie gegen naürliche Lebensmittelinhaltsstoffe ist die echte NMA gegen Zusatzstoffe oder auch Rückstände und Kontaminanten eher selten. Verschiedene epidemiologische Studien haben eindeutig gezeigt, daß zumindest bei den wichtigen Inhalationsallergien- die Zahl der allergischen Erkrankungen vom Soforttyp ansteigt. Für die NMA ist festzustellen, daß vor allem die zunehmende „Internationalisierung" unserer Ernährung (z.B. durch exotische Obst- und Gemüsearten usw.) zum Kontakt mit neuen Allergenen und damit auch zu Überempfindlichkeiten geführt hat, die früher in Mitteleuropa praktisch nicht beobachtet wurden[20,21]. So treten heute beispielsweise relativ häufig Allergien gegen Kiwi auf. Einen ähnlichen Einfluß könnten einige moderne Ernährungsformen haben, die einen vermehrten Verzehr von rohem Getreide (Frischkornmüsli) vorsehen, welches stärker allergen wirkt als in erhitztem Zustand, und der Verzehr von früher unüblichen Getreiden, Hülsenfrüchten und Ölsaaten. Schließlich steigen parallel mit der Pollenallergie auch die pollenassoziierten NMA an.

12.6.2
Pseudoallergische Reaktionen

Pseudoallergische Reaktionen (PAR) imitieren das klinische Bild der allergischen Reaktion; sie können eine nahezu identische Symptomatik zeigen. Sie beruhen ebenfalls auf einer Freisetzung physiologisch aktiver Mediatorsubstanzen. Diese ist allerdings **nicht** durch eine Immunreaktion ausgelöst bzw. eine solche ist nicht nachweisbar. Unter dem Begriff PAR werden Überempfindlichkeiten nach ganz unterschiedlichen Mechanismen, die zum Teil noch unbekannt sind, zusammengefaßt. Sie fallen daher bei der Einteilung der Unverträglichkeiten in Abb. 12.23 unter den Begriff „undefiniert" und werden zu den Intoleranzreaktionen gezählt.

Im Gegensatz zur echten Allergie sind pseudoallergische Reaktionen stärker dosisabhängig. Die Symptome können bereits beim ersten Kontakt mit den auslösenden Stoffen auftreten; eine spezifische Sensibilisierung ist somit nicht unbedingt erforderlich. Weiterhin unterscheiden sich PAR von Allergien dadurch, daß sie durch Hauttestungen in der Regel nicht nachweisbar sind und daß die Unverträglichkeit nicht durch antikörperhaltiges Serum auf andere Individuen der gleichen Spezies übertragbar ist.

Das bekannteste Pseudoallergen ist die Acetylsalicylsäure (Aspirin, ASS). Als ein möglicher Mechanismus für die Auslösung einer PAR durch ASS wird eine Störung im Arachidonsäurestoffwechsel, nämlich die Hemmung des En-

---

[20]   Thiel Cl (1988) In: Deutsche Gesellschaft für Ernährung (Hrsg) Ernährungsbericht, S. 159ff.

[21]   Thiel Cl (1988) Nahrungsmittelallergien bei Pollenallergikern (sogenannte pollenassoziierte Nahrungsmittelallergien). Allergologie 11:397–410.

zyms Cyclooxygenase diskutiert[22]. Daraus soll, wie nachfolgend schematisch dargestellt ist, eine verminderte Bildung von protektiven Prostaglandinen und eine verstärkte Leukotriensynthese (Mediatoren!) bei überempfindlichen Personen resultieren (siehe auch Seite 56).

$$\text{Prostaglan-} \underset{\text{Cyclooxygenase}}{\overset{}{\longleftarrow\!\!\!/\!\!\!\longleftarrow}} \text{Arachidon-} \overset{\text{Lipoxygenase}}{\longrightarrow} \text{Leukotriene} \rightarrow \text{Pseudo-}$$

dine   säure   allergische
                        + ASS   Reaktion

Ein weiterer Mechanismus für eine PAR ist z.B. die unspezifische Überbrückung zweier membranständiger IgE-Antikörper über deren Kohlenhydratanteil durch Lectine, also Proteine mit einer hohen spezifischen Bindungsfähigkeit für bestimmte Zucker, die z.B. in Hülsenfrüchten vorkommen (vgl. 12.2.6). Auch hier haben wir den Fall der Mediatorfreisetzung ohne Immunreaktion.

Für viele andere PAR kommen diese Auslösemechanismen jedoch nicht in Betracht. Hier werden wiederum andere Ursachen, wie etwa die Destabilisierung der Mastzellmembran mit nachfolgender direkter Mediatorfreisetzung genannt.

Verschiedene Lebensmittelinhaltsstoffe, unter ihnen auch eine Reihe von Zusatzstoffen, können eine Pseudoallergie auslösen: Gegen den Farbstoff Tartrazin, der in einigen EU-Ländern noch eingesetzt wird, aber auch gegen Benzoesäure, PHB-Ester, Sorbinsäure, Sulfite und Gallate wurden Überempfindlichkeiten dieses Typs festgestellt. Daneben sollen Reaktionen gegen natürliche Bestandteile von Lebensmitteln vorkommen. Hier sind vor allem die in vielen Obstsorten vorkommenden Salicylate zu nennen. Auffällig ist, daß es sich im Gegensatz zu den meisten bislang identifizierten Auslösern der NMA bei den Pseudoallergenen häufig um niedermolekulare Verbindungen handelt. Die Pseudoallergie gegen Lebensmittelzusatzstoffe ist im Vergleich zur echten Nahrungsmittelallergie gegen natürliche Lebensmittelbestandteile sehr selten. Die Angaben zur Häufigkeit von Unverträglichkeitsreaktionen gegen Zusatzstoffe schwanken von 0,03–0,15% bis 1–2% der in den jeweiligen Studien untersuchten Populationen[23–26].

[22] Ring J (1988) Pseudo-allergische Arzneimittelreaktionen. In: Fuchs E, Schulz K-H (Hrsg) Manuale allergologicum V, Dustri Verlag, München 4 : 133.

[23] Wüthrich B (1988) In: Deutsche Gesellschaft für Ernährung (Hrsg), Ernährungsbericht 1988, S. 151 ff.

[24] Thiel Cl (1991) Lebensmittelallergien und -intoleranzreaktionen Z Ernährungswiss 30 : 158–173.

[25] Jäger L, Wüthrich B (1998) Nahrungsmittelallergien und -intoleranzen, 1. Aufl., Gustav Fischer, Ulm.

[26] Deutsche Gesellschaft für Allergologie und klinische Immunologie: Weißbuch Allergie in Deutschland, 2. Aufl., Urban und Vogel, München, 2004

12.6.3
Intoleranzreaktionen durch Enzymdefekte

Bereits vor der Entdeckung der pseudoallergischen Reaktionen wurden mit dem Begriff „Intoleranz", der heute auch als Sammelbegriff für nicht immunologisch vermittelte Unverträglichkeitsreaktionen verwendet wird (vgl. Abb. 12.23), solche Krankheitsbilder bezeichnet, denen angeborene oder erworbene Enzymdefekte zugrunde liegen. Sie führen zu Störungen im Bereich des Magen/Darm-Traktes oder zu Stoffwechselstörungen. Im Gegensatz zu den unter 12.6.1 und 12.6.2 besprochenen Reaktionen werden die Symptome hier **nicht** durch Freisetzung von Mediatorsubstanzen aus Immunzellen hervorgerufen.

Beispiele für diesen Reaktionstyp, der natürlich wiederum ganz unterschiedliche Krankheitsbilder bezeichnet, sind Lactose-Intoleranz, Fructose- und Galactose-Intoleranz, Phenylketonurie, Glucose-6-phosphatasemangel (Favismus, vgl. 12.2.5) oder die glutensensitive Enteropathie (Cöliakie, Sprue).

Die **Lactose-Intoleranz** beruht auf einem Mangel an ß-Galaktosidase in den Schleimhautzellen des Dünndarms, so daß Lactose nicht oder nur unzureichend gespalten und metabolisiert werden kann. Sie äußert sich durch Diarrhoe und tritt bei Asiaten und Afrikanern häufiger auf als bei Europäern.

Fructose-Intoleranzen sind selten. Sie gehen auf einen Defekt an Fructose-1-phosphat-spaltender Phosphofructoaldolase zurück. Dadurch werden schwere Störungen des Glucosestoffwechsels hervorgerufen, die bis zum hypoglykämischen Schock und zum Tode führen können.

Häufiger ist die **Galactose-Intoleranz**, die auf einen Mangel an Galactokinase oder Uridyltransferase zurückgeführt wird. Die Folge verminderter Umwandlung von Galactose in Glucose sind Galctoseanhäufung und Glucosemangel im Blut. Die vermehrte Reduktion von Galactose zu Galactit stört den Inositstoffwechsel im Gehirn und kann zu Intelligenzdefiziten führen.

Phenylketonurie ist eine angeborene Krankheit. Sie wird durch ein Defizit an Phenylalaninhydroxylase hervorgerufen, so daß Tyrosinmangel auftritt. Die Folge ist eine Anhäufung von Phenylalanin im Blut und die Ausscheidung von Phenylbrenztraubensäure mit dem Harn. Tyrosinmangel und Phenylbrenztraubensäure-Anhäufung bewirken schwere geistige Schäden.

Die **Ahornsirup-Krankheit** ist ein angeborener Mangel einer (Verzweigtketten)-Aminosäuren-Decarboxylase. Die Aminosäuren Leucin, Isoleucin und Valin reichern sich in den Körperflüssigkeiten an und es entstehen verschiedene toxische Zwischenprodukte, vor allem Hydroxysäuren. Die Namensgebung beruht auf dem charakteristischen Geruch des Urins nach verbranntem Zucker, der vermutlich auf vermehrte Ausscheidung eines (α-Hydroxybuttersäureesters, eines Abbauproduktes des Isoleucins, zurückzuführen ist. Die Krankheit kann im frühen Säuglingsalter zu einer schweren Hirnschädigung führen und hat häufig einen tödlichen Verlauf.

In seltenen Fällen werden neben den relativ häufigen PAR gegen Sulfite auch **Sulfitintoleranzen** beobachtet, die auf einem angeborenen Defizit an Lebersulfitoxidase beruhen.

Die **Cöliakie oder Sprue** ist eine Überempfindlichkeit gegen das Gliadin des Weizenklebers und anderer Getreidearten. Sie beruht vermutlich auf einem Enzymdefekt (Mangel einer spezifischen Peptidase) in den Schleimhautzellen des Dünndarms und tritt familiär gehäuft auf. Es treten Diarrhoe, Malabsorption und Resorptionsstörungen von Vitaminen und Mineralstoffen auf. Die Erkrankung stellt einen Sonderfall der Intoleranz dar, da sie mit der Bildung Gliadinspezifischer, präzipitierender Antikörper, allerdings der Klasse IgG, einhergeht, weshalb neben der obengenannten Erklärung auch ein allergisches Geschehen als Ursache diskutiert wird.

12.6.4
Toxische Reaktionen

Das Vorkommen toxischer Stoffe in Lebensmitteln wurde in den Kapiteln 11 und 12 bereits ausführlich behandelt. Toxische Reaktionen auf Lebensmittel müssen jedoch auch hier erwähnt werden, weil die auftretenden Symptome manchmal zu Verwechslungen mit allergischen oder pseudoallergischen Reaktionen führen können. Sie gehen auf Stoffe im Lebensmittel mit toxischer oder pharmakologischer Wirkung zurück, bewirken aber keine Freisetzung von Entzündungsmediatoren, obwohl zum Teil die gleichen Substanzen für die Entstehung der Symptome verantwortlich sind (Histamin!, Serotonin!). Toxische Substanzen in Lebensmitteln können sehr unterschiedlichen Ursprungs sein:

– natürliche biogene Inhaltsstoffe, z.B. Alkaloide (Solanin aus Kartoffeln oder Tomaten), biogene Amine wie Histamin oder Serotonin als Abbauprodukte von Aminosäuren (reifer Käse, Rotwein, Hefeextrakt, Sauerkraut, Bananen, Fisch, Walnüsse), Phytoalexine (z.B. Furocumarine aus Sellerie, Petersilie oder Pastinake) oder auch toxische Proteine (Lektine aus Hülsenfrüchten),
– Kontaminanten biogenen Ursprungs: Bakterientoxine, Saxitoxin etc., überhöhte Rückstände,
– Umweltkontaminanten,
– bestimmte Zusatzstoffe, z.B. Glutamat („China-Restaurant-Syndrom" bei empfindlichen Personen).

13 Aromabildung in Lebensmitteln

13.1
Aromastoffe

Neben Geschmacksstoffen, die die sensorische Wahrnehmung der Eindrücke salzig, süß, bitter oder sauer vermitteln (s.S. 184), sind im Lebensmittel Verbindungen enthalten, die sein Aroma (international: Flavour) prägen. Nach heutigen Erkenntnissen befinden sich im Mund-Nasen-Raum spezielle Geruchsrezeptoren, an die solche Aromastoffe gebunden werden können und dadurch insgesamt den Aroma-Eindruck vermitteln. Unter anderen kennt man Verbindungstypen für die primären Geruchsnoten:

campherartig,	etherisch,
moschusartig,	stechend,
blumig,	faulig,
minzig.	

Obwohl man heute noch weit davon entfernt ist, den Geruch einer Substanz aus ihrer chemischen Struktur vorherzusagen, so hat man dennoch schon erkannt, daß der geometrische Aufbau eines Moleküls den Geruch der Substanz wesentlich beeinflußt, mehr als z.B. funktionelle Gruppen. So besitzen z.B. alle nachfolgend dargestellten Verbindungen den Geruch nach Sandelholz:

Aromastoffe sind stets mehr oder weniger flüchtige Komponenten, die bereits in außerordentlich geringen Konzentrationen wirksam sein können. Ihre Geruchsschwellenwerte, also die Konzentrationen, von denen an sie geruchlich wahrgenommen werden können, liegen im Bereich ppm oder ppb, manchmal sogar noch darunter.

Nur wenige Aromastoffe besitzen die Eigenschaft, das Aroma eines Lebensmittels allein wiederzugeben. Beispiele hierfür sind Vanillin (nach Vanille), Methyl-2-p-hydroxyphenylethylketon, das sog. „Himbeerketon" (nach Himbeeren), oder Anthranilsäuremethylester, den man in der Concord-Traube und in Mandarinen gefunden hat. Solche Verbindungen hat man auch als „character-impact-components" (s. Abb. 13.1) bezeichnet. Ihr Geruchs-

Tabelle 13.1. Geruchsschwellenwerte (ppb) einiger Aromastoffe

CH_3-S-CH_3	Dimethylsulfid	0,33
$CH_3-S-S-CH_3$	Dimethyldisulfid	12
$CH_3-S-CH_2-CH_2-CHO$	Methional	0,2
$CH_3-S-S-S-CH_3$	Dimethyltrisulfid	0,01
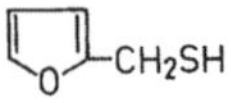 $\overset{\displaystyle\bigcirc}{_{O}}-CH_2SH$	Furfurylmercaptan	0,01
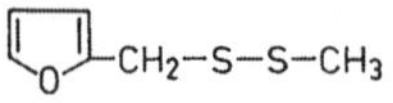 $\overset{\displaystyle\bigcirc}{_{O}}-CH_2-S-S-CH_3$	Furfurylmethyldisulfid	0,04

eindruck kann konzentrationsabhängig sein. Weitere „character-impact"-Substanzen sind Isopropylmethoxy-pyrazin, das nach rohen Kartoffeln riecht und 1-Octen-3-on, das den typischen Geruchseindruck nach Champignons vermittelt. 4-Hydroxy-2, 5-dimethyl-3(2 H)-furanon riecht nach erhitzter Ananas und wurde in ihr sowie in Erdbeeren entdeckt. Es ist als sogenanntes „Ananas-Furanon" bekannt geworden und entsteht auch bei der Maillard-Reaktion, findet sich somit also auch in Röstaromen. Es wird auch synthetisch erzeugt und unter der Bezeichnung Furaneol[R] gehandelt. Fruchtessenzen in Spuren zugesetzt kann es diese in ihrem Wert deutlich beeinflussen. – Sein Methoxyderivat hat man in wilden Erdbeeren nachgewiesen, während Nootkaton das geruchliche Prinzip der Grapefruit darstellt. Citral ist das geruchliche Prinzip des Zitronenöls. Geosmin kommt in der Roten Beete vor. Die Substanz wird von Streptomyces-Arten produziert und riecht nach frisch umgegrabener Erde.

In den weitaus meisten Fällen entsteht das Aroma eines Lebensmittels indes aus dem Zusammenwirken von jeweils mehr als 200 Aromastoffen, die als Einzelkomponenten selbst ganz andere Aromaeindrücke vermitteln. Der Aromaeindruck der einzelnen Komponenten ist dabei konzentrationsabhängig, So riecht α-Jonon nach Zedernholz, nach Verdünnen z.B. mit Alkohol dagegen nach Veilchen!

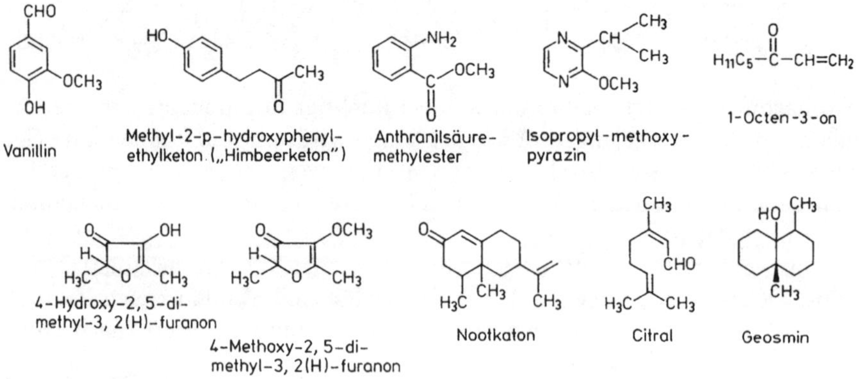

Abb. 13.1. „Character-impact-Komponenten" in Aromen

Eine Verbindung wird nun das Aroma eines Lebensmittels um so mehr beeinflussen, je kleiner ihr Geruchsschwellenwert ist. Dabei bezeichnet man als Aromawert den Quotienten aus Konzentration des Stoffes im Gemisch und seinem Geruchsschwellenwert. Dies ist aus Tabelle 13.2 ersichtlich. Demnach wird das Aroma von Kartoffelchips fast ausschließlich vom Methional geprägt, während 2-Nonenal geruchlich nur unwesentlich hervortreten dürfte.

Der Befund, daß der Geruch einer Substanz von ihrem geometrischen Aufbau abhängt, läßt auch bei Aromastoffen eine chirale Diskriminierung erwarten. In der Tat liefern die Enantiomeren[1] einer chiralen Verbindung unterschiedliche Geruchsnoten, wie in Tabelle 13.3 demonstriert wird. Während synthetische Verbindungen stets als Racemate vorliegen, wenn sie nicht einer enantioselektiven Synthese entstammen, liefern biologische Systeme eines der möglichen Enantiomere ausschließlich oder zumindest im Überschuß. Die Beispiele in Tabelle 13.3 zeigen, daß sowohl cis/trans Isomere[2] als auch Enantiomere nebeneinander vorliegen können. Solche Verbindungen können heute durch Verwendung spezieller, chiraler Phasen mittels Gaschromatographie zugeordnet werden. – Enantiomere Verbindungen unterscheiden sich in ihren physikalischen Eigenschaften mit Ausnahme der optischen Drehung kaum. Dagegen können in ihren physiologischen Eigenschaften, also auch in ihrem sensorischen Verhalten, große Unterschiede deutlich werden.

Tabelle 13.2. Einfluß der wichtigsten Aromastoffe von Kartoffelchips auf das Gesamtaroma

Verbindung	Konzentration (%)	Geruchsschwellen-wert (ppm in Öl)	Aromawert
Methional	2,0	0,2	1000000
Phenylacetaldehyd	18	22	8180
3-Methylbutanal	5	13	3850
2-Ethyl-3,6-dimethylpyrazin	7,4	24	2720
2-trans-4-trans-Decadienal	7,5	135	560
2-Ethyl-5-methylpyrazin	6,0	320	190
1-Penten-3-on	0,1	5,5	180
Hexanal	2,1	120	175
2-Methylpropanal	0,5	43	120
2-trans-Nonenal	1,5	150	100

---

[1]   Enantiomere Verbindungen enthalten ein asymmetrisches C-Atom und verhalten sich in ihrem Aufbau zueinander wie Bild zum Spiegelbild (vgl. die Formeln von D- und L-Glycerolaldehyd auf Seite 82. Anstatt der älteren Bezeichnung D und L verwendet man auch R und S. Dagegen werden stereoisomere Verbindungen, die nicht enantiomer zueinander sind, als Diastereomere bezeichnet (siehe hierzu die Formeln von Threose und Erythrose auf Seite 83.

[2]   E bzw. Z entsprechen den älteren Bezeichnungen trans und cis, mit denen die Stereochemie des Moleküls näher beschrieben wird.

Tabelle 13.3. Geruchsunterschiede enantiomerer Verbindungen

	α-Terpinol (Vorkommen: Pafümöle, Flieder) R(+): streng, blumig, süß, nach span. Flieder S(−): teerig, nach kalter Pfeife
	α-Ionon (Vorkommen: Himbeere) R(+): nach Veilchen, fruchtig, nach Himbeeren S(−): stark holzig, Himbeer-ähnlich
	E-Nerolidol[a] R(−): angenehm, holzig, warm, schimmelig S(+): ein wenig süß, mild, weich, blumig weniger intensiv als die Z-Form
	Z-Nerolidol (Vorkommen: äther. Öle) R(−): intensiv blumig, süß, frisch S(+): holzig, grün, nach frischer Baumrinde
	γ-Decalacton (Vorkommen: Fettabbauprodukt) R: stark fettig, süße Fruchtnote (Pfirsich) S: weich, süße Cocosnuß-Note mit fruchtig fettigen Tönen
	Whiskey-Lacton (Vorkommen: Whiskey, Weinbrand) 3R,4S(−) starke Cocosnuß-Note, etwas wie Sellerie 3S,4R(+) pikante Sellerienote, nach grüner Walnuß 3R,4R(+) süß holzig, starke Cocosnuß-Note 3S,4S(−) schwache Cocos-Note, erdig, nach Heu

[a]E bzw. Z entsprechen den Bezeichnungen trans und cis, mit der die Stereochemie der Moleküle näher beschrieben wird.

13.2
Prinzipien der Aromabildung in Gemüse und Obst

In **Gemüse** werden die Aromastoffe nicht selten erst bei der Verarbeitung gebildet. Durch Zerstörung der Zellstrukturen während der Zerkleinerung werden Enzyme freigesetzt, die ihrerseits die Aromastoffe aus geeigneten nichtflüchtigen Vorläufern (international: **Precursors**) freisetzen. Vorläufer sind u.a. Linol- und Linolensäure, Senfölglykoside und gewisse Cystein-S-oxide, aus denen die Aromastoffe freigesetzt werden. In Abb. 13.2 ist als Beispiel die enzymatische Oxidation von Linolensäure dargestellt, wie sie in Gurken und Tomaten abläuft. Über ihre 9- und 13-Hydroperoxide werden 3-cis-Hexenal und 3,6 (cis-cis)-Nonadienal freigesetzt. Eine nur in Gurken enthaltene cis/trans-Isomerase bewirkt die Differenzierung: Vor allem 2-trans-6-cis-Nonadienal ist der cha-

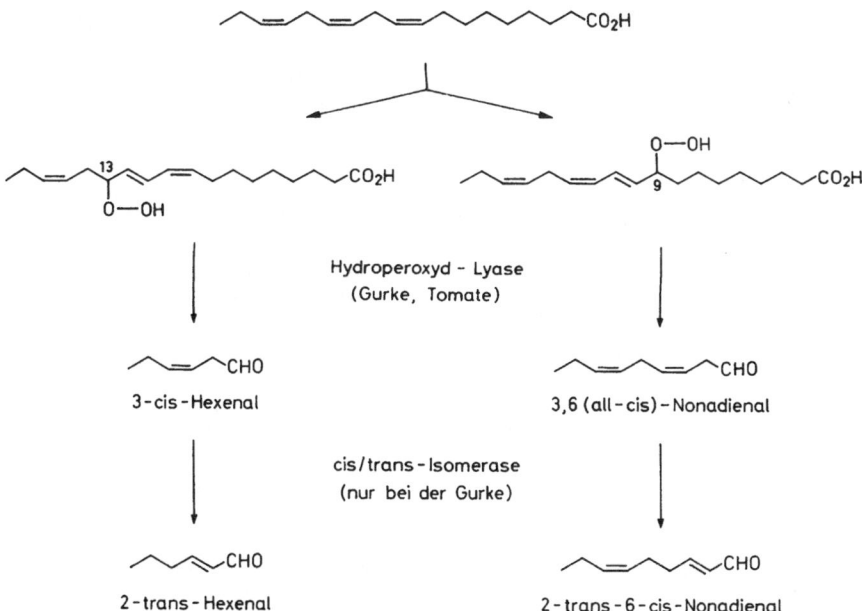

Abb. 13.2. Entstehung von Aromastoffen durch enzymatische Oxidation von Linolensäure in Gurken und Tomaten

rakteristische Aromastoff der frisch angeschnittenen Gurke! Aus der in beiden Früchten enthaltenen Linolsäure entsteht Hexanal und in der Gurke nach Isomerisierung trans-2-Nonenal. – Kocht man dagegen Gurken oder Tomaten vor dem Anschneiden auf, so werden diese charakteristischen Aromastoffe wegen Enzyminaktivierung nicht gebildet. – Auch das geruchliche Prinzip des grünen Apfels, das cis-2-Hexenal, dürfte einer derartigen Reaktion entstammen. – Ein Beispiel für die Spaltung von Senfölglykosiden durch Myrosinase findet man beim Senf (s. S. 44). Schließlich sei an Zwiebel- und Knoblaucharoma erinnert, die erst beim Zerschneiden der Zwiebel bzw. des Knoblauchs entstehen und auf einer Einwirkung des Enzyms Alliinase auf verschiedene S-Alkyl-Cystein-S-oxide beruhen (s. S. 411).

Ganz anders verläuft die Aroma-Bildung in **Früchten.** Während der Reifungsphase wird ihre Stoffwechsellage von anabolen auf katabole Mechanismen umgestellt. Wie in Tabelle 13.4 dargestellt, stehen hierfür spezielle Reaktionsmechanismen aus dem Stoffwechsel von Fetten, Kohlenhydraten, Aminosäuren, Terpenen und Zimtsäure-Derivaten (Kaffeesäure etc.) zur Verfügung. Je nach Bedeutung der genannten Stoffwechselwege entstehen nun in mengenmäßigen Abstufungen die einzelnen Aromastoffe. So finden wir in Citrusfrüchten und auch in Johannisbeeren besonders häufig Terpen-Abkömmlinge als Aromastoffe. In Himbeeren herrscht dagegen Acetaldehyd vor, der sowohl aus dem Kohlenhydrat-Stoffwechsel als auch aus dem Abbau von Carotinoiden stammen kann. Auf einen Carotin-Abbau bei der Aromaent-

Tabelle 13.4. Anabole und katabole Stoffwechselprodukte in Pflanzen

Anabole Produkte	Stoffwechsel/Substrat	Katabole Produkte
	Fett-Stoffwechsel	
Fette	Malonyl-Coenzym A	Aliphat. Alkohole, Säuren, Ester, Lactone, Carbonyl-Verbindungen
	Fettsäure-hydroperoxide	Ungesättigte Carbonyl-Verbindungen
	Kohlenhydrat-Stoffwechsel	
Stärke, Cellulose	Glucose	Alkohole, Säuren, Carbonyl-Verbindungen
	Terpen-Stoffwechsel	
Carotinoide, Steroide	Mevalonyl-Coenzym A	Mono-, Sesqui-, Diterpene
	Aminosäure-Stoffwechsel	
Proteine	z.B. Leucin, Isoleucin, Valin, Phenylalanin, Tyrosin	Methyl-verzweigte Alkohole, Säuren, Ester
	↓	
	Zimtsäure-Stoffwechsel	
Ligin Chlorogensäure ⎞⎠	Zimtsäure, p-Cumarsäure	Aromat. Alkohole, Säuren, Ester und Carbonyl-Verbindungen

wicklung in der Himbeere deutet übrigens auch das Vorkommen von α-und β-Jonon und von Damascenon hin (Abb. 13.3). Das auf Seite 286 erwähnte „Himbeerketon" (Methyl-2-p-hydroxyphenylethylketon) trägt wegen seiner geringen Flüchtigkeit dagegen nur wenig zum Himbeeraroma bei.

Bricht man die Aromastoff-Biosynthese der Früchte ab, indem man sie zerkleinert, so treten enzymatisch gesteuerte Oxidationen bzw. Hydrolysen ein, die auch schon gebildete Aromastoffe wieder verändern können. Daher sind die Aromen von Früchten und der aus ihnen gewonnenen Fruchtsäfte häufig unterschiedlich.

Fruchtaromen setzen sich meist aus 200 bis 400 verschiedenen Verbindungen zusammen. Die in ihnen gefundenen geradkettigen Säuren, Alkohole, Ester, Ketone, Aldehyde und Lactone entstammen zumeist Kohlenhydraten und Fetten. Dagegen werden methylverzweigte Alkohole, Säuren, Ester und Carbonyl-Verbindungen aus den Aminosäuren Leucin, Isoleucin und Valin gebildet. Ihre Entstehung verläuft analog zur Fuselölbildung bei der alkoholischen Gärung (s. S. 285). Aromatische Verbindungen haben die Aminosäuren Phenylalanin bzw. Tyrosin als Vorläufer bzw. werden unmittelbar

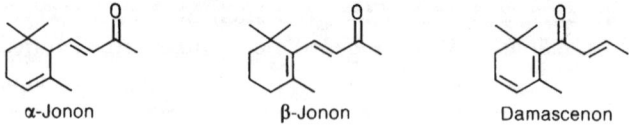

α-Jonon   β-Jonon   Damascenon

Abb. 13.3. Carotin-Abkömmlinge im Himbeeraroma

aus den Zimtsäure-Abkömmlingen aufgebaut. Terpenkohlenwasserstoffe, die entsprechenden Alkohole und Carbonyle entstehen über Mevalonsäure und Isopentenylpyrophosphat.

13.3
Hitzebedingte Aromabildung

Bei der Erhitzung von Lebensmitteln (Fleisch, Brot, Kaffee, Bier, Erdnüssen) färben sich diese braun, und gleichzeitig entweichen die charakteristisch riechenden Aromastoffe. Dieser Umsetzung liegt die Maillard-Reaktion zugrunde. Sie wird eingeleitet durch die Umsetzung reduzierender Kohlenhydrate mit Aminosäuren, wobei sich zunächst N-Glykoside bilden, die sich im Sinne einer Amadori-Umlagerung isomerisieren. Bei dieser Umwandlung treten Zersetzungen des Zucker-Restes auf, wobei in erster Linie Hydroxymethylfurfural sowie charakteristische α-Dicarbonyl-Verbindungen gebildet werden. Diese können unter weiteren Umsetzungen braune Melanoidine bilden („nichtenzymatische Bräunung"), die gerösteten bzw. erhitzten Lebensmitteln ihre charakteristische Farbe verleihen (s. S. 99). Die Maillard-Reaktion kann aber auch in der Kälte ablaufen, wobei die Reaktionsgeschwindigkeit natürlich sehr viel niedriger ist. Dennoch können in gelagerten Lebensmitteln Schäden durch Farbveränderungen und vor allem durch Bildung von Fehlaromen auftreten.

Precursoren für die Aromastoffbildung beim Erhitzen von Lebensmitteln sind meistens reduzierende Zucker und Aminosäuren. Wie auf Seite 99 ausführlich dargestellt, begünstigen Enolisierungen im Zuckermolekül die Abspaltung z.B. von Hydroxylgruppen (in Form von H_2O), wodurch Desoxyosone entstehen. Daraus können durch Keto-Enol-Tautomerie weitere Enole gebildet werden, die zu weiteren Dehydratisierungen führen bzw. die Spaltung der Zuckerkette vorwiegend durch Retro-Aldolspaltungen zu einer Reihe von α-Dicarbonylverbindungen begünstigen. Letztere können sich nun wiederum mit Aminosäuren im Sinne des Streckerschen Abbaues (s. Abb. 13.4) umsetzen. Hierbei entstehen neben Kohlendioxid und Aldehyden (jeweils dem sog. „Strecker-Aldehyd") auch α-Aminoketone, die schnell zu Pyrazinen kondensieren. Pyrazine riechen häufig nach gerösteten Lebensmitteln und werden immer im Aroma erhitzter oder gerösteter Produkte gefunden. Bei der Analyse aller Aromen werden aber stets auch solche Verbindungen gefunden, deren Beitrag zum Aroma gering ist bzw. ganz vernachlässigt werden kann (s. Aromawert auf S. 287).

In Abb. 13.5 sind die Strukturen einiger Pyrazine dargestellt. 2,5-Dimethyl-3-ethylpyrazin (I) riecht nach gebackenen Kartoffeln und ist auch einer ihrer Aromastoffe. Acetylpyrazin (II) besitzt charakteristischen Popcorn-Geruch. Es wurde zunächst in Sesam nachgewiesen, kommt aber auch im Aroma des Röstkaffees, Brotes und gebratenen Fleisches sowie in vielen anderen Aromen vor. 2-Methoxy-3-isobutylpyrazin (III) hat man im Aroma einer Paprikaart gefunden, was beweist, daß, Pyrazine nicht nur in erhitzten Lebensmitteln gebildet werden können. Methylacetylpyrazin (IV) riecht nach geröstetem Getreide,

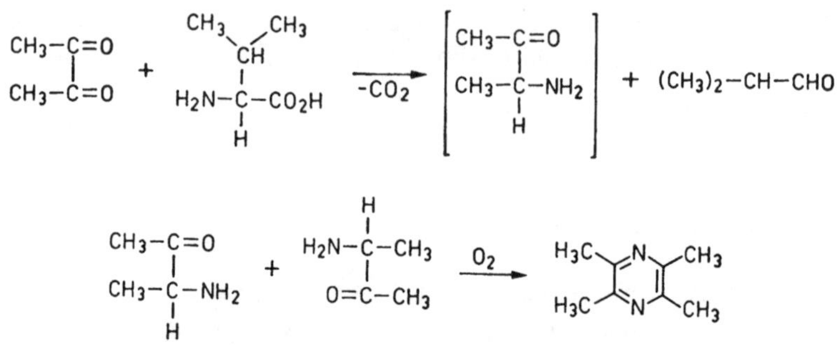

$$CH_3-C=O \atop CH_3-C=O \quad + \quad {CH_3 \atop CH} {CH_3 \atop} \atop H_2N-C-CO_2H \atop H \quad \xrightarrow{-CO_2} \quad \left[{CH_3-C=O \atop CH_3-C-NH_2 \atop H} \right] \quad + \quad (CH_3)_2-CH-CHO$$

$$CH_3-C=O \atop CH_3-C-NH_2 \atop H \quad + \quad {H \atop H_2N-C-CH_3 \atop O=C-CH_3} \quad \xrightarrow{O_2} \quad {H_3C \atop H_3C} \diagdown N \diagup {CH_3 \atop CH_3}$$

Abb. 13.4. Abbaureaktion nach Strecker zwischen Diacetyl und Valin

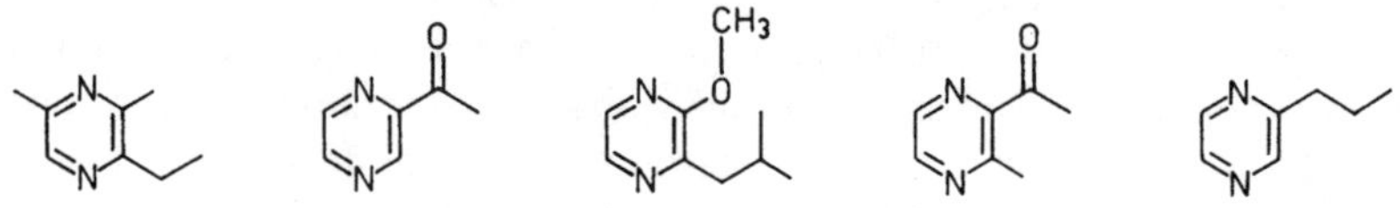

I   II   III   IV   V

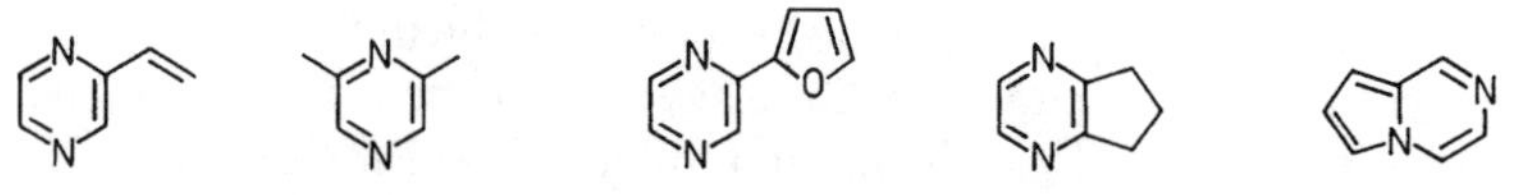

VI   VII   VIII   IX   X

Abb. 13.5. Strukturen einiger Pyrazine

n-Propylpyrazin (V) nach Gemüse, Vinylpyrazin (VI) nußartig. Es kommt im Kaffee- und Fleischaroma vor. 2, 6-Dimethylpyrazin (VII) hat man in Schokoladenaroma nachgewiesen, es besitzt „süßlichen" Geruch. Furylpyrazine (Typ VIII), Dihydrocyclopentapyrazine (Typ IX) und Pyrrolopyrazine (Typ X) hat man ebenfalls in vielen Röstaromen (gebratenes Fleisch, Röstkaffee) nachgewiesen. Insgesamt kennt man über 100 verschiedene Pyrazine in Lebensmittelaromen.

Neben Aminoketonen entstehen im erhitzten Lebensmittel weitere, außerordentlich reaktionsfähige Verbindungen, die sich nun miteinander umsetzen und so ihr außerordentlich vielfältiges Produktspektrum bedingen. Hinzu dürften vor allem bei Einwirkung höherer Temperaturen Pyrolyseprodukte von Lebensmittelinhaltsstoffen kommen, die ebenfalls sekundären Veränderungen unterliegen können. So hat man im Aroma des Röstkaffees über 600 Verbindungen nachweisen können, unter ihnen Benzol, Toluol, Pyridin, Pyrrol und Thiazol. Ähnlich verhält es sich bei Aromen anderer erhitzter Lebensmittel. Im gebratenen Fleisch und im Kakao wurden bisher jeweils mehr als 500 Verbindungen, im Bier über 250 und in gerösteten Erdnüssen bzw. in Weißbrot über 300 bzw. 200 definierte flüchtige Verbindungen nachgewiesen. – In Abbildung 13.6 sind als Beispiele hierzu die zahlreichen Reaktionswege des

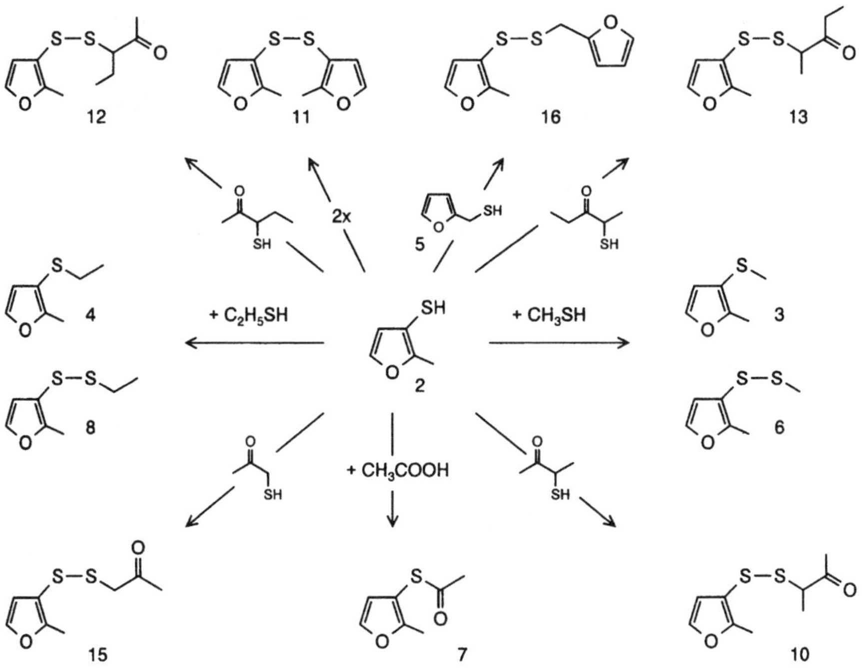

Abb. 13.6. Mit schwefelhaltigen Gruppen substituierte Furane in handelüblichen Fleischaromen. Es bedeuten: 2 = 2-Methyl-3-furanthiol; 3 = 2-Methyl-3-(methylthio)-furan; 4 = 2-Methyl-3-(ethylthio)-furan; 5 = Furfurylthiol; 6 = 2-Methyl-3-(methyldithio)-furan; 7 = 2-Methyl-3-furanthiol acetat; 8 = 2-Methyl-3-(ethyldithio)furan; 10 = 3-(2-Methyl-3-furyl)-dithio-2-butanon; 11 =Bis-(2-methyl-3-furyl)disulfid; 12 = 3-(2-methyl-3-furyl)-dithio-2-pentanon; 13 = 2-(2-methyl-3-furyl)-dithio-3-pentanon; 15 = 1-(2-Methyl-3-furyl)dithio-2-propanon; 16 = Furfuryl-2-methyl-3-furyl-disulfid

2-Methyl-3-furanthiols (2) in Fleischaromen dargestellt[3]. Obwohl hier fast nur die Redoxreaktionen von Mercaptanen verfolgt wurden, ist dennoch die Vielzahl von Verbindungen beeindruckend, zumal wenn man sie nebeneinander nachweisen kann. Es darf daher nicht verwundern, wenn Gaschromatogramme von Aroma-Gemischen zahlreiche peaks aufweisen und zu ihrer Trennung hochempfindliche Kapillarsäulen eingesetzt werden müssen.

Viele dieser Verbindungen besitzen heteroaromatische Grundstrukturen. Die wichtigsten (außer Pyrazinen) sind in Abb. 13.7 zusammengefaßt. Furane (Typ I) sind vorwiegend in 2- und 5-Stellung substituiert, sowohl durch Alkyl- oder Alkenyl- als auch durch Acylreste. Sie entstehen ebenso wie die Verbindungstypen II–X unmittelbar aus Zuckern: bei hohen Temperaturen (etwa 150–200°C) unter den Bedingungen der Karamelisierung, bei niedrigeren Temperaturen auch durch Maillard-Reaktion. Dabei wurden auch Furanyl-(II)

3   Ruther J, Baltes W (1994) Sulfur-containing Furans in commercial Meat Flavourings, J Agric Food Chem 42 : 2254–2259.

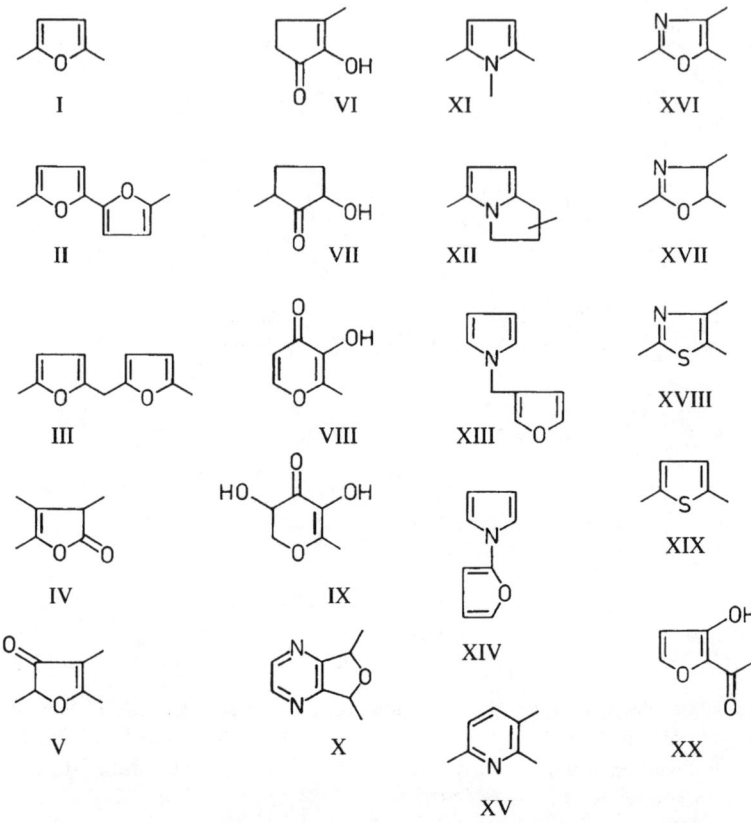

Abb. 13.7. Strukturen einiger wichtiger Heterocyclen in Aromastoffgemischen

und Furfurylfurane (III) nachgewiesen, Die Verbindungstypen IV und V stellen α- bzw. β-Furanone dar, die man nicht nur in thermischen Aromen (Brot, Kaffee, Popcorn, Fleischbrühe), sondern auch in anderen Aromen wie z.B. Rosinen und Soja nachgewiesen hat. Ihre Aromanoten liegen etwa bei süß-karamelartig, nach Brot oder Sherrywein. α-Furanone sind von ihrer Struktur her Lactone. Cycloten (VI) ist ein Produkt, das stets beim Erhitzen von Kohlenhydraten aller Art entsteht. Es hat karamelartiges Aroma (s. S. 297). Aus ihm entsteht das entsprechende Cyclopentanon (VII) wahrscheinlich über intermolekulare Redoxreaktionen, die im Rahmen der Maillardreaktion leicht ablaufen. Auch Maltol (VIII) und (seltener!) sein Isomerisierungsprodukt, das Isomaltol (XX), entstehen unmittelbar aus Zuckern, am besten aus 1,4-verbrückten Disacchariden (s. S. 99). Das in Modellreaktionen nachgewiesene Dimethyl-dihydrofuro [3, 4b]pyrazin (X) wird wahrscheinlich bei der Sekundärumsetzung von Methylglyoxal und 2, 5-Dimethyl-3(2H)-furanon mit Aminosäuren entstanden sein. – Pyrrolen (XI) haftet fast grundsätzlich eine brenzliche Aromanote an (daher ihr Name). Zu ihrer Entstehung sind meist Temperaturen über 150°C erforderlich, so daß man sie vorwiegend in Röstaromen, dagegen weniger in Kocharomen findet. Sie bilden sich durch Umsetzung der entsprechenden Furane mit Ammoniak oder neben Pyridinolen (Struktur XV, in 3-Stellung eine OH-Gruppe) aus 1- bzw. 3-Desoxyosonen. Ammoniak wird beim Erhitzen von Aminosäuren fast grundsätzlich freigesetzt, allerdings nur in geringen Konzentrationen. Pyrrolizine (XII) entstehen vorwiegend durch Erhitzen von Prolin mit Zuckern oder aus Serin und Threonin. Furfuryl- (XIII) und Furanylpyrrole (XIV) erfordern zu ihrer Entstehung die primäre Bildung von Furanbzw. Furfuralderivaten aus Zuckern. – Die 2-Acetylverbindungen von Pyrrolin (Grundstruktur XI, nur 1 Doppelbindung!), Pyridin (XV) und Tetrahydropyridin hat man unter den Aromastoffen des Brotes nachgewiesen. Oxazole (XVI) kommen zahlreich z.B. im Kakao- und Kaffeearoma vor. Häufig bilden sich auch Oxazoline (XVII) als Nebenprodukte des Streckerschen Abbaues, wenn der Streckeraldehyd nicht freigesetzt wird und stattdessen eine Cyclisierung eintritt. Das 2-Isopropyl-4, 5-diethyloxazolin riecht nach Kakao, Triethyloxazolin nach Karotten. – Das gebäckartig riechende 2-Acetylthiazolin hat man u.a. im Aroma von gekochten Kartoffeln und gebratener Leber gefunden. Alkylthiazole (Grundstruktur XVIII) riechen meist nach Kakao, Nüssen oder anderen gerösteten Lebensmitteln, weshalb man sie gern als künstliche Aromazusätze verwendet. Thiophene (XIX) kommen als Alkyl- bzw. Acylderivate häufig in Kaffee, Popcorn, Brot und Fleischaromen vor. Sie besitzen popcorn- und sesamartige Aromanoten. Ihre Precursoren sind offenbar Cystein und Ribose. Thiophene entstehen aber auch aus den Aromastoffen der Zwiebel beim Erhitzen. – Ein wichtiger Precursor für schwefelhaltige Aromastoffe ist auch Thiamin, das bisher nur als Vitamin B_1 behandelt wurde. So geht das charakteristische Aroma von gebratenem Schweinefleisch auf Thiamin zurück, das im Schweinemuskel in erheblich größeren Konzentrationen enthalten ist als z.B. im Rindfleisch.

Außerordentlich aromaintensiv sind vor allem schwefelhaltige Verbindungen, die letztlich aus den Aminosäuren Methionin und Cystein entstehen. So zersetzt sich Methionin in Milch schon bei Sonnenbestrahlung, wobei sein „Strecker-Aldehyd" Methional den unerwünschten „Sonnengeschmack" bewirkt. Weitere Abbauprodukte des Methionins und Cysteins sind in Abb. 13.8 dargestellt, während aus Cystein vornehmlich Schwefelwasserstoff entsteht. Alle genannten Verbindungen können sich weiter umsetzen, wobei viele von ihnen außerordentlich niedrige Schwellenwerte besitzen, also bereits in sehr kleinen Konzentrationen wesentlich zum Aroma beitragen. Dimethylmono-, -di- und -trisulfid findet man praktisch in jedem Röstaroma, zu dessen Entstehung auch Methionin beigetragen hat. Unmittelbare Umwandlungsprodukte sind nun neben Thiophenen vor allem 2, 4, 6-Trimethylthian (I), 3, 5-Dimethyltrithiolan (II) und 2, 4, 6-Trimethyldithiazin (III), die alle im Aroma von gebratenem Rindfleisch vorkommen. Trimethyltrithian ist das Trimere von Thioacetaldehyd. Dimethyltrithiolan bildet sich aus Acetaldehyd und Schwefelwasserstoff, während Trimethyldithiazin aus Acetaldehyd, H_2S und Ammoniak entsteht. Die Produkte IV und V, die man im Kakaoaroma ge-

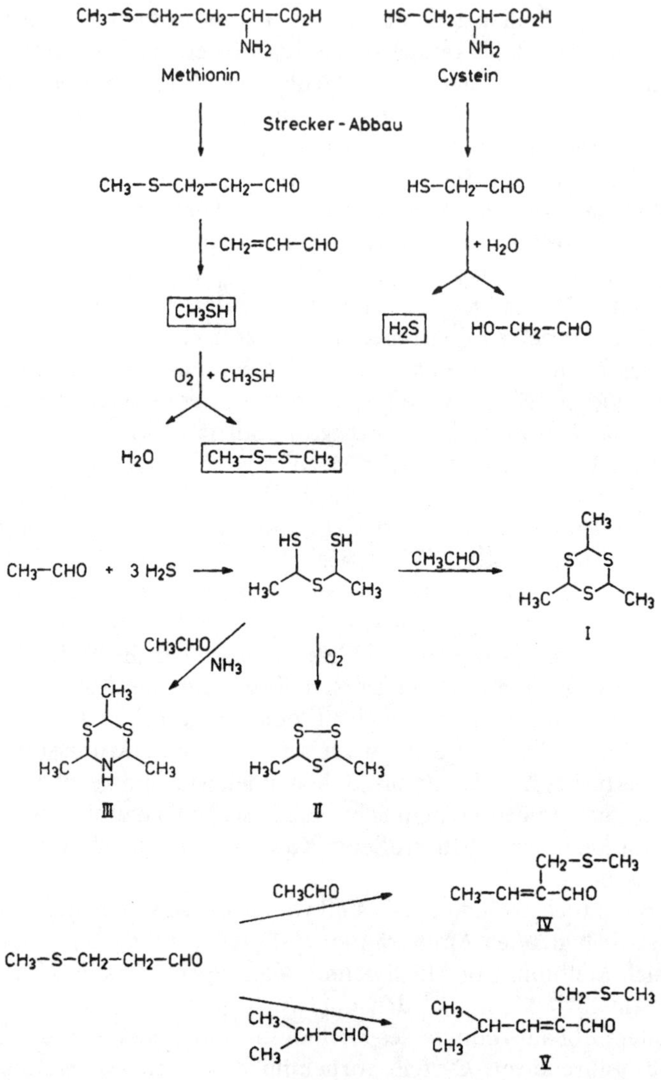

Abb. 13.8. Aus Methionin und Cystein entstandene Verbindungen in Fleischaromen

funden hat, lassen ihre Abstammung aus Methionin erahnen. So dürfte IV (2-(Methylmercaptomethyl)-crotonaldehyd) durch Aldolkondensation von Acetaldehyd mit Methional und V (2-(Methyl-mercaptomethyl)-isohexanal) durch Kondensation von Isobutyraldehyd (Streckeraldehyd des Valins) entstanden sein. Beide sind wichtige Aromastoffe des Kakao.

Schwefelhaltige Aromastoffe spielen vor allem im Röstkaffee- und Bratenfleischaroma eine wesentliche Rolle, die manchmal auch unterschwellig sein kann. So vermag Schwefelwasserstoff in Spuren Fleischaromen aufzufrischen,

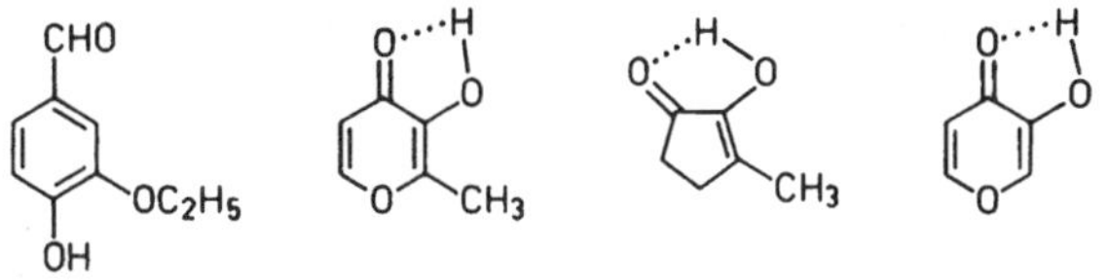

Abb. 13.9. Zum Karamel-Aroma

ohne selbst geruchlich hervor zu treten. In ähnlicher Weise trägt Dimethyl-sulfid zum Aroma von Erdnußbutter bei. Furfurylmercaptan besitzt einen recht charakteristischen Geruch nach Kaffee, während l-p-Menthen-8-thiol eine Charakter Impact Komponente der Grapfruit darstellt. Auch das Vorkom-men von 2-Iso-butylthiazol in der Tomate macht deutlch, daß auch in Obst und Gemüse schwefelhaltige Aromastoffe gebildet werden.

Unsere Kenntnisse über Struktur-Wirkungsbeziehungen sind auf dem Aro-masektor noch recht dürftig und basieren auf zufälligen Befunden. Erinnert sei hier an die Wirkungszunahme nach Ersatz einer Methyl-Gruppe durch den Ethyl-Rest im Maltol (s. S. 196). Eine derartige Wirkungsverstärkung hat sich auch beim Vanillin nachweisen lassen: 3-Ethoxy-4-hydroxybenzaldehyd (= „Ethylvanillin") wirkt 3 bis 4mal stärker aromatisch als die entspr. Methoxy-Verbindung (Vanillin). Interessante Beziehungen hat man auch beim Maltol nachweisen können (Abb. 13.9). Demnach ist die Gruppenfolge

$$CH_3 - \underset{|}{C} = C(OH) - \underset{|}{C} = O$$

essentiell für die Ausbildung des Karamel-Aromas, wobei das Molekül weitge-hend planar gebaut sein muß, um die Ausbildung einer Wasserstoffbrücke zwi-schen enolischer Hydroxyl-Gruppe und der Carbonyl-Funktion zu ermögli-chen. So besitzt auch Cycloten, das ebenfalls im Röstaroma vorkommt, Kara-melaroma. Ersatzlose Eliminierung der Methyl-Gruppe (→ Hydroxy-γ-pyron) führt hingegen zum Verlust dieser Aromaeigenschaften.

13.4
Fehlaromen in Lebensmitteln

Der Verbraucher erwartet, bei jedem Lebensmittel den ihm vertrauten Geruch anzutreffen. Umso empfindlicher wird er reagieren, wenn sich seine Erwar-tungen nicht erfüllen und er einen fremdartigen Geruch wahrnimmt. Die Ent-wicklung solcher Fehlaromen (international: Off-Flavours) kann verschiedene Gründe haben:

1. Chemikalien, die über Luft, Wasser oder Verpackungsmaterialien auf das Lebensmittel übertragen werden. Die bedeutendsten Verbindungen sind hier wohl die Chlorphenole und anisole, deren Geruchsschwellenwerte bis 10^{-5} ppb hinabreichen. Mono-, Di- bzw. Trichlorphenole entstehen spontan

Tabelle 13.5. Schwefelhaltige Charakter Impact-Verbindungen

Struktur	Name	Vorkommen
$H_3C-C\underset{\parallel}{\overset{}{}}\overset{N}{\underset{S}{}}$ O	2-Acetylthiazolin	Brot
H_3C S H_3C	Dimethylsulfid	Kohl
(Furan)—CH_2SH	Furfurylmercaptan	Kaffee
$H_3C-S-CH_2-CH_2-CHO$	Methional	Kartoffel
(Thiazol)	2-Isobutylthiazol	Tomate
(Menthen)—SH	1-p-Menthen-8-thiol	Grapefruit
(Oxathian) CH_3, H_7C_3	2-Methyl-4-propyl-1,3-oxathian	Passionsfrucht

bei Einwirkung von Chlor auf Phenole (I–IV), auch wenn die Reaktions-partner in geringen Konzentrationen z.B. in Wasser gelöst sind. Chloranisol wird als die Substanz diskutiert, die in Wein den unerwünschten Kork-geschmack erzeugt, zumal ihr Geruchsschwellenwert außerordentlich nied-rig liegt. Bezüglich seiner Entstehung wird angenommen, daß es bei der Chlorwäsche von Kork aus Lignin gebildet wird. Diskutiert wird auch eine Kontamination durch Chlorphenole (als Fungicide!). Da man auch Geos-min und 2-Methyl-i-borneol als Mitverursacher diskutiert, könnte eine Be-teiligung von Mikroorganismen erwogen werden. – Aus den USA wurde über Fremdgeruch nach Katzenurin in Gebäck bzw. in Fleischkonserven berichtet, die durch die Verbindung VI in Abb. 13.10 ausgelöst wurde. Diese Verbindung entsteht durch Reaktion von Mesityloxid (V) mit Schwefelwas-serstoff, wobei das Mesityloxid aus der Abluft einer benachbarten Kunst-harzfabrik stammte und so auf die Backwaren gelangte. Bei den Fleisch-konserven wurde Mesityloxid aus dem Lacküberzug in der Dose freige-setzt. Der Schwefelwasserstoff wurde beim Erhitzen des Gebäcks im Ofen bzw. aus dem Fleisch bei der Autoklavenbehandlung freigesetzt und setzte sich offenbar spontan um. Fehlgerüche können aber auch enstehen, wenn

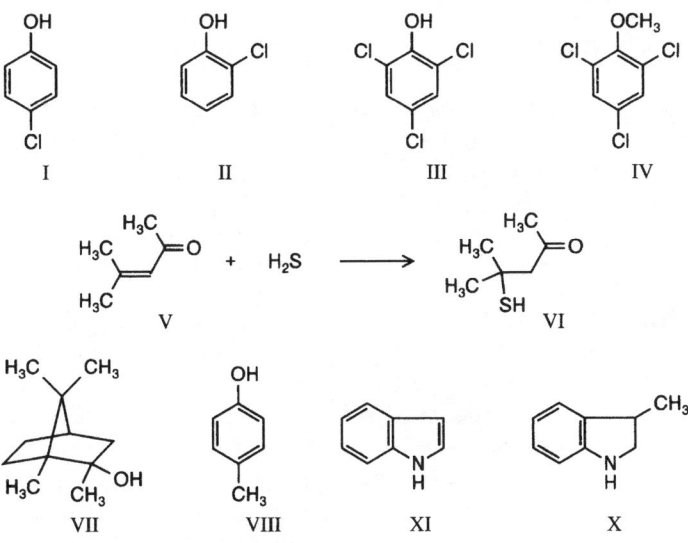

Abb. 13.10. Typische Erzeuger von Fehlaromen

Weichmacher aus Polyvinylchlorid (PVC) entweichen bzw. wenn Polystyrolbehälter vor Gebrauch nicht gründlich gedämpft worden waren, so daß restliche Monomere in das Lebensmittel gelangen konnten.

2. Natürlich kann auch der Befall eines Lebensmittels durch Mikroorganismen zu Fremdgerüchen führen, wobei die Freisetzung von NH_3 oder H_2S durch Verderb hier nicht angesprochen werden soll. Es ist aber bekannt, daß Algen und Actinomyceten häufig Geosmin (erdiger Geruch, s. S. 286) und 2-Methyl-i-borneol (VII) freisetzen, die dann auf das Lebensmittel übertragen werden können. Bei der bakteriell ausgelösten Kartoffelfäule werden p-Kresol (VIII), Indol (IX) und Skatol (Abb. 13.10, X) entwickelt, die Fäkalgeruch verbreiten. Der Geruchsschwellenwert liegt bei 2ppb. – Weinfehler und -krankheiten werden meist auch durch Mikroorganismen ausgelöst (s. hierzu Kap. 17).

3. Zahlreiche Fehlaromen werden auch durch chemische Veränderungen von Lebenmittelinhaltsstoffen ausgelöst. So entwickeln sich manchmal Fremdgerüche an getrockneten Leguminosen, die durch die in ihnen enthaltenen, noch aktiven Lipoxygenasen ausgelöst werden. Diese übertragen Sauerstoff auf die in Spuren enthaltene Linol- bzw. Linolensäure, womit die bekannten Autoxidationsmechanismen in Gang gesetzt werden (s. S. 289). Fremdaromen können auch durch direkte Einwirkung von Luftsauerstoff z.B. auf gewisse Terpene entstehen. Hierzu gehören die oxidative Umwandlung des Valencens in Nootkaton (s. S. 429) und die Entstehung talgig-rizinusähnlicher Noten nach Wasserdampfdestillation von Zitronenschalenölen (s. S. 429). Nicht zuletzt können Fehlaromen durch die Maillardreaktion ausgelöst werden (s. S. 99).

13.5
Aromen, Essenzen

Für die Zubereitung von Fertig- und Halbfertigerzeugnissen verwendet die Industrie verschiedene Arten von Aromen, die dem Lebensmittel einen besonderen Geruch und Geschmack verleihen. Grundsätzlich enthalten solche Aromen alle jene Stoffe, die zu einer Aromatisierung (z.B. nach Himbeeren) geeignet sind. Zur Bezeichnung der Aromen werden die verwendeten Aromastoffe als Kriterien herangezogen. Hier wird unterschieden zwischen

- **Natürlichen Aromastoffen,** die unter Heranziehung geeigneter physikalischer Verfahren wie Destillation oder Extraktion aus natürlichem Material gewonnen werden. Dabei gibt es Einschränkungen bzw. Verwendungsverbote, wenn jene natürlichen Ausgangsprodukte gewisse Stoffe mit toxikologischem (bzw. cancerogenem) Potential enthalten (z.B. Wacholderteeröl).
- **Naturidentische Aromastoffe** sind synthetischer Herkunft, jedoch den natürlichen Aromastoffen chemisch gleich. Da auch kleinste Verunreinigungen sensorisch wahrgenommen werden können, selbst wenn sie sich einem chemischen Nachweis bereits entziehen, kann man bei naturidentischen Aromastoffen von hohen Reinheitsgraden ausgehen.
- **Künstliche Aromastoffe** sind ebenfalls synthetischer Herkunft. Sie geben den Aromaeindruck z.B. einer bestimmten Frucht exakt wieder, kommen indes in der Natur nicht vor. Es versteht sich von selbst, daß diese Verbindungen nicht toxisch sind. Sie sind billiger als naturidentische Verbindungen und werden z.B. zur Aromatisierung von Brausen, Speiseeis, Backwaren und Kaugummi eingesetzt. Beispiele hierfür ist Ethylvanillin (s. Abb. 13.9). Die Aromenverordnung nennt daneben eine Reihe von künstlichen Aromastoffen (z.B. Vanillinacetat, Anisylaceton, 6-Methylcumarin), deren Verwendung als Zusatzstoffe gewissen Mengenbeschränkungen unterworfen ist.
- **Aromaextrakte und Essenzen** werden aus Ausgangsstoffen pflanzlicher oder tierischer Herkunft durch physikalische Isolierungsverfahren (Destillation bzw. Extraktion mit Lösungsmitteln) gewonnen und meist in konzentrierter Form angeboten. Ein Verschnitt mit natürlichen oder naturidentischen Aromastoffen ist üblich.
- **Reaktionsaromen** werden vor allem als Bratenfleischaromen angeboten und dienen zum Ansetzen von Bratensoßen. Sie werden durch Umsetzung von reduzierenden Kohlenhydraten mit Aminosäuren (s. Maillard-Reaktion), Fetten bzw. Fettsäuren, in der Regel schwefelhaltigen Aminosäuren und weiteren Reaktionspartnern in der Hitze hergestellt. Häufig werden sie dann mit Glutamat und 5'-Inosinmonophosphat (s. S. 196) versetzt, die als Geschmacksverstärker bzw. Synergisten wirksam sind.
- **Raucharomen** werden ähnlich wie Räucherrauch hergestellt. Allerdings werden sie in solchen Raucherzeugern hergestellt, die polyaromatische cancerogene Verbindungen weitgehend eliminieren. Diese Aromen werden in konzentrierter Form in den Handel gebracht und zum Räuchern der Ware verdampft.

Für die Herstellung von Aromen bzw. Aromaextrakten können bestimmte Lösungsmittel wie Glycerolacetat (Glycerinacetat), Ethylcitrat, Benzylalkohol und 1,2-Propylenglykol verwendet werden. Außerdem sind bestimmte Trägerstoffe wie Alginate, Carragen und andere Verdickungsmittel zugelassen. Da bei der Herstellung von Aromaextrakten bestimmte, toxikologisch nicht unbedenkliche Verbindungen mit extrahiert werden (z.B. Blausäure), wurden hierfür Höchstmengen, bezogen auf das verzehrsfertige Lebensmittel, festgesetzt.

In der EG wird derzeit eine neue Aromen-Richtlinie vorbereitet, die alle Erzeugnisse nach den in ihnen enthaltenen Aromastoffen im Sinne einer Positivliste bewertet.[4] Die Deutsche Aromen-Verordnung arbeitet dagegen sowohl mit Positiv- als auch Negativlisten. In den USA sind alle diejenigen Verbindungen als Aromastoffe zugelassen, die auf einer speziellen GRAS-Liste (generally recognized as safe) aufgeführt sind.

Grundsätzlich muß angemerkt werden, daß jeder Hersteller von Lebensmittelaromen sein eigenes „know-how" für die Herstellung seiner Produkte einsetzt, dessen Geheimnis ähnlich wie in der Parfümerie sorgsam gehütet wird.

---

[4]   Verordnung EG Nr. 2232/96 des Europäischen Parlaments und des Rates zur Festlegung eines Gemeinschaftsverfahrens für Aromastoffe, die in oder auf Lebensmitteln verwendet werden oder verwendet werden sollen vom 28.10.1996, Abl. Nr. L 299/1.

14 Speisefette

Fette sind nicht nur wichtige Energielieferanten, sondern spielen auch eine wesentliche Rolle bei Konsistenz, Wasserretention, Farbe und Geschmack unserer Nahrungsmittel. In erhitztem Zustand dienen sie der Wärmeübertragung und reagieren nicht zuletzt selber als Aromabildner. Veränderte Ernährungsgewohnheiten haben zu höheren Qualitätsansprüchen und speziellen Anforderungen in Bezug auf ihre Zusammensetzung und damit ihre Eigenschaften geführt. Während im Haushalt nach wie vor Margarine und Butter dominieren, fordern Lebensmittelindustrie, Catering-Bereich und Bäckereien speziell zusammengesetzte Fette: Siedefette und Spezialmargarinen sowie Pflanzenöle.

Speisefette werden heute fast ausschließlich großindustriell hergestellt, da nur die Großindustrie die Möglichkeit besitzt, Fettkompositionen den Wünschen der Kunden entsprechend herzustellen. In der Bundesrepublik Deutschland liegt der pro-Kopf-Verbrauch an „sichtbaren" Fetten bei etwa 25 kg im Jahr. Die gleiche Menge „unsichtbarer" Fette wird in Käse, Fleisch, Wurst, Salaten usw. verzehrt.

14.1
Gewinnung von Pflanzenfetten

Die Erkennung des Cholesterins als Risikofaktor für die menschliche Ernährung hat seit 30 Jahren zu einer starken Zunahme der Nachfrage nach pflanzlichen Fetten geführt. Deshalb sind tierische Fette (Ausnahme: Butter) in der Bundesrepublik Deutschland nur noch von relativ geringer Bedeutung für die menschliche Ernährung.

Die weitaus meisten Ölsaaten werden importiert. Aus ihnen gewinnt man das Fett mit kontinuierlich arbeitenden Schneckenpressen und anschließender Extraktion im Gegenstromverfahren mit Benzin oder Trichlorethylen. Weniger wertvolle Öle werden durch alleiniges Extrahieren aus den zerkleinerten Früchten gewonnen. Besondere Bedeutung wegen ihrer Qualität besitzen „kalt geschlagene Öle", die ohne Anwendung höherer Temperaturen aus den Ölfrüchten gepreßt wurden. In der Gesamtmenge der Fette sind sie indes von untergeordneter Bedeutung. Abbildung 14.1a zeigt das Schnittbild einer kontinuierlichen Schneckenpresse sowie das einer Extraktionsanlage.

Die gewonnenen Öle sind häufig farbig, besitzen einen wenig attraktiven Geruch und können Schleimstoffe und unlösliche Beimengungen suspendiert

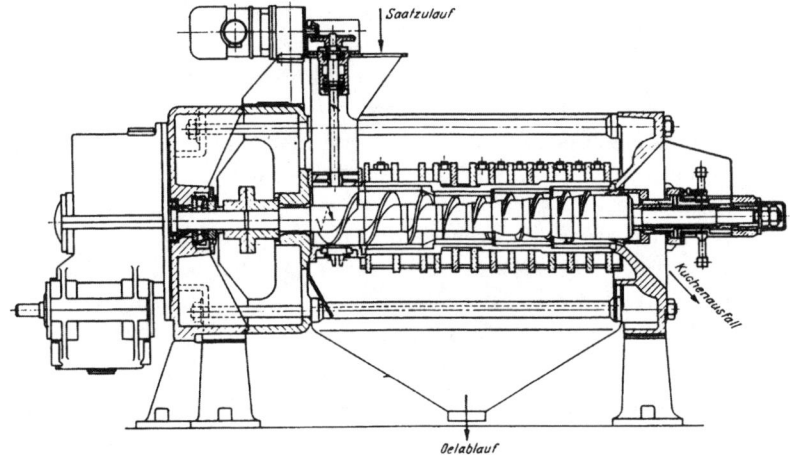

Abb. 14.1a. Kontinuierliche Schneckenpresse, zum Vorpressen eingesetzt (**Fried. Krupp Harburger Eisen- und Bronzewerke AG**), Aus: Handbuch der Lebensmittelchemie Bd. IV, S. 195

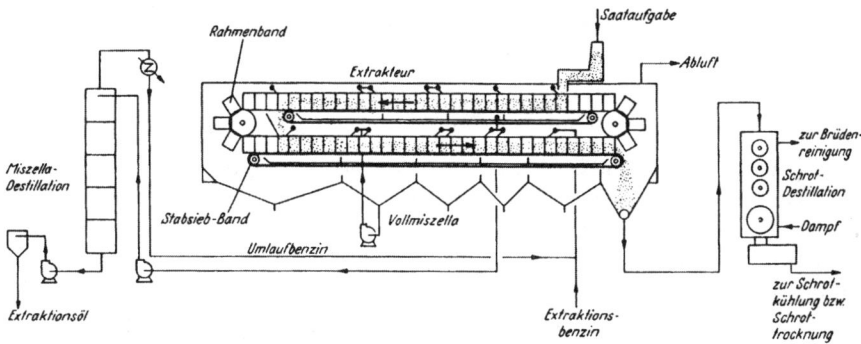

Abb. 14.1b. Kontinuierliche Lösungsmittel-Extraktion von Ölsaaten nach Lurgi. Aus: Handbuch der Lebensmittelchemie, Bd. IV, S. 202

enthalten. Sie werden dann der **Raffination** unterworfen, die sich aus folgenden Einzelschritten zusammensetzt:

1. Zur **Entschleimung** setzt man wäßrige Salz- oder Säurelösungen (z.B. Phosphorsäure) zu und zentrifugiert im Separator. Dieser Schritt ist z.B. bei phosphatidreichen Ölen (Soja, Raps) zur Abscheidung des Lecithins wichtig, das nach Reinigung u.a. in der Margarineproduktion Verwendung findet.
2. Die **Entsäuerung** dient der Entfernung freier, ungebundener Fettsäuren. Dies geschieht durch Einsprühen schwacher Alkalilösungen und Abscheidung des „Seifenstocks".
3. Zur **Entfärbung (Bleichung)** werden die erhitzten Fette mit Bleicherden (z.B. Bentonit, Floridaerde) versprüht und diese anschließend durch Zen-

trifugieren abgeschieden. Bei diesem Schritt können die in ungesättigten Fettsäuren vorliegenden isolierten Doppelbindungen zu konjugierten Systemen isomerisieren, deren Nachweis man zur Erkennung eines raffinierten Fettes anwenden kann.

4. Zur **Desodorisierung** der Fette werden geruchlich aktive Carbonyl-Verbindungen mittels Wasserdampf-Destillation bei reduziertem Druck übergetrieben.

5. Vorwiegend als Speiseöl vorgesehene Produkte werden zusätzlich einige Zeit auf geeignete Temperaturen abgekühlt („Winterisierung"), wobei sich dann einige Triglyceride oder auch Pflanzenwachse (z.B. aus Sonnenblumenöl) abscheiden. Man verhindert auf diese Weise Trübungen in Speiseöl nach Auslieferung an den Handel.

Eine derart durchgeführte Raffination liefert für die menschliche Ernährung einwandfreie Speisefette. Durch Modifizierung von Teilschritten ist man dabei heute in der Lage, einzelne erwünschte Fettbegleitstoffe – wie β-Carotin oder Tocopherole – im Fett zu erhalten.

Die wichtigsten für die einheimische Fettproduktion verwendeten Ölsaaten sind:

Baumwollsaatöl. Es stellt ein Nebenprodukt des Baumwollanbaues dar. Die vier bis fünf Millimeter breiten Samenkörner enthalten etwa 15% Öl, dessen Fettsäuren zu 75% ungesättigt sind. Nach Härtung bzw. Umesterung wird es für die Margarineproduktion eingesetzt.

Cocosfett ist im Kernfleisch der Kokosnuß, das in den Anbauländern getrocknet und als Kopra exportiert wird, enthalten. Das aus 90% gesättigten Fettsäuren bestehende Fett besitzt eine relativ hohe Schmelzwärme. Daher kann man bei Süßwaren durch Zusatz von Cocosfett einen erwünschten Kühleffekt auf der Zunge erreichen. Cocosfett ist relativ leicht verseifbar. Die in ihm enthaltenen niederkettigen Fettsäuren bewirken dann einen Seifengeschmack. Seinem hohen Laurinsäure-Gehalt (48%) verdankt es die Zugehörigkeit zur Gruppe der sog. „Laurics".

Erdnußöl ist ein schwach gelbes, mild riechendes Öl, das wegen seiner wenigen Begleitstoffe einen der besten Margarinegrundstoffe darstellt. Es enthält über 80% ungesättigte Fettsäuren, davon bis zu 35% Linolsäure. Charakteristisch ist sein Gehalt an Arachin-, Behen- und Lignocerinsäure, den man zur analytischen Erkennung von Erdnußöl ausnutzt.

Erdnüsse enthalten 25 bis über 50% Fett, wobei um so höhere Fettgehalte gefunden werden, je heißer das Klima am Anbauort ist.

Olivenöl wird aus Fruchtfleisch und Kern der im Mittelmeerraum gedeihenden Oliven gewonnen. Es enthält fast 80% Ölsäure. Das Öl aus Fleisch und Kern unterscheidet sich nicht.

Palmöl wird aus den Früchten der Palme **Eleis guineensis** gewonnen, die in tropischen Ländern wächst (Kongo, Indonesien). Die auf Fruchtständen angeordneten olivenartigen, roten Früchte besitzen Ölgehalte von 30–70%. Da die Früchte wenig haltbar sind, wird das Öl bereits im Erzeugerland gewonnen. Rohes Palmöl stellt ein schmalzartiges Fett dar, das durch hohen Carotin-Gehalt tiefgelb ist. Es ist heute ebenfalls ein gesuchtes Speisefett für die Margarineproduktion.

Palmkernfett ist ein Nebenprodukt des Palmöls und wird aus den in den Palmfrüchten enthaltenen Kernen gewonnen. Es ist ein rein weißes Fett von neutralem Geruch und Geschmack, das sehr dem Cocosfett ähnelt. Es gehört ebenfalls zur Gruppe der „Laurics" (Laurinsäure: 49%).

Raps- und Rübsenöl ist in hydrierter Form ein Hartfett für die Margarineproduktion. Es wird aus Brassica-Arten gewonnen und liefert ein bräunliches Öl von stechendem Geruch, der durch seinen Gehalt an Allylsenföl und anderen Senfölen bewirkt wird. Dieses Öl enthielt früher bis zu 50% Erucasäure. Durch züchterische Maßnahmen hat man ihren Anteil auf unter 3% gesenkt (s. S. 56).

Safloröl wird aus der Färberdistel des alten Ägyptens gewonnen, die heute an der Westküste der USA angebaut wird. Die bis zu einem Meter hohen Pflanzen besitzen sonnenblumenähnliche Blüten, deren Samen außerordentlich linolsäurereiche Fette enthalten.

Sojaöl ist einer der wichtigsten Margarinegrundstoffe unserer Zeit. Neben 35% Eiweiß enthält die Sojabohne 2–4% Lecithin und 13–26% Fett mit Linolsäuregehalten bis über 50%.

Sanddornöl. Fruchtfleisch- bzw. Samenöle werden gewonnen, indem man das Fruchtfleisch bzw. die Kerne von Sanddornfrüchten auspreßt oder sie extrahiert. Die Fettsäuren im Öl (Ausbeute ca 4%) sind zu etwa 50% ungesättigt. Wegen der hohen β-Carotingehalte sind sie mehr oder weniger rot gefärbt. Auffällig sind die hohen Ascorbinsäure-Gehalte.

Das Öl der im gesamten eurasischen Raum beheimateten Pflanzen spielt eine große Rolle in der chinesischen Volksmedizin, wo es als entzündungshemmendes Stärkungsmittel eingesetzt wird. Angeblich soll es auch gegen Strahlungsschäden wirksam sein, weshalb es vor allem als Arznei oder zur Bereitung von Kosmetika verwendet wird. Derzeit laufen zahlreiche Forschungsprojekte über die Wirkung von Sanddornöl, vorwiegend in Rußland und China.

Sesamöl wird aus *Sesamum indicum* gewonnen, das hauptsächlich in China, Indien, Korea und der Türkei angebaut wird. Das Öl enthält 40 – 48% Linolsäure, 8 – 10% Palmitinsäure und 3 – 6% Stearinsäure. Es ist auf Grund seiner hohen Gehalte an Antioxidantien (Tocopherole, Sesamol) recht beständig gegen Oxidation. Es dient als Speiseöl und zur Margarineproduktion. Die gerösteten Sesam-Samen werden zum Aromatisieren von Backwaren verwendet, im Gemisch mit Zucker entsteht **Türkischer Honig**. Über weitere Eigenschaften von Sesam siehe Seite 68.

Getreidekeimöle (Mais-, Weizenkeimöl) werden durch Auspressen bzw. Extrahieren der Keimlinge gewonnen. Diese Öle sind wegen ihrer hohen Tocopherolgehalte diätetisch wertvoll. Vor allem Weizenkeimöl enthält bis zu 1,7 g Tocopherol/kg Öl.

Tabelle 14.1. Eigenschaften einiger Nahrungsfette

	Baumwoll-saatöl	Cocosfett	Erdnußöl	Olivenöl	Palmkern-fett	Palmöl	Rapsöl	Saflöröl	Sojaöl	Sonnen-blumenöl
Erstarrungs-punkt(°C)	< 0	22–23	9–11	< 0	20–24	27–31	< 0	< 0	< 0	< 0
Verseifungszahl	190–200	250–264	188–195	186–196	245–255	195–205	185–195	175–195	189–195	186–194
Jodzahl	100–120	7,5–12	84–102	76–90	14–24	35–61	105–120	126–152	117–140	113–143
Capronsäure (%)	–	bis 0,8	–	–	bis 0,2	–	–	–	–	–
Caprylsäure (%)	–	7,8–9,5	–	–	2,7–4,3	–	–	–	–	–
Caprinsäure (%)	–	4,5–9,7	–	–	3,0–7,0	–	–	–	–	–
Laurinsäure (%)	–	44–51	–	–	47–52	–	–	–	–	–
Myristinsäure (%)	2	13–18,5	bis 0,5	bis 1,3	14–17,5	0,6–2,4	–	–	bis 0,4	–
Palmitinsäure (%)	15–30	7,5–10,5	6–11,4	7–16	6,5–8,8	32–45	3–5	4	2,3–10,6	3,5–6,5
Stearinsäure (%)	2–6	1–3	3–6	1,4–3,3	1–2,5	4–6,3	1–3	1,5	2,4–6	1,3–3
Ölsäure (%)	20–25	5–8	42–61	64–84	10,5–18,5	38–53	55–65	14–24	23,5–30,8	14–43
Linolsäure (%)	45–55	1,0–2,6	13–33,5	4–15	0,7–1,3	6–12	20–30	63–79	49–51,5	44–68
Linolensäure (%)	bis 1	–	–	–	–	–	7–12	bis 5	2–10,5	–
Arachinsäure (%)	–	–	5–7,3	–	–	–	–	0,5	bis 0,5	0,5–4
Erucasäure (%)	–	–	–	–	–	–	bis 2	–	–	–

In Tabelle 14.1 sind einige Eigenschaften dieser Nahrungsfette zusammen-gestellt. Man erkennt die ähnliche Zusammensetzung der „Laurics" Cocos-und Palmkernfett. Die Verschiebung ihres Fettsäurespektrums zu kürzeren Kettenlängen bedingt vor allem eine Erhöhung ihrer Verseifungszahlen. Jod-zahlen über 100 lassen dagegen das Vorkommen von mehrfach ungesättigten Fettsäuren erkennen.

14.2
Gewinnung tierischer Fette

Vor allem die Depotfette von Schwein und Rind werden auch als Nahrungs-fette verwendet. Durch Ausschmelzen der Bauchwandfette vom Schwein wird Schweineschmalz, aus dem Netzfett der Bauchhöhle des Rinds Talg gewonnen. Diese Fette sind ursprünglich geruchlos, fallen aber nach dem Schlachten alsbald dem Angriff von Bakterien anheim, was sich durch unerwünschten Geruch und chemisch durch Erhöhung des Anteils an freien Fettsäuren äußert. Es ist daher wichtig, diese Fettpartien unmittelbar nach der Schlachtung weiter zu verarbeiten oder sie zumindest kühl zu lagern. Das Ausschmelzen dieser Fette geschieht heute fast ausnahmslos durch Behandeln mit Wasserdampf, um sie vor Abbau zu schützen. Beim „trockenen" Ausschmelzen z.B. in der Bratpfanne werden sie nämlich nachweislich (durch Erhöhung der Peroxid-zahlen feststellbar) oxidativ geschädigt, was ihre Lagerfähigkeit stark begrenzt. Es versteht sich fast von selbst, daß minderwertige Fette (z.B. Darmabputz-fette) ohnehin schneller verderben als die oben genannten Partien aus der Bauchhöhle der Tiere.

Abbildung 14.2 zeigt schematisch die Gewinnung von Schweineschmalz.

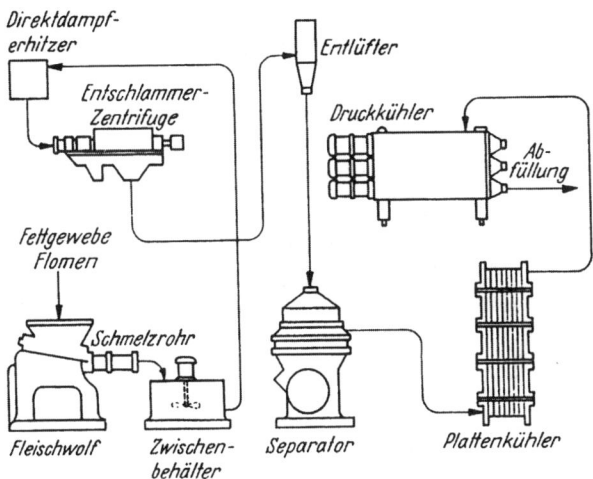

Abb. 14.2. Apparateschema einer **De Laval Centriflow**-Schmelz- und Fettkühlanlage. Aus: Handbuch der Lebensmittelchemie. Bd. IV. S. 220

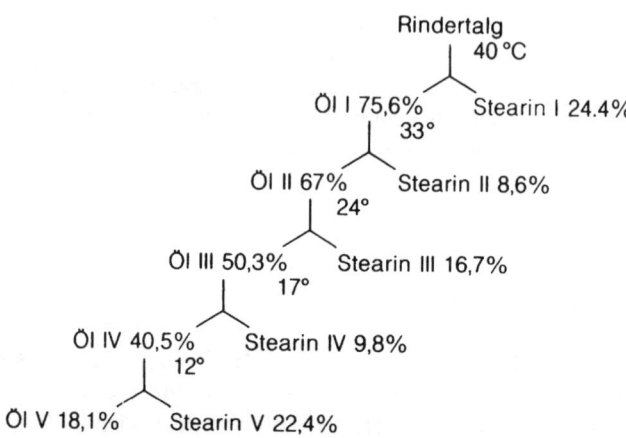

Abb. 14.3. Schema und Resultate der fraktionierten Kristallisation von Talg. Aus: Handbuch der Lebensmittelchemie, Bd. IV, S. 243

Demnach wird das Fettgewebe des Schweins zunächst zerkleinert und dann mit Wasserdampf bei 70–100°C, bei manchen Verfahren sogar nur wenige Grade über dem Schmelzpunkt ausgeschmolzen. Das flüssige Schmalzöl wird im Separator von Grieben getrennt und durch eine plötzliche, schnelle Kühlung in ein rein weißes und festes Produkt verwandelt.

Rindertalg wird in ähnlicher Weise hergestellt. Aus dem geschmolzenen, von Grieben befreiten Produkt können dann durch stufenweises Auskristallisieren von Stearin spezielle Produkte mit gewünschten Schmelzpunkten gewonnen werden. So stellt man aus Rinderfeintalg (Premierjus) das Oleomargarin (Schmp. 30–34°C) und Preßtalg (Schmp. 50–56°C) her.

Für die Margarine-Industrie ist davon besonders das Oleo margarin interessant. Diese fraktionierte Kristallisation ist in dem nachfolgenden Schema (nach Gander) gezeigt (Abb. 14.3).

Tierische Fette dürfen normalerweise nicht raffiniert werden, womit man Verfälschungen durch aus Kadavern gewonnenen Fetten vorbeugen will. Hammeltalg dürfte ausschließlich der Seifenfabrikation zugeführt werden.

Gänseschmalz wird aus Gründen einer besseren Konsistenz nicht selten mit Schweineschmalz versetzt. Dieses ist kenntlich zu machen.

Gewisse Bedeutung hatten früher auch Wal- und Robbenöl sowie Fischöle; heute sind sie fast ohne Bedeutung. Eine Ausnahme stellen lediglich Fischleberöle aus Dorsch, Kabeljau und Heilbutt wegen ihrer hohen Gehalte an Vitamin A und D dar. Aus ihnen wird z.B. Lebertran hergestellt. Dazu werden die Lebern zerkleinert und kurzzeitig bei 2 bar mit Dampf behandelt, wobei sie sich etwa auf 60°C erwärmen. Nach Druckentlastung zerplatzen die Leberzellen, und das ausfließende Öl wird separiert.

In Tabelle 14.2 sind die hauptsächlichen Fettsäuren einiger tierischer Depotfette angegeben. Gegenüber den Pflanzenfetten (s. Tabelle 14.1) fallen die

Tabelle 14.2. Eigenschaften der Depotfette von Schwein, Rind, Gans und Schaf

	Schwein	Rind	Gans	Schaf
Verseifungszahl	193–202	190–202	184–198	192–198
Jodzahl	46–70	32–48	59–81	31–47
Schmelzpunkt ($^\circ$C)	28–40	40–50	32–34	44–55
Myristinsäure (%)	0,9–2,1	3–6	0,2–0,6	2–5
Palmitinsäure (%)	22,4–31	25–37	19–24,5	23–30
Stearinsäure (%)	16,5–23,7	14–29	5,7–7,8	15–31
Ölsäure (%)	38,3–44,4	26–50	50–64	36–56
Linolsäure (%)	4,5–8,8	1–2,5	0–15	3–5

höheren Palmitinsäure- (Ausnahme: Palmöl) und vor allem Stearinsäurege-
halte auf. Aber auch in tierischen Fetten dominiert die Ölsäure. Schweine-
und Gänsefett enthalten außerdem deutlich meßbare Gehalte an Arachidonsäure. Vor allem beim Schwein ist der Zusammenhang zwischen Depotfett-
Zusammensetzung und Fütterung sichtbar.

14.3
Butter

Butter ist die aus Milch oder Sahne gewonnene, feste Fett-Wasser-Emulsion. Sie
besteht aus mindestens 82% Fett und enthält höchstens 16% Wasser. Zusätze
wie chemische Farbstoffe, Dickungsmittel oder Fremdfette sind verboten.

Nach dem Herstellungsverfahren unterscheidet man zwischen Sauerrahm
und Süßrahmbutter. In jedem Falle muß durch die Prozeßführung eine Phasenumkehr in einer schon vorliegenden Emulsion erreicht werden. In Milch
oder Rahm liegt das Fett nämlich in Form feiner Tröpfchen suspendiert in der
wäßrigen Molke vor (Emulsionstyp: „Fett in Wasser"), die durch anhaftende
Phosphatide und Protein stabilisiert sind. In der fertigen Butter finden wir dagegen den Emulsionstyp „Wasser in Fett". Man erreicht diese Phasenumkehr
1. durch Säuerung mit Milchsäure-Bakterien. Hierzu wird pasteurisierter
   Rahm bei 12° bis 15°C (Kaltsäuerung) oder 15° bis 20°C (Warmsäuerung)
   mit entsprechenden Kulturen (Streptococcus lactis, S. cremoris, S. citrovorum) versetzt. Damit soll nicht nur eine Absenkung des pH-Wertes, sondern
   auch eine Aromatisierung durch mikrobiell erzeugte Aromastoffe (z.B. Diacetyl) erreicht werden. Infolge der Säuerung wird nun der isoelektrische
   Punkt des Milchproteins durchlaufen, so daß die Eiweißhülle bricht. Die
   Fett-Tröpfchen können sich dann durch Rotieren und Stürzen der Flüssigkeit im Butterfertiger vereinigen, womit Butter als feste Phase ausgeschieden
   wird. Nach Ablassen der Buttermilch und Waschen der Butter mit Wasser
   wird geknetet und abgepackt ($\rightarrow$ Sauerrahmbutter).
2. Zur Herstellung von Süßrahmbutter wird gereifter Rahm, evtl. nach schwacher mikrobieller Säuerung zur Aromaentwicklung, oder auch hochprozen-

Tabelle 14.3. Mittlere Fettsäure-Zusammensetzung von Butter (in%)

Buttersäure	3	Palmitinsäure	23
Capronsäure	1,5	Palmitoleinsäure	4
Caprylsäure	1,5	Stearinsäure	9
Caprinsäure	2,5	Ölsäure	30
Laurinsäure	4	Linolsäure	3
Myristinsäure	12	Linolensäure	Spur

tiger Rahm direkt in speziellen Butterungsmaschinen schnellrotierenden Schlagwerken ausgesetzt. Auch bei dieser mechanischen Beanspruchung vereinigt sich die Fettphase zu Butter, die danach unmittelbar gewaschen und geknetet wird.

Entsprechend den Herstellungsverfahren unterscheidet man zwischen Süßrahm-, Sauerrahm- (bis pH 5,1) und mildgesäuerter Butter (bis pH 6,4). Zur Klassifizierung wird inländische Butter einem Bewertungsverfahren in Bezug auf Geruch, Geschmack, Gefüge, Aussehen und Konsistenz, Wasserverteilung und Streichfähigkeit unterworfen, das in der Butterverordnung[1] beschrieben ist. Demnach müssen neben einigen anderen Anforderungen

Deutsche Markenbutter mit jeweils mindestens 4 Punkten
Deutsche Molkereibutter mit jeweils mindestens 3 Punkten

für die sensorischen Merkmale, Wasserverteilung und Streichfähigkeit bewertet sein, sonst ist das Erzeugnis als Butter zu deklarieren. Deutsche Landbutter ist eine nicht in Molkereien hergestellte, inländische Butter. Butterfett-Verarbeitungsware zum Einschmelzen muß, obwohl minderwertiger, für Geruch und Geschmack mindestens einen Punkt erhalten haben.

Ausländische Butter darf als „Butter" in den Handel gebracht werden, wenn ihre Zusammensetzung den deutschen Vorschriften genügt oder sie nach den Rechtsvorschriften im Herstellerland verkehrsfähig ist. Eventuelle Zusatzstoffe müssen in Deutschland zugelassen sein. Genügen ihre sensorischen Eigenschaften nicht gewissen, festgelegten Mindestanforderungen, so muß die Butter als „wertgemindert" deklariert werden. Andererseits darf ausländische Butter auch als Marken- oder Molkereibutter gehandelt werden, wenn sie im Herstellerland einer den deutschen Vorschriften entsprechenden Handelsklassenregelung unterworfen war.

In Tabelle 14.3 sind die wichtigsten Fettsäuren des Butterfetts und ihre Konzentrationen angegeben. Nicht aufgeführt sind zahlreiche, in Spuren vorkommende Fettsäuren mit Kettenlängen bis C_{26}, die zum Teil ungeradzahlig (z.B. n-Heptadecansäure = „Margarinsäure", C_{17}) oder verzweigtkettig (z.B. 14-Methylpentadecansäure = Isopalmitinsäure) sind. Außerdem hat man, vor allem in Sommerbutter, Transfettsäuren gefunden. Offenbar entstehen diese

---

[1]   Butterverordnung vom 3.2.1997.

Verbindungen, die die allgemein gefundene Ordnung über den Aufbau der Fettsäuren durchbrechen, durch die Bakterien im Pansen der Kuh.

Sommer- und Winterbutter zeigen Abweichungen in der Zusammensetzung. Ausgesprochene „Butterfehler" (zu weiches oder zu trockenes Produkt bzw. Abweichungen im Geschmack) können durch unsachgemäße Fütterung hervorgerufen worden sein.

14.4
Margarine

1869 setzte die französische Regierung auf Anregung Napoleons III. einen Preis für die Herstellung eines weniger verderblichen Ersatzfettes für Butter aus. Dieser Preis wurde dem Franzosen Mege Mouriès zuerkannt, der gerade aus Oleo margarin, einer Rinderfettfraktion (s. S. 308) und Wasser ein solches Fett erfunden hatte. Durch Vermischen beider Bestandteile hatte er eine Suspension erhalten, die sich unter Kühlung zu einem von ihm als „Margarine" bezeichneten Produkt verfestigte. Heute ist Margarine zwar ein butterähnliches Produkt, aber keineswegs ein Butterersatzfett. Vielmehr stellt Margarine ein eigenständiges Produkt dar, dessen Vorteil z.B. in der weitgehend freien Wahl der Ausgangsfette je nach Verwendungszweck liegt. So werden heute hochwertige Margarinen unter Ausschluß tierischer Fette bzw. mit hohen Anteilen an essentiellen Fettsäuren hergestellt. Neben der Haushaltsmargarine gibt es Spezialprodukte wie Backmargarine, Zieh- und Crememargarine.

Margarine ist heute aus geeigneten Speiseölen und -fetten, Trinkwasser, Emulgatoren (Mono- bzw. Diglyceride, Lecithin und Eigelb), Salz, Aromastoffen, evtl. gesäuerter Magermilch, Vitaminen, geeigneten Farbstoffen (Bixin, β-Carotin) und evtl. Sorbinsäure als Konservierungsstoff zusammengesetzt (Mindestfettgehalt 80%). Da sich Plastizität und Festigkeit einer Margarine aus dem Verhältnis an kristallisiertem Fett, Öl- und Wasserphase ergeben, werden die zu ihrer Herstellung vorgesehenen Fettgemische durch Härtung, Umesterung und Fraktionierung modifiziert. Diätmargarinen enthalten anstelle gehärteter Fette Produkte höherer Schmelzpunkte wie Cocos- und Palmkernfett.

Parameter für die Fettkomposition sind Schmelzverhalten, Streichfähigkeit, Back- und Brateigenschaften. Die heute am häufigsten eingesetzten Fette sind Soja-, Sonnenblumen- und Palmöl sowie Cocosfett. Auch das einheimische Rapsöl sowie Rindertalg werden verarbeitet. Dazu werden 80% Fett- und 20% Wasserphase intensiv miteinander gemischt und abgekühlt, wobei die schon vorher unterkühlte Fettphase auszukristallisieren beginnt. Je kleiner die Kristalle sind, desto fließfähiger ist das Produkt. Durch Kristallvergrößerung wird dann die Margarine hart (Durchlaufen der verschiedenen Fettkristall-Modifikationen s. S. 52). Dabei wird darauf geachtet, daß das Verhältnis von Wasser zu fester Fett- und Ölphase so eingestellt wird, daß ein „Ausölen" des Produktes nicht eintritt. Dies wird durch Umesterung geeigneter Fette erreicht. Als Wasserphase benutzt man häufig gesäuerte Magermilch, weil bei der Säue-

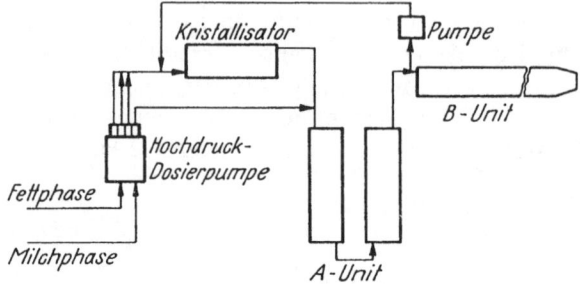

Abb. 14.4. Votator-Anlage
mit Vorkristallisation und
Rezirkulation (**Unilever**-
Patent). Aus: Handbuch
der Lebensmittelchemie,
Bd. IV, S. 257

rung einige erwünschte Aromastoffe (Diacetyl, Milchsäure und verschiedene Lactone) gebildet werden. Ferner beeinflußt das teilweise denaturierte Casein die Emulsion, und nicht zuletzt bewirken in der Milch enthaltene Lactose (Milchzucker) und Protein beim Erhitzen die über eine Maillard-Reaktion ablaufende, von erhitzter Butter her bekannte Bräunung. Die Aromatisierung wird komplettiert durch Zugabe von Aroma-Cocktails aus naturidentischen Aromastoffen. – Emulgatoren spielen heute bei Margarine mit Ausnahme der aus 39–41% Fett und 59–61% Wasserphase bestehenden Halbfettmargarine (hier Zusatz von etwa 0,3%) nur eine untergeordnete Rolle. Von gewisser Bedeutung sind hier Sojalecithine, die durch Umlösen mit Ethanol eine andere Zusammensetzung (aus Cholinlecithinen, Kephalinen und Inositlecithinen) besitzen als das Rohprodukt. – Ferner wird der Margarine Citronensäure zur pH-Absenkung und zur Komplexierung von Eisenionen zugegeben.

Die Vitaminzugaben beschränken sich auf Vitamin A (normale Zugabe 20 IE entsprechend 12 µg all-trans β-Carotin/g Fett) und 2 IE Vitamin D/g Fett (entsprechend 0,05 µg Vitamin D/g Fett). Vitamin E (Tocopherol) dürfte meist in genügender Menge im Fett vorhanden sein. Es wirkt auch als natürliches Antioxidans.

Früher wurde Margarine in 3 Stufen hergestellt: Emulgierung, Kristallisation und Plastifizierung. Dieses Verfahren ist heute völlig verschwunden und durch das kontinuierlich arbeitende Rohr- bzw. Kratzkühler-Verfahren, z.B. mit dem Votator oder Merxator, ersetzt worden. Abbildung 14.4 zeigt schematisch den Aufbau einer Votator-Anlage. Die durch kontinuierliches Dosieren der Ausgangslösungen hergestellte Mischung wird unter Überdruck innerhalb weniger Sekunden durch die „A-Unit" gedrückt, die aus mehreren, hintereinander geschalteten Röhrenkühlern besteht. Hierin rotierende Schabemesser bewirken ein augenblickliches Kristallisieren der Fettphase. Diese Kristallisation des unterkühlten Gemisches setzt sich fort im „Ruherohr" der „B-Unit", wo auch die Kristallisationswärme abgeführt werden kann. Die salbenartige, weiche Margarine wird dann in Becher abgefüllt, wo sie nachhärtet.

Haushaltsmargarine ist sowohl als Brotaufstrich als auch zum Braten geeignet. Demnach soll sie ein butterähnliches Aussehen haben, darf nicht sandig (durch zu große Fettkristalle) sein, soll ein gutes Schmelzverhalten zeigen (Auswahl von Fetten geeigneter Schmelzpunkte) und soll so schmecken, als ob sie gerade aus dem Kühlschrank käme (Zumischen von Cocosfett, das aufgrund seiner großen Schmelzwärme im Mund einen Kühleffekt erzeugt). Beim Braten darf die Margarine nicht entmischt werden, weil sonst das Wasser aus dem über 100°C heißen Fett spritzen würde. Daher bindet man das Wasser mit Sojalecithin. Zum Backen ist Haushaltsmargarine für die Herstellung von Hefe- und Mürbegebäck geeignet. Dennoch gibt es für die gewerbliche Nutzung Spezialmargarinen.

Schmelzmargarine ist ein fast wasserfreies Produkt. Hier läßt man Fett- und aromatisierte Wasserphase eine Zeitlang miteinander in Kontakt, wobei das Fett auskristallisiert. Die Wasserphase wird anschließend abgetrennt.

Die bisher strenge Unterscheidung zwischen Butter und Margarine gilt bezüglich ihrer Zusammensetzung nicht mehr. Durfte eine Margarine bisher nicht mehr als 1% Butterfett enthalten, so gibt es neuerdings sogenannte Mischfette, die aus einem Gemisch von Butterfett und geeigneten tierischen und pflanzlichen Fetten hergestellt und als Streichfette gleiche Zusammensetzung wie Margarine besitzen. Auch Dreiviertel- und Halbmischfette sind gesetzlich zugelassen.[2] Solche Erzeugnisse werden unter Anwendung der üblichen Margarine-Technologie hergestellt. Auch Halbfettbutter ist so herstellbar.

Die somit notwendige, technologische Vorbehandlung von Butterfett macht es nun möglich, den Cholesterolgehalt von immerhin 300–340 mg in 100 g entscheidend zu senken. Hierzu wird das Cholesterol aus dem abgetrennten, flüssigen Butterfett durch Adsorption an Aktivkohle oder ähnliche Adsorbentien oder Extraktion mit Cyclodextrin (wobei Einschlußkomplexe gebildet werden) oder durch Extraktion mit überkritischer Kohlensäure oder durch fraktionierte Kristallisation mehr oder weniger weitgehend entfernt[3].

14.5
Spezialmargarinen

14.5.1
Backmargarine

Backmargarine ist eine Produktgruppe, die zur gewerblichen Herstellung von Hefe- und Mürbeteigen dient. Ihrer Bestimmung entsprechend enthält sie weniger Öl als Haushaltsmargarine, dafür viel mittelhoch und hoch schmelzende Triglyceride. Sie werden mit speziellen, thermostabilen Aromacocktails aromatisiert, welche thermisch besser belastbar sind. Ihrer Zweckbestimmung entsprechend sind die Backmargarinen so zusammengesetzt, daß sie auf den Oberflächen der Stärke- und Eiweißpartikel leicht Fettfilme ausbilden, welche zu lockeren, leicht homogenisierbaren Teigen führen.

---

[2]   Verordnung (EG) Nr. 2991/94 des Rates mit Normen für Streichfette vom 5.12.1994.

[3]   Reimerdes E (1991) Formulation and Processing of reduced Fats and Spreads. In: Behr's B International Symposium on Low Fat and Low Cholesterol Products, Hamburg.

14.5.2
Ziehmargarine

Ziehmargarinen werden zur Herstellung von Blätterteigerzeugnissen verwendet. Ihre Fettphase (85–87% des Produktes) besteht neben wenig flüssiger Ölphase vorwiegend aus hochschmelzenden Triglyceriden. Von diesen Produkten wird nicht nur extreme Geschmeidigkeit, sondern auch Zähigkeit verlangt, die zur Ausbildung nichtreißender, sehr dünner Schichten im Teig beitragen. Ziehmargarinen sind kräftig aromatisiert und tragen somit wesentlich zum Geschmack der Backerzeugnisse bei.

14.5.3
Crememargarine

Crememargarinen sind von weicher Konsistenz und enthalten beträchtliche Anteile Cocosfett. Damit erreicht man neben gutem Schmelzvermögen im Mund einen deutlich wahrnehmbaren Kühleffekt (s. S. 304). Daneben sollen Crememargarinen gutes Einschlagvermögen für Luft haben, da sie vorwiegend zur Herstellung von Crememassen (Füllcremes u.a.) für den Konditoreibedarf bestimmt sind. Man erreicht diese Eigenschaft durch mindestens 30% Cocosfett im Produkt.

14.6
Spezial-Fette

14.6.1
Shortenings

Shortenings sind Suspensionen kristalliner Hartfette in Öl und waren in den USA ursprünglich als Schweineschmalz-Ersatzfette gedacht, die sich besonders durch Oxidationsstabilität und geschmackliche Neutralität auszeichnen. Shortenings verkürzen die kontinuierliche Struktur des Glutens im Teig zu kleineren, von Fett umhüllten Teilen (daher der Name). Shortenings werden heute sowohl für den Haushalt als auch für Großbäckereien und im Catering Bereich hergestellt. Dabei dienen sie nicht nur als Backfett, sondern auch als Siedefette zur Wärmeübertragung auf Brat- und Fritiergut. Als Hartfette verwendet man

	Schmelzpunkt (°C)	Zusatz (%)
Oleo margarin	30	25
Schmalz	38	20
Rinderfeintalg	46	25
Preßtalg	46	12
Pflanzenöle	0	18

Tabelle 14.4. Rezeptur einer Ziehmargarine

gerne gehärtetes Erdnußöl, das einen relativ hohen Rauchpunkt besitzt, sowie hydrierte Baumwollsaat-, Palm- und Palmkernfette, die in ungehärtetem Soja- bzw. Erdnußöl als flüssiger Phase suspendiert werden. Als Fritieröle müssen sie Rauchpunkte über 210°C aufweisen. Superglycerinierte Shortenings enthalten größere Anteile an Mono- und Diglyceriden und werden für die Herstellung von Speiseeis bzw. Aufschlagcremes und anderen Konditorwaren verwendet. In der Hitze zerfallen sie dagegen.

14.6.2
Plattenfette

Diese Fette werden auch für den Haushalt zum Braten angeboten. Sie werden meist aus Cocosfett hergestellt, wobei dieses zunächst in einer Kirne unter Rühren soweit abgekühlt wird, daß es zu 5% kristallisiert. Dann wird es in Edelstahlformen gegeben und in einem Kühltunnel zum Plattenfett verfestigt. Wenn man vorher Stickstoff in die kristallisierende Fettmasse einbläst, entsteht ein „Soft" -Produkt. Der Herstellungsgang ist in Abb. 14.5 schematisch dargestellt.

14.6.3
Fritierfette

Fritierfette sollen bei niedrigem Schmelzpunkt (damit es vom fritierten Gut leicht abtropft) einen hohen Rauchpunkt und gute Oxidationsstabilität haben. Hierfür eignet sich gehärtetes Erdnußfett, gelöst in den flüssigen Fraktionen von Palmöl. Auch schwach angehärtetes Sojaöl ist geeignet. Fritieröle

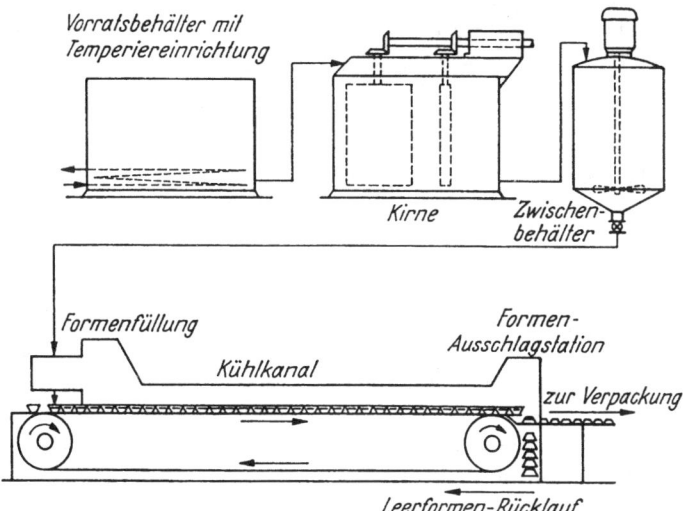

Abb. 14.5. Herstellung von Plattenfetten. Aus: Handbuch der Lebensmittelchemie, Bd. IV. S. 264

müssen Rauchpunkte über 210°C besitzen. Während des Gebrauchs sinkt der Rauchpunkt und es entstehen sowohl Triglycerid-Dimerisate als auch Hydroxyfettsäuren. Dann ist das Fett in der Friteuse auszutauschen.

14.6.4
Salatöle

Salatöle sollen klar und geruchlos sein. Man verwendet hierfür vor allem naturbelassenes Olivenöl, aber auch Erdnuß-, Sonnenblumen-, Raps-, Sesam- und winterisiertes Baumwollsaatöl. Als Konservenöle zum Einlegen von Fischwaren werden Oliven- und Erdnußöle bevorzugt.

14.7
Trennöle

Hierbei handelt es sich um Produkte, die das Anhaften von Backwaren auf dem Backblech verhindern sollen. Hierbei ist man sehr an einer Reduzierung des Fettanteils interessiert, weshalb man von reinen Ölen auf Öl in Wasser-Emulsionen mit 20–35% Fett übergegangen ist.

14.8
Mayonnaise, Salatsaucen

Die Legende berichtet, der Koch des französischen Kardinals Richelieu habe vorsichtig Öl und Essig mit Eigelb verrührt. Der Ort dieser Handlung Port Mahon gab dann dem Produkt seinen Namen, das heute aus Delikatessen nicht wegzudenken ist. Es gibt folgende Produkte:

> Mayonnaise (Mindestfettgehalt 80%, Eigehalt mindestens 7,5%
> des Fettanteils),
> Salatmayonnaise (Mindestfettgehalt 50%),
> Remoulade.

Mayonnaise wird hergestellt, indem man 2 Phasen

1. Öl (meist Sojaöl) + Hühner-Eigelb und
2. wäßrige Lösung von Salz, Genußsäuren und Zucker

in einer Emulgiermaschine miteinander zu einer hochkonzentrierten „Öl in Wasser"-Emulsion verarbeitet. Bei Salatmayonnaise darf die wäßrige Phase zuvor mit Stärke oder ausgewählten Verdickungsmitteln angedickt werden. Mayonnaisen sind im Temperaturbereich von 5–20°C gut haltbar, bei Tiefkühlung kann dagegen das Wasser ausfrieren. Mayonnaisen dürfen chemisch konserviert werden.

> Remouladen sind kräuterhaltige Mayonnaisen.

15 Eiweißreiche Lebensmittel

15.1
Einführung

Während im Pflanzenreich Cellulose als Bausubstanz und Stärke als Reservestoff dominieren, findet man in den Lebensmitteln tierischer Herkunft vorwiegend Eiweiß neben einer mehr oder minder ausgeprägten Fettreserve. Wenn man andererseits die hohen Eiweißgehalte von Hefe und nicht zuletzt auch von Leguminosen betrachtet, muß man indes erkennen, daß die Charakterisierung von pflanzlichen neben tierischen Lebensmitteln, zumindest über ihre Eiweißgehalte, keine Differenzierung zuläßt. Da sich die chemische Reaktionsfähigkeit nur am Aufbau des Substrates, nicht aber an seiner Herkunft orientiert, scheint die strenge Unterscheidung zwischen Lebensmitteln tierischer und pflanzlicher Herkunft ohnehin fragwürdig zu sein und ist lediglich ein Ausdruck verschiedener, spezieller Aufgabenzuweisungen im Rahmen der amtlichen Lebensmittelkontrolle.

15.2
Fleisch

15.2.1
Begriffe

Unter Fleisch versteht man in unserem Sprachgebrauch das quergestreifte Muskelgewebe warmblütiger Tiere, sofern es sich zum Genuß für den Menschen eignet. Auch Fette und die sog. „Schlachtabgänge" (z.B. Därme, andere Innereien) sind Fleisch im Sinne des Gesetzes. Rinder, Schweine, Schafe, Ziegen, Pferde, andere Einhufer und Hauskaninchen, deren Fleisch zum Genuß für den Menschen verwendet werden soll, unterliegen der amtlichen Schlachttier- und Fleischbeschau. Auch das Fleisch von erlegtem Haarwild ist nur in Ausnahmefällen von der Untersuchung ausgenommen, nämlich dann, wenn es wie bei Hauskaninchen für den häuslichen Gebrauch bestimmt ist. Fleisch von Hunden, Katzen und Affen darf für den menschlichen Genuß nicht gewonnen werden.

Unter der **Schlachttier-** und **Fleischbeschau** versteht man die tierärztliche Untersuchung auf den Gesundheitszustand der Tiere und des Fleisches. So soll die Schlachttieruntersuchung u.a. sicherstellen, daß die für die Schlachtung vorgesehenen Tiere von keiner auf Mensch oder Tier übertragbaren Krankheit befallen sind, nicht abgehetzt oder übermüdet wirken und nicht unter visuell erkennbarer Einwirkung von Pharmaka stehen. Im übrigen werden die Tiere meist nach dem Transport für wenige Tage in speziellen Ställen im Schlachthof gehalten. Die Fleischuntersuchung nach dem Schlachten bezieht sich auf alle Teile einschließlich des Blutes und soll zunächst feststellen, ob das Fleisch für den menschlichen Verzehr tauglich, bedingt tauglich oder untauglich ist. Bedingt taugliches Fleisch darf nur von besonders und amtlich überwachten Betrieben (z.B. Freibank) und nur dann in den Verkehr gebracht werden, wenn es zum Genuß für den Menschen brauchbar und solches kenntlich gemacht worden ist. Die Fleischuntersuchung beinhaltet vor allem die Untersuchung auf pathologisch-anatomische Veränderungen der Organe, mangelnde Ausblutung, eventuell Rückstände pharmakologisch wirksamer Stoffe und auf Parasiten. So wird Schweinefleisch grundsätzlich der amtlichen **Trichinenbeschau** unterworfen, zu deren Zweck von jedem Schwein eine Probe (z.B. aus dem Zwerchfell-Lappen) entnommen, auf mehrere Objektträger aufgeteilt und nach Pressung mikroskopisch auf Trichinen untersucht wird. Nach der Digestionsmethode werden derartige Proben von 100 Schweinen gemeinsam mit Pepsin/Salzsäure verdaut, wobei die eingekapselten Trichinen erhalten bleiben und somit identifiziert werden können. Wird dann eine Trichine nachgewiesen, müssen alle Proben noch einmal getrennt untersucht werden. Trichinose kann für den Menschen tödlich sein. Trichinen können grundsätzlich bei allen Fleischfressern auftreten. – Andere tierische Parasiten sind **Rinder-** und **Schweinefinnen**, die im menschlichen Körper als Bandwürmer auftreten können. Schweinefinnen können auch direkt ins menschliche Muskelgewebe übergehen und sind daher nicht ungefährlich. – 1989 trat in Großbritannien bei Rindern der Rassen Frisien und Frisien-Holsteiner, nicht aber Highlander und Galloways die „Bovine Spongiforme Encephalopathie (BSE)" auf. Auslöser war ganz offenbar die Verfütterung von Tiermehl aus infizierten Schafkadavern. Bei Schafen kennt man seit mindestens 250 Jahren unter dem Namen Scrapie (Traberkrankheit) eine durchaus ähnliche Krankheit. Als Erreger hat man Prionen nachgewiesen (s.S. 136, die offenbar unter verschiedenen Säugetieren übertragbar sind. Bei Scrapie hat man eine Übertragung auf den Menschen noch nicht beobachtet. Allerdings gibt es eine durchaus ähnlich verlaufende Krankheit, die vornehmlich bei älteren Menschen auftritt, das Creutzfeld-Jakob-Syndrom. Diese Erkrankung ist absolut tödlich. Das Auftreten von mehreren Erkrankungen an Creutzfeld-Jakob-Syndrom auch bei jüngeren Menschen in England wurde als Indiz dafür gewertet, daß BSE-auslösende Prionen auch auf den Menschen übertragbar sind. Die BSE-Krankheit hat zu jahrelangen Importsperren britischen Rindfleisches geführt. Eine weitere, der BSE ähnliche Erkrankung ist die Kuru-Krankheit in Papua-Neuguinea. In allen Fällen bilden sich im Gehirn der Befallenen stäbchenförmige Prionen aus, die neben Bewegungsstörungen nach kurzer Zeit zu einem totalen Verfall der geistigen Kräfte führten. – Die Prionen der BSE sind bemerkenswert temperaturstabil.

So muß zu ihrer Inaktivierung mindestens 4 Stunden lang auf 134°C erhitzt werden (also mit Wasser bei 4 bar Überdruck!). Nach Möglichkeit sollte 1 N NaOH zugefügt werden.

Grundsätzlich darf Fleisch erst nach Freigabe durch den Tierarzt in den Handel gebracht werden. Auch Importfleisch unterliegt dem Fleischbeschau-Recht. Schlachtvieh wird in Handelsklassen bezüglich Rasse, Mästungsgrad, Alter, Schlachtgewicht, Schlachtausbeute und Geschlecht eingeteilt. Auch das Fleisch wird bezüglich seiner Eignung zum Braten oder Kochen sowie bezüglich seines Knorpel-, Knochen-, Fett- und Sehnengehaltes zerteilt und in Wertklassen eingeteilt.

Rindfleisch ist das Fleisch 4 bis 6 Jahre alter Ochsen (kastrierte männliche Rinder) oder etwa 8jähriger nichtträchtiger Kühe. Auch Färsen (weibliche Rinder vor dem ersten Kalben) werden manchmal geschlachtet. Vor allem werden heute häufig Jungbullen bis zu einem Alter von 1 bis 1 1/2 Jahren gefüttert, da bis zu diesem Alter das Verhältnis aus Futterverbrauch zur Gewichtszunahme besonders günstig ist. Das Zweihälftengewicht dieser Tiere (Gewicht des ausgeschlachteten Tieres ohne Kopf, Fell und Läufe sowie ohne Organe der Brust- und Bauchhöhle, jedoch mit Nieren und Nierenfettgewebe) beträgt mindestens 300 kg. Bei diesem Fleisch treten manchmal dunkle, klebrige Fleischpartien auf, die man auch als **DFD-Fleisch** bezeichnet (von **d**ark = dunkel, **f**irm = fest, **d**ry = trocken). Möglicherweise rührt seine Bildung daher, daß manche Jungbullen vor dem Schlachten in einen Zustand starker Erregung geraten, wobei das aus ihnen gewonnene Fleisch diese Veränderungen erleidet. DFD-Fleisch ist ernährungsphysiologisch durchaus vollwertig und geschmacklich einwandfrei. Aufgrund geringer Säuerung ist es jedoch nicht so lange lagerfähig und eignet sich auch nicht zur Herstellung von Rohwurst.

Kalbfleisch. Die Schlachtreife von Kälbern liegt bei etwa 3 Monaten. Das Zweihälftengewicht beträgt höchstens 150 kg. Bestimmend für die Zuordnung sind vor allem die Kalbfleischeigenschaften: helles Fleisch, das nach Fleischmilchsäure (rechtsdrehende L-Milchsäure) riecht. Es enthält manchmal über 80% Wasser. Über den Einsatz von Anabolica in der Kälbermast s. S. 221.

Schweinefleisch. Das Hausschwein hat wegen seiner guten Verwertbarkeit und seines hervorragenden Gewichtsansatzes (z. Zt. etwa 1 kg pro 3,5 kg Futter) eine gewisse Tradition als Fleischlieferant des Menschen. Allerdings muß stets auf eine ernährungsphysiologische Ausgewogenheit des Schweinefutters geachtet werden. So führt überwiegende Verfütterung von Fisch zu Fehlgeschmack, da möglicherweise dem Fischfett anhaftende geruchliche Prinzipien im Schweinefett wieder auftauchen. Andererseits erhöht eiweißreiches Futter den Magerfleischanteil. Die vom Verbraucher ausgelöste Tendenz einer Bevorzugung von magerem Schweinefleisch hat die Züchtung von Schweinerassen mit hohem Magerfleischanteil bewirkt (z.B. EG-Langschwein). Schweine dieser Rassen besitzen indes einige deutliche Nachteile. So sind sie nicht nur außerordentlich streßanfällig, so daß man zur Abwendung von Verlusten geeignete Pharmaka (s. S. 219) verabreichen muß, sondern sie können außerdem einen relativ hohen

Anteil (etwa 30%) eines wäßrigen, blassen Fleisches liefern, das beim Braten in hohem Maße Wasser abscheidet. Diese Eigenschaft des sog. **PSE-Fleisches** (von **p**ale = blaß, **s**oft = weich, **e**xsudative = wäßrig) hängt nicht mit erhöhtem Wassergehalt, sondern vielmehr mit einer verminderten Wasserbindung des Proteins zusammen. Schweine werden normalerweise innerhalb von 5–7 Monaten auf Gewichte um 100 kg gemästet. Die Bewertung des Fleisches wird u. a. nach dem Muskelfleischanteil vorgenommen, der bei 40–55%, manchmal sogar bei 60% liegt (Handelsklassen bei abfallendem Muskelfleischanteil: S,E,U,R,O,P).

Schaffleisch ist das Fleisch von kastrierten, mindestens 2 Jahre alten männlichen und von weiblichen Tieren. Waren die Tiere unter 2 Jahre alt, spricht man von Hammelfleisch. Mastlamm- und Milchlammfleisch stammt von Tieren, die nicht über 12 bzw. 6 Monate alt wurden. Die Bewertung in Handelsklassen wird vor allem nach dem Fettansatz vorgenommen. Der charakteristische Geschmack geht auf Aromastoffe im Fett zurück.

Pferdefleisch. Das Fleisch junger Tiere ist hellrot, das älterer Pferde dagegen tief dunkelrot. Der süße Geschmack geht auf relativ große Glykogen-Anteile im Muskel zurück.

Geflügel. Mehr noch als Gänse, Enten und Puten (Truthühner) erfreuen sich vor allem **Gefrierhähnchen** wegen des niedrigen Preises großer Beliebtheit. Sie werden durch Intensivtierhaltung gemästet, d.h. man setzt die in Brutmaschinen ausgebrüteten Tiere meist ohne Geschlechtsdifferenzierung in großen, vollklimatisierten Räumen aus, wo sie mit geeignetem, speziell zusammengesetztem Mastfutter innerhalb von 38–40 Tagen auf Gewichte von etwa 1 kg gebracht werden. Sie werden dann maschinell geschlachtet, im „Spin Chiller" mit Eiswasser gekühlt (wobei die Schlachtkörper etwa 3–4% Wasser aufnehmen!) und auf etwa −30°C tiefgefroren. Dagegen werden Poularden (gemästete, nicht geschlechtsreife Hühner und Hähne höherer Gewichte) oder Kapaune (kastrierte Hähne) nur selten gehandelt. Das Fleisch weiblicher Tiere ist grundsätzlich zarter, das männlicher kräftiger im Geschmack. Zweck der Kastration ist es, beide Eigenschaften zu vereinigen.

Tierarten-Bestimmungen waren schon seit etwa 20 Jahren durch elektrophoretische Trennung der Serumproteine und Vergleich der Banden möglich. Seit wenigen Jahren werden solchen Bestimmungen noch sehr viel treffsicherer mit Hilfe von DNA-Sonden durchgeführt.

15.2.2
Die Schlachtung

Sie findet heute fast grundsätzlich in staatlich kontrollierten Schlachthöfen statt. Um Fleisch guter Qualität zu erzeugen, muß dafür Sorge getragen werden, daß das Schlachtvieh nicht abgehetzt oder aufgeregt ist. Hektik während des Schlachtvorganges kann bei den Tieren Muskelblutungen auslösen und so zu Qualitätsminderungen beitragen. Im Muskel abgehetzter Tiere sind andererseits große Anteile ATP durch die Muskelarbeit abgebaut worden, so daß nunmehr der **rigor mortis** nicht störungsfrei durchlaufen werden kann und ebenfalls Fleisch minderer Qualität entsteht. Rinder werden durch Bolzenschuß getötet, Schweine durch Stromschlag betäubt. Sofort anschließend wird, meist nach Öffnen der Halsschlagader, völlig ausbluten gelassen. Zurückbleibendes Blut vermindert durch Glykolyse und die dadurch bewirkte „stickige Reifung" die Fleischqualität. Anschließend werden die Körper der Schweine gewaschen und von Borsten befreit, während bei allen anderen Tieren statt dessen sofort das Fell abgezogen und meist der Kopf abgetrennt wird. Nach Ausnehmen der Innereien werden Schweine in Hälften, Rinder in Viertel geteilt und zunächst 24 Stunden bei 6°C gelagert. Das Einhalten hygienischer Vorschriften ist besonders auf Schlachthöfen wegen der Gefahr mikrobiellen Befalls außerordentlich wichtig!

15.2.3
Rigor mortis und Fleischreifung

Einige Stunden nach der Schlachtung verfestigt sich das Fleisch, und die Muskelstarre (**rigor mortis**) tritt ein. Um ihren Ablauf verstehen zu können, sei einiges zum Feinbau des Muskels gesagt (s. Abb. 15.1)

In der Muskelzelle, die 0,01 bis 0,1 mm dick und einige Zentimeter lang sein kann, befinden sich in parallel gestreckter Anordnung die Myofibrillen, die sich aus einer abwechselnden Anordnung von Myosin und Actin zusammensetzen. **Myosin** ist ein fadenförmig geformtes Globulin, bestehend aus 3 Polypeptidketten, die in Form eines α-Stranges miteinander verdrillt sind. **Actin**, das in fast allen eukariontischen Nichtmuskelzellen und auch in Prokarionten gefunden wird, erscheint in seiner filamentösen Form als eine Aufreihung

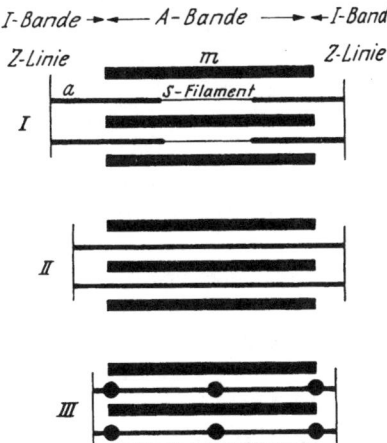

Abb. 15.1. Schematische Darstellung einer Sarkomere. Es bedeuten: a = Actin-Filament, m = Myosin-Filament. In Stellung I befindet sich der Muskel in Ruhestellung, in Stellung II ist er auf 90% verkürzt (Muskelarbeit), in Stellung III auf 80%; beim **rigor mortis** berühren die Z-Linien die Myosin-Filamente. (Aus: Handbuch der Lebensmittelchemie. Bd. III/2, S. 1078)

kugelförmiger Einheiten. Im polarisierten Licht sieht man die anisotrope[1] A-Bande (in ihrem Bereich kommt Myosin neben Actin vor) dunkel, die isotrope I-Bande (vorwiegend Actin) dagegen hell abgebildet, so daß man den Eindruck einer Querstreifung bekommt. Den Bereich zwischen zwei Z-Linien bezeichnet man als Sarkomer.

Eine **Muskelarbeit** kommt nun dadurch zustande, daß die Actin-Filamente unter Umorientierungen von Bindungen in den Bereich der Myosin-Filamente weiter hineingleiten. Die hierfür benötigte Energie wird durch Abbau von Adenosintriphosphat (ATP) zu Adenosindiphosphat (ADP) geliefert, das anschließend durch Glykogenolyse und Übertragung von Phosphat aus Kreatininphosphat regeneriert wird. Im ruhenden Muskel wird das Ineinandergleiten von Actin- und Myosinfilamenten durch die hier ebenfalls lokalisierten Proteine **Troponin** und **Tropomyosin** blockiert. Durch einen die Muskelkontraktion auslösenden Nervenreiz werden indes aus dem die Filamente umgebenden **Sarkoplasmatischen Retikulum** Calciumionen freigesetzt, die die blockierende Wirkung der Troponine aufheben. Durch das nunmehr ermöglichte Ineinandergleiten entsteht aus Actin und Myosin das Actomyosin, das als ATPase wirkt und ATP zu ADP abbaut. Durch die so frei werdende Energie werden u. a. die Calciumionen wieder an das Sarkoplasmatische Retikulum zurückgeführt („Calcium-Pumpe").

Nach dem Schlachten finden wir ein ebensolches Ineinandergleiten beider Filamente unter ATP-Abbau, so daß die im lebenden Muskel deutlich erkennbare Z-Linie letzten Endes im Zustand des **rigor mortis** fast mit der A-Bande verschmilzt. Dann ist das ATP fast völlig abgebaut. Zunächst nehmen wir indes nur eine Kontraktion wahr, da ATP durch anaeroben Abbau von Glykogen zu Milchsäure wieder regeneriert wird, bis schließlich dieser Vorgang zum Abschluß kommt. Dadurch wird der pH von Rindfleisch bis 5,4 erniedrigt, so daß der isoelektrische Punkt durchlaufen wird und das Muskelprotein fest wird. Auch die freigesetzte Phosphorsäure wird als Ursache dieser pH-Erniedrigung mit angegeben. Das entstandene ADP wird im übrigen weiter zu Adenosinmonophosphat (AMP) und dieses zu Inosinmonophosphat (IMP, s. Abb. 15.2) umgewandelt, das in Fleisch eine wichtige Rolle als Geschmacksverstärker und Synergist spielt (s. S. 195).

Beim Rindermuskel tritt die Kontraktion wesentlich langsamer als z.B. bei der gleichen Muskelpartie des Schweins ein. Demnach wird beim Schwein ATP sehr bald nach dem Schlachten abgebaut, und der Zustand des rigor mortis ist bei 20°C nach 6 Stunden erreicht. Allerdings sinkt hier auch der pH nicht so weit ab (s. Abb.15.3).

Mit der pH-Absenkung sinkt auch das Wasserbindungsvermögen (WBV) des Fleisches. Schlachtwarmes Fleisch fühlt sich klebrig an und kann leicht von außen zugeführtes „Fremdwasser" binden. Außerdem läßt es sich leicht zu Eiweiß-Fett-Emulsionen verarbeiten, wie sie z.B. für die Herstellung von Brühwürsten erforderlich sind. Das Wasserbindungsvermögen des Fleisches hängt u. a. eng mit seinem ATP-Gehalt zusammen. Bei pH-Werten um 5 wird

---

[1]   Anisotropie: ungleiche Eigenschaften in den einzelnen Raumrichtungen.

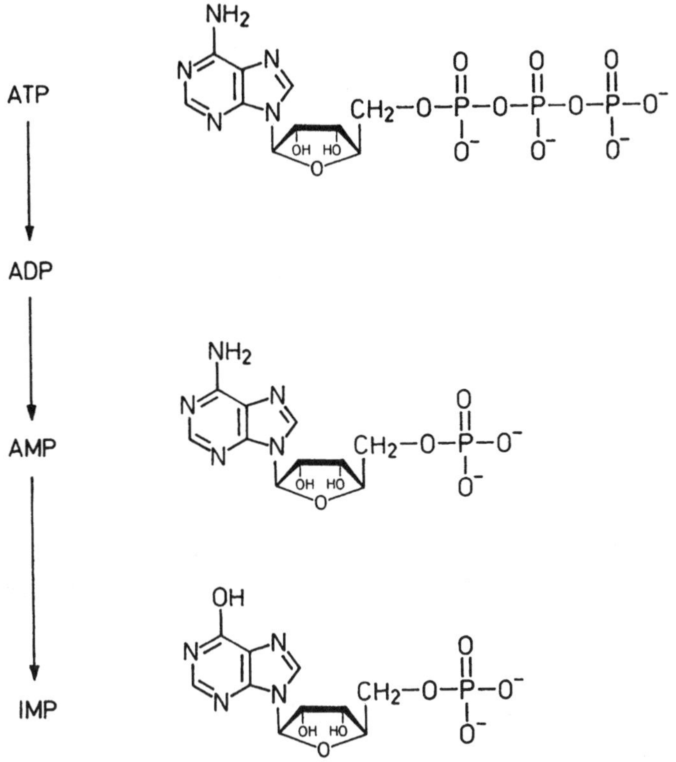

Abb. 15.2. Umwandlung von ATP zu IMP während des Rigor mortis

dagegen das zwischen den Eiweißfasern gebundene Wasser freigesetzt, und es kann bei Verletzung des Fleischstückes auch heraustropfen. Nach einiger Zeit nimmt das Wasserbindungsvermögen mit steigendem pH des Muskels wieder zu, es erreicht aber nicht mehr die ursprünglichen Werte. Das Wasserbindungsvermögen von Fleisch kann aber durch Zugabe von Diphosphat oder Polyphosphat gesteigert werden. Letzteres ist hier als Zusatzstoff verboten.

Muskelkontraktion und rigor mortis sind temperaturabhängig. Wie Abb. 15.4 zeigt, verläuft die Kontraktion zwischen 15° und 20°C am langsamsten. Bei höheren Temperaturen laufen die bereits beschriebenen Vorgänge (Rigorkontraktion) einfach schneller ab, während bei niedrigen Temperaturen das Sarkoplasmatische Retikulum offenbar temperaturbedingt das Calcium schneller freisetzt und so die sogenannte „Kältekontraktion" auslöst. Beide Vorgänge sind wichtig: Normalerweise kühlt man die Tierkörper nach dem Ausnehmen langsam ab, um einen optimalen Verlauf des rigor mortis zu gewährleisten. Erst nach seinem Abklingen (beim Rind 2–3 Tage post mortem) beginnt man eventuell mit dem Zerlegen. Die moderne Kühltechnik macht nun das bequemere „Schlachtwarm-Entbeinen" möglich, anschließend werden die kleineren Teilstücke gekühlt. Wenn man jetzt allerdings unmit-

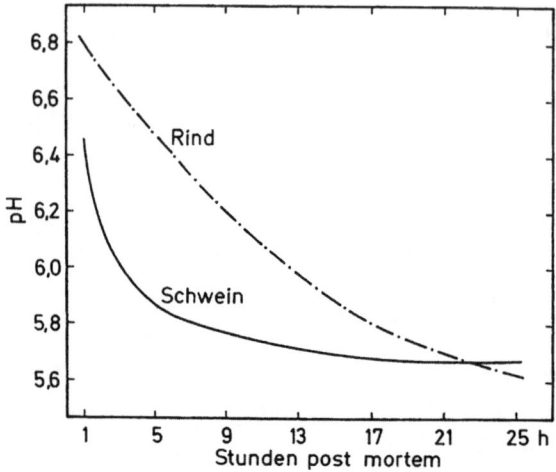

Abb. 15.3. Änderung des pH-Wertes post mortem in der Nackenmuskulatur von Schwein und Rind. (Aus: R. Hamm, 45. Diskussionstagung Forschungskreis der Ernährungsindustrie e. V. am 24./25.3.1987 in München)

telbar gefriert, kann beim Auftauen ein nachträglicher „Taurigor" eintreten, der von den nun freigesetzten Calciumionen ausgelöst wird, zumal das ATP nicht vollständig abgebaut war. Verschlechtertes Wasserbindungsvermögen und erhöhter Tropfverlust sind dann die Folge.

Nach dem Ende des rigor mortis bedarf Fleisch noch einer gewissen Zeit der Reifung (Abhängen). Während des rigor mortis wurden nämlich die Kathepsine, ein proteolytischer Enzymkomplex, aktiviert. Diese greifen bevorzugt das Bindegewebe im Muskel an, wodurch das Fleisch zart und saftig wird. Da gleichzeitig Aminosäuren frei werden, bilden sich in solchem Fleisch

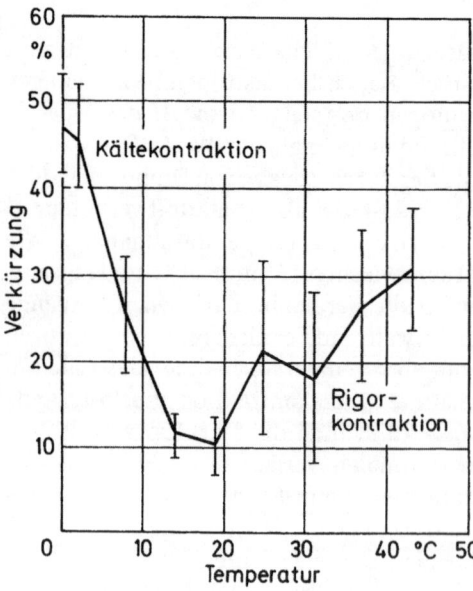

Abb. 15.4. Der Einfluß der Temperatur auf das Ausmaß der Muskelverkürzung nach Eintritt des Rigor mortis im Kaninchenmuskel. I Streubereich. Aus: R Heiss, K Eichner: Haltbarmachen von Lebensmitteln, Springer 1984, S. 107. Zitierte Literatur: Locker RH, Hagyard CJ (1963) J Sci Food Agric 14:787

die spezifischen Aromastoffe leichter aus. Der Reifevorgang ist temperaturabhängig. Für Rindfleisch dauert dieser Vorgang bei 7°C etwa 5–6 Tage, bei 2°C dagegen mehrere Wochen. Bei Schweinefleisch laufen auch diese Vorgänge schneller ab.

15.2.4
Bindegewebe

Wir finden es sowohl in Form zarter Umhüllungen der Fleischfasern als auch als stärker formgebenden Bestandteil in der Umhüllung ganzer Muskelpartien. Schließlich finden wir es in den Sehnen, Knorpeln und Knochen. Es besteht hauptsächlich aus Kollagen und dem etwas abweichend zusammengesetzten Elastin. Kollagen enthält 15% Prolin und etwa 13% Hydroxyprolin. Letzteres wird als Leitsubstanz zur quantitativen Bestimmung von Bindegewebe herangezogen. Unzerteiltes Rindfleisch enthält durchschnittlich etwa 13% Bindegewebe. Während sein Gehalt in entsehntem Bratenfleisch bei etwa 6% liegt, besitzt Fleisch geringerer Qualität wesentlich höhere Mengen und kann daher zu Verfälschungen verwendet werden. Deshalb hat man in den Leitsätzen zum „Deutschen Lebensmittelbuch" sog. BEFFE-Werte (Bindegewebseiweißfreies Fleischeiweiß) als Beurteilungskriterien für Fleisch verschiedener Produktgruppen festgelegt:

% BEFFE = % Fleischeiweiß –% Bindegewebseiweiß,
% Bindegewebseiweiß = 8 × % Hydroxyprolin.

Der BEFFE-Wert ist vor allem wichtig zur Beurteilung der Qualität verarbeiteten Fleisches, z.B. in Wurst. Er wird unbrauchbar, wenn andere Eiweiße, z.B. Soja-Eiweiß, in der Wurst mit verarbeitet worden waren.

15.2.5
Fleischfarbe

Fleisch wird durch das in ihm enthaltene Myoglobin rot gefärbt. Es ist gleichzeitig sein Sauerstoff-Speicher. In Myoglobin ist zweiwertiges Eisen komplex an 4 Porphyrin-Ringe und weiterhin über einen Imidazol-Rest (Histidin) an

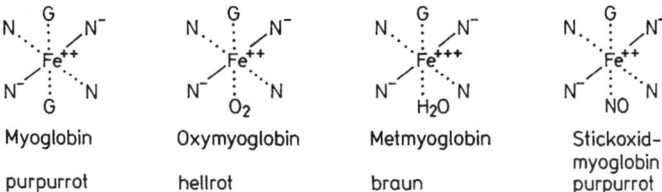

Abb. 15.5. Vermutliche Bindungszustände von Myoglobin und die entsprechenden Färbungen. (Nach: Hamm R (1975) Fleischwirtschaft, S. 1415 ff, u. Giddings GG (1977) Crit Rev Food Sci Nutr 9:81ff)

Globulin gebunden. In dieser Verbindung ist es nun befähigt, sowohl molekularen Sauerstoff als auch Stickoxid als sechsten Liganden zu binden. Nach einiger Zeit kann sich hellrotes Oxymyoglobin durch Oxidation des zentralen Eisenatoms in braunes Metmyoglobin verwandeln. Stickoxid-Myoglobin entsteht beim Pökeln von Fleisch. In Abb.15.5 sind die Bindungszustände des Myoglobins und die jeweilige Farbe dargestellt.

15.2.6
Schlachtabgänge

Der Schlachtverlust beträgt 40 bis 60% des Lebendgewichtes. Dabei handelt es sich jedoch keineswegs um Schlachtabfälle, vielmehr werden meistens alle anfallenden Teile weiter verwendet. Das gilt insbes. für Zunge, Leber und Niere; aber auch Lunge, Herz, Milz, Gehirn usw. werden verwertet. Darm, Magen und Harnblase dienen z.B. als Wurstumhüllungen, die Thymusdrüse des Kalbs wird als Kalbsbries gegessen. Schweineschwarten werden manchmal fein vermahlen und in der Wurst verarbeitet. Geröstet sind sie begehrte Party-Snacks. Leber, Niere und Herz sind wegen ihres hohen Vitamingehaltes und ihrer Eiweißwertigkeit gesucht. Knochen aus der Wirbelsäule und den Rippen sind reich an Kollagen und Fett und werden daher zum Bereiten von Suppen verwendet, während aus anderen Knochen das Knochenöl für Feinmechanik und Uhrenindustrie gewonnen wird. Die innersekretorischen Drüsen (Schilddrüse, Ovarien usw.) werden in der Pharmaindustrie verwertet.

15.2.7
Blut

Der Blutanteil beträgt beim Pferd 10%, beim Rind 5% und beim Schwein 3,3% des Lebendgewichtes. Um den unerwünschten Gerinnungsvorgang zu unterbinden, müssen die im Blut vorhandenen Calcium-Ionen maskiert werden, die die Umwandlung von Fibrinogen zu Fibrin katalysieren. Dies geschieht durch Zugabe von 16 g Natriumcitrat pro Liter Blut oder mittels des Fibrisol-Verfahrens, das die Zugabe eines Gemisches verschiedener Phosphate mit Kochsalz vorsieht. Das so stabilisierte Blut wird durch Zentrifugieren von den Blutkörperchen getrennt und das verbleibende Plasma durch Sprühtrocknung zu **Trockenblutplasma** verarbeitet. Dieses kann bei der Brühwurst-Herstellung mit verwendet werden.

15.2.8
Zusammensetzung von Fleisch

Je nach Tierart, Körperteil, Ausmästungsgrad und Alter des Tieres schwankt die Zusammensetzung von Fleisch innerhalb gewisser Grenzen. Durchschnittlich kann man folgende Richtwerte anführen:

Wasser	76%
Stickstoffsubstanz	21,5%
Fett	1,5%
Mineralstoffe	1%

Daneben finden sich Kohlenhydrate in geringen Mengen (vor allem Glykogen), Vitamine, vor allem aus der B-Gruppe (vorzugsweise in Innereien), sowie diverse Enzyme.

Der **Wassergehalt** ist recht beachtlichen Schwankungen unterworfen. So hat man bei Fleisch von einem Ochsen folgende Werte gefunden:

Halsstück	6% Fett
	74% Wasser
Schulterstück	34% Fett
	50% Wasser

Die sich möglicherweise hieraus ergebende Vermutung, daß die Gehalte an Wasser plus Fett einen konstanten Wert ergeben, ist dennoch nicht stichhaltig. Zum Beispiel beträgt die Zusammensetzung von

Schweinespeck	80% Fett
	8% Wasser

Fett wird im Fleisch an das Bindegewebe angelagert.

Eiweiß. Das Gesamteiweiß von Fleisch setzt sich zusammen aus dem Muskeleiweiß (Myosin, Actin u. a. Proteine) sowie aus den im umgebenden **Sarkoplasma** befindlichen Eiweißen. Erstere besitzen einen Anteil von etwa 65%, letztere machen den Rest aus.

Weitere **Stickstoff-Verbindungen.** Daneben sind im Sarkoplasma verschiedene niedermolekulare Substanzen wie Nucleotide, Peptide und Aminosäuren enthalten. Besonders bedeutend sind unter ihnen Kreatinin (s. S. 121), Carnosin (s. S. 126) sowie Inosinmonophosphat, das während des **rigor mortis** aus ATP gebildet wurde (s. S. 196). Zusammen mit den Aminosäuren ist es entscheidend für das Aroma des Fleisches nach seiner Zubereitung.

15.3
Fleischerzeugnisse

15.3.1
Zubereitung von Fleisch

Fleisch kann auf vielerlei Weise zubereitet werden. Als Hackfleisch darf es wegen der großen Anfälligkeit gegen mikrobielle Infektionen nur in frisch zerkleinertem Zustand angeboten werden. Beim Kochen bindegewebsreicher

Stücke wird das Eiweiß denaturiert, während die Bindegewebsanteile gelatinieren. Die Aromastoffe dürften vorwiegend durch Maillard-Reaktion gebildet werden. Das charakteristische Aroma von Schweinefleisch ensteht allerdings durch Zerfall von Thiamin. – Bindegewebsarme Stücke werden vorzugsweise gebraten oder gegrillt. Dabei ist man bemüht, die Poren des Fleisches durch plötzliches Erhitzen zu schließen, um so den Austritt des Saftes zu vermeiden. Die hierin gelösten Stoffe (s.o.) setzen sich ebenfalls im Sinne einer Maillard-Reaktion um, während an den Außenflächen eine Verkrustung unter intensiver Bräunung eintritt. Auch die hierdurch gebildeten Aromastoffe dürften auf die o.g. Reaktion zurückgehen. Nach bisheriger Erkenntnis setzt sich das Fleischaroma aus über 500 definierten Aromastoffen zusammen.

Eine weitere Zubereitungsart ist das **Pökeln.** Hierbei wird das Fleisch durch Überführen des Myoglobins in seine Nitrosoform „umgerötet". In begrenztem Umfang kann man diesen Effekt auch durch Zugabe von Natriumascorbat erreichen.

Wie schon auf Seite 169 ausgeführt, unterscheidet man verschiedene Formen des Pökelns. So wird zur Herstellung von **Knochenschinken** (Katenschinken) vorwiegend die Trockenpökelung mit Nitratpökelsalz eingesetzt. Hierzu werden die Vorder- bzw. Hinterschinkenstücke des Schweins mit einem Gemisch aus grobkörnigem Kochsalz, das 1% Salpeter und 2% Saccharose enthält, eingerieben und die Stücke unter Bedecken mit weiterem Pökelsalz eng geschichtet bzw. zusätzlich mit Gewichten beschwert. Das Nitrat wird dabei durch eine spezielle Pökelflora reduziert. Hierzu verwendet man vorzugsweise Lactobacillen und andere salztolerante Stämme aus der Familie der Micrococcae. Die bevorzugte Temperatur liegt bei etwa 8°C. Nach einigen Tagen tritt aus dem Fleisch Flüssigkeit, der sogenannte „Pökel", aus. Die Charge wird dann mit zusätzlicher Pökelsalzlösung vollständig bedeckt für weitere 4–6 Wochen stehen gelassen. Anschließend werden die Schinken herausgenommen und zum Ablaufen des Pökels 2–3 Tage lang trocken gelagert, wobei Salz außen auskristallisiert („Durchbrennen"). Danach wird einige Wochen lang im kalten Rauch geräuchert.

Kassler Rippenspeer und Kochschinken werden dagegen durch Naßpökelung geeigneter Stücke Schweinefleisch zubereitet. Da der Vorgang schneller ablaufen soll, setzt man gesättigte Lösungen von Nitritpökelsalz ein. Zur schnelleren Aufnahme der Salzlösung kann das Fleisch nach Evakuieren unmittelbar mit Lake behandelt werden. Häufiger wird allerdings die Spritzpökelung angewendet. Hierzu injiziert man die erforderliche Menge Pökellake direkt in die Schlagadern, wozu natürlich Überdruck angewendet werden muß. Oder man spritzt die Lake mittels spezieller Hohlnadeln, die seitlich Löcher besitzen, in den Muskel (z.B. bei Kassler Rippenspeer). Dabei wird der Lake teilweise Phosphat zugefügt, das übermäßigen Saftaustritt nach dem Spritzen verhindert. Kochschinken werden dann bei 80°C gebrüht und, falls noch nicht entbeint, kurz geräuchert. Kassler Rippenspeer wird ebenfalls geräuchert, aber nicht gebrüht.

Corned beef (von corn, engl. = grobes Salz) wird aus zerkleinertem Rindfleisch, das man von Fett und Sehnen befreit hatte, hergestellt. Es wird einige Tage lang naß gepökelt, gekocht und eingedost. Anschließend wird nachsterilisiert.

Zum **Räuchern** werden traditionell Buchenholzspäne im Feuer verglimmt und der entwickelte Räucherrauch in speziellen Räucherkammern mit dem Räuchergut in Kontakt gebracht. Als weitere Ausgangsprodukte werden viele weitere naturbelassene Hölzer und Zweige, Heidekraut und Nadelholzsamenstände verwendet. Dagegen ist die Verwendung von Torf verboten. Bezüglich der Temperaturführung unterscheidet man zwischen

Kalträucherung (Rauchtemperatur 15–25°C), angewandt z.B. bei Rohwurst, Schinken;

Warmräucherung (Rauchtemperatur 25–50°C), angewandt bei Frankfurter Würstchen;

Heißräucherung (Rauchtemperatur 50–85°C), angewandt z.B. bei Brühwürsten.

Nachdem man erkannt hatte, daß polycyclische aromatische Kohlenwasserstoffe bei Glimmtemperaturen unterhalb 700°C in geringerem Maße gebildet werden, andererseits die wertgebenden Phenole zu ihrer Entstehung Temperaturen um 600°C benötigen, hat man die Rauchgeneratoren so modifiziert, daß die Pyrolysetemperatur nun gesteuert werden kann. Durch ihren Einsatz war es möglich, auch bei schwarzgeräucherten Produkten wie z.B. Schwarzwälder Schinken die zugelassene Höchstmenge von 1 ppb Benzpyren einzuhalten. Schließlich kann man heute den Räucherrauch in wäßrigen Lösungen kondensieren und nach Entfernen unerwünschter Stoffe in geschlossenen Kammern verdampfen. Abbildung 15.6 zeigt schematisch den Aufbau einiger Räucheranlagen.

Einige gesalzene Fleischprodukte werden nicht geräuchert, sondern statt dessen an der Luft getrocknet. Hierzu gehört der **Parmaschinken**, dessen süßlicher Geschmack durch reichlichen Einsatz von Zucker im Pökelsalz erreicht wird. **Lachsschinken** wird aus dem Kotelettgrat des Schweins meist durch Naß Pökelung und anschließendes Einwickeln in Speck hergestellt.

Bündner Fleisch bereitet man vornehmlich in Graubünden aus geeigneten Teilen von Rinderkeulen. Das Fleisch wird der Trockenpökelung unterworfen und in ähnlicher Weise, wie bei Schinken beschrieben, nachgetrocknet. Anschließend werden die Stücke 2–5 Monate lang an der Luft getrocknet, wobei man darauf achtet, daß ein eventueller Schimmelansatz weiß bleibt.

Frischfleisch wird heute meist in speziellen Zerlege-Betrieben optimal für die Bedürfnisse des Verbrauchers zugeschnitten und hergerichtet. Natürlich wird dabei nach Wegen gesucht, das verarbeitete Fleisch möglichst profitabel umzusetzen. Mittels spezieller Maschinen ist z.B. auch die Zerkleinerung von Schwarten und das Abpressen restlicher Muskelanteile vom Knochen ($\rightarrow$

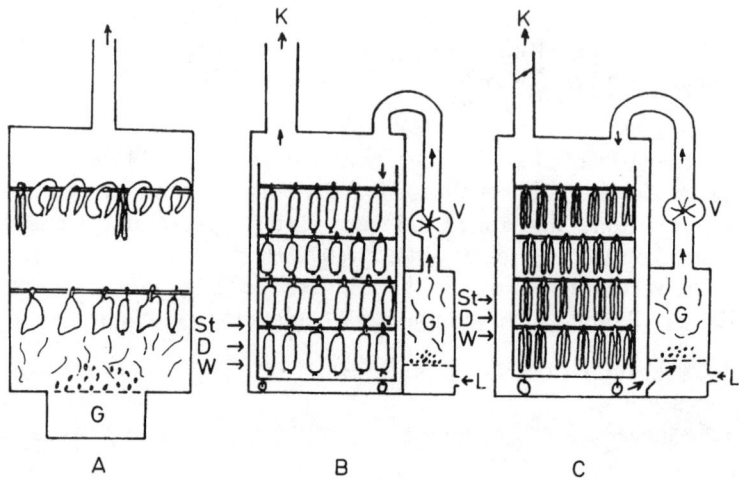

Abb. 15.6. Grundtypen der Räucheranlagen. A – althergebrachte; B – moderne; C – geschlossene Anlage; G = Raucherzeuger; St, D, W = Strom-, Dampf-, Wasseranschlüsse; L = Luftzufuhr; V = Ventilator; K = Kaminanschluß; Aus: L Tóth (1982) Chemie der Räucherung, Verlag Chemie (Weinheim)

„Separatorfleisch") möglich. Solche Produkte werden dann u.a. zu Wurst verarbeitet.

Zur Herstellung von Separatorfleisch werden die fleischhaltigen Knochen (ausgenommen Röhrenknochen) in speziellen Walzen behandelt, wobei Fleisch und Knochen getrennt werden. Knochenreste werden anschließend durch Zentrifugieren in wäßriger Kaliumchloridlösung entfernt und die Fleischreste dann mit Wasser gewaschen.

15.3.2
Wurst

In großer Vielfalt wird Fleisch zu Wurst verarbeitet. Trotzdem kann man die verschiedenen Arten auf vier Grundtypen zurückführen:

Rohwurst (z.B. Salami, Mettwurst),
Kochwurst (z.B. Blut- und Leberwurst),
Brühwurst (z.B. Jagdwurst, Bockwurst),
Bratwurst.

Als Wursthäute verwendet man sowohl Naturdärme, deren innere Schleimhäute entfernt wurden und die man zur Keimabtötung mit 5prozentiger Essig- oder Milchsäure behandelt hat. Naturindärme werden aus Rinderspalthäuten hergestellt, indem diese mit $Ca(OH)_2$ aufgeschlossen und nachfolgend mit Salzsäure gequollen werden. Nach Mahlen und Plastifizieren wird durch ringförmige Düsen gepreßt und mit Holzrauch-Kondensat oder Glyoxal gehärtet. –Unter den Kunststoffdärmen sind Zellglasfabrikate hervorzuheben.

Verschiedentlich werden Würste mit speziellen Tauchmassen versehen. Diese Überzüge sollen vor bakteriellem Befall und Austrocknen schützen und setzen sich aus Gelatine, Glycerin, Konservierungsmitteln und Cellulose oder $CaCO_3$ als Lichtschutz zusammen.

Rohwurst. Nach einem alten ungarischen Rezept für Salami („Naturverfahren") wird hauptsächlich Schweinefleisch zerkleinert, mit den Zutaten (Gewürze, Pökelsalz, evtl. Glucose) versetzt und in Pferdedärme gefüllt. Die so hergestellten Würste behandelt man bis zu drei Monate lang in Trockenkammern bei 15°C, wobei die Luftfeuchtigkeit nur wenig unter der Gleichgewichtsfeuchtigkeit (entspricht der Wasseraktivität, s. S. 16) des Fleisches liegen soll, um oberflächige Austrocknungen zu vermeiden. Während dieser Zeit sinkt der pH durch mikrobielle Entwicklung von Milchsäure auf etwa 5,4, was den Austritt von Wasser zur Folge hat. Am Schluß beträgt der Wasserverlust bis zu 40%.

Heute dürften in der Bundesrepublik Deutschland vorwiegend Schnellverfahren zur Anwendung kommen. Hierfür werden Rind- und Schweinefleisch, meist in gekühltem Zustand, auf die gewünschte Größe zerkleinert, mit den Zutaten versetzt, wobei gewisse Mengen Glucose zur Anwendung kommen, und in Därme abgefüllt.

Während man sich früher darauf verließ, daß die dem Fleisch anhaftende Mikroflora die Reifung vollzog, setzt man heute dem Wurstgut spezielle **Starterkulturen** zu. Diese bestehen aus

Milchsäurebakterien,	die Geschmack, Aroma und pH-Absenkung kontrollieren. Letzere garantiert Schnittfestigkeit und Haltbarkeit der Wurst.
Mikrokokken,	die wegen ihres Gehaltes an Nitratreduktasen eingesetzt werden. Damit sind sie hauptsächlich für die Farbausbildung verantwortlich. Auch mit Nitrit versetzte Wurstmassen erfordern Nitratreduktasen, da Nitrit leicht zu Nitrat oxidiert wird.
Gewisse Hefen und Streptokokken,	die das Aroma beeinflussen.

Für Schimmelpilz-Rohwürste, die vor allem in Ungarn und Italien beheimatet sind, wurden bestimmte Schimmelpilzrassen ausgesucht, mit deren Einsatz man das Mykotoxin-Risiko herabsetzen will und die außerdem zur Aromaverbesserung beitragen.

Die Würste werden sodann für 24 Stunden in einen Schwitzraum gehängt, wo bei 25–28°C Milchsäurebildung und Umrötung des Fleisches schnell ablaufen. Anschließend wird eine Woche bei derselben Temperatur in den Rauch gehägt, woraus Gewichtsverluste von 15–20% resultieren. Diese Würste sind nicht so haltbar wie die nach dem „Normalverfahren", das eine zusätzliche Nachreifezeit von 4–6 Wochen vorsieht. Dabei dürften die Wasserverluste etwa 35–40% betragen. Anschließend sollten die Würste durch Verpacken vor Sauerstoffangriff geschützt werden, da Fettranzigkeit als erstes eintritt. Dann

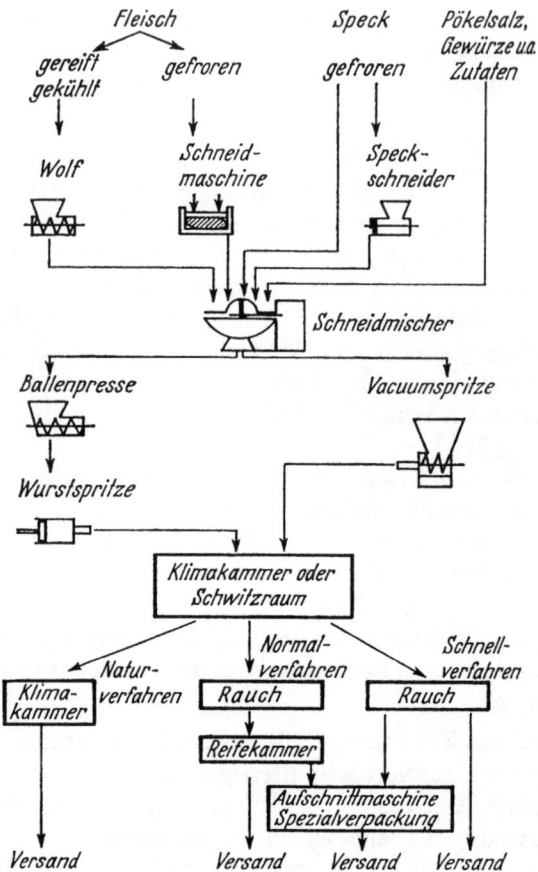

Abb. 15.7. Gang der Rohwurstherstellung. Aus: Handbuch
der Lebensmittelchemie Bd.
III/2, S. 1182

sind sie über 1 Jahr haltbar. In Abb. 15.7 ist schematisch der Herstellungsgang
für Rohwürste wiedergegeben.

Zur Herstellung von **Kochwürsten** werden sowohl rohe als auch gekochte
Fleischanteile in Schneidmaschinen und Kuttern auf die gewünschte Größe
gebracht, mit weiteren Zutaten gemischt, abgefüllt und nochmals bei 75–85°C
60–90 min gebrüht.

In Abb. 15.8 ist der Gang der Kochwurstherstellung dargestellt. Wir begegnen
hier erstmals dem **Kutter** als essentiellem Arbeitsgerät zur Fleischzerteilung. In
Abb. 15.9 ist ein Kutter älterer Bauart dargestellt, der indes seine Wirkungsweise
gut erkennen läßt. Grundsätzlich besteht er aus einer drehbaren Schüssel, in
der das im Fleischwolf vorzerkleinerte Fleisch durch einen schnell rotierenden
Satz sichelförmiger Messer feinst zerkleinert wird. Es gibt heute Kutter der
verschiedensten Größen und Bauarten.

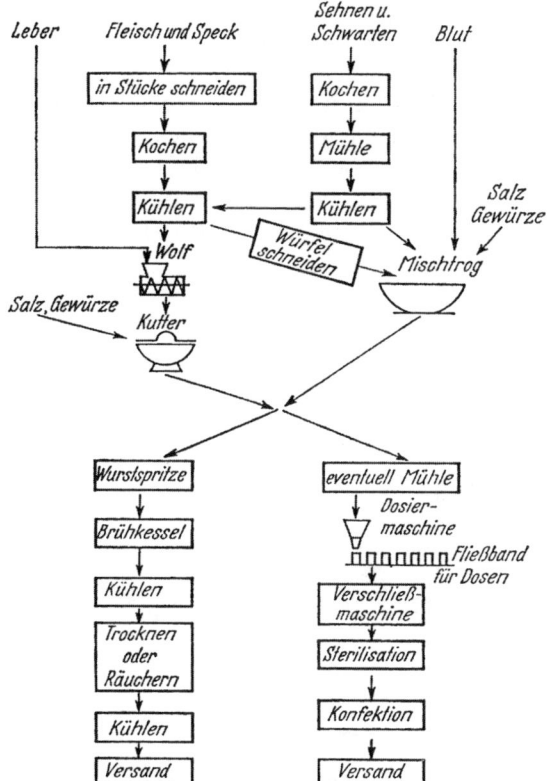

Abb. 15.8. Gang der Kochwurstherstellung. Handbuch der Lebensmittelchemie Bd. III/2. S. 1190

Abb. 15.9. Stephan-Schnellkutter. Handbuch der Lebensmittelchemie Bd. III/2, S. 1155

Brühwurst erfordert zu ihrer Herstellung Fleisch mit hohem Wasserbindungsvermögen. Daher ist man bestrebt, zu ihrer Herstellung schlachtwarmes
Fleisch vor Eintritt des **rigor mortis** einzusetzen. Da das meist jedoch nicht
gelingt, erhöht man häufig das Wasserbindungsvermögen durch Zugabe von
Pyrophosphat (s. S. 182). Andererseits versucht man heute zunehmend die Erkenntnis auszunutzen, daß der rigor mortis von Rindermuskeln bei richtiger
Temperaturführung erst mehrere Stunden post mortem einzutreten beginnt.

Abbildung 15.10 zeigt schematisch den Ablauf der Brühwurstherstellung.

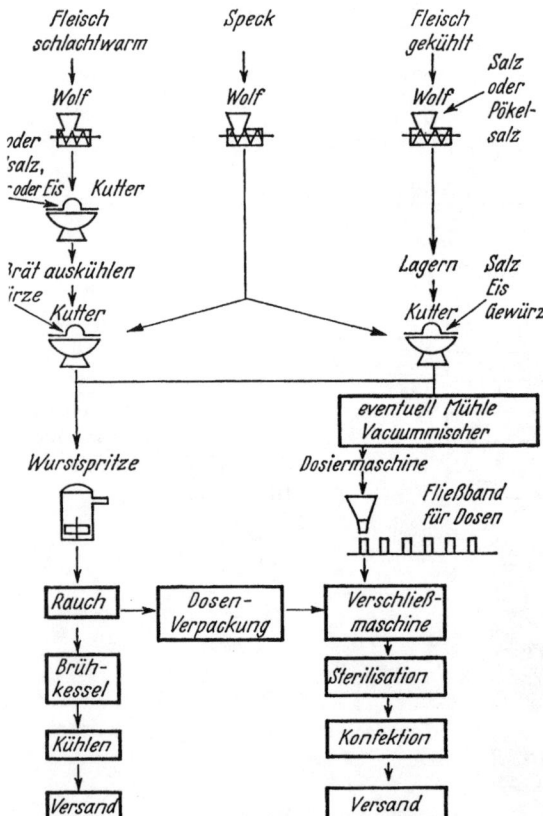

Abb. 15.10. Gang der
Brühwurstherstellung.
Handbuch der Lebensmittel-
chemie Bd. III/2. S. 1186

Zu ihrer Bereitung mischt man geeignetes Fleisch und Speck mit Pökelsalz,
Kochsalz, Gewürzen und stellt daraus durch Kuttern einen Teig („Brät") her,
der letztlich eine Emulsion von Fett in Eiweiß darstellt. Dieses Brät ist in
der Lage, zusätzlich Wasser aufzunehmen, das bei Bock- und Knackwürsten
die gewünschte „Knackigkeit" bewirkt. Nach Abfüllen dieser Wurstmasse in
Därme wird kurz bei 100°C geräuchert und anschließend 30 min bei 75°C
gebrüht.

Als wesentlicher Unterschied zwischen Roh- und Brühwurst ist der pH-
Wert zu erwähnen. Er liegt bei Rohwurst bei 5,4, bei Brühwurst dagegen bei

5,6 bis 6,6, wo die leichte Quellung des Proteins die Brätherstellung wesentlich erleichtert. Grundsätzlich wird derartiges Brät auch zur Herstellung von Fleischkäse und von Fleischbrät für Fleischsalate verwendet.

Bratwurst ist ein Sonderfall von Brühwurst und wird ebenfalls aus Brät bereitet.

15.3.3
Fleischextrakt

Seine Bereitung geht auf J. von Liebig zurück. Er wird durch Auslaugen von fettfreiem Rindfleisch besserer Partien hergestellt, wobei mit extrahierte Leimsubstanzen vor dem Eindicken entfernt werden. Hierbei entwickeln sich dann, ähnlich wie beim Erhitzen von Fleisch, charakteristische Aromastoffe. Fleischextrakt besitzt demnach nur geringen Nähr-, aber hohen Genußwert. Fleischextrakte werden heute auch aus Schaf- und Walfleisch hergestellt. Auch Fischextrakte kommen in neuerer Zeit wieder auf den Markt. Fleischextrakte werden vorwiegend zum Veredeln von Fertig- und Trockensuppenpräparaten auf Würzebasis (s.u.) verwendet, deren Bezeichnung auf Fleischzusatz schließen läßt. Leitsubstanz für die analytische Erkennung seines Zusatzes ist Kreatinin (s. S. 121).

Die Herkunft eines zugesetzten Fleischextraktes kann man aus den Mengenverhältnissen an Carnosin, Anserin und Balenin erkennen (s. S. 126). Zusätzlich den Brühwürfelmassen zugesetzten Hefeextrakt erkennt man an höheren Konzentrationen von Hypoxanthin, das durch hydrolytische Spaltung von Inosinmonophosphat entsteht.

15.3.4
Brühwürze

Sie ist die Grundlage von Fleischbrühwürfeln sowie entsprechender Trockensuppen- und Trockensoßenpräparate. Sie wird meist durch salzsaure Hydrolyse verschiedener Getreideeiweiße hergestellt und besteht hauptsächlich aus Kochsalz (Höchstgehalt 65%) und Aminosäuren (Mindestgehalt an löslichem Stickstoff 3%). Die in Klammern gesetzten Werte beziehen sich auf Produkte, die ausschließlich aus Brühwürze ohne Zusatz von Fleischextrakt, Fleisch oder Hefeextrakt hergestellt wurden. Sie werden dann als Brühwürfel bezeichnet.

Der charakteristische Geruch dieser Produkte geht auf Abhexon und das Methylhomologe Sotolon zurück, die beide zur Gruppe der α-Furanone gehören. Sie kommen nur in geringen Konzentrationen vor, besitzen aber sehr niedrige Geruchsschwellenwerte (s. S. 121).

$$
\begin{array}{ccc}
CH_2Cl & CH_2OH & CH_2OH \\
| & | & | \\
HC-OH & HC-Cl & HC-OH \\
| & | & | \\
CH_2Cl & CH_2Cl & CH_2Cl \\
\\
\text{1,3-Dichlorpropanol} & \text{1,2-Dichlorpropanol} & \text{Monochlorpropanol}
\end{array}
$$

Bei der Herstellung der Brühwürze muß auf gründliche Entfettung des Ausgangsmaterials geachtet werden, da sonst möglicherweise Dichlorpropanole und Monochlorpropandiol gebildet werden, von denen die Erstgenannten als Carcinogene eingestuft wurden. Monochlorpropandiol erwies sich bei Ratten als fertilitätshemmend. Solche Verbindungen wurden in Spuren in einigen Würzen und daraus hergestellten Saucen nachgewiesen. Daher ist man in neuerer Zeit dazu übergegangen, solche Suppenpräparate aus Hefeextrakten herzustellen.

15.4
Gelatine

Gelatine wird aus Kollagen hergestellt. Sie dient vor allem zur Herstellung von photographischen Artikeln und Arzneimittelkapseln. Ausgangsmaterialien sind Schweineschwarten, Rinderspalthäute und frische Knochen. – Die Knochen werden entfettet und mit Salzsäure entmineralisiert. Zurück bleibt das Ossein. Es wird ebenso wie die Rinderspalthäute bis zu 6 Monate lang in Calciumhydroxidlösung aufbewahrt, wobei die Quervernetzungen des Kollagens gelockert werden. Dagegen brauchen die Schwarten der heute ohnehin meist jungen Schweine nur 1 Tag lang mit Salzsäure behandelt zu werden, um den gleichen Effekt zu erzielen. Die so vorbereiteten Materialien werden mehrfach mit Wasser steigender Temperatur extrahiert, die Lösungen gereinigt, eingedickt, getrocknet und gemahlen. Um die Keimzahl zu reduzieren (sie soll unter 10 000/g liegen) und um das Produkt darüber hinaus etwas zu bleichen, ist die Konservierung mit Schwefeldioxid erlaubt. Gelatine besteht in der Hauptsache aus Glycin (27%), Prolin (16%), Hydroxyprolin (13,8%), Glutaminsäure (11,4%) und Alanin (11,0%).

Auch in der Lebensmittelwirtschaft findet sie vielfältige Anwendung, so in
    Süßwaren (Fruchtgummi, Schaumzuckerwaren, Negerküsse, Geleeartikel, Marshmellows, Lakritz, Müsliriegel), Fleisch- und Fischwaren (Aspik, Tauchmassen, Überzüge von Pasteten)
    Milchprodukte (Fruchtjoghurt, Quarkdesserts, Cremespeisen, Speiseeis, Sahnesteif)
    Nährmittel (Mousse-Desserts, Götterspeisen, Dessertcremes, Instant-Getränkepulver)
    Feinkost (Salatdressings, Halbfettmargarine, Milchhalbfett) Getränke (Saft-, Wein- und Bierklärung).

Während sich Gelatine erst bei etwa 40°C auflöst, gehen **kaltlösliche Gelatinen** schon bei 10°C in Lösung. Sie werden vor allem für Instant-Desserts und Sahnestandmittel eingesetzt.

Störungen im Gelaufbau treten vor allem dann ein, wenn sie mit zu sauren Lebensmitteln (z.B. Sauergemüse, pH < 4,5) oder Protease enthaltenden Früchten, z.B. Ananas (Bromelin) in Berührung kommen.

Gelatine kann durch Hydrolyse soweit modifiziert werden, daß sie ihre Gelierfahigkeit verliert. Solche **modifizierten Gelatinen** werden als Struktur-verbesserer u.a. in der Getränkeindustrie (Saftstabilisierung) und Süßwaren-branche (z.B. als Klebstoff in Müsliriegeln) eingesetzt.

15.5
Fisch

Die vielen Fischarten, die unseren Speisezettel bereichern, kann man in fol-gende Gruppen zusammenfassen:

Salzwasserfische/Süßwasserfische,
oder
Fettfische /Magerfische.

So gehören zur Gruppe der Fettfische Hering, Makrele, Lachs und Aal, während Kabeljau, Schellfisch, Köhler (Seelachs) und Hecht typische Vertreter der Gruppe der Magerfische sind.

Fischeiweiß ist hochwertig und leicht verdaulich. Der Fischmuskel von Salz-wasserfischen enthält als ein Endprodukt des N-Stoffwechsels das Trimethyla-minoxid. In einigen Fischen (Hai, Rochen) findet man daneben auch Ammo-niak und Harnstoff. Im Muskel von Süßwasserfischen ist dagegen kein Trime-thylaminoxid eingelagert. – Trimethylaminoxid kann nach dem Fang bakte-riell zu Trimethylamin abgebaut werden, was sich nicht zuletzt auch geruchlich bemerkbar macht. Daneben kann es zu Formaldehyd und Dimethylamin zer-fallen.

$$H_3C-\underset{\underset{CH_3}{|}}{\overset{\overset{CH_3}{|}}{N}}\rightarrow O \longrightarrow H_2C=O + HN(CH_3)_2$$

Der Gehalt an freien Aminosäuren im Muskel ist relativ hoch. Hieraus können bei Verderb biogene Amine, z.B. Histamin, entstehen (s. S. 138). Letzteres wurde in den vergangenen Jahren verschiedentlich in Thunfisch beobachtet. Ausgangspunkt für den bakteriellen Verderb ist die Schleimschicht der Haut sowie die Darmflora. Aal, Thunfisch, Karpfen, Schlei und Hecht enthalten in ihrem Blut hämolytisch wirkende Ichthyotoxine.

Die Totenstarre wird bei Fischen schneller durchlaufen als bei Warm-blütern. Auch hier ist ihr Verlauf für die Qualität des Fleisches entscheidend.

Der Frischegrad von Fischen kann an der Rötung der Kiemen sowie an dem Brechungsindex der Augenflüssigkeit erkannt werden. Weitere Aussagen sind u.a. über den pH des Muskels zu erhalten, der in genußfähigem Zustand bei pH 6,0 bis 6,5 liegt, bei Verderb dagegen bis 7,0 und höher steigt.

Tabelle 15.1. Zusammensetzung einiger Fische (Gramm pro 100 g Filet). (Aus: Souci, SW, Fachmann W, Kraut H (1962–1964) Die Zusammensetzung der Lebensmittel – Nährwert-Tabellen. Stuttgart)

Fischart	Wasser	Eiweiß	Fett	Mineralstoffe
Kabeljau	82	17	0,3	1,0
Schellfisch	81	18	0,1	1,2
Rotbarsch	78	19	3,0	1,4
Scholle	81	17	0,8	1,4
Aal	61	13	25	1,0
Karpfen	72	19	7	1,3
Nordsee-Hering	63	18	18	1,3
Makrele	68	19	12	1,3

15.5.1
Fischfang

Der Fischfang wird heute vorwiegend mit 3 Typen von Fangschiffen durch-geführt:

Kombinierte Fang- und Fabrikschiffe von etwa 3 000 BRT sind mit Vollfrostanlagen ausgerüstet. Der über Heck eingeholte Fang wird an Bord sofort filetiert und tiefgefroren.

Hecktrawler (etwa 900 BRT groß) kühlen ihren Fang mit Eis und landen ihn als „Frischfisch" an. Sie dehnen ihre Fangfahrten ebenso wie die Fa-brikschiffe bis nach Neufundland aus.

Motorfischkutter landen ihren Fang vorwiegend aus Nord- und Ostsee an. Auch hier wird der Fisch mit Eis gekühlt.

Früher hat man fast grundsätzlich mit dem Trawl, einem über den Grund gezo-genen, vorne durch Scherbretter offen gehaltenen Netz gefischt. Heute werden die durch Echolot georteten Fischschwärme mit dem auf die entsprechende Tiefe gehaltenen Schleppnetz gefangen.

15.5.2
Seefische

Zu den wichtigsten Seefischen gehört der Kabeljau, der im Atlantik gefangen wird, er wird bis zu einem Meter lang. Angelkabeljau wird auf der Rückfahrt gefangen. In der Ostsee bezeichnet man ihn als Dorsch, er wird dort nur etwa 60 cm lang.

Schellfisch ist kleiner als Kabeljau (Länge 40–70 cm), er ist im Geschmack etwas feiner. – Die genannten Arten gehören zusammen mit dem Leng, dem noch mehr geschätzten Blauleng, dem Wittling (Merlan), Seelachs (Köhler bzw.

Pollack) und dem Seehecht zur Familie der Gadidae (auch als Gadus-Arten bezeichnet). Ihre Fettgehalte liegen durchweg unter 1%.

Wegen ihres zarten Fleisches sind auch die Plattfische besonders geschätzt. Hierzu zählt man Scholle (Goldbutt), Flunder, Seezunge sowie den Weißen und Schwarzen Heilbutt. Während Schollen, Flundern und Seezungen in küstennahen Gewässern gefischt werden, fängt man den 2–4 Meter langen Heilbutt vor Island. Scholle und Seezunge gehören zu den Magerfischen, dagegen beträgt der Fettgehalt des Schwarzen Heilbutts etwa 5%, weshalb man ihn gerne als Räucherfisch zubereitet.

Auch Rotbarsch (er enthält etwa 3% Fett) wird manchmal geräuchert. Er lebt in tiefen Gewässern, wird hier aber von dem mit ihm verwandten, heller gefärbten Tiefenbarsch noch übertroffen, der Meerestiefen von 500 Metern und mehr liebt.

Ausgesprochene Fettfische sind Hering und Makrele (18 bzw. 12% Fett). Die Fettgehalte unterliegen allerdings weiten Streuungen und hängen vor allem vom Alter des Fisches sowie der Jahreszeit ab. Das Fett dieser Fische ist wegen seines Gehaltes an ω-3-Fettsäuren neuerdings besonders interessant geworden (s. S. 56). Daneben sollen aber auch die hervorragenden Eigenschaften dieser beiden Fischarten als Speisefisch hervorgehoben werden. Vor allem der Hering läßt sich in vielen Varianten verarbeiten: frisch als „Grüner Hering" zum Braten oder mariniert als Bismarck-Hering bzw. Rollmops, gesalzen als Salz- bzw. Matjeshering oder geräuchert als Bückling. Sprotten sind übrigens mit dem Hering verwandt (Familie Clupeidae), ebenso wie die an Europas Westküsten vorkommenden Sardinen (Pilchard). Die im Mittelmeer gefangenen Sardellen gehören dagegen einer anderen Familie an (Engraulis encrasicolus).

Von besonderer Qualität sind auch der Thunfisch, der normalerweise wärmere Gewässer bevorzugt, sowie der Katfisch (Seewolf), der nach Räuchern als Steinbeißer gehandelt wird. Beide werden zu den Fettfischen gezählt. Dornhai wird nur in verarbeiteter Form angeboten: die Rückenmuskulatur als Seeaal, die Bauchlappen nach Räuchern als Schillerlocken. Diese Handelsbezeichnungen sollten möglicherweise in früheren Zeiten das abschreckende Wort Haifisch umgehen. Inzwischen werden auch hier Haifischsteaks angeboten. Sie enthalten ebenso wie der Muskel des Rochen Harnstoff und Ammoniak. Letzteres wird bei kräftigem Braten freigesetzt bzw. muß sogar ausgebraten werden, da das Fleisch sonst nach Ammoniak schmeckt.

Besonders schmackhaft ist auch der Seeteufel, der im Handel häufig als Forellenstör angeboten wird.

Einer der edelsten Fische ist der Lachs. Da er in Süßwasser laicht, wird er oft den Süßwasserfischen zugeordnet. Er wandert dann aber nach 1–2 Jahren als kleiner Junglachs ins Meer, von wo er nach etwa 4 Jahren nach Erreichen der Geschlechtsreife wieder ins Süßwasser zum Laichen zurückkehrt. Er kehrt dann übrigens an den Ort seiner Jugend wieder zurück, wobei ihm spezielle Sensoren, die die Mineralstoff-Zusammensetzung der Gewässer registrieren, helfen. Große Lachse erreichen Gewichte bis 30 kg, sie enthalten dann etwa 15% Fett. – Lachs wird zunehmend gezüchtet. So hat man schon früher geschlechtsreifen Tieren Rogen und Milch abgestreift und durch Vereinigen beider in Warmwasser die Befruchtung herbeigeführt. Heute werden in Norwegen und Schottland die herangezüchteten Jungfische in Netzkäfige gebracht, die man an geeigneten Stellen im Meer verankert. Durch Fütterung mit Trockenkraftfutter aus Fischmehl, Fischöl, Weizenkleie, Vitaminen und Mineralstoffen erreichen die Tiere in etwa 2 Jahren Gewichte von 2–4 kg. Da sie sich nicht wie die Wildlachse von Planktonkrebsen ernähren können und daher ihr Muskelfleisch zu blaß ist, gibt man einige Wochen vor dem Schlachten Canthaxanthin oder Astaxanthin (s. S. 199, s.a. Kap. 15.5.5) zum Futter. – In Norwegen wurden im Jahre 1986 über 45 000 t Lachs in solchen Aquakulturen erzeugt. Auch Forellen hat man schon auf diese Weise in der Ostsee großgezogen. Durch Canthaxanthin-Gaben läßt sich auch hier der Muskel in vivo lachsrot färben. Neuerdings wird vermutet, daß zu große Mengen an Canthaxanthin im Futter (und damit im Fischmuskel) beim Konsumenten zu Sehstörungen führen können. Deshalb hat man die Farbstoffkonzentration im Futter reduziert, weshalb nun der Fischmuskel weniger intensiv gefärbt erscheint.

15.5.3
Süßwasserfische

Die größte Bedeutung als Zuchtfisch haben Aal, Karpfen und Forelle.

Der Aal laicht im Sargasso-Meer. Von dort kommen die etwa 10 cm langen, durchsichtigen „Glasaale" mit dem Golfstrom nach Europa. Ihre Pigmentierung bildet sich erst nach Eindringen in die Flüsse aus. Man unterscheidet bei den Aalen zwischen den räuberisch lebenden Breitkopf- und den Würmer, Schnekken und Insektenlarven bevorzugenden Spitzkopfaalen. Letztere können bis zu 25% Fett enthalten; sie werden qualitativ besser eingestuft und vorwiegend zu Räucherfisch verarbeitet. Dadurch, daß Aale vorwiegend auf dem Grund der Flüsse leben, werden sie besonders leicht durch Umweltgifte in Wasser und Schlamm kontaminiert.

Forellen werden heute meistens in Teichen gezüchtet, durch die man fließende Gewässer leitet. Der Muskel der Forelle enthält etwa 2% Fett. Vor allem Regenbogenforellen eignen sich gut zur Aufzucht in Teichen.

Karpfen bevorzugen stehende Gewässer. Nach der Anzucht werden sie in speziellen Teichen ausgesetzt, wo sie dann nach 3–4 Jahren Gewichte von 2–4 kg erreichen. Die so gezüchteten Spiegelkarpfen besitzen nur wenige Schuppen, während der in Seen lebende Wildkarpfen vollständig beschuppt ist. Karpfen enthalten etwa 7% Fett (abhängig von der Größe).

Die Schleie ist ein Magerfisch, den man gerne neben Karpfen aufzieht. Ausgesprochene Magerfische sind die Weißfische (Brasse, Plötze, Güster), der Hecht sowie die Barsche, von denen der Zander zu den Edelfischen gerechnet wird.

15.5.4
Fischkrankheiten und Parasiten

Ebenso wie Schweine und Rinder können auch Fische Parasiten enthalten und ebenso müssen sie bei Massentierhaltung gegen Krankheiten geschützt werden. Zum Beispiel können Karpfen durch Antibiotika-Gaben vor Erkrankung an Bauchwassersucht geschützt werden. Wie schon erwähnt, schützt man Forellen vor Ektoparasiten durch Malachitgrün, dessen Rückstände man dann in Gräten und Muskeln nachweisen kann.

Parasiten in Fisch sind meistens Nematoden (Würmer). So enthalten Weißfische manchmal den Riesenwurm (Ligula intestinalis), der im Darm von Wasservögeln geschlechtsreif wird und in den Fischen Längen bis 75 cm erreicht. Im Menschen sind diese Würmer harmlos.

Auch Seefische können von Parasiten befallen sein. Anisakis simplex, der „Heringswurm", wird 15–30 mm groß. Der Endwirt, in dem er die Geschlechtsreife erlangt, ist der Wal. Pseudoterranova decipiens wird im Fisch bis 5 cm lang. Seine Endwirte sind Robben. Zwischenwirte für beide Arten sind Crustaceen und Fische. Humaninfektionen sind äußerst selten und kommen vor allem im nordpazifischen Raum vor, wo mehr roher Fisch gegessen wird. Dabei bohren sich diese Larven in Magen- und Darmwand, wo sie Entzündungen hervorrufen können.

Wahrscheinlich durch die durch das Artenschutzabkommen begünstigte, stärkere Vermehrung der Robben hat in den letzten Jahren die Verbreitung solcher Nematodenlarven in Fisch stark zugenommen. Sie wurden am meisten bei nicht ausgenommenem Fisch entdeckt, und zwar vorwiegend im Bereich der Bauchlappen. Dabei wurden in Heringen ausschließlich Anisakis-Larven, bei Stint und Aal nur Pseudoterranova nachgewiesen, während beide in Köhler, Kabeljau, Rotbarsch, Leng, Blauleng, Lumb, Schwarzem Heilbutt und Seeteufel gefunden wurden.

Die genannten Nematodenlarven werden durch folgende Behandlungen sicher abgetötet:

Tiefgefrieren auf −18°C für mindestens 24 Stunden;
Erhitzen auf mindestens 70°C;
Zehntägige Salzbehandlung mit mindestens 20% Kochsalz im Fischmuskel; 35tägige Aufbewahrung in Marinaden von mindestens 7% Essigsäure und 14% Kochsalz (obwohl die Salzgare der Fische schon nach 8–10 Tagen erreicht ist).

Fischfilets werden auf speziellen Leuchttischen auf das Vorkommen von Nematodenlarven untersucht.

15.5.5
Krebstiere

„Krabben" ist eine Handelsbezeichnung für die in unseren Wattenmeeren vorkommenden Nordsee-Garnelen, die mit Grundnetzen gefangen und schon auf

See abgekocht werden. Dabei erhalten sie die braunrote Farbe. Ihre Haltbarkeit ist sehr begrenzt, weshalb sie unter Anwendung von Kühlketten transportiert und gehandelt werden. Die Königskrabbe ist eine Tiefseegarnele, die etwa doppelt so groß ist und in nördlichen Gewässern gefangen wird. Sie wird vor allem in Norwegen und Dänemark bevorzugt.

Hummer kommen in Großbritannien und Norwegen sowie vor allem an der US-amerikanischen Ostküste (Bundesstaaten Maine und New Hampshire) vor. In den USA werden sie gezüchtet und dann in speziellen Hummerkästen im Meer ausgesetzt. Hummer fallen durch ihre kräftigen Scheren am ersten Paar der Brustfüße auf. Das in den Scheren enthaltene Fleisch ist am zartesten.

Langusten fehlen diese Scheren. Der Geschmack ihres Fleisches ist dem des Hummers vergleichbar. Die Schalen von Hummer und Garnele färben sich beim Kochen rot. Auslöser ist das in den Panzern enthaltene Chromoproteid Ovoverdin, das aus Astaxanthin und Protein als Crustacyanin-Komplex besteht. Beim Kochen wird der braungrüne Komplex zerstört und das rote Astaxanthin in Freiheit gesetzt.

15.5.6
Krabben

Krabben sind Kurzschwanz-Krebse. Die bekannteste ist die Kamtschatka-Krabbe, die bis zu 6 kg schwer wird. Die Steinkrabbe aus Alaska wird als „Kingcrab" gehandelt. Auch die Seespinnen gehören zu den Krabben. Alle sind ausgesprochen wohlschmeckend.

15.5.7
Weichtiere

Hierzu gehören Muscheln, Austern und Tintenfische. Miesmuscheln (Pfahlmuscheln) klammern sich mit Hilfe ihrer Byssus-Fäden an Pfähle und Gegenstände im Meer fest. Sie werden nach dem Ablösen lebend versandt. Tote Muscheln sind daran erkennbar, daß ihre Schalen geöffnet sind. Dagegen öffnen lebende Muscheln ihre Schalen beim Kochen.

Austern sind Edelmuscheln, die meist lebend verzehrt werden. Sie werden vor allem in der Bretagne gezüchtet, kommen heute aber auch aus England und den Niederlanden. Selbst in Schleswig-Holstein werden sie gezüchtet: Dazu werden die Jungaustern mittels Schnellbinder an Baustahlgewebe befestigt und dieses an geeigneten Stellen ins Meer gehängt.

Austern erfordern äußerste Hygiene. Über die Gefahr von Saxitoxin-Vergiftungen s. S. 251.

Tintenfische sind höher entwickelte Weichtiere und besitzen bereits ein Zentralnervensystem. Unter den vielen Arten sind die Calamare am bekanntesten, die vor allem in den Mittelmeerländern genossen werden.

15.6
Fischerzeugnisse

15.6.1
Salzfische

Kochsalz entzieht dem Muskel osmotisch Wasser, wobei das Eiweiß gerinnt und eine zusätzliche Aromabildung durch enzymatische Reifung eintritt. Salzfische sind außerordentlich anfällig gegen Oxidation. – Neben „hartgesalzenen" Salzheringen gibt es als besonderes Qualitätsprodukt Matjesheringe, die mit 8 bis 10% Salz oder 16prozentigem Salzwasser behandelt werden. Als „Matjes" werden fette, sehr zarte Heringe vor der ersten Reifung (d.h. ohne Gonaden) bezeichnet. Auch Lachse werden gesalzen; veredelt werden sie indes durch anschließende Räucherung (siehe unten).

Anchosen sind Fischerzeugnisse nach Art der „Schwedenhappen". Zu ihrer Herstellung werden Heringe oder Sprotten unausgenommen in eine Mischung aus Zucker, Salz und Gewürzen unterhalb 5°C etwa ein Jahr lang eingelegt. Anschließend wird entgrätet, ausgenommen und weiterverarbeitet.

15.6.2
Marinaden

Man unterscheidet zwischen Kalt-, Brat- und Kochmarinaden. Grundsätzlich sind Marinaden Fischzubereitungen, die unter Zusatz von Salz, organischen Genußsäuren und ggf. mit besonderen Tunken und Soßen angesetzt werden. Der Typ der **Kaltmarinade** wird durch den Bismarck-Hering repräsentiert, zu dessen Herstellung frische Heringe in Essig- und Milchsäure enthaltende Garbäder bis zur Gare eingelegt werden. **Bratmarinaden** werden in ähnlicher Weise aus gebratenen Fischen zubereitet. Zur Herstellung von **Kochmarinaden** werden frische, vorgesalzene oder anderweitig vorbereitete Fische gekocht oder gedämpft und in Tunken oder spezielle Aufgüsse eingelegt. Marinaden werden sowohl als **Vollkonserven** – in Dosen verpackt und im Autoklaven sterilisiert – als auch als **Präserven** – z.B. in Gläsern eingelegt – gehandelt. Letzteren fehlt die intensive Sterilisation; sie sind zum „alsbaldigen Verbrauch bestimmt".

15.6.3
Räucherfisch

Heringe, Makrelen, Aale, Steinbeißer u. a. werden mit Heißrauch geräuchert und dabei gleichzeitig gegart. Dabei nehmen die Fische die typische gelbbraune Räucherfarbe an. Die Haltbarkeit dieser Fische ist begrenzt. Kaltgeräuchert wird Lachs, dessen Protein durch Salzen zunächst denaturiert worden war. Er wird meist durch Einlegen in Wasser leicht entsalzt, an der Luft getrocknet und 2–4 Tage bei 18–25°C geräuchert. Lachsersatz wird aus Köhler hergestellt, der zur Erzielung der roten Farbe künstlich gefärbt wird.

15.7
Kaviar

Kaviar ist der Rogen von Störarten, der als mildgesalzenes Produkt („Malossol") mit etwa 3% Kochsalz eingelegt wird. Roter Ketakaviar wird ebenso aus Lachsrogen hergestellt. **Kaviarersatz** stammt vom Seehasen, dessen Rogen in Säure eingelegt, gesalzen, gewürzt und schwarz gefärbt wird.

15.8
Trockenfische

Stockfisch und **Klippfisch** sind luftgetrocknete Magerfische (Kabeljau, Schellfisch), wobei zur Herstellung von Klippfisch vorgesalzen wird.

15.9
Eier

Unter Eiern versteht man grundsätzlich Hühnereier, die nach Frischezustand und Gewicht in Handels- und Gewichtsklassen eingeteilt werden. Durch die Gewichtsklassen werden Eier von 70 g und darüber bis unter 45 g erfaßt.

Abbildung 15.11 zeigt den Aufbau eines Hühnereis. Gewichtsmäßig entfallen auf die Schale etwa 10%, das Eigelb 33% und das Eiklar 57%. Die Schale ist 0,2–0,4 Millimeter dick und je nach Rasse weiß (Leghorn) oder braun (Rotländer) gefärbt. Sie enthält Poren, die für die Entwicklung des Embryos beim Brüten wichtig sind. Die Schale setzt sich aus einem Proteingerüst zusammen, in das Calciumcarbonat und andere Calcium- bzw. Magnesiumsalze eingelagert sind. Nach innen ist die Schale durch die Schalenhaut abgeschlossen. – Inmitten des Eiklars, das aus 3 Schichten besteht, hängt der zwiebelförmig aufgebaute Dotter an den Hagelschnüren. An seiner Oberfläche ist die Keimscheibe („Hahnentritt") sichtbar, die zylinderförmig in den Dotter hineinreicht. Das Eiklar enthält in seiner Mittelschicht Mucinstränge, wodurch es zähflüssig wird.

Über die Zusammensetzung von Eiklar und Eidotter gibt Tabelle 15.2 Auskunft.

„Vollei" entspricht ernährungsphysiologisch optimal den Erfordernissen des Menschen. Seine Konzentration an essentiellen Aminosäuren wird deshalb als Bezugseinheit zur Errechnung der biologischen Wertigkeit anderer Eiweiße verwendet.

Eiklar ist eine 10prozentige Proteinlösung. Es besteht aus zwei relativ dünnflüssigen Schichten, die durch eine Schicht größerer Viscosität voneinander getrennt sind. Von den bisher bekannten acht Proteinen ist das Ovalbumin (65% des Gesamtproteins) zu nennen, das beim Schütteln denaturiert werden kann, wobei sein Molekulargewicht durch Aggregation auf das 2- bis 20fache

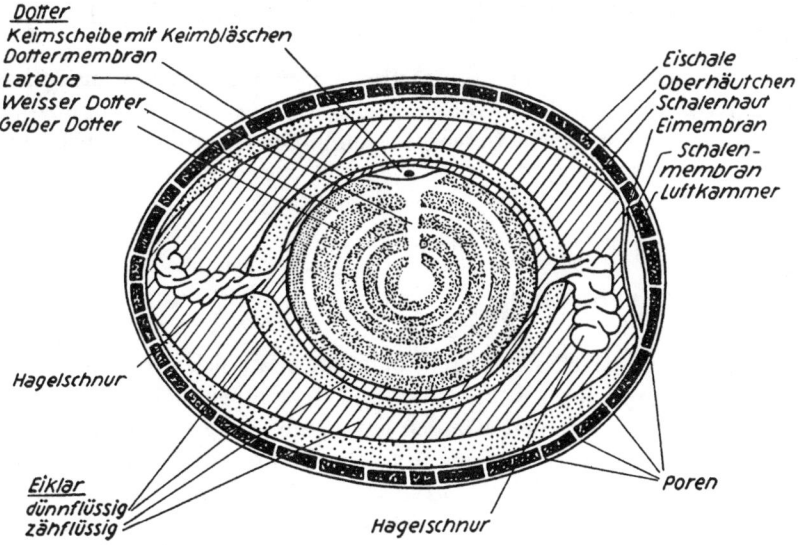

Dotter
Keimscheibe mit Keimbläschen
Dottermembran
Latebra
Weisser Dotter
Gelber Dotter

Eischale
Oberhäutchen
Schalenhaut
Eimembran
Schalen-
membran
Luftkammer

Hagelschnur

Eiklar
dünnflüssig
zähflüssig

Hagelschnur

Poren

Abb. 15.11. Struktureller Aufbau eines Hühnereies (schematische Darstellung) nach Mehner A und Rauch W (1958). Aus: Handbuch der Lebensmittelchemie, Bd. III/2. S. 882

	Eiklar	Eidotter
Wasser	87,9	48,7
Eiweiß	10,6	16,6
Fett	Spur	32,6
Kohlenhydrate	0,9	1,0
Mineralstoffe	0,6	1,1

Tabelle 15.2. Zusammensetzung von Eiklar und Eidotter (Aus: Handbuch d. Lebensmittelchemie, Bd. III/2, S. 886, Springer 1968)

steigt. Das Lysozym (s. S. 43, 111) wirkt enzymatisch als Mucopolysaccharidase und greift daher Bakterienwände an. Avidin bindet das Vitamin Biotin, weshalb der häufige Genuß roher Eier hier zu Mangelerscheinungen führen kann.

Der **Eidotter** besitzt zwiebelschalenartigen Aufbau und enthält sowohl Lipoproteine, d.h. Proteine, die Lipoide gebunden enthalten, als auch Phosphoproteine mit einem Phosphorgehalt von etwa 10%. Phosphorsäure ist hauptsächlich esterartig an Serin gebunden. Daneben findet man Phosphorsäure in Lecithin, Kephalin und Sphingomyelin, die neben Cholesterol (etwa 200 mg pro Ei) für die emulgierende Wirkung des Eidotters verantwortlich sein dürften. Die Farbe des Eidotters rührt in der Hauptsache von β-Carotin her. Auch andere Farbstoffe, z.B. Zeaxanthin aus Mais, und auch synthetische, fettlösliche Farbstoffe können – mit der Nahrung verabreicht – im Dotter auftauchen. Das gleiche gilt für Aromastoffe, die nach falscher

Fütterung (z.B. mit Raps, Zwiebeln, Fischabfällen) den Geschmack von Eiern negativ beeinflussen.

Neuerdings gibt es Verfahren zur Entfernung von Cholesterol aus Flüssigei. Hierzu extrahiert man das Sterol mit flüssiger (überkritischer) Kohlensäure, in der es recht gut löslich ist. Geschmackseinbußen treten dabei offensichtlich nicht ein.

15.10
Konservierung von Eiern

Da Eier nur begrenzt haltbar sind, bemühte man sich schon in früheren Zeiten um Wege zu ihrer Konservierung. Die keimhemmenden Eigenschaften der Eierschale nehmen nämlich im Laufe der Zeit ab, so daß man hauptsächlich solche Verfahren anwendet, die ihrer nachträglichen Abdichtung dienen können. Dies geschieht z.B. durch Tauchen in kochendes Wasser oder kochendes Öl (Thermostabilisierung) oder in Milchsäure- und Detergentien-Lösungen. Gewisse Schutzwirkungen werden auch durch Abdichtung der Schale mit Speck oder Talkum erreicht. Sehr verbreitet war das Einlegen in Kalkwasser (Kalkeier) oder Wasserglas.

Zur heute hauptsächlich angewandten **Kühlhauslagerung** werden frische, saubere, ungewaschene Eier in Vorkühlkammern langsam abgekühlt und dann schließlich bei 0 bis 1,5°C und 95% relativer Luftfeuchtigkeit gelagert. Die Haltbarkeit beträgt dann 6 bis 8 Monate.

60% der Welt-Eiproduktion werden heute zu Gefrierei verarbeitet. Hierzu wird entweder der homogenisierte Ei-Inhalt („Gefrier-Vollei") oder Eiklar und Eigelb getrennt, mittels Plattenerhitzern pasteurisiert und anschließend bei –25°C aufbewahrt. Diese Verfahren lassen eine Haltbarkeit von etwa einem Jahr erwarten. Um Reaktionen von Glucose mit Aminosäuren auszuschließen (Maillard-Reaktion), wird erstere durch Gärung aus dem Ei entfernt. Ein zweites Verfahren bedient sich des Enzyms Glucoseoxidase, das Glucose zu inaktiver Gluconsäure (s. S. 94) umwandelt. Gleichzeitig wird der im Packstück eingeschlossene Sauerstoff verbraucht. Gefrierei wird hauptsächlich in Konditoreien und zur Mayonnaise-Fabrikation verwendet.

Flüssigei wird in speziell dazu eingerichteten Betrieben hergestellt. Die angelieferten Eier werden aufgeschlagen, ihr Inhalt homogenisiert und pasteurisiert. – Zur Prüfung auf angebrütete Eier dient als Leitsubstanz ß-Hydroxybuttersäure, die außerhalb des Embryos angereichert wird. Als Indikator auf mikrobiellen Verderb dient Bernsteinsäure, die erst dann in größeren Konzentrationen im Ei auftritt, wenn dieses schon verdorben ist.

Große Mengen Eier werden auch zu **Trockenei** verarbeitet. Hierzu wird die homogenisierte Masse schwach angesäuert, mit $NaHCO_3$ auf pH 7 eingestellt und der Sprühtrocknung unterworfen. Auch hier kann man die schon genannten Methoden zur Vermeidung nichtenzymatischer Bräunungsreaktionen anwenden. 1 kg Trockenvollei entspricht etwa 80 Eiern.

Zur Prüfung auf Verdorbenheit mißt man im Durchlicht die Größe der Luftkammer oder prüft, ob die Eier in 10prozentiger Kochsalzlösung aufschwimmen. Im Lichttest sind auch angebrütete Eier (entwickelter Embryo) oder Schimmelfleckeier zu erkennen, Fäulnis erkennt man durch Veränderungen des Ei-Inhaltes, die meist von Schwefelwasserstoff-Bildung oder Entwicklung eines Geruchs nach Heringslake begleitet sind. Ein zerfließender Dotter sowie dünnflüssiges Eiweiß zeigen an, daß das Ei nicht mehr frisch ist (enzymatischer Abbau u.a. der Mucin-Stränge).

Enteneier sind weniger als Hühnereier gegen das Eindringen von Mikroorganismen (z.b. Salmonellen) geschützt. Sie dürfen deshalb nicht in rohem Zustand verarbeitet werden und müssen mit der Aufschrift „Entenei! 10 Minuten kochen! versehen sein.

Aber auch Hühnereier können unerwünschte Keime enthalten. So hat man in äußerlich frischen Eiern Keime der Gattung Salmonella enteritis entdeckt, die offensichtlich von den Eierstöcken der Tiere stammten. Die Anzahl der Keime war zwar noch nicht gefährlich, bei längerem Stehen bei Raumtemperatur vermehrten sich diese indes und führten zu schweren Vergiftungen. Daher sind die Eier seit einiger Zeit abgestempelt, woraus das Legedatum hervorgehen soll.

Der Ei-Gehalt von Lebensmitteln wird analytisch über ihre Konzentrationen an Cholesterol und alkohollöslicher Phosphorsäure (z.B. als Lecithin gebunden) erfaßt.

15.11
Milch

15.11.1
Einführung

Milch ist das durch regelmäßiges, vollständiges Ausmelken des Euters gewonnene und gründlich durchgemischte Gemelk von einer oder mehreren Kühen, aus einer oder mehreren Melkzeiten, dem nichts zugefügt und nichts entzogen ist (Wortlaut des §1 der früheren 1. Ausführungs-V.O. des Milchgesetzes von 1931). Milch anderer Tiere muß kenntlich gemacht werden (z.B. Ziegenmilch).

Kühe werden mit 2–3 Jahren „milchend", die Laktationsperiode nach dem Kalben beträgt 270–300 Tage; es gibt aber auch Tiere, die mehrere Jahre ohne erneutes Kalben Milch geben. Die Milchleistung einer Kuh liegt täglich bei etwa 15–20 l, ihre maximale Leistung erreicht sie im Alter von etwa 10 Jahren.

Milch wird in den Milchdrüsen des Euters gebildet, wohin ihre Ausgangsstoffe (z.B. Glucose, Aminosäuren) mit dem Blut transportiert werden. Die in Epithelzellen gebildete Milch sammelt sich in Alveolen, bei höherem Milchdruck gelangen aber nur noch Milchzucker, Mineralstoffe und Vitamine nach Passieren einer semipermeablen Wand dorthin, während Eiweiß und Fett zurückgehalten werden. Beim „Anrüsten" des Euters mit einem warmen Lappen und leichtem Anstoßen als Imitation eines saugwilligen Kalbes werden in der Kuh Reflexe erzeugt, die über den Hypophysen-Hinterlappen zur Ausschüttung von Oxytocin (von griechisch okytokos = schnellgebärend) führen, eines aus neun Aminosäuren bestehenden Cyclopeptides, das zu den Neurohormonen gehört und kontraktionsauslösend auf die glatte Muskulatur der Milchdrüse wirkt. Der dadurch bewirkte Milchfluß erniedrigt den Milchdruck in den Alveolen, wodurch nun auch Fett und Eiweiß aus den Epithelzellen abgegeben werden können. Dieser Vorgang erklärt, warum sich die Zusammensetzung der Milch während des Melkvorganges ändert. Das ausgeschüttete Oxytocin reicht für etwa 10 min, dann sollte der Melkvorgang beendet sein.

Die erste Milch nach dem Kalben, die Kolostralmilch, ist von gelbrötlicher Farbe und darf nicht in den Handel gebracht werden. Bei allen späteren Melkvorgängen werden die ersten Milchstrahlen getrennt aufgefangen, da sie möglicherweise stark infiziert sind, und auf evtl. Klumpenbildung oder auf Eiter kontrolliert. Während das Kalb mit einem Unterdruck bis 550 mm Hg-Säule saugt, arbeitet der Melker mit einem Überdruck bis 900 mm. Einreiben der Hände mit einer baktericiden Spezialvaseline und vor allem Geschicklichkeit verhindern Verletzungen des Euters. Melkmaschinen arbeiten mit Über- und Unterdruck in regeläßigem Takt.

Die gewonnene Milch ist kühl und dunkel aufzubewahren, um die Teilungsrate der Keime niedrig zu halten. Berührung mit kupferhaltigen Gegenständen ist zu vermeiden, da schon Spuren von Kupfer und auch Sonnenlicht zur Bildung von Methional führen („Sonnengeschmack"). Die Milch wird in Molkereien gesammelt, nach Einstellen des Fettgehaltes pasteurisiert und als Trinkmilch in den Handel abgegeben.

$$CH_3S - CH_2 - CH_2 - CHO$$
Methional

Standardisierte Vollmilch enthält mindestens 3,5% Fett, teilentrahmte (fettarme) Milch zwischen 1,5 und 1,8% Fett. Der Fettgehalt von entrahmter Milch darf 0,3% nicht überschreiten.

Mit Ausnahme von Vorzugsmilch, die unter besonderen Anforderungen erzeugt wird, muß jede für den Handel vorgesehene Milch durch Erhitzen pasteurisiert werden. Wegen zugelassener Pasteurisierungs-Verfahren s. S. 143. Vor Abfüllung wird die Milch normalerweise homogenisiert, indem man sie bei 150–300 bar durch Homogenisierkegel oder feine Düsen drückt. Dadurch wird der Durchmesser der Fettkügelchen unter 1 µm reduziert, wodurch Aufrahmen, d.h. Abtrennen von Milchfett, weitgehend vermieden wird.

Als tuberkulös erkennbare Milch ist vom Handel ausgeschlossen.

15.11.2
Chemische Zusammensetzung von Kuhmilch

Milch ist eine Fett-in-Wasser-Emulsion. Ihre weiße Farbe wird durch Fett- und Proteinkolloide hervorgerufen; nach Entfernung von Fett und Eiweiß schimmert die Molke aufgrund ihres Lactoflavin- und β-Carotingehaltes gelbgrün.

Ihr Geruch ist unspezifisch; der schwach süße Geschmack ist bei Milch kranker Tiere oder nach falscher Fütterung verändert, z.b. nach übermäßiger Gabe von Rübenblättern bitter.

Kuhmilch enthält in der Hauptsache

3–5 % Fett,	4,8 % Kohlenhydrate,
3,4 % Proteine,	1% Mineralstoffe

sowie Vitamine, Enzyme und verschiedene andere stickstoffhaltige Substanzen.

Fett. Fettgehalt und -zusammensetzung variieren nach Rasse und Jahreszeit. So liefert Hochlandvieh weniger, aber fettreichere Milch, während Niederlandvieh größere Mengen einer fettärmeren Milch gibt. In der Norm werden indes 3,5% überschritten, Höchstgehalte liegen bei etwa 5%.

In Milchfett wurden etwa 60 Fettsäuren nachgewiesen. Die mengenmäßig wichtigsten sind Öl-, Palmitin-, Stearin- und Myristinsäure. Gegenüber anderen Fetten zeichnet sich Milchfett durch seine relativ hohen Gehalte an Buttersäure (etwa 3,5%) aus. Weitere kurzkettige Fettsäuren sind Capron- und Caprylsäure. Die Fettsäurezusammensetzung variiert jahreszeitlich etwas, besonders betroffen sind hiervon die C_{16}- und C_{18}-Säuren. Das Fettsäurespektrum des Milchfetts ist atypisch. So kann man in Milchfett über 1% methylverzweigte Fettsäuren (z.B. 15-Methylhexadecansäure) sowie etwa 2% transungesättigte Fettsäuren (z.B. 11-trans-Octadecensäure) nachweisen. In geringen Mengen findet man auch Fettsäuren mit ungeraden C-Zahlen, z.B. C_{15}-, C_{17}- und C_{19}-Fettsäuren. Es ist anzunehmen, daß diese Verbindungen im Pansenmagen der Kuh durch Bakterien gebildet werden.

Fett liegt in Milch in Form 1–22 µm dicker Tröpfchen vor, die umgeben sind von Phospholipiden sowie etwas Cholesterol und β-Carotin; nach außen sind sie von einer Euglobulin-Schicht abgeschlossen. Letztere scheint ihre Aggregation zu größeren Trauben zu unterstützen, wodurch sich ihr effektiver Radius vergrößert und damit das Aufrahmen bewirkt.

Proteine. Die Protein-Fraktion enthält 76–86% Casein und 14–24% Molkeneiweiß. Da ihre isoelektrischen Punkte im Sauren liegen, sind sie in der neutralen Milch dementsprechend dissoziert. Casein, das über Serin Phosphorsäure gebunden enthält, kann durch Elektrophorese hauptsächlich in drei Fraktionen aufgetrennt werden. Diese sind unter Einbeziehung von Calcium komplex aneinander gebunden. Beim Ansäuern fällt unter Calcium-Abscheidung-Säure Casein aus. Behandelt man Milch stattdessen mit Labenzym (Rennin), das aus dem Labmagen säugender Kälber gewonnen wird und eine Protease darstellt, so wird die *k*-Fraktion unter Umwandlung zu para-*k*-Casein gespalten, wodurch der Komplex zerstört wird und Casein ausfällt. Auch Pepsin zeigt diese Wirkung und kann daher Lab zumindest teilweise ersetzen.

In der Molke verbleibt noch das durch Hitze koagulierbare Molkeneiweiß, das sich aus Albuminen und Globulinen zusammensetzt. Unter ihnen befinden sich auch Blutserum-Albumin und Immunglobuline aus dem Blut der Kuh. Ungeklärt ist bisher, inwieweit sie im Euter verändert worden sind.

Kohlenhydrate. Milch enthält 4,8% Lactose (Milchzucker). Diese liegt sowohl in der α- als auch β-Form vor. Lactose kann relativ leicht aus Molke isoliert werden. Sie wird zur Herstellung von Kindernährmitteln, als Trägersubstanz von Tabletten und Nährsubstrat bei der Penicillin-Herstellung verwendet. Bei Eutererkrankungen ist der Milchzuckergehalt deutlich erniedrigt, dafür steigt die Konzentration an Natriumchlorid an. Als Index für Milch aus kranken Eutern kann man die Chlorzuckerzahl anwenden:

$$\text{Chlorzuckerzahl} = \frac{\text{Konzentration an Chlorid}}{\text{Konzentration an Lactose}}$$

Normal sind Werte von 0,5 bis 1,5; bei Erkrankungen steigt der Wert bis 15 an.

Mineralstoffe. In der Hauptsache findet man in Milch – neben zahlreichen Spurenelementen – Calcium-, Kalium- und Natrium-Ionen, die als Citrate, Phosphate und Chloride vorliegen. Eine Kuh setzt über die Milch pro Tag über 40 g Calcium und fast 40 g Phosphor um. Je 20% davon sind an Casein gebunden.

Orotsäure

Vitamine. Neben Vitamin A (in Fett) enthält Milch sämtliche wasserlöslichen Vitamine. Außerdem ist hier die Orotsäure zu nennen, die in Mengen von 60–130 mg/l gefunden wird. Sie ist ein Wachstumsfaktor für verschiedene Darmbakterien.

Enzyme. Von den zahlreichen in Milch enthaltenen Enzymen seien hier zwei genannt:

1. Alkalische Phosphatase ist sehr hitzeempfindlich und kann daher als Indikator auf Kurzzeiterhitzung dienen. Als Substrat wird Dinatrium-p-nitrophenylphosphat in die Analyse eingesetzt.
2. Katalase, normalerweise im Blut enthalten, zeigt in der Milch Eutererkrankungen an.

Fremdstoffe. Milch enthält häufig umweltrelevante Fremdstoffe. Aufgrund ihrer Fettlöslichkeit findet man z.B. bei Belastung des Bodens oder des Tieres Pestizide in der Milch. Auch Rückstände von Arzneimitteln, die der Kuh verabfolgt wurden, können in der Milch häufig nachgewiesen werden. So bewirken Sulfonamid- und Antibiotika-Behandlungen das Auftauchen dieser Stoffe ebenfalls in der Milch. Derartige Milch ist für Käsereizwecke nicht zugelassen, da sie zu Käsefehlern führen würde.

Tabelle 15.3. Zusammensetzung verschiedener Milcharten

Herkunft	Trocken masse	Fett	Gesamt protein	Casein	Molken proteine	Lactose	Asche
Kuh	12,7	3,7	3,4	2,8	0,6	4,8	0,7
Mensch	12,4	3,8	1,0	0,4	0,6	7,0	0,2
Ziege	13,2	4,5	2,9	2,5	0,4	4,1	0,8
Schaf	19,3	7,4	5,5	4,6	0,9	4,8	1,0
Esel	8,5	0,6	1,4	0,7	0,7	6,1	0,4
Stute	11,2	1,9	2,5	1,3	1,2	6,2	0,5

15.12
Andere Milcharten

Wenn von Milch als Lebensmittel gesprochen wird, so wird darunter grundsätzlich Kuhmilch verstanden. Milch anderer Tiere sowie Muttermilch weisen davon große Unterschiede auf. So ist Schafsmilch sehr fett- und proteinreich, während die Milch von Esel und Stute recht wenig Fett und Protein enthält. In Tabelle 15.3 sind die Zusammensetzungen verschiedener Milcharten aufgelistet.

Muttermilch enthält sehr viel weniger Eiweiß und Mineralstoffe als Kuhmilch, dagegen 40% mehr Lactose. Im Fettgehalt gibt es kaum Unterschiede zur Kuhmilch, doch ist die Fettsäure-Zusammensetzung insofern anders, als Muttermilch kaum niedere Fettsäuren enthält. Darüber hinaus enthält Muttermilch einige Oligosaccharide, die aus N-Acetylglucosamin, Fucose, Glucose und Galactose aufgebaut sind. Sie bewirken eine ausgesprochene Wachstumsförderung des im Darm von Säuglingen vorkommenden **Lactobacillus bifidus.** Diesen „Bifidus-Faktoren" schreibt man die Überlegenheit der Muttermilch gegenüber Kuhmilch zu.

In der letzten Zeit wurden häufig höhere Pestizid-Gehalte in der Muttermilch angeprangert. Es ist bekannt, daß fettlösliche Pestizide wie Lindan oder DDT ins Körperfett wandern und von dort in die Muttermilch gelangen können. Durch Maßnahmen zur Begrenzung ihrer Anwendung ist es gelungen, die Belastung des Menschen deutlich herabzusetzen. Die Pestizid-Werte in der Muttermilch liegen heute sehr viel niedriger als vor 25 Jahren.

15.13
Milcherzeugnisse

Buttermilch fällt bei der Herstellung von Butter an. Ihr Fettgehalt darf höchstens 1% betragen.

Sauermilch enthält mindestens 3,5% Fett. Sie wird durch bakterielle Säuerung von Vollmilch (z.B. **Streptococcus cremoris, S. lactis, Leuconostoc citrovorum**) hergestellt. Die Säuerung entsteht durch bakterielle Umwandlung von Lactose in Milchsäure. Milchsäure ist optisch aktiv. Bei der Vergärung der Lactose durch Bakterien können diese, abhängig von der Spezifität ihrer Enzyme (Lactatdehydrogenase, Lactatracemase), L(+)-Milchsäure, D(−)-Milchsäure bzw. das Racemat bilden. Bei homofermentativer Gärung entsteht nur Milchsäure, während bei heterofermentativer Gärung mehrere Enzymwege zur Verfügung stehen und dadurch mehrere Produkte (z.B. auch Ethanol, Essigsäure, CO_2) gebildet werden. – Sauermilchprodukte enthalten 0,5–1,0 % Gesamtmilchsäure. Da der menschliche Organismus nur L-Lactatdehydrogenase besitzt und D-Milchsäure daher nicht abgebaut wird, ist man bemüht, in Sauermilchprodukten möglichst viel L(+)-Milchsäure anzubieten. Ihr Gehalt liegt meist bei 80–90% der Gesamtmilchsäure.

Joghurt. Der Fettgehalt beträgt mindestens 3,5 %, fettarmer Joghurt enthält mindestens 1,5%, Magermilch-Joghurt höchstens 0,3% Fett. Joghurt wird aus erhitzter Milch hergestellt, der man Joghurt-Bakterien zusetzt (**S. thermophilus, Thermobacterium bulgaricum**). Innerhalb weniger Stunden bildet sich bei 42–45°C Joghurt als feinflockiger, gallertiger Niederschlag. Joghurt und Sauermilchgetränke werden seit einiger Zeit zusätzlich mit Bifiduskeimen und speziellen Lactobacillen versetzt. Ziel dieser Zugaben von Probiotica ist eine Regulierung des Gleichgewichts im Darm der Konsumenten, womit das Wohlbefinden gesteigert wird. Die zusätzliche Gabe von Inulin bzw. von Oligofructosanen soll das Wachstum der Bifiduskeime stimulieren, die die Aktivität einiger toxischer Keime inhibieren, zusätzlich also als Praebiotica wirken (s. S. 12).

Kefir ist ein leicht schäumendes, wenig Alkohol und CO_2 enthaltendes Getränk aus Milch, dessen Rezept aus Turkistan stammt. Kefir wird durch Impfen von Milch mit Kefir-Kulturen hergestellt. Der Kefir-Bazillus hüllt andere Mikroorganismen ein und läßt dabei dem Blumenkohl ähnliche Kefirknollen entstehen.

Sahne wird aus Milch durch Abscheidung der Fettphase mittels Milchzentrifugen hergestellt. Man unterscheidet nach Fettgehalt

Kaffeesahne: mindestens 10% Fett,
Schlagsahne: mindestens 30% Fett.

Kondensmilch wird aus Milch durch Eindampfen hergestellt. Zunächst wird auf 82–88°C zur Keimabtötung und Abscheidung von Albumin erhitzt, das ein Nachdicken des Produktes bewirken könnte. Dann wird im Vacuum im Verhältnis 2,5 bis 2,7 : 1 eingeengt. Hierbei ist ein Zusatz von Trockenmilch-Erzeugnissen bis zu 25% des Trockenmasse-Anteils erlaubt. Es gibt Kondensmilchprodukte verschiedener Fettgehalte.

Milchpulver wird durch Eindampfen von Milch gewonnen. Hierzu wird die Milch einer Pasteurisierung unterworfen, im Verhältnis 3 bis 5 : 1 vorkonzentriert und anschließend das Wasser durch Walzen- oder Sprühtrocknung verdampft. Um die Inhaltsstoffe der Milch zu schonen, wird die Walzentrocknung

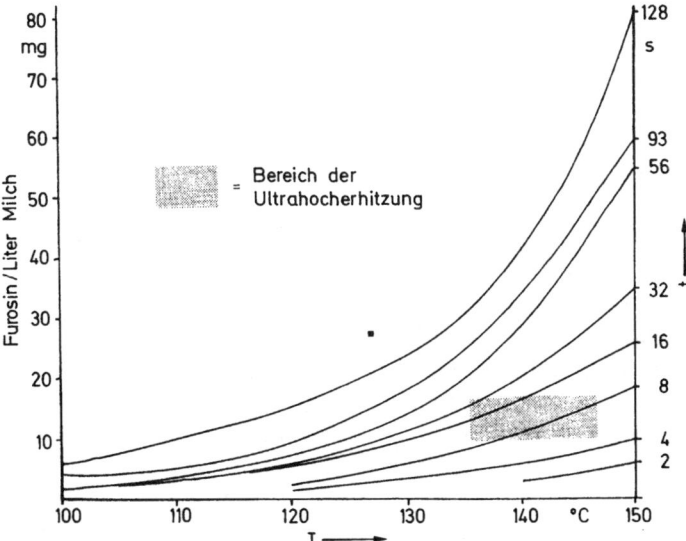

Abb. 15.12. Furosingehalte in UHT-Milch in Abhängigkeit von Erhitzungszeit und -temperatur (nach Erbersdobler)

so eingestellt, daß das Wasser der aufgebrachten Milch innerhalb eines Walzen-umlaufs verdampft ist. Zur Sprühtrocknung verwendet man Trockentürme, in die man das zerstäubte Vorkonzentrat gleichzeitig mit erhitzter Luft (120–150°C) einleitet. Dabei erhitzt sich das Trocknungsgut nur auf etwa 60°C; es wird mit Kaltluft in Vorratskammern getragen.

Milchpulver wird zu Milchschokolade sowie zu Säuglingsnahrung und Instant-Milchpulvern verarbeitet. Da beim Erhitzen jeglicher Art die Aminosäure Lysin geschädigt wird, indem sie sich mit Lactose zu Zwischenprodukten der Maillard-Reaktion verbindet und für die Ernährung nun nicht mehr verfügbar ist, müssen für Kindernahrung vorgesehene Chargen auf ihren Gehalt an **„verfügbarem Lysin"** untersucht werden. Dies geschieht z.B. durch Bildung und Nachweis von Di-DNP-Lysin im salzsauren Milchpulver-Hydrolysat, während sich gebundenes Lysin durch Entstehung von **Furosin** und **Pyridosin** zu erkennen gibt (s. S. 133), Ihre Entstehung ist abhängig von Temperatur und Erhitzungszeit (Abb. 15.12).

$$O_2N-\langle\bigcirc\rangle-\overset{H}{N}-\overset{CO_2H}{\underset{|}{CH}}$$
$$\underset{NO_2}{}\qquad\overset{|}{CH_2}$$
$$\overset{|}{CH_2}$$
$$\overset{|}{CH_2}$$
$$O_2N-\langle\bigcirc\rangle-\overset{H}{N}-\overset{|}{CH_2}$$
$$\underset{NO_2}{}$$

Di - DNP - L - Lysin

Zur Herstellung **adaptierter Milchnahrungen** versucht man die Zusammensetzung der Muttermilch mehr oder weniger zu imitieren. Man stellt solche Milchpulver aus entmineralisierter Molke, Lactose und speziellen Fetten her, die man in Magermilch auflöst. Das Gemisch wird pasteurisiert und sprühgetrocknet. Eine Instantisierung erreicht man durch Befeuchten des zerstäubten Pulvers mit versprühtem Wasser auf etwa 15% Wassergehalt und nachfolgende Trocknung auf 4% Feuchtigkeit. Das so „agglomerierte Milchpulver" löst sich nun besser in Wasser.

15.14
Käse

15.14.1
Definitionen

Als Käse bezeichnet man Erzeugnisse, die aus dick gelegter Käsereimilch erzeugt und in verschiedenen Graden der Reife verzehrt werden. Seine Hauptbestandteile sind Casein und Fett. Nach ihrer Abscheidung werden sie im Käselaib durch bakteriell enzymatische Vorgänge teilweise abgebaut, wobei die charakteristischen Aromastoffe entstehen. Es gibt ca. 4 000 Käsesorten, davon in Frankreich allein etwa 500. Eine übersichtliche Einteilung ist daher schwierig. Die Einteilung nach Fettgehaltsstufen und nach Konsistenz entnehme man Tabelle 15.4.

Sie gibt grundsätzlich die in der Neufassung der Käse-Verordnung von 1986 gewählten Gruppierungen wieder. Die angegebenen Toleranzen im Wassergehalt erklären sich aus dem Fettgehalt. Je fettreicher der Käse ist, desto weniger Wasser enthält er. Die Zusammensetzungen einiger bekannter Käsesorten zeigt Tabelle 15.5.

15.14.2
Herstellung

Zur Käseherstellung benötigt man Milch besonderer Qualität. Sie muß nicht nur genügende Säuerungs- und Labungsfähigkeit besitzen, sondern auch frei

Tabelle 15.4. Gliederung von Käsegruppen

A: Nach dem Fettgehalt

Fettgehaltsstufe	Fettgehalt in der Trockenmasse
Doppelrahmstufe	Mindestens 60%, höchstens 85%
Rahmstufe	Mindestens 50%
Vollfettstufe	Mindestens 45%
Fettstufe	Mindestens 40%
Dreiviertelfettstufe	Mindestens 30%
Halbfettstufe	Mindestens 20%
Viertelfettstufe	Mindestens 10%
Magerstufe	Weniger als 10%

B: Nach der Konsistenz

Käsegruppe	Wassergehalt in der fettfreien Käsemasse	Beispiel
Hartkäse	56% oder weniger	Emmentaler, Chester
Schnittkäse	Mehr als 54% bis 63%	Tilsiter, Edamer
Halbfester Schnittkäse	Mehr als 61% bis 69%	Edelpilzkäse, Butterkäse
Sauermilchkäse	Mehr als 60% bis 73%	Harzer, Handkäse
Weichkäse	Mehr als 67%	Camembert, Romadur
Frischkäse	Mehr als 73%	Quark, Rahmfrischkäse

von Antibiotika und anderen Arzneimitteln sein, die die Käsereifung beeinträchtigen würden. Frisch pasteurisierte Milch kann nicht verwendet werden, nach kurzer Zeit gewinnt sie allerdings ihre Käserei-Tauglichkeit wieder zurück. „Kesselmilch" wird entsprechend dem angestrebten Fettgehalt des Produktes aus Milch, Magermilch, Buttermilch oder evtl. Rahm gemischt. Auch Ziegen-, Schaf- und Büffelmilch können verwendet werden. In der Bundesrepublik Deutschland ist die Pasteurisierung obligatorisch, dagegen werden z.B. französische Weichkäse vom Typ Camembert aus unpasteurisierter Rohmilch hergestellt. Besondere Sorgfalt gegen eine Keim-Vermehrung von Listeria monocytogenes ist zu beachten! – Weitere Inhaltsstoffe sind Salz, Gewürze und, soweit nötig, Lactoflavin oder β-Carotin sowie Trockenmilcherzeugnisse; mögliche Zusatzstoffe sind außerdem Calciumsalze (Chlorid, Carbonat), Natriumnitrat (für Schnittkäse) und -hydrogencarbonat. Eine entsprechende Milch wird „dickgelegt".

Das geschieht bei der

1. **Säurefällung** durch Zugabe von milchsäurebildenden Bakterienkulturen (**Lactobacillus lactis, L. casei** und **L. helveticus, Streptococcus lactis, S. thermophilus**), die je nach Art der Kultur zwischen 20 und 30°C in der Milch innerhalb eines Tages so viel Milchsäure erzeugen, daß Säurecasein ausfällt (s. S. 349). Hierbei ist zur Vermeidung von Fäulnisprozessen der vollständige Verbrauch des Milchzuckers und somit eine genügende Säuerung notwendig.

Tabelle 15.5. Zusammensetzung bekannter Käsesorten (% in eßbarem Anteil; höchst. = gesetzlich höchstzulässiger H_2O-Gehalt, mind. = gesetzlich geforderter Mindestfettgehalt)

	Eiweiß N × 6,38	H_2O	Fett	Mineralstoffe	Kohlenhydrate
Emmentaler					
45% Fett i. Tr.	27,4–30,2	33,6 – höchst. 38,0	Mind. 27,9–32,0	3,53–4,40	
Mittelwert	28,7	35,7	29,7	3,88	2,0
Tilsiter					
30% Fett i. Tr.	41,8 – höchst. 51,0	Mind. 14,7 – 17,5			
Mittelwert	28,7	46,2	17,2	4,83	3,07
Camembert					
60% Fett i. Tr.	16,8–19,0	42,8 – höchst. 48,0	Mind. 31,2–35,3	3,14–3,50	0,75–1,00
Mittelwert	17,9	43,9	34,0	3,32	0,88
Camembert					
30% Fett i. Tr.	21,9–25,3	56,5 – höchst. 62,0	Mind. 11,4–14,0	3,80–4,10	
Mittelwert	23,5	58,2	13,5	4,00	0,80
Romadur					
40% Fett i. Tr.	23,1	51,4 – höchst. 58,0	Mind. 16,8–20,6		
Mittelwert		51,8	20,1	4,48	0,5
Doppelrahmfrischkäse					
Mind. 60%, höchst. 85% Fett i. Tr.	8,4–14,6	50,3 – 55,1	27,4–35,2	1,22–1,56	2,40–3,85
Mittelwert	11,3	52,8	31,5	1,40	3,0
Speisequark					
20% Fett i. Tr.	11,2–13,5	76,1–79,3	4,7–5,5	0,72–0,91	3,3–3,9
Mittelwert	12,5	78,0	5,1	0,80	3,6

2. **Labfällung:** Reine Sauermilchkäse werden heute nur noch selten erzeugt. Vielmehr verwendet man zur Caseinfällung Labpräparate, die aus den Mägen saugender Kälber hergestellt werden und die Protease Rennin enthalten. Ersatzpräparate dieser Art enthalten auch Pepsin. Seit einigen Jahren wird in den Niederlanden und in Dänemark ein bakterielles Labenzym hergestellt. Dazu hat man das entsprechende Gen des Kalbs in Escherichia coli, Vibromyces lactis o.ä. verpflanzt. Das durch Ultrafiltration gereinigte Produkt ist mit dem aus Kälbermägen gewonnenen identisch.

Labpräparate werden der Milch bei etwa 33°C zugegeben, wo sie innerhalb von 10 bis 30 min Casein durch Gerinnung ausfällen (über den Mechanismus der Labfällung s. S. 45). Fast durchweg versetzt man solche Milch zusätzlich mit Säureweckern, soweit sie in ihr nicht bereits enthalten sind. Sie verwandeln Lactose zu Milchsäure und verhindern im ausgefallenen „Käsebruch" Fäulnisprozesse.

Während der Fällung wird der Bruch durch rotierende Schneidevorrichtungen (Käseharfe) in kleine Teilchen zerschnitten. Je gründlicher dies geschieht, desto mehr Molke wird ausgeschieden. Durch Erhitzen auf 35 bis 55°C („Brennen") verfestigt sich der Bruch unter Wasserabscheidung. Bei manchen Käsesorten werden jetzt die gewünschten Reifekulturen zugesetzt. Anschließend wird der Bruch abfiltriert und sofort durch Pressen in die spätere Form des Produktes (z.B. Käselaib) gebracht. Je härter der Käse werden soll, desto mehr wird „gebrannt" und abgepreßt. Eine Behandlung der Laibe mit Kochsalz (Trockensalzung oder Einlegen in 20%ige Kochsalzlösung) verfestigt sie unter Bildung der Käserinde. Manchmal werden Käselaibe stattdessen auch in Folien eingepackt. Beide Maßnahmen beeinflussen das Mikrobenwachstum im Bruch und damit die nachfolgende Reifung.

Diese läuft bei **Hart-** und **Schnittkäsen** im ganzen Laib gleichzeitig ab. So bauen die mikrobiellen Proteasen Casein unter Bildung von Peptonen, Peptiden und Aminosäuren ab. Einige von ihnen werden weiter zu biogenen Aminen oder in Anwesenheit von Propionsäurebakterien zu Propionsäure abgebaut. Dabei freiwerdendes Kohlendioxid bewirkt im noch weichen Käselaib die Lochbildung, die man bezüglich Dichte und Größe durch Dosieren der Kulturen beeinflussen kann. Fettspaltende Enzyme setzen Fettsäuren frei; durch ihren Abbau entstehen aromatisch wirksame Carbonyl-Verbindungen, die gemeinsam mit Peptiden Geschmack und Aroma des Produktes prägen. Milchsäurebakterien bauen verbliebene Lactose zu Milchsäure ab und schützen so den Käse vor Fäulnis. – Aufgrund dieser Vorgänge schwitzen die Käselaibe wäßrige Pepton-Lösungen und Fett aus, so daß sie sorgfältig gewaschen und vor Fremdinfektionen bewahrt werden müssen. Zur Konservierung der Käserinde können Sorbinsäure und Natamycin (s. S. 170) eingesetzt werden. Die Lagerung von Käse geschieht in speziellen Kellern mit konstanter Luftfeuchtigkeit und Temperatur. Sie dauert bei Hartkäse je nach Produkt einige Wochen bis mehrere Monate. Parmesankäse wird mehrere Jahre gelagert. Mit zunehmender Lagerzeit verliert Käse Feuchtigkeit, so daß er immer härter wird. Dabei bildet sich ein Geflecht aus Calciumcaseinat, das Fett und Aromastoffe einschließt.

Bei **Weichkäse** läuft der Reifungsvorgang von außen nach innen. Um das zu erreichen, benötigt man im Bruch relativ hohe Milchsäuregehalte, die das Mikrobenwachstum zunächst hemmen. Nach dem Formen werden die Käse von außen beimpft, wobei man zwei Gruppen unterscheidet:

Käse mit Schimmelreifung (z.B. Camembert, Roquefort) und
Käse ohne Schimmelreifung (z.B. Limburger, Romadur).

Zur Bereitung von Camembert werden die vorgeformten Käse von außen mit verschiedenen **Penicillium-Kulturen** beimpft, so daß innerhalb weniger Tage ein dichter weißer Schimmelpilzrasen entsteht. Durch Diffusion dringt nun die Reifung nach innen vor. Nach etwa 14 Tagen wird abgepackt, die Reifung verläuft indes weiter.

Eine Besonderheit weisen Grün- und Blauschimmelkäse auf, wie Gorgonzola und Roquefort. Der oberitalienische Gorgonzola wird aus Kuhmilch durch Beimpfen mit **Penicillium gorgonzola** hergestellt. Die Reifezeit beträgt bei 2 bis 4°C etwa zwei bis drei Monate. Roquefort – eigentlich ein halbfester Schnittkäse – wird ausschließlich aus Schafsmilch hergestellt. Der Bruch wird mit Sporen von **Penicillium roqueforti** beimpft, die man eigens auf Roggenbrot züchtet. Zur Reifung wird er in die Höhlen des Combalou bei Roquefort gebracht, wo die aerobe Phase während der ersten vier Wochen bei 9°C durchlaufen wird. Um den Schimmel auch nach innen dringen zu lassen und Luft zuzuführen, wird der Käselaib, ebenso wie bei Gorgonzola, mit Nadeln durchstochen. Zur anaeroben Reifung wird er eingepackt und weitere drei Monate bei etwa 7°C gelagert. Hier laufen dann spezielle Fettspaltungen ab.

Schimmelpilze der genannten Arten erzeugen Aromastoffe durch Decarboxylierung von β-Ketocarbonsäuren, die sich im Rahmen der β-Oxidation bilden. Diese eliminieren hier jedoch nicht, wie beim Fettstoffwechsel üblich, einen Acetyl-Rest, sondern werden decarboxyliert. Dadurch entstehen Methylketone mit eigenartigen Aromanoten („**Parfümranzigkeit**", s. S. 80).

Weitere Käse dieser Art sind Bresse bleu und Danablu. Zur Weichkäsebereitung verwendete Edelpilzkulturen scheiden keine Aflatoxine ab.

Käse ohne Schimmelreifung werden durch anaerob wachsende Mikroorganismen gereift. Um ihre Tätigkeit nicht zu stören, werden die aus dem Käse austretenden Schmieren glattgestrichen („Schmierkäse"). Die Folge ist ein intensiver Eiweißabbau, der bis zur Ammoniak-Entwicklung gehen kann, sowie Freisetzung von Fettsäuren. Dementsprechend stark ist das Aroma dieser Produkte.

Frischkäse sind nicht oder nur wenig gereifte Käse. Hierzu gehören nicht nur Quark, sondern auch Schichtkäse, Rahm- und Doppelrahmkäse.

15.14.3
Schmelzkäse

Beim Erhitzen schmilzt Käse, nach Abkühlen erstarrt er wieder. Um ein streichfähiges Käseerzeugnis zu erhalten, werden während des Schmelzens (bei 120°C) Schmelz- oder Richtsalze zugegeben, die die im Käse enthaltenen Calcium-Ionen komplex binden sollen. Man verwendet vor allem die Natriumsalze der Citronen-, Wein- und Milchsäure sowie Natriumpolyphosphat. Nach Komplexierung des Calciums entsteht eine Eiweiß-in-Fett-Emulsion, die streichbar bleibt. Die Masse wird noch heiß geformt, dann gekühlt und abgepackt. Als besondere Vorteile der Schmelzkäse gelten neben der Haltbarkeit die Standardisierung von Geruch, Geschmack und Konsistenz.

15.15
Produkte mit höheren Proteingehalten aus Pflanzen

15.15.1
Sojamilch

Sojamilch ist im Orient schon recht lange bekannt. Sie wird durch Aufkochen gemahlener Sojabohnen hergestellt. Der anhaftende Bohnengeschmack wird enzymatisch oder durch Behandeln mit Säure beseitigt. Heute gewinnt man hieraus durch Sprühtrocknung Sojatrockenmilchpulver. Handelsprodukte sind „Sojalac" (22% Rohprotein), „Mullsoy" (24% Rohprotein), Saridel (30% Rohprotein). Zum Vergleich: Vollmilchtrockenpulver enthält 22% Rohprotein.

15.15.2
Tofu (Sojaquark)

Tofu wird aus Sojamilch durch Ansäuern oder Salzbehandlung gewonnen. Das puddingartige Produkt enthält 84–90% Wasser, 3–4% Fett und 5–8% Rohprotein. Es wird zu Fisch-, Fleisch- und Gemüsegerichten verzehrt.

15.15.3
Lupinenquark

Durch Vermahlen kann man z.B. aus Süßlupinen Eiweiß gewinnen. Man sollte aber die in Lupinen vorkommenden toxischen Alkaloide Spartein und Lupinin beachten, die dem Produkt einen bitteren Geschmack verleihen. Es gibt heute allerdings schon alkaloidfreie Lupinen. Lupinenquark ist ähnlich wie Tofu zusammengesetzt (20% Rohprotein) und wird z.B. in Algerien gegessen.

15.15.4
Tempeh

Dies ist ein indonesisches Gericht, das aus Getreide und Soja bzw. anderen, billigeren Leguminosen durch Fementieren hergestellt wird. Der nach Kochen und Zerkleinern gewonnene Brei wird mit einer Mikroflora hauptsächlich der Species Rhizopus beimpft und ist bei den dort herrschenden Temperaturen nach 3 Tagen genußfähig. Das nußig schmeckende Produkt enthält neben Vitamin B_{12} ungesättigte Fettsäuren, 11% Kohlenhydrate und 20% Rohprotein.

15.15.5
Natto

ist ein in Japan gehandelter Sojakäse, der nach Ammoniak riecht und aus
fermentierten Sojabohnen bereitet wird. Er enthält im Mittel etwa 20% Rohprotein und zeichnet sich u.a. durch hohe Gehalte an den Vitaminen B_1 und
B_{12} aus.

15.15.6
Miso

ist ein fermentiertes Lebensmittel aus Soja, verschiedenen Getreiden und Koji
(gekochter Reis, der mit Aspergillus oryzae beimpft wurde → „Pilzreis"), das
unter anderen Namen in ganz Ostasien als Würzgrundlage für viele Speisen
gegessen wird. Es gibt salzigen und süßen Miso. Die Eiweißgehalte schwanken
zwischen 8–20% (berechnet als Rohprotein), ferner enthält er 8–30% Kohlenhydrate und 3–10% Fett. Miso wird in Ostasien in beachtlichen Mengen
genossen (z.B. in Japan etwa 20 g pro Tag und Person). Misoerzeugnisse sollen anticarcinogene Eigenschaften aufweisen und für die relativ geringeren
Magen- und Leberkrebsraten gegenüber westlichen Ländern verantwortlich
sein.

15.16
Andere Wege zur Proteingewinnung

15.16.1
Fischproteinkonzentrat (FPC)

Fisch besitzt hochwertiges Eiweiß, das leider viel zu oft in Form von Fischmehl als Dünger verwertet wird. Um seine Ausnutzung für die Ernährung zu
ermöglichen, müssen ihm die schnell verderbenden Fette sowie unerwünschte
Geruchsstoffe entzogen werden. Dies gelingt durch Extraktion mit Methylenchlorid, Methanol oder Essigester. So erzielt man mittels des Vio-Bin-Prozesses
aus 100 kg Fisch Ausbeuten von etwa 20 kg an reinem Protein. Stark angezogene
Fischpreise haben seine Erzeugung zunächst zurücktreten lassen. Ausnahmen
sind Fischextrakte, die ähnlich wie Fleischextrakt eingesetzt werden können.

15.16.2
Fleischähnliche Produkte aus Pflanzeneiweiß (TVP)

Fleisch besitzt faserförmigen Aufbau, der seine Textur entscheidend beeinflußt. Zur Erzeugung von Ersatzprodukten hat man deshalb Pflanzenproteine
(aus Soja, Mais, Erdnuß) sowie Protein aus Casein in Lösung gebracht und
sie durch Düsen in geeignete, eine Koagulation auslösende Fällbäder gepreßt.
Dadurch entstanden faserähnliche Gebilde, deren Textur man durch geeignete

Nachbehandlung beeinflussen konnte. Durch Aufkochen mit Fett, Gewürzen und Behandeln mit Fleischaromastoffen hat man Erzeugnisse von beachtlicher Qualität herstellen können. Es gibt Produkte mit Hähnchen-, Würstchen-, Rindfleisch- oder Schinkengeschmack, die zu Würfeln geschnitten als eine Art Trockengulasch angeboten werden. Durch Quellen in Wasser und Aufkochen kann man hieraus fleischähnliche Gerichte zubereiten. Gewisse Schwierigkeiten ergeben sich bei der Verarbeitung von Sojaprotein, das Bitterstoffe enthält. Man kann diese indes durch Extraktion mit Ethanol bzw. Isopropanol entfernen. Produkte dieser Art werden international als TVP (texturized vegetable Protein) bezeichnet.

15.16.3
Einzellerprotein (SCP)

Ein weiterer Ansatz für die Erzeugung von Protein ergibt sich aus der Verwertung von Einzellern (Bakterien, Hefe), die aufgrund ihrer raschen Vermehrung große Ausbeuten versprechen. Bereits während des Ersten Weltkrieges wurde Hefe gezüchtet und zu Extrakt verarbeitet, wobei als Nährsubstrate Melasse, Molke und Sulfit-Ablaugen aus der Cellulose-Herstellung eingesetzt wurden. Die erzeugte Biomasse enthält allerdings beachtliche Mengen an Purin-Stoffen aus den Zellkernen, die im menschlichen Körper zu Harnsäure abgebaut werden würden. Zukunftsweisend scheinen Arbeiten mit Bakterien zu sein, die anorganischen Stickstoff in Eiweiß verwandeln können und sehr hohe Ausbeuten liefern. Als Kohlenstoff liefernde Nährsubstrate bieten sich Methanol und n-Paraffine aus Petroleum an. Proteine dieser Art wurden bisher ausschließlich als Tierfutter verwertet. In der Zwischenzeit wurden auch Wege zur Extraktion der in ihnen enthaltenen Purine bekannt.

16 Kohlenhydratreiche Lebensmittel

16.1
Zucker

Zucker gelangte erst nach den Kreuzzügen über Zypern und Venedig nach Europa, wo bis dahin hauptsächlich Honig als Süßungsmittel verwendet worden war. Heute wird Zucker vor allem aus Zuckerrüben und Zuckerrohr gewonnen.

Rübenzucker. Im Oktober besitzt die Zuckerrübe, die außer in Deutschland auch in Polen, Frankreich, Rußland und den USA angebaut wird, die höchsten Zuckergehalte (18–26%). Da dieser Zucker durch Veratmung in der Rübe relativ schnell abgebaut wird, legt man Wert auf schnelle Verarbeitung während der sogenannten „Kampagne", die normalerweise bis Anfang Januar abgeschlossen ist.

Nach dem Waschen werden die Rüben zu Schnitzeln verarbeitet und in speziellen Extraktionstürmen mit warmem Wasser behandelt, wobei ihnen der Zucker zu über 99% entzogen wird. Zur besseren Verfahrensführung wendet man das Prinzip der Gegenstromextraktion an, d.h. die schon mit Dünnsaft vorgemaischten Rübenschnitzel werden im Extraktionsturm von unten nach oben gefördert, während Wasser von oben zugeführt wird und nach unten abläuft. Dadurch werden die noch wenig extrahierten Schnitzel mit Zuckerlösung, die fast vollständig ausgelaugten Schnitzel dagegen mit fast reinem Wasser behandelt.

Der dunkel gefärbte Rohsaft (pH etwa 6,3) wird dann in 2 Stufen durch Zugabe von Calciumoxid letztlich auf pH $\approx$ 11 gebracht. Dies bewirkt

1. Ausfallen anorganischer und organischer Calciumsalze (der Phosphor-, Schwefel-, Oxal-, Äpfel- und Citronensäure),
2. Entesterung von Pektinen, die ebenfalls ausfallen,
3. Abscheidung von Eiweißstoffen,
4. Abbau von Glucose und Fructose (durch Invertierung entstanden!) zu Milchsäure, um Reaktionen nach dem Maillardtyp zu unterbinden und
5. Verhinderung weiterer Invertierung, die nur im Sauren abläuft.

Die nachfolgende Carbonatation (Zuführen von CO_2), die ebenfalls zweistufig geführt wird, hat das Ziel, die gelösten Calciumionen als Carbonat zu entfernen. Dabei stellt das Calciumcarbonat einen wichtigen Filterhilfsstoff dar. Bei der

Saftreinigung werden so die gelösten Nichtzuckerstoffe der Zuckerrübe zu etwa 30–40% abgeschieden, der Rest geht letztlich in die Melasse.

Der so entstandene Dünnsaft wird dann im Vakuum bis zu einem Trockensubstanzgehalt von etwa 70% eingedampft. Dabei muß pro Tonne verarbeiteter Zuckerrüben etwa 1 m^3 Wasser verdampft werden. Zur Anregung der Zuckerkristallisation wird manchmal mit reiner Saccharose angeimpft. Der auskristallisierte Zucker wird jetzt abgeschleudert und der Muttersirup („Grünablauf") mehrstufig weiter eingedampft, bis schließlich Melasse übrig bleibt. Durch Austausch der Kalium- und Natriumionen gegen Mg^{2+} durch Anwendung von Ionenaustauschern kann noch mehr Zucker abgeschieden werden, da seine Löslichkeit dann geringer ist (Quentin-Verfahren).

Der abgeschleuderte Weißzucker wird mit Wasser oder Dampf gewaschen, wodurch oberflächlich anhaftende Verunreinigungen abgespült werden. Der so gewonnene Zucker wurde früher als Affinade bezeichnet. Die bei seiner Gewinnung entstandene Zuckerlösung (Deckablauf) wird erneut dem Eindampfprozeß zugeführt. Reiner ist die Raffinade, zu deren Herstellung Affinadezucker gelöst und mittels Aktivkohle (u.U. unter Zusatz von SO_2 zur Verhinderung erneuter Dunkelfärbung) umkristallisiert wird. Der gesamte Gewinnungsprozeß ist schematisch in Abb. 16.1 dargestellt.

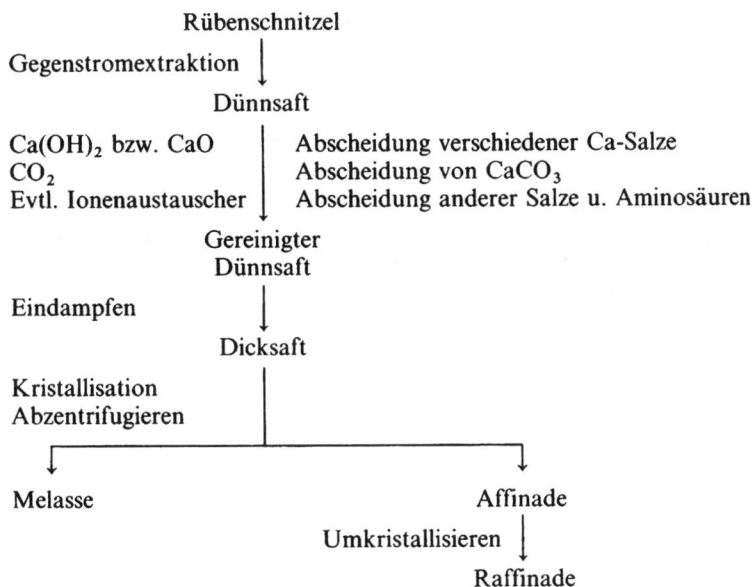

Abb. 16.1. Vereinfachtes Fließschema der Rübenzucker-Gewinnung

Nach der EWG-Zuckerverordnung unterscheidet man zwischen

Weißzucker (EWG-Qualität 2 oder Grundsorte) und
Raffinade (EWG-Qualität 1).

Tabelle 16.1. Mittlere Zusammensetzung von Zuckerrüben und Melassen. [Nach: Reinefeld E, Thiele K (1984) Chemie in unserer Zeit 18 : 181]

	Rübe	Melasse[a]
	%	
Saccharose (polarimetrisch)	15–18	46–50
Wasser	75–78	20
Wasserunlösliche Trockensubstanz (Mark)	4–5	–
Wasserlösliche organische „Nichtzuckerstoffe"	ca. 1,7	19–21
Raffinose	0,05–0,08	1–1,5
Invertzucker	ca. 0,1	0–0,5
Stickstofffreie organische Säuren	ca. 0,25	2,5–4
Aminosäuren, Amide, Pyrrolidoncarbonsäure	ca. 0,35	6–8
Betain	0,2–0,3	4–6
Anorganische Bestandteile (Asche)	ca. 0,8	9–11

[a] Werte bezogen auf 80% Trockensubstanz ohne Anwendung des Ionenaustauschverfahrens.

Die Bewertung wird unter Gebrauch eines Punktesystems nach Aschegehalt, Farbe und Körnung vorgenommen.

Blauungsmittel wie Ultramarin, Indigo oder Indanthrenblau, durch deren Zusatz ein schwach gelb gefärbtes Produkt weiß erscheinen würde, sind in Deutschland verboten. Ihre mißbräuchliche Anwendung ist ziemlich ausgeschlossen, da der analytische Nachweis unter Zuhilfenahme der Dünnschichtchromatographie leicht zu führen ist.

Melasse, die noch etwa 12% des aus den Rüben extrahierten Zuckers enthält, wird als Gärsubstrat zur Herstellung von Ethanol, Hefe und Citronensäure eingesetzt oder mit den getrockneten Rübenschnitzeln vermischt als Tierfutter verwertet. Eine weitere Entzuckerung ist dagegen meistens nicht wirtschaftlich. Einige Zuckerfabriken wenden manchmal das Quentinverfahren an, bei dem die in der Melasse gelösten Alkali-Ionen durch Behandeln in einer Ionenaustauschersäule gegen Magnesium-Ionen ausgetauscht werden. Die Magnesium-Ionen bewirken dann eine Herabsetzung der Saccharose-Löslichkeit, so daß noch einmal ein Drittel des in der Melasse gelösten Zuckers gewonnen werden kann. Früher hat man einen Teil der in Melasse vorkommenden Saccharose durch Zugabe von Strontiumhydroxid gefällt („Strontian-Entzuckerung") und die Strontium-Ionen dann durch CO_2-Behandlung wieder abgeschieden.

Über die Zusammensetzung von Rübenzucker-Melasse unterrichtet Tabelle 16.1 Charakteristische Inhaltsstoffe sind Betain (s. S. 121) und Raffinose (s. S. 104). Letztgenannte dreht die Ebene des linear polarisierten Lichtes stark nach rechts und täuscht bei der polarimetrischen Bestimmung größere Saccharosegehalte vor.

Rohrzucker. Zuckerrohr (u.a. Kuba, Brasilien, Indien) besitzt Saccharosegehalte von 14–26%. Zur Gewinnung der Saccharose wird das Zuckerrohr zerkleinert und der Saft durch Walzen ausgepreßt. Der erhaltene Dünnsaft, dessen pH bei 4,8–5,6 liegt und der durch die schneller ablaufende Inversion bis 1,4% Invertzucker enthält, wird, wie beschrieben, mit Calciumhydroxid behandelt (Defäkation). Um den Invertzucker nicht zu zersetzen, wird der Dünnsaft allerdings nur bis pH 8,5–8,8 alkalisiert. Zur weiteren Reinigung wird mit SO_2 versetzt. Nach Abfiltrieren der gefällten Nichtzuckeranteile wird Calcium mit CO_2 gefällt und ähnlich wie zur Herstellung von Rübenzucker eingedampft. Ein Teil des Zuckers wird als braun gefärbter Rohzucker auf den Markt gebracht, der über 1% organische Nichtzuckerstoffe, etwa 1% reduzierende Substanz und 0,5% Asche enthält. Da die ihm anhaftenden Sirupanteile angenehm riechen und schmecken, kann er im Gegensatz zu Rüben-Rohzucker direkt verwendet werden. Allerdings kann seine Lagerfähigkeit, vor allem bei höheren Feuchtigkeitsgehalten, wegen Infektionsgefahr durch Hefen, Schimmelpilze und Bakterien erheblich leiden.

Rohrzuckermelasse enthält nur sehr wenig Raffinose, ihr Gesamtzuckergehalt beträgt bis 60%, wovon etwa ein Drittel auf reduzierende Zucker entfallen kann. Der Stickstoffgehalt ist erheblich niedriger, Betain fehlt ganz. Rohrzuckermelasse enthält indes etwa 5% Aconitsäure. Durch Vergären stellt man aus Rohrzuckermelasse Rum und den brasilianischen Zuckerrohrschnaps (Cachaca) her. In Brasilien wird der so gewonnene Alkohol aber auch als Treibstoff eingesetzt. – Das ausgepreßte Zuckerrohr verwendet man zur Herstellung von Bau- und Isoliermaterial (Bagasse).

Ahornzucker wird vor allem in Kanada gewonnen. Ahornbäume werden angebohrt und der austretende Saft durch Rohrleitungen in Sammelbehälter geleitet. Durch Eindampfen gewinnt man kristallinen Zucker oder auch Sirupe, die wegen ihres charakteristischen Aromas besonders geschätzt sind.

Isomerosezucker wird industriell aus Glucose hergestellt, die man durch Hydrolyse von Maisstärke gewonnen hat. Durch Behandlung mit immobilisierter Glucose-Isomerase, die man aus **Streptomyces**- Arten gewonnen und chemisch an Ionenaustauscher gebunden hat, wird Glucose zu Fructose umgewandelt. Man kann die Fließgeschwindigkeit der Glucose-Lösung so regeln, daß die Bildung eines Gemisches aus 42% Fructose, 50% Glucose und 8% anderer Oligosaccharide erreicht wird. Seine relative Süßkraft entspricht der reiner Saccharose, da Fructose süßer schmeckt als Saccharose, Glucose dagegen geringere Süßkraft besitzt.

16.2
Spezielle Produkte

Invertzucker entsteht durch saure oder enzymatische Hydrolyse von Saccharose. Er wird als Sirup zur Herstellung von Süßwaren verwendet.

Flüssigzucker stellt reine Zuckerlösung dar. Ein Produkt von 76° **Brix** enthält 76 Gewichtsprozent Zucker in Wasser.

Stärkesirup wird meist aus Maisstärke durch schwefelsauren Aufschluß gewonnen. Hierbei wird die Stärke zu Glucose, Maltose und anderen Oligosacchariden sowie vor allem zu wasserlöslichen Dextrinen abgebaut, wobei man je nach Prozeßführung unterschiedliche Zusammensetzungen erreichen kann. Die Säure wird anschließend neutralisiert und die Salze entfernt. Es entsteht ein durchsichtiges, helles Produkt von zäher Konsistenz und geringer Süßkraft. Stäkesirup wird u.a. zur Abrundung des Süßgeschmacks in Bonbons und anderen Süßwaren eingesetzt. Als trockenes „Kristallpur" verwendet man ihn bei der Wurstherstellung.

Speisesirup wird aus gereinigten Zucker- und Kandis-Abläufen unter Zusatz von Stärkesirup erhalten.

Kandiszucker ist aus Zuckerlösungen kristallisierter weißer Zucker, der evtl. durch Zugabe von Zucker-Couleur braun gefärbt wurde.

Karamel wird durch langsames Erhitzen von Raffinadezucker gewonnen. Dabei wird Wasser aus dem Zucker-Molekül abgespalten, also der Zucker abgebaut. Dadurch wird u.a. die Bildung charakteristischer Aromastoffe wie Maltol, Diacetyl, Methylglyoxal und verschiedener Furane bewirkt. Karamel wird zum Aromatisieren von Süßwaren aller Art eingesetzt.

16.3
Zuckeralkohole

Zuckeralkohole gehören zu den Zuckeraustauschstoffen. Neben dem nachfolgend behandelten, einfach aufgebauten Sorbit und Xylit sind vor allem hydrierte Stärkezucker (Lycasin®, Malbit®) sowie der Palatinit zu nennen. Über diese Produkte informiere man sich ab Seite 187ff. Lycasin und Malbit werden zunehmend zur Herstellung von Bonbons eingesetzt, da sie nicht kariogen sind.

Sorbit wird durch katalytische Hydrierung von Glucose hergestellt und besitzt etwa die halbe Süßkraft der Saccharose. Er wird als Diabetikerzucker (z.B. Sionon®) sowie aufgrund seiner hygroskopischen Wirkung als Feuchthaltemittel, z.B. in Marzipan, verwendet. In größeren Mengen verzehrt, wirkt er laxierend. Sorbit ist hitzebeständig und verdaulich, wird aber nicht vergoren und unterliegt nicht der Maillard-Reaktion.

Xylit ist etwas süßer als Saccharose. Er wird durch katalytische Hydrierung von Xylose gewonnen, die bei der hydrolytischen Zersetzung von Xylanen (z.B. aus Stroh- und Haferschalen) freigesetzt wird.

16.4
Zuckerwaren

Invertzuckercreme (früher. Kunsthonig) ist ein auf 20% Wassergehalt einge-
dampfter Invertzucker, der zusätzlich aromatisiert und künstlich gefärbt sein
kann.

Bonbons. Produkte dieses Begriffes werden unterteilt in Hart- und Weichkaramellen: **Hartkaramellen** werden hergestellt, indem man Wasser, Zucker,
Stärkesirup, Farbstoffe und Aromen in Vacuum-Kochkesseln mischt und das
Wasser auf speziellen Verdampfern unter schonenden Bedingungen vertreibt.
Anschließend wird das Produkt geformt und erkalten gelassen. **Weichkaramellen** enthalten zusätzlich Fett und evtl. Emulgatoren. Hier wird nur bis zu
einem Wassergehalt von 6% eingedampft.

Marzipan wird aus zerkleinerten süßen Mandeln mit weißem Verbrauchszuk-
ker unter Zusatz von Invertzucker bzw. Stärkesirup oder Sorbit hergestellt.
Durch kurzes Erhitzen wird aus dem Gemisch eine plastische Masse gebildet
(Marzipan-Rohmasse), die je nach Zweckbestimmung weiterverarbeitet wird.

Persipan ist ähnlich wie Marzipan zusammengesetzt, enthält aber anstelle der
Mandeln Aprikosen- bzw. Pfirsichkerne.

Nugat (Noisette) besteht aus feingemahlenen Nüssen und Mandeln bzw. einem
Gemisch aus beiden und Zucker im Verhältnis 1 : 1. Ein Teil des Zuckers kann
durch Sahne- oder Milchpulver ersetzt warden ("Sahnenugat", "Milchnugat").
Nugatcreme kann daneben auch entbitterte und geschälte bittere Mandeln
sowie Speisefette enthalten.

Krokant wird aus zerkleinerten Mandeln bzw. Nüssen und karamelisiertem
Zucker, die man nach Vermischen erhitzt, hergestellt.

Lakritz besteht aus verkleistertem Mehl, das zusammen mit Süßholzsaft, Zucker, Stärkesirup und Gelatine eingedickt wird.

Trüffel (*Konfekt-Trüffel*) stellen ein Produkt dar, das aus Kakaomasse und
Kakaobutter hergestellt ist und evtl. auch Butter enthält und dessen Aussehen
an Trüffelpilze (Würzpilze) erinnert. Die Rohmasse wird zur Herstellung von
Pralinen verwendet.

16.5
Honig

Blütennektar enthält teilweise erhebliche Mengen Saccharose, z.B. der von
Buchweizen, Raps und Sonnenblumen bis über 50%. Zucker befindet sich auch
im Hontigtau, der süßen Ausscheidung mancher Laub- und Nadelgehölze.
Diese Säfte werden von Bienen gesammelt und zunächst in der Honigblase
gespeichert, wo sie sich mit Enzymen vermischen. Später werden sie in den

Wabenzellen des Bienenstocks gelagert, wo sie bei Temperaturen um 33°C eingedickt werden und reifen. Dabei wird nicht nur Saccharose invertiert, sondern gleichzeitig werden die charakteristischen Aromastoffe des Honigs gebildet.

Man unterscheidet Honige u.a.

1. nach der Pflanzen-Herkunft (verschiedene Blütenhonige sowie Honigtau-Honig),
2. nach der Eintragszeit,
3. nach der geographischen Herkunft,
4. nach der Art der Gewinnung (Schleuder-, Preß-, Scheibenhonig) und
5. nach dem Verwendungszweck (Speise- bzw. Backhonig).

Honig besteht aus 70 bis 80% Invertzucker, bis zu 5% Saccharose, manchmal nicht unbeträchtlichen Mengen an Oligosacchariden („Honigdextrin"), verschiedenen Frucht- und Aminosäuren, Mineralstoffen und Aromastoffen. Die wichtigsten in Honig enthaltenen Enzyme sind Saccharase, Honigdiastase sowie Glucoseoxidase. Letztere ist wahrscheinlich für die bakteriostatische Wirkung des Honigs verantwortlich. Hydroxymethylfurfural kommt in Honig spurenweise vor, nach Erhitzen oder zu langer Lagerung können seine Gehalte allerdings erheblich ansteigen. – Eine Besonderheit ist **Gelee royal**, der Futtersaft der Bienenkönigin, den man wegen seiner biologischen Aktivität manchmal in kosmetischen und geriatrischen Mitteln findet. Er enthält neben Pantothensäure auch 10-Hydroxy-2-decensäure und angeblich gewisse Pheromone.

Honig ist besonders wegen seines Genußwertes gesucht. Dagegen ist eine besondere gesundheitsfördernde Wirkung (außer durch den hohen Anteil an schnell resorbiertem Invertzucker) nicht bewiesen. Über toxische Honiginhaltsstoffe s. S. 249.

Seit 1977 beobachtet man in Deutschland das Auftreten von Varroatose, einer durch die Milbe **Varroa jacobsoni** hervorgerufenen Bienenkrankheit, die bei nicht rechtzeitiger Erkennung zum Zusammenbruch des Bienenvolkes führen kann. Zu ihrer Bekämpfung wendet man Ameisensäure, Folbex®(Brompropylat) bzw. Perizin®an. Die beiden letzteren können über das Wachs in den Honig gelangen. Ameisensäure und Brompropylat werden im Bienenstock verdampft, wobei man tunlichst die Drohnenbrut entfernt, weil in ihr die Milben nicht erfaßt werden. Perizin wirkt dagegen systemisch über die Bienen.

16.6
Getreide

16.6.1
Unsere wichtigsten Getreide

Die mengenmäßig wichtigsten Getreidesorten in Deutschland sind Weizen, Roggen und Gerste, während Hafer, Reis und Mais deutlich zurücktreten. Hirse wird häufig in Afrika, Asien und Südamerika angebaut.

Weizen ist das am meisten erzeugte Getreide auf der Welt. Nach der Chromosomenzahl unterscheidet man drei Gruppen:

1. diploider Weizen   (2n = 14 Chromosomen), „Einkorn-Reihe";
2. tetraploider Weizen   (2n = 28 Chromosomen), „Emmer-Reihe";
3. hexaploider Weizen   (2n = 42 Chromosomen), „Dinkel-Reihe".

Weizen der **Einkorn-Reihe** ist heute unbedeutend. Wichtig wegen seines hohen Klebergehaltes ist dagegen der Weizen aus der **Emmer-Reihe** (Hartweizen). Von den Weizensorten aus der **Dinkel-Reihe** wird besonders der Weich- oder Saatweizen **(Triticum aestivum)** als Sommer- bzw. Winterweizen angebaut. Er liefert sehr weißes Mehl, weist jedoch geringere Klebergehalte als Hartweizen auf (etwa die Hälfte). Die bekanntesten Hartweizensorten kommen aus Kanada und den USA (z.B. **Manitoba, Northern Springs**).

Roggen ist bezüglich Klima und Boden anspruchsloser als Weizen. Er wird bevorzugt in Eurasien, USA und Argentinien angebaut. Auch bei Roggen gibt es eine diploide und eine tetraploide Reihe, die beide durch wichtige Anbausorten repräsentiert sind. Roggenmehl wird meist im Gemisch mit Weizenmehl zum Backen verwendet.

Der Anbau von **Gerste** steht in der Welt hinter Weizen, Reis und Mais an vierter Stelle. In der Bundesrepublik Deutschland werden die zweizeilige Sommergerste (Braugerste) und die sechszeilige Futtergerste angebaut. Während erstere an jeder Seite einer Spindel ein Korn ausbildet (zweizeilige Gerste), sind bei sechszeiligen Gerstensorten hier jeweils drei Körner angeordnet. Da der Eiweißgehalt von Braugersten unter 12% liegen soll, werden solche Gerstensorten auf Böden mit geringer Stickstoffdüngung angebaut.

Mais war vor dem 16. Jahrhundert ausschließlich in Südamerika bekannt. Heute sind die USA sein wichtigster Produzent („corn"). Etwa die Hälfte der Maisernte wird zu Futterzwecken verwendet. Das darf nicht darüber hinwegtäuschen, daß Mais vielerorts einen beträchtlichen Anteil in der Volksnahrung einnimmt. Bekannte Maisgerichte sind Polenta (Italien), Tortillas (Mexiko, Südamerika) und Mammeliga (Rumänien). Daneben gewinnt Mais Bedeutung als Stärkelieferant und Ausgangsprodukt für die Herstellung von Isomerose. Mais bevorzugt warmes und feuchtes Klima.

Reis liefert Nahrung für mehr als die Hälfte der Menschheit. Man unterscheidet zum einen zwischen Kurz-, Mittel- und Langkornsorten, zum anderen nach den Anbaubedingungen zwischen Naßreis und Bergreis (Trockenreis). Überwiegend wird Naßreis erzeugt, der bis zur Blüte etwa 10 bis 15 cm tief in Wasser steht. Die bei weitem wichtigsten Erzeugerländer sind die Volksrepublik China und Indien; in Europa wird Reis in Spanien und Italien angebaut.

Hafer wird hier meist als Winterhafer angebaut. In der Haferproduktion liegt Rußland bei weitem an der Spitze; in der Weltgetreideproduktion nimmt Hafer den fünften Platz ein. Hafer dient meist als Futterpflanze; für die menschliche Ernährung sind Haferflocken und in diätetischer Hinsicht besonders Haferschleim zu nennen. Die Schleimsubstanz des Hafers ist das Lichenin.

Hirse wird fast ausschließlich in den Trockengebieten Asiens und Afrikas angebaut und zu Brei oder Fladen verarbeitet. Wichtige Sorten sind Rispen-, Kolben- und Mohrenhirse.

Buchweizen ist kein Gramineen-Gewächs wie die vorgenannten Getreide, sondern wird der Klasse der Knöterich-Gewächse zugerechnet. Die in Form kleiner Nüßchen auftretenden Früchte werden manchmal als Grütze gegessen.

16.6.2
Aufbau und chemische Zusammensetzung

Die Getreidekörner sind von einer Kornschale umschlossen, die sich aus Fruchtwand und Samenschale (Pericarp und Testa) zusammensetzt. Es folgt nach innen die meist wabenförmig aufgebaute Aleuron-Schicht, die aus Reserveeiweiß, Mineralstoffen (hauptsächlich Kalium- Calcium- und Magnesiumphosphat), Vitaminen (vor allem aus der B-Gruppe), Enzymen und etwas Pflanzenfett besteht. Seitlich am Nährgewebe angeordnet findet man den Keimling, der reich an Öl, Eiweiß, Mineralstoffen, Vitaminen und Enzymen ist. Der Rest des Getreidekornes (etwa 80%) besteht aus dem Mehlkörper, der dem Endosperm zugerechnet wird und der aus Stärkekörnern charakteristischer Form zusammengesetzt ist. Daneben enthält er geringe Mengen an Glucose und Maltose. Die Stärkekörner sind von einem dünnen Proteinnetz umhüllt (**Haftproteine**), in den Zwischenräumen findet sich das keilförmig geformte **Zwickelprotein**. Haft- und Zwickelprotein des Weizens wirken gemeinsam als „Kleber", indem sie bei der Teigbereitung leicht Wasser binden und so erst die Herstellung eines viskosen Teiges ermöglichen. Hierbei sind offenbar in ihnen enthaltene Lipoproteine zusätzlich wirksam. Nur das Endosperm-Eiweiß des Weizens entfaltet schon in neutralem Milieu Kleberwirkung, während das entsprechende Roggenprotein erst nach Ansäuern, am besten mit Milchsäure, hydratisierbar ist. Das im Aleuron enthaltene Protein hat keine Klebereigenschaften. Es ist Bestandteil der Kleie.

Die chemische Zusammensetzung der Getreide schwankt nach Art, Sorte, Anbaugebiet und Erntebedingungen. Sie liegt in folgenden Bereichen:

Wasser	etwa 14%	Mineralstoffe	etwa 2%
Stärke u. Zucker	etwa 70%	Rohfaser (Cellulose,	23%
Rohprotein	8–12%	Hemicellulosen)	
Fett	1,5 – 5%		

Bezüglich der Rohfaser wird auf Seite 115 u. 116 verwiesen. Hemicellulosen werden in Getreidemehlen durch Arabino-Xylane repräsentiert. Sie bestehen aus $\beta - (1 \rightarrow 4)$-verbundenen D-Xylopyranose-Einheiten, von denen die meisten in 2- oder 3-Stellung ein Arabinofuranose-Molekül gebunden enthalten.

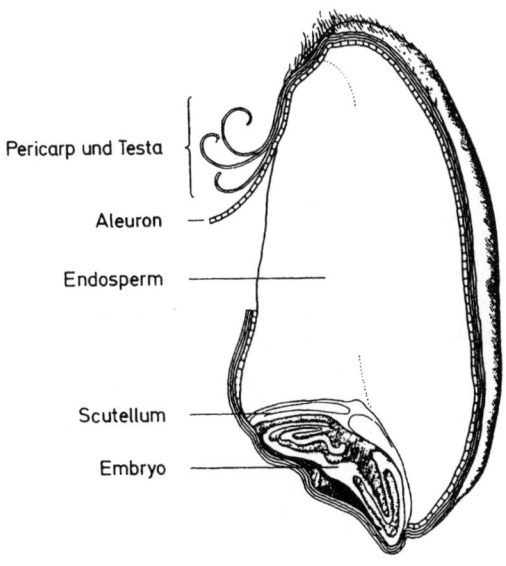

Pericarp und Testa

Aleuron

Endosperm

Scutellum

Embryo

Abb. 16.2. Längsschnitt durch ein Weizenkorn. (Aus: Paech K, Tracey MV (1955) Moderne Methoden der Pflanzenanalyse, Bd. 4, S. 71. Berlin: Springer)

Die Zusammensetzung von Reis, der sehr eiweiß- und fettarm sowie kleberfrei ist, dafür aber bis 80% Stärke enthält, fällt dementsprechend mit seinen Werten aus dieser Aufstellung heraus.

16.6.3
Müllerei

Getreide wird im Zustand der „Totreife" bei Wassergehalten im Korn von 20–24% geschnitten und anschließend auf etwa 14–16% Wassergehalt konditioniert. Bei diesem Wassergehalt ist Getreide zwei bis drei Jahre lagerfähig, der Atmungsverlust an Stärke beträgt dann pro Jahr nur 0,25 bis 2%. Zur Vermahlung von **Brotgetreide** wird zunächst gereinigt. Der Vorgang der „Schwarzreinigung" umfaßt die Entfernung von Schmutz. Fremdsamen (Unkraut, Fremdgetreide) werden mit dem Trieur abgeschieden, leichtere Teile und Staub entfernt man mit dem Aspirateur. Es schließt sich eine Konditionierung auf 15,5% Wassergehalt an, bei dem der Mehlkörper optimal mürbe ist, während die Schale zäh bleibt. In der Stufe der „Weißreinigung" werden Barthaare des Korns sowie der Keimling auf rotierenden Schmirgelscheiben abgeschliffen.

Ein Weizenkorn gliedert sich in folgende Einzelschichten, die beim Vermahlen zu speziellen Fraktionen vereinigt werden:

Frucht- u. Samenschale   etwa 5% ⎫
Keimling   2–3% ⎬   Kleie: etwa 17%
Aleuron – Schicht   7–9% ⎭
Endosperm (Mehlkörper)   Mehl: etwa 76%

Die Ausbeute-Differenz zu 100% bezeichnet man als Mahlverlust, Schälverlust und Fußmehl.

Type	Asche mg/100 g Mehl	Ausmahlungsgrad (Ausbeute)
Weizenmehl 405	380–440	etwa bis 55%
Weizenmehl 1050	1000–1150	etwa bis 85%
Roggenmehl 997	950–1070	etwa bis 77%
Roggenmehl 1740	1640–1840	voll ausgemahlen

Tabelle 16.2. Aschegehalte und Ausmahlungsgrad einiger Weizen und Roggenmehle

Zum Vermahlen verwendet man Walzenstühle, in denen sich Walzen (u.U. verschieden schnell) gegeneinander drehen. Sie besitzen teils glatte, teils geriffelte Oberflächen. Je nach ihrem Abstand unterscheidet man zwischen

Flachmüllerei: Enger Walzenstand, wird vorwiegend zum Vermahlen von Roggen verwendet. Innerhalb von 4–5 Vermahlungen entsteht ein dunkles Mehl.

Hochmüllerei (Grießmüllerei): Weit auseinanderstehende Walzen brechen das Korn nur unter Entstehung von Grieß und Dunst (körniges Mehl).

Halbhochmüllerei: Hier stehen die Walzen in einem mittleren Abstand zueinander. Sie wird angewandt, um z.B. Weichweizen in 8–9 Schrotungen zu Mehl zu vermahlen.

Während bei der Flachmüllerei in wenigen Mahlvorgängen ein wenig differenziertes Mehl entsteht, bedient man sich zur Herstellung von Weizenmehlen einer Kombination aus Hoch- und Halbhochmüllerei. Mit Sieben und Windsichtern werden die Mahlprodukte nach jedem Mahlvorgang separiert und einer erneuten Vermahlung zugeführt. Je nach der Ausbeute spricht man von **Ausmahlungsgraden**. Ein sehr weißes Weizenmehl „niedrigen Ausmahlungsgrades" besteht nur aus den Bestandteilen des Mehlkörpers, während „höher" ausgemahlene Mehle zusätzliche Anteile aus den Randzonen des Getreidekornes enthalten. Da hier u.a. Vitamine, Enzyme, Rohfaser und nicht zuletzt Mineralstoffe gespeichert sind, steigt ihr Anteil in solchen Mehlen. Zur **Mehltypisierung** verwendet man seinen Mineralstoffgehalt (mg Asche in 100 g wasserfreiem Mehl), der analytisch leicht erfaßt werden kann.

Spezielle Mehlsorten sind z.B. Steinmetz- und Schlütermehl. Während beim erstgenannten Verfahren das Getreide durch Naßschälen enthülst und anschließend gemahlen wird, stellt Schlütermehl ein Vollkornmehl dar, dessen Kleieanteile vor Zugabe hydrothermal aufgeschlossen und gemahlen wurden.

Während man unter Mehl generell pulverförmig zerkleinerte Lebensmittel versteht, die näher bezeichnet werden (z.B. Weizenmehl), stellt **Grieß** ein reines Weizenprodukt dar, dessen Name indes in erster Linie den physikalischen Zustand beschreibt (griez, mittelhochdeutsche Bedeutung = Sandkorn). Im Handel unterscheidet man zwischen Weichweizengrieß, der vornehmlich zur Bereitung von Breis, Suppen und Süßspeisen verwendet wird, in denen die Grießkörner weitgehend zerkocht sind, und Hartweizengrieß, der seine körnige Struktur weitgehend behält. Der noch etwas gelblich gefärbte Hartweizengrieß wird zur Herstellung von Grießklössen, Nudeln und anderen Nährmitteln verwendet. Grießflammeripulver ist aus Weichweizengrieß und Stärke zusammengesetzt und eignet sich zur Herstellung von stürzfähigen Süßspeisen.

Die Spelzgetreide Hafer, Gerste, Hirse und Reis werden durch Schälmüllerei verarbeitet, deren Schwerpunkte in der Abtrennung der Spelzen von den Körnern liegen. Man erreicht letzteres durch Befeuchten der Körner mit heißem Wasser und anschließendes Trocknen, bevor die Trennung beider Bestandteile in der Schälmaschine erfolgt und das Korn zerkleinert wird.

Eine Besonderheit ist die Herstellung von **Haferflocken**. Hafer enthält abweichend von anderen Gramineen größere Mengen ungesättigter Fette im gesamten Korn. Hieraus können sich durch enzymatische Sauerstoff-Übertragung Bitterstoffe bilden. Zur Verhinderung dieser Reaktion wird daher längere Zeit bei 80–90°C gedarrt. Anschließend wird geschält und gewalzt. Schmelzflocken werden aus rekonstituiertem Hafermehl hergestellt.

Wie bei allen Getreidearten und Gräsern sind auch beim **Reis** Fruchtwand und Samenschale miteinander verwachsen. Mit dem Aleuron bilden sie hier zusammen das Silberhäutchen. Nach dem Schälen wird mehrere Male geschliffen und mit Talkum bzw. Glucosesirup poliert. Schnellkochender Reis wird durch Hitzebehandlung unter erhöhtem Druck und anschließendes Trocknen aus geschältem Reis hergestellt. Der ausschließliche Genuß von geschältem Reis führte in Ostasien zu Massenerkrankungen an Beriberi, die letztlich nichts anderes als eine Vitamin-B_1-Avitaminose ist. Vitamin B_1 ist in den abgeschälten Randzonen von Reis enthalten.

Zur Abtrennung des Maiskeimlings wird ebenfalls mit Heißdampf behandelt oder vorgequollen. Der Keim wird nach gezielter Schrotung zur Isolierung des Maiskeimöls separiert, das Schrot wie oben gemahlen. Zur Herstellung von Maisstärke s. S. 379.

16.6.4
Mehlbehandlung

Außer von der Art der Verarbeitung ist das Backverhalten eines Mehls bestimmt von Art und Menge seiner Inhaltsstoffe, den enzymatischen Umwandlungen, seinen rheologischen[1] Eigenschaften, der Korngrößenverteilung und nicht zuletzt vom Wasserbindungsvermögen. Ein Teil dieser Eigenschaften kann mit dem Farinographen (Bestimmung des Wasserbindungsvermögens, der Kneteigenschaften) sowie dem Amylographen (Bestimmung des Kleisterungsverlaufs) gemessen werden.

Eine Bleichung des Mehls wurde früher zuweilen u.a. durch Zugabe von NCl_3, Chlor, Chlordioxid oder Ozon erreicht. Diese Verfahren sind ebenso verboten wie die Zugabe von Oxidationsmitteln (Perborat, Bromat, Persulfat), die einem möglichen Kleberabbau durch mehleigene Proteasen entgegenwirken

---

[1]   Rheologie = Lehre von der Fließfähigkeit der Stoffe (z.B. von Teig).

sollen. Ähnliche Wirkungen werden durch Zusatz von Ascorbinsäure erreicht, die offenbar in ihrer Dehydro-Form wirksam ist.

Häufig werden Mehle für Großverbraucher bereits von der Mühle entsprechend ihrem Verwendungszweck eingestellt. Hier werden z.B. kleberarme Partien mit kleberreichen Mehlen gemischt oder Mehle geringer Amylase-Aktivität mit enzymreichen Partien verschnitten.

16.7
Brot

Die Ingredienzien eines Brotes sind Mehl, Milch (Wasser), Salz und Triebmittel (Sauerteig, Hefe, Backpulver). Bei Vermischen von Weizenmehl mit Wasser quillt Klebereiweiß, dessen Quelleigenschaften durch Salzzugabe zusätzlich angehoben werden. Kneten bewirkt nicht nur eine innige Vermischung der Teigbestandteile, sondern sorgt auch für intensive Belüftung. Kleberreiche Mehle erfordern längere Knetzeiten als kleberarme. Als Triebmittel verwendet man zur Herstellung von Weizenbroten **Preßhefen** (obergärige Bierhefen), die man entweder in größeren Mengen dem Teig direkt zusetzt oder auch nach Zusatz kleinerer Mengen im Teig sich selbst vermehren läßt (indirekte Hefeführung). Das letztgenannte Verfahren benötigt zwar einen erhöhten Zeitaufwand und bringt durch Gärverluste niedrigere Brotausbeuten, andererseits entwickeln sich hier mehr Aromastoffe.

Zur Herstellung eines Roggenteiges benötigt man **Sauerteig**. Hierzu wird eine Probe eines in voller Gärung befindlichen Teiges (Vollsauer) mit Mehl und Wasser „angefrischt", wodurch auch dieser Teig gesäuert wird. Verantwortlich für die Sauerteigbildung sind Milchsäurebakterien, z.B. **Lactobacillus plantarum, L. brevis** oder **L. fermentum**. Erst in gesäuertem Zustand vermag das Endosperm-Eiweiß des Roggens Wasser zu binden. Auch die Pentosane erfahren bei dem nun vorherrschenden pH von 4,0–5,5 eine Lockerung und tragen sowohl zur Plastizität des Teiges als auch zur Gerüstbildung im Brot bei. In neuerer Zeit verwendet man zunehmend Trockensauerpräparate, die aus Quellmehlen und aus Reinkulturen entwickelter Milch- und Essigsäure bestehen. Die Lockerung erfolgt dann wie bei Weizenbrot mit Hefe. Außerdem verwendet man heute zunehmend Mischmehle. So enthält ein Roggenmischmehl 20–30% Weizenmehl.

Während Hefe bei der Sprossung im Teig Kohlendioxid freisetzt, entwickeln die Milchsäurebakterien des Sauerteiges zusätzlich Methan und auch etwas Wasserstoff. Grundlage für das Wachstum der Mikroorganismen ist allerdings ein genügender Gehalt an Glucose bzw. Maltose im Teig, welche durch Amylasen des Mehls nachgeliefert werden. Nach dem Trieb des Teiges und einer Teigruhe von etwa 30–60 min werden die Teigstücke portioniert, nochmals gründlich durchgeknetet, um die Gasblasen gleichmäßig zu verteilen, und ausgeformt.

Beim nachfolgenden Backprozeß gibt das Endosperm-Eiweiß das gebundene Wasser an die Stärke ab, die dadurch quillt. Gleichzeitig denaturiert das Eiweiß und erstarrt. Durch die Wärmeausdehnung der Gasblasen entsteht die Porung des Brotes. Um die entwickelten Gase nicht entweichen zu lassen, wendet man vor allem bei Roggenbrot in der ersten Phase des Backprozesses Heißdampf an (Schwaden), der die Stärke an den äußeren Gebäckschichten zum Quellen bringt und gleichzeitig für bessere Wärmeübertragung sorgt. In den Poren des Gebäcks sorgen natürliche Glycolipide (z.B. Monogalactosyldiglyceride) für eine Gasretention. Synthetische Emulgatoren können hier unterstützend wirken und steigern das Brotvolumen. Während an der Außenschicht die nichtenzymatische Bräunung abläuft und die Kruste entstehen läßt, bilden sich durch die gleiche Reaktion im Inneren des Brotes bei niedrigeren Temperaturen die charakteristischen Aromastoffe. An der Außenschicht des Brotes kommt die volle Backtemperatur zur Wirkung, dagegen werden im Inneren des Brotes Temperaturen über 100°C nicht erreicht.

Backzeiten und -temperaturen müssen nach der Art des Gebäcks unterschieden werden. Während helles Weizenbrot etwa 40–50 Minuten bei 230°C gebacken wird, wendet man zur Herstellung dunkler Roggenbrote niedrigere Temperaturen und längere Backzeiten an. Westfälischer Pumpernickel wird nach alten, klassischen Rezepten bis 36 Stunden zwischen 100–180°C gebacken.

Einen Sonderfall stellt **Knäckebrot** dar. Zu seiner Bereitung werden weiche Roggen- und Weizenschrotteige, denen man Eis zur Viskositätserhöhung zugesetzt hat, zu Platten ausgestrichen und innerhalb von wenigen Minuten bei Temperaturen bis 350°C ausgebacken. Hier wirkt Wasserdampf als Triebmittel.

16.8
Backhilfsmittel

Industrialisierung und Nachtbackverbot dürften erheblich zur zunehmenden Verbreitung von Backhilfsmitteln beigetragen haben. Die Beschreibung ihrer Inhaltsstoffe soll ihre Wirkung näher erläutern.

So leuchtet ein, daß enzymarme („hartbackende") Mehle durch Verschneiden mit Malzpräparaten oder gereinigter Amylase positiv beeinflußt werden: Verbesserung der Teig-Gärung, der Krumenbeschaffenheit sowie von Farbe und Aroma der Backware.

Backmittel für die Herstellung von Brötchen dürften enthalten:

1. Glucose, die nicht nur ein schnelleres Anwachsen der Hefe gewährleistet, sondern auch die Bräunung der Kruste verstärkt (Maillard-Reaktion).
2. Emulgatoren vom Typ der Mono/Diglyceride, der Diacetylweinsäuremono/diglyceride oder des Lecithins haben die Aufgabe
   a) eine schnellere Fett/Wasserverteilung im Teig zu gewährleisten,
   b) mechanische Belastungen aufzufangen, denen die empfindlichen Teigstücke in der automatischen Brötchenstraße ausgesetzt sind.
   c) Gleichzeitig erhöhen sie die Gasretention und ermöglichen so größere Backvolumina.

Cystein spaltet Disulfidvernetzungen im Kleber und trägt so zu einer gelockerten Kleberstruktur bei, wodurch besser formbare Teige bei verkürzter Knet- und Teigruhezeit entstehen.

Cystin stabilisiert den Kleber.

L-Ascorbinsäure unterstützt die letztgenannten Vorgänge, indem sie zunächst Disulfidvernetzungen löst, während die dabei entstehende Dehydro-Ascorbinsäure möglicherweise im fertigen Teigstück wieder zu einer Verfestigung des Klebers beiträgt.

Einige dieser Wirkungen werden durch natürliche Zutaten zu gewissen Feinbackwaren (Kuchen, Kekse, Torten) erreicht. So fördert Zucker die Hefe-Gärung und die Aromastoffbildung durch Maillardreaktion. Eier haben aufgrund des im Dotter enthaltenen Lecithins und Cholesterins eine emulgierende und mürbemachende Wirkung. Fett macht schließlich das Gebäck mürbe und verfeinert die Krume, gleichzeitig macht es die Kruste weich und geschmeidig.

16.9
Backpulver

Gerade in Feinbackwaren werden als zusätzliche Triebmittel Backpulver eingesetzt, die nicht nur wegen der guten Dosierbarkeit die Kuchenbereitung erleichtern, sondern außerdem Nährstoffverluste, die durch Entwicklung einer Mikroflora entstehen können, vermeiden. Als Nachteil muß man allerdings in Kauf nehmen, daß in mit Backpulver zubereiteten Gebäcken die mikrobiellen Aromastoffe fehlen. Backpulver sind aus Bicarbonat, einem Säure abspaltenden, festen Agens (Weinstein, Weinsäure, Adipinsäure, saures Natriumpyrophosphat oder Aluminiumsulfat) und einem Trennmittel (Stärke) zusammengesetzt. Die Freisetzung von Kohlendioxid geschieht z.B. entsprechend der Gleichung:

$$Na_2H_2P_2O_7 + 2NaHCO_3 \rightarrow Na_4P_2O_7 + 2H_2O + 2CO_2$$

Bezüglich der Kohlendioxid-Freisetzung unterscheidet man zwischen dem Trieb (in der Kälte freigesetzter Anteil) und dem Nachtrieb, der der im Ofen freigesetzten Gasmenge proportional ist. Das Verhältnis aus beiden kann man durch Art und Kombination geeigneter Säureträger einstellen.

Weitere Teiglockerungsmittel sind:

1. Hirschhornsalz, ein Gemisch aus Ammoniumcarbonat und Ammoniumcarbaminat:

$$(NH_4)_2CO_3 \rightarrow 2NH_3 + CO_2 + H_2O$$
$$NH_4CO_2NH_2 \rightarrow 2NH_3 + CO_2$$

2. Ammoniumbicarbonat (ABC-Trieb):

$$(NH_4)HCO_3 \rightarrow CO_2 + NH_3 + H_2O$$

Für sehr schwere Teige (Lebkuchen, Honigkuchen) verwendet man manchmal auch heute noch Pottasche (K_2CO_3).

16.10
Teigwaren

Teigwaren sind kochfertige Erzeugnisse (z.B. Makkaroni, Spaghetti, Nudeln), die aus Weizengrieß mit oder ohne Verwendung von Eiern hergestellt werden. Aus Gründen von Technologie und natürlich auch Qualität werden zu ihrer Herstellung Hartweizen-Grieße verschiedener Körnungen verwendet. Da die dafür benötigten Durum-Weizensorten in Deutschland nicht wachsen, ist man hierzulande schon früh dazu übergegangen, Weichweizengrieße (Triticum aestivum) zu verwenden, obwohl sie Nudeln in geringerer Ausbeute liefern und schwieriger herzustellen sind. Der Europäische Gerichtshof hat aber die Freizügigkeit des Handels mit Weichweizen-Teigwaren in der Europäischen Gemeinschaft verkündet und das italienische „Reinheitsgebot" für solche Waren für unwirksam erklärt.

Werden Teigwaren unter Verwendung von Eiern hergestellt, so wird normalerweise die Anzahl verwendeter Eier oder Dotter pro Kilogramm der Teigware angegeben. Eizusätze machen den Teig geschmeidiger und beeinflussen das Aroma der Teigwaren positiv. Man kann ihre Mengen an Hand der Cholesterolkonzentrationen analytisch bestimmen. – Zur Teigwarenbereitung werden Chargen von Grieß oder Dunst oder Mischungen aus beiden mit 26–32% Wasser, evtl. Salz und Eiern zu festen, homogenen Teigen geknetet, die mittels hydraulischer Pressen geformt werden. In kontinuierlichen Verfahren, die unter Verwendung von Schneckenpressen ablaufen, wird das Gemisch in körniger Konsistenz zum Pressenkopf transportiert, wo es bei etwa 150 bar in einen plastischen, festen Teig verwandelt und nun geformt wird. Anschließend werden die Produkte in speziellen Trocknungskammern von innen nach außen getrocknet. Man erreicht dies durch relativ hohe Luftfeuchten bei 40–60°C zu Beginn des Trocknungsprozesses. Auch im weiteren Verlauf der Trocknung können „Schwitzzonen" durchlaufen werden, um dem Gut Gelegenheit zum Feuchtigkeitsausgleich in der Nudelmasse zu geben. Dies kann auch durch anschließendes Lagern bei definierten Luftfeuchten erreicht werden. Danach wird die Ware mit Wassergehalten von etwa 10% verpackt, wo sie relativ wenig bruchgefährdet ist.

Die chinesischen Reisnudeln werden aus verkleisterter Reisstärke unter Beimischung von Mungobohnenmehl hergestellt. Auch Süßkartoffel- bzw. Sorghumstärke kann hierfür verwendet werden.

16.11
Stärke

Kartoffelstärke fällt beim Reiben von Kartoffeln an und kann nach intensivem Waschen mit kaltem Wasser abgetrennt werden. Dem erhaltenen Kartoffelreibsel setzt man schweflige Säure zur Verhinderung der enzymatischen Bräunung zu, die auch die Stärke nachteilig beeinflussen würde. 100 kg Kartoffeln geben in der Norm 10–12 kg Kartoffelstärke. Sie wird meist weiter modifiziert (z.B. dünnkochende Stärke), kann aber auch selbst zum Andicken von Soßen aller Art verwendet werden.

Maisstärke. Da die Stärke mit dem Zellplasma recht fest verkittet ist, gestaltet sich ihre Gewinnung schwierig. Zunächst werden die Maiskörner bei 50°C 1–3 Tage lang vorgequollen, wobei ein Zusatz von etwa 0,1–0,2% schwefliger Säure (SO_2) den Vorgang begünstigt. Die Körner werden sodann gebrochen, um die Keimlinge freizulegen, die dann im Keimseparator aufgrund ihres hohen Ölgehaltes aufschwimmen und so abgetrennt werden. Aus ihnen gewinnt man durch Auspressen und übliche Aufarbeitung das wertvolle Maiskeimöl. Die Körner werden anschließend soweit vermahlen, daß die Faser noch abgetrennt werden kann, andererseits werden Stärke und Protein freigelegt. Das gequollene Protein (Maiskleber) und die Stärke werden dann in speziellen Separatoren voneinander getrennt.

In Abb. 16.3 ist die Maisstärke-Fabrikation schematisch dargestellt. Aus dem Kleber kann man durch Hydrolyse Suppenwürze herstellen, die eingedampften Maisquellwässer können in der Penicillin- und Hefeindustrie verwendet werden. Der Rest wird zu Futtermitteln verarbeitet.

Maisstärke ist Ausgangsprodukt für Puddingpulver und Cremespeisen, für Kinder- und Krankenernährung.

Weizenstärke wird aus Weizenmehl hergestellt, indem das Klebereiweiß nach Quellung abgeschieden wird. Sie dient zur Herstellung sowohl von Puddingpulver als auch von Feinen Backwaren.

Reisstärke wird aus Bruchreis gewonnen. Wegen ihrer weißen Farbe und ihres Glanzes wird sie hauptsächlich in der Textilindustrie eingesetzt.

Tapiokastärke (Maniok- bzw. Cassavastärke) wird aus den Wurzelknollen des in tropischen Ländern heimischen Cassavastrauches **(Manihot utilissima Pohl)** gewonnen. Da der Saft der Wurzelknollen ein cyanhaltiges Glykosid enthält, werden die Knollen zunächst abgepreßt, sodann getrocknet und gemahlen. Anschließend wird die Stärke mit Wasser herausgewaschen (Cassavamehl) oder warm durch Siebe gepreßt (Tapioka) und heiß getrocknet. Daher ist Tapiokastärke teilweise verkleistert, Sie enthält im Mittel etwa 17% Amylose und entspricht damit in etwa der Kartoffelstärke.

Sagostärke. Sie wird aus dem Mark ostindischer Sagopalmen **(Sagus rumphie, S. farinifera, S. laevus)** oder aus Cycasarten („falscher Sago", **Cycas circinalis** und **C. revoluta)** gewonnen. Im Alter von 7–8 Jahren enthalten sie etwa 100 kg Stärke in ihren Stämmen, aus denen sie mit Wasser ausgewaschen wird. Zur Herstellung von Perlsago wird sie durch Siebe gepreßt, in Tücher gerollt und in Pfannen erhitzt, wobei die Oberfläche verkleistert.

Auf die gleiche Weise läßt sich unechter Sago (Kartoffel- und Tapioka-Sago) herstellen.

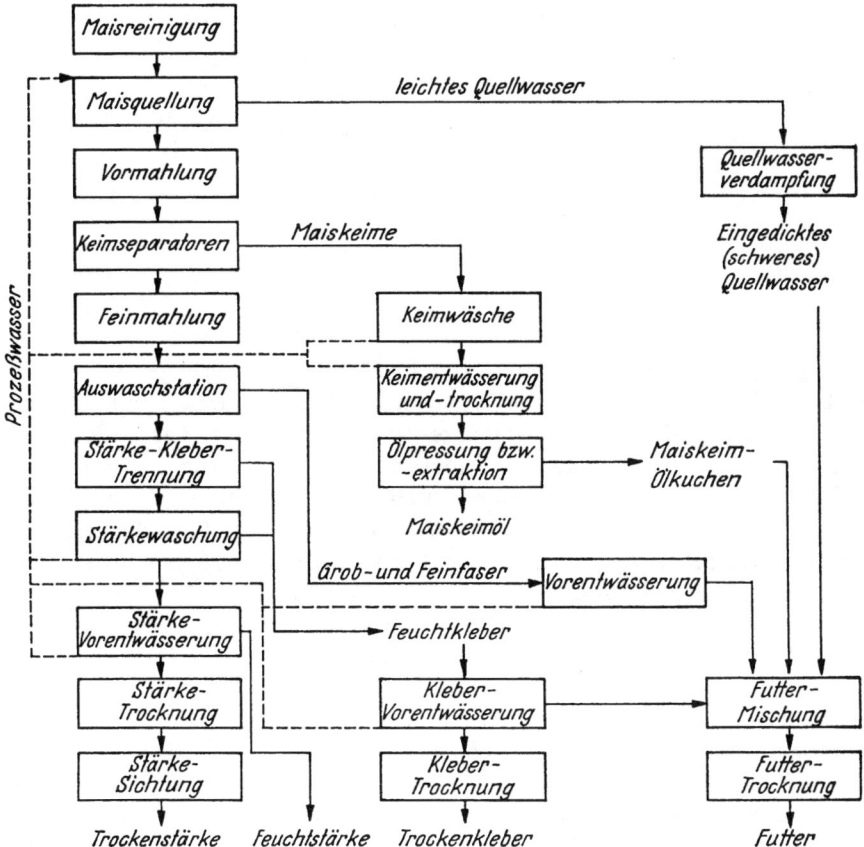

Abb. 16.3. Vereinfachtes Schema der Maisstärke-Fabrikation aus G Graefe: Stärke. In: Schormüller J (1967) Handbuch der Lebensmittelchemie Band V/1 S. 165

16.12
Verwendung von nativen und modifizierten Stärken

Stärken werden nur selten als Nährstoffe, viel häufiger dagegen wegen ihrer Quellfähigkeit und der damit verbundenen Eigenschaften (Fließverhalten, Umhüllung bzw. Suspendierung von Lebensmitteln) eingesetzt. Das Quellvermögen verschiedener Stärken ist in Tabelle 16.3 dargestellt. Demnach ist Kartoffelstärke in ihrem Quellvermögen unübertroffen. Hier lösen sich die Molekülverbände offenbar leicht auf, während sie bei gequollenen Getreidestärken auch noch in Lösung mehr oder weniger erhalten bleiben. – Unter Wachsmais versteht man das Produkt einer Maishybride, die Stärke mit nur geringen Anteilen an Amylose erzeugt, während die Stärke von Amylomais nur sehr wenig Amylopektin enthält. Die Verteilung der Amylose- und Amylopektin-Gehalte in den Stärken ist für ihre technologischen Eigen-

Stärke	Verkleisterungs-bereich (°C)	Quell-vermögen	**Tabelle 16.3.** Quellvermögen einiger Stärken
Kartoffel	56–66	> 1000-fach	
Tapioka	58–70	71-fach	
Mais	62–72	24-fach	
Weizen	52–63	21-fach	
Reis	61–78	19-fach	
Wachsmais	63–73	64-fach	
Amylomais	–	6-fach	

schaften wichtig: So bilden amylosereiche Stärken nach Erhitzen klare Gele, während Amylopektin in der Hauptsache verkleistert. Dafür retrogradiert Amylose relativ leicht, d.h. sie neigt unter Herabsetzung ihres Wasserbindungs- vermögens zur Rekristallisation. Dabei ordnen sich die Amylose-Helices zu nebeneinander liegenden Molekülen an, aus denen sie unter Ausbildung inter- molekularer Wasserstoffbrücken Hydratationswasser freisetzen. Dies kann bis zur Synärese gehen. Amylopektin zeigt hingegen dieses Verhalten nicht.

Es liegt auf der Hand, daß sich dieses Verhalten von Amylose, das wir z.B. beim Altbackenwerden von Brot beobachten, ungünstig auf die geforderte Kälte-Taustabilität in tiefgefrorenen Lebensmitteln auswirkt. Dagegen ist die Retrogradation in Kartoffelpüree-Pulvern erwünscht, weil damit die Rekons- titutionseigenschaften der Kartoffel verbessert werden.

Nach Abkühlen verfestigen sich die Kleister der Getreidestärken. Dieser „Puddingeffekt" wird zur Herstellung von Süßspeisen und Tortenfüllungen ausgenutzt. Dabei werden Mais- und Tapiokastärken wegen der Klarheit ihrer Pasten und Gele bevorzugt. Dagegen eignen sich wachsige Reis-, Mais- und Sorghumstärken für tiefgefrorene Convenience-Erzeugnisse.

In der Süßwarenindustrie werden unverkleisterte Stärken zum Ausformen verschiedener Massen verwendet. Hier soll die „Mogulstärke" den Süßwaren schnell und zuverlässig die Feuchtigkeit entziehen.

Verkleisterte Kartoffelstärke bleibt beim Abkühlen meistens unter Faden- ziehen flüssig. Allerdings hängt ihr Verhalten, das man auf die in ihr gebun- denen Phosphatreste zurückführt, vom Elektrolytgehalt der Lösung ab. Die Anforderungen an die Lebensmittelindustrie sind indes gestiegen. So muß z.B. die Viskosität einer Suppe beim Eindosen groß genug sein, um das Absinken fester Partikel wie z.B. Fleischstücke zu verhindern. Andererseits soll sie beim Wiedererhitzen flüssig sein. Hier werden nun modifizierte Stärken eingesetzt, die sich durch größere Stabilität in der Hitze, bei tiefen pH-Werten und ge- genüber Scherbeanspruchungen auszeichnen.

Besondere Bedeutung besitzen hier phosphatmodifizierte Stärken, die deshalb als Dickungsmittel für Fertiggerichte, aber auch für Instantprodukte sowie kalt anzurührende Pudding- und Cremespeisen eingesetzt werden. Zugelassen sind derzeit für Fertiggerichte, Cremes, Desserts, Füllungen, Soßen, Suppen, Geleeartikel, Gummibonbons und Knabbererzeugnisse (neben zahlreichen Verdickungsmitteln): Acetyliertes Distärkephosphat, acetyliertes Distärkeadipat und Stärkeacetat.

In einem Richtlinienentwurf der EG werden einige weitere Modifizierungen wie Mono- und Distärkephosphat, Hydroxypropylenstärke, Hydroxypropyldistärkephosphat, säure- und alkalimodifizierte Stärke und oxidierte Stärke mit einem Gehalt an „zugefügten" Carboxylgruppen von maximal 0,1% erwähnt.

17 Alkoholische Genußmittel

17.1
Alkoholische Gärung

Hefen haben die Fähigkeit, unter anaeroben Bedingungen ihren Stoffwechsel umzustellen. Während sie aerob Glucose zu Kohlendioxid und Wasser veratmen, scheiden sie anaerob Ethylalkohol und Kohlendioxid ab:

aerob: $\quad$ $C_6H_{12}O_6 \rightarrow 6CO_2 + 6H_2O$

anaerob: $\quad$ $C_6H_{12}O_6 \rightarrow 2CO_2 + 2C_2H_5OH$

Beim anaeroben Abbau wird nur etwa 1/20 der Energie der aeroben Dissimilation von Glucose frei. Dementsprechend wächst Hefe unter anaeroben Bedingungen viel langsamer als in Gegenwart von Luftsauerstoff, da sie wesentlich mehr Glucose umsetzen muß, um ihren eigenen Energiebedarf zu decken.

Folgende Zucker können vergoren werden:

Monosaccharide

Glucose, Fructose, Mannose,
in geringem Umfang Galactose

Di- und Trisaccharide

Saccharose, Maltose,
in geringem Umfang Raffinose

Dabei sind die Stoffwechselwege der aeroben und anaeroben Dissimilation weitgehend identisch. Sie verlaufen zunächst über eine Phosphorylierung von Glucose mittels Hexokinase zu Glucose-6-phosphat (Robison-Ester), das durch das Enzym Phosphoglucose-Isomerase in Fructose-6-phosphat (Neuberg-Ester) umgewandelt wird. Dieser Ester wird mittels Fructokinase in Fructose-1,6-diphosphat (Harden-Young-Ester) verwandelt. Als Phosphat-Reserve dient ATP, die Reaktion läuft in Gegenwart von Magnesium-Ionen ab. Auch Mannose und Galactose werden durch Kinase phosphoryliert, wobei Galactose-1-phosphat und Mannose-6-phosphat entstehen. Während letzteres unmittelbar zu Fructose-6-phosphat isomerisiert wird, muß Galactose-1-phosphat mittels einer Waldenase zunächst in Glucose-1-phosphat umgewandelt werden.

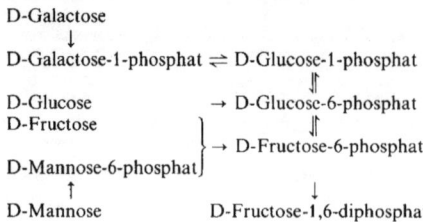

Da Hefen über die Enzyme Invertase und Maltase verfügen, können auch Rohrzucker und Maltose in den Gärprozeß eingesetzt werden. Das in Rübenzucker-
melasse enthaltene Trisaccharid Raffinose kann dagegen nur von bestimmten
Heferassen (z.B. untergärige Bierhefen) restlos vergoren werden, da nur sie
über das Enzym α-Galactosidase verfügen und das durch Invertase-Spaltung
entstehende Disaccharid Melibiose in seine Bestandteile zerlegen können.

$$\text{Raffinose} \xrightarrow{\text{Invertase, } H_2O} \text{Melibiose + D-Fructose}$$

(alle Hefen)

$$\text{Melibiose} \xrightarrow{\alpha\text{-Galactosidase, } H_2O} \text{D-Galactose + D-Glucose}$$

(nur untergärige Bierhefen)

In Abb. 17.1 ist der Gärungs-Mechanismus nach dem sog. Embden-Meyerhof-
Weg dargestellt: Durch das Enzym Aldolase wird Fructose-1,6-diphosphat in

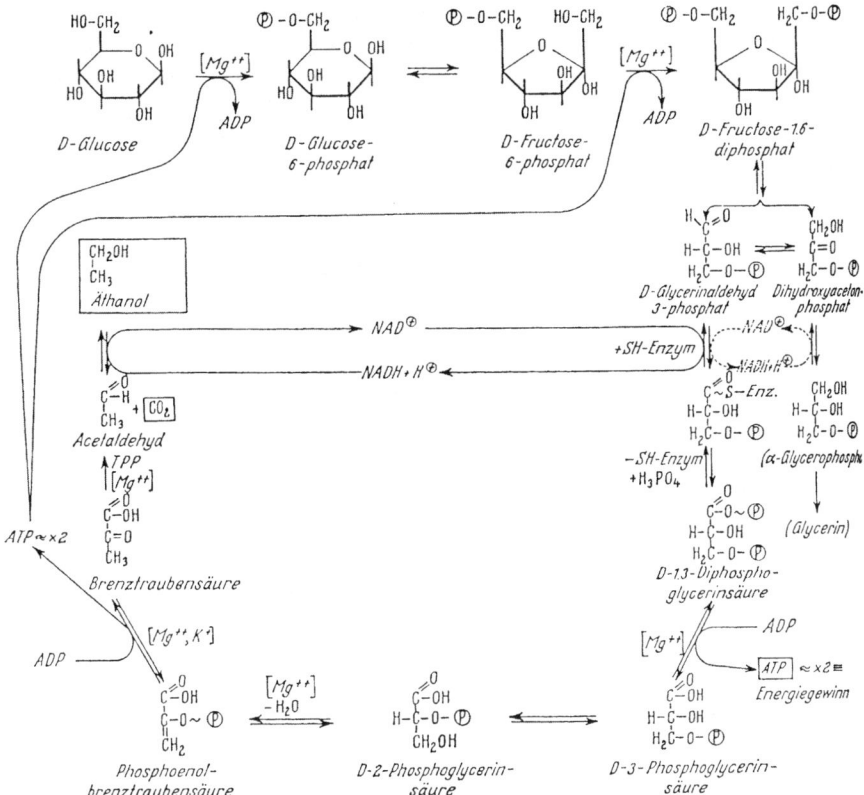

Abb. 17.1. Mechanismus der alkoholischen Gärung. (Aus: Handbuch der Lebensmittelchemie, Bd. VII: Alkoholische Genußmittel. Berlin Heidelberg New York: Springer 1968)

Gegenwart von Zn^{2+}- oder Fe^{2+}-Ionen in Glycerolaldehydphosphat und Dihydroxyacetonphosphat gespalten. Ersteres wird nun in Gegenwart eines SH-Enzyms und durch NAD^+ intermediär über einen energiereichen Thioester zu β-Diphosphoglycerolsäure oxidiert, wobei anorganisches Phosphat durch Phosphorolyse nach Abspaltung des SH-Enzyms in Form eines energiereichen, gemischten Säureanhydrids gebunden wird. Dieses Phosphat wird anschließend an ADP unter ATP-Bildung abgegeben und stellt den eigentlichen Energiegewinn aus der anaeroben Dissimilation von Glucose dar. Da der Abbau über Dihydroxyacetonphosphat sehr viel langsamer abläuft, wird dieses bevorzugt durch Isomerisierung über den Glycerolaldehydphosphat-Weg dissimiliert, so daß in der Bilanz ein Energiegewinn von 2 ATP resultiert. Die durch Phosphat-Abspaltung entstandene 3-Phosphoglycerolsäure verliert nun ein Mol Wasser, und die so gebildete Phosphoenolbrenztraubensäure gibt Phosphat an ADP ab. Auch hier werden infolge der oben beschriebenen Umwandlung von Dihydroxyacetonphosphat zu Glycerolaldehydphosphat beide Phosphat-Reste des Fructose-1,6-diphosphats wieder auf ADP zurückgeführt.

Die entstandene Brenztraubensäure würde unter aeroben Bedingungen über den Citronensäure-Cyclus zu CO_2 und H_2O abgebaut, eventuell auch durch $NADH + H^+$ zu Milchsäure reduziert werden. Auf dem Wege der alkoholischen Gärung wird sie dagegen decarboxyliert und der entstehende Acetaldehyd mittels $NADH + H^+$ in Ethylalkohol verwandelt. Die aus der Reduktion von Dihydroxyacetonphosphat resultierende Glycerol-Menge beträgt etwa 3%. Sie kann durch Sulfit-Zugabe erheblich gesteigert werden, da dieses den Acetaldehyd abfängt, so daß nun die Umwandlung des Dihydroxyacetonphosphats bevorzugt ablaufen kann.

Hefen vergären normalerweise bis zu Alkoholgehalten von 14%, in Ausnahmefällen können bis 18% Alkohol erreicht werden.

17.2
Nebenprodukte der alkoholischen Gärung

Hefen wandeln über ihren Stoffwechsel nicht nur Zucker um, sondern auch andere Inhaltsstoffe der zur Gärung bestimmten Maischen. So stellen die **Fuselöle**, die die wichtigsten unter den Gärungsnebenprodukten sind, Überschußprodukte des Aminosäure-Stoffwechsels dar. Sie entstehen (nach einem Vorschlag P. Ehrlichs) durch Decarboxylierung der durch Transaminierung entstandenen Ketocarbonsäuren, die nachfolgend durch $NADH + H^+$ in die entsprechenden Alkohole verwandelt werden (s. Abb. 17.2 und Tabelle 17.1).

So besteht Gärungsamylalkohol aus 2- und 3-Methylbutanol-1 und ist auf diesem Wege aus Isoleucin und Leucin entstanden. Allerdings können diese Alkohole auch aus Intermediärprodukten des dissimilatorischen Kohlenhydrat-Stoffwechsels, z.B. durch Umsetzung mit aktiver Essigsäure, entstehen. So sind die in den Weinfuselölen enthaltenen Fettsäuren und Fettsäureethylester auf dem „Coenzym-A"-Weg gebildet worden.

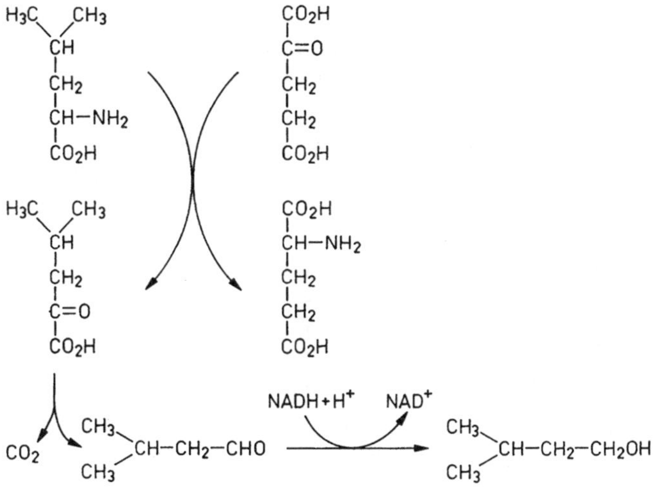

Abb. 17.2. Umwandlung von Leucin in 3-Methylbutanol-1

Tabelle 17.1. Einige Fuselalkohole und ihre Vorläufer

Alkohol	← Carbonyl-Verb.	← Ketocarbonsäure	← Aminosäure
n-Propanol	Propionaldehyd	α-Ketobuttersäure	α-Aminobuttersäure
Isobutanol	Isobutyraldehyd	α-Ketovaleriansäure	Valin
3-Methylbutanol	Isovaleraldehyd	α-Ketoisocapronsäure	Leucin
2-Methylbutanol	Opt. akt. Valeraldehyd	α-Keto-β-methylvaleriansäure	Isoleucin
2-Phenylethanol	Phenylacetaldehyd	Phenylbrenztraubensäure	Phenylalanin

Formel	Name	Relative Wirkung
C_2H_5OH	Ethanol	1
$CH_3 - CH_2 - CH_2OH$	n-Propanol	3,9
$CH_3 - CH_2 - CH_2 - CH_2OH$	n-Butanol	14,3
$(CH_3)_2 - CH - CH_2OH$	Isobutanol	11,7
$(CH_3)_2 - CH - CH_2 - CH_2OH$	Isoamylalkohol	52

Tabelle 17.2. Narkotisierende Wirkung von Alkoholen, bezogen auf Ethanol

Fuselöle prägen Bukett und Aroma von Wein und Bier. In destillierten Spriten reichern sie sich besonders an und sind hier in größeren Mengen enthalten, wenn sie nicht durch sorgfältige Destillation abgeschieden wurden.

Andere Nebenprodukte sind **Methylalkohol**, der durch Abspaltung von Methylester-Gruppen aus Pektinen gebildet wird und besonders in **Tresterwei-**

nen und -**branntweinen** auftritt, bzw. verschiedene Terpenalkohole, die durch Umwandlung natürlicher Verbindungen ähnlicher Struktur entstehen.

Ethanol ist ein schweres Nervengift. Akute Vergiftungen können zu einer Lähmung des Atemzentrums führen und dadurch den Tod auslösen. Die Fuselöle sind generell noch toxischer. Das hängt möglicherweise damit zusammen, daß ihre Lipidlöslichkeit wegen ihrer größeren Kettenlängen größer ist.

Primäre Alkohole sind gute Substrate für Alkoholdehydrogenasen, durch die sie zu Aldehyden dehydriert werden, womit ihre Oxidation zu den entsprechenden Säuren ermöglicht wird. Sekundäre Alkohole werden auf diesem Wege zu Ketonen dehydriert und über den Glucuronatweg ausgeschieden.

Der in Trester- und Obstweinen (und den entsprechenden Branntweinen wie z.B. Calvados) vorkommende Methylalkohol wird so zu Formaldehyd dehydriert, allerdings viel langsamer als Ethanol. Dadurch verbleiben er und auch seine Metaboliten viel länger im Körper, was die Toxizität mit erklärt. Methanolgaben von 10–90 ccm führen zur Erblindung, 100–200 ccm sind für den Menschen tödlich!

Vor allem in Ostasien gibt es häufiger Menschen mit einem Defizit an Alkoholdehydrogenasen. Sie können Alkohol sehr schlecht abbauen und leiden daher sehr unter den Nachwirkungen von Alkoholgenuß.

Nachfolgend werden einige alkoholische Genußmittel beschrieben. In diesem Zusammenhang seien Folgen ständigen und überhöhten Alkoholkonsums nicht verschwiegen: Bluthochdruck, Schädigungen des Nerven- und Immunsystems, der Leber und Bauchspeicheldrüse, Verdauungsorgane und des Herzmuskels. Sogar als krebserregend wurde Alkohol schon eingestuft[1], nachdem epidemiologische Studien Zusammenhänge mit Brust-, Rachen- und Speiseröhrenkrebs erkennen ließen. Der Pro-Kopf-Verbrauch an Alkohol betrug in der Bundesrepublik Deutschland im Jahre 1987 immerhin 11,5 Liter; damit liegt Deutschland international hinter Frankreich (13,2 Liter) an 2. Stelle.

17.3
Wein

17.3.1
Vorbemerkungen

Wein ist laut Definition des heute nicht mehr gültigen Weingesetzes von 1930 „das durch alkoholische Gärung aus dem Saft der frischen Weintraube hergestellte Getränk". Diese Definition trifft noch zu, auch wenn die Rechtsregelungen heute durch EWG-Verordnungen erfolgen, die für die gesamte, europäische Gemeinschaft gelten.

Die Weinrebe wurde wahrscheinlich von den Römern nach Deutschland gebracht. Ihre Vermehrung geschieht durch Stecklinge bzw. durch Aufpfrop-

---

[1]   International Agency for Research on Cancer (Herausgeber): Alcohol Drinking. IARC Monographs on the Evaluation of Carcinogenic Risks to Humans, Vol 44, Lyon 1988.

fen veredelter Reben. Bodenpflege, Bodenbeschaffenheit und nicht zuletzt die Witterung sind für den Weinbau von entscheidender Bedeutung.

Wir kennen heute weltweit etwa 8000 Rebsorten, die jede für sich charakteristische Weine liefern. Nach EWG-Verordnung[2] dürfen zur Weinbereitung vorgesehene Weintrauben nur auf entsprechend genehmigten Flächen erzeugt werden.

Zu den feinen Weißweinen gehören z.B. die Rieslingtraube, der Traminer und der zur Pinot-Familie gehörende Weiße Burgunder. Zu den mittleren Weißweinen zählen der Silvaner, der Chardonnay, der Ruländer (Grauer Burgunder), der Veltliner und der Gutedel. Zu den feinen Rotweinen gehören der Blaue Spätburgunder (Pinot noir fin) sowie die Cabernet-Sorten. Rotweine mittlerer Qualität werden aus der Trollingertraube, dem Merlot, dem Gamay, der Müllerrebe (Pinot meunier, Schwarzriesling), dem Portugieser und dem Lemberger bereitet. Grundsätzlich hängt die Qualität eines Weins aber vom Anbauort und dem Sonneneinfall im Anbaujahr, nicht zuletzt aber auch von der Weinpflege im Keller ab. – Die Rieslingtraube gedeiht vor allem im Rheingau, der Weiße Burgunder in der Champagne. Der Blaue Spätburgunder wird z.B. an der Cote d'Or und im Beaujolais angebaut. Die Bordeaux-Sorten werden häufig aus einem gemischten Satz aus Cabernet Sauvignon, Cabernet Franc und Merlot erzeugt.

In Deutschland werden etwa 60 Rebsorten angebaut, von denen die meisten Kreuzungen sind. Man hat sie durch Auslesezüchtung und Kreuzungszüchtung mit Hinblick auf Ertragssteigerungen und frühe Vollreife erzeugt. Nachfolgend seien einige Rebenkreuzungen beispielhaft genannt:

Weißweine:

Müller-Thurgau: Riesling × Riesling
Scheurebe: Riesling × Silvaner
Huxelrebe: Gutedel × Courtillierr musque
Rieslaner: Silvaner × Riesling
Morio Muskat: Silvaner × Weißer Burgunder
Faberrebe: Weißer Burgunder × Müller-Thurgau
Bacchus: Silvaner × Riesling × Müller-Thurgau
Ortega: Muller-Thurgau × Siegerrebe

Nobling: Silvaner × Gutedel
Siegerrebe: Gewürztraminer × Madelaine angevine
Kerner: Trollinger × Riesling
Ehrenfelser: Riesling × Silvaner
Freisamer: Silvaner × Ruländer
Perle: Gewürztraminer × Müller-Thurgau

Rotweine

Heroldrebe: Portugieser × Blauer Lemberger
Helfensteiner: Blauer Frühburgunder × Trollinger
Dornfelder: Helfensteiner × Heroldrebe

Gegenüber weißen Traubensäften zeichnen sich die Moste der Rotweintrauben durch sehr viel höhere Gehalte an Polyphenolen (Gerbstoffe!) aus, die prägend für die Reifung mit zunehmendem Alter sind (0,2% gegen 2%). Auf

---

[2]   EWG-Verordnung 822/87 vom 16.3.1987 i.d.F. vom 13.6.1991.

die damit zurückgehende Eigenschaft als Radikalfänger und Oxidationshemmer dürfte vor allem die dem Rotwein nachgesagte, gesundheitliche Wirkung zurückgehen. Über Aufbau der Polyphenole siehe Kapitel 19.

Kreuzungen mit reblausfesten, amerikanischen Wildformen (Amerikanerreben, **Vitis labrusca**) sind wegen des ihnen anhaftenden Fuchsgeschmacks („foxy") und der Erdbeernote verboten. Rückkreuzungen mit europäischen Sorten haben allerdings Weine ergeben, die bei erhaltener Resistenz dieses Fremdaroma nicht besaßen.

17.3.2
Weinbereitung

Im Zeitpunkt der Vollreife werden die Beeren entsaftet (gekeltert). Heute verwendet man anstelle der herkömmlichen Kelter Membran-Tankpressen. Um den roten Farbstoff des Rotweins, das glykosidisch gebundene Önidin (Malvidin), aus den Beeren zu extrahieren, werden diese vor dem endgültigen Abpressen eingemaischt und einige Tage lang einer Vorgärung überlassen oder auch nur erhitzt bzw. mit pflanzlichen Enzymen (z.B. Vinibon) behandelt. Durch unmittelbares Keltern von Rotweintrauben entstehen dagegen als Endprodukte Roséweine (Weißherbst), während Schillerweine (Rotling) aus gemeinsamer Kelterung von Rot- und Weißweintrauben hergestellt werden. Rotwein enthält etwa 2 g Polyphenole im Liter, hauptsächlich Anthocyane. Auch das Önidin gehört hierher, es leitet sich vom Anthocyan Delphinidin ab. Polyphenole (s. S. 413ff) besitzen eine beachtliche antioxidative Wirkung und sollen vor Herz/Kreislauferkrankungen ebenso schützen wie vor Krebs. So hat man in Frankreich gefunden, daß mäßiger Rotweingenuß eine gewisse Schutzwirkung vor Herzinfarkt bewirkt.

Gute Traubenmoste enthalten 12 bis 25% Zucker (Glucose + Fructose), in überreifen Beeren überwiegt die Fructose. Sorbit tritt in Beerenmosten kaum auf, dafür reichlich in Apfel- und Birnenmosten. Ihre Verwendung in Traubenmosten kann durch Sorbitnachweis bewiesen werden. Wichtig für die Beurteilung eines Mostes ist sein spezifisches Gewicht, das meist in Oechsle-Graden (Angabe der drei Zahlenwerte nach dem Komma des spezifischen Gewichts) ausgedrückt wird. Hieraus kann man den Zuckergehalt abschätzen:

$$\text{bis } 75^\circ \text{ Oechsle:} \quad \frac{^\circ\text{Oechsle}}{4} - 3 = \% \text{ Zucker}$$

$$\text{über } 75^\circ \text{ Oechsle:} \quad \frac{^\circ\text{Oechsle}}{4} - 2 = \% \text{ Zucker}$$

Moste werden zum Teil leicht geschwefelt, um Wildhefen abzutöten und sie vor dem Braunwerden (enzymatische Bräunung von Anthocyanen und Polyphenolen) zu schützen. Eventuell werden sie auch mit Aktivkohle behandelt oder einer Kurzzeiterhitzung unterworfen. Für den Gärprozeß werden meistens Zuchthefen eingesetzt (z.B. **Saccharomyces cerevisiae var. ellipsoideus**), die weitgehend resistent sowohl gegen SO_2 als auch gegen die in roten Mosten

enthaltenen Gerbsäuren sind. – Die erste Gärung verläuft stürmisch und ergibt nach wenigen Tagen den sog. „Federweißen". Nach Abtrennen des Trubs
(Pektine, Eiweiße, Gerbstoffe) wird Wein einige Monate lang einer Nachgärung
unterworfen. Weine sollten mindestens mehrere Monate gelagert (ausgebaut)
werden. Bei der Kaltgärung werden die Moste während des Gärprozesses auf
etwa 12°C gekühlt. Dabei entstehen besonders fruchtig betonte Weine. Beim
Barrique-Ausbau werden Rotweine nach der ersten Gärung einige Wochen bis
Monate in frischen Eichenholzfässern aufbewahrt und anschließend einige
Monate in alten Fässern gelagert, bis sich das charakteristische Lagerbukett
eingestellt hat.

Es gibt verschiedene Verfahren zur **Weinbehandlung**. Hierzu gehören unter
anderem:

Enatkeimungsfiltration (mittels „EK-Filter"),
Blauschönung zur Ausfällung von Eisen-, Kupfer- bzw. Zink-Ionen mittels
$K_4[Fe(CN)_6]$ (sonst durch Bindung an Gelatine, Eiweiß, Tannin u.a.),
Entsäuerung mit $CaCO_3$ oder Ionenaustauschern.

Sehr zuckerarme Moste können einer Trockenzuckerung („Chaptalisieren")
oder Naßzuckerung (mit etwa 30%iger Zuckerlösung) unterworfen werden.
Um den Alkoholgehalt eines vergorenen Weines um 1 g pro Liter anzuheben,
muß man 240 g Zucker pro 100 Liter Wein zugeben, wovon 25% für den He-
feaufbau verbraucht werden. Dabei wird Fructose schneller als Glucose vergoren. Eine Zuckerung zu armer Moste wird neuerdings mit rektifiziertem
Traubenmost-Konzentrat (RTK) vorgenommen. Hierbei handelt es sich um
Produkte, die wohl vorwiegend aus südeuropäischen Mostüberschüssen hergestellt werden. Zu ihrer Herstellung werden geeignete Moste „stumm geschwefelt" (1–2,5 g SO_2/l Most) und anschließend ähnlich wie bei der Rübenzucker-
gewinnung behandelt:

Mostklärung durch Filtration
Behandlung mit Kationen- und Anionenaustauschern zur Entfernung der
Nichtzucker-Bestandteile
Konzentrierung auf 70–74 Brix[3]

Rektifiziertes Traubenmostkonzentrat enthält etwa gleiche Teile Glucose und
Fructose sowie in Spuren meso-Inosit und mit zunehmender Lagerdauer steigende Mengen an Hydroxymethylfurfural.

Die wichtigsten Säuren des Mostes sind L(+)-Weinsäure und L(–)-
Äpfelsäure etwa im Verhältnis 6 : 4. Bei der Weinanalyse bezeichnet man sie als
„nicht flüchtige Säure", ihr Gesamtgehalt beträgt normalerweise 6–12 g/l Wein,
in schlechten Jahren auch mehr. Manchmal scheidet sich aus Wein der Weinstein (Kaliumhydrogentartrat) ab, er gilt als Qualitätsmerkmal. Äpfelsäure
wird bei langer Lagerung des Weins oder auch durch gezielte Nachgärung
(biologischer Säureabbau, malolaktische Gärung) zum Teil durch Decarboxy-

---

[3]   Aus der Zuckertechnologie stammende Maßeinheit für den Saccharosegehalt wäßriger
      Lösungen, der mit einem speziellen Aräometer gemessen wird.

lierung in die schwächer dissoziierte Milchsäure abgebaut. Besonders Rotweine werden dadurch verfeinert. Die „flüchtige Säure" bei der Weinanalytik ist Essigsäure. Weißweine mit mehr als 0,8 g Essigsäure im Liter (Rotweine > 1,2 g/l) sind nicht mehr verkehrsfähig (Essigstich!).

Traubenmoste enthalten je nach Rebsorte und Reifegrad zwischen 120 und 250 g Zucker im Liter, die sich etwa zu gleichen Teilen in Glucose und Fructose aufteilen. In überreifen und edelfaulen Trauben, die von dem Pilz **Botrytis cinerea** befallen waren, überwiegt Fructose. Dieser Pilz hat die in der Beere vorhandenen Säuren zum Teil abgebaut, dagegen den Zucker weitgehend erhalten. Durch Abbau der Zellwände konnte außerdem Wasser zum Teil verdampfen, so daß die Mostgewichte ansteigen. Charakteristisch sind auch höhere Glycerolgehalte. Moste sehr hoher Zuckergehalte (etwa ab 110°Oechsle) vergären nicht vollständig, sondern es verbleibt eine sogenannte Restsüße. Diese wird häufig erwartet, so daß man normalerweise in Weinen von folgenden Zuckergehalten ausgehen kann:

Qualitätsweine: ca. 25 g/l   Spätlesen: ca. 40 g/l
Kabinettweine: ca. 30 g/l   Auslesen: ca. 60 g/l

Um die Restsüße eines Weines einzustellen, können aus technologischer Sicht folgende Verfahren angewendet werden:

1. Abstoppen der Gärung durch
   a) Zugabe von mehr als 150 mg/l schwefliger Säure (SO_2)
   b) Zugabe von reinem Alkohol („Spriten")
   c) Abkühlen
   d) Druckerhöhung mit Kohlendioxid auf über 8 bar.
2. Zugabe unvergorenen oder angegorenen Traubenmostes („Süßreserve") zum vergorenen Wein.

In Deutschland wird vor allem das letztgenannte neben den unter 1c und d genannten Verfahren angewandt.[4]

Als „trocken" (hier Gegenteil von süß) kann ein Wein bezeichnet werden, wenn sein Zuckergehalt niedriger als 9 g/l ist, wobei er nicht mehr als 2 g/l über dem Säuregehalt (in g/l) liegen darf. Ein Wein mit 7 g Gesamtsäure und 9 g Zucker im Liter ist also noch „trocken". Halbtrocken sind Weine, deren

---

[4]   Vor wenigen Jahren hat man in einigen österreichischen Weinen Zusätze von Diethylenglykol ($HOCH_2 - CH_2 - O - CH_2 - CH_2 - OH$) nachgewiesen, einer Chemikalie, die üblicherweise als Weichmacher für Zellglasfolien und Feuchthaltemittel verwendet wird. Diese süß schmeckende Verbindung mit bitterem Nachgeschmack besitzt die Eigenschaft, schon in kleinen Mengen billigen Weinen geschmacklich den Charakter von Auslese-Weinen zu vermitteln, gleichzeitig steigt in der Analyse der Gehalt an zuckerfreiem Extrakt. – Diethylenglykol wird im Körper über Glykolsäure und Glyoxylsäure zu Oxalsäure abgebaut. Es ist stark toxisch und reichert sich durch Rückresorption in der Niere an, wo es zu Nephrosen und Veränderungen der Nierentubuli führt. Erste Vergiftungen beim Menschen beginnen bei Zufuhren von etwa 50–100 mg/kg Körpergewicht.

Zuckergehalte nicht höher als 18 g/l betragen, wobei sie höchstens um 10 g/l über den Säuregehalten liegen dürfen.

Sowohl „QbA-Weine" (Qualitätsweine bestimmter Anbaugebiete) als auch Prädikatsweine unterliegen einer amtlichen Beurteilung. Prädikatsweine werden zusätzlich als Kabinett, Spätlese, Auslese, Beerenauslese oder Trockenbeerenauslese bezeichnet, wobei die Qualitätssteigerung mit Ausnahme des Kabinettweins auf spätere Lese, das heißt Anreicherung von Zucker, sowie auf die Edelfäule durch **Botrytis cinerea** zurückzuführen ist. Unabhängig davon müssen diese Weine gewisse sensorische Merkmale (Farbe, Klarheit, Geruch und Geschmack) aufweisen, um derartige Bezeichnungen tragen zu dürfen.

Traubenweine enthalten normalerweise 50 bis 100 g Ethylalkohol/l, bei Auslesen liegen die Alkoholgehalte bei 110 bis 130 g Alkohol/l. Die Alkoholgehalte werden in Volumenprozent angegeben. Dabei gilt: 7,95 g Alkohol/Liter = 1 Volumen%.

Da die Hefen rasseabhängig ab bestimmten Alkoholgehalten absterben, kann man sicher davon ausgehen, daß Weine mit mehr als 144 g Alkohol/Liter (= 18,2 Vol.%) gespritet sind.

17.3.3
Schädlinge im Weinbau

Wein wird in Monokulturen gewonnen. Daher wirkt sich ein Befall durch Schädlinge besonders kritisch aus, so daß ganze Regionen vernichtet wurden. Daher ist man sehr darauf bedacht, derartige Schädlinge fern zu halten.

Klassisch ist der Mehltau (Oidium), der mit amerikanischen Reben ursprünglich nach Frankreich eingeschleppt wurde. Verursacher ist der Pilz **Uncinula necator**, der die Beeren aufplatzen läßt. Gegenmittel ist das Bestäuben mit Schwefelpulver.

Die Blattfallkrankheit (Peronospora) wird von dem Pilz **Plasmopara viticola** verursacht, dessen weißer Pilzrasen Stiele, Blätter und Triebe überzieht und die Blätter abfallen läßt. Gegenmittel sind kupferhaltige Spritzmittel und (kupferfreie) Fungicide.

Die Reblaus (**Viteus vitifolii**) befällt sowohl Blätter als auch Wurzeln der Rebstöcke. Sie wurde im vergangenen Jahrhundert in den USA an Wildreben entdeckt und danach auch nach Europa eingeschleppt. Da die Reblaus ihre Eier am Rebstock ablegt, war das Verbrennen befallener Rebstöcke das einzige Gegenmittel. Heute entseucht man den befallenen Boden u.a. mit Schwefelkohlenstoff. Eine andere Möglichkeit ist die Züchtung reblausfester Pfropfreben.

Der Heu- oder Sauerwurm greift die jungen Beeren in seinem Motten-Stadium an, die er frißt. Gegenmittel sind Insektizide.

17.3.4
Weinfehler

Während der Herstellung und Lagerung des Weins können zahlreiche Reaktionen zu Fehlaromen und Veränderungen der Inhaltsstoffe führen. So kann in einem Wein, der nicht rechtzeitig abgefüllt oder geschwefelt wurde, ein charakteristischer **Sherryton** entstehen. Diesen Sherryton findet man übrigens auch bei extrem alten Weinen. Vorstufen davon sind das Verschwinden der Bukettstoffe und schließlich ein Firngeschmack.

Wenn Eisen-, Kupfer und Aluminium-Ionen in das Weingetränk gelangen, kann man diese durch Blauschönung wieder beseitigen.

Ein **Rappengeschmack** wird einem Wein dann anhaften, wenn die Weißweintrauben längere Zeit in der Maische gelegen haben, bevor sie abgepreßt wurden.

Einen **Geranienton** hat man bei solchen Weinen gefunden, die man mit Sorbinsäure als Konservierungsstoff behandelt hatte. Auslöser ist 5-Ethoxy–1,3 hexadien (I), das durch enzymatischen Abbau aus Sorbinsäure gebildet wurde.

Der sogenannte **Böckser** kann dann auftreten, wenn der Traubenmost zu wenig Stickstoff enthielt. Die Hefen greifen dann die Proteine an, die unter Freisetzung von Dimethylsulfid (II) und Methylmercaptan (III) zersetzt werden. Auch gewisse Insektizide können einen Böckser bewirken.

Ein **Holzton** im Wein geht auf 3-Methyl-γ-octanolid (IV) zurück. Der sogenannte **Mäuselton** wird durch 2-Ethyl- und 2-Acetyltetrahydropyridin (V bzw. VI) bewirkt. Schließlich geht der bereits besprochene **Fuchsgeschmack** auf Anthranilsäuremethylester (VII) und 2-Aminoacetophenon (VIII) zurück. Der gleichzeitig in solchen Weinen auftretende **Erdbeerton** wird durch geringe Mengen 2,5-Dimethyl-4-methoxy-2,3-dihydro-3-furanon (IX) bewirkt.

Der Korkgeschmack wurde schon auf Seite 298ff besprochen.

17.3.5
Methoden zum Verfälschungsnachweis von Weinen

Wein ist ein Produkt, dem man besonders häufig Verfälschungen nachsagt. Mit Hilfe der Kernmagnetischen Resonanzspektroskopie (NMR) ist es neuerdings

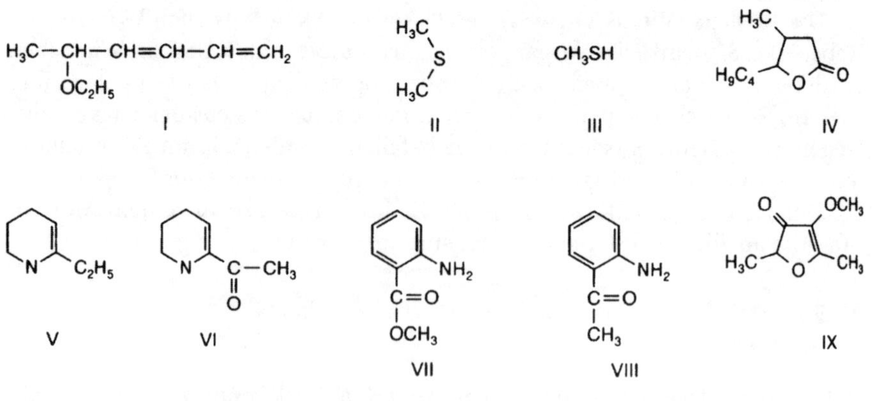

Abb. 17.3. Verursacher von Weinfehlern

möglich, solche Fälschungen zu erkennen. Hierzu verwendet man vor allem die ^{13}C-NMR, mit der also das ^{13}C-Isotop in den Inhaltsstoffen des Weins gemessen wird. Da die entstehenden Spektren relativ einfach sind, kann man aus den Linien des Spektrums auf die organischen Inhaltsstoffe und ihre Konzentrationen im Wein schließen.

Auch das Wasserstoffisotop ^{2}H (Deuterium, D) kann zur Grundlage von NMR-Messungen gemacht werden, auch wenn es nur in geringen Mengen vorkommt (neben 99,985 Mol% H_2 findet man im Mittel 0,0156 Mol% $^2H_2$). Zudem besitzt es einen Quadrupolkern (I = 1), was zu Linienverbreiterungen im Spektrum führt. Mit Hilfe der SNIF-NMR (Martin[5]: SNIF = Site specific Natural Isotope Fractionation), die sich sog. Hochfeld-NMR-Spektrometer bis 15 Tesla entsprechend 600 MHz bedient, kann man indes die ^{2}H-Linien abbilden und quantifizieren. In der modernen Weinanalytik werden vornehmlich die Linien des Ethanols gemessen:

$$CH_2D - CH_2 - OH \text{ und } CH_3 - CHD - OH.$$

Das Isotopomere $CH_3 - CH_2 - OD$ ist ungeeignet, da hier Deuterium gegen Wasserstoff aus dem umgebenden Wasser ausgetauscht wird. Mit Hilfe der SNIF-NMR kann man nicht nur zwischen natürlichem Weinalkohol und Synthesesprit unterscheiden, sondern auch Alkohol aus zugesetztem Zucker (z.B. aus Rübenzucker gewonnen) erkennen, weil der Photosynthese-Cyclus der Zucker erzeugenden Pflanze (Hatch-Slack-Cyclus: C_4-Pflanzen neben Calvin-Cyclus: C_3-Pflanzen) wesentlichen Einfluß auf die Menge an eingelagertem ^{2}H-Isotop hat. Schließlich muß darauf hingewiesen werden, daß das Deuterium-Isotop im Regenwasser von den Polen der Erdkugel zum Äquator hin auf fast das Doppelte zunimmt, weil die Zentrifugalkraft der Erdrotation die im Vergleich zum H_2-Molekül erheblich schwereren HD-Moleküle nach außen treibt. Vergleiche mit unvergorenem Beerenmost aus dem Anbaugebiet lassen daher auf die ^{2}H-Menge und ihre Verteilung im Wein schließen. Natürlich findet diese Methode jetzt auch Anwendung bei der Überprüfung anderer alkoholischer Getränke. Da man auch die Stellung des ^{2}H-Isotops erkennen kann, ist diese Methode aussagekräftiger als die ^{14}C-Methode, bei der man das zu untersuchende Produkt verbrennt und die Menge an $^{14}CO_2$ im Gesamt-CO_2 auf den Photosynthese-Cyclus zurückführt.

17.3.6
Dessertweine

Weine dieser Art zeichnen sich durch besonders hohen Zucker- und Alkoholgehalt aus, der häufig durch Eindicken des Mostes erreicht wird. Häufig werden derartige Weine mit reinem Alkohol verschnitten, so daß Alkoholgehalte über 20 Vol.% (z.B. Sherry-Wein) erreicht werden.

5   Martin GJ, Janvier J, Akoka S, Mabon F, Jurczak J (1986) Tetrahedron Letters 2855.
    Martin GJ, Martin ML (1987) Modern Methods of Plant Analysis. New Series, Band 6.
    Springer-Verlag, Berlin Heidelberg Wien.

17.3.7
Wermutwein

Wermutwein ist kein eigentlicher Wein im Sinne des Weingesetzes, sondern
ein weinhaltiges Getränk. Er wird aus verschiedenen Weinen, evtl. unter Zusatz
von Alkohol, und Wermutauszügen hergestellt, die Thujon enthalten. Thujon
(s. S. 249ff) ist ein starkes Nervengift und kann bei Abusus, z.B. durch ständigen
Genuß von Absinth, schwere Nervenschäden hervorrufen.

17.4
Schaumweine

Als Erfinder des Champagners gilt der Mönch Dom Perignon. Schaumweine
werden aus einem Gemisch von jungem und altem Wein hergestellt, das auf 23
bis 26 g Zucker/l eingestellt wird. Nach Hefezusatz entsteht hieraus ein End-
Alkoholgehalt von 10,5 bis 12% und ein CO_2-Druck von 4 bis 5 bar. Nach
entsprechendem Ausbau des Getränks wird der Hefepfropf aus der Flasche aus-
geschleudert und das freigewordene Volumen mit Likör bzw. mit Kandiszuk-
kerlösung aufgefüllt. Nach dem CO_2-Druck unterscheidet man in Frankreich
zwischen grand mousseux: 4,5 bis 5 bar, mousseux: 4 bis 4,5 bar, cremant:
< 4 bar. Entsprechend dem Zuckergehalt werden Schaumweine deklariert
als „trocken" bei 5 g/l und weniger Zucker, als süß bei etwa 100 g/l. Neuerdings sind Schaumweine mit der Bezeichnung „ultra brut" auf dem Markt. Sie
enthalten praktisch nur noch Spuren an Zucker. Nachdem geeignete Werkstoffe zur Verfügung stehen und es auch Maschinen gibt, die Getränke unter
CO_2-Druck abfüllen können, ist die früher ausschließlich angewandte Fla-
schengärung größtenteils auf Tankgärung umgestellt worden.

17.5
Bier

Bier wird aus Hopfen, gemälztem Getreide, Hefe und Wasser hergestellt.
Bezüglich der angewandten Hefesorte unterscheidet man zwischen untergärigen und obergärigen Biersorten. Nach dem 1516 zuerst in Bayern erlassenen
„Reinheitsgebot", das von der deutschen Lebensmittelgesetzgebung mit übernommen wurde, dürfen untergärige Biere nur Gerstenmalz als Ausgangsmate-
rial für Alkohol enthalten. Außerhalb Deutschlands werden häufig auch Mais
und Reis sowie Saccharose, Glucose und Invertzucker als „Rohfrucht" verwendet.[6]

---

[6]   Nach einem Urteil des Europäischen Gerichtshofes ist in Deutschland auch Bier, das
       nicht nach dem Reinheitsgebot gebraut ist, verkehrsfähig. Solche Biere können eine
       Reihe von Zusatzstoffen enthalten, die in Mitgliedsstaaten der EG zugelassen sind, so
       z.B. Gibberillinsäure als Wuchsstoff bei der Malzbereitung, verschiedene Proteasen zur
       Trubstabilisierung, Ascorbin- und Citronensäure als Antioxidantien, Propylenglykol-
       alginat, Carragen, Methylcellulose, Gummi arabicum zur Schaumstabilisierung sowie
       schweflige Säure zur Konservierung.

Zur **Malzherstellung** wird das gereifte Getreide zum Keimen gebracht, wodurch die Amylase-Gehalte sehr stark erhöht werden. Fertiges, frisches Malz, das nach grünen Gurken riecht, kann neben der Stärke des Korns etwa 5% Saccharose und 3% Glucose und Fructose enthalten. Beim nachfolgenden Darren bei etwa 80°C (helles Malz) bzw. 106°C (dunkles Malz) werden die charakteristischen Aroma- und Farbstoffe infolge der im Korn ablaufenden Maillard-Reaktion gebildet. Die in ihrer Form unveränderten Gerstenkörner sind gut lagerfähig.

Zur Herstellung der **Würze** wird das Malz geschrotet und in Wasser auf etwa 65°C erhitzt, wo der enzymatische Stärkeabbau optimal abläuft. Dadurch wird der Anteil an wasserlöslicher Substanz des Malzes von etwa 20% bis auf 80% gesteigert. α-Amylasen bewirken dabei eine Stärkeverflüssigung und Dextrinierung, die über die Iod-Stärke-Reaktion kontrolliert wird. β-Amylasen liefern Maltose und Dextrine. Anschließend wird die flüssige Würze vom unlöslichen Treber getrennt („Abläutern"). Um nun die Enzyme abzutöten und die erwünschten Dextrine zu erhalten, wird die Würze anschließend 2 h mit Hopfen gekocht, dessen Inhaltsstoffe zusätzlich das Bier konservieren. Hierbei werden je nach gewünschtem Bittergeschmack 130–500 g Hopfen pro 100 l Würze eingesetzt.

Nach Abkühlen und Belüften wird die Würze mit Zuchthefen versetzt. Bei 5–9°C dauert die **Gärung** 8–10 Tage. Sie wird in großen Wannen durchgeführt, wobei die abgeschiedene Kohlensäure für anaerobe Bedingungen sorgt. Anschließend wird die am Boden liegende Hefe (bei „untergärigen" Bieren) abgeschieden und das Bier 1–4 Monate in Tanks bei 0 bis 2°C einer Nachgärung unterworfen. „Obergärige" Biere (die hier verwendeten Heferassen bilden Sproßverbände und schwimmen an der Oberfläche) werden bei höheren Temperaturen vergoren, auch unterbleibt hier häufig eine Nachgärung. Beispiele für solche Biere sind Weizenbier und „Berliner Weiße".

In Deutschland richten sich die Bezeichnungen der Biere nach ihren **Stammwürzegehalten** (gelöste Stoffe vor der Gärung). Sie betragen für

Einfachbiere: 2–5,5%,	Vollbiere: 11–14% und
Schankbiere: 7–8%,	Starkbiere: 16% und höher

Entsprechend schwankt auch der Extraktgehalt von 2–3% bei Einfachbieren bis 8–10% bei Starkbieren. Aus dem Extrakt- und Alkoholgehalt kann man die ursprünglich zugrunde gelegte Konzentration an Stammwürze berechnen.

Die Alkoholgehalte in Bier liegen für Vollbiere bei 3,5–4,5 und für Starkbiere bei 5–5,5 Gew.%. Alkoholfreie Biere werden hergestellt, indem man normalen, ausgegorenen Bieren den Alkohol durch Umkehrosmose oder Vakuumdestillation bei etwa 30°C entzieht. Das sog. „Kälte–Kontakt–Verfahren" nutzt die starke Hemmung der Alkoholproduktion von Hefe bei 0°C aus. Durch die langsame Alkoholbildung kann man die Gärung bei einem Alkoholgehalt von 0,5% relativ gut unterbrechen. Andere Verfahren belassen die Hefe ohnehin nur kurz in der Würze.

17.6
Branntweine

Zur Branntwein-Herstellung wird geeignetes gärfähiges Material, z.B. Zuckerrohr- oder Zuckerrüben-Melasse, Palmensaft oder Obst, oder nach Aufschließen (mit Wasser verkleistern und einmaischen mit Enzympräparaten) Stärke und Inulin enthaltende Früchte bzw. Getreide, Kartoffeln usw., vergoren. Nach etwa drei Tagen kann „abgebrannt" (destilliert) werden. Man unterscheidet zwischen

1. dem „Vorlauf", der u.a. Acetaldehyd, Methanol und niedrig siedende Ester enthält,
2. dem „Hauptlauf", der aus 96%igem Ethanol besteht, und
3. dem „Nachlauf", in dem Fuselöle, höhere Alkohole usw. enthalten sind.

Der Hauptlauf ist demnach besonders rein und wird als „Primasprit" bezeichnet. Vorlauf und Nachlauf werden zu „Sekundasprit" vereinigt. – Die Alkoholausbeute aus 100 kg eingemaischter Stärke beträgt etwa 60 bis 62 Liter. – Nicht für Trinkzwecke bestimmter Alkohol wird mit Benzin, Benzol, Campher, Pyridin usw. „vergällt".

Zur Herstellung von **Trinkbranntweinen** wird Primasprit mit Wasser, evtl. Zucker und Essenzen vermischt. „Branntweinschärfen" wie z.B. Pfefferauszüge, die im Getränk höhere Alkoholgehalte vortäuschen, sind verboten.

Bei **Edelbranntweinen** stammen die Aromastoffe aus dem Gärgut selbst. Hierzu werden verschiedene Obstarten (Kirschen, Himbeeren, Birnen, Heidelbeeren usw.) mit Hefe versetzt, vergoren und die anschließende Destillation so geführt, daß die spezifischen Aromastoffe („Lutter") mit übergehen. Allerdings sind hier mehrere Destillationen notwendig. Zu den Obstbranntweinen zählt auch der Calvados. Er wird aus mindestens 12 Tage vergorenem Apfelwein (in Frankreich Cidre) durch Destillation gewonnen und anschließend, ähnlich wie Cognac, in Eichenholzfässern gelagert, wo er das weinbrandähnliche Aussehen erhält. Entsprechend seiner Herkunft enthält Calvados geringe Mengen Methanol. – Zur Bereitung von Wacholderbranntwein wird eine Wacholdermaische destilliert und der erhaltene Extrakt mit Wasser und Alkohol vermischt. Bekannte Wacholderbranntweine sind Genever, Bommerlunder und Gin. Letzterer enthält zusätzlich Gewürzauszüge. Wegen der Entstehung von Ethylcarbamat in Obstbränden s. S. 266.

Rum wird aus Zuckerrohr-Melasse gewonnen. Er wird mit Alkoholgehalten von über 80% importiert und hier auf Trinkstärke eingestellt.

Während Kornbrände mindestens 32 Volumenprozent Alkohol enthalten müssen, werden Doppelkornbrände auf mindestens 38% eingestellt. Bei Rum und Obstbranntweinen findet man höhere Alkoholgehalte.

Weinbrand wird aus speziellen „Brennweinen" gewonnen. Das sind normalerweise Weine minderer Qualität, denen man zur Erzielung der Haltbarkeit etwa 18–24% Alkohol zugefügt hat (eine Schwefelung würde dagegen die zur Destillation benutzten Kupferblasen schädigen). Allerdings müssen Brennweine ein bestimmtes Maß an Weinigkeit aufweisen, damit die Spritung zollfrei ist.

Reicht die Weinigkeit nicht aus, werden solche Brennweine zu Weinessig verarbeitet.

Nach Destillation wird der Weinbrand in Fässern aus Limousinholz gelagert, wobei dem Holz eine Reihe von Inhaltsstoffen entzogen werden (Flavonole, Gerbsäuren, Vanillin und andere). Schließlich wird mit Typagestoffen versetzt. Darunter versteht man mit Weindestillat extrahierte Auszüge von Pflaumen, grünen Walnüssen oder Mandelschalen.

Cognac ist eine Schutzbezeichnung für Weinbrände aus der Charente, er enthält 40% Alkohol.

Armagnac wird aus Wein der Gascogne nach einem speziellen Verfahren hergestellt, das dem Cognac ähnlich ist. Für beide Getränke bedeutet die Angabe VSOP = very soft superior old pale und entspricht einer Lagerung im Faß von mindestens 4 Jahren.

Arrak wird durch Vergären aufgeschlossener Reisstärke und zuckerhaltiger Palmsäfte gewonnen. Das in Indonesien beheimatete Getränk wird mit 38% Alkohol gehandelt (Batavia-Arrak).

Whisky ist ein Branntwein, der aus Gerstenmalz, das über Torffeuer oder Kohlenrauch getrocknet wurde, hergestellt wurde. Seine Lagerzeit beträgt 8–12 Jahre. Neben dem reinen Malzwhisky kennt man Grain-Whisky und Blended-Whisky, der also verschnitten wurde. Neben dem schottischen Whisky kennt man Irischen Whisky, der weniger rauchig schmeckt und amerikanischen Whisky, der aus einem Getreidegemisch mit mindestens 51% Mais hergestellt wird (Bourbon).

Wodka ist ein Branntwein aus Getreide- oder Kartoffelstärke, dem man Cumarin-haltige Gräser (Cumaringehalt höchstens 10 mg/L) zur Aromatisierung zugegeben hat.

Tresterbranntwein (z.B. Grappa) wird aus Traubentrestern gewonnen, die man vergärt und den Alkohol heraus destilliert. Er enthält auch etwas Methanol.

Bitterspirituosen: Getränke wie z.B. Magenbitter, Boonekamp oder Underberg enthalten neben Alkohol verschiedene Gewürz- und Kräuterauszüge (Anis, Fenchel, Koriander, Zitterwurzel, Enzian, Nelken. Ähnlich ist Campari zusammengesetzt, er enthält neben Lebensmittelfarbstoff E-122 (Azorubin) auch Wermut- und Calmusauszüge. Absinth ist aus Trinkbranntwein und verschiedenen Kräuterauszügen zusammengesetzt, unter ihnen auch Wermut (Artemisia absinthium L., das Thujon enthält (s. S. 249). Thujon ist ein starkes Nervengift, das Halluzinationen und epileptische Anfälle bewirkt. Vor allem überdeckt es den Alkoholrausch, so daß chronischer Mißbrauch auch Nervenschäden durch Alkohol bewirkt.

Als **Verschnitt** bezeichnete Branntweine enthalten in der Regel nur 10% des originären Branntweins, der Rest sind Alkohol und Wasser.

18 Alkaloidhaltige Genußmittel

18.1
Einführung

Alkaloide sind nach Mothes[1]„klassische Pflanzenstoffe mit vorwiegend heterocyclisch eingebautem, basischem Aminstickstoff, die eine starke, meist spezifische Wirkung auf verschiedene Bezirke des Nervensystems besitzen". Eine einheitliche Einteilung gibt es nicht, stattdessen werden die Alkaloide entweder nach ihrem Vorkommen, z.B. Senecio-Alkaloide, (s. S. 244), Solanin-Alkaloide oder nach ihrer chemischen Struktur (Isochinolin-Alkaloide, Pyrrolizin-Alkaloide, s. S. 245) geordnet. Alkaloide mit nicht heterocyclischem System sind Hordenin, Mezcalin und die biogenen Amine. Alkaloide sind meist in Wasser, Ethanol und Chloroform löslich, noch besser wasserlöslich sind ihre Salze mit organischen und anorganischen Säuren.

In diesem Kapitel sollen zunächst solche Genußmittel behandelt werden, die ein oder mehrere Purinalkaloide (Methylxanthine: Coffein, Theophyllin, Theobromin) enthalten.

Coffein kommt vor allem in Kaffee (1–2,6%) und Tee (3–3,5%) vor, in geringeren Mengen findet es sich auch in Kakao (etwa 0,2%), Mate (0,3–1,5%) und der Kolanuß (ca. 1,5%). Es regt das Zentralnervensystem, die Herztätigkeit, Stoffwechsel und Atmung an und steigert den Blutdruck. Während sich die Blutgefäße in den Eingeweiden verengen, erweitern sie sich im Gehirn, was eine bessere Durchblutung vor allem des Großhirns und das Verscheuchen von

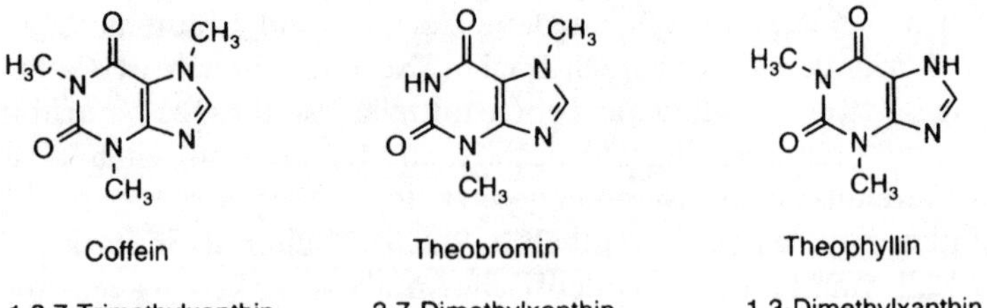

Coffein	Theobromin	Theophyllin
1,3,7-Trimethylxanthin	3,7-Dimethylxanthin	1,3-Dimethylxanthin

Abb. 18.1. Die wichtigsten Purinalkaloide

---

[1] Mothes Kurt (1900–1983), Prof. für Botanik und Biochemie, Universität Halle.

Müdigkeit zur Folge hat. Coffein ist ein Diureticum. Seine letale Dosis liegt bei 10 g pro Person. Vor allem Hypertoniker und Personen mit Herzgefäßerkrankungen sollten Kaffee meiden und eventuell durch entcoffeinierten Kaffee ersetzen. Eine Tasse Kaffee aus 4 g Kaffeebohnen enthält zwischen 40 und 120 mg Coffein, eine Tasse Tee aus 1 g Teeblättern etwa 20–40 mg Coffein. Da das Coffein, das im Rohkaffee in einem Kalium-Chlorogensäurekomplex gebunden ist, erst beim Rösten und schließlich durch die Magensäure freigesetzt wird, erzielt es nach Kaffeegenuß seine Wirkungen recht schnell. Dagegen ist es im Tee an Polyphenole gebunden und wird erst bei der Fermentation und nach Teegenuß schließlich im Darm freigesetzt. Daher entfaltet es seine Wirkung langsamer, sie hält indes auch länger an. Das hat dazu geführt, daß im Tee vorkommendes Coffein früher zuweilen als Thein bezeichnet wurde. Im Körper wird Coffein zu Methylharnsäuren abgebaut.

Theobromin ist das wichtigste Alkaloid des Kakaos (1,5–3,1%). Es trägt zusammen mit Piperazindionen (Diketopiperazine, s. S. 135) zum bitteren Geschmack des Kakaos bei. In seinen Wirkungen ähnelt es dem Coffein, seine physiologischen Effekte sind indes deutlich schwächer.

Theophyllin kommt in den Blättern des Teestrauchs sowie in Mate in Mengen von etwa 0,1% vor. In seinen Wirkungen zur Stimulierung des Zentralnervensystems entspricht es dem Coffein, in der Herzwirkung und Diurese übersteigt es das Coffein.

18.2
Kaffee

Alten Schriften zufolge gelangte die Kenntnis vom Kaffee um 1450 durch mohammedanische Pilger aus Äthiopien nach Mekka. Durch die Türkenkriege kam er dann nach Europa. Heute ist Kaffee eines der wichtigsten Getränke auch in den westlichen Ländern. So trank der Deutsche 1988 im Mittel 169 Liter dieses Getränks, dagegen im Mittel „nur" 144 Liter Bier.

Grüner Kaffee ist der von Frucht- und Samenschale befreite Samen der Kaffeekirsche. Die bekanntesten Arten sind **Coffea arabica, C. robusta** und **C. liberica.** Durch Kreuzungsversuche ist in Westafrika der „Arabusta"-Kaffee hinzugekommen, der qualitativ zwischen seinen Eltern **C. arabica** und **C. robusta** eingeordnet werden kann. Die wertvollste Kaffeeart ist **C. arabica,** der häufig in Höhen über 1 000 m angebaut wird, während **C. robusta** aus dem Flachland Westafrikas stammt und vorwiegend zur Herstellung von Pulverkaffees verwendet wird. Neben der Sorte ist allerdings vor allem die Lage des Anbaugebietes wertbestimmend. Die wichtigsten Anbaugebiete sind Brasilien, Mittelamerika und Westindien, Angola und Elfenbeinküste sowie Äthiopien, Kenia und Indonesien.

Zur Ernte werden die rot gefärbten Kaffeekirschen von den auf einige Meter Höhe gestutzten Kaffeebäumen gepflückt. Sie enthalten im Endokarp zwei von einer Silberhaut umschlossene Samen, die mit der Flachseite zueinander angeordnet sind. Manchmal ist in ihnen auch nur ein rundlicher Einzelsamen enthalten („Perlkaffee"). In Brasilien werden die Kaffeekirschen an der Luft getrocknet, bis die Kaffeebohnen herausgebrochen werden können („ungewaschener Kaffee"). Dagegen werden die Kaffeebohnen in Westindien nach Zerquetschen der Pulpa je nach Temperatur 12–48 Stunden fermentiert, was durchaus qualitätsfördernd wirkt („gewaschener Kaffee"). Rohkaffee ist gut lagerfähig und kann über Jahre hindurch aufbewahrt werden.

Vor der weiteren Verarbeitung müssen Fehlbohnen ausgelesen werden (unreife, schwarze bzw. überfermentierte Bohnen). Diese Auslese muß sehr sorgfältig ausgeführt werden, da z.B. schon eine überfermentierte Öl- (Speck-) Bohne, die auch als Stinker bezeichnet wird, einen ganzen Röstansatz verderben kann. Für die früher von Hand durchgeführte Auslese stehen heute Maschinen zur Verfügung.

In Tabelle 18.1 sind die Mengen wichtiger Inhaltsstoffe von Kaffee aufgeführt. Man erkennt, daß Kaffee eigentlich eine Fettfrucht ist. Die Rohfaser setzt sich aus verschiedenen Polysacchariden (Galacto-Arabanen und -Mannanen) zusammen, sie wird beim Rösten teilweise umgelagert bzw. abgebaut und stellt nach dem Bereiten des Kaffeegetränks zur Hauptsache den „Kaffeesatz".

Kaffee ist immer wieder auf seine gesundheitliche Bekömmlichkeit hin untersucht worden. So kann der Genuß übermäßiger Kaffeemengen zu Schlaflosigkeit und eventuell Übelkeit führen, die auf erhöhte Freisetzung von Salzsäure im Magen zurückgeführt wird. Vor allem nach Genuß gebrühten Kaffees (z.B. in Skandinavien) hat man erhöhte Serumlipidgehalte (LDL) festgestellt. Dieser Effekt scheint bei gefiltertem Kaffee weniger stark zu sein. Die gleiche Wirkung wurde erzielt, als man jungen Männern die Lipidfraktion von Kaffee verabreichte.

Zur Röstung wurde Kaffee früher etwa 15 Minuten lang in speziellen Röstern auf 200–220°C erhitzt, wobei sich die Kaffeebohnen je nach Röstgrad braun bis schwarz färben. Heute arbeitet man mit erheblich höheren Temperaturen (280–300°C), wodurch die Röstzeit auf etwa 3–4 Minuten reduziert

Rohkaffee	Röstkaffee	
Fett	A: 16,4	17,5
	R: 10,0	11,0
Saccharose	6–7	–
Rohfaser	27,2	17,5
Chlorogensäuren	A: 4,5–8,5	0,2–5,6
	R: 6,7–11,1	
Protein	8,7–12,2	–
Coffein	A: 0,9–1,4	1,3
	R: 1,5–2,6	2,0
Asche	4,0	4,4
Wasser	9,5	2

Tabelle 18.1. Die wichtigsten Inhaltsstoffe von Kaffee (%). A = Arabica; R = Robusta. (Aus: Handbuch der Lebensmittelchemie, Bd. VI, S 16)

werden kann. Beim Rösten steigt der Druck im Inneren der Kaffeebohnen erheblich an, gleichzeitig laufen verschiedene Pyrolyse- und nichtenzymatische Bräunungsreaktionen ab, von denen die Maillardreaktion die bedeutendste ist. In ihrem Verlauf werden zahlreiche Aromastoffe (man kennt bisher über 600) gebildet, die in ihrer Gesamtheit das Kaffeearoma ausmachen. Kurzzeitgeröstete Kaffees weisen gegenüber normal gerösteten durchweg höhere Phenolgehalte auf. Zur Bereitung des Kaffeegetränks rechnet man 4 g Kaffeepulver auf 100 ccm heißes Wasser.

Entcoffeinierter Kaffee wird hergestellt, indem man grünen Kaffee auf Wassergehalte von 18–30% quellen läßt und das Coffein mit Essigester oder Methylenchlorid extrahiert. Neuerdings verwendet man auch flüssiges Kohlendioxid als Extraktionsmittel („überkritische Kohlensäure-Extraktion"). Dabei entzieht man dem Rohkaffee das Coffein durch Behandlung mit feuchtem, überkritischem Kohlendioxid (CO_2) bei 35–80°C, wobei Drücke von 80–300 bar auftreten. Dem CO_2 kann das Coffein durch Auswaschen mit Wasser oder durch Adsorption an Aktivkohle entzogen werden.

Extraktionen mit überkritischer Kohlensäure, bei denen man keine Rückstände des Extraktionsmittels zu befürchten braucht, hat man auch schon bei einigen Gewürzen durchgeführt. Bewährt hat sich diese Methode offenbar bei der Hopfenextraktion. Ein weiteres Behandlungsverfahren für Magenempfindliche beinhaltet in der Hauptsache ein Dämpfen von Rohkaffee vor der Röstung (Lendrich-Verfahren). Da sich das Dämpfen auch auf das Aroma positiv auswirkt, werden heute auch solche Kaffees manchmal gedämpft, deren Aufmachung eine Behandlung für magenempfindliche Konsumenten nicht erkennen läßt.

Pulverkaffees werden durch Eindicken von Kaffeeaufgüssen mittels Zerstäubungstrocknung oder Gefriertrocknung hergestellt. Zu den Kaffee-Ersatzstoffen gehören Malzkaffee (geröstetes Gerstenmalz) und andere Kornmalzkaffees sowie Zichorienkaffee (geröstete Wurzeln der Zichorie). Zur Erzielung eines leicht süßen Geschmacks gibt man Feigenstückchen dazu.[2]

18.3
Tee

Tee wird aus Blattknospen und jungen Blättern von *Thea sinensis* und *Thea assamica* bzw. ihren Hybriden bereitet. Er ist nicht nur das Volksgetränk Ostasiens, sondern hat auch in Europa viele Freunde.

Thea sinensis kommt meist als 1–4 m hohe Sträucher vor, die etwa 12 cm lange, lanzettartige und an der Unterseite stark behaarte Blätter tragen. *Thea assamica* kann dagegen bis 30 m hoch werden. Tee wird sowohl im tropischen Tiefland als auch bis zu Höhen von 2 400 m angebaut. Im Hochland verläuft

---

[2]   Die Bezeichnung „Muckefuck geht auf das Hildesheimer Kaffeeverbot in Preußen aus dem Jahre 1780 zurück. Stattdessen trank man aus Zichorienwurzeln hergestellten „Landkaffee", den man auch als „mocca faux" (falschen Kaffee) bezeichnete.

das Wachstum zwar langsamer, dafür ist der hier gewonnene Tee aromatischer. Während in China und Japan 4 bis 5mal pro Jahr geerntet wird, können Teeblätter in Indien und Ceylon alle 7 bis 14 Tage gepflückt werden. Dabei werden die ersten beiden, noch unentwickelten Blätter (tips) mit der Knospe („two leaves and one bud") als „Flowery Orange Pekoe" bezeichnet. Die nächstgrößeren Blätter werden als „Orange Pekoe" (kräftiges, blumiges Aroma), die nachfolgenden als „Pekoe" (chines. = weißer Flaum) und schließlich als Souchong bezeichnet.

Bezüglich der Aufbereitung gibt es hauptsächlich zwei Sorten:

Grüner Tee wird aus den mit heißem Wasser behandelten, gerollten Blättern bereitet, indem diese nach Auskneten des Saftes bei 70°C auf Darren getrocknet werden, bis eine oliv-grüne Masse entstanden ist. Durch die damit verbundene Abtötung der Enzyme (Polyphenoloxidasen) enthält Grüner Tee allein 20–25% Flavanole (siehe Tabelle 19.2), etwa 1% Flavonole und Flavonolglucoside und etwa 2% Leucoanthocyanine. Ein Teil dieser Verbindungen wird für die antioxidative und antimutagene Wirkung des Grünen Tees verantwortlich gemacht[3]. Vor allem sind es die reichlich in Grünem Tee vorkommenden Catechine, denen man die krebsinhibierende Wirkung des Grünen Tees zuschreibt.

Schwarzer Tee durchlief dagegen eine Fermentation. Hierzu werden die gewelkten und gerollten Blätter in Schichten von 15 bis 25 cm Dicke bei etwa 45°C unter Luftabschluß einer Fermentation unterworfen, wobei sich die Masse kupferrot färbt. Hierbei laufen durch Polyphenoloxidasen ausgelöste Oxidations- und Kondensationsreaktionen an den Catechinen ab. Beim anschließenden Trocknen an der Luft bei 85–145°C färbt sich der Tee schwarz.

Oolong-Tee ist halbfermentierter Tee, der vorzugsweise in Taiwan hergestellt wird. In vielen Eigenschaften gleicht er dem schwarzen Tee, schmeckt aber ähnlich wie grüner Tee.

Benutzte man früher zur Tee-Fermentation spezielle Welkhäuser, so kann man heute die gesamten Fermentationen maschinell nach dem sogenannten CTC-Verfahren durchführen (CTC = Crushing, Tearing, Curling). Auf diese Weise kann man allerdings nur sog. „Broken Teas" herstellen, die aber wegen ihres kräftigeren Aromas auch beliebter sind.

Schwarzer Tee enthält im Mittel etwa 3 bis 3,5% Coffein, wobei die juvenilen Blätter (Pekoe) die höchsten Gehalte aufweisen. Im Teeblatt ist Coffein an Polyphenole gebunden und wird erst bei der Fermentation teilweise freigesetzt. Neben 1,2 bis 2,5% Fett und 0,5 bis 1% ätherischen Ölen enthält Tee vor allem 12 bis 17% Gerbstoffe. Daneben enthalten Teeblätter 5-N-Ethylglutamin (Theanin) sowie das entsprechende Asparagin.

$$H_5C_2-NH-\overset{O}{\overset{\|}{C}}-CH_2-CH_2-\overset{NH_2}{\overset{|}{CH}}-COOH$$

Theanin

---

[3] Carcinogenesis **12**, 1527(1991)

Von den Gerbstoffen sind die rot gefärbten Theaflavine und Thearubigene die wichtigsten. Sie entstehen durch Oxidation von entsprechenden Flavanolen im Tee. Als weitere Purinbasen kommen Theobromin und Theophyllin mit Gehalten von jeweils etwa 0,1% vor. Nicht zuletzt seien die relativ hohen Fluoridgehalte von 7–14 mg/100 g Tee erwähnt. Für den Teeaufguß übergießt man 1 g Tee mit 100 ml heißem Wasser und läßt 3–5 Minuten ziehen.

Blatt-Tees (z.B. aus dem Darjeeling) bestehen aus den ganzen Blättern. Die Qualität „Broken" bezeichnet die gebrochenen Blätter, die schneller ziehen (z.B. aus Ceylon). „Fanning" und „Dust" stellen Aussiebungen dar.

Zur Herstellung von **Weißem Tee (White Downy Tea)** werden juvenile Teeblätter von Teepflanzen aus der südchinesischen Provinz Kwangsi einzeln an der Luft getrocknet. Da diese Teeblätter einen besonders kräftigen, weißen Flaum von Drüsenhaaren besitzen, entsteht durch ihre Aufbereitung ein besonders heller Tee, dessen Aufguß besonders zart und aromatisch ist.

18.4
Kakao-Erzeugnisse

Haupterzeuger von Kakao sind Brasilien, Venezuela und Ecuador; daneben wird er in einigen weiteren südamerikanischen Ländern, in Afrika sowie in Malaysia, Ceylon und Java erzeugt. Die Stammpflanze *Theobroma cacao* kann über 10 m hoch werden; im Plantagenbetrieb wird ihre Wuchshöhe auf 4 m begrenzt. Die melonenartigen Früchte enthalten in das Fruchtfleisch eingebettet bis zu 50 Samen, aus denen der Kakao gewonnen wird. Den Edelsorten Criollo- und Ecuador-Kakao steht qualitätsmäßig der vorwiegend in Afrika angebaute Forastero-Kakao etwas nach. Häufig wird Rohkakao auch nach den Verschiffungshäfen bezeichnet (z.B. Esmeraldos, Maracaibos).

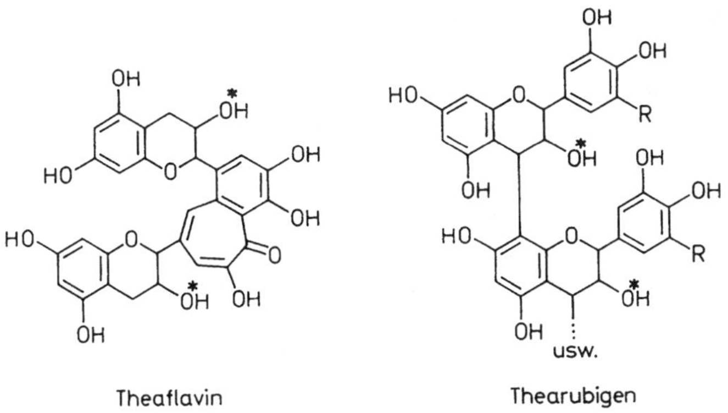

Theaflavin   Thearubigen

Abb. 18.2. Aufbau des Theaflavins und der Thearubigene. Durch Veresterung der markierten OH-Gruppen mit Gallussäure können 2 verschiedene Theaflavine (A und B) und Rubigene entstehen. Bei letzteren sind durch Polymerisation mehrere Verbindungen möglich

Nach der Ernte läßt man die Frucht verrotten, wobei die Pulpe in Gärung übergeht. Unvergoren gibt sie wegen ihres Aromas ein vorügliches Fruchtsaftgetränk. Hierin wird die Kakaofrucht noch übertroffen von der Cupuacú, die deshalb im Amazonasbecken in Plantagen angebaut wird. Bei der Cupuacú handelt es sich um einen engen Verwandten zu Theobroma cacao (Theobroma grandiflorum). –Bei der Fermentation der Pulpe von Kakaofrüchten vermindert sich der Gerbstoffgehalt in der Kakaobohne von 13–20% auf 5–8%; gleichzeitig werden unerwünschte Aromastoffe abgebaut. Eine Ausnahme macht Kakao aus Ecuador (Arriba, Machala), der unmittelbar nach der Ernte an der Sonne getrocknet wird. Der herbe „Sonnenkakao" gilt als ausgezeichnetes Erzeugnis.

Kakaobohnen enthalten neben den Gerbstoffen ca. 55% Fett, etwa 1,5% Theobromin und 0,1% Coffein. Ihr eigentliches Aroma entwickeln sie erst im Verlaufe eines Verarbeitungsprozesses, an dessen Beginn die Röstung bei etwa 120°C steht. Anschließend werden die Bohnen gebrochen (Kakaobruch), Keimwurzeln und Schalen entfernt und in geheizten Walzen auf Teilchengrößen von 20–30 μm zerkleinert (Kakaomasse).

Bei den Kakao-Gerbstoffen handelt es sich in der Hauptsache um Flavanole und Catechine in beachtlichen Mengen. So enthalten 100 Gramm Bitterschokolade etwa 90 mg dieser Verbindungen, denen man antioxidative und Krebs hemmende Effekte zuschreibt. Eine besondere Rolle spielt hier das Epicatechin (optisch aktives, linksdrehendes Catechin, siehe auch Tabelle 19.2).In diesem Sinne zeigte Kakaopulver im Humanversuch eine konzentrationsabhängige Inhibierung der LDL-Oxidation (siehe Kapitel 6.2). Daneben hemmt Kakao die Aktivierung und Funktion der Thrombozyten.

Während noch vor wenigen Jahren die Kakaomasse-Herstellung ausschließlich in den Industrieländern erfolgte, beginnen seit einiger Zeit auch die Anbauländer mit der Umwandlung ihres Kakaos in Kakaomasse. Bei diesem Prozeß gilt ein Schalenanteil von 2% als technisch unvermeidbar; da zusätzlich 2% Kakaogrus mit 10% Schalenanteil zugegeben werden dürfen, summiert sich der Schalenanteil in der Kakaomasse somit auf 2,2%. Der Schalennachweis kann mikroskopisch über die darin enthaltenen Steinzellen erfolgen. Für die Herstellung von Kakaopulver werden die Kakaobohnen in Gegenwart von Pottasche oder Magnesiumoxid bzw. Kaliumhydroxid geröstet, wodurch sich die Quellfähigkeit erhöht.

Zur **Kakaoherstellung** wird Kakaomasse entölt, d.h. durch Pressung bei 100°C teilweise von Kakaobutter befreit. Stark entöltes Kakaopulver enthält noch mindestens 10%, schwach entöltes mindestens 20% Kakaobutter. Da Kakaomasse aus normal geröstetem Kakao im Getränk schnell absetzen würde, muß zusätzlich aufgeschlossen werden. Dazu setzt man Pottasche (K_2CO_3) oder Magnesiumoxid zur Röstung zu und neutralisiert anschließend mit Weinsäure. Eine so aufgeschlossene Kakaomasse enthält dann 7% anstatt 5% Asche. Auch durch Dämpfen, bei dem die Kakaostärke verkleistert, kann man aufschließen (van Houten, 1828). Schließlich kann man durch Zusatz von Carrageen ein Absinken von Kakaoteilchen im milchhaltigen Getränk vermeiden.

Zur **Schokoladenpulver**-Herstellung werden Kakaopulver und fein gemahlener Zucker vermischt, bei instantisierten Erzeugnissen zusätzlich mit Wasserdampf vorgequollen und nachfolgend in Wirbelschicht-Trocknern granuliert.

Kakaobutter ist ein weißgelbes Fett mit einem relativ scharfen Schmelzpunkt von 33–35°C. Dieser bedingt den Genußwert von Schokolade, die somit im Mund schmilzt und geschmacklich außerordentlich gut abgestimmt erscheint.

Schokolade wird durch Vermischen von Kakaomasse mit Zucker und eventuell Milchpulver (→ **Milchschokolade**) hergestellt (Dry-Mix-Verfahren). Nach dem „Wet-Mix-Verfahren" wird Kakaomasse im Mixer mit flüssigen Milchprodukten vermischt und auf 1% Restfeuchte eingedampft. Man unterscheidet hier zwischen dem

Crumb-Verfahren, bei dem Kondensmilch eingesetzt wird, und dem
Caillier-Verfahren, das den Einsatz von pasteurisierter Milch vorsieht.

Ziel der Wet-Mix-Verfahren ist es, den Milchgeschmack besser zu erhalten, als dies mit Milchpulver möglich ist. Ferner kann man auf diese Weise Milchüberschüsse in ein lagerfähiges Erzeugnis umwandeln. Eine Vollmilchschokolade kann sich aus etwa 15% Kakaomasse, 15% Kakaobutter, 20% Vollmilchpulver, 50% Zucker und geringen Zusätzen von Vanillinzucker und Lecithin zusammensetzen. Die Bestandteile werden in Feinwalzen innig vermischt. Die letzte geschmackliche Abrundung erhält die Masse jedoch beim Conchieren, wobei sie in heizbaren Behältern (Conchen) etwa 2 Tage lang erhitzt und gerührt wird. Dabei vereinigen sich nicht nur flüssige und feste Phase zu einer homogenen Masse, es laufen auch Geschmacksbildungsreaktionen im Sinne einer Maillard-Reaktion ab. Gleichzeitig entweichen Essigsäure und andere unerwünschte Komponenten. Die Schokoladenmasse wird ausgeformt und durch gelenkte Temperierung so erstarren gelassen, daß keine Kakaobutter nach außen tritt, wo sie als „Fettreif" in Erscheinung treten würde. Abbildung 18.3 zeigt schematisch den Verarbeitungsgang von Kakaoerzeugnissen.

Bitterschokoladen werden ausschließlich aus Kakaomasse und Zucker hergestellt. Da die süd- und mittelamerikanischen Edelkakaos höhere Cadmiumgehalte als die afrikanischen aufweisen können[4] (z.B. Venezuela bis 2 ppm, Elfenbeinküste bis 0,14 ppm), verschneidet man die Kakaos entsprechend bei der Bereitung von Bitterschokoladen.

Fettglasuren enthalten neben Kakao- oder Schokoladenmasse Zucker und Pflanzenfette. Kuvertüren (Schokoladenüberzugsmassen) enthalten mindestens 31% Kakaofett und 2,5% entölte Kakaotrockenmasse (bzw. „dunkle Schokoladenüberzugsmassen" 16% entölte Kakaotrockenmasse).

---

4   Deutsche Lebensmittelrundschau (1979) 75 : 305–309.

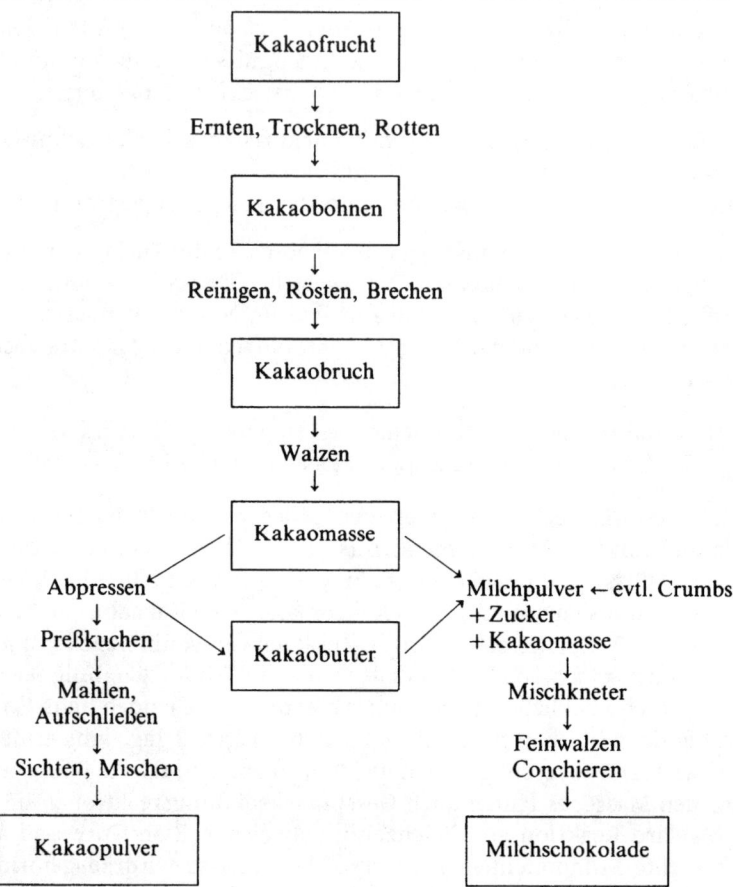

Abb. 18.3. Schematische Darstellung der Fabrikationsabläufe zur Herstellung von Kakaopulver und Milchschokolade

18.5
Tabak

Tabak enthält eine Reihe von Alkaloiden, von denen das Nicotin das wichtigste ist. Er gelangte nach der Entdeckung Amerikas nach Europa, wo sich das Rauchen wegen der anregenden Wirkung schnell ausbreitete. Sie geht zurück auf das Nicotin und die etwa 50 bekannten Nicotinabkömmlinge, die konzentrationsmäßig gegenüber Nicotin allerdings stark im Hintergrund bleiben. Unter anderem setzen sie aus der Nebenniere Catecholamine (z.B. Adrenalin) frei.

Es gibt hauptsächlich zwei Tabakarten:
Nicotiana rustica und
Nicotiana tabacum.

Tabelle 18.2. Trocknung und Fermentation von Tabak. (Nach F. Seehofer)

Trocknungsart	Tabaktyp	Haupt-verwendung	Vorbe-handlung	Fermentation
Sonnengetrocknet „sun-cured"	Orient-Tabake	Zigaretten Rauchtabak		Ballen- oder Kammer-fermentation
Luftgetrocknet „air-cured"	Burley-Tabake	Zigaretten		Kombinierte Natur und Kammerfer-mentation
		Rauchtabak	„Redrying"	„Aging"
Heiz-Trocknung „flue-cured"	Virginia-Tabake	Zigaretten Rauchtabak	„Redrying"	„Aging"

Während sich aus der erstgenannten die russische Machorka (Bauerntabak) ableitet, werden die 3 Hauptsorten von Nicotiana tabacum, nämlich Burley-, Virginia- und Orient-Tabak in westlichen Ländern angebaut. Ihre Zusammensetzung ist unterschiedlich. Standort, Klima und Düngung üben ebenfalls einen Einfluß aus. So enthalten Burley-Tabake am meisten, Orient-Tabake am wenigsten Nicotin. Der Mittelwert liegt bei etwa 1,5%.

Tabak wird in gemäßigtem und subtropischem Klima angebaut. Um das Blattwachstum zu fördern, beraubt man die etwa 1 m hohen Pflanzen ihrer Blütenstände. Zur Ernte werden zuerst die unteren Blätter (z.B. „Sandblatt") abgenommen, später auch die weiter oben befindlichen. Die Aufbereitung der 3 Tabaksorten ist ebenso wie ihre Zweckbestimmung unterschiedlich (s. Tabelle 18.2).

Bei der Fermentation werden unter anderem unlösliche Kohlenhydrate aufgeschlossen, Eiweiß abgebaut und Polyphenole sowie Chlorogensäure oxidiert. Nachfolgende Kondensationen der Oxidationsprodukte mit Eiweiß führen zu sogenannten Phlobaphenen, die braune Pigmente bilden. Auch Reaktionen vom Maillardtyp werden hier angenommen, ihr Ablauf ist durch den großen Gehalt an reduzierenden Zuckern und Aminosäuren begünstigt. So hat man in fermentierten Tabaken mehrere Fructose-Aminosäuren gefunden, die durch Reaktion von Aminosäuren mit Glucose und nachfolgender Amadori-Umlagerung entstanden waren (z.B. Fructose-Prolin, s. Abb. 7.11, S. 98). Auch Nornicotin kann zu einem dominierenden Anteil an Fructose gebunden sein.

Zur Bereitung von Pfeifen- und Zigarettentabaken werden die Blätter entrippt und meist mit speziell gemischten Saucen versetzt, die ihnen honig- bzw. fruchtähnliche Aromanoten verleihen. Normalerweise werden verschiedene Tabakprovenienzen gemischt („blend"), um das gewünschte Aroma und den angestrebten Nicotingehalt zu erreichen. Nach dem Schneiden werden dann Zigarettentabake in einem „Endlos-Strang" mit Zigarettenpapier umhüllt und auf die gewünschte Länge geschnitten. Anschließend werden die meisten Zigaretten mit einem Filter versehen, der beim Rauchen vor allem Tabakkondensate

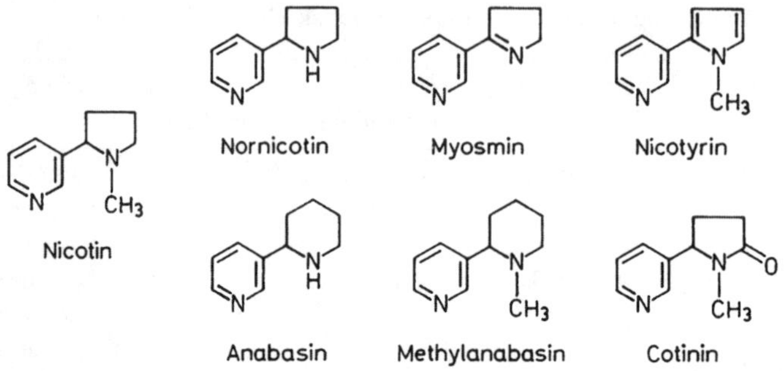

Abb. 18.4. Nicotin und einige seiner Umwandlungsprodukte

zurückhalten soll. Filtermaterialien sind Celluloseacetat, Papier, Aktivkohle und spezielle Silikate.

Beim Rauchen werden nun die Tabakinhaltsstoffe im Glutkegel (in der Zigarette etwa 900°C) pyrolysiert. Bisher hat man etwa 3 500 Verbindungen nachgewiesen. Vorläufer für Aromastoffe sind vor allem reduzierende Zucker, Polyphenole, Aminosäuren, Carotinoide und Terpene. Auch Nicotin und ähnlich aufgebaute Alkaloide gelangen in den Rauch. In Abb. 18.4 sind einige Verbindungen dargestellt, die ausschließlich aus Nicotin entstehen, z.B. durch Oxidation. Allerdings nimmt der Raucher nur etwa 30% des Rauches auf (Hauptstromrauch), der Rest gelangt mit dem „Nebenstromrauch" in die Umgebung.

Nachdem bekannt ist, daß übermäßiges Rauchen und vor allem Inhalieren des Rauches ein Risikofaktor für Herz- und Kreislauferkrankungen sowie für Lungenkrebs ist, werden große Anstrengungen unternommen, um die schädlichen Rauchbestandteile weitgehend zu eliminieren. Hierzu zählen Nicotin, cancerogene, polycyclische aromatische Kohlenwasserstoffe (z.B. 1,2-Benzpyren), Nitrosamine, Kohlenmonoxid und Teerkondensate. So ist man bestrebt, nicotinarme, aber im Aroma reiche Tabake anzubieten, die möglichst ohne Kohlenmonoxidbildung pyrolysieren. Für die Abscheidung der Kondensate setzt man Filter ein.

Einen gewissen Effekt bringen auch „kanalgefilterte" Zigaretten, in deren vorderes Filterende man Luftkanäle eingebaut hat. Diese sind so eingestellt, daß bei bestimmungsgemäßem Rauchen der Zigarette nur etwa 20–30% Tabakrauch in den Mund des Rauchers gelangen, während der Rest Luft ist.

Es ist heute vorgeschrieben, auf jeder Zigarettenpackung die Menge an Nicotin und Teerkondensat im Rauch der Zigaretten anzugeben. Ihre Werte werden mittels spezieller Abrauchmaschinen gemessen.

19 Gemüse und ihre Inhaltsstoffe

19.1
Einführung

Unter Gemüse versteht man eßbare Pflanzenteile, die meist in zerkleinertem und gekochtem Zustand genossen werden. Man unterscheidet zwischen Wurzelgemüsen (z.B. Kartoffeln, Sellerie, Mohrrüben), Zwiebelgemüsen (z.B. Zwiebeln), Stengel- und Sproßgemüsen (Spargel, Kohlrabi), Blattgemüsen (Kohlarten, Spinat), Blütengemüsen (Artischocken) und Frucht- bzw. Samengemüsen (Erbsen, Gurken, Tomaten). Andererseits kann auch eine Gliederung nach Pflanzengattungen nützlich sein:

Solanaceae:	z.B. Kartoffeln, Tomaten, Paprika;
Chenopodiaceae:	z.B. Spinat, Mangold, Rote Beete;
Cucurbitaceae:	z.B. Gurken, Melonen, Kürbis;
Liliaceae:	z.B. Zwiebeln, Knoblauch, Spargel;
Cruciferae (Brassicaceae):	z.B. Kohl, Rettich, Meerrettich, Senf;
Papilionaceae (Fabaceae):	z.B. Erbsen, Bohnen.

Gemüse (und Obst!) werden meist in Monokulturen gewonnen. Durch züchterische Maßnahmen (Kreuzung, Selektion) werden die Sorten soweit verändert, daß optimale Erträge erwartet werden können. In der letzten Zeit ist hier das Verfahren der Gentechnologie hinzu gekommen: Aus Pflanzen, Bakterien, Pilzen oder Viren werden Gene mit bestimmten Eigenschaften isoliert, durch Synthese vermehrt und schließlich wieder in Pflanzenzellen eingebaut, die dann zu ganzen Pflanzen regeneriert werden. Diese können dann über verstärkte Resistenzen gegenüber Insektenbefall, Pilz- und Viruserkrankungen oder über verstärkte Toleranzen gegenüber bestimmten Chemikalien (z.B. mit herbizider Wirkung) verfügen. Die Anzahl derartiger Varietäten ist erheblich, über 30 von ihnen werden angebaut, z.B. der Bt-Mais oder die Roundup-Ready-Sojabohnen, die Herbicidtoleranz besitzen und erhöhte Erträge bringen.

19.2
Chemische Zusammensetzung

Die chemische Zusammensetzung einer Reihe von Gemüsen ist in Tabelle 19.1 dargestellt.

Tabelle 19.1. Chemische Zusammensetzung einiger Gemüse (aufgerundet in %). (Nach: Souci SW, Fachmann W, Kraut H (1986) Die Zusammensetzung der Lebensmittel. Stuttgart)

	Wasser	Protein	Fett	Rohfaser	Kohlen-hydrate	Mineral-stoffe
Kartoffeln	77,8	2,1	0,1	2,5	15,4	1,0
Spinat	91,6	2,5	0,3	1,8	0,6	1,5
Gurken	96,8	0,6	0,2	0,9	2,2	0,6
Spargel	93,6	1,9	0,1	1,5	1,3	0,6
Grünkohl	86,3	4,3	0,9	4,2	1,2	1,7
Erbsen, grün	77,3	6,6	0,5	4,3	12,6	0,9
Steinpilze	88,6	2,8	0,4	–	–	0,8

Ernährungsphysiologisch ist Gemüse wegen seines Gehaltes an Vitaminen (β-Carotin, verschiedenen Vitaminen aus der B-Gruppe und Ascorbinsäure), Rohfaser als Ballaststoff (Cellusose, Pektine) und Mineralstoffen wertvoll. Unter den letzteren überwiegt der Gehalt an Kalium bei weitem.

Die Wassergehalte differieren stark, ebenso die biologischen Proteinwertigkeiten. So ist Kartoffelprotein sehr hochwertig, während Leguminoseneiweiß wegen seines Mindergehaltes an Methionin biologisch wenig wertvoll ist. Die verdaulichen Kohlenhydrate liegen meist als Stärke vor. Manche Feldfrüchte haben Oxalsäure in ihr Gewebe eingelagert, so Spinat (etwa 0,5 %) und Rhabarber (etwa 0,3 %). Ersterer speichert auch deutlich nachweisbare Mengen Nitrat, wenn er auf stark gedüngten Feldern gezogen wurde. Wegen möglicher gesundheitlicher Schädigungen sollte deshalb vor allem bei der Anfertigung von Babykost auf Spinatbasis auf dessen Nitrat-Gehalt geachtet werden!

Als gemeinsame Eigenschaft der Gemüse kann weitgehend der Mechanismus ihrer Aromabildung angesehen werden, die häufig erst nach Zerstörung der Zellen (z.B. beim Zerkleinern) durch enzymatische Vorgänge ausgelöst wird (z.B. Senf, s. S. 44). So werden die geruchlichen Prinzipien von frischen Gurken (Nonadienal) und von Tomaten (Hexenal) erst nach Anschneiden durch Angriff von Lipoxygenasen auf Linolsäure gebildet (s. S. 289). Das aromatische Prinzip der Gemüsepaprika (2-Methoxy-3-isobutylpyrazin) und das Capsaicin liegen dagegen schon in der lebenden Frucht vor.

2-Methoxy-3-isobutylpyrazin   Lactucin   Cucurbitacin E

Der in einigen Gurken manchmal hervortretende Bittergeschmack geht auf Verbindungen aus der Klasse der Cucurbitacine (tetracyclische Triterpene)

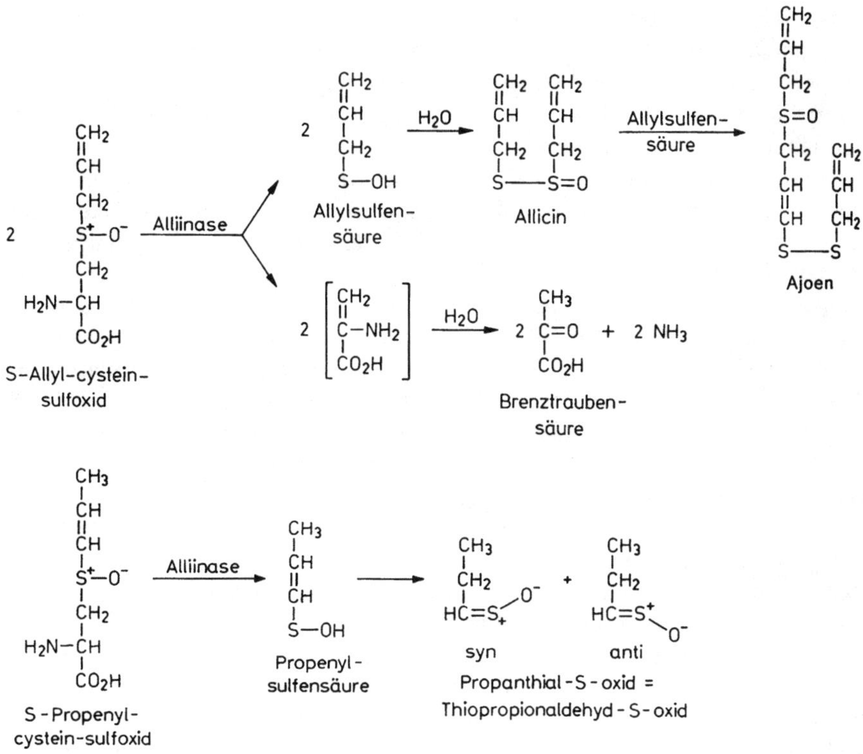

CH₂ = ... (Schema der durch Alliinase bewirkten Umwandlungsprodukte)

$$2 \quad \begin{array}{c} CH_2 \\ \| \\ CH \\ | \\ CH_2 \\ | \\ S^+{-}O^- \\ | \\ CH_2 \\ | \\ H_2N{-}CH \\ | \\ CO_2H \end{array} \xrightarrow{\text{Alliinase}}$$

S-Allyl-cystein-sulfoxid

$$2 \quad \begin{array}{c} CH_2 \\ \| \\ CH \\ | \\ CH_2 \\ | \\ S{-}OH \end{array}$$ Allylsulfen-säure

$$\xrightarrow{H_2O} \quad \begin{array}{cc} CH_2 & CH_2 \\ \| & \| \\ CH & CH \\ | & | \\ CH_2 & CH_2 \\ | & | \\ S{-}\!\!-\!\!-S{=}O \end{array}$$ Allicin

$$\xrightarrow{\text{Allylsulfen-säure}}$$

$$\begin{array}{c} CH_2 \\ \| \\ CH \\ | \\ CH_2 \\ | \\ S{=}O \\ | \\ CH_2 \quad CH_2 \\ | \quad\quad \| \\ CH \quad CH \\ \| \quad\quad | \\ CH \quad CH_2 \\ | \quad\quad | \\ S{-}\!\!-\!\!-S \end{array}$$ Ajoen

$$2 \left[\begin{array}{c} CH_2 \\ \| \\ C{-}NH_2 \\ | \\ CO_2H \end{array} \right] \xrightarrow{H_2O} 2 \begin{array}{c} CH_3 \\ | \\ C{=}O \\ | \\ CO_2H \end{array} + 2\ NH_3$$

Brenztrauben-säure

$$\begin{array}{c} CH_3 \\ | \\ CH \\ \| \\ CH \\ | \\ S^+{-}O^- \\ | \\ CH_2 \\ | \\ H_2N{-}CH \\ | \\ CO_2H \end{array} \xrightarrow{\text{Alliinase}} \begin{array}{c} CH_3 \\ | \\ CH \\ \| \\ CH \\ | \\ S{-}OH \end{array}$$

S-Propenyl-cystein-sulfoxid / Propenyl-sulfensäure

$$\longrightarrow \begin{array}{c} CH_3 \\ | \\ CH_2 \\ | \\ HC{=}S^+ \!\!\!\diagdown_{O^-} \end{array} \text{syn} \quad + \quad \begin{array}{c} CH_3 \\ | \\ CH_2 \\ | \\ HC{=}S^+\!\!\!\diagdown_{O^-} \end{array} \text{anti}$$

Propanthial-S-oxid = Thiopropionaldehyd-S-oxid

Abb. 19.1. Durch Alliinase bewirkte Umwandlungsprodukte in Knoblauch und Zwiebel

zurück, für die die Formel des Cucurbitacins E beispielhaft dargestellt ist. Lactucin, ein Sesquiterpenlacton, bewirkt den Bittergeschmack von Salat, Chicoree und anderen Blattgemüsen. Beide Verbindungen sind ähnlich bitter wie Chinin. Auch Solanin und Tomatidin können Kartoffeln bzw. Tomaten bitteren Geschmack verleihen, entscheidend hierfür sind ihre Konzentrationen im Gemüse. Viele wild wachsende Pflanzen besitzen Bitterstoffe, deren Konzentrationen erst durch Züchtung herabgesetzt wurden.

Zwiebelgemüse (Zwiebeln, Knoblauch, Schnittlauch, Porree) enthalten verschieden substituierte Cysteinsulfoxide, die nach dem Anschneiden durch das Enzym Alliinase Zersetzungsreaktionen erleiden und entsprechend den bei Knoblauch und Zwiebel ablaufenden Vorgängen, wie in Abb. 19.1 gezeigt, darzustellen sind.

In Knoblauch kommt Allylcysteinsulfoxid, in der Zwiebel das isomere Propenylcysteinsulfoxid vor. Sie werden durch Alliinase gespalten, wobei in Knoblauch unter anderem über Allylsulfensäure durch Dimerisierung das Allicin gebildet wird, das früher als das geruchliche Prinzip des Knoblauchs dargestellt wurde. Heute weiß man, daß Knoblauchgeruch durch Allylmethylsulfid, Allylmethyldisulfid, durch Propenthiol und einige Terpene bewirkt wird. Durch das fettlösliche Allicin und einige Spaltprodukte wird Knoblauchgeruch über das lymphatische System im menschlichen Körper weit verbreitet und z.B. auch mit dem Schweiß ausgeschieden. Sein charakteristischer Geruch kann sogar dann im Mund festgestellt werden, nachdem man Knoblauch auf dem Fuß zerrieben hat (ähnlich wie bei Dimethylsulfoxid).

In der Zwiebel entsteht auf einem ähnlichen Weg unter anderem über Propenylsulfensäure das Propanthialsulfoxid (Thiopropionaldehyd-S-oxid), das in 2 Formen (syn und anti) gebildet wird. Beide stellen das lacrimatorische Prinzip der Zwiebel dar.

Aus dem Allicin des Knoblauchs entsteht durch Kondensation mit Allylsulfensäure (u.a. beim Kochen in Wasser) das antithrombotisch wirksame Ajoen. Seine hauptsächliche Wirkung besteht wohl darin, die Blutplättchen-Aggregation durch Hemmung der Cyclooxygenase zu inhibieren. Knoblauchöl vermag aber auch den Cholesterolspiegel zu senken. Hierfür ist nach neueren Erkenntnissen das auf 3-Hydroxy-3-methylglutaryl-Coenzym A inhibierend wirkende Diallyldisulfid verantwortlich. 3-Hydroxy-3-methylglutaryl-Coenzym A lenkt die Synthese der Mevalonsäure während der Cholesterolbiosynthese. - Die krebsvorbeugenden Eigenschaften von Knoblauchöl gehen dagegen auf die inhibierenden Wirkungen auf Cyclooxygenase und Lipoxygenasen im Arachidonsäure-Metabolismus zurück.

Da schwefelhaltige Verbindungen dieses Typs sehr reaktiv sind, entstehen zahlreiche weitere Umwandlungsprodukte. So ist S-Methylcysteinsulfoxid auch ein Ausgangsprodukt für die Entstehung von Dimethyldisulfid, das ebenfalls in vielen Gemüsearomen vorkommt. Es kann unter pyrolytischen Bedingungen auch aus Methionin entstehen.[1]

Cruciferen bilden nach Zerstörung des Zellaufbaus „Senföle"; so entstehen z.B. in Rüben das Phenylethylsenföl, im weißen Senf das Sinalbin (p-Hydroxybenzylsenföl), während man in Kohl daneben auch andere Senföle (Methyl-, Butyl-, Butenylsenföl u.a.) nachweisen konnte. Das scharfe Prinzip von Rettich, Meerrettich und Radieschen wird in erster Linie durch Allylsenföl geprägt, das hydrolytisch zu Carbonylsulfid und Diallylthioharnstoff gespalten wird:

$$2\ CH_2{=}CH{-}CH_2{-}N{=}C{=}S\ +\ H_2O\ \longrightarrow\ COS\ +\ \begin{matrix} CH_2{=}CH{-}CH_2{-}NH \\ \diagdown \\ C{=}S \\ \diagup \\ CH_2{=}CH{-}CH_2{-}NH \end{matrix}$$

| Allylsenföl | Carbonyl-sulfid | Diallylthio-harnstoff |

Das in Kohl enthaltene 2-Hydroxybutenylsenföl cyclisiert dagegen leicht zu Goitrin, das die Kropfbildung fördert, indem es die Iodaufnahme in der Schilddrüse inhibiert (s. S. 241).

---

[1]   Block E (1992)Die Organoschwefelchemie der Gattung **Allium** und ihre Bedeutung für die organische Chemie des Schwefels, Ang-Chemie 104: 1158–1203.

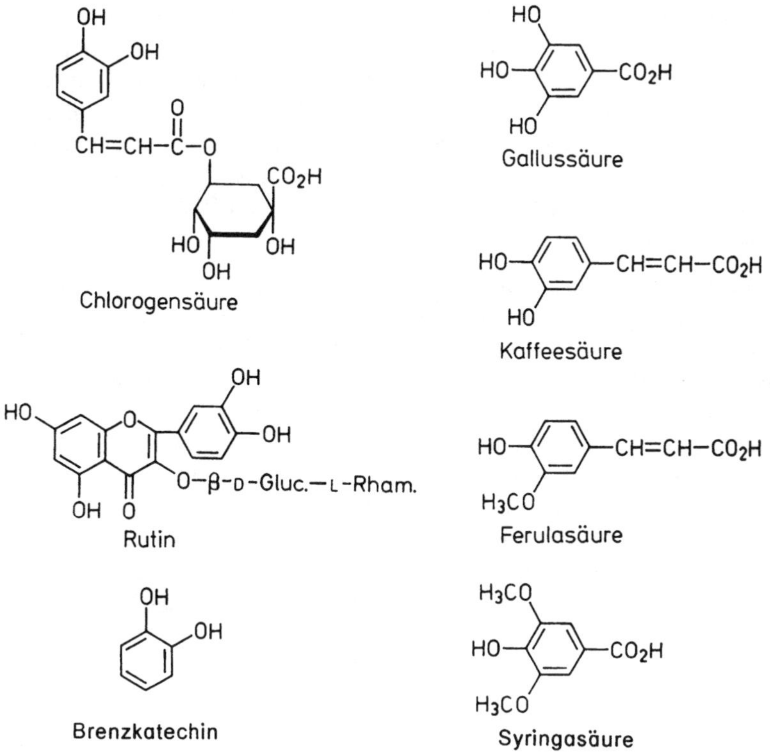

Abb. 19.2. Chemische Struktur einiger wichtiger Pflanzenphenole

19.3
Pflanzenphenole

Neben den in Tabelle 19.1 aufgeführten Verbindungen sind eine Reihe weiterer Inhaltsstoffe erwähnenswert, die sich durch ihre Reaktionen bzw. durch aromaprägende Eigenschaften bemerkbar machen. Unter den Verbindungen aus der Gruppe der **Pflanzenphenole** (s. Abb. 19.2) sind Gallussäure sowie die der Zimtsäure nahestehende Kaffeesäure und Ferulasäure erwähnenswert. Kaffeesäure ist esterartig mit Chinasäure verbunden und ergibt dann die Chlorogensäure. Derartige Ester von Phenolcarbonsäuren mit Hydroxysäuren bezeichnet man als Depside. Gallussäure kommt fast durchweg mit Glucose verestert vor und bildet die Grundsubstanz der hydrolysierbaren Gerbstoffe. Häufig sind sie untereinander zusätzlich verestert, z.B. in der m-Digallussäure. Auch Salicylsäure (s. S. 425) hat man in verschiedenen Gemüsen nachgewiesen, so z.B. in Endivien (19 ppm), Rettich, Champignons und Zucchini (jeweils etwa 10–12 ppm). Brenzcatechin ist ein Pflanzenphenol, der bei Pyrolyse („Brenzen") aus Catechinen entsteht. Er kommt u.a. in Kaffee, Räucherrauch und Tabakrauch vor. Durch enzymatische Oxydation von Phenolen mittels Polyphenoloxydasen entsteht er als Intermediat auf dem Wege zur Bildung von o-Chinonen, die für die enzymatische Bräunung von Äpfeln, Kartoffeln und Pilzen verantwortlich sind. Alle Phenole mit mehr als einer OH-Gruppe werden auch als **Polyphenole** bezeichnet. Mehr oder weniger können alle von Polyphenoloxydasen angegriffen und zu braunen Farbstoffen abgebaut werden. In Tabelle 19.2 sind weitere Polyphenole (Flavonoide) beispielhaft zusammengefaßt, die glykosidisch vorwiegend an Glucose oder Rhamnose gebunden in Pflanzen vorkommen.

Catechine kommen in pflanzlichen Gerbstoffen, u.a. auch in Tee und in verschiedenen Obstsorten vor. Sie sind farblos. Dagegen sind Anthocyane wichtige Pflanzenfarbstoffe, die Anthocyanidine als Aglykone enthalten. Anthocyane färben Blüten und Früchte rot, violett und blau. Diese Farbstoffe sind auch als Lebensmittelfarbstoffe zugelassen. Bei p_H-Änderungen kann die Farbe umschlagen (z.B. bei NaOH-Zugabe von rot nach blau), wenn das Benzpyryliumchlorid in ein Phenolat und das am Benzopyranring gebundene Phenolsystem in ein Chinon verwandelt wird. In den Blüten sind dagegen nicht p_H-Änderungen für eine andere Farbe verantwortlich, sondern Eisen- und Aluminiumkomplexe der Anthocyane. Zum Beispiel bildet Cyanin sowohl den roten Rosenfarbstoff als auch den blauen Farbstoff der Kornblume. In den Pflanzen werden die Anthocyanidine aus ihren Leukoformen durch Oxidation gebildet. Solche Leukoanthocyanidine kommen in der Kakaobohne, in Tee und Brotgetreide vor. Chemisch sind sie den Catechinen ähnlich.

Ungleich verbreiteter sind in Blatt- und Sproßgemüsen Verbindungen aus der Klasse der **Flavonole**, deren Struktur sich ebenso wie die der **Flavone** vom Chromon ableitet. Sie sind meist hellgelb. Das nach seinem Zuckerrest benannte Rutin (6-O-α-L-Rhamnosyl-D-glucose) mit Quercetin als Aglykon, das in diese Substanzklasse gehört, kommt z.B. im Spargel vor. Weniger bedeutsam sind die ebenfalls hellfarbigen Flavone, für die das in Artischocken vorkommende Luteolin (s. Tabelle 19.2) beispielhaft ist. Auch diese Verbindungen kommen in der Pflanze als Glykoside vor. Einige Isoflavone sind wegen ihrer östrogenen Wirkung bekannt geworden, so z.B. Genistein und Daidzein. Strukturell ähnlich (eine Doppelbindung weniger!) sind die **Flavanone**, zu denen Naringenin (s. S. 426) und Hesperidin (s. S. 192) gehören. Die Mengen der Pflanzenphenole liegen in Gemüsen meistens unter 0,2%.

Flavone und Flavonole besitzen auf Grund ihrer phenolischen Hydroxylgruppen antioxydative Eigenschaften und können z.B. Vitamin C stabilisieren. Sie scheinen nach neueren Erkenntnissen als Antioxydantien und Radikalfänger für eine gesunde Ernährung von erheblicher Bedeutung zu sein. Wie epidemiologische Studien zeigen, treten koronare Herzkrankheiten umso weniger auf, je höher der Verzehr von flavonoidhaltigen Lebensmitteln ist. Hierzu gehören Obst und Gemüse ebenso wie roter Traubensaft, Rotwein und Tee. Die Wirkung geht wohl darauf zurück, daß Flavonoide die LDL-Oxidation (s. S. 65)

Tabelle 19.2. Weitere wichtige Pflanzenphenole in Obst und Gemüse

	R_1	R_2	R_3		
	H	H		Cumarin	Waldmeister
	OH	H		Umbelliferon	Möhren
	OH	OH		Aesculetin	
	OCH_3	OH		Scopoletin	Tabak

Hydroxycumarine

	OH	H		Catechin	Pflanzliche Gerbstoffe

Catechine

	R_1	R_2	R_3		
	OH	OH	OH	Delphinidin	Heidelbeere
	H	H	OH	Pelargonidin	Johannisbeere
	OH	H	OH	Cyanidin	Kirschen
	OCH_3	OCH_3	OH	Malvidin	Wein

Anthocyanidine (rot/blau)

	R_1	R_2	R_3		
	OH	OH	H	Kämpferol	Schlehen
	OH	OH	OH	Quercetin	Spargel
	OH	H	OH	Luteolin	Artischoke
	OH	H	H	Apigenin	Kamille
	OH	OH	OH	Myricetin	Johannisbeere

Flavone (R_2 = H)
Flavonole (R_2 = OH)

	R_1				
	H			Daidzein	Leguminosen
	OH			Genistein	Sojabohnen

Isoflavone

	R_1	R_2			
	OH	H		Naringenin	Grapefruit
	OCH_3	OH		Hesperidin	Orangen

Flavanone

inhibieren und die Blutplättchen-Aggregagtion reduzieren können[2]. So hat man im Blutplasma von Probanden nach Genuß von Schwarzem Johannisbeer- oder Holundersaft erhöhte Antioxidans-Kapazitäten gemessen. Diese Säfte enthalten u.a. größere Mengen an Cyanidin- und Delphinidinglykosiden.

In diesem Zusammenhang wird neuerdings auch das Resveratrol, ein Trihydroxystilben, diskutiert, das gemeinsam mit anderen Polyphenolen gegen Krebs und Herzkrankheiten auf Grund seines antioxidativen Effektes vorbeugende Wirkung besitzen soll. Ferner wurde festgestellt, daß es gemeinsam mit anderen Polyphenolen des Rotweins Prostatakrebszellen innerhalb kurzer Zeit zum Absterben bringen kann. Dieser Befund wurde als mögliche Ursache für geringere Prostatakrebshäufigkeit in Mittelmeerländern diskutiert.

Resveratrol

Chlorogensäure und Verbindungen mit mindestens zwei Hydroxyl-Gruppen wie die Kaffeesäure ergeben mit Eisen-Ionen dunkle Verfärbungen (z.B. in Kartoffeln, Spargel, Sellerie). Auf diese Reaktion der Chlorogensäure dürfte auch die Schwarzfärbung von Oliven zurückzuführen sein, die u.a. durch Behandlung mit Eisengluconat bewirkt werden kann. Anthocyane, Flavonole und Flavone geben mit Metall-Ionen ebenfalls oft Verfärbungen, die man z.B. an einigen Obstsorten in ungelackten Konservendosen beobachten kann (z.B. Graufärbung eingemachter Pflaumen und Kirschen).

Neben den Anthocyanen sind als Farbstoffe der Gemüse das β-Carotin (Karotte, Tomate) und Chlorophyll (grüne Blattgemüse, Erbsen) bedeutsam. Die rote Rübe verdankt ihre intensiv rote Farbe dem Betanin (s. S. 198).

19.4
Kartoffeln

Sie sind eines der Hauptnahrungsmittel in Deutschland. Die ursprünglich in Südamerika beheimatete Pflanze entwickelt auch grüne Scheinfrüchte, die wegen ihres hohen Gehaltes an Solanin (s. S. 244) giftig sind. Allerdings enthalten auch unreife, grüne Kartoffeln oder solche, die dem Tageslicht ausgesetzt waren, bis 50 mg Solanin pro 100 g. Bei normalen, reifen Kartoffeln liegen die Gehalte unter 10 mg%. Erwähnenswert ist der relativ hohe Gehalt an Ascorbinsäure (Vitamin C) von durchschnittlich 30 mg%; beim Kochen können bis etwa 40% davon abgebaut werden.

Kartoffeln gehören mit etwa 77% Wasser zu den energiearmen Lebensmitteln. Sie enthalten aber immerhin 15% Stärke und 2% eines Proteins, das

---

[2]   Cook NC, Sammann S (1996) Flavonoids-Chemistry, metabolism, cardioprotective effects and dietary sources, Nutr Biochem 7 : 66–76.

reich an essentiellen Aminosäuren ist. Hier sind vor allem Isoleucin, Leucin, Threonin und Valin zu nennen. – In Kartoffeln kommen auch Trypsin- und Chymotryptin-Inhibitoren vor, die beim Kochen aber zerstört werden.

19.5
Kohlgemüse

In dieser Gruppe finden wir Blattgemüse, die von *Brassica oleracea* (Cruciferae) abstammen. Hierher gehören Weißkohl, Rotkohl, Grünkohl, Wirsing, Rosenkohl, Blumenkohl, Brokkoli und Chinakohl. Ihr großer Anteil an Ballaststoffen (etwa 4%) kann nach Genuß zu Blähungen führen. Heute wird daher häufig Chinakohl für die menschliche Ernährung eingesetzt, der nur etwa 1,5% Ballaststoffe enthält. – Kohlgemüse bestehen meist aus etwa 90% Wasser (mit Ausnahme von Grün- und Rosenkohl, die 5% mehr Feststoffe enthalten. Die Vitamin C-Gehalte liegen bei etwa 40–50 mg/100 Gramm eßbarem Anteil (mit Ausnahme von Rosenkohl und Grünkohl mit über 100 mg). Neben Mineralstoffen macht dies den Kohl für die menschliche Ernährung wertvoll.

Kohlgemüse enthalten mehr oder weniger alle größere Konzentrationen an Isothiocyanaten (Senföle), die zu Nitrilen, Sulfiden und Disulfiden abgebaut werden können und das Aroma prägen. Auslöser für ihre Bildung ist ein durch Myrosinase induzierter Abbau. Aufgrund ihres goitrogenen Effektes führt ausschließliche Kohlernährung bei den Konsumenten zur Kropfbildung. Eine Besonderheit der Kohlgemüse ist das in ihnen enthaltene Glucobrassicin, das ebenfalls einen zum Sinigrin analogen Aufbau besitzt (s. S. 44). Vor allem Blumenkohl enthält über 100 mg Glucobrassicin im Kilogramm rohem Gemüse. Bei Zerkleinern wird Myrosinase freigesetzt, wobei verschiedene Indole entstehen, die möglicherweise für die den Kohlgemüsen nachgesagte anticarcinogene Wirkung verantwortlich sind. Dabei verläuft die Bildung verschiedener Indole offenbar über ein Methylindolenin-Kation. In mäßig saurem Milieu verbindet sich das Kation mit Ascorbinsäure zum Ascorbigen. Letzteres zerfällt bei Erhitzen unter Freisetzung von Ascorbinsäure.

19.6
Hülsenfrüchte

Die Hülsenfrüchte (Leguminosen) zeichnen sich durch hohe Gehalte an Protein und Kohlenhydraten aus. Die Proteine weisen allerdings ein Defizit an schwefelhaltigen Aminosäuren auf, das man indes durch zugefügtes Methionin ausgleichen kann. Wegen ihres hohen Rohfaseranteils sind die Hülsenfrüchte schlecht verdaulich und können Blähungen hervorrufen. Da das hierin enthaltene Pektin mit Calcium-Ionen unlösliche Salze bildet, werden vor allem Bohnen durch Kochen in hartem Wasser nur langsam weich. Auf die in ihnen enthaltenen Haemagglutinine Phasin und Phaseolin wurde bereits hingewiesen (s. S. 243), ebenso auf das in der Mondbohne vorkommende Phaseolunatin (s. S. 238).

Die **Sojabohne** stellt einen wichtigen Grundstoff für die Lebensmittelerzeugung dar). So ist sie einer unserer wichtigsten Fettlieferanten zur Herstellung von Speiseölen und Margarine. Ferner wird aus Soja Lecithin gewonnen, das als Emulgator zur Erzeugung vieler Lebensmittel eingesetzt wird. Schließlich wird das nach Ölextraktion anfallende Sojabohnenschrot wegen seines Proteingehaltes als Viehfutter eingesetzt.

Als Proteinlieferant beginnt sich die Sojabohne, die schon seit altersher in Ostasien ein Hauptnahrungsmittel darstellt, auch in westlichen Ländern durchzusetzen. Sie enthält nicht nur 15 bis 20% hochwertiges Fett, sondern auch bis 45% Protein, das indes einige Bitterstoffe einschließt. Als Ursache wird Ethylvinylketon (durch Fettautoxidation entstanden) sowie 4-Vinylphenol und 4-Vinylguajakol, die durch Decarboxylierung aus p-Cumarsäure bzw. Kaffeesäure entstanden sind, diskutiert.

Sojabohnen enthalten verschiedene Polyphenole, z.B. Syringasäure. Hiervon besitzen die Isoflavone Daidzein und Genistein deutlich nachweisbare Aktivitäten als Phyto-Östrogene. Die Mengen sind in der Sojabohne indes zu gering, um beim Menschen Wirkung zu zeigen.[3] Ferner sind in der Sojabohne Trypsin- und Chymotrypsin-Inhibitoren enthalten, die durch Erhitzen indes unschädlich gemacht werden können. Über den Kunitz- und Bowman-Birk Inhibitor s. S. 243ff.

Nach Entbitterung wird Sojaprotein-Konzentrat vielfach eingesetzt, z.B. in Form von gesponnenem Pflanzeneiweiß (TVP = „texturized vegetable protein"). In Ostasien stellt man aus Sojaprotein Sojakäse und Sojamilch her. Über weitere Speisen aus Soja siehe Seite 360.

Erhebliche Mengen an Sojabohnen werden heute in Form der transgenen Variante erzeugt. Diese „Roundup-Ready-Sojabohnen" der Firma Monsanto liefern nicht nur höhere Erträge, sondern benötigen auch weniger Herbizid, gegen das sie tolerant sind, so daß zu den geringeren Betriebskosten auch eine herabgesetzte Umweltbelastung kommt.

Eine Abart der Sojabohne ist die Mungbohne, die vor allem in Ost- und Mittelasien verbreitet ist. Sie wächst vor allem in Trockengebieten und enthält in der Trockensubstanz nur etwa 2% Fett neben etwa 50% Kohlenhydraten und 20% Proteinen. Mungbohnenstärke kann neben Reisstärke u.a. zur Herstellung von Glasnudeln verwendet werden.

In einigen südamerikanischen Ländern (Peru, Bolivien) versucht man derzeit, Lupinen und Quinoa (**Chenopodium quinoa**, Indioreis, Reismelde) zu kultivieren, die ebenfalls beachtliche Mengen Protein enthalten.

19.7
Pilze

Pilze bauen sich aus relativ viel Stickstoff-Substanz auf, von der indes nur 65% Proteine sind. Daneben enthalten Pilze als Stützsubstanz anstelle

---

[3]   Liener IE (1994) Implications of antinutritional Components in Soybean Foods, Critical Reviews in Food Science and Nutrition 34 : 31–67.

Tabelle 19.3. Kaltlagerung verschiedener Gemüse. (Aus Schormüller J: Lehrbuch der Lebensmittelchemie)

Gemüseart	Temperatur (°C)	Lagerungsbedingung Relative Luftfeuchtigkeit (%)	Lagerungsdauer
Zwiebeln	−2,0 bis 2,5	75–80	8–9 Monate
Tomaten, rief	+1,0 bis +2,0	90	2–4 Wochen
Blumenkohl	0,0 bis −1,0	90	4–6 Wochen
Sellerie	+1,0 bis −0,5	90	bis 9 Monate
Blattspinat	0,0 bis −1,0	90–95	2–4 Wochen
Kartoffeln	+3,5 bis +4,0	85–90	6–8 Monate
Erbsen	0,0 bis +1,0	90	4–6 Wochen
Bohnen	+3,0 bis +4,0	85	1–2 Wochen
Möhren	+0,5 bis −0,5	90–95	bis 8 Monate
Gurken	+1,0 bis +2,0	85–90	2–3 Wochen
Kopfsalat	+0,5 bis +1,0	90	2–4 Wochen

der im Pflanzenreich üblichen Cellulose Chitin, dessen Grundsubstanz das N-Acetylglucosamin ist. Diese Komponente findet man sonst im Panzer von Insekten und Schalentieren (s. S. 112).

Daß einige Pilze stark giftige Substanzen enthalten, z.B. der grüne Knollenblätterpilz das Phalloidin und der Fliegenpilz das Muscarin, darf als bekannt gelten. Unachtsamkeit führt hier immer wieder zu schweren Vergiftungen! Die Speisemorchel enthält das giftige Gyromitrin, das sich jedoch nach kurzem Kochen zersetzt (s. S. 246). In Trockenpilzen aus Ostasien hat man in den letzten Jahren wiederholt große Salmonelleninfektionen nachgewiesen. Mindestens 10 minütiges Erhitzen auf 80°C tötete die Bakterien ab.

Pilze haben die unangenehme Eigenschaft, metallische Kontaminanten (z.B. Quecksilber, Cadmium) in ihrem Gewebe anzureichern, so daß zu häufiger Pilzgenuß vermieden werden sollte. Daneben haben sie die Fähigkeit, mineralisch im Boden abgebundenes Cäsium anzureichern, so daß Pilze auch jetzt noch häufig erhöhte Gehalte an Cäsium-137 beinhalten (s. S. 243).

Eine besondere Klasse stellen die Würzpilze dar, die sich auf Grund ihres hervorstechenden Pilzaromas zum Würzen von feinen Speisen (z.B. Trüffelleberwurst) eignen. Hierzu gehören u.a. die Perigord oder Französischen Trüffel und der Matsutakepilz.

19.8 Lagerung

Wegen des hohen Wassergehaltes ist Gemüse nur schlecht lagerfähig. Kartoffeln, Rüben und Kohl können in speziellen Mieten gelagert werden, doch sind die Verluste teilweise sehr hoch (bei Kohl bis 50%). In der Hauptsache wird dabei die Stärke enzymatisch abgebaut und zu CO_2 „veratmet". Die Atmungsintensität der Kartoffeln gehorcht gewissen zeitlichen Gesetzmäßigkeiten. So sind die Verluste an Stärke bei 3 bis 6°C in den Monaten November bis Dezember gering, in den Monaten Januar bis März steigt die Atmungsintensität dagegen stark an. Kühlt man Kartoffeln sofort nach der Ernte, so wird der natürliche Atmungscyclus durchbrochen und der Zeitpunkt verstärkten Stärkeabbaues vorgezogen. Auch Rot- und Weißkohl sowie Möhren, Sellerie und Zwiebeln können, teilweise in Mieten, monatelang gelagert werden. Für alle anderen Gemüse wirkt sich der Verlust des Wassers aus dem Gewebe negativ aus, so daß spezielle Lagerungsbedingungen eingehalten werden müssen (Temperatur, Feuchte).

In der Regel wird man Gemüse möglichst bald nach der Ernte verarbeiten, um Qualitätsminderungen zu vermeiden.

19.9
Gemüsedauerwaren

19.9.1
Tiefkühlware

Um Gemüse durch Kälte haltbar zu machen, muß absolut erntefrische Ware eingesetzt werden. Nach Sortieren und Waschen wird normalerweise „blanchiert", d.h. mit Wasser von 85–93°C bzw. mit Heißdampf etwa 2–5 min behandelt, um die Enzyme abzubauen. Zur Kontrolle auf ausreichende Hitzebehandlung wird auf Inaktivierung der Peroxidasen geprüft, indem Gemüsepreßsaft auf ein Reagenzpapier gegeben wird, das mit o-Tolidin und Harnstoffperoxid versetzt worden war. Nicht abgebaute Peroxidasen machen sich durch Entwicklung eines blauen Farbstoffes bemerkbar (s.a. S. 48). Die behandelte Ware wird anschließend auf Kühlplatten (z.B. Spinat) oder mittels Kaltluft (geeignet für schüttfähiges Gemüse) auf −30 bis −40°C gebracht, wobei auf möglichst schnelles Einfrieren geachtet wird. Nach dem Auftauen ist das Gemüse sofort zu verbrauchen, da Enzymaktivität und Mikrobenwachstum schnell steigen können.

19.9.2
Dosengemüse

Auch hier werden ausgesuchte und sortierte Gemüse verarbeitet, die ebenfalls blanchiert werden. Nach Füllen der Dosen wird in Autoklaven mit Heißdampf von 2,5–3,5 bar auf 108–120°C erhitzt, wobei die erreichte Temperatur im Inneren des Stapels gemessen wird. In einigen Ländern wird noch „gegrünt", d.h. man setzt zu 100 l Blanchierwasser 50 g Kupfersulfat und Kaliumhydrogensulfat zu. Durch diese Zusätze erhalten grüne Gemüse eine tiefgrüne Farbe, was letztlich durch Austausch des Magnesiums im Chlorophyll gegen Kupfer bewirkt wird. Da Kupfer Ascorbinsäure sofort zerstört, ist dieses Verfahren in der Bundesrepublik Deutschland verboten.

Die Vitaminschädigungen beim Herstellen von Dosenkonserven betragen für

| β-Carotin | 5–30%, | B₂ | 5–25%, |

β-Carotin 5–30%, B_2 5–25%,

B_1 10–25%, C 10–45%.

Zur Herstellung von **Tomatenmark** werden die Früchte von Schalen und Samen befreit und im Vakuum eingedickt. Tomatenmark gehört ebenso wie Spinat und grüne Bohnen zu den sog. „Zinnlösern", die die Zinnschicht von Weißblechdosen bevorzugt unter Komplexbildung ablösen können. Als Grenze einer toxikologischen Unbedenklichkeit gelten 250 mg Sn pro kg Füllgut.

19.9.3
Trockengemüse

Zu seiner Herstellung wird das Gemüse sortiert, gereinigt, blanchiert und anschließend geschnitten bzw. gerebelt. Sodann wird in Horden-, Band- bzw. Wirbelschicht-Trocknern bei 50–70°C getrocknet. Manchmal werden die Produkte zur Vermeidung von Vitamin- und Farbverlusten mit Citronensäure-, Natriumbicarbonat- oder -bisulfit-Lösungen besprüht.

Da der Trocknungsprozeß nichts anderes als eine Konzentrierung darstellt, sind chemische Reaktionen oft nicht zu vermeiden. Hierzu gehören Fettoxidationen ebenso wie Eiweiß-Kohlenhydrat-Reaktionen (Maillard-Reaktion) und Oxidationen phenolischer Inhaltsstoffe, die ebenfalls zu Dunkelfärbungen führen. Besonders betroffen von Veränderungen sind Aroma- und Geschmacksstoffe.

Zur Herstellung von Trockenprodukten aus Kartoffeln werden diese geschält, zerkleinert, gedämpft und bis auf Feuchtigkeitsgehalte von 14% getrocknet. Zur Herstellung von Püreepulver werden die gedämpften Kartoffelstückchen zwischen Walzen zerdrückt.

Hülsenfrüchte werden meist in luftgetrockneter Form angeboten. Neuerdings werden sie unter Druck mit Heißdampf vorgegart, wodurch ihre Zubereitungszeit wesentlich verkürzt werden kann.

19.9.4
Gärungsgemüse

Klassische Beispiele sind Sauerkraut und saure Gurken. Hier wird die Säuerung durch eine spontane Milchsäure-Gärung erreicht. Zu ihrer Herstellung wird in Streifen geschnittener Weißkohl mit 1,5–2,5% Salz versetzt bzw. unreife Gurken in eine 6- bis 8%ige Kochsalzlösung gelegt. Der durch den osmotischen Druck der Salzlösung austretende Zucker wird dann durch Milchsäurebakterien zu Milchsäure abgebaut. Zuweilen gibt man zuckerarmen Produkten etwas Zucker zu, um eine störungsfreie Gärung zu gewährleisten. Die entstehende Milchsäure (bei Sauerkraut mindestens 1,5%, bei sauren Gurken bis 1%) kann allerdings durch anwesende Kahmhefen wieder verbraucht werden, so daß dann der konservierende Effekt der Säure nicht mehr gegeben ist.

Oliven werden vor der Salzung manchmal mit Salicylsäure behandelt, um die Bildung brauner Ernteflecken zu vermeiden und das Salz besser eindringen zu lassen. Grüne Oliven enthalten mehr Salicylsäure als schwarze.

Zu koreanischen Mahlzeiten wird häufig Kimchi als Beigericht angeboten. Hierbei handelt es sich um ein Produkt, das hauptsächlich durch Lactobacillen aus Kohl, Rettich und anderen Gemüsen hergestellt wird und eine spezielle Würzung durch zugefügten Knoblauch, Ingwer, Paprika usw. erfahren kann. Obwohl eine Fermentation durch verschiedene Mikroorganismen vorliegt, wird Kimchi in der Hauptsache durch eine Milchsäuregärung erzeugt. Neben Winter-Kimchi gibt es verschiedene, jahreszeitlich bestimmte Abarten des Kimchi, die sich hauptsächlich durch die verwendeten Gemüse unterscheiden.[4]

19.9.5
Essiggemüse

Sie werden durch Einlegen verschiedener Gemüse (Gurken, rote Rüben, Perlzwiebeln usw.) in Essiglösung hergestellt. In „Piccadilly" wird statt dessen eine Essig/Senf-Tunke verwendet.

---

[4]   Lee YC (1991) Kimchi: The famous fermented Vegetable Product in Korea, Food Rev International 7 : 399–4150.

20 Obst und Obsterzeugnisse

20.1
Definition

Als Obst bezeichnet man Früchte bzw. Scheinfrüchte mehrjähriger Pflanzen, die fast immer roh gegessen werden können. Man kann folgende Gliederung vornehmen:

Kernobst: z.B. Äpfel, Birnen;
Steinobst: z.B. Pflaumen, Kirschen;
Beerenobst: z.B. Johannisbeeren, Weintrauben;
Schalenobst: z.B. Nüsse, Mandeln, Kastanien;
Südfrüchte: z.B. Citrusfrüchte, Bananen.

Typische Scheinfrüchte sind Erdbeeren und Feigen, andere Früchte wie Gurken, Tomaten und Bohnen werden den Gemüsen zugerechnet. Manchmal werden auch Wildfrüchte (Heidelbeeren, Preiselbeeren) als eigene Klasse Obst angesehen.

20.2
Chemische Zusammensetzung

Obst enthält meist viel Wasser, so daß sein Nährwert gering ist und es vor allem als Genußmittel aufgefaßt wird. Allerdings weichen Nüsse davon ab, ihr Nährwert beträgt über 2 800 kJ/100 g.

Die in Tabelle 20.1 angegebenen Mittelwerte täuschen über die tatsächlichen Schwankungen, die beim Wassergehalt ±15%, bei den Konzentrationen an Zucker das Drei- bis Siebenfache des niedrigsten Wertes erreichen können. So hat man bei schwarzen Johannisbeeren je nach Jahrgang, Standort und Reifezustand zwischen 2 und 14% Gesamtzucker gemessen. In unreifen Früchten findet man als Kohlenhydrate hauptsächlich Stärke, die mit zunehmendem Reifegrad in Glucose, Fructose und Saccharose verwandelt wird. Einige Früchte enthalten nur die beiden Monosaccharide, in Ananas kommt Saccharose zusätzlich vor.

Tabelle 20.1. Chemische Zusammensetzung von Obst (Nach: Souci SW, Fachmann W, Kraut H (1986) Die Zusammensetzung der Lebensmittel. Stuttgart)

In 100 g eßbarem Anteil sind enthalten (in g, aufgerundet):

	Wasser	Eiweiß	Fett	Kohlen-hydrate	Rohfaser
Äpfel	85,3	0,3	0,4	11,9	2,3
Pflaumen	83,7	0,6	0,2	11,9	1,7
Johannisbeeren, rot	84,7	1,1	0,2	7,9	3,5
Walnüsse	4,4	14,4	62,5	12,1	4,6
Orangen	85,7	1,0	0,2	9,5	2,2

	Mineral-stoffe	Gesamt-säure	Glucose	Fructose	Saccharose
Äpfel	0,3	0,7	1,7	5,9	2,6
Pflaumen	0,5	1,4	2,7	2,1	2,8
Johannisbeeren, rot	0,6	2,4	2,3	2,7	0,7
Walnüsse	2,0				
Orangen	0,5		2,3	2,5	3,5

Analytisch wichtig ist das Vorkommen von Sorbit. Man findet ihn in Kern- und Steinobst, dagegen nicht in Beerenobst, so daß ein positiver Sorbit-Nachweis in Wein das Vorhandensein von Fruchtwein anzeigt.

Cellulose und Pektine sind die Bestandteile der Zellwandsubstanz. Sie kommen vor allem in Kern- und Beerenobst sowie in Citrusfrüchten reichlich vor. Das u.a. für die Marmeladenherstellung benötigte Pektin wird aus Apfel-Trestern und Citrusschalen gewonnen. Lipide findet man in Obst nur in geringer Menge. Eine Ausnahme machen Nüsse und Avocados. Eiweiß findet man (mit Ausnahme der teilweise recht gut untersuchten Proteine von Nüssen) in Obst nur in Spuren. Dennoch führt man den Nachweis eines natürlichen Ursprungs von Fruchtsäften manchmal über die in ihnen enthaltenen Aminosäuren, z.B. in Citrus-Säften anhand von Prolin und γ-Aminobuttersäure. Unter den Mineralstoffen nimmt Kalium mengenmäßig bei weitem die erste Stelle ein. Daher wird der Fruchtanteil von Lebensmitteln über eine Bestimmung des Kaliumanteils in der Asche geführt.

Wie aus Ernährungsstudien deutlich wurde, kann das Herzinfarkt-trisiko durch eine Nuß-Diät gesenkt werden[1]. Offenbar ist es die Fett-Zusammensetzung, die den LDL-Cholesterolspiegel im Blut senkt.

Früchte enthalten eine Reihe verschiedener Säuren. Ihr Gesamtgehalt liegt im Durchschnitt bei 1–3%; in Zitronen wurden schon über 7% Gesamtsäure gemessen. In der Hauptsache findet man die Säuren des Citronensäure-Cyclus, also u.a. Äpfel-, Citronen-, Isocitronen- und Bernsteinsäure, daneben Wein- und Oxalsäure sowie einige cyclische Säuren wie Chlorogen-, China- und Äpfelsäure sowie Shikimisäure. Letztere spielt eine zentrale Rolle sowohl bei

---

[1]   Fraser, GE: (1999), Clin. Cardiol **22** S. III, 11–15.

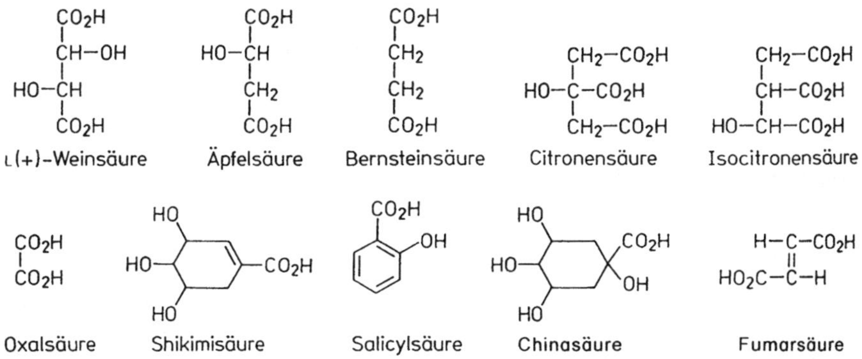

Abb. 20.1. Fruchtsäuren

der Biosynthese aromatischer Aminosäuren als auch des Lignins. Sie kommt vor allem in Äpfeln und unreifen Stachelbeeren vor.

Interessanterweise findet man in Beerenfrüchten Salicylsäure und Benzoesäure, die beide glykosidisch bzw. esterartig an Glucose gebunden sind. So wurden in Johannisbeeren, Himbeeren, Rosinen und Sultaninen Salicylsäuregehalte bis über 70 ppm nachgewiesen. Auch p-Hydroxybenzoesäure kommt in der Natur vor. Man hat sie u.a. in Erdbeeren (10 ppm) und Pfirsichen (etwa 2 ppm) gefunden. In Preiselbeeren wurden 140 ppm nachgewiesen, was möglicherweise ihre gute Haltbarkeit erklärt. Gallussäure und Protocatechusäure, die zu den Gerbstoffen gehören, kommen ebenfalls in fast allen Früchten vor.

Die **Aromastoffe** der Früchte werden erst während des Reifevorgangs gebildet, indem sich hier der anabole Stoffwechsel auf eine katabole Stoffwechsellage umstellt (s. S. 288). Da aber auch die gebildeten Aromastoffe weiter abgebaut werden können, ergibt sich zwangsläufig, daß optimale Aromagehalte in Früchten nur über relativ kurze Zeiträume gewährleistet sind. Je nachdem, welche „Precursoren" und welche enzymatischen Stoffwechselwege in der betreffenden Frucht vorhanden sind, bilden sich unterschiedliche Stoffgemische, die das Aroma der betreffenden Frucht charakteristisch prägen. So finden wir in Aromen von Kirschen vorwiegend Alkohole, Säuren und Ester aus dem Zucker- bzw. Aminosäure-Stoffwechsel, während in Citrusfrüchten Terpene dominieren. Im Himbeeraroma spielt der β-Carotin-Abbau offensichtlich eine gewisse Rolle, und im Äpfelaroma findet man Verbindungen, die einer Fettoxidation entstammen können.

Farbstoffe der Früchte sind neben Chlorophyll, Riboflavin (Vitamin B_2) und Carotinoiden vor allem die Anthocyane. So weist das Oenin aus der Schale blauer Weintrauben und der Heidelbeeren eine dem Pelargonidin ähnliche Struktur auf. Oenin ist das 3-β-Glucosid des Anthocyanidins Oenidin (Malvidin). Höher polymerisierte Anthocyanidine z.B. vom Typ des Procyanidins (von Epicatechin abgeleitet) kommen in unreifen Früchten vor und bewirken ihren adstringierenden Geschmack. Vermutlich beruht dieser Gerbeffekt auf

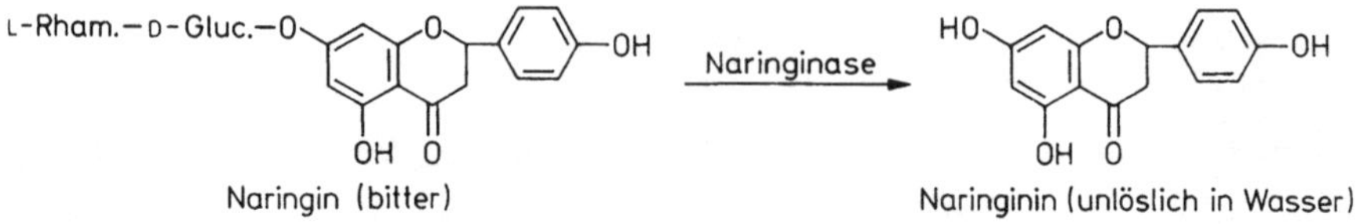

Naringin (bitter)   Naringinin (unlöslich in Wasser)

Abb. 20.2. Enzymatische Spaltung von Naringin

Wasserstoffbrückenbindungen zwischen den phenolischen OH-Gruppen und den Proteinen im Mund.

Vor allem in Orangen und Grapefruits kommen das bitterschmeckende Naringin und Hesperidin vor, die zur Gruppe der Flavanonglykoside gehören. Flavanone sind ähnlich wie Flavone (s. Luteolin, S. 415) aufgebaut, sie enthalten indes anstelle des Chromons (Benzo-y-pyron) ein Benzo-y-dihydropyron-System. Naringin kann enzymatisch durch Naringinase in das Aglykon Naringenin und Rutinose (L-Rhamnosyl-D-Glucose) gespalten werden, wodurch z.B. Orangensaft entbittert wird.

Interessanterweise wird der Pyron-Ring durch Hydrierung gespalten, wobei ein Süßungsmittel entsteht, das 300mal süßer als Saccharose ist (Naringindihydrochalcon). Auch Hesperidin gibt diese Reaktion, dabei entsteht dann das Neohesperidindihydrochalcon, das die 2 000fache Süßkraft von Saccharose besitzt (s. S. 192).

Während des **Reifeprozesses** reagieren eine Reihe von Enzymen mit ihren Substraten in der Frucht: Stärke wird abgebaut zu Glucose, die teilweise zu Fructose isomerisiert wird; Cellulose und Pektin werden teilweise abgebaut (Weichwerden von Früchten); Chlorophyllasen bauen Chlorophyll ab, wobei zunächst Carotin oder Xanthophyll eine Gelbfärbung bewirken. Später bilden sich Anthocyane, die die Frucht rot färben. Schließlich führt Zellwandzerstörung zur Freisetzung von Polyphenoloxidasen, die Katechinsysteme zu o-Chinonen oxidieren, wodurch schließlich durch Polymerisation braune Melanine entstehen.

Eine Begleiterscheinung bei der Reifung ist oftmals, z.B. bei Äpfeln, die Freisetzung von Ethylen (s. auch S. 428). Das aus Methionin gebildete Gas wirkt als Reifungshormon, indem es den Reifungsvorgang anderer Früchte in Gang setzt bzw. beschleunigt. Davon macht man bei der Reifung von Bananen Gebrauch, die in grünem Zustand importiert und vor dem weiteren Absatz in speziellen Räumen durch Ethylen-Begasung künstlich gereift werden. Auch Acetylen und „2,4-D" (2,4-Dichlorphenoxyessigsäure, s. S. 214) wirken als Reifungsbeschleuniger. Auch Ananas, Paprika und Tomaten können durch Begasen mit Ethylen oder durch Behandlung mit Ethylen abspaltenden Verbindungen wie 1-Aminocyclopropan-1-carbonsäure, der Vorstufe des Ethylens in der Pflanze, einer beschleunigten Reife zugeführt werden.

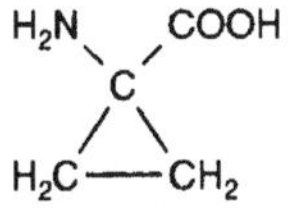

1-Aminocyclopropan-1-carbonsäure

20.3
Terpene

Das Monoterpen Neral ist ein Hauptaromastoff des Zitronenöls. Der Aldehyd besitzt 10 Kohlenstoffatome und wird in der Natur letztlich aus Acetyl-Coenzym A über Mevalonsäure und Isopentenylpyrophosphat durch Dimerisierung gebildet. Schematisch verläuft die Biosynthese der **Terpene** wie folgt:

Acetyl-Co A
↓
Mevalonsäure
↓
Isopentenylpyrophosphat
↓

Monoterpene	←—— Geranylpyrophosphat	
C_{10}	↓	$\xrightarrow{2\times}$ Triterpene
Sesquiterpene	←—— Farnesylpyrophosphat	C_{30}
C_{15}	↓	$\xrightarrow{2\times}$ Tetraterpene
Diterpene	←—— Geranylgeranylpyrophosphat	C_{40}
C_{20}		

Eine Gruppenzuordnung der sowohl cyclischen als auch acyclischen Terpene ist über die Anzahl ihrer Kohlenstoffatome im Molekül möglich. Während Neral also zu den Monoterpenen gezählt wird, ist Retinol (Vitamin A) mit 20 Kohlenstoffatomen ein Diterpen, Cholesterol und Squalen mit 30 C-Atomen sind Triterpene, während das Dimere des Vitamins A, sein Provitamin β-Carotin, mit 40 C-Atomen ein Tetraterpen darstellt.

Abbildung 20.3 zeigt einige wichtige Terpene. Citronellol ist ein offenkettiger Terpenalkohol, der in Zitronenöl gefunden wird. Menthol ist ein cyclischer Terpenalkohol, der durch unterschiedliche Anordnung der Methyl- und Hydroxyl-Gruppe verschiedene Isomere bilden kann.

Die optisch aktive L(−)-Form des Menthols ist das aromatische Prinzip des Pfefferminzöls. Menthol kommt auch in der Himbeere vor, deren Aroma es allerdings nicht wesentlich prägt. Sabinol, ein bicyclischer Terpenalkohol, wurde in Johannisbeeren nachgewiesen. Farnesol ist ein offenkettiges Sesquiterpen (C_{15}), das in Citrusölen nachgewiesen wurde. Neral kommt zusammen

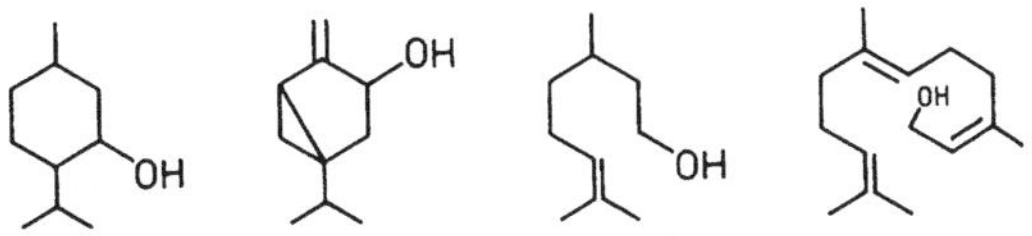

Menthol   Sabinol   Citronellol   Farnesol

Abb. 20.3. In Obst vorkommende Terpene

mit Geranial, das die Aldehydfunktion cis-ständig zur Methylgruppe trägt, in Lemongrasöl und Zitronenöl vor. Das nach Zitronen riechende Öl wird als Citral gehandelt. Über die Strukturen weiterer Terpene s. S. 434.

Terpene sind nicht selten unbeständig gegen Lichteinwirkung und Sauerstoffangriff und unterliegen dann Veränderungen, die sich bei aromatisch wirksamen Komponenten sensorisch schnell bemerkbar machen. So wird die Entstehung eines talgig-rizinusähnlichen Geschmacks nach Wasserdampfdestillation von Citrus-Schalenölen einer Umwandlung des darin enthaltenen Nerals und Geranials (= Citral) in α-Terpinen, Dimethylstyrol und Limonen zugeschrieben. Die relativ geringe Beständigkeit vieler Terpene wird durch Abb. 20.6 deutlich, in der die Vielfalt von Isomerisierungsprodukten dargestellt ist, die nach Erhitzen bei p_H 3,5 aus Linalool entstanden waren. Auch hieraus entstehen Konsequenzen für das Aroma.

In Orangensaft kommt das Sesquiterpen Valencen vor. Es wird bei Sauerstoff-Einwirkung in Nootkaton umgewandelt, das Geruch und Geschmack nach Grapefruit besitzt.

20.4
Lagerung von Obst

Nach der Ernte laufen die Atmungs- und Reifungsvorgänge weiter. Dabei unterscheidet man zwischen solchen Früchten, die man reif ernten muß, weil bei ihnen die Atmungsgeschwindigkeit nach der Ernte stetig abnimmt (Ananas, Bananen, Kirschen und Zitrusfrüchte) und die also nicht mehr reifer werden können und solchen, die bei der Lagerung deutlich nachreifen. Hierzu gehören z.B. Äpfel und Birnen, deren Nachreifung sich durch raschen Anstieg der Atmungsgeschwindigkeit äußert. Dabei werden in ihnen enzymatisch Pektine, Chlorophyll und Tannine abgebaut. Nach Auflösung der Zellwände wird das sog. „Klimakterium" ausgelöst, das sich durch maximale Atmungsgeschwindigkeit und einen „Freilauf der Enzyme" äußert, die nun die Inhaltsstoffe der Frucht schnell abbauen.

Soll daher Obst über längere Zeit gelagert werden, pflückt man es unreif und versucht anschließend, die Reifevorgänge durch entsprechende Lagerungsbedingungen zu verlangsamen. Hierzu wird das Obst bei 0 bis −1°C und relativer Feuchte von etwa 90% luftig gelagert. Eine zusätzliche Verlängerung der Haltbarkeit wird durch Lagern in Stickstoff-Atmosphäre bzw. durch Zugabe von CO_2 zur Luft erreicht. Dabei wirkt CO_2 als kompetitiver Hemmstoff des Ethylens. – Da sich eine zu hohe CO_2-Konzentration qualitätsmindernd auf das

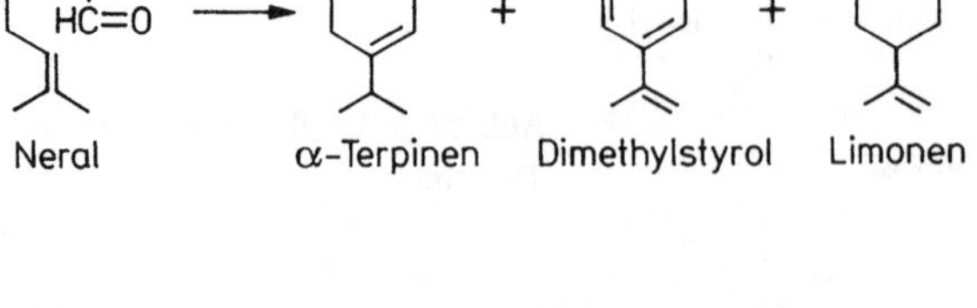

Neral   α-Terpinen   Dimethylstyrol   Limonen

Abb. 20.4. Isomerisierung von Citral

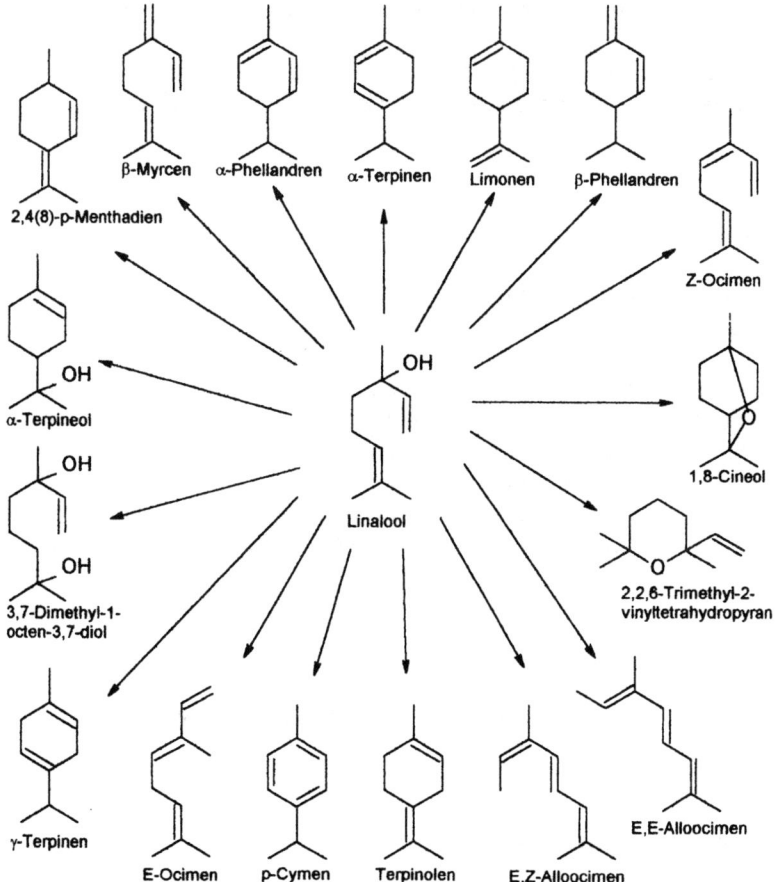

Valencen · Nootkaton · **Abb. 20.5.** Umwandlung von Valencen

Lagergut (Kernhaus- und Fruchtfleischbräune) auswirken kann, stellt man sie bei der CA-Lagerung (CA von Controlled Atmosphere) in Abhängigkeit vom Sauerstoff-Partialdruck ein. Dabei sollen CO_2-und Sauerstoffkonzentrationen von jeweils 2 bis etwa 5% (es gibt hier Ausnahmen!) Seneszenz und Klimakterium verlangsamen. Auf diese Weise bleiben Äpfel noch monatelang frisch, und Weißkohl kann man für die Sauerkrautbereitung das ganze Jahr über lagern.

Die meisten Obstarten sind indes nur kurze Zeit haltbar und müssen möglichst bald zu haltbaren Produkten verarbeitet werden.

Abb. 20.6. Abbauprodukte von Linalool bei p_H 3, 5

20.5
Trockenobst

Eine Möglichkeit zur Verlängerung der Haltbarkeit von Obst ist die Reduzierung des Wassergehaltes. Zur Herstellung von Trockenprodukten werden
Äpfel und Birnen geschält und, in Scheiben geschnitten, bei 60–70°C getrocknet. Um ein Nachdunkeln zu vermeiden, werden sie vor dem Trocknen, z.B.
durch Tauchen in schweflige Säure, „geschwefelt". Auch andere Früchte (mit
Ausnahme von Korinthen) werden geschwefelt, so daß sie je nach Art 1 bis
2 g Schwefeldioxid im Kilogramm Ware enthalten können. Rosinen, Korinthen und Sultaninen werden aus verschiedenen Weintrauben hergestellt. Um
ein Verkleben zu verhindern, dürfen sie – ausgenommen Korinthen – mit
Wachsen bzw. Acetylmonofettsäureglycerid behandelt werden. Zur Herstellung von Trockenpflaumen werden die Früchte in heiße verd. Natronlauge
oder 0, 7%ige heiße K_2CO_3-Lösung getaucht („Dippen"). Um Produkte mit
glänzender, dunkler Schale zu erzeugen, werden sie außerdem kurze Zeit bei
70–80°C gedämpft („Etuvieren").

Trockenobst enthält zwischen 10–30% Wasser und 65 bis über 70% Kohlenhydrate. Dementsprechend sind Trockenfrüchte ziemlich nahrhaft.

20.6
Kandierte Früchte

Sie werden aus frischem und auch vorbehandeltem Obst durch weitgehenden
Austausch des Wassers gegen Zucker hergestellt. Hierzu eignen sich u.a. Ananas, Kirschen, Birnen, Feigen, Aprikosen und Pfirsiche, während Beerenfrüchte
nicht so gut zu behandeln sind. Manche Früchte werden vorher blanchiert, wodurch der Saftaustausch erleichtert wird. Zu ihrer Herstellung werden die zu-
gerichteten Früchte mehrfach in Zuckerlösung steigender Konzentration bei
etwa 50°C im Vakuum behandelt. Um Kristallbildungen zu vermeiden, wird
den Zuckerlösungen Invertzucker zugegeben. Zur Erzielung einer glänzenden
Oberfläche werden sie mit Zuckerlösung unter Zusatz von Gummi arabicum
behandelt und anschließend gedämpft.

Citronat (Sukkade) und **Orangeat** werden auf gleiche Weise aus den Schalen
von Zitronen (z.B. den bis zu 3 kg schweren Zedrat-Zitronen), Orangen und Po-
meranzen hergestellt. Vor der Dickzuckerbehandlung wird zur Konservierung
in 10 bis 20%iger Kochsalzlösung behandelt, dann wieder entsalzt.

20.7
Marmeladen, Konfitüren

Man unterscheidet zwischen Konfitüren, Gelees und Marmeladen. Dabei
hat sich der Begriff „Marmelade" in Deutschland neuerdings dahingehend

verändert, als man in Übereinstimmung mit den anderen EG-Staaten hierunter ausschließlich Erzeugnisse aus Zitrusfrüchten versteht. Konfitüren werden aus anderen Früchten hergestellt, Gelees ausschließlich unter Verwendung ihrer Säfte. Die Zusatzbezeichnungen „extra" und „einfach" beziehen sich auf den Fruchtanteil. Erzeugnisse eigener Art sind u.a. Apfelkraut, Birnenkraut und Pflaumenmus (Zwetschgenmus). Produkte dieser Art werden aus einer oder mehreren Obstarten unter Zusatz von Zucker, Stärkesirup, Obstpektin, Citronen-, Wein- und Milchsäure hergestellt. Sie enthalten mindestens 60 Gewichtsprozent Trockenmasse (Früchte und Zucker), Ausnahmen sind Apfel- und Birnenkraut (65%) und Pflaumenmus (50%).

Um das während der Erntezeit in großen Mengen anfallende Obst für die Marmeladenfabrikation bevorraten zu können, stellt man zunächst Halbfertigerzeugnisse her: Obstpülpen sind stückig zerkleinerte Früchte, die durch schweflige Säure stabilisiert werden. Obstmark entsteht durch Passieren von Pülpen und wird ebenso konserviert. Seit einigen Jahren werden Pülpen und Obstmark unmittelbar nach der Herstellung auf −20°C zu Platten gefroren und im Kühlhaus aufbewahrt. Eine chemische Konservierung ist nicht erforderlich.

Zur Herstellung von Marmeladen und Konfitüren werden jeweils nur kleinere Chargen (bis 100 kg) eingesetzt, um die Kochzeiten auf 15–30 min zu begrenzen. Bei längeren Kochzeiten würde nämlich der eingesetzte Zucker invertieren und durch nachfolgende Maillard-Reaktion der freigesetzten Glucose und Fructose Farbveränderungen und Karamelgeschmack bewirken. Soweit notwendig, wird dem Kochansatz Wasser durch Anlegen von Vakuum entzogen. Das erwünschte Eindicken von Marmeladen wird durch Pektin-Zusatz erreicht. Über Aufbau und Modifizierung von Pektinen und die damit erreichten Eigenschaften s. S. 114 u. 170.

20.8
Fruchtsäfte

Fruchtsäfte sind flüssige Auszüge aus frischem Obst, die hieraus durch mechanische Verfahren gewonnen werden. Um Transportkosten zu sparen, werden sie häufig mittels spezieller Verdampfer konzentriert, wobei die über Topp abdestillierten Aromastoffe kondensiert und dem Konzentrat wieder zugefügt werden. Vor allem Orangensäfte werden im Erzeugerland konzentriert und im Verbraucherland mit entmineralisiertem Wasser wieder auf die ursprüngliche Konzentration rückverdünnt. Geschmacks-Korrekturen mit Zucker sind gesetzlich geregelt. Vor oder bei Abfüllung werden die Säfte pasteurisiert.

Zur Herstellung naturtrüber Säfte werden die trüben Keltersäfte unmittelbar zur Enzyminaktivierung erhitzt. Beerenobst und Kirschen läßt man häufig zunächst angären, wobei man zur Unterstützung der Gärung Zucker zusetzt. Bei Kirschen werden außerdem die Steine zum Teil zerkleinert.

Einige Säfte müssen durch Zugabe von Zuckerwasser eingestellt werden, um sie trinkfertig zu machen. Der Geschmack eines Saftes gilt im allgemeinen als ausgewogen, wenn die Zuckerkonzentration zehnmal so hoch ist wie die Menge an Gesamtsäure. Derartige Fruchtsaft-Wassergemische bezeichnet man als „Fruchtnektare". Die Mindestgehalte an Säure und Fruchtsaft sind im einzelnen in der Verordnung über Fruchtnektar und Fruchtsirup geregelt.[2]

---

[2]   Verordnung über Fruchtsaft, konzentrierten Fruchtsaft und getrockneten Fruchtsaft (Fruchtsaft-Verordnung), zuletzt geändert durch Art. 11 VO zur Neuordnung lebensmittelrechtlicher Vorschriften über Zusatzstoffe v. 29.1.1998 (BGBl I S. 230, 295 u. 296). Verordnung über Fruchtnektar und Fruchtsirup vom 17.2.1982, zuletzt geändert durch o.a. Vorschriften über Zusatzstoffe.

21 Gewürze

21.1
Vorbemerkungen

Unter Gewürzen versteht man im engeren Sinne getrocknete Teile von Pflanzen, deren Inhaltsstoffe eine Würzung von Lebensmitteln bewirken können. Meistens geht diese Wirkung auf ätherische Öle zurück, manchmal wird sie durch scharf schmeckende Ingredienzien ergänzt. Im weiteren Sinne gehören auch Salz und Essig zu den Gewürzen. Einige Gemüse (Zwiebeln, Paprika) sind durch ihre Inhaltsstoffe mit den Gewürzen verwandt. Schließlich muß erwähnt werden, daß vor allem im industriellen Bereich wegen der besseren Handhabung Gewürzessenzen angewandt werden, die konzentrierte Auszüge von Gewürzen darstellen. Gewürze kann man in folgende Gruppen einteilen:

Fruchtgewürze:	z.B. Pfeffer, Chillies;
Samengewürze:	z.B. Muskatnuß, Senf;
Blütengewürze:	z.B. Gewürznelken, Kapern;
Rhizomgewürze:	z.B. Ingwer, Curcuma;
Rindengewürze:	z.B. Zimt;
Blatt- u. Krautgewürze:	z.B. Petersilie, Majoran.

Soweit nicht ausdrücklich darauf hingewiesen wird, enthalten Gewürze im Mittel etwa 2 bis 5% ätherische Öle, in denen Verbindungen aus der Terpen-Reihe dominieren. In Abb. 21.1 sind die Strukturen einiger derartiger Verbindungen dargestellt. Daneben enthalten ätherische Öle auch aliphatische und aromatische Kohlenwasserstoffe, Alkohole, Aldehyde, Ester, Ether und Ketone.

21.2
Fruchtgewürze

Unter den Fruchtgewürzen ist der **Pfeffer** mit Abstand der wichtigste Vertreter. Er ist die Frucht des hauptsächlich in Indien, Indonesien und Sri Lanka vorkommenden Kletterstrauches **Piper nigrum L.,** der in etwa 10 cm langen Ähren jeweils 20–30 rot-gelbbraune, beerenartige Früchte hervorbringt. **Schwarzer Pfeffer** ist die unreife Frucht, die beim Trocknen eine schrumpelige, schwarze Oberfläche erhält. **Weißer Pfeffer** ist die getrocknete, reife Frucht, die man

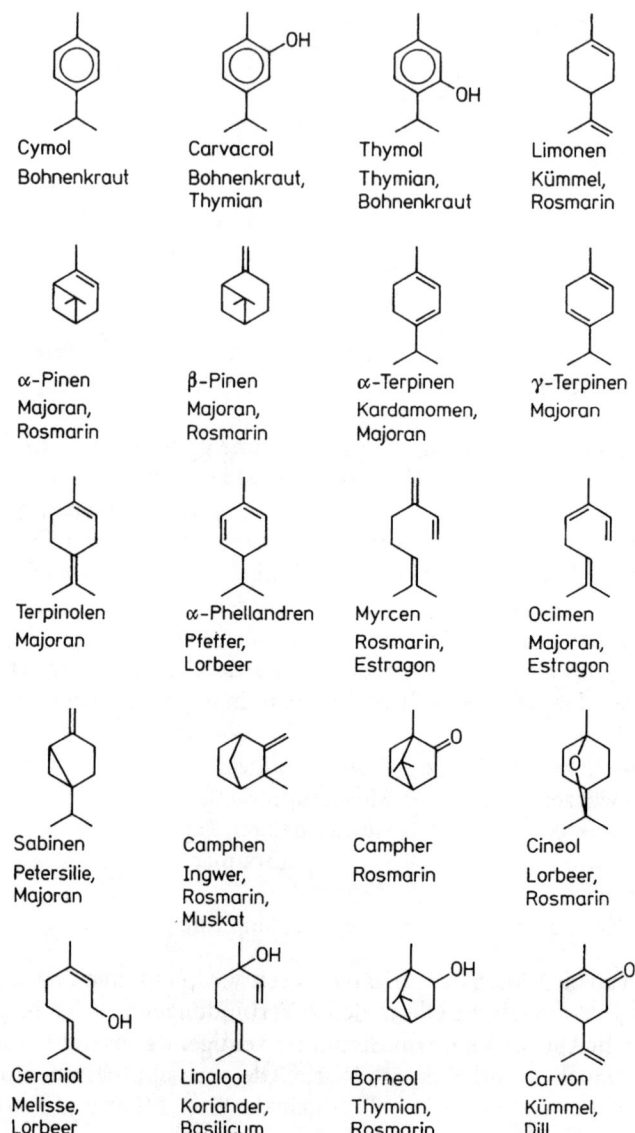

Abb. 21.1. In Gewürzen vorkommende aromatische und Terpen-Verbindungen

durch Abreiben von der äußeren Fruchtwand befreit hat. Das in Ölzellen gespeicherte Pfefferöl enthält als Hauptbestandteil α-Phellandren, das auch das Aroma entscheidend beeinflußt. Der scharfe Geschmack wird durch das Alkaloid **Piperin** (Piperinsäure-piperidid) bewirkt, das in Mengen von 5–9% im Pfeffer enthalten ist.

Piperin

Chillies sind die etwa 2 cm langen, spitzen Früchte des Cayenne-Pfefferstrauches (**Capsicum frutescens L.**), der in tropischen Gegenden angebaut wird. Der morphologische Aufbau der Chillies ist etwa mit dem der Paprika vergleichbar, der scharfe Geschmack wird durch Capsaicin bewirkt. Der Capsaicin-Gehalt von Chillies liegt bei 0,2–0,8%.

Paprika ist die Frucht verschiedener Varietäten von **Capsicum annuum L.** Das ursprünglich aus Südamerika stammende Nachtschattengewächs wird vor allem in Balkanländern angebaut. Alle enthalten als scharfes Prinzip **Capsaicin**, das in Mengen von 0,01–0,03% in den Scheidewänden der Frucht lokalisiert ist.

Capsaicin

Die Mengen sind jedoch unterschiedlich. So kommt es in Gemüsepaprika nur in Spuren vor. Rosenpaprika wird durch Vermahlen von Paprikafrüchten hergestellt. Bei schärfefreier Paprika hat man vorher die Scheidewände mit dem Capsaicin entfernt.

Piment (Nelkenpfeffer) wird aus den getrockneten, beerenartigen Früchten des in Mittel- und Südamerika heimischen Pimentbaumes (**Pimenta officinalis**) hergestellt. Das ätherische Öl enthält zu 75% **Eugenol**, das auch in Nelkenöl reichlich vorkommt.

Eugenol

Kardamom gehört eigentlich zu den Samengewürzen, weil nur die Samen der aus Südostasien stammenden Kapselfrucht Würzkraft besitzen. Dennoch werden die ganzen Früchte gehandelt, da die Fruchtschale die Verdampfung des an α-Terpinen und α-Terpineol reichen ätherischen Öls verhindert.

Vanille ist die unreif geerntete und getrocknete Frucht einer vor allem in Madagaskar vorkommenden Kletterpflanze aus der Familie der Orchideen. Die häufig als Schoten angesprochenen Früchte sind in Wirklichkeit Kapseln, die aus 3 Fruchtblättern bestehen. Beim Fermentieren verwandelt sich ihr Milchsaft in eine intensiv nach Vanillin duftende Masse, wobei sich gleichzeitig die Früchte dunkel färben. Der daneben in der Frucht enthaltene Vanillylalkohol sowie Ester verschiedener Phenolcarbonsäuren bedingen das feinere Aroma der Frucht, das sich dadurch vom Aroma synthetischen Vanillins abhebt.

HC=O

OCH₃

OH

Vanillin

Anis gehört wie die nachfolgend beschriebenen Gewürze in die Familie der **Umbelliferen**, die in zwei Teilfrüchte zerfallende Spaltfrüchte hervorbringen. Umbelliferengewächse kommen vor allem im östlichen Mittelmeerraum vor. Anisfrüchte sind 3–5 mm lang und von birnenförmiger Gestalt. Ihre Anwendung für Backwaren und in der Likörindustrie verdanken sie dem in ihnen enthaltenen ätherischen Öl, dessen Hauptkomponente Anethol ist. Es ist isomer mit Estragol, einer Hauptkomponente der ätherischen Öle von Estragon und Basilicum.

CH₂–CH=CH₂   CH=CH–CH₃

OCH₃   OCH₃
Estragol   Anethol

Koriander wird aus kugeligen, etwa 5 mm dicken Früchten hergestellt. Das Gewürz, das zur Herstellung von Curry, Brot- und Wurstgewürzen verwendet wird, enthält ein an Linalool reiches ätherisches Öl.

Kümmel wird auch in Deutschland und den Niederlanden angebaut. Sein ätherisches Öl enthält vor allem D-Carvon und D-Limonen. Kümmel inhibiert die Gasbildung im Körper und wird deshalb gerne schweren Speisen (Kohl, dunkles Brot) zugesetzt.

Fenchel besitzt ein angenehmes Aroma neben schwach süßem Geschmack und enthält in seinem ätherischen Öl u.a. Anethol. Die Früchte sind zylindrisch und etwa 5–8 mm lang und finden u.a. in der Bäckerei oder zur Teebereitung Verwendung.

Dill wird als Gurkengewürz oder zum Aromatisieren von Fischgerichten und Essig verwendet.

21.3
Samengewürze

Muskatnuß ist der getrocknete Samenkern des in der Südsee heimischen Muskatbaums. Die aus einer aprikosenähnlichen Frucht stammenden Kerne werden von ihrem rotgefärbten Samenmantel (Arillus) sowie von einer Steinschale befreit und zum Zwecke der Konservierung vor dem Trocknen gekalkt. Neben fettem Öl (Trimyristin) enthält die Muskatnuß ein ätherisches Öl, das sich vorwiegend aus einigen Terpenkohlenwasserstoffen zusammensetzt. Auf die in der Muskatnuß vorkommenden Verbindungen Myristicin und Elemicin und ihre halluzinogene Wirkung wurde schon hingewiesen (s. S. 249).

Macis ist der getrocknete Arillus der Muskatnuß.

Senf ist der Samen verschiedener in Europa und Nordamerika heimischer Brassica- und Sinapis-Arten. Man unterscheidet vor allem zwischen dem weißen Senf (**Sinapis alba**) und dem von verschiedenen Brassica-Arten hervorgebrachten schwarzen und braunen Senf. Die Samen enthalten neben viel Eiweiß und Fett vor allem zwei Senfölglykoside: Sinigrin und Sinalbin. Beide machen nach Einwirkung des in speziellen „Myrosinzellen" enthaltenen Enzyms Myrosinase in schwarzem Senf p-Hydroxybenzylsenföl und in weißem Senf vor allem Allylsenföl frei, die den scharfen Geschmack hervorrufen (s. S. 44).
Zur Herstellung von Speisesenf werden Senfkörner mit Wasser, Öl und verschiedenen Gewürzen (Pfeffer, Estragon, Koriander, Paprika, Meerrettich usw.) vermahlen und etwa 24 Stunden eingemaischt. Schließlich wird die Paste fein vermahlen und abgefüllt. Senf verliert seine Schärfe innerhalb von mehreren Monaten. Extra scharfer Senf wird aus geschälten schwarzen Senfkörnern hergestellt. Die Schalen des schwarzen Senf dienen zur Bereitung von süßem Senf.

Bockshornkleesamen stammen von einer etwa 60 cm hohen, im Mittelmeerraum und in der Schweiz angebauten Pflanze aus der Familie der **Fabaceae**. Sie werden u.a. als Bestandteil von Curry verwendet. Auch in Saucen und Würzen werden sie in gemahlener Form zusammen mit Sojasauce, Salz und Liebstöckel eingesetzt.

21.4
Blütengewürze

Gewürznelken sind die getrockneten Blütenknospen des vorwiegend in Indonesien und Madagaskar wachsenden Gewürznelkenbaumes. Besonders in den Blütenknospen findet man bis 25% eines ätherischen Öls, das seinerseits wiederum zu 90% aus Eugenol besteht. Gewürznelken verwendet man in Punsch und Weihnachtsgebäck.

Kapern sind die in Essig oder Salzwasser eingelegten Blütenknospen des in Mittelmeerländern wachsenden Kapernstrauches. Ihr senfähnlicher Geschmack entsteht durch Senfölglykoside, die ebenfalls durch Myrosinase gespalten werden.

Safran wird aus den orangeroten Blütennarben der in Spanien kultivierten Safranpflanze gewonnen. Der Farbstoff setzt sich aus den Carotinoiden Crocetin, Lycopin und Zeaxanthin zusammen. Zum Würzen wird Safran nur noch wenig herangezogen, z.B. im „Safranreis".

21.5
Wurzel- und Rhizomgewürze

Curcuma wird aus dem Rhizom einer in Südostasien vorkommenden Pflanze (**Curcuma longa L.**) gewonnen. Nach Brühen und Trocknen gewinnt man aus dem Wurzelstock ein gelbes Pulver, das für sich einen scharfen Geschmack haben kann, das jedoch als Gewürz nicht eingesetzt wird, Vielmehr wird Curcuma wegen des in ihm enthaltenen Farbstoffs **Curcumin** in Gewürzmischungen wie z.B. Curry verwendet.

Curcumin

Kalmus wird aus dem Rhizom einer in Indien wild wachsenden Pflanze gewonnen. Das graurote Pulver wird vielerorts in Gewürzmischungen verwendet. Wegen des darin enthaltenen toxischen **Asarons** darf Kalmus in vielen Ländern nicht verwendet werden oder ist bestimmten Mengenbeschränkungen unterworfen.

Asaron

Ingwer ist das Rhizom der in Ostasien vorkommenden Ingwerpflanze, die der gleichen Familie wie die Curcumapflanze angehört. Um Schädlingsbefall zu verhindern, wird das geschälte Rhizom mit schwefliger Säure behandelt und damit gebleicht, oder in Kalklösung eingelegt. Ingwer ist ein Bestandteil des Currypulvers. Kandiert wird er zur Bereitung von Pralinen verwendet.

21.6
Rindengewürze

Zimt wird aus den Rinden junger Stämme ostasiatischer Lauraceen-Arten gewonnen. Die Handelssorten verraten ihre Herkunft: Padang-Zimt, Ceylon-Zimt, Seychellen-Zimt und China-Zimt. Die für die Aromatisierung vorwiegend von Süßspeisen und Gebäck wertgebenden ätherischen Öle enthalten bis 70% Zimtaldehyd neben 10% Eugenol und einer Reihe weiterer Komponenten.

Zimtaldehyd

21.7
Blatt- und Krautgewürze

Hier handelt es sich in der Hauptsache um heimische Gewürzpflanzen, deren Blätter oder Stengel getrocknet und gerebelt werden. Da die Menge an ätherischen Ölen, die zum großen Teil aus Terpenen bestehen, niedriger liegt, ist ihre Würzkraft entsprechend geringer.

Eine Untergliederung der Gewürze aus dieser Gruppe ist insofern möglich, als die ätherischen Öle entweder in Exkretblättern (Lorbeer) oder in Drüsenhaaren (Labiaten, Compositen) enthalten sind (Tabelle 21.1).

In **spanischem Salbei** kommt interessanterweise kein Thujon vor.

Eine gewisse Ausnahmestellung nimmt Petersilie ein, die in frischem Zustand angewendet wird. Ihre Inhaltsstoffe sind u.a. **Apiol**, Thujen, Sabinen und Pinen.

Apiol

In diesem Zusammenhang müssen auch Schnittlauch. Sellerie und Dill genannt werden, deren Würzkraft ebenfalls auf ihrem Gehalt an ätherischen Ölen beruht.

Rosmarin und Salbei werden auch gerne wegen ihrer antioxidativen Inhaltsstoffe (Carnosol und Carnosolsäure, es sind Diterpenphenole) verwendet.

21.8
Gewürzmischungen

Hierbei handelt es sich um gebrauchsfertig zubereitete Mischungen verschiedener Gewürze, deren Zusatz den Speisen ein bestimmtes Aroma verleiht. Das klassische Mischgewürz ist **Currypulver**, das unterschiedlich zusammengesetzt ist und folgende Gewürze enthalten kann: Curcuma, Cayennepfeffer, Koreander, Kardamom, Bockshornkleesamen, Ingwer, Nelken, Pfeffer, Piment und Paprika. **Worcester-Sauce** wird durch Verkochen von Currypulver mit Essig und Sherry-Wein hergestellt. Braten- und Gulaschgewürze enthalten neben Gewürzen auch Glutamat, evtl. Inosinat und Auszüge von Fleischaromen.

21.9
Sojasauce

Sojasauce (japanisch: Shoyu) besitzt fleischartigen Geschmack. Sie wird zunehmend auch in Europa zum Würzen von Suppen, Fleisch-, Fisch- und Geflügelspeisen eingesetzt. Sie enthält 18% Kochsalz, 1,2–1,3% Glutaminsäure, 2–4% reduzierende Zucker (meist Glucose) und 1,5–2,1% Ethanol.

Zu ihrer Herstellung werden gekochte Sojabohnen 1 : 1 mit gebrochenem Weizen vermischt und nach Zusatz des Koji-Starters (Aspergillus oryzae oder soyae) 23 Tage lang bei 25–30°C gehalten. Anschließend wird mit 18% Kochsalz versetzt, um das Wachstum unerwünschter Bakterien zu unterbinden, mit

Tabelle 21.1. Blatt- und Krautgewürze und ihre Inhaltsstoffe

	Ätherische Öle	
	Menge (%)	Hauptsächliche Inhaltsstoffe
Lorbeerblätter	0,8–3	Cineol, Eugenol, Pinen, Phellandren
Labiaten:		
Basilicum	bis 0,5	Estragol, Linalool
Bohnenkraut	0,3–1,7	Carvacrol (30–40%), Cymol (ca. 20%), Thymol
Majoran	0,9–2,6	cis-Sabinenhydrat (bis 40%), α- und γ -Terpinen, α- und β-Pinen, Thujon, α-Phellandren, Ocimen, Terpinolen
Melisse	0,05–0,2	Citral, Citronellal, Citronellol, Geraniol, Linalool
Rosmarin	1–2,3	α- und β-Pinen, Camphen, Borneol, Campher, Cineol, Limonen, Myrcen
Salbei	Mind. 1,4[a]	Thujon (50%), Cineol, Campher, Borneol
Thymian	Mind. 1,4[a]	Thymol (30–70%), Carvacrol, Cineol, Borneol, Linalool
Compositen:		
Beifuß	0,02–0,2	Cineol, Thujon
Estragon	0,1–2	Estragol, Ocimen, Myrcen

[a] Anforderungen nach Schweizer Lebensmittelbuch.

Milchsäurebakterien (z.B. L. delbrueckii) und Hefen (z.B. S. rouxii) versetzt und etwa 1 Jahr lang unter Belüften bei 28–30°C gehalten. Dabei wird Sojaprotein zu Peptiden und Aminosäuren, Weizenstärke zu Glucose, Milchsäure, Ethanol und weiteren Aromastoffen abgebaut. Das Filtrat ist Sojasauce, die häufig auch in verdünnter Form gehandelt wird.

21.10
Essenzen

Gewürze verlieren nicht nur an Wirksamkeit, wenn sie über längere Zeit gelagert werden, gewisse Probleme ergeben sich auch bei tropischen Gewürzen durch mikrobiellen Verderb. Es hat sich daher schon sehr bald als vorteilhaft herausgestellt, die ätherischen Öle der Gewürze durch Extraktion zu gewinnen, zu konzentrieren und diese Produkte als Essenzen auf dem Markt anzubieten.

Die Extraktion wird durch Wasserdampfdestillation oder mittels organischer Lösungsmittel durchgeführt. Zum Lösen bzw. zur Bindung der Aromastoffe sind spezielle Lösungsmittel (z.B. Ethylcitrat, Ethyllactat, Benzylalkohol, Glycerinacetat, Carragheen, Agar Agar, Methylcellulose) zugelassen. In einigen Fällen hat es sich als günstig erwiesen, die erhaltenen Essenzen durch einzelne synthetisch hergestellte „naturidentische" Aromastoffe zu verstärken. Dieses muß kenntlich gemacht werden!

21.11
Gewürze im weiteren Sinne

21.11.1
Speisesalz (Kochsalz)

Kochsalz findet man in Salzstöcken sowie gelöst in Meerwasser oder in unterirdischer Sole. Aus den Salzstöcken wird es, soweit es rein genug ist, bergmännisch abgebaut und vermahlen (Hüttensalz). Sind zu viele Verunreinigungen enthalten, wird der unterirdische Salzstock in Wasser aufgelöst und die Lösung über Tage eingedampft. Hierzu verwendet man u.a. Gradierwerke, in denen die Sole über mit Reisig verflochtene Gerüste geleitet wird, wobei sie eine Konzentrierung erfährt und ein Teil der Verunreinigungen auskristallisiert („Dornstein"). Die endgültige Verdampfung wird in speziellen Eindampf-Pfannen bzw. in Vakuumverdampfern vorgenommen. Die möglichen Verunreinigungen sind gesetzlich begrenzt: Die Gehalte an Natrium- und Kaliumsulfat sollen nicht mehr als 1%, an Kalium- und Magnesiumchlorid nicht mehr als 0,5% betragen. Um die Rieselfähigkeit zu steigern, wird kolloidale Kieselsäure oder bis 20 mg pro kg Kaliumhexacyanoferrat (II) (gelbes Blutlaugensalz) zugefügt. Letzteres muß deklariert werden. Über Kochsalzersatzpräparate s. S. 185.

21.11.2
Essig

Essig ist verdünnte wäßrige Essigsäure, die in 100 ml 5 bis 15,5 g reine Essigsäure enthält. Produkte mit Gehalten von 15,5 bis 25 g/100 ml werden als Essigessenz bezeichnet. Essig kann durch Essigsäuregärung aus Alkohol (Gärungsessig) oder durch Verdünnen von synthetischer Essigsäure bzw. von Essigessenz mit Wasser hergestellt werden. Unter der Deklaration „Essig" versteht man Gärungsessig, während das Zumischen von Essigsäure kenntlich gemacht werden muß. Essig entsteht chemisch durch Oxidation von Ethylalkohol:

$$CH_3CH_2OH + O_2 \rightarrow CH_3COOH + H_2O$$

Dabei wird zunächst der Alkohol zum Aldehyd dehydriert und anschließend sein Hydrat nochmals durch Dehydrierung in die Säure verwandelt. Zur Bereitung von Gärungsessig verwendet man **Acetobacter-Kulturen (z.B. Acetobacter xylinoides, A. suboxydans** bzw. **A. rancens**). Technisch werden heute vorwiegend folgende Verfahren angewandt:

1. Fesselgärung, bei der die Bakterien auf Holzspänen angesiedelt („gefesselt") sind, über die man die Maische tropfen läßt (Schützenbach- bzw. Umpump-Verfahren), während Luft von unten zuströmt.
2. Submersverfahren, wo sich die Mikroorganismen frei schwebend in der Alkohol-Lösung befinden. Der für die Umsetzung benötigte Sauerstoff wird durch ständige Belüftung zugeführt.
3. Für die Herstellung spezieller Delikateßessige wird das alte Orleans-Verfahren, bei dem sich die Maische in halb gefüllten, mit Löchern versehenen, liegenden Fässern befindet (Oberfächengärung), angeblich immer noch angewandt.

Als Maischen verwendet man Weine (Weinessig), vergorene Kartoffel- und Getreidemaischen sowie Melassesprit und ähnliche alkoholreiche Produkte. Aceto Balsamico (Balsamessig) wird u.a. in der Provinz Modena aus spät gelesenen Trabbianotrauben hergestellt. Die Maische wird ohne Gärung auf 30–70% Trockenmasse eingedickt und mehrere Monate lang in Fässern aus verschiedenen Holzarten gelagert. Das Produkt wird erst nach einer 12jährigen Lagerzeit in den Handel gebracht.

21.12
Fruchtsäuren

Einige Fruchtsäuren sind unentbehrlich als Säuerungsmittel im Lebensmittelverkehr. Es handelt sich hierbei insbesondere um Wein-, Citronen- und Milchsäure.

Weinsäure kommt in vier Formen vor: der optisch aktiven D($-$)- und L($+$)-Form, des Racemats und der optisch inaktiven meso-Weinsäure. In der Natur findet man vorwiegend die D-Form und zuweilen das Racemat („Traubensäure"). Weinsäure wird zur Säuerung von Limonaden und Konditorwaren, in Backpulvern und Kutterhilfsmitteln angewandt. Technisch wird sie aus Trestern und Weinhefen hergestellt, indem man sie zunächst in ihr unlösliches Calciumsalz verwandelt, woraus sie dann freigesetzt wird.

```
      CO2H
      |
      CH—OH
      |
  HO—CH
      |
      CO2H
  L(+)-Weinsäure
```

Citronensäure wird ebenfalls über ihr unlösliches Calciumsalz gereinigt. Zur Herstellung verwendet man **Penicillium-Arten** aus der Gattung **Citromyces** oder heute bevorzugt **Aspergillus niger**-Stämme, die die Säure aus zuckerhaltigen Kulturen (Zuckerrübenmelasse, Molke) entsprechend dem Citronensäure-Cyclus bilden (aus Acetyl-Coenzym A und Oxalacetat). Citronensäure wird u.a. in der Getränke- und Konservenindustrie eingesetzt.

```
      CH2—CO2H
      |
  HO—C—CO2H
      |
      CH2—CO2H
  Citronensäure
```

Milchsäure wird in der Fleischwaren- und Fischkonservenindustrie, zur Herstellung von Trockensauer bei der Brotbereitung und als Ersatzprodukt für Weinsäure, z.B. in Limonadensirupen, eingesetzt. Wir unterscheiden die rechtsdrehende L($+$)-Fleischmilchsäure, die bei Sauerstoffmangel im Muskel aus Glykogen gebildet wird, von der linksdrehenden D($-$)-Milchsäure, die man in Sauermilcherzeugnissen nachgewiesen hat. Technisch interessant ist das Racemat („D-L-Milchsäure"), das beim Beimpfen von verschiedenen zuckerhaltigen Maischen mit **Leucobacillus delbrueckii** entsteht und über das Calciumsalz isoliert wird.

```
  CH3—CH—CO2H
      |
      OH
  Milchsäure
```

22 Trinkwasser

22.1
Herkunft

Der Trinkwasserverbrauch pro Person liegt in Deutschland bei etwa 146 Litern täglich. Noch höher ist der Wasserbedarf der Industrie, wobei die Lebensmittelindustrie insofern eine Sonderrolle einnimmt, als hier auch das Brauchwasser Trinkwasserqualität haben muß. Zur Herstellung von 1 Liter Bier werden 20 Liter, von 1 kg Feinpapier 400–1 000 Liter Wasser benötigt.

In der Bundesrepublik Deutschland wird Trinkwasser zu etwa 64% aus Grundwasser und zu etwa 9% aus Quellwasser gewonnen. Der Rest stammt zu etwa gleichen Teilen aus künstlich angereichertem Grundwasser, aus Uferfiltraten und Oberflächenwasser (Fluß-, See- und Talsperrenwasser).

Oberflächenwässer unterliegen in ganz besonderem Maße dem Einfluß der Umwelt. So werden Flußwässer häufig industriell als Betriebs-, vor allem als Kühlwasser verwendet. In besonderem Maße sind anthropogene Einleitungen ein Problem für unser Wasser. Vor allem flache Seen sind besonders dadurch gefährdet, daß die Einleitung von Nährstoffen (Phosphate, Nitrate) zur übermäßigen Entwicklung von Biomasse führt, die letztlich nicht abtransportiert werden kann und eine **Eutrophierung**[1] bewirkt. Deshalb wurden bei Trinkwassertalsperren, die für die Fernversorgung mit Trinkwasser vorgesehen sind, spezielle Schutzzonen eingerichtet. Andere Talsperren sind für die Beeinflussung des Grundwasserspiegels eingerichtet worden. Abwassereinleitungen von Industrie sowie Städten und Gemeinden werden heute generell überwacht.

Grundwasser findet man in porösen Gesteinsschichten, manchmal auch in mehreren, übereinander liegenden Horizonten, die durch undurchlässige Tonschichten voneinander getrennt sind.

Grundwasser entsteht durch Versickerung von Niederschlagswasser. Die sehr geringen Fließgeschwindigkeiten (1–10 m/Tag) bewirken seine relativ konstante Zusammensetzung, ferner zeichnen sich Grundwässer durch Keim-

---

[1] Anreicherung von Nährstoffen im Wasser, wodurch die pflanzliche Produktion besonders gesteigert wird. Die Nährstoffe werden von den absterbenden Pflanzen immer wieder zur Verfügung gestellt, so daß schließlich eine Vermoorung bzw. Verlandung der Gewässer über einen zunehmenden Uferbewuchs eintritt.

armut aus. Angereicherte Grundwässer, die durch Versickerung von Oberflächenwasser durch entsprechende Versickerungsbecken oder als „Uferfiltrat" im Bereich von Flüssen entstehen, warden dagegen wegen ihrer Zusammensetzung den Oberflächenwässern zugerechnet.

Quellwässer sind spezielle Grundwässer, die teilweise sehr tiefen Schichten entstammen. In Gebirgsgegenden gewonnenes Quellwasser bedarf nicht selten wegen unzureichender Transportbedingungen einer zusätzlichen hygienischen Kontrolle und Aufbereitung.

22.2
Zusammensetzung

Trinkwasser soll appetitlich, klar, farblos und geruchlos sein. Es soll frei von Stoffen sein, die eine spätere Trübung bewirken könnten (z.B. Eisen- und Mangansalze oder Huminsäuren). Darüber hinaus darf Wasser keine metall- und mörtelangreifenden Eigenschaften besitzen, um das Leitungsnetz nicht zu gefährden. Nicht zuletzt aber muß das Wasser in hygienischer Hinsicht einwandfrei sein, um eine Übertragung von Krankheiten, z.B. von Salmonellosen (Typhus, Paratyphus), von Amöbenruhr, Cholera und infektiöser Hepatitis, von Milzbrand, spinaler Kinderlähmung oder von Wurmkrankheiten bzw. Bindehautentzündungen auszuschließen. Daher ist die Entkeimung unseres Trinkwassers eine der wichtigsten Aufgaben bei seiner Aufbereitung.

Die gesetzlichen Vorschriften für den hygienischen Zustand nehmen u.a. Bezug auf das Bundesseuchengesetz. Dabei werden als Indikatorkeime Escherichia coli und coliforme Keime zahlenmäßig begrenzt, indem diese Keime in 250 ml Trinkwasser nicht nachweisbar sein dürfen. Diese Forderung wird insoweit präzisiert, als bei mind. 95% von 40 Proben überhaupt keine coliformen Keime gefunden werden dürfen. Fäkalstreptokokken dürfen in 250 ml Trinkwasser nicht enthalten sein. Darüber hinaus muß Trinkwasser ohnehin frei von Krankheitserregern sein. Ferner muß dafür Sorge getragen werden, daß die Konzentrationen an gesundheitlich bedenklichen oder für die Eigenschaften des Wassers schädlichen chemischen Verbindungen gewisse Grenzwerte nicht überschreiten. Diese sind in Tabelle 22.1 aufgeführt.

Diese Werte können mit behördlicher Genehmigung für befristete Zeit überschritten werden, wenn die menschliche Gesundheit dadurch nicht gefährdet wird.

Die toxikologischen Eigenschaften der meisten hier genannten Verbindungen wurden bereits in Kapitel 11 besprochen. Nitrit, Ammonium und Sulfid sind Indikatoren für möglichen bakteriellen Befall des Wassers. Eisen- und Mangan-Ionen stören in verschiedenen Zweigen der Lebensmittelfabrikation, z.B. in Brennereien, Likörfabriken, in der Konserven- und Stärkeindustrie. Zu hohe Nitratgehalte im Wasser führen zu Störungen im Gärungsgewerbe und bei der Zuckergewinnung. Außerdem muß sorgfältig darauf geachtet werden, daß Nitrat enthaltendes Wasser nicht zur Nahrungsaufbereitung für Kleinkin-

Tabelle 22.1. Grenzwerte für chemische Stoffe in Trinkwasser (Auszug aus der Richtlinie 98/83 EG des Rates vom 3.11.1998 über die Qualität von Wasser für den menschlichen Gebrauch

Bezeichnung	Grenzwert mg/l	Bezeichnung	Grenzwert mg/l
Arsen	0,01	Aluminium	0,2
Blei	0,01	Ammonium (NH_4)	0,5
Cadmium	0,005	Eisen	0,2
Chrom	0,05	Mangan	0,05
Cyanid	0,05	Natrium	200
Fluorid	1,5	Barium	1
Nickel	0,02	Borat (Bo_3)	1
Nitrat NO_3	50	Sulfat SO_4	240
Nitrit NO_2	0,5	Chlorit	250
Quecksilber	0,001	Selen	0,01
Pflanzenschutzmittel und Biozidprodukte insgesammt			0,0005
Tetrachlorethen und Trichlorethen			0,01

der verwendet wird, da sonst möglicherweise mit einer Erkrankung an Cyanose gerechnet werden muß, die besonders leicht bei Säuglingen in den ersten drei Lebensmonaten auftritt (s. S. 240). Unter den organischen Chlorverbindungen sind vor allem 1,1,1-Trichlorethan (Verwendung zur Entfettung metallischer Werkstoffe sowie als Lösemittel in der Textilfärberei), Trichlorethylen (Entfettungsmittel), Tetrachlorethylen (als Perchlorethylen in der chemischen Reinigung verwendet) und Dichlormethan (zur Entcoffeinierung von Kaffee) gemeint. Kolloidal im Wasser gelöste organische Stoffe (z.B. Huminsäuren aus Torfschichten) werden chemisch durch den Verbrauch von Kaliumpermanganat beim Erhitzen des angesäuerten Wassers bestimmt.

22.3
Wasserhärte

Außerordentlich wichtig für die Beurteilung eines Wassers ist seine **Härte**. Unter Wasserhärte versteht man die in einem Wasser gelöste Menge an Calcium- und Magnesium-Ionen. Die Bedeutung dieser Erscheinung geht u.a. auch daraus hervor, daß man für ihre Bewertung eine eigene Einheit geschaffen hat:

$$1° \text{deutscher Härte (d.H.)} = 10,00 \text{ mg CaO/l Wasser}$$
$$= 7,14 \text{ mg MgO/l Wasser}$$

L Grad deutscher Härte ist also die Menge an Calcium- und Magnesium-Ionen im Liter Wasser, die 10 mg Calciumoxid oder 7,14 mg Magnesiumoxid entsprechen. Ihre Summe bezeichnet man als **Gesamthärte**. Der Ausdruck „Wasserhärte" dürfte dabei aus der Reaktion von Calcium- und Magnesium-Ionen mit Seife herrühren, die mit diesen Ionen unlösliche Niederschläge (Calcium- bzw. Magnesiumseifen) ergeben, wodurch die eigentliche Seifenwirkung aufgehoben und das Wasser als „hart" empfunden wird.

Trinkwasser besitzt normalerweise Härtegrade von 8–12° d.H. Wasserproben mit niedrigeren Werten werden als „weich", mit höheren Gehalten als „hart" bezeichnet. Während ein zu weiches Wasser als ungesund gilt, verhindert z.B. zu hartes Wasser das Erweichen von Erbsen und Linsen beim Kochen, da die Pektinstoffe ihrer Mittellamellen unlösliches Calciumpektinat bilden. Auch Kaffee und Tee verlieren in hartem Wasser viel von ihrem Wohlgeschmack. Calcium und Magnesium sind in Wasser durchweg in Form ihrer **Hydrogencarbonate** gelöst. Da ihr Erhitzen zum Absetzen von Kesselstein führt, bezeichnet man die durch Hydrogencarbonate von Calcium und Magnesium verursachte Härte als „ temporär" oder besser als „**Carbonathärte**":

$$Ca\,(HCO_3)_2 \rightarrow \boxed{CaCO_3 \downarrow} + H_2O + CO_2$$
$$Mg\,(HCO_3)_2 + 2\,H_2O \rightarrow \boxed{Mg\,(OH)_2 \downarrow} + 2\,H_2O + 2\,CO_2$$

Kesselstein

Liegen Calcium und Magnesium in Form ihrer Sulfate, Silicate, Nitrate oder Chloride vor, werden sie durch einfaches Erhitzen meist nicht abgeschieden. Sie verursachen eine „permanente" Härte, die man heute zutreffender als „**Nichtcarbonathärte**" bezeichnet.

> Gesamthärte = Carbonathärte + Nichtcarbonathärte

Die Kontrolle der Wasserhärte ist vor allem dann wichtig, wenn man das Wasser zur Dampferzeugung verwenden will, weil der sich absetzende Kesselstein den Wirkungsgrad der Dampfkessel erheblich herabsetzt. Da eine Auflösung des abgesetzten Kesselsteins, z.B. mit Säure, nicht immer möglich ist (z.B. verhält sich ein aus $CaSO_4$ und $CaSiO_3$ zusammengesetzter Kesselstein fast wie Porzellan), ist man sehr darauf bedacht, Calcium- und Magnesium-Ionen vor dem Erhitzen des Wassers zu beseitigen oder zu maskieren. Hierfür gibt es mehrere Verfahren:

1. Versetzen mit Na_3PO_4:

$\rightarrow Ca_3(PO_4)_2 \downarrow$ und $Mg_3(PO_4)_2 \downarrow$ in Form eines lockeren Schlammes

2. Ionenaustauscher:

Austausch von Ca^{2+} bzw. Mg^{2+} gegen Na^+

3. Kalk-Soda- Verfahren:

$$Ca(HCO_3)_2 + Ca(OH)_2 \rightarrow 2CaCO_3 + 2H_2O$$
$$Mg(HCO_3)_2 + 2Ca(OH)_2 \rightarrow Mg(OH)_2 + 2CaCO_3 + 2H_2O$$
$$CaSO_4 + Na_2CO_3 \rightarrow CaCO_3 + Na_2SO_4$$

4. Polyphosphate:

Maskierung von Ca^{2+} und Mg^{2+}.

Das letztgenannte Verfahren wird besonders von der Waschmittelindustrie ausgenutzt, die ihren Produkten als Komplexbildner früher vorwiegend Pentanatriumtriphosphat in Mengen von 25–40% zugesetzt hat. Pentanatriumtri-phosphat kann Calcium-Ionen komplex binden und so dem Waschmittel zu seiner vollen Stärke verhelfen. Da andererseits die Freisetzung zu großer Mengen Phosphat eine Eutrophierung der Gewässer bewirkt, gibt man der Hausfrau Dosierungshinweise für die Waschmittel in Abhängigkeit von der Wasserhärte.

Nach der Phosphathöchstmengen-Verordnung wird Pentanatriumtriphosphat stufenweise durch andere Komplexbildner ersetzt. Dies sind vor allem Aluminium-Silikate des Zeolith-Typs, die aus Wasserglas und Aluminiumsilikat hergestellt werden (Formel: $Na_{12}(AlO_2)_{12}(SiO_2)_{12} \cdot 27\,H_2O$). Außerdem befindet sich das Nitrilotriacetat (NTA) immer noch in der Erprobung. Es wirkt außerordentlich stark komplexierend, wird allerdings selbst nur äußerst langsam biologisch abgebaut. Daher besteht die Gefahr, daß es in die Flüsse gelangt, dort bereits abgesetzte Schwermetalle wie Blei, Cadmium und Zink wieder auflöst und somit wieder remobilisiert. Zur Entlastung der Gewässer ist man inzwischen dazu übergegangen, das in die Seen gelangte Phosphat, das zu etwa 40% aus Waschmitteln, 27% aus Haushalten, 17% aus ländlichen Abläufen und zu 13% aus Industrieabwässern stammt, in speziellen Phosphat-Fällungsanlagen an Eisen und Aluminiumionen zu binden.

$$\begin{array}{l} \quad\quad CH_2\!\!-\!\!COONa \\ N\!\!-\!\!CH_2\!\!-\!\!COONa \\ \quad\quad CH_2\!\!-\!\!COONa \end{array}$$

NTA

Für das Verhalten des Wassers im Leitungsnetz sind die in ihm gelösten Sulfat-Ionen und Kohlensäure entscheidend. So zerstören Wässer mit Sulfat-Gehalten über 250 mg/l Beton durch einen Austausch von Carbonat gegen Sulfat („Gips-treiben", „Zementbazillus"). Auch hohe Kohlensäuregehalte wirken betonaggressiv, weil dadurch das $CaCO_3$ des Betons in Form von $Ca(HCO_3)_2$ in Lösung geht. Man spricht dann von **„aggressiver Kohlensäure"**; das ist jene Menge an H_2CO_3, die das Kalk-Kohlensäure-Gleichgewicht übersteigt.

Während 1 Liter dest. Wasser bei 18°C etwa 13 mg Calciumcarbonat auf-lösen kann, steigt dieser Betrag in kohlensäuregesättigtem Wasser (etwa 2 g CO_2/l) auf über 1 Gramm. Daraus wird deutlich, daß Calcium-Ionen einen gewissen Überschuß an freier Kohlensäure benötigen, um als Hydrogencarbonate in Lösung zu bleiben. Da freie Kohlensäure andererseits betonaggressiv ist, müssen wir differenzieren:

1. **„Zugehörige Kohlensäure"** ist jene Menge an freier Kohlensäure, die Calciumhydrogencarbonat in Lösung hält. Ihre Menge steigt an mit der Wasserhärte, gleichzeitig sinkt der pH des Wassers (durch die steigende Menge an Kohlensäure).
2. Eine über der Menge an zugehöriger Kohlensäure liegende Konzentration an CO_2 bezeichnet man als **„überschüssige Kohlensäure"**; sie ist in jedem Falle aggressiv.

Im **Kalk-Kohlensäure-Gleichgewicht** entspricht also der Betrag an freier Kohlensäure gerade der erforderlichen Menge an zugehöriger Kohlensäure. Ist die Kohlensäure-Konzentration niedriger, scheidet das Wasser Kalk ab. Dies wird z.B. auch in eisernen Wasserrohren beobachtet, in denen sich dann $CaCO_3$ abscheidet und so vor Rost schützt. Ist dagegen die Kohlensäure-Konzentration höher, so verhält sich das Wasser aggressiv aufgrund seines Gehaltes an „**rostschutzverhindernder Kohlensäure**", die sogar die Eisenschicht im Rohr angreifen kann. Natürlich greift diese überschüssige Kohlensäure auch Beton an (**betonaggressive Kohlensäure**). Da durch dessen Auflösung indes zusätzliches $Ca(HCO_3)_2$ gebildet wird, das wiederum zugehörige Kohlensäure benötigt, sinkt somit ihr Betrag. Die Mengen an rostschutzverhindernder und betonaggressiver Kohlensäure in einem Wasser sind also nicht gleich!

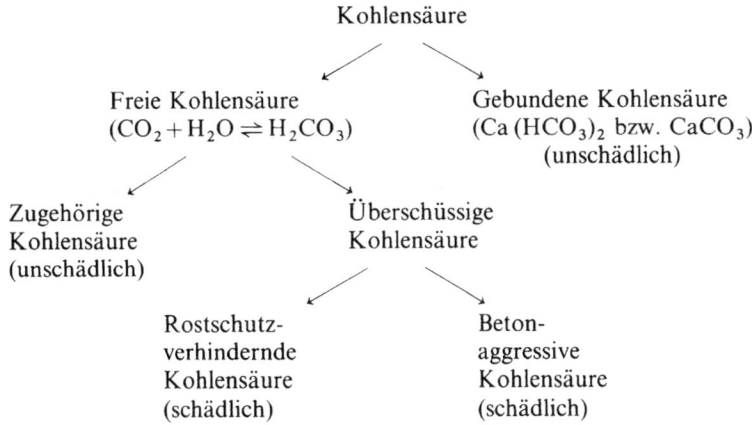

22.4
Aufbereitung

Oberflächenwässer und teilweise auch Grundwässer sind zum Teil erheblich durch Verunreinigungen kontaminiert, so daß spezielle Reinigungsschritte bei der Herstellung von Trinkwasser erforderlich werden. Eine EG-Richtlinie legt Richt- und Grenzwerte für eine Reihe von Stoffen in Oberflächenwässern fest, die für die angewandte Technologie bei der Trinkwassergewinnung bindend sind. Insofern ist das hierfür benutzte Rohwasser zunächst zu beurteilen nach

physikalischen Kenndaten:	Trübung, Leitfähigkeit, Temperatur, Radioaktivität,
sensorischem Verhalten:	Farbe, Geruch, Geschmack,
chem. Inhaltsstoffen:	pH, gelöste Gase, Abdampfrückstand, anorganische Verbindungen und Spurenstoffe (Phenole, chlororgan. Verbindungen, Mineralöle, Detergentien, Pesticide, PCB),
bakteriologischem Habitus:	Mikroorganismen aller Art.

Daher umfaßt die Wasseraufbereitung folgende Schritte:

-   Entfernung von Trübungen,
-   Entfernung unerwünschter anorganischer Bestandteile wie Fe^{2+}, Mn^{2+}, NO_3,
-   Entfernung unerwünschter organischer Bestandteile,
-   Stabilisierung: Belüftung, pH-Einstellung,
-   Entfernung geruchlich und geschmacklich aktiver Stoffe,
-   Entkeimung.

Entfernung von Trübungen

Suspendierte Grob- und Feinstoffe werden in Sedimentationsbecken abfiltriert, die aus Quarzsand, Quarzkies, Bimsstein, Filterkoks, Anthrazit und Ilmenit ($FeTiO_3$) aufgebaut sein können. Diese Materialien werden nun so geschichtet, daß die spezifisch schwereren Filtermaterialien unten und die leichteren oben liegen. Grundsätzlich unterscheidet man zwischen Langsam- und Schnellfiltern. Erstere sind aus Kies und Sand aufgebaut und befinden sich in wasserdichten Becken, an deren Boden eine Drainage das gereinigte Wasser ablaufen läßt. Bei Filterhöhen von 3–4 Metern werden Filtriergeschwindigkeiten von 5–30 cm/ Std. erreicht. Auch kolloiddisperse Stoffe werden dabei in der Regel abgeschieden. An der Oberfläche solcher Filter kann sich ein „biologischer Rasen" aus Mikroorganismen bilden, der andere Bakterien adsorbiert, evtl. durch eisen- und manganspeichernde Bakterien Fe^{2+} und Mn^{2+}-Ionen bindet und nicht zuletzt auch organische Spurenstoffe abbaut. Daher können Langsamfilter bei wenig belasteten Rohwässern als einziger Aufbereitungsschritt ausreichend sein.

Sehr viel schneller arbeiten Schnellfilteranlagen, ihre Fließgeschwindigkeit beträgt mehrere Meter in der Stunde. Solche Anlagen werden heute zunehmend eingesetzt, um einem temporär stark steigenden Wasserbedarf besser Rechnung tragen zu können. Sie können allerdings kolloiddisperse Stoffe meist nur nach vorheriger Flockung (mittels Aluminium- und Eisensalzen bewirkt) abscheiden. Entkeimung und Klärung des Wassers ist auch mit anderen Verfahren erreichbar. So kann man spezielle Saug- und Druckfilter anwenden, die unter Einbeziehung spezieller Filterkerzen aus Infusorienerde (Berkefeld-Filter) eine sog. Entkeimungsfiltration (EK-Filtration) gewährleisten. Mit solchen Methoden kann man einem plötzlich steigenden Wasserbedarf flexibler nachkommen, während der Durchsatz durch Kiesschichtenfilter nicht zu stark beschleunigt werden darf, wenn nicht Qualitätseinbußen in Kauf genommen werden sollen.

Belüftung: Das Rohwasser wird meistens zunächst durch Verdüsen belüftet, um seinen Sauerstoffgehalt zu erhöhen. Eine genügende Sauerstoffkonzentration ist notwendig, um im Wasser gelöste Eisen- und Manganionen von der zwei- in die drei- bzw. vierwertige Oxidationsstufe zu bringen, wo sie als Oxidhydrate ausfallen, z.B.

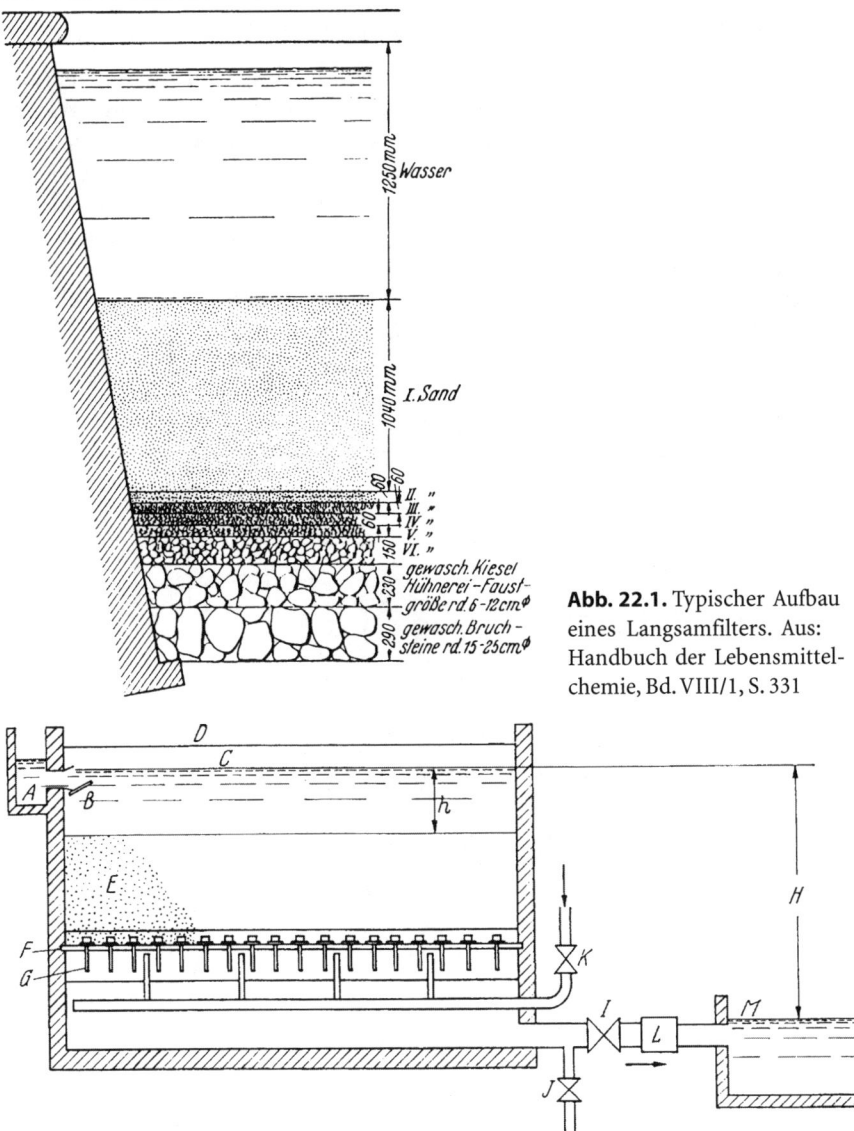

Abb. 22.1. Typischer Aufbau eines Langsamfilters. Aus: Handbuch der Lebensmittel-chemie, Bd. VIII/1, S. 331

Abb. 22.2. Schnitt durch eine Schnellfilteranlage („Aquazur") (Fa. Degremont/Suresnes, Frankreich). *A* Rohwasserzuleitung, *B* Rohwassereinlaufklappe, *C* Wasserspiegel bei der Filtration, *D* Spülwasserüberlauf, *E* Filterbett, *F* Filterboden, *G* Düsen, *I* Filtratschieber, *J* Einlaßschieber für das Spülwasser, *K* Einlaßventil für die Spülluft, *L* Filterregler, *M* Wasserspiegel im Filtratbehälter, *H* hydraulisches Gefälle, (hier etwa 2 m), *h* Überstau (hier etwa 40 cm). Aus: Handbuch der Lebensmittelchemie, Bd. VIII/1, S. 333

$$4Fe(HCO_3)_2 + O_2 + 2H_2O \rightarrow 4Fe(OH)_3 \downarrow +8CO_2 \uparrow .$$

Gleichzeitig entweichen dabei CO_2 und andere flüchtige Verbindungen, (z.B. Geruchsstoffe). Bei Sauerstoffkonzentrationen über 6 mg O_2 im Liter Wasser kann dieses ferner in Eisenleitungen eine Kalk-Rost-Schutzschicht erzeugen, sofern die Gesamthärte hoch genug und keine rostschutzverhindernde Kohlensäure zugegen ist. Nicht zuletzt fördert Sauerstoff im Wasser das Wachstum des biologischen Rasens auf den Filterbecken, wo er z.B. von Bakterien aller Art zur Verstoffwechselung organischen Materials und von nitrifizierenden und denitrifizierenden Bakterien zur Ammoniak-Elimination (unter Bildung von Nitrat oder Stickstoff) gebraucht wird.

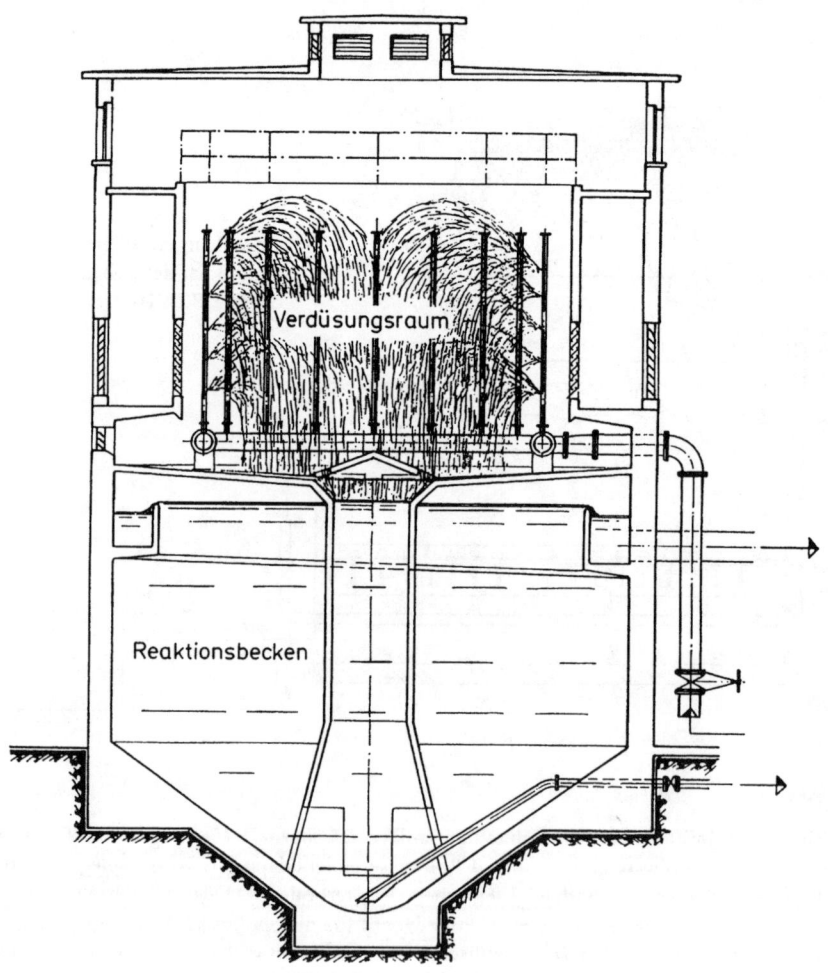

Abb. 22.3. Turm-Verdüsungsanlage mit Reaktionsbecken (Fa. WABAG/Kulmbach). Aus: Handbuch der Lebensmittelchemie, Bd. VIII/1, S. 360

Abbildung 22.3 zeigt im Schnittbild eine Turm-Verdüsungsanlage für die Belüftung von Rohwasser. Als deutliches Ergebnis der Belüftung erkennt man meist am Rand dieser Anlage Ablagerungen von Fe (OH)$_3$. Bei Eisengehalten unter 10 mg im Liter Wasser wird eine Flockungsstufe in speziellen Reaktionsbecken bzw. der Einsatz von eisenoxidbedeckten Kiesen im Filterbecken empfohlen, die die Abscheidung von Eisenoxidhydrat katalysieren. In ähnlicher Weise wirken Mangankiese, die auf ihrer Oberfläche einen Belag von Braunstein (MnO$_2$) besitzen. Sie werden generell eingesetzt, da die Oxidation von Mn^{2+} durch Sauerstoff erst bei pH 9–10 beginnt. Natürlich bewirken auch Chlor, Chlordioxid oder Ozon die Oxidation schon im Neutralen, was aber zu kostenaufwendig wäre.

22.5
Entsäuerung

Zur Entfernung überschüssiger Kohlensäure wird man grundsätzlich das Wasser verdüsen oder über Kaskaden bzw. Kunststoffhürden rieseln lassen, wenn seine Gesamthärte hoch genug ist. Weiche Wässer wird man dagegen mit Marmor oder halb gebranntem Dolomit (beides CaCO$_3$) behandeln, um so das Kalk-Kohlensäure-Gleichgewicht einzustellen:

$$CaCO_3 + H_2CO_3 \rightleftharpoons Ca(HCO_2)_2$$

Denkbar ist auch ein Zusatz von Ca(OH)$_2$ („Kalkhydrat-Verfahren"). Hier muß aber beachtet werden, daß Wasser mit pH-Werten über 8 bereits Bleileitungen angreifen kann, wobei es selbst mit Bleiionen kontaminiert wird.

22.6
Entfernung geruchlich und geschmacklich störender Stoffe

Hier handelt es sich meist um organische Verbindungen, die in Oberflächenwässern und Uferfiltraten vorkommen. Zu ihrer Entfernung setzt man in der Regel Aktivkohlefilter ein, die der Kiesfiltration vorgeschaltet sind. Dabei ist eine vorherige Oxidation, z.B. durch Ozon vorteilhaft. Auch mit Chlor kann oxidiert werden. Man muß allerdings beachten, daß Phenole dann zu Chlorphenolen umgewandelt werden, die außerordentlich geschmacksaktiv sind. – Der Bildung unerwünschten Geruchs in Staubeckenwässern (durch Algenwachstum bedingte Eutrophierung!) kann durch Einleitung von KMnO$_4$ entgegengewirkt werden.

Bei der Grundwasseranreicherung durch Uferfiltrat oder Oberflächenwasser führt man heute generell eine Reinigung durch Versickerung in Langsamfiltern durch.

22.7
Nitrat-Entfernung

Vor allem durch Überdüngung besitzen häufig auch schon Grundwässer so hohe Nitratgehalte, daß daraus hergestelltes Trinkwasser den gesetzlichen Ansprüchen nicht mehr genügt. Hier müssen spezielle Verfahren für eine Denitrifikation eingesetzt werden. Im Aufbau bzw. Versuch befinden sich derzeit Anlagen zum biologischen Nitratabbau. Dies kann zum einen mit heterotrophen Bakterien geschehen, die ihre Energie aus der Zufuhr organischen Materials (Ethanol, Essigsäure, Methanol) schöpfen. Problematisch dürfte hier die Entfernung überschüssigen Nährstoffes sein, der eine Verkeimung des Wassers begünstigen würde. Vorzuziehen sind daher autotrophe Organismen, die ihre Energie aus der Reaktion selbst gewinnen:

$$5H_2 + 2H^+ + 2NO_3^- \rightarrow N_2 + 6H_2O.$$

Die Reaktion findet in Festbettreaktoren statt, in denen die Mikroorganismen angesiedelt sind. Reaktionsprodukte sind gasförmiger Stickstoff und Wasser.

22.8
Entkeimung

Nach der Reinigung gelangt das Wasser in Reinwasserbehälter, von wo es in das Leitungsnetz eingespeist wird. Um die hygienische Sicherheit garantieren zu können, wird ihm vorher eine Chlorlösung zudosiert. Anschließend müssen noch 0,1 mg Chlor im Liter Wasser nachweisbar sein, in Ausnahmefällen bis 0,3 mg. Chlor setzt sich mit Wasser zu unterchloriger Säure um:

$$Cl_2 + H_2O \rightleftharpoons HOCl + HCl \qquad I$$

$$2HOCl \rightarrow 2HCl + O_2 \qquad II$$

Unterchlorige Säure spaltet leicht Sauerstoff (Gleichung II) und Chlor (Gleichung I) ab, die beide Bakterien abtöten können. Geeignete organische Verbindungen können ebenfalls mit Chlor, z.B. über eine Haloform-Reaktion zu Chloroform reagieren, worauf also zu achten ist. Mit Phenolen, die durch industrielle Abwässer oder durch Ligninabbau entstehen, reagiert Chlor zu äußerst geschmacksaktiven Chlorphenolen, die bereits in Konzentrationen um 0,001 mg/l wahrnehmbar sind. Eine Entkeimung ist auch durch Ozon (O_3) möglich. Hierzu wird Ozon in speziellen Reaktoren entwickelt und in Wasser eingeleitet, wo es sehr schnell zu O_2 gespalten wird. Dabei werden Bakterien sehr viel schneller als durch Chlor abgetötet und gleichzeitig Eisen- und Mangan-Ionen oxidiert, so daß die Oxidhydrate ausfallen. Dieses Verfahren ist indes für die Trinkwasseraufbereitung zu teuer und wird lediglich in einigen Mineralwasserindustrien und zur Schwimmbadentkeimung angewandt. Nachteilig ist hier ferner das Fehlen einer Fortwirkung, so daß kein Schutz vor einer Wiederverkeimung im Rohrnetz vorliegt.

Das **Katadyn-** und das **Cumasima-** Verfahren, die beide auf der keimtö-
tenden Wirkung geringer Konzentrationen an Silber beruhen, werden heute
bestenfalls noch zur Konservierung von Wasser in Tanks, z.B. auf Schiffen angewandt. Beim Katadyn-Verfahren wird kolloidales Silber durch entsprechende
Präparate oder durch Filtration des Wassers über gesilberte, keramische Filterkerzen bzw. gesilberten Sand zugegeben. Beim Cumasima-Verfahren geschieht
die Silberzugabe elektrolytisch.

22.9
Trinkwasser aus Meerwasser

Weltweit sind einige tausend Anlagen in Betrieb, wobei die auf Schiffen ins-
tallierten Entsalzungsgeräte nicht mitgezählt sind. Die meisten dieser Anlagen
arbeiten nach dem Prinzip der Membranentsalzung durch Umkehrosmose.
Alle Großanlagen, die auch das meiste Trinkwasser aus Meerwasser erzeugen,
arbeiten allerdings thermisch, d.h. durch Destillation. Um Energie zu sparen,
wird das Rohwasser zunächst zur Kühlung verwendet, wobei es selbst bereits
vorgewärmt wird. – Bei der Membranentsalzung (Umkehrosmose) wird das
Meerwasser unter Druck gegen eine Membran aus Celluloseacetat gepreßt, die
für Wasser, nicht aber für Salzmoleküle durchlässig ist.

23 Erfrischungsgetränke

23.1
Mineralwasser

In Deutschland gibt es eine große Anzahl von Heilquellen, deren Wässer aufgrund der in ihnen gelösten Mineralstoffe verschiedene Krankheiten lindern bzw. heilen können. Bei Wässern mit mehr als 1 g gelöster Mineralstoffe im Liter unterscheidet man zwischen Chlorid-, Hydrogencarbonat- und Sulfatwässern. Andere Wässer bezeichnet man unabhängig von ihrem Mineralstoffgehalt nach ihren wirksamen Bestandteilen als Eisen-, Arsen-, Iod-, Schwefel und Radonwässer bzw. besonders kohlensäurehaltige Wässer als Säuerlinge. In ihrer Anwendung als Heilwässer unterliegen sie dem Arzneimittelgesetz.

Viele von ihnen werden indessen ebenso wie eine Reihe anderer, natürlicher Quellwässer mit mehr als 1 g/l gelöster Mineralstoffe oder mindestens 250 mg freiem Kohlendioxid pro Liter wegen ihrer erfrischenden Wirkung getrunken. Damit unterliegen sie dem Lebensmittelgesetz. Dieses fordert, daß sie mit konstanter Zusammensetzung aus einer oder mehreren Quellen gewonnen werden. Ihre Mineralstoff-Zusammensetzung muß angegeben werden. Für Mineralwasser gibt es –ähnlich dem Trinkwasser – Grenzwerte für bestimmte Stoffe. Sie liegen für Arsen und Blei um 0,03 bzw. 0,04 mg/l höher als für Trinkwasser. Bestimmend für diese Regelung mag das natürliche Vorkommen dieser Stoffe in einigen Mineralwässern sowie die Abschätzung gewesen sein, daß Mineralwasser in geringeren Mengen als Trinkwasser konsumiert wird.

Mineralwässer werden, soweit Bedarf besteht, auch durch Luftoxidation von überschüssigem Eisen, das in der Flasche Trübungen verursachen würde, befreit. Hierzu läßt man das Wasser einige Zeit in Belüftungsbecken stehen oder über Rieselkörper laufen, während zur Entschwefelung (Austreiben von Schwefelwasserstoff) versprüht werden muß. Bei diesen Prozessen geht die Kohlensäure verloren. Sie kann indes komprimiert und dem Wasser durch Imprägnieren wieder zugeführt werden. Die moderne Abfülltechnik läßt ohne Schwierigkeit Kohlensäuremengen über 12 g CO_2 im Liter Wasser zu, wenn man das Wasser vorher im Vakuum entlüftet hat. Um einem möglichen Bersten der Flaschen (z.B. bei Erwärmung) vorzubeugen, begrenzt man allerdings meist die Kohlensäuremenge auf 8 g/l Wasser. Das Erhitzen bzw. Zufügen von Kohlensäure ist kenntlich zu machen. Ebenso sind Fluoridmengen über

1,5 mg/l anzuzeigen und bei 5 mg/l oder mehr durch einen Warnhinweis zu ergänzen (s. dazu auch S. 22).

Als **Quellwasser** bezeichnete Produkte stammen ebenso aus natürlichen Quellen, erfüllen aber bezüglich ihrer Mineralstoff- bzw. Kohlensäuregehalte nicht die an Mineralwässer gestellten Anforderungen. Bezüglich der Grenzwerte für toxische chemische Stoffe oder solche, die das Wasser nachteilig beeinflussen können, entsprechen sie der Trinkwasser-Verordnung. Für Quellwässer sind allerdings einige Grenzwerte zusätzlich festgesetzt worden (z.B. für Selen und Quecksilber). Das gleiche gilt für **Tafelwässer**. Hier handelt es sich um Trinkwasser, das mit Mineralwasser oder Auszügen davon bzw. mit Meerwasser oder mit kohlensauren Salzen von Natrium, Magnesium oder Calcium oder mit Natrium- oder Calciumchlorid sowie mit Kohlensäure versetzt wurden.

23.2
Süße, alkoholfreie Erfrischungsgetränke

Diese Produkte werden aus Trinkwasser, Mineral-, Quell- oder Tafelwässern durch Zusatz von Fruchtsaft, Frucht- und Genußsäuren oder sonstigen Zusätzen hergestellt. Dazu werden die Ingredienzien als Sirup entweder in die Flasche vordosiert und mit kohlensäurehaltigem Wasser aufgefüllt oder die beiden Anteile werden kontinuierlich vorgemischt (Intermix-Verfahren) und als fertiges Getränk in die Flasche gefüllt. Der Alkoholgehalt muß unter 0,5% liegen. Sie werden unterteilt in Fruchtsaftgetränke, Brausen und Limonaden.

Fruchtsaftgetränke bestehen aus Fruchtsaft oder seinen Konzentraten, die mit Zucker und kohlensäurehaltigem Wasser vermischt werden. Citrussaft-Getränke können zusätzlich mit natürlichen Citrusessenzen und Schalenölen, Kernobstsaftgetränke mit Wein- oder Zitronensäure versetzt werden.

Brausen sind analog den Fruchtsaftgetränken hergestellt. Sie enthalten keine oder nur wenige natürliche Stoffe und dafür künstliche Aromastoffe sowie evtl. Farbstoffe und Süßstoffe.

23.3
Limonaden

Limonaden werden aus natürlichen Essenzen, Zucker und kohlensäurehaltigem oder -freiem Wasser hergestellt. Natürliche Limonaden enthalten mindestens 50% des Fruchtsaftes, der für die Herstellung von Fruchtsaftgetränken vorgeschrieben ist, sie können auch natürliche Farbstoffe enthalten.

Spezielle Limonaden sind die Colagetränke, die als coffeinhaltig zu deklarieren sind, nachdem sie im Liter zwischen 65–250 mg Coffein enthalten. Außerdem ist als Geschmacksstoff bis 700 mg H_3PO_4/Liter Getränk zugelassen.

Ein besonderes Produkt ist „Coca-Cola Light", das anstelle von bis zu 11%
Zucker Süßstoff enthält und somit keine Limonade mehr ist. Tonic-Wasser
wird unter Zusatz von Chinin (bis zu 86 mg/l) als Bitterstoff hergestellt.

23.4
Isotonische Getränke

Unter diesen vorwiegend für Sportler angebotenen Erfrischungsgetränken
versteht man Erzeugnisse, die im Grundsatz den gleichen osmotischen Druck
wie Blutserum besitzen sollen. Um das zu erreichen, werden diesen Getränken
neben Zucker, Citronensäure und Aromastoffen auch Elektrolyte (vorwiegend
Na^+, K^+ und Cl^-) zugesetzt, um Verluste auszugleichen, die durch Schwitzen
eingetreten sind. So enthält Schweiß die gleichen Mengen an Kalium und Magnesium wie Blut. Auch die Ausscheidungen an Natrium- und Calciumionen
sowie an Chlorid können beachtlich sein. Eingehendere Darstellungen entnehme man der Fachliteratur.

24 Das deutsche Lebensmittelrecht

Von Dr. Hans Lange, Hattersheim

24.1
Entwicklung des deutschen Lebensmittelrechts

Die schnelle Entwicklung der Lebensmittelwirtschaft in der zweiten Hälfte des 19. Jahrhunderts zur Versorgung der rasch wachsenden Bevölkerung machte es notwendig, den Verkehr mit Lebensmitteln rechtlich zu regeln, und zwar vornehmlich im Hinblick auf gesundheitliche Unbedenklichkeit und Schutz des Verbrauchers vor Täuschung. Nach der Gründung des „Kaiserlichen Gesundheitsamtes" (1876) wurde am 14. Mai 1879 das erste deutsche Lebensmittelgesetz verkündet. Dieses Gesetz führte einen vorbeugenden Verbraucherschutz hinsichtlich des Verkehrs mit Nahrungsmitteln, Genussmitteln und Gebrauchsgegenständen ein. Aber erst mit der Schaffung des „Staatlich geprüften Lebensmittelchemikers" wurde die im Gesetz verankerte Forderung gelöst, zuverlässige, schnell durchführbare und auf die Eigenart der einzelnen Lebensmittel zugeschnittene Untersuchungsmethoden zu entwickeln. 1894 wurde daher eine spezielle Prüfungsordnung für Nahrungsmittelchemiker erlassen und Lehrstühle für Lebensmittelchemie errichtet.

In diesem ersten deutschen Nahrungsmittelgesetz wurden auch die rechtlichen Voraussetzungen zum Erlass von Verordnungen geschaffen, um Lebensmittel in ihrer Zusammensetzung definieren zu können. Es entstanden besondere Regelungen für einzelne Produkte wie z.B. Bier, Wein, Milcherzeugnisse usw. Leider wurde mit dieser Handhabung der Grundstein dafür gelegt, dass durch Schaffung verschiedener Gesetze und einer Fülle von Verordnungen das Lebensmittelrecht im Laufe der weiteren Entwicklung sehr unübersichtlich geworden ist, wobei diese Zersplitterung noch durch Schaffung von Leitsätzen usw. verschärft wurde. Wie allerdings später ausgeführt wird, hat das gemeinsame Lebensmittelrecht der Europäischen Union diese Entwicklung unterbrochen und für Transparenz bei gleichbleibendem Verbraucherschutz gesorgt.

Das alte Nahrungsmittelgesetz vom 14. Mai 1879 wurde am 14. Juni 1927 durch eine neues, umfassenderes Lebensmittelgesetz ersetzt. Wesentliche Änderungen brachte das vom Deutschen Bundestag am 06.11.1958 verabschiedete Gesetz zur Änderung und Ergänzung des Lebensmittelgesetzes mit sich.

Es definierte zum ersten Mal den Begriff der „Fremdstoffe", auf die das Verbotsprinzip angewandt wurde. Fremde Stoffe im Sinne dieses Gesetzes waren
„Stoffe, die nach §l zu Lebensmitteln werden und keinen Gehalt an verdaulichen Kohlenhydraten, verdaulichen Fetten, verdaulichem Eiweiß oder keinen
natürlichen Gehalt an Vitaminen, Provitaminen, Geruchs- oder Geschmacksstoffen haben oder bei denen ein solcher Gehalt nicht dafür maßgebend ist,
dass sie als Lebensmittel verwendet werden".

Diese grundsätzlich verbotenen Fremdstoffe mussten in Spezialverord-
nungen, beispielsweise einer Konservierungsstoff- oder Farbstoff-Verordnung
usw., extra zugelassen werden. Diese Zulassung erfolgte jedoch nur für spezielle Lebensmittel und mit einer mengenmäßigen Höchstbegrenzung und
insbesondere unter Kenntlichmachungsauflagen wie beispielsweise „mit Farbstoff" zusammen mit der handelsüblichen Bezeichnung des Lebensmittels. Um
gleichzeitig der schnellen Entwicklung des Lebensmittelwesens Rechnung zu
tragen, auch unter Berücksichtigung des internationalen Warenaustausches,
fasste der Bundestag gleichzeitig den Beschluss, dass an einer Gesamtreform
des Lebensmittelrechts einschließlich aller einschlägigen Spezialgesetze beschleunigt gearbeitet werden sollte.

Dieses neue Lebensmittelgesetz wurde am 20. August 1974 als „Lebensmit-
tel- und Bedarfsgegenstände-Gesetz" verkündet. Hier wurde – der internationalen Entwicklung folgend – der Fremdstoffbegriff durch den neuen Begriff
„Zusatzstoff" (food additive) abgelöst. Ferner wurde sein Anwendungsbereich
erweitert und umfasste in seinen Folgeverordnungen neben Lebensmitteln und
Tabakerzeugnissen nun auch kosmetische Artikel und Bedarfsgegenstände.
Leider war es wiederum nicht möglich, auch Milcherzeugnisse und Wein in
dieses neue Lebensmittelgesetz einzubeziehen.

24.2
Prinzipien des deutschen Lebensmittelrechts

Während im Lebensmittelgesetz von 1958 der Begriff der „Fremdstoffe" unter
rein naturwissenschaftlichen Gesichtspunkten definiert worden war, ist im
neuen Lebensmittelgesetz in die Definition der Zusatzstoffe auch die Verkehrsauffassung mit eingegangen. Grundsätzlich ist die Verwendung von Zusatzstoffen verboten, es sei denn, dass sie durch die Zusatzstoffrichtlinie der EU
zugelassen sind.

Um den Verbraucher vor Gesundheitsschäden zu schützen, ist es verboten, Lebensmittel für andere derart herzustellen oder zu behandeln, dass ihr
Verzehr geeignet ist, die Gesundheit zu schädigen. Ein weiterer wichtiger Verbraucherschutz ist die Bewahrung vor Irreführung und Täuschung. Es ist auch
verboten, Behauptungen über die Wirkung eines Lebensmittels, beispielsweise
auch solche gesundheitlicher Art, aufzustellen, ohne dass diese Wirkungen
nach allgemeinem naturwissenschaftlichem Wissensstand zu beweisen sind.
Es ist sogar grundsätzlich verboten, Aussagen zu machen, die sich auf die
Beseitigung, Linderung oder Verhütung von Krankheiten beziehen. An die-

sen Anforderungen hat sich auch im neuen Lebensmittel-, Futtermittel- und Bedarfsgegenständegesetz (LFBG) nichts geändert. (siehe Abschnitt 24.6)

Wie das LFBG soll auch das 1930 erlassene Milchgesetz den Verbraucher vor gesundheitlichen Gefahren und Irreführungen schützen. Dieses Gesetz enthielt im §36 ein Verkehrsverbot, Milch und Milcherzeugnisse zur Verwendung als Lebensmittel nachzumachen oder solche nachgemachten Lebensmittel anzubieten, feilzuhalten, zu verkaufen oder sonst in den Verkehr zu bringen. Milcherzeugnisse werden in der Milcherzeugnis-Verordnung geregelt, in der genaue Vorschriften für Bezeichnung, Herstellungsweise, besondere Merkmale und Kennzeichnungs-Vorschriften enthalten sind. Durch Urteil des Europäischen Gerichtshofes gibt es nun auch für nachgemachte Milcherzeugnisse kein Verkehrsverbot mehr, wenn eine korrekte Kennzeichnung erfolgt.

Die Gewinnung, Zusammensetzung und Beurteilung von Wein wird im Weingesetz von 1971 geregelt. In ihm sind bereits die entsprechenden EG-Verordnungen umgesetzt worden. Ein originäres Weinrecht gibt es daher praktisch nicht mehr.

Zum Schutze des Verbrauchers vor Übervorteilung wurden im Eichgesetz sowie in der Fertigpackungs-Verordnung im wesentlichen folgende Regelungen erlassen: Fertigpackungen müssen zum Zeitpunkt der Abfüllung die angegebene Nennfüllmenge nach dem Mittelwertprinzip enthalten. Das Mindestmengenprinzip hat man aus praktischen Gesichtspunkten aufgegeben, da hiermit der Hersteller gezwungen gewesen wäre, grundsätzlich überzudosieren, ohne damit am Prinzip der Gaußschen Verteilungskurve hinsichtlich der Gewichtsverteilung etwas ändern zu können. Zulässige Gewichtsabweichungen vom Mittelwert sind allerdings in der Fertigpackungs-Verordnung genau geregelt. Für im Eichgesetz sowie in der Fertigpackungs-Verordnung und in den Produkt-Verordnungen nicht zugelassene Gewichtsklassen wird zur besseren Transparenz des Preises eine Grundpreisangabe gefordert, was jedoch nicht grundsätzlich gilt. Ferner müssen Fertigpackungen so gestaltet sein, dass sie keine größeren Füllmengen vortäuschen dürfen, als in ihnen enthalten sind ("Mogelpackungen"). Zur Klärung von immer wieder vorkommenden Grenzfällen hat das Bundeswirtschaftsministerium in einigen Fällen Richtlinien für das Verhältnis von Füllmenge zu Packungsvolumen herausgegeben; als Beispiel sei die Beurteilung von Pralinenpackungen genannt.

Das LFBG enthält zahlreiche Ermächtigungen zum Erlass von Verordnungen, die den Verbraucher vor Gesundheitsschäden, Irreführungen und Täuschungen schützen sollen. Während jedoch Gesetze vom Deutschen Bundestag verabschiedet werden müssen, sind Verordnungen Rechtsvorschriften mit gleicher Verbindlichkeit, können jedoch, in der Regel mit Zustimmung des Bundesrates vom Bundesminister für Verbraucherschutz erlassen werden. Weitere lebensmittelrechtliche Regelungen enthalten die Leitsätze des Deutschen Lebensmittelbuches, die Beurteilungsmerkmale auch hinsichtlich der Zusammensetzung, Eigenschaften und Bezeichnung wiedergeben. Wie sich aus der amtlichen Begründung des Lebensmittelbuches ergibt, können in diesen Leitsätzen Merkmale für die Beurteilung bezüglich Zusammensetzung und Eigenschaften von Lebensmitteln besser und für die Praxis erschöpfender niedergelegt werden als in den Paragraphen einer Rechtsverordnung. Die Leitsätze der Lebensmittelbuch-Kommission sind jedoch keine unmittelbaren Rechtsnormen, ihr Inhalt ist allerdings eine gewichtige Darstellung der Verkehrsauffassung, unterliegt jedoch der richterlichen Nachprüfung. Wenn keine Leitsätze des Lebensmittelbuches existieren, muss die allgemeine Verkehrsauffassung, die sich aus der berechtigten Verbrauchererwartung, dem redlichen Handelsbrauch sowie Industrie-Richtlinien zusammensetzt, im Einzelfall ermittelt werden: Die seitens der Lebensmittelwirtschaft existierenden Vorstellungen über Beschaffenheit, Zusammensetzung und Bezeichnung von Lebensmitteln sind in den Richtlinien des Bundes für Lebensmittelrecht und Lebensmittelkunde zusammengefasst; sehr spezielle Richtlinien existieren auch als Begriffsbestimmungen von Verbänden der Ernährungsindustrie. Aber auch diese Begriffsbestimmungen, die in die allgemeine Verkehrsauffassung eingehen, unterliegen selbstverständlich der richterlichen Nachprüfung. Andererseits gibt es zur Ermittlung der allgemeinen Verkehrsauffassung auch gutachterliche Stellungnahmen der Verwaltung, beispielsweise des Arbeitskreises Lebensmittelchemischer Sachverständiger der Länder, des Bundes und des BVL.

24.3
Einfluss des EG-Rechts auf die deutsche Lebensmittel-Gesetzgebung

Nach §189 des EWG-Vertrages unterliegen alle Mitgliedsstaaten, also auch die Bundesrepublik Deutschland, den Verordnungen und Richtlinien des Rates sowie den Verordnungen und Entscheidungen der Kommission der Europäischen Gemeinschaft. EG-Verordnungen haben allgemeine Geltung in EU-Ländern, während die Richtlinien nur hinsichtlich des Inhaltes für die Mitgliedsstaaten verbindlich sind und entweder durch Gesetze oder Verordnungen umgesetzt werden müssen. Diese Harmonisierung des europäischen Lebensmittelrechts entspricht den Artikeln 30 und 31 der EWG-Verträge, nach denen „mengenmäßige Einfuhrbeschränkungen" sowie alle Maßnahmen gleicher Wirkung zwischen den Mitgliedsstaaten verboten sind. Da nach der Auffassung des Europäischen Gerichtshofes einzelstaatliche lebensmittelrechtliche Bestimmungen den EG-Warenverkehr behindern können, kommt künftig den EG-Richtlinien und der Rechtsprechung des Europäischen Gerichtshofes besondere Bedeutung zu.

Für das deutsche und europäische Lebensmittelrecht ist das Urteil des Europäischen Gerichtshofes vom 20.02.1979 bezüglich „Cassis de Dijon" besonders wichtig geworden, da neue Grundsätze aufgestellt wurden, die auch durch entsprechende Folgeurteile und insbesondere durch das „Bier-Urteil" untermauert worden sind. Diese Urteile besagen ausdrücklich, dass in allen EU-Ländern ein Produkt immer dann zulässig ist, wenn es der Rechtssituation eines EU-Ursprungslandes entspricht. Allerdings muss der Verbraucher im

Importland über die Art des Erzeugnisses entsprechend informiert werden, die ergänzende Bezeichnung darf aber nicht diskriminierend sein. Bei der Bezeichnung dürfen keine Probleme auftreten, wenn es sich um eine nationale Spezialität handelt. Werden jedoch bei gleicher Bezeichnung die Produkte nach unterschiedlichen Rezepturen hergestellt, sollte der Verbraucher über die wahre Natur des Produktes deutlich aufgeklärt werden.

24.4
Der freie Warenverkehr in der Europäischen Gemeinschaft

Zur Erleichterung des freien Warenverkehrs hatte die Kommission in den 60er Jahren vorgesehen, vertikale Produkt-Richtlinien zu erlassen, in denen sehr detailliert die Rezeptur vorgeschrieben werden sollte. Dieses Prinzip hat sich jedoch nicht bewährt, auch waren nach Erweiterung der Europäischen Gemeinschaft die Rezepturen in den Ländern zu verschieden, um harmonisiert werden zu können. Daher verzichtete die Kommission darauf, weiterhin vertikale Produkt-Richtlinien zu erlassen und mehr horizontale Bereiche zu regeln, wie Schutz der öffentlichen Gesundheit, klare Kennzeichnung der Lebensmittel, effiziente amtliche Lebensmittelüberwachung.

24.5
Die europäische Basis-Verordnung zum Lebensmittelrecht

Im Weißbuch zur Lebensmittelsicherheit im Jahr 2000 bekannte sich die Kommission zur Abschaffung der Flut von Rechtsvorschriften und zu einem hohen Stellenwert des Verbraucherschutzes, der Transparenz und einer erleichterten Information für Verbraucher und Wirtschaft. Es sollte ein einheitliches Konzept „vom Acker bis auf den Teller" geschaffen werden und auch die Einrichtung einer europäischen Lebensmittelbehörde mit Sitz in Dublin zur „Überwachung der Überwachung". Im Januar 2002 wurde die Basis-Verordnung zum Lebensmittelrecht erlassen. Die Mitgliedsstaaten müssen ihre nationalen Rechtsvorschriften anpassen, insbesondere die Grundsätze der Verordnung, wie die wissenschaftliche Risikobewertung, das Vorsorge-Prinzip und das Irreführungs-Verbot. Auch ist in dieser Verordnung die rechtliche Grundlage zur Errichtung einer europäischen Behörde für Lebensmittelsicherheit gelegt. Allerdings soll diese Behörde nur gutachterlich und beratend für die Mitgliedsstaaten tätig sein, ebenso für die Europäische Kommission, während Vollzugsaufgaben von ihr nicht wahrgenommen werden. Damit ist die eindeutige Trennung zwischen Risikobewertung und Risikomanagement festgelegt. Ferner sind wichtig die Vorgaben der Verordnung im Hinblick auf die Ein- und Ausfuhr in den bzw. aus dem gemeinsamen Markt, die allgemeinen Anforderungen an die Lebensmittel- und Futtermittelsicherheit, die Verantwortlichkeiten und Zuständigkeiten der Wirtschaftsbeteiligten sowie allgemeine Rückverfolgbarkeiten.

24.6
Das Lebensmittel- und Futtermittel-Gesetzbuch

Das zur Zeit noch gültige Lebensmittel- und Bedarfsgegenständegesetz LMBG wurde abgelöst und mit futtermittelrechtlichen und lebensmittelrechtlichen Vorschriften in einem neuen Gesetz zusammengeführt. Wesentliche Elemente dieses neuen Gesetzes sind:

- Aufhebung vieler Einzelgesetze und Verordnungen und Zusammenfassung dieser lebensmittelrechtlichen Regelungen in einem Gesetz. Ein Großteil der bisherigen materiellen Rechtsvorschriften wird dabei durch Ermächtigungen zum Erlass von Rechtsverordnungen ersetzt.
- Zur Anpassung an die Gemeinschaftsregelungen zur Lebensmittelsicherheit erfolgt die Einbeziehung des Futtermittelbereichs.
- Bisherige Regelungen im Bereich der Bedarfsgegenstände und kosmetischen Mittel wurden übernommen.
- Regelungen zu Tabakerzeugnissen, die vormals vom Anwendungsbereich des LMBG erfasst waren, fallen nicht unter das LFBG.
- Das Weingesetz, bleibt fast unverändert und eigenständig bestehen, (obwohl auch Wein Lebensmittel ist!)
- Das Fleisch- und Geflügelfleischhygienegesetz wird aufgehoben. Dieser Rechtsbereich unterliegt künftig unmittelbar geltendem Gemeinschaftsrecht.
- Beibehaltung der Definition des weiten deutschen Zusatzstoffbegriffs, der immer noch technologische und ernährungsphysiologisch wirksame Stoffe als Zusatzstoffe definiert, verbunden mit dem Verbotsprinzip mit Erlaubnisvorbehalt.

24.7
LebensmittelkennzeichnungıLebensmittelkennzeichnung

Die Anforderungen der EG-Kennzeichnungsrichtlinie von 2005 wurden in das deutsche Lebensmittel-Kennzeichnungsrecht eingearbeitet. Es wird jetzt die Möglichkeit gegeben, entweder die übliche Verkehrsbezeichnung oder als Alternative dazu die Verkehrsbezeichnung des Herstellungslandes anzugeben. Soweit erforderlich sind jedoch neben dieser Bezeichnung weitere beschreibende Informationen notwendig.

Verzeichnis der Zutaten (in absteigender Reihenfolge):

- Bei verpackten Lebensmitteln die Nettofüllmenge.
- Mindesthaltbarkeit oder bei mikrobiologisch leicht verderblichen Lebensmitteln das Verbrauchsdatum.
- Besondere Anweisungen für Aufbewahrung und Verwendung, falls notwendig.
- Ursprungs- oder Herkunftsort, falls notwendig, zur Information des Verbrauchers.

Wird eine Zutat besonders hervorgehoben, ist sie mengenmäßig anzugeben. Die Richtlinie über quantitative Angabe von Zutaten (Quid-Richtlinie) fordert die mengenmäßige Angabe der Zutaten, die besonders hervorgehoben und für die Information des Verbrauchers wichtig sind. Normalerweise wird die Mengenangabe der Zutaten auf den Beginn des Produktionsprozesses berechnet. Nach dieser Richtlinie sind jedoch die Zutaten bei relevantem Wasserverlust bei der Herstellung auf das Enderzeugnis zu beziehen.

24.8
Los-Kennzeichnung

Folgende Angaben werden vorgeschrieben – Zahlen- oder Ziffernkombination oder die Mindesthaltbarkeit nach Tag, Monat und Jahr – mit denen die Herstellungspartie identifiziert werden kann.

24.9
Allergen-Kennzeichnung

Um den Verbraucher grundsätzlich über den Gehalt von Allergenen in Lebensmitteln zu informieren, ist die Verpflichtung zur Kennzeichnung allergener Zutaten in der Etikettierungs-Richtlinie verankert. Hinsichtlich der Kennzeichnung der Allergene soll es keinen zusätzlichen Warnhinweis auf der Packung geben, auch ist kein Fettdruck im Zutatenverzeichnis und keine zusammenfassende Nennung der allergenen Zutaten außerhalb des Zutatenverzeichnisses vorgeschrieben.

24.10
Kennzeichnungspflicht für gentechnisch veränderte Organismen

Folgende Kennzeichnungsregeln gelten: Lebensmittel, die gentechnisch veränderte Organismen enthalten, müssen gekennzeichnet werden. Das gilt auch für Lebensmittel, die Zusatzstoffe und Zutaten enthalten, die aus gentechnisch veränderten Organismen erzeugt wurden, beispielsweise Stärke und gentechnisch veränderter Mais, sowie Zusatzstoffe wie Lecithin aus gentechnisch veränderten Sojabohnen. Zutaten aus gentechnisch veränderten Organismen und verarbeitete Lebensmittel, die solche enthalten, müssen auch dann gekennzeichnet werden, wenn die gentechnische Veränderung im Endprodukt nicht nachweisbar ist, beispielsweise bei Zucker aus gentechnisch veränderten Zuckerrüben.

Wenn Zusatzstoffe und Aromen aus einem gentechnisch veränderten Organismus hergestellt wurden, müssen diese auch gekennzeichnet werden, nicht jedoch Zusatzstoffe, die mit Hilfe von gentechnisch veränderten Mikroorganismen hergestellt wurden. Gentechnisch veränderte Hilfsstoffe, beispielsweise

Enzyme, müssen nicht gekennzeichnet werden. Geringe Anteile gentechnisch veränderter Organismen, die versehentlich in Lebensmittel gelangten, sind dann nicht kennzeichnungspflichtig, wenn ihr Anteil nicht mehr als 0,9% beträgt. Die Kennzeichnung ist anzubringen auf der Zutatenliste mit „gentechnisch verändert" oder „aus gentechnisch verändertem ..." hergestellt.

24.11
Nährwertkennzeichnung

Die in der Richtlinie über die Nährwertkennzeichnung von Lebensmitteln gestellten Anforderungen sind freiwillig, also nicht zwangsläufig vorgeschrieben. Nur wenn auch nur eine nährwertbezogene Angabe auf dem Etikett gebracht wird, tritt die Verpflichtung zur Nährwertkennzeichnung in Kraft: Nämlich Energiewert sowie Gehalt an Proteinen, Kohlenhydraten und Fett (Big four).

Ferner müssen unter bestimmten Voraussetzungen weitere Angaben erfolgen, nämlich Zucker, gesättigte Fettsäuren, Ballaststoffe und Natrium. Die Richtlinie behandelt auch die Mindestanforderungen an Vitaminen und Mineralstoffen, wenn entsprechende Angaben gemacht werden.

24.12
Gesundheitsbezogene Aussagen

Bisher sind nicht bewiesene gesundheitsbezogene Angaben verboten, auch Angaben zur Beseitigung und Linderung und Verhütung von Krankheiten. Dieses totale Verbotsprinzip soll in der EU in ein „Verbotsprinzip mit eingeschränktem Erlaubnisvorteil" umgeändert werden. Die Beweislast für die wissenschaftliche Nachweisbarkeit der Angabe obliegt der Wirtschaft.

24.13
Lebensmittelzusatzstoffe und technische Hilfsstoffe

In der EG-Rahmenrichtlinie werden Zusatzstoffe definiert als Stoffe mit oder ohne Nährwert, die in der Regel weder selbst als Lebensmittel verzehrt noch als charakteristische Lebensmittelzutaten verwendet werden oder einem Lebensmittel aus technologischen Gründen zugesetzt werden.

Verarbeitungshilfsstoffe gelten nicht als Lebensmittelzutaten, da sie nur bei der Verarbeitung aus technologischen Gründen verwendet werden.

In der „Global-Richtlinie" werden in der EG zugelassenen Zusatzstoffe mit Verwendungsbedingungen aufgelistet.

Neu ist, dass die Zulassung von Zusatzstoffen nicht mehr in den Produktverordnungen, sondern nur noch in der sogenannten Miscellaneous-Richtlinie erfolgt.

Die Umsetzung in das deutsche Recht ist erfolgt durch die Neuordnung lebensmittelrechtlicher Zusatzstoffe von 1998. In der neuen Zusatzstoff-Verkehrsverordnung sind die Reinheitskriterien festgelegt.

Bei den technischen Hilfsstoffen ist eine Regelung über Extraktionslösungsmittel erfolgt, die in der Extraktionslösemittel-Verordnung in deutsches Recht umgesetzt worden ist.

24.14
Novel Food Verordnung

Um auch bei neuartigen Lebensmitteln den freien Warenverkehr und den Schutz des Verbrauchers vor Gesundheitsschäden zu gewährleisten, hat die Kommission die Verordnung über neuartige Lebensmittel und neuartige Lebensmittelzutaten erlassen. Betroffen sind Lebensmittel oder Lebensmittelzutaten, die bisher noch nicht in nennenswertem Umfang für den menschlichen Verzehr in der Gemeinschaft verwendet wurden, beispielsweise neuartige Pflanzenzüchtungen, aber auch gentechnisch veränderte Organismen und daraus gewonnene Produkte. Ausgenommen sind Lebensmittelzusatzstoffe, Aromen und Extraktionslösungsmittel. Sind die neuen Produkte im wesentlichen den bestehenden gleichwertig (substantiell äquivalent), müssen sie vor dem Inverkehrbringen bei der EG-Kommission notifiziert werden. Bei allen anderen Produkten ist ein zweistufiges Verfahren zu durchlaufen, das mit einer nationalen Prüfung beginnt und dann, wenn keine Einwände durch die EG-Kommission oder Mitgliedsstaaten erfolgt, eine Anerkennung erfolgt. Besondere Kennzeichnungen werden im Einzelfall vorgeschrieben.

24.15
Rückstände und Kontaminanten

In Einzelrichtlinien sind Höchstmengenangaben von Pflanzenschutz- und Schädlingsbekämpfungsmitteln in oder auf Lebensmitteln vorgeschrieben. Umgesetzt sind diese Richtlinien in der Rückstands-Höchstmengen-Verordnung.

In speziellen Verordnungen sind Höchstmengen für Arzneimittelrückstände und Mykotoxine vorgeschrieben.

In der Kontaminanten-Verordnung wird gefordert, dass Lebensmittel keine Kontaminanten in einer gesundheitlich nicht vertretbaren Menge enthalten dürfen.

24.16
Hygieneregelungen

Endlich ist es in der EU gelungen, gemeinsame Hygieneregelungen in drei Verordnungen zu erlassen. Sie fordern die Sicherstellung des Gesundheitsschutzes durch einen angemessenen hygienischen Standard zu jedem Zeitpunkt des Herstellens und Behandelns sowie des Inverkehrbringens von Lebensmitteln. Ferner wird eine Schwachstellenanalyse und Risikobewertung nach Grundsätzen des HACCP-Systems gefordert. Sie enthält ferner die Verpflichtung zur Mitarbeiter-Hygieneschulung.

24.17
Weitere Regelungen

Erwähnt werden u. a. EG-Öko-Verordnung, Spezialitäten-Verordnung, Verordnung über Herkunftsbezeichnungen, EG-Aromen-Richtlinie, Verordnung über Bedarfsgegenstände, die Richtlinie über Lebensmittelbestrahlung mit Zulassung für Lebensmittel und spezielle Kennzeichnungsvorschriften über Nahrungsergänzungsmittel und Anreicherung von Lebensmitteln.

24.18
Vertikale Produktverordnungen

In diesen Verordnungen sind Höchst- und Mindestanforderungen und besondere Kennzeichnungsvorschriften enthalten. Die Kommission ist zur Zeit dabei, diese Produktverordnungen, die zum Teil sehr perfektionistisch sind und beinahe als Rezepturverordnungen angesehen werden können, auf die unbedingt notwendigen Anforderungen zurückzuführen. Folgende Produktgruppen sind in Richtlinien geregelt: Kakao- und Schokoladenerzeugnisse, Zuckerarten, Honig, Fruchtsäfte, Konfitüren, Gelees, Marmeladen, Milch- und Milcherzeugnisse, Mineralwasser, Trinkwasser, Spirituosen, weinhaltige Getränke und Cocktails, Eier, Streichfette, diätetische Lebensmittel, Fleisch und Fleischerzeugnisse.

24.19
Überwachungs-Richtlinie

Neben der Untersuchung von Stichproben aus dem Handel ist es Aufgabe der Lebensmittelüberwachung, in den im Einzugsbereich tätigen Unternehmen der Ernährungsindustrie prophylaktische Kontrollen, insbesondere die Kontrolle der erforderlichen Eigenkontrolle, durchzuführen. Zur Harmonisierung der Überwachung in den Mitgliedsstaaten hat die Kommission eine Verordnung über die amtliche Futter- und Lebensmittelkontrolle verabschiedet. Diese Verordnung wird in Deutschland in der allgemeinen Verwaltungsvorschrift „Rahmen-Überwachung" umgesetzt.

25 Weiterführende Literatur

Lehrbuch der Lebensmittelchemie. Belitz, H.D., Grosch, W., Schieberle, P., 6. Auflage, Springer-Verlag 2007

Allgemeines Lehrbuch der Lebensmittelchemie. Franzke, Cl. (Herausgeber), 3. Auflage, B. Behr's Verlag 1996

Naturwissenschaftliche Grundlagen der Lebensmittelzubereitung. Ternes, W., B. Behr's Verlag 1990

Handbuch der Lebensmittelchemie, Bd. 1–9. Schormüller, J. (Herausgeber), Springer-Verlag 1965–70

Food Chemistry. Fennema, O.R., Dekker-Verlag N.Y. 1985

Römpp Lexikon Lebensmittelchemie. Eisenbrand, G. und Schreier, P. (Herausgeber), Thieme-Verlag 1995

Lebensmittel-Lexikon (2 Bände). Täufel, A., Ternes, W., Tunger, L. u. Zobel, M. (Herausgeber), B. Behr's Verlag 1993

Biochemie. Lehninger, A.L., Verlag Chemie 1977

Biochemie. Stryer, L. (Spektrum der Wissenschaften), Springer-Verlag 1988

Biochemie der Lebensmittel. Eskin, N.A.M., Henderson, H.M., Townsend, R.J., Hüthig-Verlag 1976

Kurzes Lehrbuch der Biochemie. Karlson, P., Thieme-Verlag 1994

Grundbegriffe der Ernährungslehre. Bäßler, K.H., Fekl, W., Lang, K., Springer-Verlag 1973

Human Nutrition and Dietetics. Davidson, S., 6. Auflage, Churchill-Livingstone-Verlag, London 1975

Food, Nutrition and the Prevention of Cancer: A Global Perspective American Institute for Cancer Research, Washington DC. 1997

Ernährung des Menschen. Elmadfa, I. u. Leitzmann, C., Verlag Eugen Ulmer 1988

Biochemie der Ernährung. Lang, K., Steinkopff-Verlag 1974

Ernährungsberichte. Deutsche Gesellschaft für Ernährung, Frankfurt a.M., 1988, 1992, 1996

Die Zusammensetzung der Lebensmittel. – Nährwerttabellen –. Scherz, H., Kloss, G., Wissenschaftliche Verlagsgesellschaft 1994

Biochemie der Ernährung. Welzl, E., de Gruyter-Verlag 1985

Lebensmitteltechnologie. Heiss, R. (Herausgeber), Springer-Verlag 1996

Haltbarmachen von Lebensmitteln. Heiss, R., Eichner, K., Springer-Verlag 1990

Verpackung von Lebensmitteln. Heiss, R., Springer-Verlag 1980

Enceclopedia of Food Technology. Johnson, A.H., Peterson, M.S., AVI 1974

Handbook of Food and Beverage Stability. Charalambous, G., Academic Press 1986

Flavourings. Ziegler, E. u. Ziegler, H., Wiley - Verlag Chemie, 1998

Die Erhaltung der Lebensmittel. Schormüller, J., Enke-Verlag 1996

Fundamentals of Food Biotechnology. Lee, B.H., Verlag Chemie 1996

Xenobiotics in Foods and Feeds. Finley, J.W., Schwass, D.E. (Herausgeber), American Chem. Soc. 1983

Toxikologie der Nahrungsmittel. Lindner, E., Enke-Verlag 1974

Lebensmitteltoxikologie. Macholz, R. u. Lewerenz, H.J., Akademie-Verlag 1989

Toxicological Aspects of Food. Miller, K. (Herausgeber), Elsevier 1987

Chemical Carcinogens. Searle, C.E. (Herausgeber), American Chemical Scoiety 1976

Toxikologischhygienische Beurteilung von Lebensmittelinhalts- sowie Zu-satzstoffen sowie bedenklicher Verunreinigungen. Classen, H.G., Elias, P.S., Hammes, W.P., Parey-Verlag 1987

Toxikologie für Chemiker. Eisenbrand, G.u. Metzler, M., Thieme-Verlag 1994

Einführung in die Lebensmittelhygiene. Sinell, H.J., Parey-Verlag 1985

Antimicrobial Food Additives. Lück, E., Springer-Verlag 1980

Fremd- und Zusatzstoffe in Lebensmitteln. Rosival, L., Engst, R., Szokolay, A., VEB Fachbuch-Verlag 1978

Handbuch Lebensmittelzusatzstoffe. Glandorf, K., Kuhnert, P. u. Lück, E., B. Behr's Verlag 1998

Essentielle Spurenstoffe in der Nahrung. Pfannhauser, W., Springer-Verlag 1988

Biomineral - Absorptive Process of Mineral Nutrients through small Intestine Membrane. Sung Kyu Ji, KIP Seoul Korea, 1998

Alternative Sweeteners. Tannenbaum, S.R., Walstra, P. (Herausgeber), Dekker-Verlag NY. 1986

Handbuch Süßungsmitel. v. Rymon-Lipinski, W. (Herausgeber), B. Behr's Verlag 1990

Rückstände und Verunreinigungen in Lebensmitteln. Berg, H.W., Diehl, J.F. u. Frank, H., Steinkopff-Verlag 1977

N-Nitrosoverbindungen in Nahrung und Umwelt. Eisenbrand, G., Wissen-schaftliche Verlagsgesellschaft 1981

Gewinnung und Verarbeitung von Nahrungsfetten. Baltes, J., Parey-Verlag 1975

Kolloidchemie des Fleisches. Parey-Verlag 1972

Die Extraktstoffe des Fleisches. Sulser, H., Parey-Verlag 1972

Chemie der Räucherung. Toth, L., Verlag Chemie 1982

Milch und Milcherzeugnisse. Kiermeier, F., Lechner, E., Parey-Verlag 1973

Das Getreide. Rohrlich, M., Brückner, G., Verlag W. Hayn's Erben 1956

Stärke und Stärkederivate. Tegge, G., B. Behr's Verlag 1984

Chemie des Weines. Würdig, G. u. Woller, R., Ulmer-Verlag 1989

Kaffee. Maier, H.G., Parey-Verlag 1981

Gemüse und Gemüsedauerwaren. Herrmann, K., Parey-Verlag 1969

Obstdauerwaren und Obsterzeugnisse. Herrmann, K., Parey-Verlag 1966

Wasser. Holl, K., de Gruyter-Verlag 1986

Functional Foods – Designer Foods, Pharmafoods, Nutraceuticals –. Goldberg, I. (Herausgeber), Chapman & Hall, London, 1994

Mikroskopische Untersuchung pflanzlicher Nahrungs- und Genußmittel. Gassner, G., Gustav Fischer Verlag Stuttgart, 1955

Lebensmittelanalytik. Matissek, R., Schnepel, F.M. u. Steiner, G., 3. Aufl., Springer-Verlag 2006

Capillary Gas Chromatography in Food Control and Research. Wittkowski, R.u. Matissek, R. (Herausgeber), B. Behr's Verlag 1992

High Performance Liquid Chromatography in Food Control and Research. Matissek, R.u. Wittkowski, R. (Herausgeber), B. Behr's Verlag 1992

Schnellmethoden zur Beurteilung von Lebensmitteln und ihren Rohstoffen. Baltes, W. (Herausgeber), 2. Auflage, B. Behr's Verlag 1994

Chemie der Kohlenhydrate. Lehmann, J., Thieme-Verlag 1976

Development in Food Carbohydrates. Lee, C.K., ASP London 1980

Protein Functionality in Foods. Cherry, J.P. (Herausgeber), American Chem. Soc. 1981 (ACS Symposium Series)

Die Struktur der Proteine. Fasold, H., Verlag Chemie 1972

Struktur und Funktion der Proteine. Dickerson, R.E., Geis, J., Verlag Chemie 1971

Deutsches Lebensmittelbuch – Leitsätze - Bundesanzeiger Verlagsgesellschaft

Praxis Handbuch Lebensmittelrecht. Hahn, P.u. Muermann, B., B. Behr's Verlag 1987

Lexikon Lebensmittelrecht. Hahn, P. u. Muermann, B., B. Behr's Verlag 1986

Texte zum Lebensmittelrecht für Studium und Praxis (Klein-Rabe-Weiss), Rabe, H.J., Horst, M., (Heruasgeber), B. Behr's Verlag 1987

Lebensmittelrecht – Textsammlung (Loseblatt-Sammlung). Verlag C.H. Beck

Grundzüge der Lebensmitteltechnik. Tscheuschner, H.D. (Herausgeber), Behr's Verlag 1996

Taschenbuch für Lebensmittelchemiker. Frede W. Tsch (Herausgeber), 2. Aufl., Springer-Verlag 2006

Chemistry and Safety of Acrylamide in Food. Friedman, M., Mottram, D.(Herausgeber), Springer-Verlag 2005

Römpp-Lexikon; Lebensmittelchemie. Eisenbrand, G., Schreier, P., Thieme-Verlag 1995

Biogene Amine in der Ernährung. Beutling, D.M., Springer-Verlag 1996

Praxishandbuch Functional Food, Laufende Blattsammlung seit 2002. Erbersdobler, H.F., Meyer, A.H., Behr's Verlag

Sachverzeichnis

Fett gedruckte Seitenzahlen verweisen auf Strukturformeln

Aal 340
ABC-Trieb 376
Abhängen 324
Abhexon **121**
Absinth 250, 394
acceptable daily intake 164
Acesulfam K 190
Acetaldehyd 46
Acetylfalcarindiol 247
Acetoin **46**
Acetylcholin **42**
Acetylen 426
Acetylsalicylsäure 281
Aconitsäure 365
Acronisations-Verfahren 172
Adaptierte Milchnahrung 354
ADH 47
ADI 164
ADP **322**
Aesculetin **414**
Affinade 363
Aflatoxine 358
– B₁ **256**
– B₂ **256**
– G₁ **256**
– G₂ **256**
– Höchstmenge 258
– M₁ **256**
Agar Agar 116, 179
Agaritin 245, 246
AGE 102
Aglykon 95
Ahornsirup-Krankheit 283
Ahornzucker 365
Ajoen **412**
aktuelle Sicherheitsbreite 166
Alanin **120**

β-Alanin **121**
Alginaten 179
Alkohol-Dehydrogenase 47, 386
2-Alkylbutanone **160**
Alkylcydobutanon 160
Allergen-Kennzeichnung 465
Allergene 271
– Kiwi 281
– pollenassoziierte 273, 278, 279
Allergien 56, 270
Allicin 411, 412
Alliinase 411
Allose **84**
Allylsenföl **44**, 412
α-Ergokryptin 257
α-Furanone 294
α-Ionon 288
α-Jonon **288**
α-Lactalbumin 273
Altbackenwerden 380
Alternariol **259**
Altrose **85**
Aluminium 23
Aluminium-Silikat 448
Amadoriprodukte 98
Amaranth 202
Ameisensäure 170
Ames-Test 266
– metabolischen Aktivierung 267
Aminosäuredecarboxylasen 31
Aminosäuren 324
– essentielle 6
Amitrol **212**, 217
AMP **322**
Ampicillin 218
Amprolium 220, **221**
Amygdalin **238**

Amyloglucosidasen   42
Amylograph   373
Amylopektin   **106**
Amylose   **106**, 380
- Gehalt von Stärkesorten   105
Anabasin   **408**
Ananas-Furanon   **286**
Anchosen   343
Anethol   **436**
animal protein factor   32
Anis   250, 436
Anisakis simplex   341
Anomalien   15
Anomere   86, 87
Anserin   **335**
Anthocyane   **414**
Anthocyanidine   **414**
Antikörper   271
Antioxidantien   79
Antiparasitica   220
Antivitamin   28
Antoniusfeuer   256
Anwendungsbegrenzung
- Ascorbylpalmitat   **173**
- Butylhydroxyanisol   **173**
- Butylhydroxytoluol   **173**
- Gallate   **173**
- Wirkungsmechanismus   174
Apfelaroma   289
Apfelsäure   **389**
Apigenin   **415**
Apiol   **250**, 439
Arabinose   **85**
Arabusta   399
Arachidonsäure   **55**, 281
Arachinsäure   51, 53
Arbutin   **96**
Armagnac   397
Arochlor   227
Aromaabweichungen   160
Aromabildung in Früchten   289
Aromabildung Gemüse   288
Aromastoffe
- Bier   291
- künstliche   300
- Lösungsmittel   441
- natürliche   300
- naturidentische   300
- Weißbrot   292

Aromawert   287
Arrak   397
Arsen   23
Arsenik   23
Arsenobetain   23
Arteriosklerose   54, 56
Asaron   **249**
Ascorbinsäure   **28**, 36, 79, 376, 416
Asparogesin   113
Aspartame   **190**
Aspik   336
Astaxanthin   **340**
atherogener Index   65
Atherosklerose   65
Atmungsgeschwindigkeit   147
Atopie   272
ATP   **322**
Atrazin   **217**
Aufschlagcremes   72
Aureomycin   172
Austern   251, 342
Auswuchsmehle   43
Autoxidation
- enzymatisch gesteuerte   78
- Induktionsperiode   76
- Katalyse   76
- Mechanismus   77
- Propagierung   76
- Reaktionsprodukte   78
- Terminierung   76
- Verhinderung   79
Avicel   195
Avidin   345
Axerophthol   33

Babykost   410
Bacitracin   218
Backhefe   374
Backhilfsmittel   375
Backpulver   376
Backzeiten   375
Bagasse   365
Bakterien
- mesophile   141
- psychrophile   141
- thermophile   141
Bakterientoxine   252
Balenin   335
Ballaststoffe   5
Balsamessig   442

Basilicum 440
Baumwollsaatöl 304
Becquerel 231
BEFFE 325
Behensäure 51, 304
Beifuß 440
1,2-Benzanthracen **262**
1,2-Benzpyren **262**, 408
2,3-Benzfluoranthen **262**
Benzoesäure 166, 167
4,5-Benzpyren **262**
Bergapten 247
Beriberi 34, 373
Bernsteinsäure 425
Bestrahlung
– Anwendungsmöglichkeiten 159
– Höchstdosis 158
– Strahlendosen 158
– Zulassungen 160
BET-Gleichung 16
β-Carbolin 267
β-Carotin 421
β-Ergokryptin 257
β-Glucosidasen 97, 238
β-Rezeptorenblocker 220
β-Sitosterol 65
β-Sympathomimetica 222
Betain **121**
Betanin **198**
BHA 174
BHT 174
Bier
– alkoholfreies 395
– Alkoholgehalt 395
– Darren 395
– Dimethylnitrosamin 263
– dunkles Malz 395
– Einfach- 395
– Gärung 395
– helles Malz 395
– Herstellung 395
– Kälte-Kontakt-Verfahren 395
– obergärig 395
– Reinheitsgebot 394
– Schank- 395
– Stammwürzegehalt 395
– Stark- 395
– untergärig 395
– Voll- 395

– Würze 395
Bifidus-Faktoren 12, 351
Bindegewebe 325
Biodynamische Lebensmittel 10
biogene Amine 46, 255
– Gehalte 255
Biotin 34, 35, 345
Biphenyl **168**
Bittergeschmack 184
Bittermandelöl 238
Bitterspirituosen 397
Bixin **67**
Blanchieren 420
Blausäure 237, 238
Blauschönung 389
Blauungsmittel 364
Blei 224
– Aufnahme 225
Blut 326
Bockshornkleesamen 437
Bohnen 243
Bohnenkraut 440
Bonbons 366
Bor 23
Boretsch 244
Borneol 434
Borsäure 170
Botrytis cinerea 390
Botulismus 254
Botulismus-Toxin 254
Bovine Spongiforme Encephalopathie
    318
Bowman-Birkinhibitor 243
Bräunung
– enzymatische 47, 414
Brühwürze 335
Brühwurst 334
– Bereitung 334
– Brät 331, 334
– Schnittfestigkeit 183
– Umrötung 183
Branntwein
– Hauptlauf 396
– Herstellung 396
– Nachlauf 396
– Vorlauf 396
Branntweinschärfen 396
Bratwurst 335
Braugerste 369

Brennwein 396
Brennwert 3, 5
Brix 389
Bromelin 45
Bromessigsäure 170
Broteinheit 11
Brotvolumen 375
BSE 318
Buchweizen 370
Budderisieren 172
Bulking Agent 189
Burley-Tabak 407
Butter
– ausländische 310
– Butterfehler 311
– Fettsäuren 307
– Herstellung 309
– Klassifizierung 310
– mildgesäuert 310
– Sauerrahmbutter 309
– Tiefgefrieren 150
– wertgemindert 310
– Zusammensetzung 310
Buttergelb 197
Buttermilch 351
Buttersäure 51
Butylenglykol 46
Butylhydroxytoluol 174
Butylhydroxyanisol 174

C_3-Pflanzen 81, 393
C_4-Pflanzen 393
Cöliakie 283
Cabaryl 210
Cadaverin 253, 256
Cadmium 225
– Aufnahme 225
Caillier-Verfahren 405
Calcium 19
Calcium-Pumpe 322
Calvados 386
Camembert 358
Camphen 434
Campher 434
Campheröl 250
Cancerogenität 163
Canthaxanthin 340
Caprinsäure 53
Capronsäure 53
Caprylsäure 51

Capsaicin 410
Capsanthin 198, 199
– β-Carotin 198
– Crocetin 199
– Lutein 198
– Lycopin 198
Captan 209
Carazolol 220
Carbendazim 215
Carbonathärte 447
Carboxylase 28
Carboxymethyllysin (CML) 102
Carnitin 121
Carnosin 126
Carnosol 69, 439
Carnosolsäure 69, 439
Carotine
– Astaxanthin 198, 199
– Bixin 67
– Canthaxanthin 199
Carrageen 404
Carry over 218, 258
Carvacrol 434
Carvon 434
Casein 273, 349
Cassavastärke 378
Catechine 414
Cellulasen 43
Cellulose 110
– Hydroxypropyl 111
– Löslichkeit 111
– Methyl 111
– mikrokristalline 111
– Molekulargewicht 111
– Na-Carboxymethyl 111
Cephalosporin 218
Cetylalkohol 67
Champignons 245
Chaptalisierung 389
character-impact-components 285
chill proofing 45
Chillies 435
China-Restaurant-Syndrom 284
Chinasäure 425
Chinin 195
Chinolingelb 202
Chitin 419
Chlor 18
Chlorfenvinphos 209

Chloramphenicol 219
Chloroform 454
Chlorogensäure **413**, 416
Chlorophyll 199, 200
Chlorophyllase 42
Chlorophyllid 42
Chlorphenole 454
Chlorsucrose 192
Chlortetracyclin **172**
Chlorzuckerzahl 350
Cholecalciferol **31**, 66
Cholesterol 8, **64**, 345, 377
– Entfernung aus Flüssigei 346
Cholin 11, 12, 34, 36
Cholinesterasen 42
Chondroitinschwefelsäure 94
Chrom 23
Chrysen **262**
Chylomikronen 63
Chymosin 45
Chymotrypsin 44
Chymotrypsin-Inhibitoren 243
Cineol **434**
Cinerin **214**
Citrinin **260**
Citronat 430
Citronensäure-Cyclus 384
Citrus-Schalenöle 428
Clophen **227**
Clostridium botulinum 254
Clostridium perfringens 254
Clupanodonsäure **51**
Clusterstrukturen 15
CMC 179
CO_2 428
Cobalamine 32
Cobalt 23
Coccidiostatica 220
Cochenille 202
Cocosfett 304
Coffea arabica 399
Coffea liberica 399
Coffea robusta 399
Coffein **398**
Cognac 397
Colamin 62
Convenience-Erzeugnisse 6
Convicin **243**
Corned beef 329

Cotinin **408**
Creutzfeld-Jakob-Syndrom 318
Crocetin 198
Crocin 104
Crumb-Verfahren 405
Crustacyanin 200
CTC-Verfahren 402
Cucurbitacin **410**
Cumarin **250**, 397
Cumasima-Verfahren 455
Curcuma 438
Curcumin **438**
Curie 231
Curry 440
Cyanhydrine 238
Cyanidin **414**
Cyanin **96**
Cyanocobalamin **34**
Cyanose 240
Cycasin **246**
Cyclamat **190**
Cyclooxygenase 56, 412
Cyclopentapyrazine(dihydro-) 292
Cycloten **297**
Cymol 434
Cystein 376
Cystin **120**
Cytochrome 20

Daidzein **414**
Damascenon **290**
Dauererhitzung 143
Dazomet **211**, 213
DDA **209**
DDD **209**
DDE **209**
DDT **209**
DE-Grad 42
γ-Decalacton **288**
Decarboxylasen 46
Decoquinat 220, **221**
Defäkation 365
7-Dehydrocholesterol 64
Dehydroascorbinsäure 36
7-Dehydrocholesterol **64**, 66
Dehydroepiandrosteron 13
Dehydroretinol 25
Delphinidin 388, **415**
Depside 413
DES 222

Desoxinivanellol 260
1-Desoxyhexoson 99
3-Desoxyhexoson 98
2-Desoxyribose 90
Desoxyzucker 90
Dessertweine 393
Dhurrin 238
Diätverordnung 204
Diacetyl 46
Diacetylweinsäuremono/diglycerid 175
Diaphorase 240
Dibenzanthracene 262
Dichlofluanid 216
Dichlorphenoxyessigsäure 214, 426
Dichlorpropanol 336
Dichlorvos 210
Dicofol 210
Dicumarol 28
Dienöstrol 222
Diethylenglykol 390
Diethylnitrosamin 264
Digestionsmethode 318
Diglyceride 72
Dihydrocyclopentapyrazine 292
Dihydroxyaceton 82, 84
Dill 436
7,12-Dimethyl-1,2-benzanthracen 262
3,5-Dimethyltrithiolan 295
Dinatriumphosphat 181
Dippen 430
Disaccharide 103
Dissimilation
– aerob 382
– anaerob 382, 384
DOPA 48
Doppel-Null-Raps 53
Doppelkornbrand 396
Dornstein 441
Dorsch 308, 338
Dreiviertelmischfette 313
Dry-Mix-Verfahren 405
Dulcin 190, 192
Dulcit 93

E-Nummern 163
– E-605 213
Edelbranntwein 396
Edelfäule 391
Edelreizker 246
EG-Richtlinien 462

EG-Verordnungen 462
EHEC 141
Eicosanoide 56
Eier
– angebrütete, Leitsubstanz 346
– Aufbau 344, 345
– Konservierung 346
– Kühlhauslagerung 146, 346
– Legedatum 347
– Salmonellose 253
– Tiefgefrieren 151, 346
– Verderb, Leitsubstanz 346
– Verdorbenheitsprüfung 347
– Zusammensetzung 344
Eiklar 344
– Proteine 344
Einzellerprotein 361
Eisen 20
Eiweiß
– biologische Wertigkeit 4, 6
Eiweißmodifizierung 182
EK-Filtration 450
Elaidinsäure 60
Elastin 325
Elemicin 249
Embden-Meyerhof-Weg 383
Emulgatoren 62, 175
– Diacetylweinsäuremonostearin-säure-
   glycerid 175
– HLB-Werte 176
– Mono- und Diglyceride 175
– O/W-Typ 176
– Polyglycerolfettsäureester 175
– Spans 175
– Tweens 175
– W/O-Typ 176
Emulsin 43
Endosulfan 215
Enteneier 253, 347
Enteropathogene Escherichia coli 254
Entkeimungsfiltration 450
Enzyme
– Aktivität 39
– Artspezifität 39
– Bindungsspezifität 38
– Einteilung 40
– Gruppenspezifität 38
– Kinetik 39
– Substratspezifität 39

– Wechselzahlen   39
Epimerisierungen   92
Erbsen   416
Erdnüsse   258
Erdnußöl   304
Ergocalciferol   66
Ergocornin   257
Ergocristin   257
Ergometrin   256
Ergosin   257
Ergosterol   64, 66
Ergotamin   257
Ergotismus   256
Erhitzen
– Lebensmittel   6
Erucasäure   51, 53
Erythrose   83
Erythrosin   200
Erythrulose   84
essentielle Fettsäuren   6
Essenzen   441
Essig
– Balsam-   442
– Fesselgärung   442
– Orleans-Verfahren   442
– Submersverfahren   442
Essigessenz   442
Essigstich   390
Esterasen   40
Estragol   250, 436, 440
Estragon   250, 440
Ethanol   386
Ethinylöstradiol   222
Ethion   209
Ethylcarbamat   265
– Entstehung   265
– Gehalte   266
Ethylen   426
Ethylenoxid   172
Ethylmaltol   195
Ethylurethan   265
Ethylvanillin   297
Etuvieren   430
Eugenol   435
europäische Basis-Verordnung   463
Eutrophierung   444
Exotoxine   253

FAD   47
Falcarindiol   247

Falcarinol   247
Falcarinolon   247
Farinograph   373
Farnesol   427
Farnochinon   28
Favismus   242, 283
FDA   164
Federweißer   389
Fenchel   250, 436
Ferbam   211, 212
Ferritin   20
Fertigpackungs-Verordnung   461
Ferulasäure   413
Fett-Ersatzstoffe   194
Fettalkohole   66
Fette   3
– β-Oxidation   58
– gehärtete   72
– Gewinnung   302, 307
– Hydrierung   72
– hydrolytische Spaltung   79
– Hydroperoxide   78
– kalt geschlagene   302
– Konsistenz   74
– Löslichkeit   58
– Linolsäure   53
– Modifikationen   52
– Parfümranzigkeit   80
– Plastizität   74
– Plattenfette   315
– ranzige   75
– Salatöle   316
– Schmelzpunkte   53
– Shortenings   314
– sichtbare   302
– stereochemical numbering (sn)   50
– Umesterung   69
– unsichtbare   302
– Unverseifbares   63
– verderb   75
– Verseifung   57
– versteckte   4
Fettfische   337
Fettglasuren   405
Fetthärtung   72
– Konjuen-Fettsäuren   60
– Konjuensäuren   73
– Trans-Fettsäuren   60
– trans-Fettsäuren   61, 73

Fettreif   405
Fettsäuren   50
– essentielle   54
– freie   57
– gesättigte   51
– hydroperoxide   77
– Isolen   50
– Konjuen   61
– Muster   53, 54
– Pflanzenfette   53, 54
– trans-   73
– ungesättigte   52
Fibrin   326
Fibrisol-Verfahren   326
Ficin   45
Finnmalt   186
Fisch
– Fang   337
– Frischegrad   337
– Grenzwert   255
– Histamin   255, 284, 337
– Ichthyotoxine   337
– Tiefgefrierlagerung   148
– Zusammensetzung   338
Fischer-Projektion   90
Fischkrankheiten   340
Fischleberöle   308
Fischparasiten   341
Fischproteinkonzentrat   360
Flüssigei   346
Flüssigzucker   366
Flavanone   **414**
Flavomycin   **218**
Flavone   **414**
Flavonole   **414**
Fleisch   317
– Definition   317
– Wasserbindungsvermögen   182, 323
– Zubereitung   327
– Zusammensetzung   326
Fleischbeschau   317
Fleischbräune   151
Fleischbrühwürfel   335
Fleischextrakt   335
Fleischreifung   45, 324
Fleischsalate   335
Flowery Orange Pekoe   402
Fluor   22
Fluorose   22

Folpet   **211**
Folsäure   **32**
Forelle   340
Forellenstör   339
Formaldehyd   171
FOSHU   12
FPC   360
Fremdstoffe   460
Fremdwasser   322
Frigene   228
Frischfleisch   329
Fritieröle   71
Fritierfette   315
Fruchtnektar   432
– Säure-Zuckerverhältnis   432
Fruchtnektare   431
Fruchtsäfte   290
Fructofuranose   **87**
Fructopyranose   **87**
Fructosan   **112**
Fructose   **382**
Fructose-1,6-diphosphat   383
Fructose-6-phosphat   382
Fructose-Aminosäuren   98
Fructose-Intoleranz   **283**
Fructose-Prolin   98
Fucose   **90**
Fugu   252
Fumarsäure   **425**
Fumonisine   **260**
Functional Food   11
Fungicide   212
Furane   295
Furaneol   **286**
Furanfettsäuren   60
Furanocumarine   247
Furanylfurane   **293**
Furanylpyrrole   295
Furfural   **91**
Furfurylfurane   294
Furfurylmercaptan   297
Furfurylpyrrole   **295**
Furosin   **353**
Furylpyrazine   **292**
Fuselöle   384, 386
Futtergerste   369

Gärung   382
– Mechanismus   383
Gärungsamylalkohol   384

Gärungsessig 442
Gärungsgemüse 156
Galactit **93**
Galactomannane 114
Galactose **83**, 85, 382
Galactose-Intoleranz 283
Galacturonsäure **114**
Gallate **173**
Gallussäure **174**
γ-Aminobuttersäure **46**
γ-Linolensäure **55**
Garnelen 341
Gaskaltlagerung 147
Gastricfactor 32
GDL **183**
Geflügel 320
Gefrier-Vollei 346
Gefrierbrand 151
Gefrierhähnchen 320
Gefriersahne 152
Gelbildung 114
Gelee Royal 35, 368
Geleeartikel 336
Geliergeschwindigkeit 178
Gemüse
– Aromabildung 410
– Atmungsgeschwindigkeit 146
– Dauerwaren 420
– Dosengemüse 420
– Essig- 422
– Gärungsgemüse 421
– Kaltlagerung 146, 419
– Lagerung 419
– Trockengemüse 421
– Zusammensetzung 409
Gemüse
– Grünen 482
Genistein 414
gentechnisch veränderte Organismen
    465
Gentiobiose 104, **239**
Genußmittel 1
Geosmin **286**
Geraniol **434**
Gerste 368
Geruchsschwellenwert 285, 286
Gesamthärte 446
geschmack 184
Geschmacksschwellenwert 184

Geschmacksstoffe 285
Geschmacksverstärker 195
– Synergismus 196
Getreidekeimöle 305
Getreidekorn
– Aufbau 370
– Totreife 371
– Zusammensetzung 370
Gewürze
– Einteilung 433
– Mischungen 440
Gewürznelken 437
Ginseng 13
Glasurmassen 72
Global-Richtlinie 466
Glu-P-1 **267**
Glu-P-2 **267**
Glucarsäure **94**
Glucoamylasen 42
Glucono-δ-lacton **94**
Gluconsäure **93**
Glucopyranose 87
Glucose 85, 382
Glucose Isomerase 365
Glucose-6-phosphat 383
Glucose-6-phosphat-dehydrogenase 242
Glucoseoxidase 79
Glucuronsäure **94**
Glutathion 242
Glutathionperoxidase 21
Glycerol **183**, 384
Glycerolether **66**
Glycolipide 375
Glykogen 110
glykosidische OH-Gruppe 86
Glyoxylsäure **241**
GMP 196
Goitrin **241**, 412
– Carry over 241
Gorgonzola 358
Gossypol 68
Grünen 36, 420
Grünkohl 410
Graminin 113
GRAS-Liste 164, 301
Gray 158
Grayanotoxin **248**
Grenzdextrine 42
Grenzwerte 226

Grieß   372
Grundumsatz   4
Grundwasser   444
Guajacol   **68**
Guanylmonophosphat   196
Guarmehl   116
Gulose   **85**
Guluronsäure   **114**
Gum Ghatti   116
Gummi arabicum   116
Gurke   288
– aroma   289
Gurken   410
Gy   158, 230
Gyromitrin   245, 419

Härtungsgeschmack   73
Hühnerei-Lysozym   127
Hülsenfrüchte   417
– Eiweiß   417
Hüttensalz   441
HACCP-Konzept   140
Hafer   369
Haferflocken   373
Haftproteine   370
Haifisch   339
Halbmischfette   313
Halbwertszeit   229
– biologische   229
– physikalische   229
Hammelfleisch   320
Harden-Young-Ester   382
Hartkaramellen   367
Hauptstromrauch   408
HCB   **213**
HDL   63
Hefeextrakt   335
Hefen
– halophile   141
– osmotolerante   140
Heilbutt   339
Hemicellulosen   370
Hemmstofftest   219
Heparin   94
Hepatitis   254
Herbizide
– 2,4-Dichlorphenoxyessigsäure   214,
   426
– Amitrol   **212**
– Atrazin   **212**

– Carbamate   **208**
– Harnstoff-Derivate   **208**
– Kontakt-Herbizide   208
– systemische Herbizide   208
– Thiocarbamate   208
– Triazine   208
– Trichlorphenoxyessigsäure   214
Hering   339
Hesperidin   **192**, 414
Hesperidindihydrochalcon   **192**
Heteroglykane   105
Hexöstrol   **222**
Hexachlorbenzol   **213**
Hexamethylentetramin   **171**
Hexenal   **410**
Hiemstra-Verfahren   106
High Density Lipoprotein   64
Himbeerketon   **285**
Hirschhornsalz   376
Hirse   370
Histamin   **46**, 255
HMF   91
Hocherhitzung   143
Homoglykane   105
Honig   367
Honigdextrin   368
Honigtoxine   248
Humanmilch   351
Hummer   342
Hyaluronsäure   94
Hydrolasen   40
Hydroraffination   74
1'-Hydroxyestragol   250
Hydroxymethylfurfural   291
Hydroxyprolin   325, 336
Hygieneregelungen   467
Hyperkinese   20
Hypervitaminosen   37

Idose   **90**
Igelfisch   252
Imidazolylchinoline   **268**
Imidazolylchinoxalin   268
– Entstehung   268
IMP   196, **322**
Indanthrenblau   364
Indigo   364
Indigotin   202
Inertgase   156
Infektionen   141

Ingwer 438
Inosinmonophosphat **196**, 322
Inosit-Phosphatid 62
Instant-Milchpulver 79, 354
Intoleranzreaktionen
- Galactose 283
- Fructose 283
- Lactose 283
- Sulfit- 284
Intoxikationen 141, 253
Inulin 112, 189
Invertase 43
Invertierung 43, 362
Invertzucker 364, 365
Invertzuckercreme 43, 367
Iod 234
- Bedarf 21, 22
Iprodion **215**
IQ **267, 268**
Iso-Ölsäuren 73
Isobutanol 385
Isocitronensäure **424**
Isodynamie-Gesetz 2
Isoelektrischer Punkt 129
Isoflavone **414**
Isolinolsäure **73**
Isomalt **187**
Isomaltol **294**
Isomaltose 103
Isomerasen 47
Isomerose-Zucker 47, 365
Isopentenylpyrophosphat 427
Isopimpinellin **247**
Isopropylmethoxypyrazin **286**

JECFA 164
JECFI 157
Joghurt 352
Johannisbrotkernmehl 179

Kämpferol **415**
Käse
- Blauschimmelkäse 358
- Einteilung 354
- Frischkäse 358
- Grünschimmelkäse 358
- Hartkäse 357
- Herstellung 354
- Labfällung 357
- Sauermilchkäse 357

- Schmierkäse 358
- Tiefgefrieren 152
- Weichkäse 358
- Zusammensetzung 354
Kühllagerung 144
Kühlschrank 150
Kümmel 436
Kabeljau 338
Kaffee
- Bekömmlichkeit 400
- Coffeingehalt 399
- entcoffeinierter 401
- Fehlbohnen 400
- gewaschener 400
- Inhaltsstoffe 400
- Perlkaffee 400
- Röstung 400
- Sorten 399
- ungewaschener 400
Kaffeesahne 352
Kaffeesatz 400
Kaffeeweiß 72
Kakao 260
- Cd-Gehalte 405
- Herstellung 404
- Schalenanteil 404
- Sorten 403
- Zusammensetzung 404
Kakaobutter 405
Kakaomasse 404
Kalbfleisch 319
Kalium 18, 19, 231
Kalk-Kohlensäure-Gleichgewicht 449
Kalkeier 346
Kalmus 438
Kalmusöl 250
Kaltsäuerung 309
kandierte Früchte 430
Kandiszucker 366
Kapaun 320
Kapern 437
Karamel 366
Karamel-Aroma 297
Karamelisierung 99, 293
Kardamom 435
Karminsäure **200**, 202
Karpfen 340
Kartoffeln 409–411
- fäule 299

– Lagerung 148
– Trockenprodukte 173, 421
Kartoffelstärke 377
Katadyn-Verfahren 455
Katalase 49, 350
Kathepsine 45, 324
Kaumassen 173
Kaviar 170, 343
Kaviarersatz 344
Kaßler Rippenspeer 328
Kefir 352
Kephaline 62, 345
Keshan-Disease 21
Kesselmilch 355
Kestose 104
2-Keto-L-gulonsäure **95**
Kichererbsen 243
Kimchi 422
Kinase 46, 382
Klärhilfsmittel 204
Kleber 370
Kleie 370
Klimakterium 428
Klippfisch 344
Knäckebrot 375
Knabbererzeugnisse 173
Knoblauch 412
Knochenschinken 328
Kochsalz 19
Kochsalz-Ersatzpräparate 185
Kochschinken 328
Kochwurst 332, 333
Kohlenhydrate 3
– 1-C-Form 89
– Anomere 87
– C-1-Form 89
– Fischer-Projektion 82, 88
– Fischer-Tollens-Projektion 89
– Furanosen 87
– Halbacetal-Ring 87
– Halbketal-Ring 87
– Haworth-Struktur 88
– Konformation 88
– Molekülstabilität 88
– Mutarotation 84
– Pyranosen 87
– Sesselform-Schreibweise 88
Kohlensäure
– überschüssige 448

– aggressive 448
– betonaggressive 448, 449
– rostschutzverhindernde 449
– zugehörige 448
Kohlenstoff-14 228, 231
Kohlenwasserstoffe 261, 329
– Entstehung 261, 329
– Höchstmenge 262
– Hydroxilierung 261
– Verteilung 261
Kollagen 336
Kolostralmilch 348
Kondensmilch 182
Konfekt-Trüffel 367
Konfitüre 430
– einfach 431
– extra 431
Konjakmannan 114
Konservierung
– Pökeln 157
– Räuchern 157
– Säuern 156
– Salzen 156
– Zuckern 156
Konservierungsstoffe
– ADI-Werte 164
– aktuelle Sicherheitsbreite 166
– Ameisensäure 170
– Borsäure 170
– Bromessigsäure 170
– Ethylenoxid 172
– Formaldehyd 171
– Hexamethylentetramin 171
– Natamycin 170
– Nisin 170
– Nitritpökelsalz 168
– o-Phenylphenol 168
– Propionsäure 167
– Salicylsäure 171
– Schweflige Säure 167
– Sorbinsäure 166
– Thiabendazol 168
– Wasserstoffperoxid 172
– Wirkung 165
Kontaminanten 21, 224, 419, 467
– rechtl. Regelung 467
Kontamination
– mittlere Aufnahme 226
Kopra 304

Koriander 436
Korkgeschmack 298
Krabben 341
Kreatinin **121**
Krebs 8
Krebs-Inhibitoren 10
Krebstiere 341
Krill 22
Krokant 367
Kumulation 164
Kunitz-Inhibitor 243
Kunsthonig 367
Kurzzeit-Erhitzung 143
Kutter 334
Kuvertüren 405

Lab-Käserei 45
Labenzym 349, 357
Lachgas 204
Lachs 339
Lachsschinken 329
Lactase 43
Lactit **187**
Lactose 104, 350
Lactose-Intoleranz 283
Lactucin **411**
Lactulose **187**
Lakritz 367
Langusten 342
Langzeit-Tests 206
Lathyrismus 242
Laurics 304
Laurinsäure 52
LDL 8, 61, 63, 65, 400
Lebensmittel
– biodynamische 10
– Brennwert 5
– Definition 1
– diätetische 11
– transgene 13
– Zusammensetzung 5
Lebensmittel- und Futtermittel-Gesetzbuch
     464
Lebertran 308
Lebkuchen 377
Lecithin **62**, 345
Lectine 243
Leguminosen 417
Leichengifte 253
Lendrich-Verfahren 401

Leucrose **189**
Leukotriene 56, 271, 282
Lev-O-Cal 189
Lichenin 114, 370
Ligasen 40
Limonen **434, 436**
Linalool **429, 436**
Linolelaidinsäure 74
Linolsäure 54, **55**, 65
Lipasen 57
Lipochrome 67
Liponsäure 30, 35
Lipoprotein (a) 61, 65
Lipoproteine 63, 64
Lipoxygenasen 47, 48, 78, 412
Listeria monocytogenes 254
Listeriose 254, 355
Lorbeer 250, 439
Los-Kennzeichnung 465
Lupanin 244
Lupinenquark 359
Lupinidin 244
Lutein **67**
Luteolin **414**
Lutter 396
Lycasin® 186, 366
Lycopin 198
Lycopsamin **244**
Lysergsäure **256, 257**
Lysozym 43, 345
Lyxose **85**

Müllerei 371
Machorka 407
Macis 437
Magerfische 337
Magnesium 18, 20
Maillard-Reaktion 268, 286, 291, 401, 405
– in vivo 100
Mais 368, 369
Maiskeimöl 305
Maiskleber 378
Maisstärke 378
Majoran 68, 440
Makkaroni 377
Makrele 255, 339
Malachitgrün **221**, 341
Malathion **209**
Malbit® **366**
Malolactische Gärung 389

Malossol 170, 344
Maltidex 186
Maltit **186**
Maltol **99**
Maltose **104, 383**
Maltotriit 186
Maltotriose **187**
Maltrin 194
Malvidin **415**
Mandeln, bittere 237
Maneb **212**
Mangan 23
Maniokwurzel 237
– -mehl 238
– -stärke 378
Mannane 114
Mannose **84, 85**
Mannuronsäure 114
Margarine 62
– Aromastoffe 312
– Backmargarine 313
– Crememargarine 314
– Emulgatoren 312
– Fettkomposition 311
– Halbfettmargarine 312
– Haushaltsmargarine 312
– Herstellung 311
– Kühleffekt 313
– Sojalecithine 312
– Tiefgefrieren 150
– Vitaminzugabe 312
– Ziehmargarine 314
– Zusammensetzung 313
Marinaden
– Kaltmarinade 343
– Kochmarinade 343
Marmelade 430
Marzipan 367
Marzipanmasse 173
Matjes 343
Mayonnaise 316
MCT 58
Me IQ 268
Mehlbehandlung 373
Mehltau 391
Mehltypisierung 372
Melanin 48
Melanoidine 291
Melatonin 139

Melisse 440
Menachinon-7 28
Mengenelemente 18
– Konzentrationen 19
Menthol **427**
Mescalin **249**
meso(myo)-Inosit 35, 62
meso-Inosit 30
Metalaxyl **215**
Metallproteide 130
Methamidophos **216**
Methional 348
2-Methoxy-3-isobutylpyrazin 410
Methylalkohol 385
Methylanabasin **408**
2-Methylbutanol 385
3-Methylbutanol 385
Methylcellulose 111
3-Methylcholanthren **262**
Methylglyoxal **92**
15-Methylhexadecansäure 349
4-Methylimidazol **203**
14-Methylpentadecansäure 59
Methyltestosteron 222
Methylthiouracil **219**
Metmyoglobin 326
Michaelis-Menten-Gleichung 39
Miesmuscheln 342
Mikroorganismen
– pathogene 253
Mikrowellenerhitzung 153
Milch 45
– alkalische Phosphatase 350
– Bildung 347
– Esel 351
– Fett 349
– Fettsäurezusammensetzung 349
– Fremdstoffe 350
– Gewinnung 347
– Katalase 351
– Kohlenhydrate 350
– Kolostralmilch 348
– Kuh 351
– Mineralstoffe 350
– Proteine 349
– Sauer- 351
– Schaf 351
– Stute 351
– Vitamine 350

- Ziege 351
- Zusammensetzung 348
Milchpulver 352
Milchsäure **443**
Milchschokolade 405
Milchzucker 104
Mineralwasser 456
- Grenzwerte 456
Miraculin 193
Miscellaneous-Richtlinie 466
Mischfette 313
Miso 360
Mogulstärke 380
Molke 348, 357
Molybdän 23
Mondbohne 237
Monellin 190
Monoaminooxidase 255
Monochloressigsäure 171
Monochlorpropanol **335**
Monocrotalin **245**
Monoglycerid 71
Mononatriumglutamat **195**
Mononatriumphosphat 181
Monosaccharide 82
Muckefuck 401
Mungbohne 418
Murein **111**
Mureinsäure 43
Muscheln 342
Muskatnuß 249, 437
Muskel
- Feinbau 321
- Muskelarbeit 322
Mutagene 266
Mutagenität 164
Mutarotation 84
Mutterkornalkaloide
- Interventionsgrenze 256
- Toxikologie 256
Mykotoxine 256
Myoglobin 325
Myosin 321
Myosmin **408**
Myrcen **434**
Myricetin **415**
Myristicin 249
Myristinsäure **52**
Myrosinase 44

N-Acetylglucosamin 419
N-Acetylmuraminsäure **111**
N-Glykoside 96, 98, 291
N-Oil 194
n-Propanol 385
Nährstoffe 1
Nährwertkennzeichnung 466
NAD **47**
NADP **47**
Nahrungsergänzungsmittel 11
Nahrungsmittelallergie
- Auslöser 273
- Definition 270
- Mechanismus 271
- pollenassoziierte 278
Naringenin **414**
Naringin 43, b426
Naringindihydrochalcon 191, b426
Naringinase 43,**426**
Natamycin 170
Natrium 18, 19
- Bedarf 19
Natto 359
Naturbelassenheit 6
Naßzuckerung 389
NDGA **68**
Nebenstromrauch 408
Necin **245**
Nelkenpfeffer 435
Nematodenlarven 341
Neohesperidindihydrochalcon 192
Neomycin 219
Neral **427**
- E-Nerolidol **288**
- Z-Nerolidol **288**
Neuberg-Ester 382
Nichtcarbonathärte 447
Nicotiana rustica 406
Nicotiana tabacum 406
Nicotin 214,**408**
Nicotinsäure 30, 35, 37
Nicotinsäureamid **30**, 35
Nicotyrin 408
Niob-95 235
Nisin 170
Nisinsäure 51
Nitrat 47, 240, 453
- Gehalte 240
- Reduktion 240

– Richtwerte 240
– speichernde Pflanzen 240
Nitratpökelsalz 328
Nitratreduktasen 47
Nitrile
– Toxikologie 242
Nitrilotriacetat **448**
Nitrit 47, 240, 263
Nitrofurane 220
Nitrosamine
– krebserregende Wirkung 264
Nitrosopiperidin **264**
Nitrosoprolin **264**
Nitrosopyrrolidin **264**
Nitrososarkosin **264**
NMA 271
No effect level 164
Noisette 367
Nonadienal 410
2-trans-Nonenal 287
Nootkaton **286**, 429
Nordihydroguajaretsäure **67**
Norharman 267
Nornicotin **407**
Novel Food
– Organismen 467
– Verordnung 467
Novel Foods 14
NTA 448
Nucleoproteide 130
Nudeln 377
Nugat 367
Nullraps 53
Nulltoleranz 206
Nutra Sweet 191
Nutraceuticals 13
Nutrifat 194

o-Phenylketonurie 191
OATRIN-10 194
Oberflächenwässer 444
Obst 423
– Aromastoffe 288, 425
– Atmungsgeschwindigkeiten 146
– Farbstoffe 425
– Lagerdauer 148
– Lagerung 428
– Zusammensetzung 424
Ochratoxin **260**
– biologische Halbwertszeit 260

Ocimen **434**
1-Octen-3-on 286
Oechsle-Grad 388
Ölsäure 53, 73
Oenidin **425**
Oenin 425
Off-Flavour 78
Oidium 391
Okadasäure 251, 252
Oleo margarin 311
Olestra 194
Oligosaccharide 102
Oliven 422
Olivenöl 304
Ölsäure 65
Omethoat 216
Oolong-Tee 402
Orange Pekoe 402
Orangeat 430
Orangensaft 426
– Entbitterung 426
Orient-Tabak 407
Ornithin **136**
Orotsäure **350**
Osazon 92
17-β-Östradiol **222**
Ovalbumin 273
Ovomucoid 130
Ovoverdin 342
Oxadixyl 215
Oxalsäure 241
Oxazole 295
Oxazoline 295
Oxidoreduktasen 47
9-Oxo-12-octadecensäure 60
Oxydativer Streß 8
Oxymyoglobin 326
Oxytetracyclin 172
Oxytocin 348
Ozon 453

Pökel 328
Pökeln 157
Pökelung
– Naßpökelung 169, 328
– Schnellpökelung 169
– Spritzpökelung 328
– Trockenpökelung 169, 328
Pülpen 431
Palatinit 186, 366

Palatinose 186
Palmöl 304
Palmitinsäure 53
6-Palmitoyl-L-ascorbinsäure 173
Palmkernfett 305
Pantothensäure 30, 35
Papain 44, 45
Paprika
– Gemüse- 435
– Rosen- 435
PAR (pseudoallergische Reaktion) 281
Paranüsse 235
Parasorbinsäure 166
Parathion 209
Parfümranzigkeit 358
Parfümranzigkeit 80
Parmaschinken 329
Parmesankäse 357
Paselli SA2 194
Pasteurisieren 143
Pastinake 247
Patulin 259
PCB 227
Pekoe 402
Pektin 94, 170, 389
Pektinasen 43
Pektinesterasen 40
Pelargonidin 425
Penicillin 218
Pentachlordibenzofuran 217
Pentachlorphenol 217
Pentanatriumtriphosphat 181
Pentosane 374
Pentosidin 102
Pepsin 44
Peptidasen 44
Perchlorethylen (PER) 227
Peronospora 391
Peroxidasen 48
Persipan 367
Persistenz 208
Persorption 111
Pestizide
– γ-Hexachlorcyclohexan 209
– Bromophos 209
– Captan 211–213
– Carbaryl 212
– Chlorfenvinphos 209, 210
– Dazomet 211

– DDT 207
– Dichlorvos 210
– Dicofol 210
– Dimethoat 209
– Ethion 209, 210
– Ferbam 211, 212
– Folpet 211
– Höchstmengen-Verordnung 209
– HCB 212, 213
– Hexachlorbenzol 212, 213
– Lindan 209, 210
– Malathion 209, 210
– Mancoceb 212
– Maneb 211
– Metaldehyd 211
– Mevinphos 209
– Parathion 209, 210, 213
– Quintozen 211
– Thiram 211
– Zineb 212
– Ziram 212
Petersilie 247, 439
Pfeffer 433
– Schwarzer 433
– weißer 433
Pfeifentabak 407
Pferd 351
Pferdefleisch 320
Pflanzenfette
– Ölsaaten 304
– Desodorisierung 304
– Entfärbung 303
– Entsäuerung 303
– Entschleimung 303
– Extraktion 303
– Gewinnung 302
– kalt geschlagene 302
– Lösungsmittel 303
– Raffination 303
– Winterisierung 304
Pflanzenphenole 413
Phaseolin 417
Phaseolunatin 238
Phasin 417
PHB-Ester 167
Phe-P-1 267
α-Phellandren 434
Phenylalanin 120, 191, 283
2-Phenylethanol 385

Phenylethylamin   255
Phlein   112
Phlobaphene   407
Phosphat   20
– Hyperkinese   20
Phosphatasen   40
Phosphatide   62
Phosphoenolbrenztraubensäure   **45**
Phosphoproteide   121, 130
Phosphor   20
Photosynthese   81
Phyllochinon   **28**
Phytansäure   59
Phytinsäure   35
Phytoalexine   248
Phytohämagglutinine   243
Phytomenadion   **28**
Phytosterole   63
Piccadilly   422
Pilze   418
Pimaricin   **170**
Piment   435
α-Pinen   **434**
β-Pinen   **434**
Piperin   **434**, 435
Pistazien   258
PK-Verfahren   172
Plattenerhitzer   143
Plutonium   228
Pollen   273
Pollenallergie   271
polychlorierte Biphenyle   227
polycyclische aromatische Kohlen-
      wasserstoffe   261
– Enststehung   261
– Höchstmenge   262
– Hydroxylierung   262
– Verteilung   261
Polydextrose   189
Polyfructosane   112
Polygalacturonasen   43
Polymyxine   218
Polyphenoloxidasen   47, 402
Polyphosphate   182, 323
Pontische Honige   248
Poularden   320
PP-factor   35
ppb   206
ppm   206

Präserven   143, 343
Praebiotica   352
Precursoren   425
Preßhefen   374
Primicarb   **216**
Prionen   318
Pristansäure   59
Probiotica   12, 352
Procyanidine   425
Procymidon   215
Profiline   279
Progesteron   222
Progoitrin   **241**
Prolin   **98**, 295
Promazin   **220**, 221
Prontalbin^R   **220**
Propamocarb   216
Propanthial-S-oxid   412
Propionsäure   167
2,3-Propylenglykol   183
Propylthiouracil   **219**
Propyzamid   **215**
Prostaglandine   56, 282
prosthetische Gruppe   130
Proteasen   44
Provolone   171
PSE-Fleisch   320
pseudoallergische Reaktion   281
Pseudoterranova decipiens   341
Psoralene   247
Ptomaine   253
Puddingeffekt   380
Puddingpulver   378
Pullulanase   42
Putrescin   253, 255
Pyrazine   291
Pyrethrin   214
Pyrethrum   213
Pyridin   295
Pyridinole   295
Pyridosin   **353**
Pyridoxal   **31**
Pyridoxalphosphat   31
Pyridoxamin   **31**
Pyridoxaminphosphat   32
Pyridoxol   **31**
Pyrokohlensäurediethylester   **171**, 266
Pyrokohlensäuredimethylester   **171**
Pyrophosphat   334

Pyrosin 113
Pyrralin 102
Pyrrole 294
Pyrrolidoncarbonsäure 364
Pyrrolizidine 244
Pyrrolizine 295
Pyrrolopyrazine 292
Pyruvatdecarboxylase 28

Q_{10}-Wert 142
Quecksilber 226
– Aufnahme 226
Quellstärke 106
Quellwässer 445
Quentin-Verfahren 363
Quercetin 67, **414**
Quinoa 418
Quintozen **213**

Räucher-Rauch 169
Räucherfisch 343
Räuchern 157, 261, 329
Räucherung 329
– Heißräucherung 329
– Räucheranlagen 329, 330
– Warmräucherung 329
Röstaromen 292
Röstdextrine 108
Rübenzucker
– Herstellung 363
– Melasse 364
– Quentin-Verfahren 364
– Strontian-Entzuckerung 364
Rübsenöl 305
Rückstände 206, 467
Rückverdünnung 431
Radionuklide
– absorbierte Strahlendosis 230
– Aquivalentdosis 230
– biologische Halbwertszeit 229
– effektive Äquivalentdosis 230
– Organdosis 230
– physikalische Halbwertszeit 229
– Sievert 230
– Wichtungsfaktoren 230
Radium-226 235
Raffinade 363
Raffinose 364, 383
Rapsöl 305
Raucharomen 300

Reaktionsaromen 300
Reblaus 391
Rebsorten 387
Rehydratation 17
Reifungshormon 426
Reis 369, 373
Reisnudeln 377
Reisstärke 378
Remoulade 316
Rennin 13, 349
Resistente Stärke
– Typen 109
Restsüße 390
Retinal **25**
Retinol **25**
Retrogradation 380
Reversionszucker 43
Revitaminierung 37
RGT-Regel 142
Rhamnose **90**
Rheologie 373
Rhodanase 238
Rhodopsin **25**
Riboflavin **29**
Ribose **84**, 85
Ribulose **86**
Richtsalze 359
Riesenwurm 341
rigor mortis 321
Rigorkontraktion 323
Rindenbräune 147
Rinderkalzinose 27
Rindfleisch 319
Robison-Ester 382
Roggen 368, 369
Roggenmehl
– Aschegehalt 372
– Ausmahlungsgrad 372
Rohfaser 5, 370
– Definition 115
– Wirkung 115
Rohfrucht 394
Rohrzucker 103, 365
Rohrzuckermelasse 365
Rohwurst
– Schimmelpilze- 331
– Starterkulturen 331
Rompun 220, 221
Roquefort 358

Roséwein 388
Rosmanol **68**
Rosmarin **68**, 439
Rosmarinsäure **68**
Rotbarsch 339
Rotling 388
Rotwein 387
Rum 396
Rutin 414

S-9-Mix 267
S-Glykoside 96
Säuern 156
Säure
– biologischer Abbau 389
– flüchtige 390
– nicht flüchtige 389
Süßstoffe
– relative Süßkraft 190
Süßreserve 390
Süßstoffe
– Aspartame **190**
– Cyclamat **190**
– Dulcin **190**
– Glycyrrhicin 190
– Monellin 190
– Naringindihydrochalcon 190
– Neohesperidindihydrochalcon **190**
– Saccharin **190**
– Steviosid **190**
– Synergismus 192
– Thaumatin 190
Sabinen **434**, 439
Sabinol **427**
Saccharin **190**
Saccharinsäure **92**
Saccharose **103**, 382
Saccharosepolyester 194
Safloröl 305
Safran 438
Safrol 250
Sagostärke 378
Salami 331
Salatmayonnaise 316
Salbei 250, 439
Salicylsäure **422**
Salzen 156
Salzfische 343
Sanddornöl 305
Sardinen 339

Sarkolemm 45
Sarkomer 322
Sarkoplasmatisches Retikulum 322
Sassafrasöl 250
Sauerkraut 255, 421
Sauerteig 374
saure Gurken 421
Saxitoxin **251**, 342
SCF 164
Schälmüllerei 373
Schärfe 184
Schaffleisch 320
Schardinger-Enzym 47
Schaumwein 394
– cremant 394
– grand mousseux 394
– mousseux 394
– trocken 394
– ultrabrut 394
Scheinfrüchte 423
Schellfisch 338
Schillerlocken 339
Schillerweine 388
Schimmelpilze 141
Schlachtabgänge 317, 326
Schlachtfette
– Ausschmelzen 307
– Eigenschaften 309
– Gänseschmalz 308
– Lagerfähigkeit 307
– Oleomargarin 308
– Premierjus 308
– Preßtalg 308
– Rinderfeintalg 308
– Rindertalg 308
– Schweineschmalz 71
– Zusammensetzung 186
Schlachttierbeschau 317
Schlagsahne 352
Schleie 340
Schmelzflocken 373
Schmelzkäse 358
Schmelzsalze 359
Schoch-Verfahren 106
Schokolade 405
Scholle 339
Schutzgase 204
Schwaden 375
Schwarzreinigung 371

Schwefel 212
Schwefeldioxid 336
Schwefliger Säure 390
Schweinefinnen 318
Schweinefleisch
– Handelsklassen 320
Scombroid-Vergiftungen 255
Scopoletin 415
SCP 361
Secalin 113
Seeaal 339
Seefische 338
Seezunge 339
Seifen 57
Selen
– Bedarf 21
– toxische Dosis 21
Sellerie-Krätze 247
Senf
– brauner 437
– Herstellung 437
– schwarzer 437
– weißer 437
Senföle 241, 412
Senfölglykoside 288
Separatorfleisch 330
Serin 62, 345
Sesaminol 68
Sesamol 68
Sesamolin 68
Sesamöl 305
Sexualhormone 222
Sherry-Wein 393
Shikimisäure 424
Shortenings 314
– superglycerinierte 315
Simplesse 195
Sinalbin 437
Singulett-Sauerstoff 76
Sinigrin 44, 437
SNIF-NMR 393
Sojaöl 305
Sojabohne 418
Sojalecithin 62
Sojamilch 359
Sojasauce 440
– Herstellung 440
Sol 178
Solanin 244, 416

Sonnenblumenöl 304
Sonnengeschmack 348
Sonnenkakao 404
Sorbinöl 166
Sorbinsäure 357
Sorbit 366, 388
Sorbitan 175
Sorbose 86
Spaghetti 377
SPAN 175
Spargel 410
Spartein 244
SPE 194
Speiselorchel 245
Speisesalz 441
Speisesirup 366
Sphingomyelin 345
Spinat 410
Sprühtrocknung 352
Spurenelemente 6, 18, 21
Squalen 66
Squalen-Zahl 66
Stärke
– -acetat 381
– -ester 108
– -ether 108
– acetyliertes Distärkeadipat 381
– acetyliertes Distärkephosphat 381
– dünnkochende 106
– enzymatische Spaltung 109
– Hydroxypropylstärke 107
– Molekulargewichte 105
– native 379
– Neukom- 107
– oxidierte 108
– Phosphatmodifizierte 108
– phosphorylierte 108
– Quellvermögen 379
– resistente 109
– säuremodifizierte 108
– wachsige Maisstärke 107
Stärken
– vernetzte 107
Stärkesirup 366
Stärkeverzuckerung 103
Stärkezucker 42
Stabilisatoren 179
Staphylococcus aureus 253
Steinbeißer 339

Steinpilze 410
Sterigmatocystin **260**
Sterilisierung 143
Sternanis 250
Sterole 63
Steviosid 192
stickige Reifung 321
Stickoxid-myoglobin 326
Stigmasterol **65**
Stilböstrol **222**
Stockfisch 344
Stoffwechsel 2
Strahlenexposition 235
Strecker Abbau 295
Strecker-Aldehyd 291
Streptomycin 219
Stresnil **220,** 221
Strontium-89 234
Strontium-90 234
Sucralose 192
Sukkade 430
Sulfitintoleranz 284
Sulfonamide **220**
Suppenwürze 378
Suppenwürze-Aroma 121
Synärese 380
Synthetische Lebensmittelfarbstoffe
– Amaranth **202**
– Azorubin **200**
– Brilliantsäuregrün BS **200**
– Brilliantschwarz BN **200**
– Chinolingelb **200**
– Cochenille **202**
– Erythrosin **200**
– Gelborange-S **200**
– Indigotin **200**
– Karminsäure **200,** 202
– Patenblau V **200**
– Ponceau 4 R **200**
– Tartrazin **200**
Syringasäure **413**

T_2-Toxin **260**
Tabak
– Burley 407
– Ernte 407
– Fermentation 407
– Machorka 407
– Sorten 407
Tabakrauch 262

Tafelwasser 457
Tagatose **86**
Talose **85**
Tapiokastärke 378
Tartrazin 202
Tartrondialdehyd 92
Tauchmassen 331
Taurigor 324
TCDD **214**
Tee 401
Teigkonditioniermittel 204
Tempeh 359
Tenderizer 45
Teratogenität 164
Terpene
– Biosynthese 427
α-Terpinen **435**
γ-Terpinen **440**
α-Terpineol **435**
Terpinolen **440**
Terramycin 172
Testosteron **222**
Tetrachlordibenzo-p-dioxin **214**
Tetracycline 218
Tetrahydropyridin 295
Tetranatriumdiphosphat **181**
Tetrapak-Verfahren 172
Tetrodotoxin **252**
Textur 178
Thaumatin 191
Thea assamica 401
Thea sinensis 401
Theaflavin **403**
Thearubigen **403**
Theobroma cacao 404
Theobromin **399**
Theophyllin **399**
Thiabendazol **168**
Thiamin **28,** 295
Thiaminpyrophosphat **46**
Thiazol 292
Thiazolin 295
Thioctansäure **35**
Thioglucoside 69
Thioglucosinolate 241
– β-Phenylethyl- 242
– 2-Hydroxy-3-butenyl- 242
– 3-Butenyl- 242
– 3-Indolylmethyl- 242

- 4-Methylthio-3-butenyl- 242
- Allyl- 242
- Benzyl- 242
- N-Methoxy-3-indolylmethyl- 242
- p-Hydroxybenzyl- 242
- Physiologie 243
- Vorkommen 243
Thioklastische Spaltung 58
Thiophen 295
Thiophosphorsäureester 209, 212
Thiram **211**
Threonin **119**
Threose **83**
Thromboxane 56
Thujen 439
Thujon 250, 394
Thunfisch 255, 339
Thymol 434
Thyreostatika 219
Tiefenbarsch 339
Tiefgefrierlagerung
- Gefrierverfahren 149
- Lagerzeiten 150
- Rinderfinnen 149
- Toxoplasmose 149
Tiefkühlkost 108
Tierarten-Bestimmungen 320
Tintenfisch 342
Tintlinge 246
Tocopherole **28**, 67, 79
Tofu 359
Tolcofosmethyl **215**
Tomate 288
- -aroma 289
Tomatenmark 421
Tomatidin **244**
Tonic-Wasser 458
Totenstarre 145
Toxine 248
Toxizität
- chemische 163
- chronische 163
- subakute 163
- subchronische 163
6-tr-Nonenal 73
Traganth 116
Tranquilizer 221
11-trans-Octadecensäure 349
2-trans-6-cis-Nonadienal 289

2-trans-Hexenal 289
trans-Fettsäuren 65
Transaminasen 31
Transferasen 46
Traubensäure 442
Trehalose **103**
Trehalose Typ 103
Treibgase 204
Trenbolon **222**
Trennöle 316
Trennmittel 204
Tresterbranntwein 397
Trichinen 159
Trichinenbeschau 318
Trichlorphon **221**
Trichothecene 260
Tricinenbeschau 319
2,4,5-T 217
2,4,5-Trichlorphenoxyessigsäure 217
2,4,6-Trimethyldithiazin 295
2,4,6-Trimethylthian 295
2,4-D 205 426
Trimethylaminoxid **337**
Trinatriumphosphat 181
Trinkwasser
- Aufbereitung 445
- aus Meerwasser 455
- Chlorung 454
- Entsäuerung 453
- Grenzwerte chem. Verbind. 446
- Herkunft 444
- Nitratentfernung 454
Trioseredukton 92
Triplettsauerstoff 76
Trithiolan **295**
Tritium 228
Trockenblutplasma 326
Trockenei 346
Trockenobst 430
Trockensauer 374
Trockensuppen 173
Trockenzuckerung 389
Trocknung
- Gefrier- 154
- Horden- 155
- Sprüh- 154
- Walzen- 154
- Wirbelschicht- 155
Tropomyosin 322

Trp-P-1 **267**
Trp-P-2 **267**, 269
Trypsin 44
– Inhibitoren 243
Tryptophan **267**
TWEEN **175**
2-cis-Hexenal 289
Tylose 111
Tylosin 218
Tyndallisieren 143
Typage 397
Tyramin 255
Tyrosin **123**
Tyroxin **21**

überkritische Kohlensäure 401
Überzugsmassen 204
Überwachungs-Richtlinie 468
Uferfiltrat 445
Ultrahocherhitzung 353
Ultramarin 364
Umami 196
Umbelliferon 415
Umesterung
– gerichtete 70
– ungerichtete 71
Umrötung 47
Unverseifbares 63
Unverträglichkeitsreaktion
– Einteilung 271
Urtikaria 255

Valencen **428**
van Ekenstein-Umlagerung 92
Vanille 435
Vanillin 285
Vanillin-β-D-glycosid **96**
Varroatose 368
Vegetarier 10
– Lacto- 10
– Ovolacto- 10
– Veganer 10
Verdickungsmittel
– acetyliertes Distärkeadipat 180
– acetyliertes Distärkephosphat 180
– Carrageen 179
– Eigenschaften 178
– Guarmehl 179
– Johannisbrotkernmehl 179, 180
– Methylcellulose 180

– Na-Carboxymethylcellulose 179
– Pektine 178
– Propylenglykolalginat 180
– Traganth 180
verfügbares Lysin 353
Verschnitt 397
Verseifungszahl 306
Verzuckerung 42
Vicin **243**
Vinclozolin **215**
Vio-Bin-Prozeß 360
Virginia-Tabak 407
Virginiamycin 218
Vitamine 6
– A 25, 26, 28, 29
– A_1 28
– A_2 28
– Anreicherung 37
– B_{12} 28, 32, 37
– B_1 28, 37, 374
– B_2 28, 29, 37
– B_3 35
– B_4 36
– B_5 35
– B_6 28, 31, 37
– B_7 35
– C 28, 36
– D 28, 31, 67
– D_1 26
– D_2 26, 28, 37, 66
– D_3 27, 28, 66
– E 27, 28, 37, 67
– F 54
– fettlösliche 25, 67
– H 35
– K 28, 67
– K_1 28
– K_2 28
Vollkonserven 343
Vomitoxin 260
Vorzugsmilch 348
Votator 312

Wärmeübertragung 142
Wachsmais 379
Waldmeister 250
Walfleischextrakt 335
Walnüsse 242
Walnußkerne 173
Walzentrocknung 352

Warenverkehr   463
Wasser   6
- Cluster   15
- Entsäuerung   453
- Kapillardruck   16
- Wasseraktivität   16, 17
- Wasserbindung   16
Wasserbindungsvermögen   324
Wasserstoffperoxid   172
Weichkaramellen   367
Wein
- ^{13}C-NMR   393
- ^{2}H-NMR   393
- Auslese   390
- Beerenauslese   391
- halbtrocken   390
- Kabinett   391
- QbA   391
- RTK-Verfahren   389
- Spätlese   391
- trocken   390
- Trockenbeerenauslese   391
Weißherbst   388
Weinbrand   396
Weinsäure   389
Weizen
- Hartweizen   369
Weizenstärke   378
Weißreinigung   371
Weißzucker   363
Wermutkraut   250
Wermuttee   250
Wermutwein   250, 394
Wet-Mix-Verfahren   405
Whiskey   263, 397
Wildkarpfen   340
Wodka   397
Worcester-Sauce   440
Wursthäute   330

Xanthinoxidase   23
Xanthophyll   **67**, 198
Xanthotoxin   248
Xylan   113
Xylit   366
Xylose   83, 85
Xylulose   **84**

Zearalenon   222, **260**
Zeaxanthin   67
Zeranol   222
Zigaretten
- Filter   407
- Herstellung   407
- kanalgefiltert   408
- Teerkondensat   408
Zigarettenrauch   268
Zimt   439
Zimtaldehyd   **439**
Zink   23
Zinn   24, 421
Zirkon-95   235
Zuchtlachs   339
Zucker
- ernährungsphysiologische Eigenschaften   188
- relative Süßkraft   189
Zuckeraustauschstoffe   366
Zuckercouleur
- Antipyridoxinfaktor   203
- Klassifizierung   203
- Toxikologie   203
Zuckerhirse   237
Zusatzstoff (food additive)   460
Zusatzstoffe
- allergene Wirkung   273
- Fundstellenliste   163
Zwickelprotein   370
Zwiebelaroma   289
Zwiebelgemüse   412
Zwiebeln   242

Druck: Krips bv, Meppel
Verarbeitung: Stürtz, Würzburg